Kleber Soares Câmara

Álgebras Espaciais

Fundamentos algébricos, reconstrução espectral e aplicações

Primeira edição

Serra do Mel – RN
Kleber Câmara
2026

Primeira edição, 2026.

Editor: Kleber Câmara
Serra do Mel – RN, Brasil.

ISBN: 978-65-02-29993-7

Dados Internacionais de Catalogação na Publicação (CIP)
(Câmara Brasileira do Livro, SP, Brasil)

Câmara, Kleber Soares
Álgebras espaciais : fundamentos algébricos, reconstrução espectral e aplicações / Kleber Soares Câmara. -- 1. ed. -- Serra do Mel, RN : Ed. do Autor, 2026.

Bibliografia.
ISBN 978-65-02-29993-7

1. Álgebra 2. Geometria 3. Matemática I. Título.

26-386862.0 CDD-510

Índices para catálogo sistemático:

1. Matemática 510

Eliane de Freitas Leite - Bibliotecária - CRB 8/8415

Prefácio

As álgebras espaciais nasceram da tentativa de ampliar o plano complexo por direções reais idempotentes sem apagar a identidade algébrica de cada canal. Essa construção conduz naturalmente a estruturas comutativas e unitais que, em geral, não são associativas. A não associatividade, longe de ser tratada apenas como uma falha, torna-se um mecanismo de reconstrução: o associador recupera precisamente a informação espacial perdida pela projeção complexa.

O objetivo deste livro é apresentar essa teoria desde os fundamentos, com nível de detalhe suficiente para um leitor graduado em Matemática que não tenha formação prévia em álgebras não associativas. As definições são precedidas, quando necessário, por uma preparação conceitual; as demonstrações explicitam as hipóteses utilizadas; exemplos e contraexemplos separam propriedades que podem parecer equivalentes; e os exercícios são graduados por dificuldade.

A exposição percorre três escalas. Primeiro são estudadas as álgebras de dimensão finita $\mathcal{K}_m$, nas quais a extensão do plano complexo e a geometria do produto podem ser visualizadas diretamente. Em seguida, a teoria é desenvolvida na família $\mathcal{K}^p$, construída sobre a escala ℓ^p, com ênfase nos operadores de multiplicação, no espectro, no cálculo funcional e na reconstrução associadora. Por fim, os canais algébricos são transportados para fibrados, sistemas dinâmicos e duas aplicações avançadas: a Geometria Multicanal Espectral, indicada pela sigla MSG, do inglês *Multichannel Spectral Geometry*, e uma realização positiva de canais Kaluza–Klein, abreviadamente, KK.

As aplicações físicas são apresentadas com fronteiras explícitas. A MSG newtoniana é uma extensão matemática de uma lei constitutiva para o espaço da álgebra; não é proposta como nova lei gravitacional observada. A construção KK é uma teoria efetiva suavizada pelo núcleo do calor; não constitui uma derivação top-down completa. Da mesma forma, resultados finitos ou locais não são promovidos automaticamente a afirmações globais ou a sistemas infinitos.

Um resultado ocupa posição central quando depende efetivamente da estrutura algébrica, geométrica, topológica ou analítica de $\mathcal{K}_m$ ou

$\mathcal{K}^p$. Resultados clássicos necessários à leitura aparecem apenas como preparação, ferramentas ou observações comparativas.

Observação 0.1 (Convenção editorial sobre prioridade e terminologia). Neste livro, palavras como *canônico*, *intrínseco*, *exato*, *rigidez* e *completo* têm sentido matemático local: indicam, respectivamente, uma escolha determinada pelos dados fixados, independência de coordenadas auxiliares, uma identidade sem termo de erro, uma propriedade de unicidade ou restrição estrutural, e validade para toda a classe explicitamente definida. Esses termos não constituem, por si sós, reivindicações de prioridade bibliográfica. Quando um argumento é uma especialização de teoria clássica, isso é indicado no texto e acompanhado de referência. Nenhuma ocorrência de *novo*, *primeiro* ou *universal* deve ser entendida como reivindicação histórica sem uma declaração bibliográfica explícita.

Como usar este livro

O texto foi organizado por dependência conceitual, mas admite percursos de leitura diferentes. O leitor que percorre a obra pela primeira vez deve seguir a ordem dos capítulos; os demais podem usar os roteiros abaixo.

Percurso fundamental

Os capítulos iniciais apresentam álgebras reais, associadores, subestruturas, idempotentes e operadores de multiplicação. Depois introduzem $\mathcal{K}_m$ como extensão natural de $\mathbb{C}$, constroem suas funções elementares e desenvolvem a representação espectral acoplada. Esse percurso fornece o vocabulário usado em todas as partes seguintes.

Percurso operatorial e espectral

O leitor interessado principalmente em análise funcional deve dominar o produto espacial e a fórmula do associador antes de estudar os capítulos sobre M_x, espectro, resolvente, cálculo funcional e a escala $\mathcal{K}^p$. A parte de reconstrução associadora explica por que o espectro como conjunto não basta para recuperar os canais e quando um cálculo funcional permanece na classe dos multiplicadores espaciais.

Percurso geométrico

Para a teoria de fibrados, é essencial compreender primeiro a decomposição canônica em canal complexo e canais idempotentes. Os capítulos geométricos transportam essa decomposição por projetores e conexões, estudam transferência intercanal, curvatura, dinâmica, simetrias e bifurcação. Resultados gerais de geometria diferencial são usados como ferramentas; o conteúdo espacial está na nomeação e reconstrução algébrica dos canais.

Percurso das aplicações

A parte final pressupõe a teoria de projetores espaciais, a distinção entre acoplamento geométrico e físico e o controle de truncamentos. MSG e Kaluza–Klein devem ser lidas como aplicações diferentes de um princípio algébrico comum, não como um único modelo físico. Os capítulos de síntese e de problemas finais reúnem as dependências e delimitam o que foi efetivamente demonstrado.

Exemplos, advertências e exercícios

As caixas azuis apresentam preparação ou objetivos; as douradas contêm exemplos e cálculos concretos. As caixas vermelhas registram hipóteses indispensáveis, limites de validade e distinções lógicas importantes.

Os exercícios usam quatro níveis:

- ♦ cálculo direto e verificação de definições;
- ♦♦ aplicação conceitual de um resultado;
- ♦♦♦ demonstração que combina etapas do capítulo;
- ♦♦♦♦ síntese avançada, contraexemplo ou pequeno projeto.

Uma solução completa deve declarar as hipóteses, justificar as passagens ao limite e indicar onde a estrutura de $\mathcal{K}_m$ ou $\mathcal{K}^p$ é realmente usada.

Notação e convenções

Escala das álgebras espaciais

$\mathcal{K}$	símbolo-base para a família das álgebras espaciais.
$\mathcal{K}_m$	álgebra espacial de dimensão finita com base $1, i, j_1, \ldots, j_m$.
$\mathcal{K}^p$	álgebra espacial modelada em $\mathrm{span}_{\mathbb{R}}\{1, i\} \oplus J(\ell^p)$.
$\mathcal{K}^2$	caso hilbertiano da escala infinita.
$\mathcal{J}^p$	subespaço idempotente (ideal) $J(\ell^p) \subset \mathcal{K}^p$.
A_m	subálgebra real-idempotente $\mathrm{span}_{\mathbb{R}}\{1, j_1, \ldots, j_m\} \subset \mathcal{K}_m$.
J_k	canal idempotente $\mathbb{R}j_k$.
MSG	sigla do inglês *Multichannel Spectral Geometry*; em português, Geometria Multicanal Espectral.
KK	abreviação de Kaluza–Klein.

Salvo indicação contrária, $m \geq 1$. Quando um resultado envolve classificação, rigidez ou convergência na escala infinita, as restrições sobre p são declaradas no próprio enunciado. Em particular, não se transfere automaticamente para $p = \infty$ um argumento que use densidade das sequências finitamente suportadas.

Coordenadas e operações

Um elemento de $\mathcal{K}^p$ é escrito como

$$x = a + bi + J(\mathbf{c}) = a + bi + \sum_{k=1}^{\infty} c_k j_k, \qquad a, b \in \mathbb{R}, \quad \mathbf{c} = (c_k) \in \ell^p.$$

A projeção complexa é

$$\pi_p(x) = a + bi,$$

e o associador segue a convenção

$$[x, y, z] = (xy)z - x(yz).$$

Como o produto não é, em geral, associativo, potências e produtos iterados devem obedecer à parentização indicada. Quando nenhuma ambiguidade existe, a notação usual é mantida.

Operadores e espectro

O operador de multiplicação à esquerda por x é

$$M_x(y) = xy.$$

Os símbolos $\operatorname{spec}(T)$, $\ker T$, $\operatorname{im} T$ e $\|T\|$ denotam, respectivamente, espectro, núcleo, imagem e norma de um operador. No caso complexo, o espectro é tomado na complexificação apropriada, conforme declarado no capítulo correspondente.

Convenções de leitura

Identidades sem qualificador valem somente sob as hipóteses do resultado em que aparecem. Expressões como "canal desacoplado", "estabilidade" e "passagem ao limite" não são intercambiáveis: podem referir-se a propriedades algébricas, geométricas, dinâmicas ou espectrais diferentes. O texto especifica o sentido pertinente em cada contexto.

Sumário

Part I

Fundamentos algébricos

CAPÍTULO 1

Álgebras reais e associatividade

Objetivos e pré-requisitos

Este capítulo fixa a linguagem algébrica utilizada em todo o livro. Espera-se que o leitor conheça espaços vetoriais reais, bases e aplicações lineares. Nenhum conhecimento prévio sobre álgebras não associativas é necessário.
Ao final do capítulo, o leitor deverá ser capaz de:

(i) reconhecer quando um produto define uma álgebra real;

(ii) recuperar um produto a partir de sua tabela de multiplicação;

(iii) distinguir comutatividade, existência de unidade e associatividade;

(iv) calcular o associador e utilizá-lo para detectar a não associatividade.

1.1 Por que começar pela multiplicação?

Um espaço vetorial permite somar elementos e multiplicá-los por escalares. Essas operações, entretanto, não dizem como multiplicar dois vetores entre si. Uma *álgebra* surge quando acrescentamos ao espaço vetorial uma multiplicação interna compatível com sua estrutura linear.

Nos exemplos mais familiares, como $\mathbb{R}$, $\mathbb{C}$ e as matrizes quadradas, a multiplicação é associativa. Essa propriedade é tão habitual que frequentemente é utilizada sem ser mencionada. Nas álgebras espaciais, ela deixa de valer. Por isso, começaremos separando cuidadosamente as propriedades que, em contextos clássicos, costumam aparecer simultaneamente.

1.2 Produtos bilineares e álgebras reais

Seja A um espaço vetorial sobre $\mathbb{R}$. Uma aplicação

$$\mu : A \times A \longrightarrow A$$

é chamada *bilinear* quando é linear em cada variável separadamente. Em outras palavras, para quaisquer $x, y, z \in A$ e $\alpha, \beta \in \mathbb{R}$, temos

$$\begin{aligned} \mu(\alpha x + \beta y, z) &= \alpha\mu(x,z) + \beta\mu(y,z), \\ \mu(x, \alpha y + \beta z) &= \alpha\mu(x,y) + \beta\mu(x,z). \end{aligned}$$

Escreveremos normalmente xy no lugar de $\mu(x, y)$.

Definição 1.1 (Álgebra real). Uma *álgebra real* é um espaço vetorial real A munido de um produto bilinear

$$A \times A \longrightarrow A, \qquad (x,y) \longmapsto xy.$$

Nesta definição não exigimos, salvo indicação explícita, que o produto seja associativo, comutativo ou dotado de unidade [8].

Esta convenção ampla é particularmente conveniente para a teoria deste livro. Ela obriga a declarar as propriedades adicionais do produto em vez de incorporá-las silenciosamente à palavra "álgebra".

Definição 1.2 (Propriedades básicas). Seja A uma álgebra real.

(i) A é *comutativa* quando $xy = yx$ para todos $x, y \in A$.

(ii) A é *associativa* quando

$$(xy)z = x(yz)$$

para todos $x, y, z \in A$.

(iii) Um elemento $1_A \in A$ é uma *unidade* quando

$$1_A x = x 1_A = x$$

para todo $x \in A$. Se existe uma unidade, diz-se que A é *unital*.

Nenhuma das três condições decorre, em geral, das outras duas. Por exemplo, a álgebra de matrizes reais quadradas é associativa e unital, mas não é comutativa quando a ordem das matrizes é pelo menos dois. O produto nulo num espaço vetorial não trivial é comutativo e associativo, mas não possui unidade. Mais adiante veremos álgebras comutativas e unitais que não são associativas.

Proposição 1.3 (Unicidade da unidade). *Uma álgebra possui no máximo uma unidade.*

Demonstração. Suponha que e e f sejam unidades de A. Como e é unidade, $ef = f$. Como f também é unidade, $ef = e$. Portanto, $e = f$. □

Observação 1.4. A demonstração não utiliza associatividade nem comutatividade. A unicidade da unidade é consequência apenas das identidades que a definem.

Exemplo: Números complexos como álgebra real

Considere $\mathbb{C}$ como espaço vetorial sobre $\mathbb{R}$, com base $\{1, i\}$. Para $z = a + bi$ e $w = u + vi$, a relação $i^2 = -1$ fornece

$$zw = (au - bv) + (av + bu)i.$$

Essa multiplicação é bilinear sobre $\mathbb{R}$, comutativa, associativa e unital. Observe que estamos considerando $\mathbb{C}$ como uma álgebra real de dimensão dois, e não como um espaço vetorial unidimensional sobre si mesmo.

Exemplo: Matrizes reais

O espaço $M_n(\mathbb{R})$, com o produto usual de matrizes, é uma álgebra real associativa e unital. Para $n \geq 2$, ela não é comutativa. Com efeito, em $M_2(\mathbb{R})$,

$$\begin{pmatrix} 0 & 1 \\ 0 & 0 \end{pmatrix}\begin{pmatrix} 0 & 0 \\ 1 & 0 \end{pmatrix} = \begin{pmatrix} 1 & 0 \\ 0 & 0 \end{pmatrix}, \qquad \begin{pmatrix} 0 & 0 \\ 1 & 0 \end{pmatrix}\begin{pmatrix} 0 & 1 \\ 0 & 0 \end{pmatrix} = \begin{pmatrix} 0 & 0 \\ 0 & 1 \end{pmatrix}.$$

Exemplo: Um produto bilinear sem unidade

Em $\mathbb{R}^3$, o produto vetorial usual

$$(x,y) \longmapsto x \times y$$

é bilinear. Portanto, segundo nossa convenção, ele transforma $\mathbb{R}^3$ em uma álgebra real. Essa álgebra não é comutativa nem unital. Ela também não é associativa: para os vetores da base canônica,

$$(e_1 \times e_1) \times e_2 = 0, \qquad e_1 \times (e_1 \times e_2) = -e_2.$$

1.3 Tabelas de multiplicação e constantes de estrutura

Em dimensão finita, basta conhecer os produtos entre os elementos de uma base. Todos os demais produtos são então determinados pela bilinearidade.

Se A tem base $\mathcal{B} = \{e_1, \ldots, e_n\}$, existem números reais c_{rs}^t tais que

$$e_r e_s = \sum_{t=1}^{n} c_{rs}^t e_t.$$

Esses números são chamados *constantes de estrutura* de A relativamente à base $\mathcal{B}$.

Proposição 1.5 (Extensão bilinear de uma tabela). *Seja A um espaço vetorial real de dimensão finita com base $\{e_1, \ldots, e_n\}$. Para cada par (r,s), escolha arbitrariamente um vetor $m_{rs} \in A$. Então existe um único produto bilinear em A que satisfaz*

$$e_r e_s = m_{rs}, \qquad 1 \leq r, s \leq n.$$

Demonstração. Dados

$$x = \sum_{r=1}^{n} x_r e_r, \qquad y = \sum_{s=1}^{n} y_s e_s,$$

defina

$$xy := \sum_{r=1}^{n} \sum_{s=1}^{n} x_r y_s m_{rs}.$$

A expressão é bilinear por construção e produz $e_r e_s = m_{rs}$. Além disso, qualquer produto bilinear com esses valores deve satisfazer a mesma fórmula ao ser distribuído sobre as expansões de x e y. Isso prova a unicidade. □

Corolário 1.6. *Para verificar uma identidade bilinear, como a comutatividade, em uma álgebra de dimensão finita, é suficiente verificá-la nos pares de elementos de uma base. Em particular, a álgebra é comutativa se, e somente se,*

$$e_r e_s = e_s e_r \qquad (1 \le r, s \le n).$$

Demonstração. Se a álgebra é comutativa, a condição sobre a base é imediata. Reciprocamente, se ela vale para os vetores da base, então, para $x = \sum_r x_r e_r$ e $y = \sum_s y_s e_s$,

$$xy = \sum_{r,s} x_r y_s e_r e_s = \sum_{r,s} x_r y_s e_s e_r = yx.$$

□

Uma diferença importante

A associatividade é uma identidade trilinear, não bilinear. Ainda assim, em dimensão finita também poderá ser verificada em ternas de vetores de uma base. Essa conclusão será justificada por meio do associador, e não deve ser deduzida automaticamente do corolário anterior.

1.4 O associador

Quando a associatividade não é garantida, as expressões xyz e x^3 podem ser ambíguas. Por exemplo, $(xy)z$ e $x(yz)$ podem representar elementos diferentes. O instrumento natural para medir essa diferença é o associador.

Definição 1.7 (Associador). O *associador* de uma álgebra A é a aplicação

$$[\cdot, \cdot, \cdot] : A^3 \longrightarrow A$$

definida por

$$[x, y, z] := (xy)z - x(yz).$$

Proposição 1.8 (Trilinearidade do associador). *O associador é linear em cada uma de suas três variáveis. Além disso, uma álgebra é associativa se, e somente se, seu associador é identicamente nulo.*

Demonstração. Fixemos $y, z \in A$. Para $x_1, x_2 \in A$ e $\alpha, \beta \in \mathbb{R}$, a bilinearidade do produto fornece

$$\begin{aligned}[\alpha x_1 + \beta x_2, y, z] &= ((\alpha x_1 + \beta x_2)y)z - (\alpha x_1 + \beta x_2)(yz) \\ &= \alpha\big((x_1 y)z - x_1(yz)\big) + \beta\big((x_2 y)z - x_2(yz)\big) \\ &= \alpha[x_1, y, z] + \beta[x_2, y, z].\end{aligned}$$

O mesmo argumento, aplicado às outras posições, prova a trilinearidade. A última afirmação segue diretamente da definição: $[x, y, z] = 0$ para todos x, y, z equivale a $(xy)z = x(yz)$ para todos x, y, z. □

Corolário 1.9 (Teste de associatividade em uma base). *Se $\{e_1, \ldots, e_n\}$ é uma base de A, então A é associativa se, e somente se,*

$$[e_r, e_s, e_t] = 0$$

para todos os índices r, s, t.

Demonstração. A necessidade é imediata. Para a suficiência, escreva três elementos arbitrários na base e expanda seu associador usando a trilinearidade. A expansão é uma combinação linear dos associadores $[e_r, e_s, e_t]$, todos nulos por hipótese. □

1.5 Comutatividade não implica associatividade

Considere o espaço vetorial real com base $\{1, i, j\}$ e o produto determinado pela tabela

$$1x = x1 = x, \qquad i^2 = -1, \qquad j^2 = j, \qquad ij = ji = 0.$$

A extensão bilinear da tabela define uma álgebra real comutativa e unital. Contudo,

$$[i, i, j] = (i^2)j - i(ij) = (-1)j - i0 = -j \neq 0.$$

Portanto, essa álgebra não é associativa.

Exemplo: A posição dos parênteses

Na álgebra acima, tome $u = i + j$. Temos

$$u^2 = i^2 + 2ij + j^2 = -1 + j.$$

Então

$$(u^2)j = (-1 + j)j = -j + j = 0,$$

enquanto

$$u(uj) = (i + j)j = j.$$

As duas expressões diferem, embora envolvam os mesmos fatores na mesma ordem. Esse fenômeno explica por que, posteriormente, precisaremos escolher uma convenção explícita para definir potências.

O exemplo é o primeiro indício da estrutura que motivará as álgebras espaciais. Por enquanto, seu papel é apenas mostrar concretamente que unidade e comutatividade não recuperam a associatividade.

1.6 Exercícios

Os símbolos ao lado de cada exercício indicam seu nível: ♦ cálculo direto, ♦♦ aplicação conceitual, ♦♦♦ demonstração orientada e ♦♦♦♦ aprofundamento.

Exercício 1.1 (♦). Verifique diretamente a bilinearidade da multiplicação de números complexos quando $\mathbb{C}$ é considerado como espaço vetorial sobre $\mathbb{R}$.

Exercício 1.2 (♦). Complete a tabela de multiplicação da álgebra com base $\{1, i, j\}$ utilizada na seção anterior e calcule

$$(2 - i + 3j)(1 + 2i - j).$$

Exercício 1.3 (♦♦). Mostre que o produto nulo $xy = 0$, definido em qualquer espaço vetorial real, é bilinear e associativo. Determine quando essa álgebra pode possuir unidade.

Exercício 1.4 (♦♦). No espaço $M_2(\mathbb{R})$, encontre matrizes A e B não nulas tais que $AB = 0$. Explique por que esse fato não contradiz a existência da matriz identidade.

Exercício 1.5 (♦♦♦). Seja A uma álgebra real com base $\{e_1, \ldots, e_n\}$ e constantes de estrutura c_{rs}^t. Mostre que a associatividade equivale ao sistema de identidades

$$\sum_{q=1}^{n} c_{rs}^q c_{qt}^u = \sum_{q=1}^{n} c_{st}^q c_{rq}^u$$

para todos r, s, t, u.

Exercício 1.6 (♦♦♦). Prove que uma aplicação linear $T : A \to B$ entre álgebras reais satisfaz $T(xy) = T(x)T(y)$ para todos $x, y \in A$ se, e somente se, essa identidade pode ser verificada nos pares de elementos de uma base de A.

Exercício 1.7 (♦♦♦♦). Considere no espaço $\mathbb{R}^3$ o produto vetorial. Calcule seu associador e prove a fórmula

$$[x, y, z] = (x \cdot y)z - (y \cdot z)x,$$

onde $\cdot$ denota o produto interno euclidiano. Conclua novamente que essa álgebra não é associativa.

Observação 1.10 (Para prosseguir). No próximo capítulo estudaremos subálgebras, ideais, homomorfismos e operadores de multiplicação. Esses conceitos permitirão analisar uma álgebra por meio de seus subespaços invariantes e de operadores lineares associados a seus elementos.

CAPÍTULO 2

Subestruturas e operadores de multiplicação

Objetivos e pré-requisitos

Utilizaremos livremente os conceitos de subespaço vetorial, núcleo, imagem e aplicação quociente. As definições algébricas serão desenvolvidas desde o início e não pressupõem associatividade. Ao final do capítulo, o leitor deverá ser capaz de:

(i) identificar subálgebras e ideais;

(ii) construir a álgebra quociente por um ideal;

(iii) utilizar núcleos e imagens de homomorfismos;

(iv) interpretar a não associatividade por meio dos operadores de multiplicação.

2.1 Subálgebras

Uma subálgebra é um subespaço que permanece fechado quando seus elementos são multiplicados.

Definição 2.1 (Subálgebra). Seja A uma álgebra real. Um subespaço vetorial $B \subseteq A$ é uma *subálgebra* de A quando

$$xy \in B \qquad \text{para todos } x, y \in B.$$

Se A é unital e $1_A \in B$, diz-se que B é uma *subálgebra unital de A*.

A última condição merece atenção. Uma subálgebra pode possuir uma unidade própria diferente de 1_A. Por isso, a expressão "subálgebra unital de A" significará sempre, neste livro, que a unidade do ambiente pertence à subálgebra.

Exemplo: Uma subálgebra com unidade própria

Considere $A = \mathbb{R} \times \mathbb{R}$, com operações coordenada a coordenada. O subespaço

$$B = \mathbb{R} \times \{0\}$$

é uma subálgebra. O elemento $(1,0)$ é unidade de B, mas a unidade de A é $(1,1)$, que não pertence a B. Portanto, B não é uma subálgebra unital de A segundo nossa convenção.

Proposição 2.2 (Teste de subálgebra). *Um subconjunto não vazio $B \subseteq A$ é uma subálgebra se, e somente se, para todos $x, y \in B$ e $\alpha, \beta \in \mathbb{R}$,*

$$\alpha x + \beta y \in B \qquad e \qquad xy \in B.$$

Demonstração. Se B é subálgebra, as duas condições seguem de ela ser um subespaço fechado para o produto. Reciprocamente, a primeira condição, juntamente com a não vacuidade, é o teste usual de subespaço; a segunda garante o fechamento para a multiplicação. □

Interseções de subálgebras continuam sendo subálgebras. Consequentemente, dado um subconjunto $S \subseteq A$, podemos considerar a menor subálgebra que contém S: ela é a interseção de todas as subálgebras de A que contêm S.

Definição 2.3 (Subálgebra gerada). A *subálgebra gerada* por $S \subseteq A$, denotada por $\langle S \rangle_{\text{alg}}$, é a menor subálgebra de A que contém S.

Potências em uma álgebra não associativa

Em uma álgebra associativa, a subálgebra gerada por um elemento é descrita por combinações lineares de suas potências. Sem associatividade, diferentes parentizações podem produzir elementos diferentes. Assim, antes de usar uma notação como x^n, será necessário indicar a convenção de parentização ou provar que ela é irrelevante no contexto considerado.

2.2 Ideais

As subálgebras controlam produtos internos a um subespaço. Os ideais impõem uma condição mais forte: seus elementos permanecem no subespaço mesmo quando são multiplicados por elementos de toda a álgebra.

Definição 2.4 (Ideais laterais e bilaterais). Seja A uma álgebra real e seja $I \subseteq A$ um subespaço vetorial. Adotam-se as seguintes definições:

(i) I é um *ideal à esquerda* quando $AI \subseteq I$;

(ii) I é um *ideal à direita* quando $IA \subseteq I$;

(iii) I é um *ideal bilateral*, ou simplesmente um *ideal*, quando é simultaneamente ideal à esquerda e à direita.

Aqui, $AI \subseteq I$ significa que $xy \in I$ para todos $x \in A$ e $y \in I$.

Em uma álgebra comutativa, as três noções coincidem. Todo ideal é uma subálgebra, pois $I \subseteq A$ implica $II \subseteq AI \subseteq I$. A recíproca geralmente é falsa.

Proposição 2.5. *Se A é uma álgebra unital e I é um ideal de A, então*

$$1_A \in I \iff I = A.$$

Demonstração. Se $I = A$, então $1_A \in I$. Reciprocamente, se $1_A \in I$, para todo $x \in A$ temos $x = x1_A \in AI \subseteq I$. Logo, $A \subseteq I$, e a inclusão oposta faz parte da definição de ideal. □

Exemplo: Um ideal no protótipo tridimensional

Retomemos a álgebra com base $\{1, i, j\}$ e relações

$$i^2 = -1, \qquad j^2 = j, \qquad ij = 0.$$

Como essa álgebra é comutativa, basta verificar um dos lados. Para $I = \mathbb{R}j$ e $x = a + bi + cj$,

$$xj = (a + c)j \in I.$$

Por outro lado, $\mathrm{span}\{i, j\}$ não é sequer uma subálgebra, pois $i^2 = -1 \notin \mathrm{span}\{i, j\}$.

2.3 Álgebras quocientes

Se I é apenas uma subálgebra, em geral não é possível multiplicar classes laterais de A/I de maneira bem definida. A condição de ideal é precisamente o que torna possível essa construção.

Teorema 2.6 (Álgebra quociente). *Seja I um ideal de uma álgebra real A. O espaço vetorial quociente A/I torna-se uma álgebra real com o produto*

$$(x + I)(y + I) := xy + I.$$

Se A é comutativa ou associativa, então A/I possui a mesma propriedade. Se A é unital e $I \neq A$, então $1_A + I$ é a unidade de A/I.

Demonstração. Primeiro verificamos que o produto independe dos representantes. Se $x' = x + u$ e $y' = y + v$, com $u, v \in I$, então

$$x'y' - xy = xv + uy + uv.$$

Como I é bilateral, os três termos do lado direito pertencem a I. Logo, $x'y' + I = xy + I$. A bilinearidade do produto no quociente segue da bilinearidade em A.

Comutatividade e associatividade passam ao quociente aplicando a projeção canônica às respectivas identidades em A. Finalmente,

$$(1_A + I)(x + I) = x + I = (x + I)(1_A + I),$$

o que prova a afirmação sobre a unidade. □

Exemplo: O quociente que recupera o plano complexo

Na álgebra tridimensional anterior, seja $I = \mathbb{R}j$. Toda classe de A/I possui um único representante da forma $a + bi$. A aplicação

$$(a + bi) + I \longmapsto a + bi$$

é um isomorfismo de álgebras reais entre A/I e $\mathbb{C}$. Assim, a direção gerada por j pode ser eliminada por quociente, restando exatamente o plano complexo.

2.4 Homomorfismos

Definição 2.7 (Homomorfismo de álgebras). Sejam A e B álgebras reais. Uma aplicação $T : A \to B$ é um *homomorfismo de álgebras* quando é linear e satisfaz

$$T(xy) = T(x)T(y)$$

para todos $x, y \in A$. Se A e B são unitais e $T(1_A) = 1_B$, diz-se que T é *unital*.

Um homomorfismo bijetivo é chamado *isomorfismo*. Nesse caso, sua inversa também é um homomorfismo. Duas álgebras isomorfas possuem a mesma estrutura algébrica, embora possam ser apresentadas por espaços ou bases diferentes.

Proposição 2.8 (Núcleo e imagem). *Se $T : A \to B$ é um homomorfismo de álgebras, então:*

(i) $\ker T$ *é um ideal de* A*;*

(ii) $\operatorname{im} T$ *é uma subálgebra de* B*.*

Demonstração. O núcleo é um subespaço. Se $x \in A$ e $u \in \ker T$, então

$$T(xu) = T(x)T(u) = 0, \qquad T(ux) = T(u)T(x) = 0.$$

Logo, $xu, ux \in \ker T$, e o núcleo é um ideal bilateral.

A imagem é um subespaço. Se $T(x), T(y) \in \operatorname{im} T$, então

$$T(x)T(y) = T(xy) \in \operatorname{im} T,$$

de modo que a imagem é fechada para o produto. □

Teorema 2.9 (Primeiro teorema do isomorfismo). *Se $T : A \to B$ é um homomorfismo de álgebras, existe um único isomorfismo*

$$\widetilde{T} : A/\ker T \longrightarrow \operatorname{im} T$$

que satisfaz

$$\widetilde{T}(x + \ker T) = T(x).$$

Demonstração. Se $x + \ker T = y + \ker T$, então $x - y \in \ker T$, e portanto $T(x) = T(y)$. Logo, $\widetilde{T}$ está bem definida. Ela é linear, multiplicativa e sobrejetiva por construção. Finalmente,

$$\widetilde{T}(x + \ker T) = 0 \iff T(x) = 0 \iff x + \ker T = \ker T,$$

o que prova a injetividade. □

2.5 Operadores de multiplicação

Fixado um elemento de uma álgebra, a bilinearidade transforma a multiplicação em uma aplicação linear de uma variável.

Definição 2.10 (Multiplicações à esquerda e à direita). Para $x \in A$, definem-se os operadores lineares

$$L_x : A \to A, \qquad L_x(y) = xy,$$

e

$$R_x : A \to A, \qquad R_x(y) = yx.$$

Eles são chamados, respectivamente, *multiplicação à esquerda* e *multiplicação à direita* por x.

Se A é comutativa, então $L_x = R_x$ para todo x. A aplicação

$$L : A \longrightarrow \mathcal{L}(A), \qquad x \longmapsto L_x,$$

é linear, onde $\mathcal{L}(A)$ denota o espaço dos operadores lineares de A em A.

Proposição 2.11 (Unidade e representação por multiplicação). *Se A é unital, a aplicação linear $x \mapsto L_x$ é injetiva.*

Demonstração. Se $L_x = 0$, então

$$x = L_x(1_A) = 0.$$

Portanto, o núcleo da aplicação $x \mapsto L_x$ é trivial. □

Teorema 2.12 (Defeito de multiplicatividade). *Para quaisquer $x, y, z \in A$,*

$$(L_{xy} - L_x L_y)z = [x, y, z].$$

Consequentemente, A é associativa se, e somente se,

$$L_{xy} = L_x L_y$$

para todos $x, y \in A$.

Demonstração. Pelas definições,

$$(L_{xy} - L_x L_y)z = (xy)z - x(yz) = [x, y, z].$$

Assim, a igualdade dos operadores para todos x, y equivale ao anulamento de todos os associadores. □

A ordem e o sinal não podem ser trocados

Com nossa convenção $[x, y, z] = (xy)z - x(yz)$, o operador do associador é

$$L_{xy} - L_x L_y.$$

A expressão $L_x L_y - L_{xy}$ representa o seu oposto. Essa distinção será importante nos cálculos operatoriais das álgebras espaciais.

Mesmo em uma álgebra comutativa, os operadores de multiplicação podem não comutar. No protótipo tridimensional,

$$L_i L_j(i) = 0, \qquad L_j L_i(i) = L_j(-1) = -j.$$

Logo, $L_i L_j \neq L_j L_i$, apesar de $ij = ji$.

Proposição 2.13 (Ideais como subespaços invariantes). *Um subespaço $I \subseteq A$ é um ideal à esquerda se, e somente se,*

$$L_x(I) \subseteq I \qquad \textit{para todo } x \in A.$$

Analogamente, I é um ideal à direita se, e somente se, é invariante por todos os operadores R_x. Em particular, numa álgebra comutativa, os ideais são exatamente os subespaços invariantes por todos os L_x.

Demonstração. A condição $L_x(I) \subseteq I$ afirma precisamente que $xy \in I$ para todos $x \in A$ e $y \in I$, isto é, $AI \subseteq I$. A demonstração à direita é idêntica. No caso comutativo, $L_x = R_x$. □

2.6 Exercícios

Exercício 2.1 (♦). Em $\mathbb{R} \times \mathbb{R}$, com produto coordenada a coordenada, determine todos os subespaços unidimensionais que são subálgebras. Quais deles são ideais?

Exercício 2.2 (♦). Na álgebra tridimensional com base $\{1, i, j\}$, escreva as matrizes de L_1, L_i e L_j nessa base.

Exercício 2.3 (♦♦). Mostre que a interseção de uma família não vazia de ideais de uma álgebra é um ideal. Conclua que existe um menor ideal contendo qualquer subconjunto $S \subseteq A$.

Exercício 2.4 (♦♦). Seja I um ideal próprio de uma álgebra unital A. Prove que nenhum elemento de I pode possuir inverso bilateral em A.

Exercício 2.5 (♦♦♦). Prove que um homomorfismo sobrejetivo entre álgebras unitais envia a unidade do domínio na unidade do contradomínio, mesmo que isso não tenha sido exigido na definição.

Exercício 2.6 (♦♦♦). Seja I um ideal de A e seja $\pi : A \to A/I$ a projeção canônica. Mostre que todo homomorfismo $T : A \to B$ com $I \subseteq \ker T$ se fatora de modo único como

$$T = \widehat{T} \circ \pi,$$

onde $\widehat{T} : A/I \to B$ é um homomorfismo.

Exercício 2.7 (♦♦♦). Mostre que, para quaisquer $x, y, z \in A$,

$$(R_z R_y - R_{yz})x = [x, y, z].$$

Explique por que a ordem $R_z R_y$ aparece nessa identidade.

Exercício 2.8 (♦♦♦♦). Seja A uma álgebra comutativa. Prove que

$$[L_x, L_y]z = [y, x, z] - [x, y, z],$$

onde $[S, T] = ST - TS$. Verifique a fórmula no protótipo tridimensional usando $x = i$, $y = j$ e $z = i$.

Observação 2.14 (Para prosseguir). Os operadores L_x converterão várias questões algébricas em problemas de álgebra linear. No próximo capítulo estudaremos elementos idempotentes, divisores de zero, elementos regulares e diferentes noções de inversibilidade.

CAPÍTULO 3

Idempotentes, divisores de zero e inversibilidade

Objetivos e pré-requisitos

Este capítulo utiliza os operadores de multiplicação introduzidos no capítulo 2 e fatos elementares sobre núcleo, determinante e invertibilidade de operadores lineares em dimensão finita.
Ao final do capítulo, o leitor deverá ser capaz de:

(i) reconhecer e combinar idempotentes ortogonais;

(ii) distinguir divisores de zero à esquerda e à direita;

(iii) relacionar divisores de zero ao núcleo dos operadores L_x e R_x;

(iv) diferenciar inversibilidade de elementos e invertibilidade de operadores de multiplicação.

3.1 Idempotentes

Definição 3.1 (Elemento idempotente). Um elemento e de uma álgebra A é chamado *idempotente* quando

$$e^2 = e.$$

Se A é unital, 0 e 1_A são os *idempotentes triviais*. Os demais, quando existem, são chamados *idempotentes não triviais*.

Idempotentes descrevem direções que permanecem fixas sob a multiplicação por si mesmas. Com efeito, $L_e(e) = e$. Em particular, todo idempotente não nulo é um autovetor de L_e associado ao autovalor 1.

Definição 3.2 (Idempotentes ortogonais). Dois idempotentes $e, f \in A$ são *ortogonais* quando

$$ef = fe = 0.$$

Em uma álgebra comutativa, basta exigir $ef = 0$.

Proposição 3.3 (Soma de idempotentes ortogonais). *Se $e_1, \dots, e_r$ são idempotentes dois a dois ortogonais, então*

$$e = e_1 + \cdots + e_r$$

é idempotente.

Demonstração. Pela bilinearidade,

$$e^2 = \sum_{k=1}^{r} e_k^2 + \sum_{k \neq \ell} e_k e_\ell.$$

Os termos da segunda soma são nulos pela ortogonalidade, enquanto $e_k^2 = e_k$. Logo, $e^2 = \sum_k e_k = e$. □

Observação 3.4. A prova não utiliza associatividade. Ela depende apenas da bilinearidade e da ortogonalidade nas duas ordens.

Proposição 3.5 (Complemento de um idempotente). *Se A é unital e $e \in A$ é idempotente, então $1_A - e$ também é idempotente. Além disso, e e $1_A - e$ são ortogonais.*

Demonstração. Usando somente a unidade, a bilinearidade e $e^2 = e$, obtemos

$$(1_A - e)^2 = 1_A - e - e + e^2 = 1_A - e.$$

Também

$$e(1_A - e) = e - e^2 = 0, \qquad (1_A - e)e = e - e^2 = 0.$$

□

Exemplo: Idempotentes no protótipo tridimensional

Na álgebra com base $\{1, i, j\}$ e relações

$$i^2 = -1, \qquad j^2 = j, \qquad ij = 0,$$

o elemento j é idempotente. Seu complemento $1 - j$ também é idempotente, e

$$j(1 - j) = 0.$$

Assim, além de 0 e 1, a álgebra possui os idempotentes j e $1 - j$.

3.2 Divisores de zero

Definição 3.6 (Divisores de zero laterais). Um elemento não nulo $x \in A$ é:

(i) um *divisor de zero à esquerda* quando existe $y \neq 0$ tal que $xy = 0$;

(ii) um *divisor de zero à direita* quando existe $y \neq 0$ tal que $yx = 0$.

Se uma das condições ocorre, diz-se simplesmente que x é um *divisor de zero*. Em uma álgebra comutativa, as duas condições coincidem.

Essa terminologia lateral acompanha os operadores de multiplicação. Com nossas convenções, $xy = L_x(y)$ e $yx = R_x(y)$.

Proposição 3.7 (Caracterização operatorial). *Um elemento não nulo $x \in A$ é divisor de zero à esquerda se, e somente se,*

$$\ker L_x \neq \{0\}.$$

Analogamente, x é divisor de zero à direita se, e somente se, $\ker R_x \neq \{0\}$.

Demonstração. A condição $xy = 0$ para algum $y \neq 0$ significa precisamente que $y \in \ker L_x \setminus \{0\}$. A demonstração para R_x é idêntica. □

Corolário 3.8 (Critério do determinante). *Se A é de dimensão finita e $x \neq 0$, então x é divisor de zero à esquerda se, e somente se,*

$$\det L_x = 0.$$

A afirmação análoga vale à direita com R_x.

Demonstração. Em dimensão finita, um operador linear possui núcleo não trivial se, e somente se, não é invertível, o que equivale ao anulamento de seu determinante. □

O elemento zero

Por convenção, um divisor de zero é sempre não nulo. O operador L_0 possui núcleo igual a toda a álgebra, mas isso não transforma 0 em divisor de zero. Quando desejarmos incluir o zero, usaremos expressões como "conjunto singular" ou "lugar de anulamento do determinante".

3.3 Elementos regulares

Em dimensão finita, o determinante permite distinguir os elementos cujos operadores de multiplicação podem ser invertidos.

Definição 3.9 (Regularidade à esquerda e à direita). Um elemento $x \in A$ é *regular à esquerda* quando L_x é um operador linear invertível. Ele é *regular à direita* quando R_x é invertível. Se as duas condições valem, diz-se que x é *operatorialmente regular*, ou simplesmente *regular* quando não houver risco de ambiguidade.

Proposição 3.10. *Em uma álgebra de dimensão finita, um elemento não nulo é regular à esquerda se, e somente se, não é divisor de zero à esquerda. Em uma álgebra comutativa de dimensão finita, regularidade à esquerda, regularidade à direita e ausência de divisores de zero são equivalentes.*

Demonstração. Em dimensão finita, L_x é invertível se, e somente se, seu núcleo é trivial. A primeira afirmação segue da caracterização operatorial dos divisores de zero. No caso comutativo, $L_x = R_x$. □

Observação 3.11 (Dimensão infinita). Em dimensão infinita, injetividade e sobrejetividade não são equivalentes. Por isso, a ausência de divisores de zero garante apenas a injetividade de L_x ou R_x, e não a invertibilidade desses operadores. Voltaremos a essa distinção ao estudar as álgebras espaciais sobre ℓ^p.

3.4 Inversos de elementos

Definição 3.12 (Inversos laterais e bilaterais). Seja A uma álgebra unital. Um elemento $y \in A$ é:

(i) um *inverso à esquerda* de x quando $yx = 1_A$;

(ii) um *inverso à direita* de x quando $xy = 1_A$;

(iii) um *inverso bilateral* de x quando as duas igualdades valem.

Um elemento que possui inverso bilateral é chamado *multiplicativamente invertível.*

Em uma álgebra comutativa, todo inverso lateral é automaticamente bilateral. Isso, porém, não garante sua unicidade.

Teorema 3.13 (Regularidade e solução da equação inversa). *Se A é unital e x é regular à esquerda, existe um único elemento $y \in A$ que satisfaz*

$$xy = 1_A.$$

Se A é também comutativa, esse elemento é o único inverso bilateral de x.

Demonstração. Como L_x é bijetivo, a equação

$$L_x(y) = 1_A$$

possui uma única solução. Se a álgebra é comutativa, $yx = xy = 1_A$, de modo que y é bilateral. Qualquer outro inverso bilateral também resolveria a mesma equação e, portanto, coincidiria com y. □

Observação 3.14 (Operador à esquerda e inverso à direita). A expressão "regular à esquerda" refere-se ao operador L_x. Como $L_x(y) = xy$, sua sobrejetividade produz um inverso à direita de x. Analogamente, a regularidade à direita, definida por R_x, produz um inverso à esquerda. Convém distinguir o lado do operador do lado ocupado pelo elemento inverso na equação.

A recíproca pode falhar

Sem associatividade, a existência de um inverso bilateral não implica que L_x seja injetivo. Portanto, um elemento multiplicativamente invertível pode ser divisor de zero e pode possuir mais de um inverso.

3.5 Um exemplo completo em dimensão três

Considere novamente

$$A = \mathrm{span}_{\mathbb{R}}\{1, i, j\}, \qquad i^2 = -1, \quad j^2 = j, \quad ij = 0.$$

Para

$$x = a + bi + cj,$$

as imagens dos vetores da base por L_x são

$$L_x(1) = a + bi + cj, \qquad L_x(i) = -b + ai, \qquad L_x(j) = (a+c)j.$$

Logo, relativamente à base ordenada $\{1, i, j\}$,

$$[L_x] = \begin{pmatrix} a & -b & 0 \\ b & a & 0 \\ c & 0 & a+c \end{pmatrix},$$

e, portanto,

$$\det L_x = (a^2 + b^2)(a + c).$$

Proposição 3.15 (Regularidade no protótipo). *O elemento $x = a + bi + cj$ é regular se, e somente se,*

$$a^2 + b^2 \neq 0 \qquad e \qquad a + c \neq 0.$$

Nesse caso, seu único inverso é

$$x^{-1} = \frac{a - bi}{a^2 + b^2} - \frac{ac}{(a^2 + b^2)(a + c)} j.$$

Demonstração. O critério de regularidade segue da fórmula do determinante. Para encontrar o inverso, escreva $y = u + vi + dj$. A equação $xy = 1$ produz

$$(a + bi)(u + vi) = 1$$

na componente complexa, donde

$$u = \frac{a}{a^2 + b^2}, \qquad v = -\frac{b}{a^2 + b^2}.$$

Na direção j, a equação é

$$(a + c)d + cu = 0.$$

Como $a + c \neq 0$, obtemos

$$d = -\frac{cu}{a + c} = -\frac{ac}{(a^2 + b^2)(a + c)}.$$

□

Exemplo: Um elemento invertível que é divisor de zero

O elemento i satisfaz

$$i(-i) = 1,$$

mas também

$$ij = 0$$

com $j \neq 0$. Logo, i é multiplicativamente invertível e, ao mesmo tempo, divisor de zero. Além disso, para todo $t \in \mathbb{R}$,

$$i(-i + tj) = 1,$$

de modo que i possui infinitos inversos bilaterais.

Esse exemplo mostra por que utilizaremos duas expressões diferentes: "elemento regular" refere-se à invertibilidade de L_x, enquanto "elemento multiplicativamente invertível" refere-se à existência de solução para $xy = yx = 1$.

3.6 Exercícios

Exercício 3.1 (♦). Determine todos os idempotentes da álgebra $\mathbb{R} \times \mathbb{R}$ com produto coordenada a coordenada.

Exercício 3.2 (♦). No protótipo tridimensional, verifique diretamente que j e $1 - j$ são idempotentes ortogonais e que sua soma é a unidade.

Exercício 3.3 (♦♦). Prove que todo idempotente não trivial de uma álgebra unital é divisor de zero.

Exercício 3.4 (♦♦). Se x possui dois inversos à direita distintos, prove que x é divisor de zero à esquerda.

Exercício 3.5 (♦♦). Determine o núcleo de L_i no protótipo tridimensional e explique por que a equação $iy = 1$ possui uma família afim de soluções.

Exercício 3.6 (♦♦♦). Classifique todos os divisores de zero do protótipo tridimensional usando a fatoração

$$\det L_x = (a^2 + b^2)(a + c).$$

Não se esqueça de excluir o elemento zero da resposta.

Exercício 3.7 (♦♦♦). Classifique todos os elementos multiplicativamente invertíveis do protótipo tridimensional. Mostre que eles consistem nos elementos regulares juntamente com os múltiplos não nulos de i.

Exercício 3.8 (♦♦♦♦). Construa uma álgebra unital não comutativa e um elemento que possua inverso à direita, mas não possua inverso à esquerda. Compare esse fenômeno com o caso de operadores lineares em dimensão infinita.

Observação 3.16 (Para prosseguir). Os três primeiros capítulos forneceram a linguagem necessária para apresentar as álgebras espaciais $\mathcal{K}_m$. No próximo capítulo construiremos essa família, deduziremos sua fórmula explícita de multiplicação e examinaremos os primeiros casos de baixa dimensão.

CAPÍTULO 4

As álgebras espaciais como extensões de $\mathbb{C}$

Objetivos e ponto de vista

Construiremos $\mathcal{K}_m$ acrescentando ao plano complexo m direções reais idempotentes e mutuamente ortogonais. A palavra "extensão" será empregada em sentido estrutural: $\mathbb{C}$ será uma subálgebra canônica e também o quociente por um ideal espacial. Como $\mathcal{K}_m$ não é associativa para cada $m \geq 1$, ela não é uma extensão de corpos.

4.1 Da reta real ao plano complexo e ao espaço

A passagem de $\mathbb{R}$ para $\mathbb{C}$ acrescenta uma direção i sujeita a $i^2 = -1$. Conservaremos integralmente esse plano e acrescentaremos direções j_k que satisfazem $j_k^2 = j_k$, não interagem entre si e são anuladas por i. Assim, a geometria circular da direção complexa convive com uma geometria idempotente nas novas coordenadas.

Definição 4.1 (Álgebra espacial $\mathcal{K}_m$). Para $m \geq 1$, seja

$$\mathcal{K}_m = \operatorname{span}_{\mathbb{R}}\{1, i, j_1, \dots, j_m\}.$$

O produto de $\mathcal{K}_m$ é a extensão bilinear da tabela

$$\begin{aligned} &1x = x1 = x, && i^2 = -1, \\ &ij_k = j_k i = 0, && j_k^2 = j_k, \\ &j_k j_\ell = 0 \quad (k \neq \ell). \end{aligned}$$

Cada elemento possui uma representação única

$$x = a + bi + \sum_{k=1}^{m} c_k j_k.$$

Denomina-se $a + bi$ a *componente complexa*, e $\sum_k c_k j_k$, a *componente espacial* de x.

Teorema 4.2 (Fórmula explícita do produto). *Se*

$$x = a + bi + \sum_{k=1}^{m} c_k j_k, \qquad y = d + ei + \sum_{k=1}^{m} f_k j_k,$$

então

$$\boxed{xy = (ad - be) + (ae + bd)i + \sum_{k=1}^{m} (af_k + dc_k + c_k f_k) j_k.}$$

Demonstração. Distribuindo o produto, a parte gerada por 1 e i é o produto complexo usual. Os termos contendo ij_k desaparecem. Na direção j_k, sobrevivem $af_k j_k$, $dc_k j_k$ e $c_k f_k j_k^2 = c_k f_k j_k$. Produtos envolvendo direções espaciais distintas são nulos. Somando os termos, obtemos a fórmula. □

Corolário 4.3. *Para todo $m \geq 1$, a álgebra $\mathcal{K}_m$ é real, comutativa, unital e possui dimensão $m + 2$.*

Demonstração. A bilinearidade decorre da construção, a comutatividade é visível na tabela e 1 é a unidade. A base definidora possui $m + 2$ elementos. □

4.2 Em que sentido $\mathcal{K}_m$ estende os complexos?

Defina

$$\mathbb{C}_m := \operatorname{span}_{\mathbb{R}}\{1, i\}, \qquad J_m := \operatorname{span}_{\mathbb{R}}\{j_1, \dots, j_m\}.$$

Teorema 4.4 (Plano complexo e ideal espacial). *As seguintes afirmações valem:*

(i) *$\mathbb{C}_m$ é uma subálgebra unital canonicamente isomorfa a $\mathbb{C}$;*

(ii) J_m *é um ideal de* $\mathcal{K}_m$*;*

(iii) *a projeção*

$$\pi_{\mathbb{C}} : \mathcal{K}_m \to \mathbb{C}, \qquad \pi_{\mathbb{C}}(a + bi + \sum c_k j_k) = a + bi,$$

é um homomorfismo sobrejetivo com núcleo J_m*;*

(iv) $\mathcal{K}_m / J_m \cong \mathbb{C}$ *como álgebras reais.*

Demonstração. A restrição da tabela a $\{1, i\}$ é exatamente a multiplicação complexa. Pela fórmula explícita, o produto de qualquer elemento por $\sum f_k j_k$ pertence a J_m, logo J_m é ideal. A mesma fórmula dá $\pi_{\mathbb{C}}(xy) = \pi_{\mathbb{C}}(x)\pi_{\mathbb{C}}(y)$; sobrejetividade e núcleo são imediatos. A última afirmação segue do primeiro teorema do isomorfismo. □

Extensão algébrica, não extensão de corpos

Embora $\mathbb{C} \subset \mathcal{K}_m$ canonicamente, a álgebra $\mathcal{K}_m$ possui divisores de zero e não é associativa. Portanto, não é uma extensão de $\mathbb{C}$ na acepção da teoria de corpos. Trata-se de uma extensão real, comutativa e unital do plano complexo por um ideal idempotente.

As inclusões que preservam os vetores da base fornecem uma cadeia natural

$$\mathbb{C} \subset \mathcal{K}_1 \subset \mathcal{K}_2 \subset \cdots \subset \mathcal{K}_m \subset \cdots.$$

4.3 A não associatividade está no acoplamento

Para todo k,

$$[i, i, j_k] = (i^2)j_k - i(ij_k) = -j_k \neq 0.$$

Logo, nenhuma $\mathcal{K}_m$, com $m \geq 1$, é associativa. Por outro lado, tanto o plano $\mathbb{C}_m$ quanto o subespaço

$$A_m := \operatorname{span}_{\mathbb{R}}\{1, j_1, \ldots, j_m\}$$

são subálgebras, e ambas são associativas. A falha aparece quando a direção imaginária e as direções espaciais participam do mesmo cálculo.

Proposição 4.5 (Produto na parte real-idempotente). *Se*

$$x = a + \sum c_k j_k, \qquad y = d + \sum f_k j_k,$$

então

$$xy = ad + \sum_{k=1}^{m} (a f_k + d c_k + c_k f_k) j_k.$$

A aplicação

$$a + \sum c_k j_k \longmapsto (a, a + c_1, \ldots, a + c_m)$$

é um isomorfismo entre A_m e $\mathbb{R}^{m+1}$ com produto componente a componente.

Demonstração. Pela bilinearidade e pelas relações

$$j_k^2 = j_k, \qquad j_k j_\ell = 0 \quad (k \neq \ell),$$

temos

$$\begin{aligned} xy &= \left(a + \sum_{k=1}^{m} c_k j_k\right)\left(d + \sum_{\ell=1}^{m} f_\ell j_\ell\right) \\ &= ad + a\sum_{\ell=1}^{m} f_\ell j_\ell + d\sum_{k=1}^{m} c_k j_k + \sum_{k=1}^{m}\sum_{\ell=1}^{m} c_k f_\ell j_k j_\ell. \end{aligned}$$

Como os produtos $j_k j_\ell$ se anulam quando $k \neq \ell$ e $j_k^2 = j_k$, a soma dupla reduz-se a

$$\sum_{k=1}^{m} c_k f_k j_k.$$

Consequentemente,

$$xy = ad + \sum_{k=1}^{m} (a f_k + d c_k + c_k f_k) j_k.$$

Considere agora a aplicação

$$\Sigma : A_m \longrightarrow \mathbb{R}^{m+1}, \qquad \Sigma\left(a + \sum_{k=1}^{m} c_k j_k\right) = (a, a + c_1, \ldots, a + c_m).$$

Ela é linear. Além disso,

$$\begin{aligned} \Sigma(xy) &= \big(ad,\ ad + a f_1 + d c_1 + c_1 f_1, \ldots, \\ &\qquad\qquad ad + a f_m + d c_m + c_m f_m\big) \\ &= \big(ad,\ (a + c_1)(d + f_1), \ldots, (a + c_m)(d + f_m)\big). \end{aligned}$$

Por outro lado,

$$\begin{aligned}\Sigma(x)\circ\Sigma(y) &= (a, a+c_1, \dots, a+c_m)\circ(d, d+f_1, \dots, d+f_m)\\ &= \big(ad,\ (a+c_1)(d+f_1), \dots, (a+c_m)(d+f_m)\big).\end{aligned}$$

Portanto,

$$\Sigma(xy) = \Sigma(x)\circ\Sigma(y),$$

de modo que Σ preserva o produto.

Finalmente, defina

$$\Psi : \mathbb{R}^{m+1} \longrightarrow A_m, \qquad \Psi(r_0, r_1, \dots, r_m) = r_0 + \sum_{k=1}^{m}(r_k - r_0)j_k.$$

Temos

$$\Sigma\big(\Psi(r_0, \dots, r_m)\big) = (r_0, r_1, \dots, r_m)$$

e

$$\Psi\left(\Sigma\left(a + \sum_{k=1}^{m} c_k j_k\right)\right) = a + \sum_{k=1}^{m} c_k j_k.$$

Logo, $\Psi = \Sigma^{-1}$, e Σ é um isomorfismo entre A_m e $\mathbb{R}^{m+1}$ munido do produto componente a componente. □

4.4 A geometria do produto em $\mathcal{K}_1$

Identificamos

$$a + bi + cj \longleftrightarrow (a, b, c) \in \mathbb{R}^3.$$

O plano horizontal $c = 0$ é o plano complexo, e o eixo vertical representa a direção idempotente j. Se $x = (a, b, c)$ e $y = (d, e, f)$, então

$$\boxed{xy = (ad - be,\ ae + bd,\ af + dc + cf).}$$

As duas primeiras componentes são exatamente o produto complexo; a altura do produto é determinada pelo acoplamento real-idempotente $af + dc + cf$.

Dois produtos especiais tornam a geometria particularmente transparente:

$$(a + bi + cj)i = -b + ai, \qquad (a + bi + cj)j = (a + c)j.$$

Multiplicar por i apaga a altura espacial e efetua uma rotação de 90° no plano complexo. Multiplicar por j colapsa todo o vetor sobre o eixo espacial, com fator $a + c$.

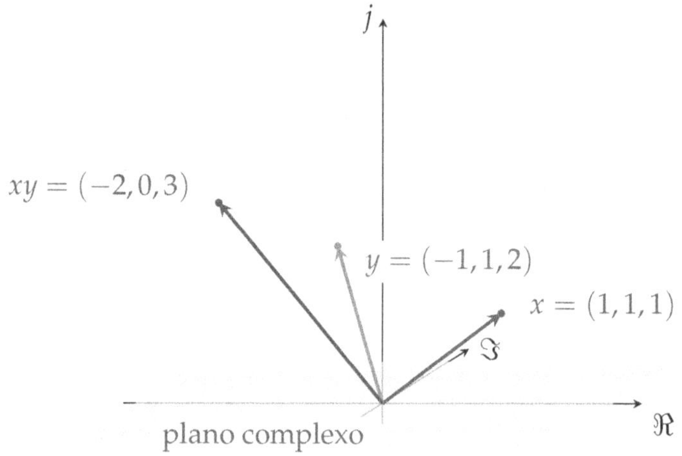

Figura 4.1: Representação vetorial de um produto em $\mathcal{K}_1$. A componente complexa de xy é o produto das projeções complexas; a altura resulta do acoplamento espacial.

4.5 O número de ouro no controle do produto euclidiano

Uma característica especialmente marcante das álgebras espaciais é o aparecimento natural do número de ouro

$$\varphi = \frac{1+\sqrt{5}}{2}.$$

Ele não é introduzido como ornamento nem como escolha de normalização. Surge como a norma operatorial exata da matriz que governa o acoplamento entre a coordenada real e a componente espacial do produto.

Destaque: a matriz do número de ouro

A matriz simétrica

$$M = \begin{pmatrix} 0 & 1 \\ 1 & 1 \end{pmatrix}$$

possui autovalores

$$\frac{1+\sqrt{5}}{2} = \varphi \quad \text{e} \quad \frac{1-\sqrt{5}}{2} = -\frac{1}{\varphi}.$$

Consequentemente, sua norma euclidiana é $\|M\|_{\text{op}} = \varphi$. É essa matriz que reunirá os três termos $|a|\|f\|_2$, $|d|\|c\|_2$ e $\|c\|_2\|f\|_2$ da componente espacial.

Em $\mathcal{K}_m$, adotemos a norma euclidiana

$$\left\|a + bi + \sum c_k j_k\right\|_2 = \left(a^2 + b^2 + \sum c_k^2\right)^{1/2}.$$

Teorema 4.6 (Estimativa uniforme do produto). *Para todos $x, y \in \mathcal{K}_m$,*

$$\|xy\|_2 \leq \sqrt{1+\varphi^2}\,\|x\|_2\|y\|_2, \qquad \varphi = \frac{1+\sqrt{5}}{2}.$$

Demonstração. Escreva

$$x = (a, b, c), \qquad y = (d, e, f),$$

com $c, f \in \mathbb{R}^m$, e denote por

$$c \circ f = (c_1 f_1, \ldots, c_m f_m)$$

o produto coordenado. Separaremos o produto em sua componente complexa e sua componente espacial.

Pela fórmula explícita, a componente complexa de xy é o produto dos números $a + bi$ e $d + ei$. Sua norma é, portanto,

$$\sqrt{a^2 + b^2}\,\sqrt{d^2 + e^2} \leq \|x\|_2\|y\|_2.$$

A componente espacial é

$$s = af + dc + c \circ f.$$

Antes de estimá-la, observemos que

$$\begin{aligned}\|c \circ f\|_2^2 &= \sum_{k=1}^{m} c_k^2 f_k^2 \\ &\leq \left(\sum_{k=1}^{m} c_k^2\right)\left(\sum_{k=1}^{m} f_k^2\right) = \|c\|_2^2\|f\|_2^2.\end{aligned}$$

Logo, $\|c \circ f\|_2 \leq \|c\|_2\|f\|_2$. Pela desigualdade triangular,

$$\|s\|_2 \leq |a|\,\|f\|_2 + |d|\,\|c\|_2 + \|c\|_2\|f\|_2.$$

Introduza os vetores de $\mathbb{R}^2$

$$u = \begin{pmatrix} |a| \\ \|c\|_2 \end{pmatrix}, \qquad v = \begin{pmatrix} |d| \\ \|f\|_2 \end{pmatrix}$$

e a matriz M destacada acima. O lado direito da última desigualdade é

$$u^T M v.$$

Pela desigualdade de Cauchy–Schwarz e pela definição da norma operatorial,

$$u^T M v \leq \|u\|_2\,\|Mv\|_2 \leq \|M\|_{\text{op}}\|u\|_2\|v\|_2.$$

Como $\|M\|_{\text{op}} = \varphi$ e

$$\|u\|_2^2 = a^2 + \|c\|_2^2 \leq \|x\|_2^2, \qquad \|v\|_2^2 = d^2 + \|f\|_2^2 \leq \|y\|_2^2,$$

concluímos que

$$\|s\|_2 \leq \varphi\|x\|_2\|y\|_2.$$

Por fim, as componentes complexa e espacial pertencem a subespaços euclidianamente ortogonais. Assim,

$$\begin{aligned} \|xy\|_2^2 &= \|\pi_{\mathbb{C}}(xy)\|_2^2 + \|s\|_2^2 \\ &\leq \|x\|_2^2\|y\|_2^2 + \varphi^2\|x\|_2^2\|y\|_2^2 \\ &= (1+\varphi^2)\|x\|_2^2\|y\|_2^2. \end{aligned}$$

Tomando raízes quadradas, obtemos o resultado. □

Observação 4.7 (Por que aparece φ?). O número de ouro não é introduzido artificialmente: ele é a norma exata da matriz simétrica que controla a interação entre a coordenada real e a norma da componente espacial. A constante $\sqrt{1+\varphi^2}$ é uma estimativa uniforme; não afirmamos aqui que seja a melhor constante possível para o produto completo.

4.6 Exercícios

Exercício 4.1 (♦). Calcule o produto de $1+i+j$ por $-1+i+2j$ e confirme o vetor exibido na figura 4.1.

Exercício 4.2 (♦). Em $\mathcal{K}_2$, calcule $(1+i+j_1)(2-i+j_1+3j_2)$.

Exercício 4.3 (♦♦). Prove diretamente que cada inclusão $\mathcal{K}_m \subset \mathcal{K}_{m+1}$ preserva a unidade e o produto.

Exercício 4.4 (♦♦). Determine geometricamente os conjuntos de pontos de $\mathcal{K}_1 \cong \mathbb{R}^3$ que são anulados por i e por j.

Exercício 4.5 (♦♦♦). Verifique em todas as ternas de vetores da base que A_m é associativa. Compare esse procedimento com o isomorfismo $A_m \cong \mathbb{R}^{m+1}$.

Exercício 4.6 (♦♦♦). Mostre que $\pi_{\mathbb{C}}$ é a única projeção linear de $\mathcal{K}_m$ sobre $\mathbb{C}_m$ cujo núcleo é J_m e que restringe à identidade em $\mathbb{C}_m$.

Exercício 4.7 (♦♦♦♦). Investigue numericamente, no caso $\mathcal{K}_1$, quão próxima da igualdade pode ficar a estimativa que contém $\sqrt{1+\varphi^2}$. Formule uma conjectura sobre a melhor constante euclidiana para o produto.

Observação 4.8 (Para prosseguir). No próximo capítulo calcularemos o associador geral de $\mathcal{K}_m$ e estudaremos flexibilidade, associatividade por partes e a falha de identidades clássicas.

CAPÍTULO 5

O associador e as leis de associatividade

Antes de começar: por que os parênteses importam?

Em uma álgebra não associativa, uma expressão com três ou mais fatores só fica determinada depois que escolhemos os parênteses. Por exemplo,

$$(xy)z \quad \text{e} \quad x(yz)$$

podem representar elementos diferentes. O associador, já mencionado na definição 1.7, mede precisamente essa diferença:

$$[x,y,z] = (xy)z - x(yz).$$

Neste capítulo não verificaremos todas as ternas da base uma a uma. Em vez disso, obteremos uma fórmula fechada, da qual as principais leis de associatividade seguirão por substituições simples.

5.1 Cálculo do associador geral

Para tornar visíveis os diferentes papéis das coordenadas, escreveremos

$$x = a + bi + J(\mathbf{c}), \qquad y = u + vi + J(\mathbf{d}), \qquad z = r + si + J(\mathbf{e}),$$

onde

$$J(\mathbf{c}) = \sum_{k=1}^{m} c_k j_k$$

e usamos a notação $\mathbf{c} \circ \mathbf{d} = (c_1 d_1, \ldots, c_m d_m)$ para o produto coordenado.

Lema 5.1 (Forma vetorial do produto). *Se* $p = \alpha + \beta i + J(\mathbf{q})$ *e* $q = \gamma + \delta i + J(\mathbf{t})$, *então*

$$pq = (\alpha + \beta i)(\gamma + \delta i) + J(\alpha \mathbf{t} + \gamma \mathbf{q} + \mathbf{q} \circ \mathbf{t}).$$

Em particular, a coordenada imaginária complexa não entra diretamente na componente espacial do produto.

Demonstração. Expanda o produto e use

$$i^2 = -1, \qquad ij_k = j_k i = 0, \qquad j_k j_\ell = \delta_{k\ell} j_k.$$

Os termos que contêm simultaneamente i e algum j_k desaparecem. Os termos puramente complexos formam $(\alpha + \beta i)(\gamma + \delta i)$, enquanto o coeficiente de j_k é $\alpha t_k + \gamma q_k + q_k t_k$. □

Teorema 5.2 (Fórmula geral do associador). *Com a notação acima,*

$$\boxed{[x, y, z] = J(vs\,\mathbf{c} - bv\,\mathbf{e}).} \tag{5.1}$$

Consequentemente, o associador não depende de $\mathbf{d}$, *nem das coordenadas reais* a, u, r.

Demonstração. Pelo lema anterior,

$$xy = (a + bi)(u + vi) + J(a\mathbf{d} + u\mathbf{c} + \mathbf{c} \circ \mathbf{d}).$$

A parte real do produto complexo é $au - bv$. Portanto, a componente espacial de $(xy)z$ é

$$(au - bv)\mathbf{e} + r\,(a\mathbf{d} + u\mathbf{c} + \mathbf{c} \circ \mathbf{d}) \\ + (a\mathbf{d} + u\mathbf{c} + \mathbf{c} \circ \mathbf{d}) \circ \mathbf{e}.$$

Analogamente,

$$yz = (u + vi)(r + si) + J(u\mathbf{e} + r\mathbf{d} + \mathbf{d} \circ \mathbf{e}),$$

cuja parte real é $ur - vs$. A componente espacial de $x(yz)$ é

$$a\,(u\mathbf{e} + r\mathbf{d} + \mathbf{d} \circ \mathbf{e}) + (ur - vs)\mathbf{c} \\ + \mathbf{c} \circ (u\mathbf{e} + r\mathbf{d} + \mathbf{d} \circ \mathbf{e}).$$

As componentes complexas de $(xy)z$ e $x(yz)$ coincidem, pois a multiplicação em $\mathbb{C}$ é associativa. Na diferença das componentes espaciais, os termos que contêm a, u, r ou $\mathbf{d}$ cancelam-se par a par. Restam apenas

$$-bv\,\mathbf{e} - (-vs\,\mathbf{c}) = vs\,\mathbf{c} - bv\,\mathbf{e},$$

o que prova (5.1). □

Exemplo: A obstrução mínima em $\mathcal{K}_1$

Tomando $x = y = i$ e $z = j$, temos $b = v = 1, s = 0, \mathbf{c} = 0$ e $\mathbf{e} = 1$. A fórmula fornece

$$[i, i, j] = -j.$$

De fato,

$$(ii)j = (-1)j = -j, \qquad i(ij) = i\,0 = 0.$$

Uma única terna já prova que $\mathcal{K}_1$ não é associativa, e o mesmo cálculo, com j_k no lugar de j, mostra que $\mathcal{K}_m$ não é associativa para nenhum $m \geq 1$.

5.2 Flexibilidade e leis alternativas

Definição 5.3 (Flexibilidade e alternatividade). Uma álgebra é *flexível* quando

$$[x, y, x] = 0 \qquad \text{para todos } x, y.$$

Ela é *alternativa à esquerda* quando $[x, x, y] = 0$, alternativa à direita quando $[y, x, x] = 0$, e *alternativa* quando satisfaz ambas as identidades.

Proposição 5.4 (Flexibilidade exata). *Toda álgebra espacial $\mathcal{K}_m$ é flexível.*

Demonstração. Na fórmula do associador, faça $z = x$. Então $s = b$ e $\mathbf{e} = \mathbf{c}$, de modo que

$$[x, y, x] = J(vb\,\mathbf{c} - bv\,\mathbf{c}) = 0.$$

Também se pode enxergar a conclusão diretamente: como o produto é comutativo, $(xy)x = x(xy) = x(yx)$. □

Proposição 5.5 (Falha das identidades alternativas). *A álgebra $\mathcal{K}_m$ não é alternativa à esquerda nem à direita.*

Demonstração. Para qualquer k, já sabemos que

$$[i, i, j_k] = -j_k \neq 0,$$

o que viola a identidade alternativa à esquerda. Por outro lado,

$$[j_k, i, i] = j_k \neq 0,$$

pois $(j_k i)i = 0$, enquanto $j_k(ii) = j_k(-1) = -j_k$. Assim, $(j_k i)i - j_k(ii) = j_k$, e a identidade alternativa à direita também falha. □

Comutatividade não implica associatividade

Em $\mathcal{K}_m$, podemos trocar a ordem dos fatores, mas não deslocar livremente os parênteses. A flexibilidade permite a troca

$$(xy)x = x(yx),$$

mas não autoriza concluir, por exemplo, que $(xx)y = x(xy)$.

5.3 Potências: o primeiro ponto de ambiguidade

Definição 5.6 (Associatividade por potências). Uma álgebra é *associativa por potências* quando a subálgebra gerada por cada elemento é associativa. Equivalentemente, toda potência de um único elemento independe da colocação dos parênteses.

Como $\mathcal{K}_m$ é flexível,

$$(x^2)x = x(x^2).$$

Assim, x^3 é bem definida sem ambiguidade. O primeiro problema pode surgir no grau quatro, na comparação entre x^2x^2 e $x(x^3)$.

Teorema 5.7 (Defeito de quarta potência). *Se $x = a + bi + J(\mathbf{c})$, então*

$$x^2x^2 - x(x^3) = -b^2 J(\mathbf{c} \circ \mathbf{c}). \tag{5.2}$$

Logo, $\mathcal{K}_m$ é terceiro-potência-associativa, mas não é associativa por potências.

Demonstração. A diferença à esquerda é precisamente

$$[x, x, x^2].$$

Pela fórmula do produto,

$$x^2 = (a^2 - b^2) + 2ab\,i + J(2a\mathbf{c} + \mathbf{c} \circ \mathbf{c}).$$

Na fórmula geral do associador, tome $y = x$ e $z = x^2$. Temos

$$v = b, \qquad s = 2ab, \qquad \mathbf{e} = 2a\mathbf{c} + \mathbf{c} \circ \mathbf{c}.$$

Portanto,

$$\begin{aligned} [x, x, x^2] &= J\big(2ab^2\mathbf{c} - b^2(2a\mathbf{c} + \mathbf{c} \circ \mathbf{c})\big) \\ &= -b^2 J(\mathbf{c} \circ \mathbf{c}). \end{aligned}$$

Se $b \neq 0$ e $\mathbf{c} \neq 0$, então $\mathbf{c} \circ \mathbf{c} \neq 0$; logo as duas parentizações de grau quatro são distintas. □

Exemplo: Duas quartas potências de $i + j$

Para $x = i + j$, temos $b = 1$ e $\mathbf{c} = 1$. Assim,

$$x^2x^2 - x(x^3) = -j.$$

Uma verificação direta ajuda a fixar a ideia:

$$x^2 = -1 + j, \qquad x^3 = -i,$$

e, portanto,

$$x^2x^2 = 1 - j, \qquad x(x^3) = 1.$$

Não existe, pois, um símbolo x^4 inequívoco sem que se declare uma convenção de parentização.

5.4 Os núcleos associativos

Definição 5.8 (Núcleos esquerdo, médio e direito). Para uma álgebra A, definem-se

$$N_\ell(A) = \{x \in A : [x,y,z] = 0 \text{ para todos } y,z \in A\},$$
$$N_m(A) = \{y \in A : [x,y,z] = 0 \text{ para todos } x,z \in A\},$$
$$N_r(A) = \{z \in A : [x,y,z] = 0 \text{ para todos } x,y \in A\}.$$

Esses conjuntos registram em qual posição um elemento pode ser colocado sem produzir defeito associativo.

Teorema 5.9 (Classificação dos núcleos de $\mathcal{K}_m$). *Tem-se*

$$\boxed{N_\ell(\mathcal{K}_m) = \mathbb{R}1, \qquad N_m(\mathcal{K}_m) = A_m, \qquad N_r(\mathcal{K}_m) = \mathbb{R}1.}$$

Em particular, o núcleo associativo total, isto é, a interseção dos três núcleos, é $\mathbb{R}1$.

Demonstração. Fixe $x = a + bi + J(\mathbf{c})$. Para que $x \in N_\ell(\mathcal{K}_m)$, a expressão

$$J(vs\,\mathbf{c} - bv\,\mathbf{e})$$

deve ser nula para quaisquer $v, s, \mathbf{e}$. Tomando $v = s = 1$ e $\mathbf{e} = 0$, obtemos $\mathbf{c} = 0$. Depois, tomando $v = 1$, $s = 0$ e $\mathbf{e} \neq 0$, obtemos $b = 0$. Logo $x = a \in \mathbb{R}1$. A inclusão inversa é imediata.

Agora fixe o elemento médio $y = u + vi + J(\mathbf{d})$. A fórmula mostra que todo associador com y no meio se anula se $v = 0$, ou seja, se $y \in A_m$. Se $v \neq 0$, basta escolher $x = j_1$ e $z = i$ para obter $[x,y,z] = vj_1 \neq 0$. Portanto, $N_m(\mathcal{K}_m) = A_m$.

Finalmente, fixe $z = r + si + J(\mathbf{e})$. Com $x = j_1$ e $y = i$, a fórmula do associador fornece $[j_1, i, z] = sj_1$; portanto, a anulação para todos x, y força $s = 0$. Em seguida, tomando $x = y = i$, obtém-se $[i,i,z] = -J(\mathbf{e})$, donde $\mathbf{e} = 0$. Assim, $N_r(\mathcal{K}_m) = \mathbb{R}1$. □

Observação 5.10 (Uma assimetria escondida). O produto de $\mathcal{K}_m$ é comutativo, mas os núcleos não ocupam papéis simétricos: o núcleo médio é a grande subálgebra A_m, enquanto os núcleos esquerdo e direito contêm apenas os escalares reais. Essa assimetria não contradiz a comutatividade, pois trocar fatores não é o mesmo que deslocar parênteses.

5.5 Quando uma terna associa?

A fórmula geral também fornece um critério exato para uma terna específica.

Proposição 5.11 (Critério de associatividade de uma terna). *Com a notação da equação* (5.1), *temos*

$$(xy)z = x(yz) \iff v(s\mathbf{c} - b\mathbf{e}) = 0.$$

Em particular, a terna associa sempre que ocorre pelo menos uma das condições:

(i) *o elemento médio pertence a* A_m*, isto é,* $v = 0$;

(ii) $b = s = 0$;

(iii) $s\mathbf{c} = b\mathbf{e}$.

Demonstração. Como os vetores $j_1, \ldots, j_m$ são linearmente independentes, $J(\mathbf{q}) = 0$ se, e somente se, $\mathbf{q} = 0$. Basta aplicar esse fato à fórmula do associador. □

Exemplo: Associatividade por partes

Embora $\mathcal{K}_m$ não seja associativa, os seguintes cálculos são seguros sem ambiguidade:

- produtos inteiramente no plano complexo $\mathbb{C}_m$;
- produtos inteiramente em $A_m \cong \mathbb{R}^{m+1}$;
- qualquer produto triplo cujo fator central pertença a A_m;
- ternas que satisfaçam a relação vetorial $s\mathbf{c} = b\mathbf{e}$.

A expressão "associatividade por partes" descreve essas regiões de associatividade; ela não transforma $\mathcal{K}_m$ em uma álgebra associativa.

5.6 Exercícios

Exercício 5.1 (♦). Calcule diretamente $[i, i, j_k]$ e $[j_k, i, i]$ usando apenas a tabela de multiplicação.

Exercício 5.2 (♦). Em $\mathcal{K}_1$, verifique a fórmula do associador para $x = 1 + i + 2j$, $y = 2 - i + j$ e $z = i - 3j$, calculando separadamente $(xy)z$ e $x(yz)$.

Exercício 5.3 (♦♦). Mostre diretamente, sem usar a comutatividade, que a fórmula geral implica a identidade flexível $[x, y, x] = 0$.

Exercício 5.4 (♦♦). Determine todos os elementos $x = a + bi + cj \in \mathcal{K}_1$ para os quais as duas expressões x^2x^2 e $x(x^3)$ coincidem.

Exercício 5.5 (♦♦♦). Prove que $[x, y, z] = -[z, y, x]$ para todos $x, y, z \in \mathcal{K}_m$. Explique por que essa antissimetria nas variáveis externas é equivalente à flexibilidade após polarização.

Exercício 5.6 (♦♦♦). Use o critério de associatividade de uma terna para classificar todos os pares (x, z) tais que $[x, y, z] = 0$ para todo $y \in \mathcal{K}_m$.

Exercício 5.7 (♦♦♦♦). Fixe uma convenção de potências à esquerda por $x^{[1]} = x$ e $x^{[n+1]} = x^{[n]}x$. Calcule $x^{[2]}, x^{[3]}, x^{[4]}$ para $x = i + j$ e compare $x^{[4]}$ com $(x^2)(x^2)$. Que cuidado deverá ser tomado ao definir séries de potências em $\mathcal{K}_m$?

Observação 5.12 (Para prosseguir). No próximo capítulo estudaremos com detalhe as potências à esquerda. Essa convenção eliminará a ambiguidade dos parênteses e preparará a definição da exponencial e das demais funções elementares em $\mathcal{K}_m$.

CAPÍTULO 6

Potências à esquerda

Da ambiguidade a uma convenção

O equação (5.2) mostrou que, em geral,

$$x^2x^2 \neq x(x^3).$$

Assim, a notação usual x^n não determina sozinha um elemento de $\mathcal{K}_m$ quando $n \geq 4$. Para construir séries e funções elementares, precisamos escolher uma parentização e mantê-la em todos os cálculos. Adotaremos as *potências à esquerda*: em cada passo, o novo fator x é multiplicado à direita da potência já construída.

6.1 Definição e primeiras potências

Definição 6.1 (Potências à esquerda). Seja $x \in \mathcal{K}_m$. Definem-se

$$x^{[0]} := 1$$

e, recursivamente,

$$x^{[n+1]} := x^{[n]}x, \qquad n \geq 0. \tag{6.1}$$

Em particular, $x^{[1]} = x$. Os colchetes recordam que foi fixada uma convenção de parentização.

Em particular,

$$x^{[2]} = xx, \qquad x^{[3]} = (xx)x, \qquad x^{[4]} = ((xx)x)x.$$

Como $\mathcal{K}_m$ é flexível, as potências de graus dois e três coincidem com as expressões usuais sem ambiguidade. A diferença aparece a partir do grau quatro.

Exemplo: O elemento $i + j$

Em $\mathcal{K}_1$, tome $x = i + j$. Então

$$\begin{aligned} x^{[1]} &= i + j, \\ x^{[2]} &= -1 + j, \\ x^{[3]} &= (-1 + j)(i + j) = -i, \\ x^{[4]} &= (-i)(i + j) = 1. \end{aligned}$$

Por outro lado,

$$(x^2)(x^2) = (-1 + j)^2 = 1 - j.$$

Portanto, $x^{[4]}$ é uma quarta potência perfeitamente definida pela convenção escolhida, mas não coincide com todas as outras parentizações.

Os colchetes fazem parte da informação

Neste livro, $x^{[n]}$ sempre indicará a potência à esquerda. Quando escrevermos uma expressão como $(x^2)(x^2)$, os parênteses serão exibidos explicitamente. Não substituiremos uma parentização pela outra sem uma justificativa.

6.2 A parte complexa permanece clássica

Escreva

$$x = z + J(\mathbf{c}), \qquad z = a + bi, \qquad \mathbf{c} = (c_1, \ldots, c_m).$$

A projeção complexa $\pi_{\mathbb{C}} : \mathcal{K}_m \to \mathbb{C}_m$ é um homomorfismo. Esse fato simples controla toda a componente complexa das potências.

Teorema 6.2 (Princípio da projeção complexa). *Para todo $x \in \mathcal{K}_m$ e todo $n \geq 0$,*

$$\boxed{\pi_{\mathbb{C}}\big(x^{[n]}\big) = \big(\pi_{\mathbb{C}}(x)\big)^n.} \tag{6.2}$$

Em particular, se $\pi_{\mathbb{C}}(x) = z$, então existem números reais $\gamma_k^{(n)}$ tais que

$$x^{[n]} = z^n + \sum_{k=1}^{m} \gamma_k^{(n)} j_k. \tag{6.3}$$

Demonstração. Para $n = 0$, temos $\pi_{\mathbb{C}}(x^{[0]}) = \pi_{\mathbb{C}}(1) = 1$. Suponha que a identidade seja válida para algum $n \geq 0$. Como $\pi_{\mathbb{C}}$ preserva o produto,

$$\begin{aligned}
\pi_{\mathbb{C}}\big(x^{[n+1]}\big) &= \pi_{\mathbb{C}}\big(x^{[n]}x\big) \\
&= \pi_{\mathbb{C}}\big(x^{[n]}\big)\pi_{\mathbb{C}}(x) \\
&= \big(\pi_{\mathbb{C}}(x)\big)^n \pi_{\mathbb{C}}(x) \\
&= \big(\pi_{\mathbb{C}}(x)\big)^{n+1}.
\end{aligned}$$

O princípio de indução prova a primeira afirmação. A segunda segue da decomposição vetorial $\mathcal{K}_m = \mathbb{C}_m \oplus J_m$. □

Observação 6.3 (Princípio orientador). A componente complexa de $x^{[n]}$ comporta-se exatamente como em $\mathbb{C}$. Toda a informação adicional está nos coeficientes espaciais $\gamma_k^{(n)}$. Essa separação reaparecerá na exponencial e nas demais funções elementares.

6.3 A recorrência das coordenadas espaciais

Fixemos $k \in \{1, \dots, m\}$. A evolução de $\gamma_k^{(n)}$ depende apenas de z e de c_k; as demais coordenadas espaciais não interferem nesse canal.

Teorema 6.4 (Recorrência espacial). *Se*

$$x = a + bi + \sum_{k=1}^{m} c_k j_k \quad e \quad x^{[n]} = z^n + \sum_{k=1}^{m} \gamma_k^{(n)} j_k, \qquad z = a + bi,$$

então

$$\boxed{\gamma_k^{(n+1)} = (a + c_k)\gamma_k^{(n)} + c_k \Re(z^n),} \tag{6.4}$$

com condições iniciais

$$\gamma_k^{(0)} = 0, \qquad \gamma_k^{(1)} = c_k.$$

Demonstração. Multiplique a decomposição de $x^{[n]}$ por x:

$$x^{[n+1]} = \left(z^n + \sum_{k=1}^{m} \gamma_k^{(n)} j_k \right) \left(z + \sum_{k=1}^{m} c_k j_k \right).$$

Pela fórmula do produto, a componente complexa é z^{n+1}. O coeficiente de j_k é

$$\Re(z^n) c_k + a\gamma_k^{(n)} + c_k \gamma_k^{(n)},$$

isto é,

$$\gamma_k^{(n+1)} = (a + c_k)\gamma_k^{(n)} + c_k \Re(z^n).$$

As condições iniciais seguem de $x^{[0]} = 1$ e $x^{[1]} = x$. □

Exemplo: Primeiros passos da recorrência

Defina $\lambda_k = a + c_k$. Então

$$\begin{aligned} \gamma_k^{(1)} &= c_k, \\ \gamma_k^{(2)} &= c_k \lambda_k + c_k \Re(z), \\ \gamma_k^{(3)} &= c_k \lambda_k^2 + c_k \lambda_k \Re(z) + c_k \Re(z^2). \end{aligned}$$

Cada etapa retém a contribuição anterior, multiplicada por λ_k, e acrescenta uma nova parcela proveniente da parte real da potência complexa.

6.4 Fórmula fechada

As quantidades

$$\lambda_k(x) := a + c_k, \qquad k = 1, \ldots, m,$$

serão chamadas *escalas espaciais* de x. Elas já apareceram na descrição dos divisores de zero e da invertibilidade; agora governam a recorrência das potências.

Definição 6.5 (Escalas espaciais). Se $x = a + bi + \sum c_k j_k$, as escalas espaciais de x são os números reais

$$\lambda_k(x) = a + c_k, \qquad k = 1, \ldots, m.$$

Teorema 6.6 (Fórmula fechada para as potências à esquerda). *Para* $n \geq 1$,

$$\boxed{x^{[n]} = z^n + \sum_{k=1}^{m} c_k \left(\sum_{r=0}^{n-1} \lambda_k^{n-1-r} \Re(z^r) \right) j_k,} \tag{6.5}$$

onde $z = a + bi$ *e* $\lambda_k = a + c_k$.

Demonstração. Para cada k, a recorrência é

$$\gamma_k^{(n+1)} = \lambda_k \gamma_k^{(n)} + c_k \Re(z^n), \qquad \gamma_k^{(1)} = c_k.$$

Iterando-a,

$$\begin{aligned} \gamma_k^{(2)} &= c_k \lambda_k + c_k \Re(z), \\ \gamma_k^{(3)} &= c_k \lambda_k^2 + c_k \lambda_k \Re(z) + c_k \Re(z^2), \end{aligned}$$

e o padrão sugere

$$\gamma_k^{(n)} = c_k \sum_{r=0}^{n-1} \lambda_k^{n-1-r} \Re(z^r).$$

Para verificá-lo rigorosamente, suponha a fórmula válida em n. Então

$$\begin{aligned} \gamma_k^{(n+1)} &= \lambda_k c_k \sum_{r=0}^{n-1} \lambda_k^{n-1-r} \Re(z^r) + c_k \Re(z^n) \\ &= c_k \sum_{r=0}^{n} \lambda_k^{n-r} \Re(z^r). \end{aligned}$$

Isso conclui a indução. Substituindo os coeficientes obtidos em (6.3), chegamos a (6.5). □

Corolário 6.7 (Forma de diferença dividida). *Se* $(b, c_k) \neq (0, 0)$, *então*

$$\gamma_k^{(n)} = c_k \Re\left(\frac{\lambda_k^n - z^n}{\lambda_k - z} \right). \tag{6.6}$$

Se $c_k = 0$, *temos simplesmente* $\gamma_k^{(n)} = 0$.

Demonstração. Como λ_k é real,

$$\sum_{r=0}^{n-1} \lambda_k^{n-1-r} \Re(z^r) = \Re\left(\sum_{r=0}^{n-1} \lambda_k^{n-1-r} z^r\right) = \Re\left(\frac{\lambda_k^n - z^n}{\lambda_k - z}\right),$$

pois $\lambda_k - z = c_k - bi \neq 0$ sob a hipótese. Multiplicar por c_k fornece a fórmula. Se $c_k = 0$, a recorrência espacial possui condição inicial nula e termo forçante nulo, logo todos os coeficientes são nulos. □

Observação 6.8 (O caso real-idempotente). Se $b = 0$, então $z = a$ é real e a fórmula fechada reduz-se a

$$\gamma_k^{(n)} = (a + c_k)^n - a^n.$$

Consequentemente,

$$\left(a + \sum_{k=1}^{m} c_k j_k\right)^{[n]} = a^n + \sum_{k=1}^{m} \left((a + c_k)^n - a^n\right) j_k.$$

Isso coincide com o cálculo componente a componente fornecido pelo isomorfismo $A_m \cong \mathbb{R}^{m+1}$.

6.5 Uma armadilha envolvendo os idempotentes

Para cada k, temos

$$x j_k = (a + c_k) j_k = \lambda_k j_k.$$

Essa identidade pode sugerir uma regra de potências que, por causa da não associatividade, é incorreta.

Uma inferência falsa

Em geral,

$$\boxed{x^{[n]} j_k \neq \lambda_k^n j_k.}$$

A igualdade $x j_k = \lambda_k j_k$ não pode ser iterada por uma mudança silenciosa de parênteses: de $x^{[n+1]} = x^{[n]} x$ não segue que $x^{[n+1]} j_k = x^{[n]}(x j_k)$.

Exemplo: Contraexemplo em $\mathcal{K}_1$

Tome novamente $x = i + j$. Sua escala espacial é $\lambda = 1$, mas

$$x^{[2]} = -1 + j \quad \Longrightarrow \quad x^{[2]}j = (-1+j)j = 0,$$

enquanto

$$\lambda^2 j = j.$$

Portanto, até mesmo no grau dois a regra sugerida é falsa.

O valor correto é obtido diretamente da decomposição:

$$x^{[n]}j_k = \left(\Re(z^n) + \gamma_k^{(n)}\right) j_k.$$

6.6 Controle de crescimento

A fórmula fechada permite estimar as potências e, no próximo capítulo, justificará a convergência da série exponencial.

Teorema 6.9 (Estimativa de crescimento). *Se*

$$\rho := \max\{|z|, |\lambda_1|, \dots, |\lambda_m|\} \quad e \quad \|\mathbf{c}\|_2 = \left(\sum_{k=1}^{m} c_k^2\right)^{1/2},$$

então, se $\rho > 0$, para todo $n \geq 1$,

$$\boxed{\|x^{[n]}\|_2 \leq \rho^n + n\|\mathbf{c}\|_2\rho^{n-1}.} \tag{6.7}$$

Se $\rho = 0$, então $x = 0$ e $x^{[n]} = 0$ para todo $n \geq 1$.

Demonstração. Para cada k, a fórmula fechada fornece

$$\begin{aligned} |\gamma_k^{(n)}| &\leq |c_k| \sum_{r=0}^{n-1} |\lambda_k|^{n-1-r}|z|^r \\ &\leq n|c_k|\rho^{n-1}. \end{aligned}$$

Logo,

$$\left(\sum_{k=1}^{m} |\gamma_k^{(n)}|^2\right)^{1/2} \leq n\|\mathbf{c}\|_2\rho^{n-1}.$$

Como a parte complexa tem módulo $|z|^n \leq \rho^n$, a desigualdade triangular entre as duas parcelas da decomposição prova (6.7). □

Corolário 6.10 (Preparação para a exponencial). *Para todo $x \in \mathcal{K}_m$, a série*

$$\sum_{n=0}^{\infty} \frac{x^{[n]}}{n!}$$

converge absolutamente na norma euclidiana.

Demonstração. Se $\rho = 0$, a afirmação é imediata. Suponha $\rho > 0$. Pelo teorema anterior, a série das normas é majorada pela soma de

$$\sum_{n=0}^{\infty} \frac{\rho^n}{n!} \quad \text{e} \quad \|\mathbf{c}\|_2 \sum_{n=1}^{\infty} \frac{n\rho^{n-1}}{n!}.$$

A primeira série vale e^ρ, e a segunda vale $\|\mathbf{c}\|_2 e^\rho$. Ambas convergem. □

6.7 Exercícios

Exercício 6.1 (♦). Calcule $x^{[2]}, x^{[3]}$ e $x^{[4]}$ para $x = 1 + i + j$.

Exercício 6.2 (♦). Use a recorrência espacial para calcular $x^{[1]}, \ldots, x^{[5]}$, com $x = i + j$, e identifique o padrão obtido.

Exercício 6.3 (♦♦). Prove diretamente que, se $x \in \mathbb{C}_m$, então $x^{[n]}$ coincide com a potência complexa usual para todo $n \geq 0$.

Exercício 6.4 (♦♦). Em $\mathcal{K}_1$, determine uma fórmula para as potências à esquerda de $x = a + cj$ e confira o resultado usando o isomorfismo $A_1 \cong \mathbb{R}^2$.

Exercício 6.5 (♦♦♦). Mostre que a sequência $x^{[n]}$, para $x = i + j$, é periódica de período quatro a partir de $n = 1$.

Exercício 6.6 (♦♦♦). Suponha $|z| < 1$ e $|\lambda_k| < 1$ para todo k. Use a estimativa de crescimento para provar que $x^{[n]} \to 0$.

Exercício 6.7 (♦♦♦♦). Para $\lambda_k \neq z$, derive a forma de diferença dividida diretamente da identidade

$$\lambda_k^n - z^n = (\lambda_k - z) \sum_{r=0}^{n-1} \lambda_k^{n-1-r} z^r.$$

Analise separadamente o caso $\lambda_k = z$.

Observação 6.11 (Para prosseguir). No próximo capítulo definiremos a exponencial espacial pela série de potências à esquerda. A fórmula fechada permitirá somar cada coordenada e comparar o resultado com a exponencial complexa clássica.

CAPÍTULO 7

A exponencial espacial

O que deve ser reconstruído?

Na análise complexa, a exponencial pode ser definida por

$$e^z = \sum_{n=0}^{\infty} \frac{z^n}{n!}.$$

Em $\mathcal{K}_m$, as potências usuais são ambíguas, mas o capítulo anterior fixou as potências à esquerda $x^{[n]}$ e provou uma estimativa que garante a convergência da série correspondente. Isso permite construir uma exponencial espacial sem ocultar nenhuma escolha de parênteses.

7.1 Definição e projeção complexa

Definição 7.1 (Exponencial espacial). Para $x \in \mathcal{K}_m$, define-se

$$\boxed{\exp_{\mathcal{K}_m}(x) := \sum_{n=0}^{\infty} \frac{x^{[n]}}{n!}.} \tag{7.1}$$

A convergência absoluta dessa série foi estabelecida no final do capítulo 6. Em dimensão finita, ela também implica convergência coordenada a coordenada, o que permitirá reorganizar as somas escalares nas demonstrações seguintes.

Proposição 7.2 (Projeção complexa da exponencial). *Para todo $x \in \mathcal{K}_m$,*

$$\boxed{\pi_{\mathbb{C}}\left(\exp_{\mathcal{K}_m}(x)\right) = e^{\pi_{\mathbb{C}}(x)}.} \tag{7.2}$$

Demonstração. A projeção $\pi_{\mathbb{C}}$ é linear e contínua. Pelo princípio da projeção complexa para potências à esquerda,

$$\pi_{\mathbb{C}}(x^{[n]}) = (\pi_{\mathbb{C}}(x))^n.$$

Aplicando $\pi_{\mathbb{C}}$ termo a termo à série absolutamente convergente, obtemos

$$\begin{aligned}\pi_{\mathbb{C}}(\exp_{\mathcal{K}_m}(x)) &= \sum_{n=0}^{\infty} \frac{\pi_{\mathbb{C}}(x^{[n]})}{n!} \\ &= \sum_{n=0}^{\infty} \frac{(\pi_{\mathbb{C}}(x))^n}{n!} = e^{\pi_{\mathbb{C}}(x)}.\end{aligned}$$

□

Corolário 7.3. *A exponencial espacial nunca é o elemento nulo.*

Demonstração. Se $\exp_{\mathcal{K}_m}(x) = 0$, então sua projeção complexa seria nula. Contudo, (7.2) fornece $\pi_{\mathbb{C}}(\exp_{\mathcal{K}_m}(x)) = e^{\pi_{\mathbb{C}}(x)} \neq 0$, uma contradição. □

7.2 Soma das coordenadas espaciais

Escreva

$$x = a + bi + \sum_{k=1}^{m} c_k j_k, \qquad z = a + bi, \qquad \lambda_k = a + c_k.$$

Pela fórmula fechada das potências,

$$x^{[n]} = z^n + \sum_{k=1}^{m} c_k \left(\sum_{r=0}^{n-1} \lambda_k^{n-1-r} \Re(z^r) \right) j_k.$$

Somaremos agora, para cada k, a série formada por esses coeficientes.

Lema 7.4 (Identidade de convolução exponencial)**.** *Para* $\lambda \in \mathbb{R}$ *e* $z \in \mathbb{C}$,

$$\sum_{n=1}^{\infty} \frac{1}{n!} \sum_{r=0}^{n-1} \lambda^{n-1-r} z^r = \int_0^1 e^{(1-t)\lambda} e^{tz}\, dt. \tag{7.3}$$

Demonstração. Expanda as duas exponenciais do integrando:

$$e^{(1-t)\lambda} e^{tz} = \sum_{p,q \geq 0} \frac{\lambda^p z^q}{p!q!} (1-t)^p t^q.$$

A convergência uniforme em $[0,1]$ permite integrar termo a termo. Como

$$\int_0^1 (1-t)^p t^q \, dt = \frac{p!q!}{(p+q+1)!},$$

obtemos

$$\int_0^1 e^{(1-t)\lambda} e^{tz} \, dt = \sum_{p,q \geq 0} \frac{\lambda^p z^q}{(p+q+1)!}.$$

Faça $n = p+q+1$ e $r = q$. Para cada $n \geq 1$, temos $0 \leq r \leq n-1$ e $p = n-1-r$, o que produz exatamente o lado esquerdo de (7.3). □

Teorema 7.5 (Fórmula fechada da exponencial espacial). *Se* $x = a + bi + \sum_{k=1}^{m} c_k j_k$, *então*

$$\boxed{\exp_{\mathcal{K}_m}(x) = e^{a+bi} + \sum_{k=1}^{m} E_k(a,b,c_k) j_k,} \tag{7.4}$$

onde

$$\boxed{E_k(a,b,c_k) = c_k e^{a+c_k} \int_0^1 e^{-c_k t} \cos(bt) \, dt.} \tag{7.5}$$

Se $b^2 + c_k^2 > 0$, *essa coordenada também pode ser escrita como*

$$E_k(a,b,c_k) = \frac{c_k e^a \left(c_k e^{c_k} - c_k \cos b + b \sin b\right)}{c_k^2 + b^2}. \tag{7.6}$$

Se $b = c_k = 0$, *temos* $E_k(a,0,0) = 0$.

Demonstração. A parte complexa é e^z, pela equação (7.2). Para a coordenada de j_k, a fórmula das potências e a convergência absoluta dão

$$\begin{aligned} E_k &= c_k \sum_{n=1}^{\infty} \frac{1}{n!} \sum_{r=0}^{n-1} \lambda_k^{n-1-r} \Re(z^r) \\ &= c_k \Re\left(\int_0^1 e^{(1-t)\lambda_k} e^{tz} \, dt \right). \end{aligned}$$

Como $\lambda_k = a + c_k$ e $z = a + bi$,

$$e^{(1-t)\lambda_k} e^{tz} = e^{a+c_k} e^{-c_k t} \left(\cos(bt) + i \sin(bt)\right).$$

Tomar a parte real prova (7.5).

Se $b^2 + c_k^2 > 0$, uma primitiva é

$$\int e^{-c_k t}\cos(bt)\,dt = \frac{e^{-c_k t}(-c_k\cos(bt) + b\sin(bt))}{c_k^2 + b^2}.$$

A avaliação entre 0 e 1, seguida da multiplicação por $c_k e^{a+c_k}$, fornece (7.6). Se $b = c_k = 0$, o fator c_k na fórmula integral torna a coordenada igual a zero. □

Observação 7.6 (Canais independentes). O coeficiente $E_k(a,b,c_k)$ depende somente de a, b e c_k. Assim, as direções $j_1, \ldots, j_m$ não se misturam na exponencial. Elas são acopladas à mesma componente complexa, mas evoluem em canais escalares independentes.

7.3 Casos que recuperam fórmulas familiares

Proposição 7.7 (Restrição ao plano complexo). *Se* $x = a + bi \in \mathbb{C}_m$, *então*

$$\exp_{\mathcal{K}_m}(x) = e^{a+bi}.$$

Demonstração. Todas as coordenadas c_k são nulas; logo todos os coeficientes E_k se anulam. □

Proposição 7.8 (Caso real-idempotente). *Se* $x = a + \sum_{k=1}^{m} c_k j_k \in A_m$, *então*

$$\boxed{\exp_{\mathcal{K}_m}(x) = e^a + \sum_{k=1}^{m}(e^{a+c_k} - e^a)j_k.} \tag{7.7}$$

Demonstração. Agora $b = 0$. Se $c_k \neq 0$, a fórmula integral fornece

$$\begin{aligned} E_k(a,0,c_k) &= c_k e^{a+c_k}\int_0^1 e^{-c_k t}\,dt \\ &= c_k e^{a+c_k}\frac{1 - e^{-c_k}}{c_k} = e^{a+c_k} - e^a. \end{aligned}$$

Se $c_k = 0$, ambos os lados são nulos. Isso prova a fórmula para todos os índices. □

Limite da fórmula simplificada

A expressão

$$E_k = e^{a+c_k} - e^a$$

é válida na subálgebra A_m, isto é, quando $b = 0$. Para $b \neq 0$, o fator oscilatório $\cos(bt)$ em (7.5) não pode ser descartado.

Exemplo: Uma exponencial em $\mathcal{K}_1$

Para $x = i + j$, temos $a = 0$, $b = c = 1$. Portanto,

$$\exp_{\mathcal{K}_1}(i + j) = e^i + \frac{e - \cos 1 + \sin 1}{2} j.$$

A projeção no plano complexo é $e^i = \cos 1 + i \sin 1$, enquanto a altura espacial contém simultaneamente crescimento exponencial e oscilação.

7.4 Curvas exponenciais

Para $x \in \mathcal{K}_m$, definimos a curva exponencial gerada por x como

$$\gamma_x(t) := \exp_{\mathcal{K}_m}(tx), \qquad t \in \mathbb{R}.$$

No plano complexo, sua projeção é a curva clássica

$$\pi_{\mathbb{C}}(\gamma_x(t)) = e^{t(a+bi)} = e^{at}\big(\cos(bt) + i \sin(bt)\big).$$

Proposição 7.9 (Curva no plano real-idempotente). *Se* $x = a + \sum_{k=1}^{m} c_k j_k$, *então*

$$\gamma_x(t) = e^{at} + \sum_{k=1}^{m} \big(e^{(a+c_k)t} - e^{at}\big) j_k. \tag{7.8}$$

Demonstração. O elemento tx pertence a A_m e possui coordenadas reais ta e tc_k. Aplique (7.7) a tx. □

As taxas a e $a + c_k$ são, portanto, as taxas de crescimento das coordenadas espectrais da curva em A_m.

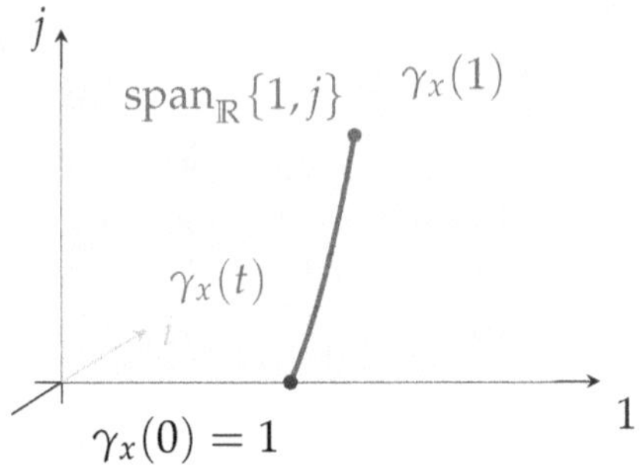

Figura 7.1: Curva exponencial em $\mathcal{K}_1$ gerada por $x = \frac{1}{4} + \frac{3}{4}j$. Ela permanece no plano $\mathrm{span}_{\mathbb{R}}\{1, j\}$ e possui coordenadas $e^{t/4}$ e $e^t - e^{t/4}$.

7.5 A equação diferencial exponencial

Teorema 7.10 (Equação da curva exponencial). *Para todo $x \in \mathcal{K}_m$, a curva $\gamma_x(t) = \exp_{\mathcal{K}_m}(tx)$ satisfaz*

$$\boxed{\gamma_x'(t) = \gamma_x(t)x = x\gamma_x(t), \qquad \gamma_x(0) = 1.} \tag{7.9}$$

Demonstração. Pela definição,

$$\gamma_x(t) = \sum_{n=0}^{\infty} \frac{t^n x^{[n]}}{n!}.$$

A estimativa de crescimento do capítulo anterior garante convergência uniforme, em cada intervalo compacto de t, tanto da série quanto da série obtida por derivação. Logo podemos derivar termo a termo:

$$\begin{aligned} \gamma_x'(t) &= \sum_{n=1}^{\infty} \frac{t^{n-1} x^{[n]}}{(n-1)!} \\ &= \sum_{n=1}^{\infty} \frac{t^{n-1}(x^{[n-1]}x)}{(n-1)!} \\ &= \left(\sum_{r=0}^{\infty} \frac{t^r x^{[r]}}{r!} \right) x = \gamma_x(t)x. \end{aligned}$$

Como $\mathcal{K}_m$ é comutativa, $\gamma_x(t)x = x\gamma_x(t)$. Finalmente, a substituição $t = 0$ fornece $\gamma_x(0) = x^{[0]} = 1$. □

Observação 7.11 (Interpretação como sistema linear). Se $R_x(y) = yx$, então (7.9) é a equação linear

$$\gamma_x'(t) = R_x \gamma_x(t), \qquad \gamma_x(0) = 1.$$

Em dimensão finita, o teorema de existência e unicidade para sistemas lineares mostra que γ_x é a única solução com esse dado inicial.

Dados iniciais gerais

Para o problema

$$y'(t) = y(t)x, \qquad y(0) = y_0,$$

a solução correta é $y(t) = e^{tR_x} y_0$. Em geral, não podemos substituí-la por $\exp_{\mathcal{K}_m}(tx)y_0$, pois a verificação exigiria reagrupar $(\gamma_x(t)x)y_0$ como $(\gamma_x(t)y_0)x$. Esse reagrupamento pode falhar em $\mathcal{K}_m$.

7.6 A lei exponencial: onde vale e onde falha

Nas subálgebras associativas $\mathbb{C}_m$ e A_m, a demonstração clássica é válida.

Proposição 7.12 (Lei exponencial nas partes associativas). *Se $x, y \in \mathbb{C}_m$, ou se $x, y \in A_m$, então*

$$\exp_{\mathcal{K}_m}(x + y) = \exp_{\mathcal{K}_m}(x) \exp_{\mathcal{K}_m}(y).$$

Demonstração. As duas subálgebras são comutativas e associativas. Nelas, as potências à esquerda coincidem com as potências usuais, e o produto de Cauchy das séries exponenciais fornece a identidade clássica. □

Teorema 7.13 (Falha global da lei exponencial). *A identidade*

$$\exp_{\mathcal{K}_m}(x + y) = \exp_{\mathcal{K}_m}(x) \exp_{\mathcal{K}_m}(y)$$

não vale para todos os pares $x, y \in \mathcal{K}_m$.

Demonstração. Em $\mathcal{K}_1$, tome $x = i$ e $y = j$. Temos

$$\exp_{\mathcal{K}_1}(i) = e^i, \qquad \exp_{\mathcal{K}_1}(j) = 1 + (e-1)j.$$

Logo,

$$\exp_{\mathcal{K}_1}(i)\exp_{\mathcal{K}_1}(j) = e^i + (e-1)\cos(1)j.$$

Por outro lado, o exemplo da fórmula fechada fornece

$$\exp_{\mathcal{K}_1}(i+j) = e^i + \frac{e-\cos(1)+\sin(1)}{2}j.$$

Os coeficientes espaciais são diferentes. De fato,

$$(e-1)\cos(1) \approx 0{,}928 \quad \text{e} \quad \frac{e-\cos(1)+\sin(1)}{2} \approx 1{,}510.$$

Portanto, a lei exponencial falha globalmente. □

Consequências práticas

Sem uma hipótese adicional, não devemos usar automaticamente

$$\exp(x+y) = \exp(x)\exp(y), \qquad \exp(-x) = \exp(x)^{-1}$$

nem propriedades derivadas dessas identidades. Cada afirmação deve ser provada na região considerada.

7.7 Exercícios

Exercício 7.1 (♦). Calcule $\exp_{\mathcal{K}_1}(2j)$ e $\exp_{\mathcal{K}_1}(1-j)$.

Exercício 7.2 (♦). Mostre que $\exp_{\mathcal{K}_m}(0) = 1$ e que a restrição de $\exp_{\mathcal{K}_m}$ a $\mathbb{C}_m$ é a exponencial complexa usual.

Exercício 7.3 (♦♦). Use (7.6) para calcular a coordenada espacial de $\exp_{\mathcal{K}_1}(2i+3j)$.

Exercício 7.4 (♦♦). Verifique diretamente a fórmula da curva exibida na figura 7.1.

Exercício 7.5 (♦♦♦). Prove a lei exponencial em A_m usando o isomorfismo $A_m \cong \mathbb{R}^{m+1}$, sem recorrer ao produto de Cauchy.

Exercício 7.6 (♦♦♦). Para $x = i + j$, compare $\exp_{\mathcal{K}_1}(x)\exp_{\mathcal{K}_1}(-x)$ com 1. Explique por que o resultado não pode ser antecipado pela teoria complexa.

Exercício 7.7 (♦♦♦♦). Considere o problema $y'(t) = y(t)x$, $y(0) = y_0$. Determine condições sobre x e y_0 que garantam $e^{tR_x}y_0 = \exp_{\mathcal{K}_m}(tx)y_0$.

Observação 7.14 (Para prosseguir). No próximo capítulo estudaremos o logaritmo espacial inicialmente na subálgebra real-idempotente, onde as coordenadas espectrais permitem inverter a exponencial de maneira completa e transparente.

CAPÍTULO 8

O logaritmo no cone espectral positivo

Por que restringir o domínio?

Mesmo em $\mathbb{C}$, a exponencial não possui uma inversa global: ela é periódica na direção imaginária. Em $\mathcal{K}_m$, além dessa periodicidade, a não associatividade impede transportar automaticamente todas as propriedades complexas. Começaremos, portanto, na subálgebra associativa

$$A_m = \operatorname{span}_{\mathbb{R}}\{1, j_1, \ldots, j_m\},$$

onde a representação por coordenadas espectrais transforma o produto em multiplicação componente a componente.

8.1 Coordenadas espectrais em A_m

Recordemos o isomorfismo

$$\Sigma : A_m \longrightarrow \mathbb{R}^{m+1}, \qquad \Sigma\left(a + \sum_{k=1}^{m} c_k j_k\right) = (a, a + c_1, \ldots, a + c_m). \tag{8.1}$$

Se $x, y \in A_m$, então

$$\Sigma(xy) = \Sigma(x) \circ \Sigma(y),$$

onde $\circ$ denota o produto coordenado. Assim, uma questão algébrica em A_m pode ser examinada por $m + 1$ cálculos reais independentes.

Definição 8.1 (Coordenadas espectrais reais). Para

$$x = a + \sum_{k=1}^{m} c_k j_k \in A_m,$$

definem-se

$$\sigma_0(x) := a, \qquad \sigma_k(x) := a + c_k, \quad 1 \le k \le m.$$

Logo, $\Sigma(x) = (\sigma_0(x), \dots, \sigma_m(x))$.

Proposição 8.2 (Exponencial em coordenadas espectrais). *Para todo* $x \in A_m$,

$$\boxed{\sigma_r(\exp_{\mathcal{K}_m}(x)) = e^{\sigma_r(x)}, \qquad 0 \le r \le m.} \tag{8.2}$$

Demonstração. Escreva $x = a + \sum c_k j_k$. A fórmula real-idempotente da exponencial é

$$\exp_{\mathcal{K}_m}(x) = e^a + \sum_{k=1}^{m} (e^{a+c_k} - e^a) j_k.$$

A coordenada de índice zero é e^a. Para $k \ge 1$, a coordenada espectral é

$$e^a + \left(e^{a+c_k} - e^a\right) = e^{a+c_k}.$$

Essas são precisamente as identidades de (8.2). □

8.2 O cone espectral positivo

Definição 8.3 (Cone espectral positivo). O *cone espectral positivo* de A_m é

$$\mathcal{P}_m := \{y \in A_m : \sigma_r(y) > 0 \text{ para } 0 \le r \le m\}. \tag{8.3}$$

Equivalentemente, se $y = A + \sum_{k=1}^{m} B_k j_k$, então

$$y \in \mathcal{P}_m \iff A > 0 \quad \text{e} \quad A + B_k > 0 \text{ para todo } k.$$

O nome "cone" vem da estabilidade por multiplicação por escalares positivos: se $y \in \mathcal{P}_m$ e $t > 0$, então $ty \in \mathcal{P}_m$. Além disso, o conjunto é convexo, pois suas desigualdades definidoras são lineares.

Proposição 8.4 (Estabilidade multiplicativa). *Se $x, y \in \mathcal{P}_m$, então $xy \in \mathcal{P}_m$. Além disso, todo elemento de $\mathcal{P}_m$ é invertível em A_m, e seu inverso também pertence a $\mathcal{P}_m$.*

Demonstração. Para cada r,

$$\sigma_r(xy) = \sigma_r(x)\sigma_r(y) > 0.$$

Isso prova a primeira afirmação. Como todas as coordenadas espectrais de x são não nulas, seu inverso corresponde, pelo isomorfismo Σ, a

$$\left(\frac{1}{\sigma_0(x)}, \dots, \frac{1}{\sigma_m(x)}\right),$$

cujas entradas são positivas. □

No caso $m = 1$, escrevendo $y = A + Bj$, o cone é a região

$$A > 0, \qquad B > -A.$$

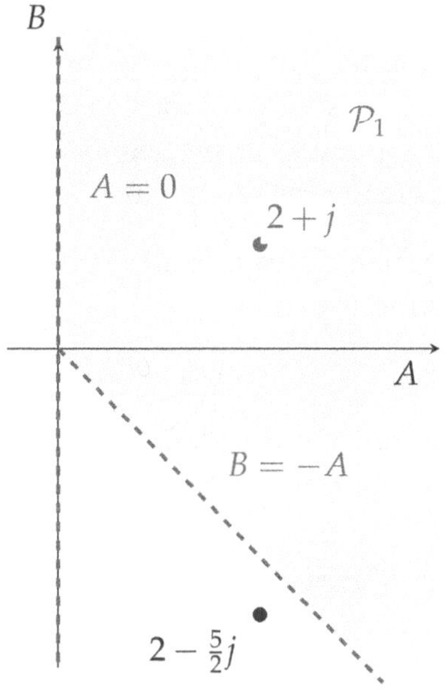

Figura 8.1: O cone espectral positivo em A_1. O ponto $A + Bj$ pertence à região sombreada exatamente quando $A > 0$ e $A + B > 0$. As retas tracejadas formam a fronteira e não pertencem ao cone.

8.3 Imagem da exponencial

Teorema 8.5 (Caracterização da imagem positiva). *A exponencial espacial restringe-se a uma bijeção*

$$\boxed{\exp_{\mathcal{K}_m} : A_m \longrightarrow \mathcal{P}_m.} \tag{8.4}$$

Demonstração. Se $x \in A_m$, então, por (8.2),

$$\sigma_r(\exp_{\mathcal{K}_m}(x)) = e^{\sigma_r(x)} > 0.$$

Logo, a imagem está contida em $\mathcal{P}_m$.

Reciprocamente, seja $y \in \mathcal{P}_m$. Todas as coordenadas $\sigma_r(y)$ são positivas, de modo que podemos definir

$$u_r := \log \sigma_r(y), \qquad 0 \le r \le m.$$

Como Σ é bijetiva, existe um único $x \in A_m$ tal que $\Sigma(x) = (u_0, \ldots, u_m)$. Então

$$\Sigma(\exp_{\mathcal{K}_m}(x)) = (e^{u_0}, \ldots, e^{u_m}) = \Sigma(y).$$

A injetividade de Σ implica $\exp_{\mathcal{K}_m}(x) = y$, provando a sobrejetividade. Se dois elementos de A_m possuem a mesma exponencial, suas coordenadas espectrais têm exponenciais reais iguais; a injetividade de $t \mapsto e^t$ em $\mathbb{R}$ mostra que os elementos são iguais. □

Observação 8.6 (Linearização espectral). Sob Σ, a aplicação $\exp_{\mathcal{K}_m} : A_m \to \mathcal{P}_m$ torna-se simplesmente

$$(u_0, \ldots, u_m) \longmapsto (e^{u_0}, \ldots, e^{u_m}).$$

A aparente interação entre a coordenada real e os coeficientes de j_k desaparece quando usamos as coordenadas adequadas.

8.4 Definição e fórmula fechada do logaritmo

Definição 8.7 (Logaritmo espacial real). Para $y \in \mathcal{P}_m$, o *logaritmo espacial real* de y é o único elemento $\log_{\mathcal{K}_m}(y) \in A_m$ tal que

$$\exp_{\mathcal{K}_m}(\log_{\mathcal{K}_m}(y)) = y.$$

Teorema 8.8 (Fórmula fechada do logaritmo espacial). *Se*

$$y = A + \sum_{k=1}^{m} B_k j_k \in \mathcal{P}_m,$$

então

$$\boxed{\log_{\mathcal{K}_m}(y) = \log A + \sum_{k=1}^{m} \log\left(\frac{A + B_k}{A}\right) j_k.} \tag{8.5}$$

Demonstração. As coordenadas espectrais de y são

$$\sigma_0(y) = A, \qquad \sigma_k(y) = A + B_k.$$

O elemento $x = \log_{\mathcal{K}_m}(y)$ deve satisfazer

$$\sigma_r(x) = \log \sigma_r(y).$$

Se $x = a + \sum c_k j_k$, a coordenada de índice zero fornece $a = \log A$. Para $k \geq 1$,

$$a + c_k = \log(A + B_k),$$

e, portanto,

$$c_k = \log(A + B_k) - \log A = \log\left(\frac{A + B_k}{A}\right).$$

Substituir esses coeficientes em x prova a fórmula. □

Corolário 8.9 (Identidades de inversão). *Para $x \in A_m$ e $y \in \mathcal{P}_m$,*

$$\log_{\mathcal{K}_m}(\exp_{\mathcal{K}_m}(x)) = x, \qquad \exp_{\mathcal{K}_m}(\log_{\mathcal{K}_m}(y)) = y.$$

Demonstração. São as duas identidades de funções inversas da bijeção (8.4). □

Exemplo: Cálculo em A_1

Para $y = 2 + 3j$, temos

$$A = 2 > 0, \qquad A + B = 5 > 0.$$

Logo, $y \in \mathcal{P}_1$ e

$$\log_{\mathcal{K}_1}(2+3j) = \log 2 + \log\left(\frac{5}{2}\right) j.$$

Em contraste, $2-3j \notin \mathcal{P}_1$, pois sua segunda coordenada espectral é $2-3=-1$.

O domínio faz parte da definição

A fórmula (8.5) exige

$$A > 0 \qquad \text{e} \qquad A + B_k > 0$$

para todos os índices. Fora de $\mathcal{P}_m$, algum logaritmo real da fórmula deixa de estar definido. Além disso, esta construção não define um logaritmo global em $\mathcal{K}_m$: a componente complexa exigiria a escolha de um ramo, e a exponencial espacial geral não é injetiva.

8.5 Leis algébricas no cone positivo

Teorema 8.10 (Logaritmo do produto). *Se $x, y \in \mathcal{P}_m$, então*

$$\boxed{\log_{\mathcal{K}_m}(xy) = \log_{\mathcal{K}_m}(x) + \log_{\mathcal{K}_m}(y).} \tag{8.6}$$

Demonstração. Para cada r,

$$\sigma_r(xy) = \sigma_r(x)\sigma_r(y),$$

e todos os fatores são positivos. Assim,

$$\begin{aligned}\sigma_r\big(\log_{\mathcal{K}_m}(xy)\big) &= \log\big(\sigma_r(xy)\big)\\ &= \log\sigma_r(x) + \log\sigma_r(y)\\ &= \sigma_r\big(\log_{\mathcal{K}_m}(x) + \log_{\mathcal{K}_m}(y)\big).\end{aligned}$$

A injetividade de Σ conclui a prova. □

Corolário 8.11. *Se $x \in \mathcal{P}_m$, então*

$$\log_{\mathcal{K}_m}(x^{-1}) = -\log_{\mathcal{K}_m}(x).$$

Demonstração. Como $x^{-1} \in \mathcal{P}_m$, aplicamos o teorema a $xx^{-1} = 1$ e usamos $\log_{\mathcal{K}_m}(1) = 0$. □

8.6 Potências reais positivas

Definição 8.12 (Potência espectral real). Para $y \in \mathcal{P}_m$ e $t \in \mathbb{R}$, define-se

$$y^t := \exp_{\mathcal{K}_m}\big(t \log_{\mathcal{K}_m}(y)\big).$$

Proposição 8.13 (Fórmula das potências reais). *Se* $y = A + \sum B_k j_k \in \mathcal{P}_m$, *então*

$$\boxed{y^t = A^t + \sum_{k=1}^{m} \big((A + B_k)^t - A^t\big) j_k.} \tag{8.7}$$

Além disso, para $s, t \in \mathbb{R}$,

$$y^{s+t} = y^s y^t, \qquad (y^s)^t = y^{st}.$$

Demonstração. Em coordenadas espectrais,

$$\sigma_0(y^t) = A^t, \qquad \sigma_k(y^t) = (A + B_k)^t.$$

A inversa de Σ fornece (8.7). As duas leis seguem das identidades escalares para potências de números reais positivos, aplicadas coordenada a coordenada. □

8.7 Exercícios

Exercício 8.1 (♦). Decida quais dos elementos $2 + j$, $1 - \frac{1}{2}j$, $1 - 2j$ e $-1 + 3j$ pertencem a $\mathcal{P}_1$.

Exercício 8.2 (♦). Calcule $\log_{\mathcal{K}_1}(3 + 6j)$ e confira o resultado aplicando a exponencial.

Exercício 8.3 (♦♦). Descreva geometricamente $\mathcal{P}_2$ por meio das desigualdades nas coordenadas (A, B_1, B_2).

Exercício 8.4 (♦♦). Prove diretamente, usando a fórmula fechada, que $\log_{\mathcal{K}_m}(x^{-1}) = -\log_{\mathcal{K}_m}(x)$ para $x \in \mathcal{P}_m$.

Exercício 8.5 (♦♦♦). Mostre que $\mathcal{P}_m$, com o produto de A_m, é um grupo abeliano e que $\log_{\mathcal{K}_m} : \mathcal{P}_m \to A_m$ é um isomorfismo de grupos.

Exercício 8.6 (♦♦♦). Calcule $(2+3j)^{1/2}$ pela fórmula espectral e verifique que o quadrado do resultado é $2+3j$.

Exercício 8.7 (♦♦♦♦). Mostre que a fronteira de $\mathcal{P}_m$ é formada pelos pontos de A_m nos quais pelo menos uma coordenada espectral é zero e as demais são não negativas. Relacione essa fronteira com os divisores de zero de A_m.

Observação 8.14 (Para prosseguir). No próximo capítulo voltaremos às séries de potências à esquerda para definir as funções trigonométricas e hiperbólicas espaciais. A projeção complexa continuará clássica, mas as identidades que dependem de associatividade serão novamente examinadas uma a uma.

CAPÍTULO 9

Funções trigonométricas e hiperbólicas

Quatro séries e uma mesma convenção

As séries de Taylor de cos, sin, cosh e sinh envolvem potências inteiras. Em $\mathcal{K}_m$, substituiremos cada potência pela potência à esquerda correspondente. A escolha é a mesma usada na exponencial; portanto, as funções ficam internamente compatíveis com toda a teoria construída até aqui.

9.1 Definições por séries

Definição 9.1 (Seno e cosseno espaciais). Para $x \in \mathcal{K}_m$, definem-se

$$\cos_{\mathcal{K}_m}(x) := \sum_{n=0}^{\infty} (-1)^n \frac{x^{[2n]}}{(2n)!}, \tag{9.1}$$

$$\sin_{\mathcal{K}_m}(x) := \sum_{n=0}^{\infty} (-1)^n \frac{x^{[2n+1]}}{(2n+1)!}. \tag{9.2}$$

Definição 9.2 (Seno e cosseno hiperbólicos espaciais). Para $x \in \mathcal{K}_m$, definem-se

$$\cosh_{\mathcal{K}_m}(x) := \sum_{n=0}^{\infty} \frac{x^{[2n]}}{(2n)!}, \tag{9.3}$$

$$\sinh_{\mathcal{K}_m}(x) := \sum_{n=0}^{\infty} \frac{x^{[2n+1]}}{(2n+1)!}. \tag{9.4}$$

Proposição 9.3 (Convergência absoluta). *As quatro séries anteriores convergem absolutamente, na norma euclidiana, para todo $x \in \mathcal{K}_m$.*

Demonstração. Defina

$$\rho = \max\{|z|, |\lambda_1|, \ldots, |\lambda_m|\}.$$

A estimativa do equação (6.7) controla $\|x^{[n]}\|_2$ por uma combinação de ρ^n e $n\rho^{n-1}$. Dividir pelas fatoriais produz uma série convergente. As séries pares e ímpares, com ou sem o fator $(-1)^n$, são subséries dessa majorante. □

9.2 Projeções complexas

Teorema 9.4 (A parte complexa é clássica). *Para todo $x \in \mathcal{K}_m$,*

$$\begin{aligned}
\pi_{\mathbb{C}}(\cos_{\mathcal{K}_m}(x)) &= \cos(\pi_{\mathbb{C}}(x)), \\
\pi_{\mathbb{C}}(\sin_{\mathcal{K}_m}(x)) &= \sin(\pi_{\mathbb{C}}(x)), \\
\pi_{\mathbb{C}}(\cosh_{\mathcal{K}_m}(x)) &= \cosh(\pi_{\mathbb{C}}(x)), \\
\pi_{\mathbb{C}}(\sinh_{\mathcal{K}_m}(x)) &= \sinh(\pi_{\mathbb{C}}(x)).
\end{aligned}$$

Demonstração. Pelo princípio da projeção complexa,

$$\pi_{\mathbb{C}}(x^{[n]}) = (\pi_{\mathbb{C}}(x))^n.$$

Aplique $\pi_{\mathbb{C}}$ termo a termo às quatro séries e reconheça as séries clássicas correspondentes. □

9.3 Fórmulas por diferenças divididas

O mesmo argumento usado nas potências permite tratar as quatro funções de uma só vez.

Lema 9.5 (Soma de uma série real inteira). *Se*

$$f(w) = \sum_{n=0}^{\infty} \alpha_n w^n, \qquad \alpha_n \in \mathbb{R},$$

é uma função inteira, então a função espacial definida por

$$f_{\mathcal{K}_m}(x) = \sum_{n=0}^{\infty} \alpha_n x^{[n]}$$

satisfaz, para $\lambda_k \neq z$,

$$f_{\mathcal{K}_m}(x) = f(z) + \sum_{k=1}^{m} c_k \Re\left(\frac{f(\lambda_k) - f(z)}{\lambda_k - z}\right) j_k. \tag{9.5}$$

Quando $\lambda_k = z$, *temos necessariamente* $b = c_k = 0$, *e a coordenada correspondente é zero.*

Demonstração. A fórmula de diferenças divididas, já obtida para as potências, fornece

$$x^{[n]} = z^n + \sum_{k=1}^{m} c_k \Re\left(\frac{\lambda_k^n - z^n}{\lambda_k - z}\right) j_k$$

sempre que o denominador não é nulo. Multiplique por α_n, some em n e use a convergência absoluta para obter

$$\sum_{n=0}^{\infty} \alpha_n \frac{\lambda_k^n - z^n}{\lambda_k - z} = \frac{f(\lambda_k) - f(z)}{\lambda_k - z}.$$

Se $\lambda_k = z$, então $c_k - bi = 0$; logo $b = c_k = 0$, e o fator c_k anula a coordenada espacial. □

Teorema 9.6 (Fórmulas fechadas simultâneas). *Seja* f *uma das funções*

$$\cos, \qquad \sin, \qquad \cosh, \qquad \sinh.$$

Denote por $f_{\mathcal{K}_m}$ *a função espacial correspondente. Para* $x = a + bi + \sum c_k j_k$, $z = a + bi$ *e* $\lambda_k = a + c_k$,

$$\boxed{f_{\mathcal{K}_m}(x) = f(z) + \sum_{k=1}^{m} F_k^f(x) j_k,} \tag{9.6}$$

onde

$$F_k^f(x) = c_k \Re\left(\frac{f(\lambda_k) - f(z)}{\lambda_k - z}\right)$$

se $\lambda_k \neq z$, *e* $F_k^f(x) = 0$ *no caso degenerado.*

Demonstração. As quatro funções são inteiras e possuem séries de Taylor com coeficientes reais. Basta aplicar o lema anterior. □

Observação 9.7 (Canais novamente independentes). Cada coeficiente $F_k^f(x)$ depende apenas de a, b e c_k. As direções espaciais compartilham a mesma projeção complexa, mas não se misturam entre si.

9.4 O caso real-idempotente

Teorema 9.8 (Cálculo componente a componente). *Se* $x = a + \sum_{k=1}^{m} c_k j_k \in A_m$ *e* $f \in \{\cos, \sin, \cosh, \sinh\}$, *então*

$$f_{\mathcal{K}_m}(x) = f(a) + \sum_{k=1}^{m} \big(f(a+c_k) - f(a)\big) j_k. \tag{9.7}$$

Demonstração. As potências em A_m são calculadas sem ambiguidade e satisfazem

$$x^n = a^n + \sum_{k=1}^{m} \big((a+c_k)^n - a^n\big) j_k.$$

Substituir essa expressão na série de Taylor de f fornece (9.7). □

Aplicando o teorema separadamente, obtemos, por exemplo,

$$\cos_{\mathcal{K}_m}(x) = \cos a + \sum_{k=1}^{m} \big(\cos(a+c_k) - \cos a\big) j_k,$$
$$\sin_{\mathcal{K}_m}(x) = \sin a + \sum_{k=1}^{m} \big(\sin(a+c_k) - \sin a\big) j_k.$$

Corolário 9.9 (Identidades preservadas em A_m). *Para todo* $x \in A_m$,

$$\cos^2_{\mathcal{K}_m}(x) + \sin^2_{\mathcal{K}_m}(x) = 1, \tag{9.8}$$
$$\cosh^2_{\mathcal{K}_m}(x) - \sinh^2_{\mathcal{K}_m}(x) = 1. \tag{9.9}$$

Demonstração. Em coordenadas espectrais, as quatro funções agem componente a componente. As identidades reais $\cos^2 t + \sin^2 t = 1$ e $\cosh^2 t - \sinh^2 t = 1$ valem em cada uma das $m+1$ coordenadas. A injetividade do isomorfismo Σ, definido em (8.1), conclui a prova. □

9.5 Equações diferenciais ao longo de uma direção

Fixe $x \in \mathcal{K}_m$ e considere as funções de uma variável real

$$C_x(t) = \cos_{\mathcal{K}_m}(tx), \qquad S_x(t) = \sin_{\mathcal{K}_m}(tx).$$

Teorema 9.10 (Sistema trigonométrico espacial). *Para todo $t \in \mathbb{R}$,*

$$\boxed{C_x'(t) = -S_x(t)x, \qquad S_x'(t) = C_x(t)x.} \tag{9.10}$$

Além disso,

$$C_x(0) = 1, \qquad S_x(0) = 0.$$

Demonstração. A convergência uniforme em intervalos compactos permite derivar as séries termo a termo. Usando $x^{[n+1]} = x^{[n]}x$, obtemos

$$C_x'(t) = \sum_{n=1}^{\infty} (-1)^n \frac{t^{2n-1}x^{[2n]}}{(2n-1)!} = -S_x(t)x,$$

$$S_x'(t) = \sum_{n=0}^{\infty} (-1)^n \frac{t^{2n}x^{[2n+1]}}{(2n)!} = C_x(t)x.$$

Os dados iniciais seguem diretamente das séries. □

Analogamente, se

$$H_x(t) = \cosh_{\mathcal{K}_m}(tx), \qquad K_x(t) = \sinh_{\mathcal{K}_m}(tx),$$

então

$$H_x'(t) = K_x(t)x, \qquad K_x'(t) = H_x(t)x. \tag{9.11}$$

Por que não escrevemos imediatamente $C_x'' = -C_x x^2$?

Ao derivar novamente, surge $(C_x(t)x)x$. Identificá-lo com $C_x(t)(x^2)$ exige associatividade para essa terna. Portanto, o sistema de primeira ordem (9.10) é globalmente seguro; a equação escalar de segunda ordem requer uma hipótese adicional.

9.6 Falha global das identidades clássicas

As identidades do equações (9.8) and (9.9) foram provadas em A_m. Em toda a álgebra, elas não podem ser obtidas por simples reagrupamento de séries.

Exemplo: A identidade pitagórica pode falhar

Em $\mathcal{K}_1$, tome $x = i + j$. A fórmula fechada fornece

$$\cos_{\mathcal{K}_1}(x) = \cosh(1) + \frac{\cos(1) - \cosh(1)}{2} j,$$
$$\sin_{\mathcal{K}_1}(x) = i\sinh(1) + \frac{\sin(1) + \sinh(1)}{2} j.$$

Um cálculo direto do produto mostra que

$$\cos^2_{\mathcal{K}_1}(x) + \sin^2_{\mathcal{K}_1}(x) = 1 + \Delta j,$$

onde

$$\Delta = \frac{\cosh(1)\cos(1) + \sinh(1)\sin(1) - \cosh^2(1)}{2} \approx -0{,}279.$$

Logo, o resultado não é 1.

Teorema 9.11 (Falha da fórmula de Euler usual). *A identidade*

$$\exp_{\mathcal{K}_m}(ix) = \cos_{\mathcal{K}_m}(x) + i\sin_{\mathcal{K}_m}(x)$$

não vale para todo $x \in \mathcal{K}_m$.

Demonstração. Em $\mathcal{K}_1$, tome $x = j$. Como $ij = 0$,

$$\exp_{\mathcal{K}_1}(ij) = \exp_{\mathcal{K}_1}(0) = 1.$$

Por outro lado, a fórmula em A_1 dá

$$\cos_{\mathcal{K}_1}(j) = 1 + (\cos 1 - 1)j, \qquad \sin_{\mathcal{K}_1}(j) = \sin 1\, j.$$

Como $ij = 0$, temos $i\sin_{\mathcal{K}_1}(j) = 0$. Portanto,

$$\cos_{\mathcal{K}_1}(j) + i\sin_{\mathcal{K}_1}(j) = 1 + (\cos 1 - 1)j \neq 1.$$

□

Multiplicar o argumento por i apaga o espaço

Se $x = a + \sum c_k j_k \in A_m$, então $ix = ai$. Assim, $\exp_{\mathcal{K}_m}(ix)$ não registra as coordenadas espaciais de x, enquanto as séries de $\cos_{\mathcal{K}_m}(x)$ e $\sin_{\mathcal{K}_m}(x)$ registram todas as escalas $a + c_k$. Essa é a razão estrutural da falha de Euler.

9.7 Relações com a exponencial

Embora a fórmula de Euler falhe, as decomposições par e ímpar da exponencial continuam válidas porque não exigem reagrupamento de produtos.

Proposição 9.12 (Partes par e ímpar). *Para todo $x \in \mathcal{K}_m$,*

$$\cosh_{\mathcal{K}_m}(x) = \frac{\exp_{\mathcal{K}_m}(x) + \exp_{\mathcal{K}_m}(-x)}{2}, \tag{9.12}$$

$$\sinh_{\mathcal{K}_m}(x) = \frac{\exp_{\mathcal{K}_m}(x) - \exp_{\mathcal{K}_m}(-x)}{2}. \tag{9.13}$$

Demonstração. Pela definição recursiva,

$$(-x)^{[n]} = (-1)^n x^{[n]}.$$

Somar as séries de $\exp_{\mathcal{K}_m}(x)$ e $\exp_{\mathcal{K}_m}(-x)$ elimina os termos ímpares; subtraí-las elimina os termos pares. A convergência absoluta legitima as operações termo a termo. □

9.8 Exercícios

Exercício 9.1 (♦). Calcule $\cos_{\mathcal{K}_1}(j)$, $\sin_{\mathcal{K}_1}(j)$, $\cosh_{\mathcal{K}_1}(j)$ e $\sinh_{\mathcal{K}_1}(j)$.

Exercício 9.2 (♦). Mostre diretamente pelas séries que $\cos_{\mathcal{K}_m}(0) = 1$ e $\sin_{\mathcal{K}_m}(0) = 0$.

Exercício 9.3 (♦♦). Use a fórmula de diferenças divididas para calcular $\cos_{\mathcal{K}_1}(i + 2j)$.

Exercício 9.4 (♦♦). Prove as relações de paridade

$$\cos_{\mathcal{K}_m}(-x) = \cos_{\mathcal{K}_m}(x), \qquad \sin_{\mathcal{K}_m}(-x) = -\sin_{\mathcal{K}_m}(x).$$

Exercício 9.5 (♦♦♦). Prove a identidade pitagórica em A_m diretamente pelo isomorfismo $A_m \cong \mathbb{R}^{m+1}$.

Exercício 9.6 (♦♦♦). Determine todos os $x = a + cj \in A_1$ para os quais a igualdade de Euler usual

$$\exp_{\mathcal{K}_1}(ix) = \cos_{\mathcal{K}_1}(x) + i \sin_{\mathcal{K}_1}(x)$$

é válida.

Exercício 9.7 (♦♦♦♦). Encontre condições sobre x sob as quais o sistema (9.10) se reduz à equação $C_x''(t) = -C_x(t)x^2$.

Observação 9.13 (Para prosseguir). No próximo capítulo organizaremos as construções anteriores em um cálculo de funções inteiras com coeficientes reais. Isso permitirá tratar muitas funções simultaneamente e esclarecer o papel das diferenças divididas.

CAPÍTULO 10

Cálculo de funções inteiras

Do catálogo de funções a um método geral

Nos capítulos anteriores, exponencial, seno, cosseno e funções hiperbólicas foram construídos separadamente. Todas essas definições, porém, obedecem ao mesmo princípio: substituir as potências usuais pelas potências à esquerda.
Neste capítulo transformaremos esse princípio em um cálculo funcional. O objetivo não é pressupor associatividade, mas registrar com precisão aquilo que as séries realmente permitem concluir. As diferenças divididas fornecerão a fórmula geral; os casos associativos indicarão onde as regras clássicas de produto e composição permanecem válidas.

10.1 A classe de funções admissíveis

Denotaremos por $\mathcal{E}_{\mathbb{R}}$ o espaço das funções inteiras cuja série de Taylor na origem possui coeficientes reais. Assim,

$$f \in \mathcal{E}_{\mathbb{R}} \quad \Longleftrightarrow \quad f(w) = \sum_{n=0}^{\infty} \alpha_n w^n, \qquad \alpha_n \in \mathbb{R}.$$

Equivalentemente,

$$f(\overline{w}) = \overline{f(w)} \qquad (w \in \mathbb{C}).$$

Em particular, $f(t) \in \mathbb{R}$ para todo $t \in \mathbb{R}$.

Definição 10.1 (Cálculo inteiro por potências à esquerda). Sejam $f \in \mathcal{E}_{\mathbb{R}}$ e $x \in \mathcal{K}_m$. Para $f(w) = \sum_{n=0}^{\infty} \alpha_n w^n$, define-se

$$\boxed{f_{\mathcal{K}_m}(x) := \sum_{n=0}^{\infty} \alpha_n x^{[n]}.} \tag{10.1}$$

A convenção de potências faz parte da definição

O símbolo $x^{[n]}$ designa a potência à esquerda. Em geral, não se pode substituí-lo por uma potência sem parênteses nem reagrupar produtos durante a manipulação da série. O cálculo funcional definido acima é, portanto, um cálculo por *potências à esquerda.*

Teorema 10.2 (Convergência local uniforme). *Para cada $f \in \mathcal{E}_{\mathbb{R}}$, a série em* (10.1) *converge absolutamente e uniformemente quando x percorre um subconjunto compacto de $\mathcal{K}_m$.*

Demonstração. Fixe um compacto $K \subset \mathcal{K}_m$. As coordenadas

$$z = a + bi, \qquad \lambda_k = a + c_k$$

são limitadas em K. A estimativa de crescimento das potências à esquerda fornece constantes $C > 0$ e $R \geq 1$, independentes de $x \in K$, tais que

$$\|x^{[n]}\|_2 \leq C(1+n)R^n.$$

Como f é inteira, tanto $\sum |\alpha_n| R^n$ quanto $\sum n|\alpha_n| R^n$ convergem. O teste de Weierstrass conclui a prova. □

Proposição 10.3 (Linearidade e funções básicas). *Para $f, g \in \mathcal{E}_{\mathbb{R}}$, $r, s \in \mathbb{R}$ e $x \in \mathcal{K}_m$,*

$$(rf + sg)_{\mathcal{K}_m}(x) = rf_{\mathcal{K}_m}(x) + sg_{\mathcal{K}_m}(x).$$

Além disso, se $\mathbf{1}(w) = 1$ e $\iota(w) = w$, então

$$\mathbf{1}_{\mathcal{K}_m}(x) = 1, \qquad \iota_{\mathcal{K}_m}(x) = x.$$

Para um polinômio real $p(w) = \sum_{n=0}^{N} \alpha_n w^n$, a definição coincide com a avaliação finita

$$p_{\mathcal{K}_m}(x) = \sum_{n=0}^{N} \alpha_n x^{[n]}.$$

Demonstração. Todas as afirmações seguem termo a termo da definição. A convergência absoluta legitima as combinações lineares de séries. □

10.2 A fórmula geral por diferenças divididas

Para $f \in \mathcal{E}_{\mathbb{R}}$, introduzimos a diferença dividida complexa

$$[z,\lambda]f := \begin{cases} \dfrac{f(\lambda) - f(z)}{\lambda - z}, & \lambda \neq z, \\ f'(z), & \lambda = z. \end{cases} \tag{10.2}$$

Essa definição não possui singularidade genuína. De fato,

$$[z,\lambda]f = \int_0^1 f'\big((1-t)z + t\lambda\big)\, dt. \tag{10.3}$$

Teorema 10.4 (Fórmula do cálculo inteiro). *Se*

$$x = a + bi + \sum_{k=1}^{m} c_k j_k, \qquad z = a + bi, \qquad \lambda_k = a + c_k,$$

então, para todo $f \in \mathcal{E}_{\mathbb{R}}$,

$$\boxed{f_{\mathcal{K}_m}(x) = f(z) + \sum_{k=1}^{m} c_k \Re\big([z,\lambda_k]f\big) j_k.} \tag{10.4}$$

Demonstração. Quando $\lambda_k \neq z$, o lema de soma demonstrado no capítulo anterior fornece exatamente a coordenada exibida em (10.4). Se $\lambda_k = z$, então $c_k - bi = 0$, donde $b = c_k = 0$. Nesse caso, a coordenada espacial é nula, independentemente do valor atribuído à diferença dividida no ponto diagonal. A escolha $[z,z]f = f'(z)$ torna a expressão contínua e concorda com (10.3). □

Corolário 10.5 (A projeção complexa continua clássica). *Para todo $f \in \mathcal{E}_{\mathbb{R}}$ e $x \in \mathcal{K}_m$,*

$$\pi_{\mathbb{C}}\big(f_{\mathcal{K}_m}(x)\big) = f\big(\pi_{\mathbb{C}}(x)\big).$$

Demonstração. Basta aplicar $\pi_\mathbb{C}$ à equação (10.4). □

Exemplo: Uma função que ainda não havia sido tratada

Considere

$$f(w) = e^{w^2}$$

e $x = i + j \in \mathcal{K}_1$. Temos $z = i$, $\lambda_1 = 1$ e $c_1 = 1$. Logo,

$$f(i) = e^{-1}, \qquad f(1) = e,$$

e a fórmula geral dá

$$f_{\mathcal{K}_1}(i+j) = e^{-1} + \Re\left(\frac{e - e^{-1}}{1-i}\right) j = e^{-1} + \frac{e - e^{-1}}{2} j.$$

Observe que essa função foi obtida diretamente, sem que fosse necessário desenvolver uma teoria separada para e^{w^2}.

10.3 Dependência de um número finito de valores

A fórmula geral mostra que, para um ponto x fixado, toda a série de Taylor de f é comprimida em um conjunto finito de dados.

Definição 10.6 (Conjunto espectral ativo). Para $x = a + bi + \sum c_k j_k$, define-se

$$S_x := \{\lambda_k = a + c_k : c_k \neq 0\}.$$

Valores repetidos são considerados uma única vez nesse conjunto.

Teorema 10.7 (Princípio de determinação finita). *Se $f, g \in \mathcal{E}_\mathbb{R}$ satisfazem*

$$f(z) = g(z) \quad \text{e} \quad f(\lambda) = g(\lambda) \quad \text{para todo } \lambda \in S_x,$$

então

$$f_{\mathcal{K}_m}(x) = g_{\mathcal{K}_m}(x).$$

Demonstração. Aplique a fórmula geral a $f - g$. Sua parte complexa é zero. Para cada índice ativo, os dois valores que formam a diferença dividida também são zero; para um índice inativo, o fator c_k já anula a coordenada. □

Teorema 10.8 (Núcleo da avaliação em um ponto). *Fixe $x \in \mathcal{K}_m$ e considere a aplicação linear*

$$\mathrm{ev}_x : \mathcal{E}_{\mathbb{R}} \longrightarrow \mathcal{K}_m, \qquad \mathrm{ev}_x(f) = f_{\mathcal{K}_m}(x).$$

Então

$$\ker(\mathrm{ev}_x) = \{f \in \mathcal{E}_{\mathbb{R}} : f(z) = 0 \text{ e } f(\lambda) = 0 \text{ para todo } \lambda \in S_x\}. \tag{10.5}$$

Demonstração. Suponha primeiro que $f_{\mathcal{K}_m}(x) = 0$. Pela projeção complexa, $f(z) = 0$. Se $c_k \neq 0$, então $\lambda_k - z = c_k - bi$ e $f(\lambda_k) \in \mathbb{R}$. Consequentemente,

$$\begin{aligned} c_k \Re\left(\frac{f(\lambda_k)}{c_k - bi}\right) &= c_k \Re\left(\frac{f(\lambda_k)(c_k + bi)}{c_k^2 + b^2}\right) \\ &= \frac{c_k^2}{c_k^2 + b^2} f(\lambda_k). \end{aligned}$$

Como a coordenada espacial correspondente é zero e o fator que multiplica $f(\lambda_k)$ é positivo, segue que $f(\lambda_k) = 0$.

Reciprocamente, se f se anula em z e em S_x, cada coordenada da fórmula geral é zero. Logo, $f_{\mathcal{K}_m}(x) = 0$. □

Corolário 10.9 (Redução a interpolação polinomial). *Para cada $f \in \mathcal{E}_{\mathbb{R}}$ e cada $x \in \mathcal{K}_m$, existe um polinômio $p \in \mathbb{R}[w]$ tal que*

$$f_{\mathcal{K}_m}(x) = p_{\mathcal{K}_m}(x).$$

Demonstração. Interpolem-se os valores de f nos pontos reais distintos de S_x. Se $z \notin \mathbb{R}$, acrescentem-se os nós conjugados z e $\bar{z}$, com valores respectivamente iguais a $f(z)$ e $\overline{f(z)}$. Se $z \in \mathbb{R}$, acrescente-se apenas o nó z, com o valor real $f(z)$. O polinômio interpolador pode ser escolhido com coeficientes reais, pois os dados são invariantes por conjugação. O princípio de determinação finita conclui a prova. □

Observação 10.10 (O resultado não torna o cálculo associativo). A redução anterior vale para uma função e um ponto fixados. Ela afirma que a avaliação depende de dados finitos; não afirma que o produto de duas avaliações seja a avaliação do produto das funções.

10.4 Estabilidade do cálculo

Teorema 10.11 (Continuidade em relação à função). *Se (f_ν) é uma sequência em $\mathcal{E}_\mathbb{R}$ que converge para $f \in \mathcal{E}_\mathbb{R}$, uniformemente em subconjuntos compactos de $\mathbb{C}$, então*

$$(f_\nu)_{\mathcal{K}_m} \longrightarrow f_{\mathcal{K}_m}$$

uniformemente em subconjuntos compactos de $\mathcal{K}_m$.

Demonstração. Fixe um compacto $K \subset \mathcal{K}_m$. Os segmentos complexos que unem $z = a + bi$ a cada $\lambda_k = a + c_k$, com $x \in K$, ficam contidos em um compacto de $\mathbb{C}$. A convergência compacta de funções inteiras implica a convergência compacta das derivadas. Pela representação integral (10.3), as diferenças divididas de f_ν convergem uniformemente para as de f nesses segmentos. A fórmula geral e a limitação das coordenadas c_k em K concluem a prova. □

Corolário 10.12 (Aproximação pelos polinômios de Taylor). *Se*

$$p_N(w) = \sum_{n=0}^{N} \alpha_n w^n$$

é o N-ésimo polinômio de Taylor de $f \in \mathcal{E}_\mathbb{R}$, então

$$(p_N)_{\mathcal{K}_m} \longrightarrow f_{\mathcal{K}_m}$$

uniformemente em subconjuntos compactos de $\mathcal{K}_m$.

10.5 Produto e composição: domínio de validade

Em uma álgebra associativa, a avaliação por séries respeita naturalmente produtos e composições. Em $\mathcal{K}_m$, essas propriedades precisam ser localizadas.

Teorema 10.13 (Regras clássicas nos setores associativos). *Sejam $f, g \in \mathcal{E}_\mathbb{R}$.*

(i) *Se* $x \in \mathbb{C} \subset \mathcal{K}_m$, *então*

$$(fg)_{\mathcal{K}_m}(x) = f_{\mathcal{K}_m}(x) g_{\mathcal{K}_m}(x),$$
$$(f \circ g)_{\mathcal{K}_m}(x) = f_{\mathcal{K}_m}(g_{\mathcal{K}_m}(x)).$$

(ii) *Se* $x \in A_m$, *as mesmas duas identidades são válidas.*

Demonstração. No plano complexo, o cálculo espacial coincide com a avaliação inteira clássica. Em A_m, o isomorfismo

$$\Sigma : A_m \longrightarrow \mathbb{R}^{m+1}$$

transforma o cálculo em avaliação componente a componente nos pontos $a, a + c_1, \ldots, a + c_m$. Produto e composição são preservados em cada coordenada; a injetividade de Σ devolve as identidades a A_m. □

Exemplo: Falha simultânea do produto e da composição

Em $\mathcal{K}_1$, tome

$$x = i + j \qquad \text{e} \qquad q(w) = w^2.$$

Um cálculo pelas regras da álgebra fornece

$$x^{[2]} = -1 + j, \qquad x^{[3]} = -i, \qquad x^{[4]} = 1.$$

Assim,

$$(q^2)_{\mathcal{K}_1}(x) = x^{[4]} = 1,$$

enquanto

$$q_{\mathcal{K}_1}(x)^2 = (-1 + j)^2 = 1 - j.$$

Portanto,

$$(q^2)_{\mathcal{K}_1}(x) \neq q_{\mathcal{K}_1}(x)^2.$$

Além disso,

$$q_{\mathcal{K}_1}(q_{\mathcal{K}_1}(x)) = (-1 + j)^2 = 1 - j \neq 1 = (q \circ q)_{\mathcal{K}_1}(x).$$

Logo, produto e composição falham no mesmo ponto.

Linearidade não significa multiplicatividade

Para cada x, a aplicação ev_x é linear. Ela é um homomorfismo de álgebras nos setores associativos acima, mas não em um ponto arbitrário de $\mathcal{K}_m$. Essa distinção impede que identidades inteiras sejam transportadas para $\mathcal{K}_m$ por mera substituição formal.

10.6 Derivação ao longo de uma direção radial

Fixe $x \in \mathcal{K}_m$ e defina

$$F_x(t) = f_{\mathcal{K}_m}(tx), \qquad t \in \mathbb{R}.$$

Teorema 10.14 (Regra de derivação radial). *Para todo $f \in \mathcal{E}_{\mathbb{R}}$,*

$$\boxed{F_x'(t) = (f')_{\mathcal{K}_m}(tx)x.} \tag{10.6}$$

Em particular,

$$F_x(0) = f(0)1, \qquad F_x'(0) = f'(0)x.$$

Demonstração. Em intervalos compactos de t, a série pode ser derivada termo a termo:

$$\begin{aligned} F_x'(t) &= \sum_{n=1}^{\infty} n\alpha_n t^{n-1} x^{[n]} \\ &= \left(\sum_{n=1}^{\infty} n\alpha_n t^{n-1} x^{[n-1]} \right) x. \end{aligned}$$

A expressão entre parênteses é $(f')_{\mathcal{K}_m}(tx)$, e a recorrência $x^{[n]} = x^{[n-1]}x$ fornece a igualdade desejada. □

Observação 10.15 (Derivadas de ordem superior). A segunda derivada é

$$F_x''(t) = \big((f'')_{\mathcal{K}_m}(tx)x\big)x.$$

Sem uma hipótese associativa, não a reescrevemos como $(f'')_{\mathcal{K}_m}(tx)x^2$. A ordem dos parênteses continua sendo parte do resultado.

10.7 Exercícios

Exercício 10.1 (♦). Calcule $f_{\mathcal{K}_1}(j)$ para

$$f(w) = 1 + w + w^2.$$

Exercício 10.2 (♦). Mostre que, para $f \in \mathcal{E}_{\mathbb{R}}$,

$$f_{\mathcal{K}_m}(0) = f(0)1.$$

Exercício 10.3 (♦♦). Use a fórmula geral para calcular $f_{\mathcal{K}_1}(2i + 3j)$, onde $f(w) = e^{w^2}$.

Exercício 10.4 (♦♦). Prove diretamente pela fórmula integral que $[z, \lambda]f$ é contínua também quando $\lambda = z$.

Exercício 10.5 (♦♦♦). Se $x = a + bi + \sum c_k j_k$, mostre que duas coordenadas espaciais associadas ao mesmo valor não nulo de c_k são iguais em $f_{\mathcal{K}_m}(x)$, para toda $f \in \mathcal{E}_{\mathbb{R}}$.

Exercício 10.6 (♦♦♦). Caracterize o núcleo de ev_j em $\mathcal{K}_1$ e encontre um polinômio não nulo de menor grau pertencente a esse núcleo.

Exercício 10.7 (♦♦♦♦). Determine a imagem de ev_x quando $x = a + bi + \sum c_k j_k$, levando em conta possíveis repetições entre os valores não nulos c_k.

Observação 10.16 (Para prosseguir). O cálculo inteiro revelou uma descrição finita em cada ponto, mas também expôs a perda global de multiplicatividade. No próximo capítulo, a representação espectral acoplada explicará simultaneamente esses dois fenômenos.

CAPÍTULO 11

A representação espectral acoplada

Coordenadas úteis não são automaticamente multiplicativas

As quantidades

$$z = a + bi, \qquad \lambda_k = a + c_k$$

organizaram as potências e as funções inteiras. Isso não significa, porém, que o produto de dois elementos possa ser calculado multiplicando separadamente z e cada λ_k.
Neste capítulo construiremos o produto correto no espaço dessas coordenadas. O resultado manterá a parte complexa clássica e revelará um único acoplamento comum a todos os canais reais. Essa correção preserva exatamente a não associatividade de $\mathcal{K}_m$.

11.1 A aplicação de coordenadas espectrais

Considere o espaço vetorial real

$$\mathscr{S}_m := \mathbb{C} \times \mathbb{R}^m.$$

Se

$$x = a + bi + \sum_{k=1}^{m} c_k j_k \in \mathcal{K}_m,$$

definimos

$$\Phi(x) := \big(z, \boldsymbol{\lambda}\big) = \big(a + bi, (a + c_1, \ldots, a + c_m)\big). \tag{11.1}$$

Observação 11.1 (Por que usamos a palavra espectral?). As coordenadas reais $\lambda_k = a + c_k$ são exatamente os escalares pelos quais x multiplica os idempotentes:

$$xj_k = \lambda_k j_k.$$

Elas também controlam as recorrências das potências à esquerda. A palavra *espectral* registra esse papel; não afirma que $\mathcal{K}_m$ já tenha sido diagonalizada como uma álgebra associativa.

Proposição 11.2 (A representação é linear e bijetiva). *A aplicação*

$$\Phi : \mathcal{K}_m \longrightarrow \mathscr{S}_m$$

é um isomorfismo de espaços vetoriais reais. Sua inversa é

$$\Phi^{-1}(z, \boldsymbol{\lambda}) = z + \sum_{k=1}^{m} (\lambda_k - \Re z) j_k. \tag{11.2}$$

Demonstração. A linearidade segue diretamente das coordenadas. Se $z = a + bi$, então

$$\lambda_k - \Re z = (a + c_k) - a = c_k,$$

o que prova $\Phi^{-1}(\Phi(x)) = x$. Reciprocamente, aplicar Φ ao lado direito de (11.2) recupera $(z, \boldsymbol{\lambda})$. □

11.2 Por que o produto componente a componente falha?

Em $\mathscr{S}_m$, o candidato mais imediato seria

$$(z, \boldsymbol{\lambda}) \odot (w, \boldsymbol{\mu}) := (zw, \boldsymbol{\lambda} \circ \boldsymbol{\mu}),$$

onde

$$\boldsymbol{\lambda} \circ \boldsymbol{\mu} := (\lambda_1 \mu_1, \ldots, \lambda_m \mu_m)$$

é o produto componente a componente.

Exemplo: O teste mínimo com $i^2 = -1$

Temos

$$\Phi(i) = (i, \mathbf{0}).$$

Consequentemente,

$$\Phi(i) \odot \Phi(i) = (-1, \mathbf{0}).$$

Por outro lado,

$$\Phi(i^2) = \Phi(-1) = (-1, -\mathbf{1}_m),$$

onde $\mathbf{1}_m = (1, \ldots, 1)$. Portanto,

$$\Phi(i^2) \neq \Phi(i) \odot \Phi(i).$$

O produto componente a componente falha antes mesmo de aparecer qualquer coordenada espacial não nula.

A representação antiga continua útil, mas não diagonaliza

A aplicação Φ é uma parametrização linear exata. O erro consistiria em declará-lo multiplicativo para $\odot$. Resultados que dependam dessa multiplicatividade não podem ser transferidos para $\mathcal{K}_m$ sem reconstrução.

11.3 Descobrindo o termo de acoplamento

Escreva

$$x = a + bi + \sum_{k=1}^{m} c_k j_k, \qquad y = u + vi + \sum_{k=1}^{m} d_k j_k.$$

Pela fórmula do produto em $\mathcal{K}_m$,

$$xy = (au - bv) + (av + bu)i + \sum_{k=1}^{m} (ad_k + uc_k + c_k d_k) j_k.$$

A k-ésima coordenada real de $\Phi(xy)$ é, portanto,

$$\begin{aligned}\lambda_k(xy) &= (au - bv) + ad_k + uc_k + c_k d_k \\ &= (a + c_k)(u + d_k) - bv \\ &= \lambda_k(x)\lambda_k(y) - \Im z\, \Im w.\end{aligned}$$

O termo ausente no produto ingênuo é o mesmo em todos os canais.

Definição 11.3 (Produto espectral acoplado). Para $(z, \boldsymbol{\lambda}), (w, \boldsymbol{\mu}) \in \mathscr{S}_m$, define-se

$$\boxed{(z, \boldsymbol{\lambda}) \star (w, \boldsymbol{\mu}) := (zw,\ \boldsymbol{\lambda} \circ \boldsymbol{\mu} - \Im z\, \Im w\, \mathbf{1}_m)\,.} \tag{11.3}$$

Proposição 11.4 (Propriedades elementares de $\star$). *O produto $\star$ é bilinear e comutativo. Sua unidade é*

$$e_\star := (1, \mathbf{1}_m).$$

Demonstração. A bilinearidade e a comutatividade seguem de (11.3). Além disso, $\Im 1 = 0$, de modo que

$$(z, \boldsymbol{\lambda}) \star (1, \mathbf{1}_m) = (z, \boldsymbol{\lambda}).$$

□

Teorema 11.5 (Teorema da representação espectral acoplada). *A aplicação*

$$\Phi : \mathcal{K}_m \longrightarrow (\mathscr{S}_m, \star)$$

é um isomorfismo de álgebras reais, comutativas e unitais. Explicitamente,

$$\boxed{\Phi(xy) = \Phi(x) \star \Phi(y)} \tag{11.4}$$

para todos $x, y \in \mathcal{K}_m$.

Demonstração. Já sabemos que Φ é linear e bijetivo. A parte complexa de $\Phi(xy)$ é zw. O cálculo que precedeu a definição de $\star$ mostra que sua k-ésima coordenada real é

$$\lambda_k(x)\lambda_k(y) - \Im z\, \Im w.$$

Logo, todas as coordenadas de $\Phi(xy)$ e $\Phi(x) \star \Phi(y)$ coincidem. Além disso, a unidade $1 \in \mathcal{K}_m$ é enviada em $(1, \mathbf{1}_m)$. □

11.4 O defeito do produto desacoplado

O produto $\odot$ não deve ser descartado: ele serve como referência para medir exatamente o acoplamento.

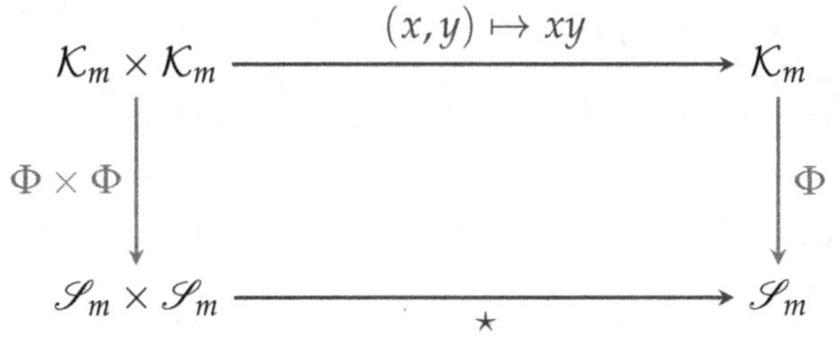

$\odot$ não fecha o diagrama;
$\star$ incorpora o acoplamento

Figura 11.1: O produto $\star$ é o transporte exato da multiplicação de $\mathcal{K}_m$ para as coordenadas espectrais.

Proposição 11.6 (Defeito multiplicativo comum aos canais). *Se*

$$X = (z, \boldsymbol{\lambda}), \qquad Y = (w, \boldsymbol{\mu}),$$

então

$$X \star Y - X \odot Y = (0, -\Im z\, \Im w\, \mathbf{1}_m)\,. \tag{11.5}$$

Em particular,

$$X \star Y = X \odot Y \iff \Im z\, \Im w = 0.$$

Demonstração. A identidade é a diferença direta entre as definições de $\star$ e $\odot$. Como $\mathbf{1}_m \neq \mathbf{0}$, o defeito se anula exatamente quando o produto das duas partes imaginárias é zero. □

Observação 11.7 (Acoplamento diagonal). O defeito pertence sempre à reta

$$\{(0, t\mathbf{1}_m) : t \in \mathbb{R}\} \subset \mathscr{S}_m.$$

Assim, os m canais não recebem correções independentes: todos são deslocados pelo mesmo escalar $-\Im z\, \Im w$. É nesse sentido preciso que o acoplamento é comum a todos os canais e diagonal.

11.5 O associador no modelo espectral

Sejam

$$X = (z, \boldsymbol{\lambda}), \qquad Y = (w, \boldsymbol{\mu}), \qquad Z = (q, \boldsymbol{\nu}),$$

e escreva

$$z = a + bi, \qquad w = u + vi, \qquad q = r + si.$$

Os perfis espaciais do primeiro e do terceiro elementos são

$$\mathbf{c} := \boldsymbol{\lambda} - a\mathbf{1}_m, \qquad \mathbf{e} := \boldsymbol{\nu} - r\mathbf{1}_m.$$

Teorema 11.8 (Associador espectral). *Com a convenção*

$$[X, Y, Z]_\star := (X \star Y) \star Z - X \star (Y \star Z),$$

temos

$$\boxed{[X, Y, Z]_\star = (0,\ vs\,\mathbf{c} - bv\,\mathbf{e})\,.} \tag{11.6}$$

Demonstração. A componente complexa associa e, portanto, é zero. Na k-ésima coordenada real, o primeiro reagrupamento fornece

$$(\lambda_k \mu_k - bv)\nu_k - \Im(zw)s,$$

enquanto o segundo fornece

$$\lambda_k(\mu_k \nu_k - vs) - b\Im(wq).$$

Como

$$\Im(zw) = av + bu, \qquad \Im(wq) = us + vr,$$

a diferença é

$$\begin{aligned}
&(\lambda_k \mu_k - bv)\nu_k - (av + bu)s \\
&\qquad - \lambda_k(\mu_k \nu_k - vs) + b(us + vr) \\
&= vs(\lambda_k - a) - bv(\nu_k - r) \\
&= vs\,c_k - bv\,e_k.
\end{aligned}$$

Reunir as m coordenadas conclui a prova. □

Corolário 11.9 (Critério espectral para uma terna associar). *A terna* (X, Y, Z) *associa se, e somente se,*

$$v(s\,\mathbf{c} - b\,\mathbf{e}) = \mathbf{0}. \tag{11.7}$$

Demonstração. Pela equação (11.6), a componente complexa já é zero. Logo, o associador se anula exatamente quando seu perfil real se anula. □

Exemplo: A não associatividade reaparece sem perda

Tome $X = Y = \Phi(i) = (i, \mathbf{0})$ e

$$Z = \Phi(j_k) = (0, \varepsilon_k),$$

onde ε_k é o k-ésimo vetor canônico de $\mathbb{R}^m$. Na fórmula anterior,

$$b = v = 1, \qquad s = 0, \qquad \mathbf{c} = \mathbf{0}, \qquad \mathbf{e} = \varepsilon_k.$$

Portanto,

$$[X, Y, Z]_\star = (0, -\varepsilon_k) = \Phi(-j_k).$$

Isso transporta exatamente a identidade

$$[i, i, j_k] = -j_k.$$

11.6 Os setores associativos vistos pelas coordenadas

Teorema 11.10 (Dois modelos clássicos dentro de $\mathscr{S}_m$). *Sob a aplicação Φ:*

(i) *a cópia complexa $\mathbb{C} \subset \mathcal{K}_m$ corresponde ao conjunto*

$$\mathscr{C}_m := \{(a + bi, a\mathbf{1}_m) : a, b \in \mathbb{R}\};$$

(ii) *a subálgebra real-idempotente $A_m \subset \mathcal{K}_m$ corresponde ao conjunto*

$$\mathscr{A}_m := \{(a, \boldsymbol{\lambda}) : a \in \mathbb{R},\ \boldsymbol{\lambda} \in \mathbb{R}^m\}.$$

Ambos são subálgebras associativas de $(\mathscr{S}_m, \star)$. Em $\mathscr{A}_m$, o produto reduz-se a

$$(a, \boldsymbol{\lambda}) \star (u, \boldsymbol{\mu}) = (au, \boldsymbol{\lambda} \circ \boldsymbol{\mu}).$$

Demonstração. Se um elemento de $\mathcal{K}_m$ não possui parte espacial, então $c_k = 0$ e $\lambda_k = a$ para todo k, o que dá $\mathscr{C}_m$. Se não possui parte em i, sua primeira coordenada é real e as coordenadas $\lambda_k = a + c_k$ são arbitrárias, o que dá $\mathscr{A}_m$.

Como Φ é isomorfismo, a associatividade dessas duas subálgebras poderia ser transportada diretamente. No segundo caso, ela também fica visível na fórmula de $\star$: as partes imaginárias são nulas, e resta o produto componente a componente de $\mathbb{R}^{m+1}$. □

Observação 11.11 (O plano complexo não usa o produto ingênuo). Em $\mathscr{C}_m$, dois elementos podem ter partes imaginárias não nulas. Nesse caso, o termo de acoplamento é indispensável até mesmo para reproduzir $i^2 = -1$. A associatividade da cópia complexa vem do produto $\star$ correto, e não de uma suposta ausência de acoplamento.

11.7 Potências à esquerda no modelo acoplado

Fixe $x \in \mathcal{K}_m$ e escreva

$$\Phi(x) = (z, \boldsymbol{\lambda}).$$

Para cada $n \geq 0$, denote

$$\Phi\big(x^{[n]}\big) = \big(z^n, \boldsymbol{\Lambda}^{[n]}\big).$$

Proposição 11.12 (Recorrência espectral das potências). *Temos*

$$\boldsymbol{\Lambda}^{[0]} = \mathbf{1}_m, \tag{11.8}$$

$$\boldsymbol{\Lambda}^{[1]} = \boldsymbol{\lambda}, \tag{11.9}$$

$$\boldsymbol{\Lambda}^{[n+1]} = \boldsymbol{\Lambda}^{[n]} \circ \boldsymbol{\lambda} - \Im(z^n)\Im(z)\mathbf{1}_m. \tag{11.10}$$

Demonstração. As duas condições iniciais seguem de

$$\Phi(1) = (1, \mathbf{1}_m), \qquad \Phi(x) = (z, \boldsymbol{\lambda}).$$

Pela definição de potência à esquerda e pela multiplicatividade de Φ,

$$\Phi\big(x^{[n+1]}\big) = \Phi\big(x^{[n]}x\big) = \Phi\big(x^{[n]}\big) \star \Phi(x).$$

Aplicar a fórmula de $\star$ produz (11.10). □

Por que $\Lambda^{[n]} \neq \lambda^{\circ n}$ em geral?

A recorrência contém a correção

$$-\Im(z^n)\Im(z)\mathbf{1}_m.$$

Ela desaparece no setor A_m, no qual z é real, mas não em um elemento geral. Portanto, iterar a igualdade $xj_k = \lambda_k j_k$ como se a álgebra fosse associativa perderia precisamente o termo de acoplamento.

Exemplo: O ciclo de $i + j$ em coordenadas espectrais

Em $\mathcal{K}_1$, tome $x = i + j$. Então

$$\Phi(x) = (i, 1).$$

A recorrência fornece a tabela

n	$x^{[n]}$	z^n	$\Lambda^{[n]}$
0	1	1	1
1	$i+j$	i	1
2	$-1+j$	-1	0
3	$-i$	$-i$	0
4	1	1	1

e o ciclo se repete. As coordenadas reais não são as potências usuais de $\lambda = 1$: elas registram as correções produzidas pela parte imaginária de z.

11.8 Funções inteiras em coordenadas acopladas

Se $f \in \mathcal{E}_{\mathbb{R}}$, defina o vetor real

$$\mathfrak{D}_f(z, \boldsymbol{\lambda}) := (\Re([z, \lambda_1]f), \dots, \Re([z, \lambda_m]f)).$$

Teorema 11.13 (Forma espectral do cálculo inteiro). *Se*

$$\Phi(x) = (z, \boldsymbol{\lambda}) \quad e \quad \mathbf{c} = \boldsymbol{\lambda} - \Re z \, \mathbf{1}_m,$$

então

$$\boxed{\Phi(f_{\mathcal{K}_m}(x)) = \big(f(z), \Re f(z)\mathbf{1}_m + \mathbf{c} \circ \mathfrak{D}_f(z, \boldsymbol{\lambda})\big).} \tag{11.11}$$

Demonstração. Pela fórmula geral do cálculo inteiro,

$$f_{\mathcal{K}_m}(x) = f(z) + \sum_{k=1}^{m} c_k \Re([z, \lambda_k]f) j_k.$$

Ao aplicar Φ, a parte complexa permanece $f(z)$. A k-ésima coordenada real é a parte real de $f(z)$ somada ao coeficiente de j_k, isto é,

$$\Re f(z) + c_k \Re([z, \lambda_k]f).$$

Essas coordenadas formam o vetor exibido em (11.11). □

Corolário 11.14 (Recuperação dos dois setores clássicos). (i) *Se* $x \in \mathbb{C}$*, então*

$$\Phi\big(f_{\mathcal{K}_m}(x)\big) = \big(f(z), \Re f(z)\mathbf{1}_m\big).$$

(ii) *Se* $x \in A_m$*, então*

$$\Phi\big(f_{\mathcal{K}_m}(x)\big) = \big(f(a), (f(\lambda_1), \ldots, f(\lambda_m))\big).$$

Demonstração. No primeiro caso, $\mathbf{c} = \mathbf{0}$. No segundo, $z = a \in \mathbb{R}$. Se $c_k \neq 0$, então

$$f(a) + c_k[a, a + c_k]f = f(a + c_k) = f(\lambda_k).$$

Se $c_k = 0$, o mesmo resultado segue de $\lambda_k = a$, pois o termo multiplicado por c_k é nulo. □

Observação 11.15 (Dados finitos). A equação (11.11) mostra novamente que $f_{\mathcal{K}_m}(x)$ depende apenas de $f(z)$ e dos valores $f(\lambda_k)$. A diferença dividida é o mecanismo que combina esses dados com o acoplamento entre o canal complexo e cada canal real.

11.9 Exercícios

Exercício 11.1 (♦). Calcule $\Phi(1)$, $\Phi(i)$ e $\Phi(j_k)$, e verifique diretamente que $\Phi(1)$ é a unidade de $(\mathscr{S}_m, \star)$.

Exercício 11.2 (♦). Para $m = 1$, calcule

$$(i, 1) \star (i, 1)$$

e compare o resultado com $\Phi((i + j)^2)$.

Exercício 11.3 (♦♦). Mostre diretamente que o produto $\star$ é bilinear e comutativo.

Exercício 11.4 (♦♦). Determine todos os pares $X, Y \in \mathscr{S}_m$ para os quais

$$X \star Y = X \odot Y.$$

Exercício 11.5 (♦♦♦). Partindo apenas da definição de $\star$, refaça o cálculo do associador $[X, Y, Z]_\star$.

Exercício 11.6 (♦♦♦). Use a recorrência espectral para calcular $\Phi(x^{[2]})$, $\Phi(x^{[3]})$ e $\Phi(x^{[4]})$ quando

$$\Phi(x) = (a + bi, \lambda).$$

Exercício 11.7 (♦♦♦). Obtenha a fórmula do cálculo inteiro em A_m diretamente da equação (11.11).

Exercício 11.8 (♦♦♦♦). Classifique as ternas $X, Y, Z \in \mathscr{S}_m$ que associam usando (11.7). Separe os casos $\Im w = 0$ e $\Im w \neq 0$.

Observação 11.16 (Para prosseguir). A representação acoplada transporta o produto, o associador, as potências e o cálculo inteiro para um único modelo coordenado. No próximo capítulo, utilizaremos esse modelo para estudar os operadores de multiplicação e medir, em linguagem linear, o defeito de associatividade.

CAPÍTULO 12

Operadores de multiplicação e defeito associativo

Da multiplicação bilinear à álgebra linear

Para cada $x \in \mathcal{K}_m$, multiplicar por x define um operador linear

$$M_x : \mathcal{K}_m \longrightarrow \mathcal{K}_m, \qquad M_x(y) = xy.$$

Como $\mathcal{K}_m$ é comutativa, multiplicação à esquerda e à direita coincidem. Isso não torna a família $\{M_x : x \in \mathcal{K}_m\}$ uma representação multiplicativa: em geral, $M_x M_y \neq M_{xy}$.
Neste capítulo calcularemos as matrizes desses operadores, identificaremos o defeito por meio do associador e mostraremos que os comutadores possuem uma estrutura muito mais rígida do que uma matriz arbitrária.

12.1 A matriz do operador de multiplicação

Fixa-se

$$x = a + bi + \sum_{k=1}^{m} c_k j_k$$

e escreva

$$y = u + vi + \sum_{k=1}^{m} d_k j_k.$$

Pela fórmula do produto,

$$M_x(y) = (au - bv) + (av + bu)i + \sum_{k=1}^{m} \big(c_k u + (a + c_k) d_k\big) j_k. \tag{12.1}$$

Denote novamente

$$z = a + bi, \qquad \lambda_k = a + c_k, \qquad D_\lambda := \operatorname{diag}(\lambda_1, \ldots, \lambda_m).$$

Teorema 12.1 (Matriz canônica de M_x). *Na base ordenada*

$$\mathcal{B} = (1, i, j_1, \ldots, j_m),$$

a matriz de M_x *é*

$$[M_x]_{\mathcal{B}} = \begin{pmatrix} a & -b & 0 & \cdots & 0 \\ b & a & 0 & \cdots & 0 \\ c_1 & 0 & \lambda_1 & & 0 \\ \vdots & \vdots & & \ddots & \\ c_m & 0 & 0 & & \lambda_m \end{pmatrix}. \tag{12.2}$$

Equivalentemente, em blocos,

$$[M_x]_{\mathcal{B}} = \begin{pmatrix} A_z & 0 \\ C_x & D_\lambda \end{pmatrix}, \qquad A_z = \begin{pmatrix} a & -b \\ b & a \end{pmatrix}, \qquad C_x = \begin{pmatrix} c_1 & 0 \\ \vdots & \vdots \\ c_m & 0 \end{pmatrix}.$$

Demonstração. As duas primeiras coordenadas formam $A_z(u, v)^\mathsf{T}$. A coordenada de j_k é

$$c_k u + \lambda_k d_k.$$

Essas expressões são exatamente as linhas da matriz exibida. □

Exemplo: A matriz em $\mathcal{K}_1$

Para $x = a + bi + cj$, temos

$$[M_x]_{(1,i,j)} = \begin{pmatrix} a & -b & 0 \\ b & a & 0 \\ c & 0 & a+c \end{pmatrix}.$$

Em particular,

$$[M_i]_{(1,i,j)} = \begin{pmatrix} 0 & -1 & 0 \\ 1 & 0 & 0 \\ 0 & 0 & 0 \end{pmatrix}, \qquad [M_j]_{(1,i,j)} = \begin{pmatrix} 0 & 0 & 0 \\ 0 & 0 & 0 \\ 1 & 0 & 1 \end{pmatrix}.$$

12.2 A matriz no modelo espectral acoplado

Se $X = \Phi(x) = (z, \lambda)$, defina

$$\mathcal{M}_X : \mathscr{S}_m \longrightarrow \mathscr{S}_m, \qquad \mathcal{M}_X(Y) = X \star Y.$$

O isomorfismo Φ entrelaça os operadores:

$$\mathcal{M}_{\Phi(x)} = \Phi M_x \Phi^{-1}. \tag{12.3}$$

Teorema 12.2 (Forma diagonal mais acoplamento). *Identificando*

$$\mathscr{S}_m \cong \mathbb{R}^2 \times \mathbb{R}^m$$

pelas coordenadas $(\Re w, \Im w, \boldsymbol{\mu})$, *temos*

$$\boxed{[\mathcal{M}_X] = \begin{pmatrix} a & -b & 0 & \cdots & 0 \\ b & a & 0 & \cdots & 0 \\ 0 & -b & \lambda_1 & & 0 \\ \vdots & \vdots & & \ddots & \\ 0 & -b & 0 & & \lambda_m \end{pmatrix}.} \tag{12.4}$$

Demonstração. Para $Y = (w, \boldsymbol{\mu})$, a definição de $\star$ dá

$$\mathcal{M}_X(Y) = (zw,\ D_\lambda \boldsymbol{\mu} - b\Im w\, \mathbf{1}_m).$$

A parte complexa é representada por A_z; cada coordenada real recebe $\lambda_k \mu_k - b\Im w$. Isso produz a matriz indicada. □

Observação 12.3 (O acoplamento tem posto um). Na equação (12.4), a diferença entre $\mathcal{M}_X$ e o operador em blocos

$$A_z \oplus D_\lambda$$

está numa única coluna. Se $b \neq 0$, essa coluna envia a coordenada $\Im w$ para a direção diagonal $\mathbf{1}_m$. Portanto, o acoplamento espectral é uma perturbação de posto 1.

12.3 Polinômio característico e determinante

Teorema 12.4 (Fatoração característica). *O polinômio característico real de M_x é*

$$\boxed{\chi_x(t) = \left((t-a)^2 + b^2\right) \prod_{k=1}^{m} (t - \lambda_k).} \tag{12.5}$$

Consequentemente,

$$\det M_x = |z|^2 \prod_{k=1}^{m} \lambda_k, \tag{12.6}$$

$$\operatorname{tr} M_x = 2a + \sum_{k=1}^{m} \lambda_k. \tag{12.7}$$

Demonstração. A matriz (12.2) é triangular por blocos. Logo,

$$\det(tI - M_x) = \det(tI_2 - A_z)\det(tI_m - D_\lambda).$$

Como

$$\det(tI_2 - A_z) = (t-a)^2 + b^2$$

e D_λ é diagonal, obtemos (12.5). As fórmulas do determinante e do traço seguem tomando o termo constante apropriado e somando os elementos diagonais. □

Corolário 12.5 (Valores espectrais do multiplicador). *Após complexificar o espaço vetorial, os autovalores de M_x, contados com multiplicidade algébrica, são*

$$z, \quad \bar{z}, \quad \lambda_1, \ldots, \lambda_m.$$

Demonstração. Sobre $\mathbb{C}$, o fator quadrático em (12.5) decompõe-se como

$$(t-z)(t-\bar{z}).$$

□

12.4 O operador do associador

Para $x, y \in \mathcal{K}_m$, definimos

$$\mathcal{A}_{x,y} := M_{xy} - M_x M_y.$$

Pela convenção adotada para o associador,

$$\mathcal{A}_{x,y}(\xi) = [x, y, \xi]. \tag{12.8}$$

Escreva

$$x = a + bi + J(\mathbf{c}), \qquad y = u + vi + J(\mathbf{d}), \qquad \xi = r + si + J(\mathbf{e}).$$

A fórmula geral do associador dá

$$\mathcal{A}_{x,y}(\xi) = J\big(vs\,\mathbf{c} - bv\,\mathbf{e}\big). \tag{12.9}$$

Teorema 12.6 (Matriz e posto do defeito associativo). *Na base* $\mathcal{B} = (1, i, j_1, \dots, j_m)$,

$$[\mathcal{A}_{x,y}]_{\mathcal{B}} = \begin{pmatrix} 0 & 0 & 0 \\ 0 & 0 & 0 \\ \mathbf{0} & v\mathbf{c} & -bvI_m \end{pmatrix}, \tag{12.10}$$

onde a última linha de blocos possui tamanhos $m \times 1$, $m \times 1$ *e* $m \times m$. *Além disso,*

$$\operatorname{posto} \mathcal{A}_{x,y} = \begin{cases} 0, & v = 0, \\ m, & v \neq 0 \text{ e } b \neq 0, \\ 1, & v \neq 0,\ b = 0 \text{ e } \mathbf{c} \neq \mathbf{0}, \\ 0, & v \neq 0,\ b = 0 \text{ e } \mathbf{c} = \mathbf{0}. \end{cases} \tag{12.11}$$

Demonstração. A fórmula (12.9) não depende de r, recebe de s o vetor $v\mathbf{c}$ e age em $\mathbf{e}$ por $-bvI_m$. Isso prova a matriz.

Se $v = 0$, o operador é nulo. Se $v \neq 0$ e $b \neq 0$, o bloco $-bvI_m$ é invertível e a imagem é todo o ideal espacial, de dimensão m. Se $v \neq 0$ e $b = 0$, a imagem é a reta gerada por $\mathbf{c}$, salvo quando $\mathbf{c} = \mathbf{0}$, caso em que é nula. □

Corolário 12.7 (O defeito está concentrado no ideal espacial). *Para todos* $x, y \in \mathcal{K}_m$,

$$\operatorname{im} \mathcal{A}_{x,y} \subseteq J_m.$$

Em particular, o defeito desaparece no quociente

$$\mathcal{K}_m / J_m \cong \mathbb{C}.$$

Demonstração. As duas primeiras linhas da matriz (12.10) são nulas. Equivalentemente, (12.9) tem somente componente espacial. □

12.5 Comutadores de multiplicadores

Embora $M_x(y) = M_y(x)$, a composição dos operadores pode depender da ordem. Defina

$$[M_x, M_y] := M_x M_y - M_y M_x.$$

Teorema 12.8 (Fórmula do comutador). *Para*

$$x = a + bi + J(\mathbf{c}), \qquad y = u + vi + J(\mathbf{d}),$$

e $\xi = r + si + J(\mathbf{e})$, *temos*

$$\boxed{[M_x, M_y](\xi) = s\,J(b\mathbf{d} - v\mathbf{c}).} \tag{12.12}$$

Consequentemente,

$$\operatorname{posto}[M_x, M_y] \leq 1,$$

e

$$M_x M_y = M_y M_x \iff b\mathbf{d} = v\mathbf{c}. \tag{12.13}$$

Demonstração. Da definição do operador associador,

$$M_x M_y = M_{xy} - \mathcal{A}_{x,y}, \qquad M_y M_x = M_{xy} - \mathcal{A}_{y,x},$$

pois $xy = yx$. Logo,

$$[M_x, M_y] = \mathcal{A}_{y,x} - \mathcal{A}_{x,y}.$$

Pela fórmula do associador,

$$\mathcal{A}_{y,x}(\xi) = J\big(bs\,\mathbf{d} - vb\,\mathbf{e}\big),$$
$$\mathcal{A}_{x,y}(\xi) = J\big(vs\,\mathbf{c} - bv\,\mathbf{e}\big).$$

Os termos que dependem de **e** se cancelam, restando (12.12). A imagem está contida na reta gerada por $J(b\mathbf{d} - v\mathbf{c})$, o que prova a estimativa de posto e o critério de comutação. □

Exemplo: Comutatividade da álgebra, não dos operadores

Em $\mathcal{K}_1$, temos $ij = ji = 0$. Entretanto,

$$[M_i, M_j](i) = j.$$

De fato, na fórmula anterior,

$$b = 1, \qquad \mathbf{c} = 0, \qquad v = 0, \qquad \mathbf{d} = 1, \qquad s = 1,$$

e portanto

$$[M_i, M_j](i) = J(1) = j.$$

Assim, $M_i M_j \neq M_j M_i$, apesar de $ij = ji$.

Observação 12.9 (Perfis proporcionais). Quando $b \neq 0$ e $v \neq 0$, os operadores M_x e M_y comutam exatamente quando

$$\frac{\mathbf{c}}{b} = \frac{\mathbf{d}}{v}.$$

Portanto, a comutação operatorial detecta a proporcionalidade entre a parte imaginária complexa e o perfil espacial.

12.6 Invertibilidade do operador e solução canônica

Teorema 12.10 (Critério de invertibilidade de M_x). *O operador M_x é invertível se, e somente se,*

$$z \neq 0 \quad e \quad \lambda_k \neq 0 \quad (1 \leq k \leq m). \tag{12.14}$$

Nesse caso, a única solução de $xy = 1$ é

$$\boxed{y = \frac{1}{z} - \sum_{k=1}^{m} \frac{a\, c_k}{|z|^2 \lambda_k} j_k.} \tag{12.15}$$

Demonstração. Pela equação (12.6), o operador é invertível exatamente quando

$$|z|^2 \prod_{k=1}^{m} \lambda_k \neq 0,$$

o que equivale a (12.14).

Para resolver $xy = 1$, escreva

$$y = w + \sum_{k=1}^{m} d_k j_k, \qquad w = u + vi.$$

A parte complexa da equação é $zw = 1$, logo $w = 1/z$ e

$$u = \Re \frac{1}{z} = \frac{a}{|z|^2}.$$

A k-ésima coordenada espacial exige

$$c_k u + \lambda_k d_k = 0,$$

da qual segue

$$d_k = -\frac{a\,c_k}{|z|^2 \lambda_k}.$$

□

Inverso de elemento não é inverso de operador

Em uma álgebra não associativa, a existência de y com $xy = 1$ não implica

$$M_y = M_x^{-1}.$$

Por exemplo, $i(-i) = 1$, mas M_i não é invertível, pois

$$M_i(j) = ij = 0.$$

O critério do teorema caracteriza a invertibilidade da aplicação linear M_x, uma condição mais forte que a mera existência de um inverso multiplicativo para x.

12.7 Exercícios

Exercício 12.1 (♦). Calcule a matriz de $M_{2+i-j_1+3j_2}$ na base $(1, i, j_1, j_2)$.

Exercício 12.2 (♦). Verifique diretamente, por multiplicação de matrizes, que

$$[M_i, M_j](i) = j$$

em $\mathcal{K}_1$.

Exercício 12.3 (♦♦). Mostre que J_m é invariante por M_x para todo $x \in \mathcal{K}_m$ e determine a restrição $M_x|_{J_m}$.

Exercício 12.4 (♦♦). Calcule o polinômio característico e o determinante de

$$M_{1+2i+3j}\colon \mathcal{K}_1 \longrightarrow \mathcal{K}_1.$$

Exercício 12.5 (♦♦♦). Prove a similaridade

$$\mathcal{M}_{\Phi(x)} = \Phi M_x \Phi^{-1}$$

diretamente a partir da multiplicatividade de Φ, e conclua que as matrizes (12.2) e (12.4) possuem o mesmo polinômio característico.

Exercício 12.6 (♦♦♦). Para $x = a + bi + J(\mathbf{c})$ e $y = u + vi + J(\mathbf{d})$, determine quando $\mathcal{A}_{x,y}$ é nulo, quando possui posto 1 e quando possui posto m.

Exercício 12.7 (♦♦♦). Suponha $b \neq 0$ e $v \neq 0$. Prove que

$$[M_x, M_y] = 0$$

se, e somente se, os vetores

$$(b, \mathbf{c}), \qquad (v, \mathbf{d})$$

são proporcionais com o mesmo fator nas coordenadas espaciais.

Exercício 12.8 (♦♦♦♦). Determine explicitamente M_x^{-1} como matriz em blocos sob as hipóteses (12.14). Compare M_x^{-1} com M_y, onde y é dado por (12.15).

Observação 12.11 (Para prosseguir). As matrizes dos multiplicadores exibem um bloco complexo, m canais reais e um acoplamento de posto 1. No próximo capítulo, essa fatoração será usada para estudar resolventes, projeções espectrais e a geometria das singularidades dos operadores M_x.

CAPÍTULO 13

Espectro, resolvente e singularidades

Por que complexificar?

O operador M_x é real, mas seu bloco correspondente à multiplicação complexa possui, em geral, os autovalores conjugados $z = a + bi$ e $\overline{z} = a - bi$. Para tratar todos os autovalores no mesmo corpo, consideraremos a complexificação

$$M_x^{\mathbb{C}} : \mathcal{K}_m^{\mathbb{C}} \longrightarrow \mathcal{K}_m^{\mathbb{C}}, \qquad \mathcal{K}_m^{\mathbb{C}} := \mathcal{K}_m \otimes_{\mathbb{R}} \mathbb{C}.$$

Todas as afirmações sobre resolvente e projeções deste capítulo se referem a esse operador complexo. Não estamos alterando o produto de $\mathcal{K}_m$; estamos apenas estudando uma aplicação linear real por meio de sua complexificação.

13.1 Espectro do multiplicador

Fixe

$$x = a + bi + \sum_{k=1}^{m} c_k j_k, \qquad z = a + bi, \qquad \lambda_k = a + c_k.$$

O capítulo anterior mostrou que

$$\chi_x(t) = \left((t-a)^2 + b^2\right) \prod_{k=1}^{m} (t - \lambda_k).$$

Teorema 13.1 (Espectro finito do multiplicador). *O espectro complexo de* $M_x^{\mathbb{C}}$ *é*

$$\boxed{\sigma(M_x^{\mathbb{C}}) = \{z, \bar{z}, \lambda_1, \dots, \lambda_m\},} \tag{13.1}$$

onde o lado direito é entendido como conjunto: valores repetidos aparecem uma única vez.

Demonstração. Em dimensão finita, o espectro é o conjunto dos zeros do polinômio característico. Como

$$(t-a)^2 + b^2 = (t-z)(t-\bar{z}),$$

a fatoração anterior fornece exatamente (13.1). □

Observação 13.2 (Conjunto e multiplicidade são informações diferentes). Na notação de conjunto, uma coincidência como $\lambda_1 = \lambda_2$ produz um único ponto espectral. No polinômio característico, porém, esse ponto conserva sua multiplicidade algébrica. Por isso, registraremos separadamente colisões e multiplicidades.

13.2 Fórmula do resolvente em blocos

Trabalharemos no modelo espectral acoplado. Para

$$X = \Phi(x) = (z, \boldsymbol{\lambda}),$$

a matriz complexificada do multiplicador é

$$\mathcal{M}_X^{\mathbb{C}} = \begin{pmatrix} A_z & 0 \\ B_x & D_\lambda \end{pmatrix},$$

onde

$$A_z = \begin{pmatrix} a & -b \\ b & a \end{pmatrix}, \qquad B_x = \begin{pmatrix} 0 & -b \\ \vdots & \vdots \\ 0 & -b \end{pmatrix}, \qquad D_\lambda = \operatorname{diag}(\lambda_1, \dots, \lambda_m).$$

Definição 13.3 (Conjunto resolvente e resolvente). O conjunto resolvente de $M_x^{\mathbb{C}}$ é

$$\rho(M_x^{\mathbb{C}}) := \mathbb{C} \setminus \sigma(M_x^{\mathbb{C}}).$$

Para $\zeta \in \rho(M_x^{\mathbb{C}})$, define-se

$$R_x(\zeta) := (\zeta I - M_x^{\mathbb{C}})^{-1}.$$

Para abreviar, ponha

$$R_z^{(2)}(\zeta) := (\zeta I_2 - A_z)^{-1},$$
$$E_\lambda(\zeta) := (\zeta I_m - D_\lambda)^{-1}.$$

Um cálculo direto fornece

$$R_z^{(2)}(\zeta) = \frac{1}{(\zeta - a)^2 + b^2} \begin{pmatrix} \zeta - a & -b \\ b & \zeta - a \end{pmatrix}, \tag{13.2}$$

e

$$E_\lambda(\zeta) = \operatorname{diag}\left(\frac{1}{\zeta - \lambda_1}, \dots, \frac{1}{\zeta - \lambda_m} \right). \tag{13.3}$$

Teorema 13.4 (Resolvente acoplado). *Para todo* $\zeta \in \rho(M_x^{\mathbb{C}})$,

$$\boxed{(\zeta I - \mathcal{M}_X^{\mathbb{C}})^{-1} = \begin{pmatrix} R_z^{(2)}(\zeta) & 0 \\ E_\lambda(\zeta) B_x R_z^{(2)}(\zeta) & E_\lambda(\zeta) \end{pmatrix}.} \tag{13.4}$$

Demonstração. Temos

$$\zeta I - \mathcal{M}_X^{\mathbb{C}} = \begin{pmatrix} \zeta I_2 - A_z & 0 \\ -B_x & \zeta I_m - D_\lambda \end{pmatrix}.$$

Os dois blocos diagonais são invertíveis precisamente quando $\zeta \notin \sigma(M_x^{\mathbb{C}})$. Multiplicando a matriz acima pela matriz do lado direito de (13.4), obtemos a identidade: o bloco inferior esquerdo é

$$-B_x R_z^{(2)} + (\zeta I_m - D_\lambda) E_\lambda B_x R_z^{(2)} = 0.$$

□

Corolário 13.5 (O acoplamento do resolvente tem posto no máximo 1). *O bloco*

$$E_\lambda(\zeta)B_x R_z^{(2)}(\zeta)$$

possui posto no máximo 1*. Se* $b = 0$*, ele é nulo e o resolvente torna-se diagonal por blocos.*

Demonstração. A matriz B_x possui posto no máximo 1, e multiplicações à esquerda e à direita não aumentam o posto. Se $b = 0$, então $B_x = 0$. □

Resolvente operatorial não é inverso algébrico

O resolvente é o inverso, na álgebra associativa de operadores lineares, de $\zeta I - M_x^{\mathbb{C}}$. Ele não deve ser identificado formalmente com multiplicação por um elemento $(\zeta 1 - x)^{-1}$ de $\mathcal{K}_m$, pois

$$M_u M_v \neq M_{uv}$$

em geral.

13.3 Diagonalização e colisões espectrais

Teorema 13.6 (Todo multiplicador é diagonalizável após complexificação). *Para todo* $x \in \mathcal{K}_m$*, o operador* $M_x^{\mathbb{C}}$ *é diagonalizável sobre* $\mathbb{C}$.

Demonstração. Se $b = 0$, então $B_x = 0$ e $A_z = aI_2$. A matriz espectral é

$$aI_2 \oplus D_\lambda,$$

portanto já é diagonal.

Suponha $b \neq 0$. Os autovalores z e $\bar{z}$ de A_z são não reais e distintos, enquanto todos os λ_k são reais. Assim, o espectro de A_z é disjunto do espectro de D_λ.

Para $\theta \in \{z, \bar{z}\}$, escolha um autovetor $p_\theta \in \mathbb{C}^2$ de A_z. Como $D_\lambda - \theta I$ é invertível,

$$\begin{pmatrix} p_\theta \\ -(D_\lambda - \theta I)^{-1} B_x p_\theta \end{pmatrix}$$

é autovetor de $\mathcal{M}_X^{\mathbb{C}}$ associado a θ.

Para um valor real τ entre os λ_k, os autovetores associados a τ são

$$\begin{pmatrix} \mathbf{0} \\ q \end{pmatrix}, \qquad q \in \ker(D_\lambda - \tau I).$$

Sua dimensão é o número de índices k para os quais $\lambda_k = \tau$. Somando as dimensões de todos esses autoespaços, obtemos $m+2$ autovetores linearmente independentes. □

Corolário 13.7 (Polinômio mínimo). *Se Θ_x é o conjunto dos valores distintos em*

$$\{z, \bar{z}, \lambda_1, \ldots, \lambda_m\},$$

então o polinômio mínimo de $M_x^{\mathbb{C}}$ é

$$\boxed{\mathfrak{m}_x(t) = \prod_{\theta \in \Theta_x} (t - \theta).} \tag{13.5}$$

Demonstração. Um operador diagonalizável possui polinômio mínimo (também denominado polinômio minimal) igual ao produto dos fatores lineares distintos correspondentes aos seus autovalores. □

Proposição 13.8 (Equações das colisões). *As colisões entre os valores espectrais são descritas por:*

$$\lambda_k = \lambda_\ell \iff c_k = c_\ell, \tag{13.6}$$

$$z = \bar{z} \iff b = 0, \tag{13.7}$$

$$z = \lambda_k \text{ ou } \bar{z} = \lambda_k \iff b = 0 \text{ e } c_k = 0. \tag{13.8}$$

Demonstração. As duas primeiras equivalências são imediatas. Como λ_k é real, uma igualdade com $z = a + bi$ ou $\bar{z} = a - bi$ exige $b = 0$. Nesse caso, $z = \bar{z} = a$, e a igualdade $a = \lambda_k = a + c_k$ equivale a $c_k = 0$. □

Colisão não significa singularidade nem bloco de Jordan

O elemento $x = 1$ satisfaz

$$z = \bar{z} = \lambda_1 = \cdots = \lambda_m = 1,$$

mas $M_1 = I$ é invertível e diagonal. As colisões aumentam multiplicidades; não produzem, nesta família, perda de diagonalizabilidade.

13.4 Projeções espectrais

Para cada $\theta \in \Theta_x$, defina

$$P_\theta := \prod_{\substack{\eta \in \Theta_x \\ \eta \neq \theta}} \frac{M_x^{\mathbb{C}} - \eta I}{\theta - \eta}. \tag{13.9}$$

Teorema 13.9 (Decomposição espectral do multiplicador). *As aplicações P_θ satisfazem*

$$P_\theta^2 = P_\theta, \tag{13.10}$$

$$P_\theta P_\eta = 0 \quad (\theta \neq \eta), \tag{13.11}$$

$$\sum_{\theta \in \Theta_x} P_\theta = I, \tag{13.12}$$

$$M_x^{\mathbb{C}} = \sum_{\theta \in \Theta_x} \theta P_\theta. \tag{13.13}$$

Além disso,

$$\operatorname{im} P_\theta = \ker(M_x^{\mathbb{C}} - \theta I).$$

Demonstração. Como $M_x^{\mathbb{C}}$ é diagonalizável, basta verificar as identidades em uma base de autovetores. Se v pertence ao autoespaço de μ, então a fórmula de Lagrange dá

$$P_\theta v = \begin{cases} v, & \mu = \theta, \\ 0, & \mu \neq \theta. \end{cases}$$

Todas as afirmações seguem dessa ação. □

Corolário 13.10 (Expansão do resolvente em frações simples). *Para $\zeta \in \rho(M_x^{\mathbb{C}})$,*

$$\boxed{R_x(\zeta) = \sum_{\theta \in \Theta_x} \frac{P_\theta}{\zeta - \theta}.} \tag{13.14}$$

Demonstração. Na imagem de P_θ, o operador $\zeta I - M_x^{\mathbb{C}}$ age pela multiplicação escalar $\zeta - \theta$. Inverter em cada autoespaço fornece a fórmula. □

Corolário 13.11 (Fórmula integral para a projeção). *Se Γ_θ é uma curva fechada simples, orientada positivamente, que contém θ em seu interior e nenhum outro ponto de Θ_x, então*

$$\boxed{P_\theta = \frac{1}{2\pi i}\int_{\Gamma_\theta} R_x(\zeta)\, d\zeta.} \tag{13.15}$$

Demonstração. Insira (13.14) na integral. A fórmula integral de Cauchy fornece 1 para o termo $(\zeta - \theta)^{-1}$ e 0 para todos os demais. □

Observação 13.12 (Ortogonalidade algébrica). A relação $P_\theta P_\eta = 0$ para $\theta \neq \eta$ é uma ortogonalidade no sentido algébrico de idempotentes. Ela não afirma que P_θ seja uma projeção ortogonal para o produto interno euclidiano.

13.5 Geometria do conjunto singular

Definição 13.13 (Elemento operatorialmente singular). Diz-se que $x \in \mathcal{K}_m$ é *operatorialmente singular* quando M_x não é invertível. Denotamos o conjunto desses elementos por

$$\mathfrak{S}_m := \{x \in \mathcal{K}_m : \det M_x = 0\}.$$

Teorema 13.14 (Estratificação do conjunto singular). *Em coordenadas*

$$x = a + bi + \sum_{k=1}^{m} c_k j_k,$$

temos

$$\boxed{\mathfrak{S}_m = \{a = b = 0\} \cup \bigcup_{k=1}^{m} \{a + c_k = 0\}.} \tag{13.16}$$

O primeiro estrato possui codimensão 2, e cada conjunto $\{a + c_k = 0\}$ é um hiperplano real.

Demonstração. Pela fórmula do determinante,

$$\det M_x = (a^2 + b^2)\prod_{k=1}^{m}(a + c_k).$$

Esse produto se anula exatamente quando $a^2 + b^2 = 0$, isto é, $a = b = 0$, ou quando $a + c_k = 0$ para algum k. As afirmações sobre codimensão seguem do número de equações lineares independentes. □

Corolário 13.15 (Singularidades em $\mathcal{K}_1$). *Identificando $\mathcal{K}_1$ com $\mathbb{R}^3$ pelas coordenadas (a, b, c),*

$$\mathfrak{S}_1 = \{a = b = 0\} \cup \{a + c = 0\}.$$

Logo, o conjunto singular é a união do eixo espacial com um plano, e esses dois estratos se encontram apenas na origem.

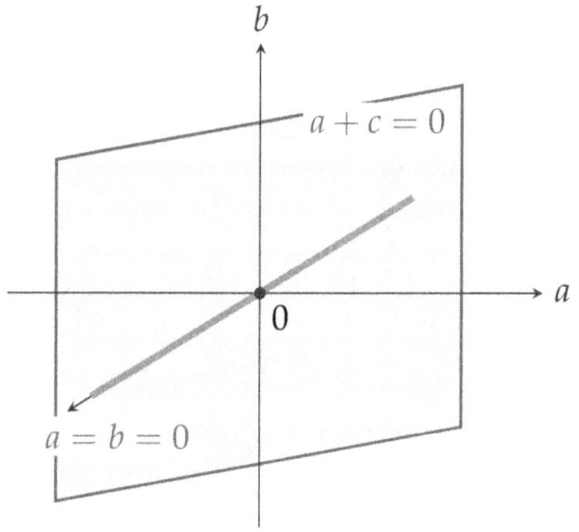

Figura 13.1: Em $\mathcal{K}_1$, a singularidade operatorial reúne o plano $a + c = 0$ e o eixo espacial $a = b = 0$.

Três fenômenos distintos

Para evitar conclusões incorretas, distinguimos:

(i) *colisão espectral*: dois ou mais valores em $\{z, \bar{z}, \lambda_k\}$ coincidem;

(ii) *singularidade*: o valor 0 pertence ao espectro;

(iii) *não diagonalizabilidade*: surgem blocos de Jordan não triviais.

Nesta família, colisões podem ocorrer sem singularidade, e nenhum multiplicador perde a diagonalizabilidade após complexificação.

13.6 Exercícios

Exercício 13.1 (♦). Determine o espectro de $M^{\mathbb{C}}_{2+i-j_1+3j_2}$.

Exercício 13.2 (♦). Calcule $\mathfrak{S}_1 \cap A_1$ e represente o resultado no plano de coordenadas (a, c).

Exercício 13.3 (♦♦). Multiplique os blocos em (13.4) e verifique diretamente que o produto é a identidade.

Exercício 13.4 (♦♦). Para $x = i + j \in \mathcal{K}_1$, determine Θ_x, o polinômio mínimo e a expansão em frações simples de $R_x(\zeta)$.

Exercício 13.5 (♦♦♦). Se um valor real τ aparece exatamente r vezes entre os λ_k, prove que o autoespaço de $M^{\mathbb{C}}_x$ associado a τ tem dimensão r quando $b \neq 0$.

Exercício 13.6 (♦♦♦). Use (13.9) para calcular as projeções espectrais de $M^{\mathbb{C}}_{i+j}$.

Exercício 13.7 (♦♦♦). Descreva todas as interseções entre os hiperplanos

$$\{a + c_k = 0\}, \qquad 1 \leq k \leq m,$$

e determine suas codimensões quando as equações envolvidas são independentes.

Exercício 13.8 (♦♦♦♦). Suponha $b \neq 0$. Calcule o resíduo da matriz (13.4) em um valor real distinto $\tau \in \{\lambda_1, \ldots, \lambda_m\}$ e identifique a projeção espectral correspondente.

Observação 13.16 (Para prosseguir). O resolvente separou os valores espectrais e produziu projeções canônicas para cada canal distinto. No próximo capítulo, compararemos o cálculo funcional associativo do operador $M^{\mathbb{C}}_x$ com o cálculo por potências à esquerda do elemento x, identificando exatamente onde os dois procedimentos coincidem e onde divergem.

CAPÍTULO 14

Dois cálculos funcionais

Mesma função, objetos diferentes

Uma função inteira real f pode ser aplicada a $x \in \mathcal{K}_m$ de duas formas:

(i) pelas potências à esquerda do elemento,

$$f_{\mathcal{K}_m}(x) = \sum_{n=0}^{\infty} \alpha_n x^{[n]};$$

(ii) pelas potências associativas do operador,

$$f(M_x^{\mathbb{C}}) = \sum_{n=0}^{\infty} \alpha_n (M_x^{\mathbb{C}})^n.$$

O primeiro resultado pertence a $\mathcal{K}_m$; o segundo é um operador na complexificação de $\mathcal{K}_m$. Para compará-los, transformaremos $f_{\mathcal{K}_m}(x)$ no multiplicador $M^{\mathbb{C}}_{f_{\mathcal{K}_m}(x)}$.

14.1 O cálculo inteiro do operador

Se

$$f(w) = \sum_{n=0}^{\infty} \alpha_n w^n \in \mathcal{E}_{\mathbb{R}},$$

definimos

$$f(M_x^{\mathbb{C}}) := \sum_{n=0}^{\infty} \alpha_n (M_x^{\mathbb{C}})^n. \tag{14.1}$$

Como o espaço é de dimensão finita, a série converge em qualquer norma de operadores.

Teorema 14.1 (Fórmula espectral do cálculo operatorial). *Se* $\Theta_x = \sigma(M_x^{\mathbb{C}})$ *e* P_θ *são as projeções espectrais do capítulo anterior, então*

$$\boxed{f(M_x^{\mathbb{C}}) = \sum_{\theta\in\Theta_x} f(\theta)P_\theta.} \tag{14.2}$$

Demonstração. Pela decomposição espectral,

$$M_x^{\mathbb{C}} = \sum_{\theta\in\Theta_x} \theta P_\theta,$$

com $P_\theta P_\eta = 0$ para $\theta \neq \eta$. Logo,

$$(M_x^{\mathbb{C}})^n = \sum_{\theta\in\Theta_x} \theta^n P_\theta.$$

Substituir na série de f e somar em cada autoespaço fornece (14.2). □

Corolário 14.2 (Fórmula integral de Cauchy). *Se* Γ *é uma união de curvas fechadas simples que envolve todo o espectro de* $M_x^{\mathbb{C}}$*, sem atravessá-lo, então*

$$\boxed{f(M_x^{\mathbb{C}}) = \frac{1}{2\pi i}\int_\Gamma f(\zeta)(\zeta I - M_x^{\mathbb{C}})^{-1}\,d\zeta.} \tag{14.3}$$

Demonstração. Use a expansão do resolvente

$$(\zeta I - M_x^{\mathbb{C}})^{-1} = \sum_{\theta\in\Theta_x} \frac{P_\theta}{\zeta - \theta}$$

e aplique a fórmula integral de Cauchy a cada termo. □

Observação 14.3 (Uma variável espectral). A equação (14.3) é o cálculo funcional holomorfo usual de uma única variável para o operador $M_x^{\mathbb{C}}$. Ela não constitui, por si só, uma teoria de holomorfia multivariável nas coordenadas $(z, \lambda_1, \ldots, \lambda_m)$.

Corolário 14.4 (Aplicação espectral). *Para* $f \in \mathcal{E}_{\mathbb{R}}$,

$$\boxed{\sigma\big(f(M_x^{\mathbb{C}})\big) = f\big(\sigma(M_x^{\mathbb{C}})\big).} \tag{14.4}$$

Demonstração. Na imagem de P_θ, o operador $f(M_x^{\mathbb{C}})$ age pelo escalar $f(\theta)$. Logo, seus autovalores distintos são exatamente os valores assumidos por f em Θ_x. □

14.2 O multiplicador do valor espacial

Escreva

$$\Phi(x) = (z, \boldsymbol{\lambda}), \qquad \mathbf{c} = \boldsymbol{\lambda} - \Re z\, \mathbf{1}_m.$$

O cálculo por potências à esquerda fornece

$$\Phi\big(f_{\mathcal{K}_m}(x)\big) = \big(f(z), \boldsymbol{\rho}_f(x)\big),$$

onde

$$\boldsymbol{\rho}_f(x) := \Re f(z)\mathbf{1}_m + \mathbf{c} \circ \mathfrak{D}_f(z, \boldsymbol{\lambda}). \tag{14.5}$$

Consequentemente, a matriz espectral do multiplicador $M^{\mathbb{C}}_{f_{\mathcal{K}_m}(x)}$ é

$$\boxed{\begin{pmatrix} A_{f(z)} & 0 \\ B_{f(z)} & D_{\boldsymbol{\rho}_f(x)} \end{pmatrix},} \tag{14.6}$$

em que

$$A_{f(z)} = \begin{pmatrix} \Re f(z) & -\Im f(z) \\ \Im f(z) & \Re f(z) \end{pmatrix}$$

e todas as linhas de $B_{f(z)}$ são $(0, -\Im f(z))$.

Proposição 14.5 (Espectro do multiplicador espacial). *Temos*

$$\sigma\big(M^{\mathbb{C}}_{f_{\mathcal{K}_m}(x)}\big) = \{f(z), \overline{f(z)}, \rho_{f,1}(x), \ldots, \rho_{f,m}(x)\}. \tag{14.7}$$

Demonstração. Aplique a fatoração característica dos multiplicadores ao elemento $f_{\mathcal{K}_m}(x)$. Suas coordenadas espectrais são precisamente $f(z)$ e as componentes reais de $\boldsymbol{\rho}_f(x)$. □

Nem mesmo os espectros precisam coincidir

O cálculo operatorial possui os valores

$$f(z), \quad \overline{f(z)}, \quad f(\lambda_1), \ldots, f(\lambda_m),$$

enquanto o multiplicador do valor espacial possui os canais reais $\rho_{f,k}(x)$. Fora dos setores em que $\rho_{f,k}(x) = f(\lambda_k)$, os dois operadores podem ter espectros diferentes.

14.3 Fórmula matricial da diferença

No modelo espectral, escreva

$$\mathcal{M}_X^{\mathbb{C}} = \begin{pmatrix} A_z & 0 \\ B_x & D_\lambda \end{pmatrix}.$$

Para $n \geq 1$, a multiplicação de matrizes em blocos fornece

$$(\mathcal{M}_X^{\mathbb{C}})^n = \begin{pmatrix} A_z^n & 0 \\ \sum_{r=0}^{n-1} D_\lambda^{n-1-r} B_x A_z^r & D_\lambda^n \end{pmatrix}. \tag{14.8}$$

Teorema 14.6 (Forma em blocos do cálculo operatorial). *Para* $f(w) = \sum_{n=0}^{\infty} \alpha_n w^n \in \mathcal{E}_{\mathbb{R}}$,

$$f(\mathcal{M}_X^{\mathbb{C}}) = \begin{pmatrix} A_{f(z)} & 0 \\ C_f(X) & D_{f(\lambda)} \end{pmatrix}, \tag{14.9}$$

onde

$$D_{f(\lambda)} := \operatorname{diag}(f(\lambda_1), \dots, f(\lambda_m)), \tag{14.10}$$

$$C_f(X) := \sum_{n=1}^{\infty} \alpha_n \sum_{r=0}^{n-1} D_\lambda^{n-1-r} B_x A_z^r. \tag{14.11}$$

Demonstração. Some (14.8) com os coeficientes α_n. O bloco superior é $f(A_z) = A_{f(z)}$, pois A_z representa a multiplicação pelo número complexo z. O bloco inferior direito é diagonal e sua k-ésima entrada é $f(\lambda_k)$. O bloco restante é exatamente a série em (14.11). □

Corolário 14.7 (Defeito matricial exato). *Defina*

$$\Delta_f(x) := f(M_x^{\mathbb{C}}) - M_{f_{K_m}(x)}^{\mathbb{C}}.$$

No modelo espectral,

$$\boxed{[\Delta_f(x)] = \begin{pmatrix} 0 & 0 \\ C_f(X) - B_{f(z)} & D_{f(\lambda)} - D_{\rho_f(x)} \end{pmatrix}.} \tag{14.12}$$

Demonstração. Subtraia (14.6) de (14.9). Os blocos complexos coincidem e se cancelam. □

14.4 A hierarquia dos defeitos associativos

Para $n \geq 0$, defina

$$\Delta_n(x) := (M_x^{\mathbb{C}})^n - M_{x^{[n]}}^{\mathbb{C}}. \tag{14.13}$$

Em particular,

$$\Delta_0(x) = \Delta_1(x) = 0.$$

Teorema 14.8 (Recorrência dos defeitos). *Para todo $n \geq 1$,*

$$\boxed{\Delta_{n+1}(x) = \Delta_n(x)M_x^{\mathbb{C}} - \mathcal{A}_{x^{[n]},x}^{\mathbb{C}}.} \tag{14.14}$$

Consequentemente,

$$\boxed{\Delta_2(x) = -\mathcal{A}_{x,x}^{\mathbb{C}}.} \tag{14.15}$$

Demonstração. Pela definição do operador associador,

$$M_{x^{[n]}}^{\mathbb{C}} M_x^{\mathbb{C}} = M_{x^{[n+1]}}^{\mathbb{C}} - \mathcal{A}_{x^{[n]},x}^{\mathbb{C}}.$$

Logo,

$$\begin{aligned}(M_x^{\mathbb{C}})^{n+1} &= (\Delta_n(x) + M_{x^{[n]}}^{\mathbb{C}})M_x^{\mathbb{C}} \\ &= \Delta_n(x)M_x^{\mathbb{C}} + M_{x^{[n+1]}}^{\mathbb{C}} - \mathcal{A}_{x^{[n]},x}^{\mathbb{C}}.\end{aligned}$$

Subtrair $M_{x^{[n+1]}}^{\mathbb{C}}$ prova a recorrência. Para $n = 1$, usamos $\Delta_1(x) = 0$. □

Teorema 14.9 (Soma exata dos defeitos). *Se $f(w) = \sum_{n=0}^{\infty} \alpha_n w^n$, então*

$$\boxed{\Delta_f(x) = \sum_{n=2}^{\infty} \alpha_n \Delta_n(x),} \tag{14.16}$$

com convergência em norma de operadores.

Demonstração. A linearidade da aplicação $y \mapsto M_y^{\mathbb{C}}$ fornece

$$M_{f_{\mathcal{K}_m}(x)}^{\mathbb{C}} = \sum_{n=0}^{\infty} \alpha_n M_{x^{[n]}}^{\mathbb{C}}.$$

Subtrair essa série da definição de $f(M_x^{\mathbb{C}})$ produz (14.16). Os termos $n = 0, 1$ são nulos. □

14.5 Rigidez da compatibilidade funcional

Proposição 14.10 (Funções afins são sempre compatíveis). *Se* $f(w) = \alpha + \beta w$, *com* $\alpha, \beta \in \mathbb{R}$, *então*

$$f(M_x^{\mathbb{C}}) = M^{\mathbb{C}}_{f_{\mathcal{K}_m}(x)}$$

para todo $x \in \mathcal{K}_m$.

Demonstração. Temos

$$f(M_x^{\mathbb{C}}) = \alpha I + \beta M_x^{\mathbb{C}}.$$

Como $M_1 = I$ e a aplicação $x \mapsto M_x$ é linear,

$$\alpha I + \beta M_x^{\mathbb{C}} = M^{\mathbb{C}}_{\alpha 1 + \beta x} = M^{\mathbb{C}}_{f_{\mathcal{K}_m}(x)}.$$

□

Teorema 14.11 (O termo quadrático detecta o setor associativo). *Para* $q(w) = w^2$, *as seguintes condições são equivalentes:*

(i) $q(M_x^{\mathbb{C}}) = M^{\mathbb{C}}_{q_{\mathcal{K}_m}(x)}$;

(ii) $\mathcal{A}_{x,x} = 0$;

(iii) $x \in A_m$, *isto é, a coordenada* b *de* x *é zero.*

Demonstração. A equivalência entre (i) e (ii) segue de (14.15). Para

$$x = a + bi + J(\mathbf{c}), \qquad \xi = r + si + J(\mathbf{e}),$$

a fórmula do operador associador dá

$$\mathcal{A}_{x,x}(\xi) = J\big(bs\,\mathbf{c} - b^2\mathbf{e}\big).$$

Se $b = 0$, o operador é nulo. Se $b \neq 0$, escolha $\xi = j_k$; então

$$\mathcal{A}_{x,x}(j_k) = -b^2 j_k \neq 0.$$

Logo, $\mathcal{A}_{x,x} = 0$ exatamente quando $b = 0$. □

Teorema 14.12 (Caracterização da compatibilidade funcional completa). *Para um elemento fixado $x \in \mathcal{K}_m$, são equivalentes:*

(i)
$$f(M_x^{\mathbb{C}}) = M^{\mathbb{C}}_{f_{\mathcal{K}_m}(x)} \quad \text{para todo } f \in \mathcal{E}_{\mathbb{R}};$$

(ii) *a igualdade vale para todo polinômio real;*

(iii) *a igualdade vale para $q(w) = w^2$;*

(iv) $x \in A_m$.

Demonstração. As implicações (i)⇒(ii)⇒(iii) são imediatas, e o teorema anterior fornece (iii)⇒(iv).

Suponha $x \in A_m$. Todas as potências à esquerda de x permanecem em A_m, e a coordenada imaginária do segundo argumento em $\mathcal{A}_{x^{[n]},x}$ é zero. Portanto,

$$\mathcal{A}_{x^{[n]},x} = 0$$

para todo n. A recorrência dos defeitos implica $\Delta_n(x) = 0$ para todo n, e (14.16) conclui (i). □

A cópia complexa não é suficiente

Um elemento $x \in \mathbb{C} \subset \mathcal{K}_m$ pode ter $b \neq 0$. Embora suas potências pertençam ao plano complexo associativo, o operador M_x age em toda $\mathcal{K}_m$, inclusive nas direções j_k. É essa ação transversal que produz

$$M_x^2 \neq M_{x^2}.$$

Portanto, a compatibilidade funcional completa ocorre em A_m, não em toda $\mathbb{C}$.

14.6 Exponenciais: dois fluxos diferentes

Considere

$$\exp(tM_x^{\mathbb{C}}) = \sum_{n=0}^{\infty} \frac{t^n (M_x^{\mathbb{C}})^n}{n!}$$

e o multiplicador

$$M^{\mathbb{C}}_{\exp_{\mathcal{K}_m}(tx)}.$$

Teorema 14.13 (Compatibilidade exponencial para todos os tempos). *As seguintes condições são equivalentes:*

(i)

$$\exp(tM_x^{\mathbb{C}}) = M^{\mathbb{C}}_{\exp_{\mathcal{K}_m}(tx)} \quad \textit{para todo } t \in \mathbb{R};$$

(ii) $x \in A_m$.

Demonstração. Se $x \in A_m$, a caracterização anterior, aplicada à função $w \mapsto e^{tw}$, fornece a igualdade para todo t.

Reciprocamente, suponha que a igualdade valha para todo t. As duas séries inteiras em t possuem os mesmos coeficientes. Comparando o coeficiente de $t^2/2$, obtemos

$$(M_x^{\mathbb{C}})^2 = M^{\mathbb{C}}_{x^{[2]}}.$$

O teorema quadrático implica $x \in A_m$. □

Exemplo: O caso $x = i$

Como $M_i(j_k) = 0$, temos

$$\exp(tM_i^{\mathbb{C}})(j_k) = j_k.$$

Por outro lado,

$$\exp_{\mathcal{K}_m}(ti) = e^{ti} = \cos t + i \sin t,$$

e, como $ij_k = 0$,

$$M^{\mathbb{C}}_{\exp_{\mathcal{K}_m}(ti)}(j_k) = (\cos t + i \sin t) j_k = \cos t\, j_k.$$

Logo,

$$\exp(tM_i^{\mathbb{C}}) \neq M^{\mathbb{C}}_{\exp_{\mathcal{K}_m}(ti)}$$

sempre que $\cos t \neq 1$.

Observação 14.14 (Interpretação dinâmica). O operador $\exp(tM_x^{\mathbb{C}})$ é o fluxo da equação linear

$$Y'(t) = M_x^{\mathbb{C}} Y(t).$$

Já $M^{\mathbb{C}}_{\exp_{\mathcal{K}_m}(tx)}$ é obtido primeiro pela curva exponencial na álgebra e somente depois pela multiplicação. A não associatividade faz com que essas duas ordens de construção sejam diferentes.

14.7 Exercícios

Exercício 14.1 (♦). Verifique diretamente que

$$f(M^{\mathbb{C}}_x) = M^{\mathbb{C}}_{f_{\mathcal{K}_m}(x)}$$

para toda função afim real f.

Exercício 14.2 (♦). Em $\mathcal{K}_1$, calcule M_i^2 e M_{i^2} nas matrizes da base $(1, i, j)$.

Exercício 14.3 (♦♦). Prove por indução a fórmula de potência em blocos (14.8).

Exercício 14.4 (♦♦). Para $x = i + j$ e $f(w) = w^2$, determine explicitamente a matriz de $\Delta_f(x)$.

Exercício 14.5 (♦♦♦). Calcule $\Delta_3(x)$ a partir de (14.14) e expresse o resultado em termos de operadores associadores.

Exercício 14.6 (♦♦♦). Mostre que, para $x \in A_m$,

$$\sigma\big(f(M^{\mathbb{C}}_x)\big) = \sigma\big(M^{\mathbb{C}}_{f_{\mathcal{K}_m}(x)}\big)$$

para toda $f \in \mathcal{E}_{\mathbb{R}}$.

Exercício 14.7 (♦♦♦). Para $x = i$ e $f(w) = e^w$, compare os dois espectros

$$\sigma\big(e^{M^{\mathbb{C}}_i}\big) \quad \text{e} \quad \sigma\big(M^{\mathbb{C}}_{e^i}\big).$$

Exercício 14.8 (♦♦♦♦). Classifique, para um $x \notin A_m$ fixado, as funções polinomiais reais de grau no máximo 3 que satisfazem

$$f(M^{\mathbb{C}}_x) = M^{\mathbb{C}}_{f_{\mathcal{K}_m}(x)}.$$

Observação 14.15 (Para prosseguir). A comparação dos dois cálculos isolou o setor A_m como domínio máximo de compatibilidade funcional completa. No próximo capítulo, iniciaremos a passagem às álgebras espaciais de dimensão infinita, começando pelas extensões sobre ℓ^p e pela continuidade do produto.

CAPÍTULO 15

Da dimensão finita à escala ℓ^p

O que muda quando há infinitos canais?

Nas álgebras $\mathcal{K}_m$, o elemento

$$a + bi + c_1 j_1 + \cdots + c_m j_m$$

possui somente m coordenadas espaciais. Para admitir uma quantidade enumerável de canais, substituiremos o vetor finito $(c_1, \ldots, c_m)$ por uma sequência $(c_k)_{k \geq 1}$.
Não basta, porém, escrever uma soma infinita formal. É preciso escolher:

(i) quais sequências serão permitidas;

(ii) em que sentido ocorrerá a convergência;

(iii) se o produto de dois elementos ainda pertence ao espaço;

(iv) se esse produto depende continuamente dos fatores.

Os espaços clássicos ℓ^p fornecem respostas naturais a essas quatro questões.

15.1 Recordação sobre os espaços de sequências

Para $0 < p < \infty$, definimos

$$\ell^p := \left\{ \mathbf{c} = (c_k)_{k \geq 1} : \sum_{k=1}^{\infty} |c_k|^p < \infty \right\}, \qquad \|\mathbf{c}\|_p := \left(\sum_{k=1}^{\infty} |c_k|^p \right)^{1/p}.$$

Para $p = \infty$, pomos

$$\ell^\infty := \left\{ \mathbf{c} = (c_k) : \sup_{k \geq 1} |c_k| < \infty \right\}, \qquad \|\mathbf{c}\|_\infty := \sup_{k \geq 1} |c_k|.$$

Quando $1 \leq p \leq \infty$, $\|\mathbf{c}\|_p$ é uma norma e ℓ^p é um espaço de Banach, isto é, um espaço vetorial normado completo: toda sequência de Cauchy em ℓ^p, relativamente à norma $\|\cdot\|_p$, converge para um elemento de ℓ^p. Se $0 < p < 1$, $\|\mathbf{c}\|_p$ é uma quase norma e satisfaz

$$\|\mathbf{c}+\mathbf{d}\|_p^p \leq \|\mathbf{c}\|_p^p + \|\mathbf{d}\|_p^p. \tag{15.1}$$

Nesse caso, $d_p(\mathbf{c}, \mathbf{d}) = \|\mathbf{c} - \mathbf{d}\|_p^p$ é uma métrica completa.

Observação 15.1 (Por que incluímos $0 < p < 1$?). O intervalo $0 < p < 1$ não produz espaços normados, mas conserva a completude e a estrutura coordenada necessária ao produto. O leitor que desejar permanecer no quadro usual dos espaços de Banach pode restringir a primeira leitura a $1 \leq p \leq \infty$.

Denotemos por e_k a sequência que vale 1 na posição k e 0 nas demais. Para $0 < p < \infty$, toda sequência $\mathbf{c} \in \ell^p$ satisfaz

$$\mathbf{c} = \lim_{m\to\infty} \sum_{k=1}^{m} c_k e_k \quad \text{em } \ell^p.$$

Em ℓ^∞, essa afirmação é falsa em geral: as somas parciais convergem na norma do supremo exatamente quando $c_k \to 0$.

A extremidade $p = \infty$

A sequência constante $(1, 1, \ldots)$ pertence a ℓ^∞, mas sua distância a qualquer sequência de suporte finito é pelo menos 1. Portanto, as sequências finitas não são densas em ℓ^∞.

15.2 O produto coordenada a coordenada

Para $\mathbf{c} = (c_k)$ e $\mathbf{d} = (d_k)$, definimos o produto de Hadamard

$$\mathbf{c} \odot \mathbf{d} := (c_k d_k)_{k \geq 1}. \tag{15.2}$$

Lema 15.2 (Estimativa coordenada). *Se $0 < p \leq \infty$ e $\mathbf{c}, \mathbf{d} \in \ell^p$, então*

$$\mathbf{c} \odot \mathbf{d} \in \ell^p \quad e \quad \boxed{\|\mathbf{c} \odot \mathbf{d}\|_p \leq \|\mathbf{c}\|_p \|\mathbf{d}\|_p.}$$

Demonstração. Primeiro, $|c_k| \leq \|\mathbf{c}\|_p$ para todo k; logo, $\|\mathbf{c}\|_\infty \leq \|\mathbf{c}\|_p$. Se $p < \infty$,

$$\sum_{k=1}^{\infty} |c_k d_k|^p \leq \|\mathbf{c}\|_\infty^p \sum_{k=1}^{\infty} |d_k|^p.$$

Extraindo a raiz p-ésima e usando $\|\mathbf{c}\|_\infty \leq \|\mathbf{c}\|_p$, obtemos a estimativa. Para $p = \infty$, ela decorre diretamente de

$$\sup_k |c_k d_k| \leq \big(\sup_k |c_k|\big)\big(\sup_k |d_k|\big).$$

□

Assim, $(\ell^p, \odot)$ é uma álgebra real comutativa. O lema é mais forte do que o simples fechamento: ele controla quantitativamente o produto e será a peça central da continuidade em $\mathcal{K}^p$.

15.3 Construção da álgebra $\mathcal{K}^p$

Tomemos símbolos

$$1, \quad i, \quad j_1, j_2, \ldots$$

e, para $\mathbf{c} = (c_k) \in \ell^p$, escrevamos

$$J(\mathbf{c}) := \sum_{k=1}^{\infty} c_k j_k.$$

Quando $p < \infty$, a soma significa o limite das somas parciais. Para $p = \infty$, ela será entendida apenas como notação coordenada; o objeto fundamental é o par formado pelos escalares e pela sequência $\mathbf{c}$.

Definição 15.3 (Álgebra espacial na escala ℓ^p). Para $0 < p \leq \infty$, define-se o espaço vetorial real

$$\mathcal{K}^p := \operatorname{span}_{\mathbb{R}}\{1, i\} \oplus J(\ell^p). \tag{15.3}$$

Cada elemento possui uma única representação

$$x = a + bi + J(\mathbf{c}), \qquad a, b \in \mathbb{R}, \quad \mathbf{c} \in \ell^p.$$

O subespaço $J(\ell^p)$ será denotado por $\mathcal{J}^p$ e chamado *subespaço idempotente*. Para cada $k \geq 1$, o subespaço unidimensional

$$J_k := \mathbb{R} j_k$$

será chamado *k-ésimo canal idempotente*.

Teorema 15.4 (Multiplicação canônica). *Para*

$$x = a + bi + J(\mathbf{c}), \qquad y = u + vi + J(\mathbf{d}),$$

a fórmula

$$\boxed{xy = (au - bv) + (av + bu)i + J\big(a\mathbf{d} + u\mathbf{c} + \mathbf{c} \odot \mathbf{d}\big)} \tag{15.4}$$

define uma multiplicação real bilinear em $\mathcal{K}^p$. Além disso,

$$1x = x1 = x, \quad i^2 = -1, \quad ij_k = j_k i = 0,$$

$$j_k^2 = j_k, \quad j_k j_\ell = 0 \quad (k \neq \ell).$$

Demonstração. Pelo lema 15.2, $\mathbf{c} \odot \mathbf{d} \in \ell^p$. Como ℓ^p é um espaço vetorial,

$$a\mathbf{d} + u\mathbf{c} + \mathbf{c} \odot \mathbf{d} \in \ell^p,$$

e a fórmula está bem definida. A bilinearidade segue da bilinearidade de $\odot$. Finalmente, substitua sucessivamente

$$1 = 1 + 0i + J(\mathbf{0}), \quad i = 0 + 1i + J(\mathbf{0}), \quad j_k = J(e_k)$$

em (15.4). As identidades $e_k \odot e_k = e_k$ e $e_k \odot e_\ell = 0$, para $k \neq \ell$, fornecem todas as relações anunciadas. □

A fórmula (15.4) pode ser escrita explicitando-se os termos correspondentes aos canais idempotentes. De fato, se

$$\mathbf{c} = (c_k)_{k \geq 1}, \qquad \mathbf{d} = (d_k)_{k \geq 1},$$

então, pela definição de J,

$$J\big(a\mathbf{d} + u\mathbf{c} + \mathbf{c} \odot \mathbf{d}\big) = \sum_{k=1}^{\infty} \big(ad_k + uc_k + c_k d_k\big) j_k.$$

Consequentemente, o produto (15.4) assume a forma coordenada

$$\boxed{xy = (au - bv) + (av + bu)i + \sum_{k=1}^{\infty} \big(ad_k + uc_k + c_k d_k\big) j_k.} \tag{15.5}$$

Para $p < \infty$, a série idempotente é entendida como o limite de suas somas parciais. Para $p = \infty$, conforme a convenção adotada acima, ela é apenas uma notação coordenada para o elemento

$$\Big(0,\, 0,\, \big(ad_k + uc_k + c_k d_k\big)_{k\geq 1}\Big) \in \mathbb{R}^2 \oplus \ell^\infty.$$

As duas primeiras coordenadas, correspondentes às direções 1 e i, são nulas; a terceira entrada é a sequência das coordenadas relativas aos canais idempotentes.

Exemplo: Um produto com infinitos canais

Em $\mathcal{K}^2$, tome

$$x = 1 + i + J\big((2^{-k})_{k\geq 1}\big), \qquad y = 2 - i + J\big((3^{-k})_{k\geq 1}\big).$$

Como (2^{-k}) e (3^{-k}) pertencem a ℓ^2, os elementos estão bem definidos. A fórmula (15.4) dá

$$xy = 3 + i + J\big((3^{-k} + 2^{1-k} + 6^{-k})_{k\geq 1}\big).$$

Cada canal é calculado pela mesma regra finita, mas o lema anterior garante que a sequência resultante ainda pertence a ℓ^2.

15.4 Estrutura algébrica e associador

Proposição 15.5 (Propriedades fundamentais). *Para todo $0 < p \leq \infty$, a álgebra $\mathcal{K}^p$ é comutativa, possui unidade e satisfaz:*

(i) *$\mathcal{J}^p$ é um ideal bilateral;*

(ii) *$\mathcal{K}^p / \mathcal{J}^p \cong \mathbb{C}$ como álgebras reais;*

(iii) *$\mathcal{K}^p$ não é associativa.*

Mais precisamente, para

$$x = a + bi + J(\mathbf{c}), \quad y = u + vi + J(\mathbf{d}), \quad z = r + si + J(\mathbf{e}),$$

temos

$$\boxed{[x, y, z] = J\big(vs\,\mathbf{c} - bv\,\mathbf{e}\big).} \tag{15.6}$$

Demonstração. A simetria de (15.4) mostra que $xy = yx$. Se $q = J(\mathbf{d})$, então

$$xq = J\big(a\mathbf{d} + \mathbf{c} \odot \mathbf{d}\big) \in \mathcal{J}^p,$$

o que prova a afirmação sobre o ideal. A projeção

$$\pi : \mathcal{K}^p \longrightarrow \mathbb{C}, \qquad \pi\big(a + bi + J(\mathbf{c})\big) = a + bi,$$

é um homomorfismo sobrejetivo com núcleo $\mathcal{J}^p$. O primeiro teorema do isomorfismo fornece o item (ii).

Para calcular o associador, aplicamos duas vezes (15.4). As partes complexas de $(xy)z$ e $x(yz)$ coincidem. Nas partes espaciais, distributividade e associatividade de $\odot$ cancelam todos os termos comuns, restando $vs\,\mathbf{c} - bv\,\mathbf{e}$. Isso prova (15.6). Em particular,

$$[i, i, j_k] = -j_k \neq 0,$$

e a álgebra não é associativa. □

Observação 15.6 (A mesma obstrução em todas as dimensões). A fórmula (15.6) é a versão infinita da fórmula obtida para $\mathcal{K}_m$. A passagem de m para infinitos canais não cria um novo mecanismo de não associatividade: ela replica a mesma obstrução em uma família enumerável de coordenadas.

15.5 As álgebras finitas dentro de $\mathcal{K}^p$

Para $m \geq 1$, defina

$$\mathcal{K}_m^p := \operatorname{span}_{\mathbb{R}}\{1, i, j_1, \ldots, j_m\}.$$

Proposição 15.7 (Cópias canônicas de $\mathcal{K}_m$). *O espaço $\mathcal{K}_m^p$ é uma subálgebra unital de $\mathcal{K}^p$ e*

$$\boxed{\mathcal{K}_m^p \cong \mathcal{K}_m}$$

como álgebras reais. Essa estrutura algébrica não depende de p.

Demonstração. Sequências de suporte finito pertencem a todo ℓ^p. Se x, y possuem somente os canais $j_1, \ldots, j_m$, então $\mathbf{c} \odot \mathbf{d}$ também se anula depois da posição m; logo, $xy \in \mathcal{K}_m^p$. A aplicação que fixa 1 e i e envia o k-ésimo gerador espacial de $\mathcal{K}_m$ em j_k preserva a tabela de multiplicação e leva uma base sobre uma base. Portanto, é um isomorfismo. □

As subálgebras formam a cadeia

$$\mathcal{K}_1^p \subset \mathcal{K}_2^p \subset \cdots \subset \mathcal{K}^p.$$

Sua união

$$\mathcal{K}_{\text{fin}} := \bigcup_{m=1}^{\infty} \mathcal{K}_m^p \tag{15.7}$$

é a álgebra dos elementos com suporte espacial finito e, como objeto algébrico, independe de p.

Proposição 15.8 (Densidade do núcleo finito). *Se $0 < p < \infty$, então $\mathcal{K}_{\text{fin}}$ é densa em $\mathcal{K}^p$. Em $\mathcal{K}^\infty$, seu fecho é*

$$\text{span}_{\mathbb{R}}\{1, i\} \oplus J(c_0),$$

onde c_0 é o espaço das sequências que convergem a zero; em particular, $\mathcal{K}_{\text{fin}}$ não é densa em $\mathcal{K}^\infty$.

Demonstração. Truncar a sequência espacial depois do índice m produz um elemento de $\mathcal{K}_m^p$. Para $p < \infty$, a norma da cauda é

$$\left(\sum_{k>m} |c_k|^p\right)^{1/p} \longrightarrow 0.$$

Na norma do supremo, a cauda tende a zero exatamente quando $c_k \to 0$. Como as sequências finitas são densas em c_0, segue a descrição do fecho. □

15.6 Topologia, completude e continuidade do produto

Para $x = a + bi + J(\mathbf{c})$, definimos

$$\|x\|_p := \left(|a|^p + |b|^p + \|\mathbf{c}\|_p^p\right)^{1/p}, \qquad 0 < p < \infty, \tag{15.8}$$

e

$$\|x\|_\infty := \max\{|a|, |b|, \|\mathbf{c}\|_\infty\}.$$

Proposição 15.9 (Modelo isométrico). *A aplicação*

$$\Phi_p : \mathcal{K}^p \longrightarrow \ell^p, \qquad \Phi_p(a + bi + J(\mathbf{c})) = (a, b, c_1, c_2, \ldots),$$

é um isomorfismo linear isométrico. Consequentemente, $\mathcal{K}^p$ é um espaço de Banach para $1 \le p \le \infty$ e um espaço quase-Banach para $0 < p < 1$.

Demonstração. A aplicação é linear e bijetiva pela unicidade das coordenadas. As igualdades das normas seguem imediatamente de (15.8) e da definição da norma em ℓ^p. A completude é, portanto, transportada do espaço clássico de sequências. □

Teorema 15.10 (Continuidade da multiplicação). *Para todo $0 < p \le \infty$, a aplicação bilinear*

$$\mathcal{K}^p \times \mathcal{K}^p \longrightarrow \mathcal{K}^p, \qquad (x, y) \longmapsto xy,$$

é contínua. Mais precisamente,

$$\|xy\|_p \le 7\|x\|_p\|y\|_p, \qquad 1 \le p \le \infty,$$

e

$$\|xy\|_p^p \le 7\|x\|_p^p\|y\|_p^p, \qquad 0 < p < 1.$$

Demonstração. Escreva $x = a + bi + J(\mathbf{c})$ e $y = u + vi + J(\mathbf{d})$. O produto é a soma dos sete termos

$$au\,1, -bv\,1, av\,i, bu\,i, J(a\mathbf{d}), J(u\mathbf{c}), J(\mathbf{c} \odot \mathbf{d}).$$

Se $p \ge 1$, a desigualdade triangular e o lema 15.2 mostram que a norma de cada termo é no máximo $\|x\|_p\|y\|_p$. Somando, obtemos a constante 7.

Se $0 < p < 1$, aplicamos $|s + t|^p \le |s|^p + |t|^p$ às coordenadas. Cada uma das sete contribuições fica limitada por $\|x\|_p^p\|y\|_p^p$, o que fornece a segunda estimativa. Em ambos os casos, a estimativa bilinear implica continuidade conjunta. □

Corolário 15.11 (Multiplicadores limitados). *Para $1 \le p \le \infty$ e $x \in \mathcal{K}^p$, o operador*

$$M_x : \mathcal{K}^p \longrightarrow \mathcal{K}^p, \qquad M_x(y) = xy,$$

é linear e limitado, com

$$\|M_x\| \le 7\|x\|_p.$$

Para $0 < p < 1$, a mesma aplicação é contínua e satisfaz

$$\|M_x(y)\|_p^p \le 7\|x\|_p^p\|y\|_p^p.$$

Demonstração. Basta fixar o primeiro fator no teorema anterior. □

O que não pode ser importado da dimensão finita

Em dimensão finita, injetividade, sobrejetividade e invertibilidade de um operador linear são equivalentes. Em $\mathcal{K}^p$, essa equivalência deixa de ser automática. Nos próximos capítulos, núcleo, imagem, espectro e invertibilidade dos multiplicadores serão tratados separadamente.

15.7 Exercícios

Exercício 15.1 (♦). Mostre diretamente que $\ell^p \subset \ell^\infty$ e que $\|\mathbf{c}\|_\infty \leq \|\mathbf{c}\|_p$ para $0 < p < \infty$.

Exercício 15.2 (♦). Calcule $j_k j_\ell$, $(1 + j_k)(1 + j_\ell)$ e $(i + j_k)^2$, distinguindo os casos $k = \ell$ e $k \neq \ell$.

Exercício 15.3 (♦♦). Para $\mathbf{c} = (1/k)_{k \geq 1}$, determine todos os valores de $p \in (0, \infty]$ para os quais $J(\mathbf{c}) \in \mathcal{J}^p$.

Exercício 15.4 (♦♦). Verifique a fórmula (15.6) efetuando o cálculo completo das partes espaciais de $(xy)z$ e $x(yz)$.

Exercício 15.5 (♦♦). Se $x = a + bi + J(\mathbf{c}) \in \mathcal{K}^p$, defina

$$x^{(m)} := a + bi + \sum_{k=1}^{m} c_k j_k.$$

Prove que $x^{(m)} \to x$ para $p < \infty$ e encontre a condição necessária e suficiente para a convergência quando $p = \infty$.

Exercício 15.6 (♦♦♦). Mostre que $\mathcal{J}^p$, com o produto herdado de $\mathcal{K}^p$, é uma álgebra associativa e comutativa. Determine para quais p ela possui unidade.

Exercício 15.7 (♦♦♦). Prove que $\mathcal{K}^p \subset \mathcal{K}^q$ quando $0 < p < q \leq \infty$, por meio da inclusão natural das coordenadas, e verifique que essa inclusão preserva o produto.

Exercício 15.8 (♦♦♦♦). Para $1 \leq p \leq \infty$, defina $\|x\|_{p,\text{alg}} := 7\|x\|_p$. Mostre que essa norma é equivalente à original e é submultiplicativa:

$$\|xy\|_{p,\text{alg}} \leq \|x\|_{p,\text{alg}} \|y\|_{p,\text{alg}}.$$

Observação 15.12 (Para prosseguir). A construção está agora completa: $\mathcal{K}^p$ é uma álgebra topológica completa que contém, de modo compatível, todas as álgebras finitas $\mathcal{K}_m$. O próximo passo será escrever os operadores de multiplicação em forma de blocos e estudar quais fenômenos espectrais de dimensão finita sobrevivem na presença de infinitos canais.

CAPÍTULO 16

Operadores de multiplicação em $\mathcal{K}^p$

Da multiplicação a um problema linear

Fixado $x \in \mathcal{K}^p$, a equação

$$xy = w$$

é linear na incógnita y. Ela pode, portanto, ser estudada por meio do operador

$$M_x : \mathcal{K}^p \longrightarrow \mathcal{K}^p, \qquad M_x(y) = xy.$$

Em dimensão finita, a matriz de M_x reunia um bloco complexo e m canais reais. Agora o bloco espacial é um operador diagonal sobre ℓ^p. A passagem é natural, mas produz uma diferença decisiva em relação ao caso finito: um operador injetivo pode deixar de ser sobrejetivo.

16.1 Operadores diagonais em ℓ^p

Comecemos pela peça infinita que aparecerá no multiplicador.

Definição 16.1 (Operador diagonal). Para $\mu = (\mu_k)_{k\geq 1} \in \ell^\infty$, define-se

$$D_\mu : \ell^p \longrightarrow \ell^p, \qquad D_\mu(\mathbf{d}) := \boldsymbol{\mu} \odot \mathbf{d} = (\mu_k d_k)_{k\geq 1}.$$

Proposição 16.2 (Norma e núcleo do operador diagonal). *Para todo $0 < p \leq \infty$, D_μ é linear e contínuo, com*

$$\|D_\mu \mathbf{d}\|_p \leq \|\boldsymbol{\mu}\|_\infty \|\mathbf{d}\|_p.$$

Se $1 \leq p \leq \infty$, então

$$\boxed{\|D_\mu\| = \|\boldsymbol{\mu}\|_\infty.}$$

Além disso,

$$\ker D_\mu = \{\mathbf{d} \in \ell^p : d_k = 0 \textit{ sempre que } \mu_k \neq 0\}.$$

Em particular, D_μ é injetivo exatamente quando $\mu_k \neq 0$ para todo k.

Demonstração. A estimativa resulta de

$$\sum_k |\mu_k d_k|^p \leq \|\boldsymbol{\mu}\|_\infty^p \sum_k |d_k|^p$$

para $p < \infty$, e da desigualdade correspondente para supremos quando $p = \infty$. Para obter a igualdade das normas, aplique D_μ aos vetores canônicos e_k:

$$\|D_\mu e_k\|_p = |\mu_k|.$$

Tomar o supremo em k fornece a desigualdade inversa. Finalmente, $D_\mu \mathbf{d} = 0$ equivale a $\mu_k d_k = 0$ em cada coordenada. □

Teorema 16.3 (Sobrejetividade e inversibilidade diagonal). *Para $0 < p \leq \infty$, são equivalentes:*

(i) *D_μ é sobrejetivo;*

(ii) *D_μ é bijetivo;*

(iii) $\inf_{k \geq 1} |\mu_k| > 0$.

Nessas condições,

$$D_\mu^{-1} = D_{\mu^{-1}}, \qquad \boldsymbol{\mu}^{-1} = \left(\frac{1}{\mu_k}\right)_{k \geq 1}.$$

Demonstração. Se $\delta := \inf_k |\mu_k| > 0$, então $\boldsymbol{\mu}^{-1} \in \ell^\infty$ e a fórmula exibida define o inverso.

Reciprocamente, suponha que D_μ seja sobrejetivo. Se $\inf_k |\mu_k| = 0$, escolha índices distintos k_n tais que

$$0 < |\mu_{k_n}| \leq 2^{-n}.$$

Se algum μ_k fosse zero, e_k já não pertenceria à imagem, de modo que podemos supor todos esses termos não nulos. Para $p < \infty$, defina $\mathbf{y} \in \ell^p$ por

$$y_{k_n} := \mu_{k_n} n^{-1/p}, \qquad y_k := 0 \quad (k \notin \{k_n : n \geq 1\}).$$

Temos $\sum_n |y_{k_n}|^p \leq \sum_n 2^{-np}/n < \infty$. Entretanto, a única solução coordenada de $D_\mu \mathbf{d} = \mathbf{y}$ satisfaria $d_{k_n} = n^{-1/p}$, que não pertence a ℓ^p, contradição. Para $p = \infty$, tome $y_{k_n} = 1$ e $y_k = 0$ nas demais posições; a solução teria $d_{k_n} = 1/\mu_{k_n}$ e não seria limitada. Logo, $\inf_k |\mu_k| > 0$. □

Exemplo: Injetivo, mas não sobrejetivo

Em ℓ^2, considere

$$D(\mathbf{d}) = \left(\frac{d_k}{k}\right)_{k \geq 1}.$$

Todos os coeficientes diagonais são não nulos; portanto, D é injetivo. Contudo, $\inf_k 1/k = 0$, e o teorema mostra que D não é sobrejetivo. De fato, $(1/k)_{k \geq 1} \in \ell^2$, mas sua pré-imagem formal seria a sequência constante $(1, 1, \ldots) \notin \ell^2$.

16.2 A forma triangular do multiplicador

Identificaremos

$$\mathcal{K}^p \cong \mathbb{R}^2 \oplus \ell^p, \qquad a + bi + J(\mathbf{c}) \longleftrightarrow ((a,b), \mathbf{c}).$$

Para $x = a + bi + J(\mathbf{c})$, introduzimos

$$C_{a,b} := \begin{pmatrix} a & -b \\ b & a \end{pmatrix}, \qquad T_{\mathbf{c}}(u,v) := u\mathbf{c}.$$

Teorema 16.4 (Forma em blocos de M_x). *Relativamente à decomposição $\mathcal{K}^p \cong \mathbb{R}^2 \oplus \ell^p$, temos*

$$\boxed{M_x = \begin{pmatrix} C_{a,b} & 0 \\ T_{\mathbf{c}} & aI + D_{\mathbf{c}} \end{pmatrix}.} \tag{16.1}$$

Equivalentemente,

$$M_x\big((u,v),\mathbf{d}\big) = \left(C_{a,b}\begin{pmatrix} u \\ v \end{pmatrix},\ u\mathbf{c} + (aI + D_{\mathbf{c}})\mathbf{d}\right).$$

Demonstração. Pela fórmula do produto em $\mathcal{K}^p$,

$$xy = (au - bv) + (av + bu)i + J\big(u\mathbf{c} + a\mathbf{d} + \mathbf{c} \odot \mathbf{d}\big).$$

As duas primeiras coordenadas formam $C_{a,b}(u,v)^{\mathsf{T}}$; a coordenada espacial é

$$T_{\mathbf{c}}(u,v) + (aI + D_{\mathbf{c}})\mathbf{d}.$$

Isso é exatamente (16.1). □

Observação 16.5 (Por que a matriz não é diagonal?). O bloco $T_{\mathbf{c}}$ acopla a parte real do argumento aos canais espaciais. Assim, M_x é triangular inferior, mas em geral não é diagonal por blocos. Esse acoplamento de posto no máximo um reaparecerá na teoria espectral.

16.3 Núcleo e injetividade

Escreva

$$\lambda_k := a + c_k, \qquad \boldsymbol{\lambda} = (\lambda_k)_{k \geq 1}.$$

Então $aI + D_{\mathbf{c}} = D_{\boldsymbol{\lambda}}$.

Teorema 16.6 (Núcleo do multiplicador). *Se $a + bi \neq 0$, então*

$$\boxed{\ker M_x = \{J(\mathbf{d}) : d_k = 0 \text{ quando } a + c_k \neq 0\}.}$$

Consequentemente, nesse caso, M_x é injetivo se, e somente se,

$$a + c_k \neq 0 \qquad \text{para todo } k.$$

Se $a = b = 0$, então

$$\ker M_x = \{u + vi + J(\mathbf{d}) : c_k(u + d_k) = 0 \text{ para todo } k\},$$

e M_x nunca é injetivo, pois $i \in \ker M_x$.

Demonstração. A equação $M_x((u,v),\mathbf{d}) = 0$ equivale a

$$C_{a,b}\begin{pmatrix} u \\ v \end{pmatrix} = 0, \qquad u\mathbf{c} + D_\lambda \mathbf{d} = 0.$$

Se $a + bi \neq 0$, então $\det C_{a,b} = a^2 + b^2 \neq 0$, de modo que $u = v = 0$. Resta $\lambda_k d_k = 0$ em cada coordenada, o que fornece a primeira fórmula. Se $a = b = 0$, a primeira equação desaparece e a segunda se torna $c_k(u + d_k) = 0$. A coordenada v é livre; em particular, a escolha $(u, v, \mathbf{d}) = (0, 1, \mathbf{0})$ representa $i \in \ker M_x$. □

Corolário 16.7 (Divisores de zero). *Um elemento não nulo $x = a + bi + J(\mathbf{c})$ é divisor de zero em $\mathcal{K}^p$ exatamente quando*

$$a = b = 0 \quad \text{ou} \quad (a + bi \neq 0 \text{ e } a + c_k = 0 \text{ para algum } k).$$

Demonstração. Como a álgebra é comutativa, x é divisor de zero exatamente quando $\ker M_x \neq \{0\}$. Aplique o teorema anterior. □

16.4 Imagem, sobrejetividade e inversibilidade

Teorema 16.8 (Critério operatorial completo). *Para $x = a + bi + J(\mathbf{c}) \in \mathcal{K}^p$, as seguintes condições são equivalentes:*

(i) *M_x é sobrejetivo;*

(ii) *M_x é bijetivo;*

(iii)
$$a + bi \neq 0 \quad e \quad \inf_{k \geq 1} |a + c_k| > 0.$$

Quando essas condições valem, para $w = r + si + J(\mathbf{e})$, a solução única de $xy = w$ é obtida em dois passos:

$$\begin{pmatrix} u \\ v \end{pmatrix} = C_{a,b}^{-1}\begin{pmatrix} r \\ s \end{pmatrix} = \frac{1}{a^2 + b^2}\begin{pmatrix} a & b \\ -b & a \end{pmatrix}\begin{pmatrix} r \\ s \end{pmatrix}, \tag{16.2}$$

e

$$d_k = \frac{e_k - uc_k}{a + c_k}, \qquad k \geq 1. \tag{16.3}$$

Demonstração. Se M_x é sobrejetivo, sua projeção nas duas primeiras coordenadas mostra que $C_{a,b}$ é sobrejetivo; logo, $a + bi \neq 0$. Fixada a parte complexa do alvo, (u, v) fica unicamente determinada por (16.2). Para que toda parte espacial $\mathbf{e} \in \ell^p$ seja atingida, o operador

$$D_\lambda = aI + D_{\mathbf{c}}$$

deve ser sobrejetivo. Pelo teorema 16.3, isso equivale a $\inf_k |a + c_k| > 0$.

Reciprocamente, sob essas duas condições, as fórmulas (16.2) e (16.3) definem $(u, v) \in \mathbb{R}^2$ e $\mathbf{d} \in \ell^p$, pois a sequência $(1/(a + c_k))$ é limitada. Elas fornecem $M_x(y) = w$. O mesmo critério implica $a + c_k \neq 0$ para todo k, e o teorema 16.6 garante injetividade. □

Corolário 16.9 (O caso $0 < p < \infty$). *Se $0 < p < \infty$, então M_x é invertível exatamente quando*

$$a + bi \neq 0, \qquad a \neq 0, \qquad a + c_k \neq 0 \quad \textit{para todo } k.$$

Demonstração. Como $\mathbf{c} \in \ell^p$, temos $c_k \to 0$. Se $a \neq 0$ e nenhum $a + c_k$ se anula, então a cauda da sequência permanece a uma distância positiva de zero, e o mínimo entre essa estimativa e as finitas coordenadas iniciais é positivo. Se $a = 0$, então $\inf_k |a + c_k| = \inf_k |c_k| = 0$. Aplique o teorema. □

Inverso algébrico não é inverso operatorial

Se $0 < p < \infty$, $b \neq 0$ e $\mathbf{c} \in \ell^p$, o elemento

$$x = bi + J(\mathbf{c})$$

possui o inverso algébrico $-i/b$, pois $x(-i/b) = 1$. Entretanto, M_x nunca é sobrejetivo: seu bloco espacial é $D_{\mathbf{c}}$, e $\inf_k |c_k| = 0$. A não associatividade permite, portanto, que

$$xy = 1 \quad \text{sem que} \quad M_y = M_x^{-1}.$$

Exemplo: O elemento $i + J((1/k))$

Em $\mathcal{K}^2$, ponha

$$x = i + J((1/k)_{k \geq 1}).$$

Temos $x(-i) = 1$. Como todos os $c_k = 1/k$ são não nulos, o teorema 16.6 mostra que M_x é injetivo. Todavia, $\inf_k c_k = 0$, logo M_x não é sobrejetivo. O mesmo elemento exibe, simultaneamente, os três fenômenos:

inverso algébrico e multiplicador injetivo,
mas multiplicador não invertível.

16.5 Exercícios

Exercício 16.1 (♦). Para $\mu = (1, 1/2, 1/3, \ldots)$, determine o núcleo e decida se D_μ é sobrejetivo em ℓ^p.

Exercício 16.2 (♦). Escreva explicitamente M_{j_k} na decomposição $\mathbb{R}^2 \oplus \ell^p$ e determine seu núcleo e sua imagem.

Exercício 16.3 (♦♦). Mostre diretamente que o operador

$$T_{\mathbf{c}} : \mathbb{R}^2 \to \ell^p, \qquad T_{\mathbf{c}}(u, v) = u\mathbf{c},$$

tem posto zero quando $\mathbf{c} = 0$ e posto um quando $\mathbf{c} \neq 0$.

Exercício 16.4 (♦♦). Determine todas as soluções de

$$(i + J(\mathbf{c}))y = 1$$

e compare esse conjunto com o núcleo de $M_{i+J(\mathbf{c})}$.

Exercício 16.5 (♦♦♦). Prove que, para $0 < p < \infty$, M_x pode ser injetivo sem ser sobrejetivo somente se $a = 0$ ou se os números $a + c_k$ se aproximarem de zero ao longo de uma subsequência.

Exercício 16.6 (♦♦♦). Sob as hipóteses do teorema 16.8, escreva M_x^{-1} como matriz triangular de blocos.

Exercício 16.7 (♦♦♦♦). Mostre que a imagem de D_μ é fechada em ℓ^p se, e somente se,

$$\inf\{|\mu_k| : \mu_k \neq 0\} > 0.$$

Observação 16.10 (Para prosseguir). A estrutura operatorial foi agora separada da inversibilidade algébrica. No próximo capítulo, complexificaremos a forma triangular (16.1) e estudaremos resolvente, espectro, autoespaços e multiplicidades na presença de infinitos canais.

CAPÍTULO 17

Espectro e resolvente em $\mathcal{K}^p$

Por que complexificar?

O espectro usual de um operador é uma noção da teoria complexa. Como $\mathcal{K}^p$ é uma álgebra real, para $1 \leq p \leq \infty$ estudaremos o operador complexificado

$$M_x^{\mathbb{C}} : (\mathcal{K}^p)_{\mathbb{C}} \longrightarrow (\mathcal{K}^p)_{\mathbb{C}}.$$

Sob a identificação

$$(\mathcal{K}^p)_{\mathbb{C}} \cong \mathbb{C}^2 \oplus_p \ell^p_{\mathbb{C}},$$

a forma triangular do capítulo anterior permanece válida. O espectro será a união de dois valores complexos com o fecho das coordenadas espectrais idempotentes reais.

17.1 Espectro de um operador diagonal

Se $\mu \in \ell^\infty_{\mathbb{C}}$, considere

$$D_\mu(d_k) = (\mu_k d_k) \quad \text{em } \ell^p_{\mathbb{C}}.$$

Teorema 17.1 (Resolvente diagonal). *Para $\lambda \in \mathbb{C}$, as seguintes condições são equivalentes:*

(i) $\lambda I - D_\mu$ *é invertível;*

(ii) $\inf_{k\geq 1} |\lambda - \mu_k| > 0$;

(iii) $\big(1/(\lambda - \mu_k)\big)_{k\geq 1} \in \ell^\infty$.

Quando elas valem,

$$\boxed{(\lambda I - D_\mu)^{-1} = D_{(1/(\lambda-\mu_k))_{k\geq 1}}}$$

e

$$\|(\lambda I - D_\mu)^{-1}\| = \sup_{k\geq 1} \frac{1}{|\lambda - \mu_k|}.$$

Demonstração. Se o ínfimo é $\delta > 0$, a sequência dos recíprocos é limitada e o produto coordenado verifica diretamente as duas identidades de inversão. Reciprocamente, se $\lambda I - D_\mu$ é invertível, seu inverso é limitado. Aplicando

$$e_k = (\lambda I - D_\mu)^{-1}((\lambda - \mu_k)e_k),$$

obtemos

$$1 \leq \|(\lambda I - D_\mu)^{-1}\| |\lambda - \mu_k|,$$

uniformemente em k. A fórmula da norma segue da norma dos operadores diagonais. □

Corolário 17.2 (Espectro diagonal). *Temos*

$$\boxed{\sigma(D_\mu) = \overline{\{\mu_k : k \geq 1\}}.}$$

Além disso,

$$\sigma_{\mathrm{p}}(D_\mu) = \{\mu_k : k \geq 1\}.$$

Demonstração. O teorema anterior afirma que λ pertence ao resolvente exatamente quando sua distância ao conjunto $\{\mu_k\}$ é positiva. Isso prova a fórmula do espectro. Por outro lado, $D_\mu e_k = \mu_k e_k$. Reciprocamente, se $D_\mu \mathbf{d} = \lambda \mathbf{d}$ e $d_m \neq 0$, então $(\mu_m - \lambda)d_m = 0$, logo $\lambda = \mu_m$. □

Observação 17.3 (Pontos espectrais que não são autovalores). O fecho na fórmula espectral é indispensável. Um ponto de acumulação dos μ_k pertence ao espectro, embora possa não coincidir com nenhuma coordenada e, portanto, não ser autovalor.

Exemplo: A diagonal $1/k$

Em ℓ^2,

$$\sigma\Big(D_{(1/k)}\Big) = \{1, 1/2, 1/3, \ldots\} \cup \{0\},$$

enquanto

$$\sigma_{\mathrm{p}}\Big(D_{(1/k)}\Big) = \{1, 1/2, 1/3, \ldots\}.$$

O ponto 0 é espectral, mas não é autovalor.

17.2 Um lema para operadores triangulares

Proposição 17.4 (Espectro de uma matriz triangular de blocos). *Se E é um espaço complexo de dimensão finita, Y é um espaço de Banach complexo e*

$$L = \begin{pmatrix} A & 0 \\ B & C \end{pmatrix} \in \mathcal{L}(E \oplus Y),$$

então

$$\boxed{\sigma(L) = \sigma(A) \cup \sigma(C).}$$

Se λ não pertence a essa união,

$$(\lambda I - L)^{-1} = \begin{pmatrix} R_A(\lambda) & 0 \\ R_C(\lambda) B R_A(\lambda) & R_C(\lambda) \end{pmatrix},$$

onde $R_A(\lambda) = (\lambda I - A)^{-1}$ e $R_C(\lambda) = (\lambda I - C)^{-1}$.

Demonstração. O operador

$$\lambda I - L = \begin{pmatrix} \lambda I - A & 0 \\ -B & \lambda I - C \end{pmatrix}$$

é invertível quando os blocos diagonais o são, e a multiplicação direta fornece a fórmula exibida. Reciprocamente, se $\lambda I - L$ é invertível, sua sobrejetividade implica que $\lambda I - A$ é sobrejetivo. Como E é de dimensão finita, esse bloco é invertível. Uma eliminação triangular reduz então $\lambda I - L$ ao operador diagonal com blocos $\lambda I - A$ e $\lambda I - C$, obrigando também a invertibilidade do segundo bloco. □

Por que o bloco finito é importante?

Para matrizes triangulares cujos dois blocos atuam em espaços de dimensão infinita, a invertibilidade do operador total não força, em geral, a invertibilidade separada de ambos os blocos. Aqui o primeiro bloco atua em $\mathbb{C}^2$, e essa finitude é usada na demonstração.

17.3 O espectro de um elemento de $\mathcal{K}^p$

Definição 17.5 (Espectro de multiplicação). Para $x \in \mathcal{K}^p$, com $1 \le p \le \infty$, define-se

$$\sigma_{\mathcal{K},\mathbb{C}}(x) := \sigma(M_x^{\mathbb{C}}), \qquad \rho_{\mathcal{K},\mathbb{C}}(x) := \mathbb{C} \setminus \sigma_{\mathcal{K},\mathbb{C}}(x).$$

Se $x = a + bi + J(\mathbf{c})$, então

$$M_x^{\mathbb{C}} = \begin{pmatrix} C_{a,b} & 0 \\ T_{\mathbf{c}}^{\mathbb{C}} & aI + D_{\mathbf{c}} \end{pmatrix}.$$

Teorema 17.6 (Fórmula espectral em dimensão infinita). *Para $x = a + bi + J(\mathbf{c}) \in \mathcal{K}^p$,*

$$\boxed{\sigma_{\mathcal{K},\mathbb{C}}(x) = \{a + bi, a - bi\} \cup \overline{\{a + c_k : k \ge 1\}}.} \tag{17.1}$$

Consequentemente, o raio espectral é

$$\boxed{r_{\mathcal{K},\mathbb{C}}(x) = \max\left\{\sqrt{a^2+b^2}, \sup_{k\ge 1} |a + c_k|\right\}.}$$

Demonstração. Os autovalores de $C_{a,b}$ são $a \pm bi$. Pelo Corolário 17.2,

$$\sigma(aI + D_{\mathbf{c}}) = \overline{\{a + c_k : k \ge 1\}}.$$

A proposição 17.4 fornece (17.1). A fórmula do raio espectral decorre tomando o maior módulo nessa união compacta. □

Corolário 17.7 (O caso $p < \infty$). *Se $1 \le p < \infty$, então $c_k \to 0$ e*

$$\sigma_{\mathcal{K},\mathbb{C}}(x) = \{a + bi, a - bi, a\} \cup \{a + c_k : k \ge 1\}.$$

O ponto a pode já coincidir com algum dos demais pontos da união.

Demonstração. O único ponto de acumulação possível da sequência $a + c_k$ é a. □

Exemplo: Infinitas coordenadas idempotentes convergindo ao valor central

Em $\mathcal{K}^2$, para

$$x = i + J\big((1/k)_{k\geq 1}\big),$$

temos

$$\sigma_{\mathcal{K},\mathbb{C}}(x) = \{i, -i\} \cup \{0, 1, 1/2, 1/3, \ldots\}.$$

As coordenadas espectrais idempotentes acumulam-se em $0 = a$, enquanto os dois valores complexos permanecem em i e $-i$.

17.4 Fórmula explícita do resolvente

Para $\lambda \in \rho_{\mathcal{K},\mathbb{C}}(x)$, defina

$$R_C(\lambda) := (\lambda I_{\mathbb{C}^2} - C_{a,b})^{-1} = \frac{1}{(\lambda - a)^2 + b^2} \begin{pmatrix} \lambda - a & -b \\ b & \lambda - a \end{pmatrix}$$

e

$$R_D(\lambda)(d_k) := \left(\frac{d_k}{\lambda - a - c_k}\right)_{k\geq 1}.$$

Teorema 17.8 (Resolvente do multiplicador). *Para $\lambda \in \rho_{\mathcal{K},\mathbb{C}}(x)$,*

$$\boxed{(\lambda I - M_x^{\mathbb{C}})^{-1} = \begin{pmatrix} R_C(\lambda) & 0 \\ R_D(\lambda) T_{\mathbf{c}}^{\mathbb{C}} R_C(\lambda) & R_D(\lambda) \end{pmatrix}.} \tag{17.2}$$

Demonstração. Temos

$$\lambda I - M_x^{\mathbb{C}} = \begin{pmatrix} \lambda I - C_{a,b} & 0 \\ -T_{\mathbf{c}}^{\mathbb{C}} & (\lambda - a)I - D_{\mathbf{c}} \end{pmatrix}.$$

Como λ está no resolvente, os dois blocos diagonais são invertíveis. A fórmula resulta da proposição 17.4; o sinal do bloco inferior esquerdo é positivo porque o bloco correspondente do operador original é $-T_{\mathbf{c}}^{\mathbb{C}}$. □

Corolário 17.9 (Explosão do resolvente). *Se* $\lambda_n \in \rho_{\mathcal{K},\mathbb{C}}(x)$ *e*

$$\operatorname{dist}(\lambda_n, \sigma_{\mathcal{K},\mathbb{C}}(x)) \to 0,$$

então

$$\|(\lambda_n I - M_x^{\mathbb{C}})^{-1}\| \to \infty.$$

Demonstração. Para todo operador limitado T em um espaço de Banach complexo,

$$\|(\lambda I - T)^{-1}\| \geq \frac{1}{\operatorname{dist}(\lambda, \sigma(T))}.$$

Aplique a estimativa a $T = M_x^{\mathbb{C}}$. □

17.5 Exercícios

Exercício 17.1 (♦). Em ℓ^2, determine o espectro e o espectro pontual do operador

$$D_\mu, \qquad \mu_k = \frac{(-1)^k}{k}.$$

Exercício 17.2 (♦♦). Calcule $(\lambda I - D_{(1/k)})^{-1}$ e sua norma para $\lambda = 2$ e para $\lambda = -1$.

Exercício 17.3 (♦♦). Determine $\sigma_{\mathcal{K},\mathbb{C}}(1+i)$, considerando $1+i$ como elemento de $\mathcal{K}^p$.

Exercício 17.4 (♦♦). Em $\mathcal{K}^2$, calcule o espectro de

$$x = 2 + i + J((2^{-k})_{k \geq 1}).$$

Exercício 17.5 (♦♦♦). Verifique (17.2) por multiplicação direta das matrizes de blocos.

Exercício 17.6 (♦♦♦). Construa um elemento de $\mathcal{K}^\infty$ cujo espectro contenha todo o intervalo $[0,1]$.

Exercício 17.7 (♦♦♦♦). Mostre que os pontos de acumulação das coordenadas espectrais idempotentes pertencem ao espectro aproximado de $M_x^{\mathbb{C}}$.

Observação 17.10 (Para prosseguir). A fórmula espectral localizou todos os valores espectrais, mas ainda não descreveu seus autoespaços nem as colisões entre os valores complexos e as coordenadas espectrais idempotentes. Esse será o tema do próximo capítulo, juntamente com os subespaços invariantes e a compactação da parte espacial.

CAPÍTULO 18

Autoespaços, colisões e compactação

Do conjunto espectral à geometria dos canais

Conhecer $\sigma(M_x^{\mathbb{C}})$ informa onde estão os valores espectrais, mas não descreve os vetores associados a cada canal. Neste capítulo determinaremos:

(i) quais pontos espectrais são autovalores;

(ii) a dimensão dos respectivos autoespaços;

(iii) quando valores espectrais complexos e idempotentes colidem;

(iv) quais subespaços são invariantes;

(v) quando a parte espacial é compacta.

Permaneceremos no intervalo $1 \leq p \leq \infty$, no qual a teoria espectral complexa de operadores limitados se aplica diretamente.

18.1 Espectro pontual do multiplicador

Para $\mu \in \mathbb{R}$, defina

$$I_\mu := \{k \geq 1 : c_k = \mu\}$$

e

$$E_\mu := \{\mathbf{d} \in \ell^p_{\mathbb{C}} : d_k = 0 \text{ quando } k \notin I_\mu\}.$$

Assim,

$$\ker(D_c - \mu I) = E_\mu \cong \ell^p_{\mathbb{C}}(I_\mu).$$

Teorema 18.1 (Espectro pontual de $M_x^{\mathbb{C}}$). *Se* $x = a + bi + J(\mathbf{c})$, *então*

$$\boxed{\sigma_{\mathrm{p}}(M_x^{\mathbb{C}}) = \{a + bi, a - bi\} \cup \{a + c_k : k \geq 1\}.}$$

Demonstração. Os vetores

$$q_+ = (1, -i), \qquad q_- = (1, i)$$

são autovetores de $C_{a,b}$ para $a + bi$ e $a - bi$, respectivamente. Se $b \neq 0$, os operadores

$$(a \pm bi)I - aI - D_{\mathbf{c}}$$

são invertíveis, pois

$$|\pm bi - c_k| \geq |b|.$$

Logo,

$$\mathbf{w}_\pm := \big((a \pm bi)I - aI - D_{\mathbf{c}}\big)^{-1} T_{\mathbf{c}}^{\mathbb{C}} q_\pm$$

produz os autovetores $(q_\pm, \mathbf{w}_\pm)$ de $M_x^{\mathbb{C}}$. Se $b = 0$, temos diretamente $M_x(i) = ai$.

Para cada k,

$$M_x^{\mathbb{C}}(0, e_k) = (0, (a + c_k)e_k),$$

portanto todas as coordenadas espectrais idempotentes são autovalores. Reciprocamente, se $(q, \mathbf{d}) \neq 0$ é autovetor de valor λ, a primeira equação em blocos é

$$C_{a,b}q = \lambda q.$$

Se $q \neq 0$, então $\lambda = a \pm bi$. Se $q = 0$, a segunda equação mostra que $\lambda = a + c_k$ para algum k. □

Observação 18.2 (Espectro versus espectro pontual). Comparando com o capítulo anterior,

$$\sigma(M_x^{\mathbb{C}}) = \overline{\sigma_{\mathrm{p}}(M_x^{\mathbb{C}})}.$$

Os únicos pontos espectrais que podem deixar de ser autovalores são pontos de acumulação das coordenadas espectrais idempotentes que não aparecem como valores efetivos da sequência $(a + c_k)_{k \geq 1}$.

18.2 Autoespaços espaciais e multiplicidades

Proposição 18.3 (Autoespaço sem colisão). *Se*

$$\lambda = a + \mu, \qquad \mu \in \{c_k : k \geq 1\},$$

e $\lambda \notin \{a + bi, a - bi\}$, *então*

$$\boxed{\ker(M_x^{\mathbb{C}} - \lambda I) = \{0\} \oplus E_\mu.}$$

Se I_μ *é finito, a multiplicidade geométrica de* λ *é* $|I_\mu|$. *Se* I_μ *é infinito, o autoespaço é de dimensão infinita.*

Demonstração. Como $\lambda \notin \sigma(C_{a,b})$, a equação $(C_{a,b} - \lambda I)q = 0$ força $q = 0$. A equação espacial torna-se

$$(D_{\mathbf{c}} - \mu I)\mathbf{d} = 0,$$

isto é, $(c_k - \mu)d_k = 0$ para todo k. Portanto, $\mathbf{d} \in E_\mu$. A restrição às coordenadas de I_μ é um isomorfismo isométrico entre E_μ e $\ell^p_{\mathbb{C}}(I_\mu)$, fornecendo as multiplicidades. □

Exemplo: Um autovalor de multiplicidade infinita

Em $\mathcal{K}^\infty$, tome

$$c_{2k} = 1, \qquad c_{2k-1} = \frac{1}{k+1}.$$

Para $x = i + J(\mathbf{c})$, o canal espacial 1 é autovalor e

$$E_1 = \{\mathbf{d} \in \ell^\infty_{\mathbb{C}} : d_{2k-1} = 0\}$$

é de dimensão infinita.

18.3 Colisão entre canais

Proposição 18.4 (Única colisão possível). *Os conjuntos*

$$\{a + bi, a - bi\} \quad e \quad \{a + c_k : k \geq 1\}$$

podem intersectar-se somente no ponto a. Mais precisamente:

(i) *se* $b \neq 0$, *os dois conjuntos são disjuntos;*

(ii) *se* $b = 0$, *ocorre colisão em* a *exatamente quando* $c_k = 0$ *para algum* k*;*

(iii) *se* $b = 0$, *o autoespaço completo de* a *é*

$$\boxed{\ker(M_x^{\mathbb{C}} - aI) = \{((u,v),\mathbf{d}) : c_k(u + d_k) = 0 \text{ para todo } k\}.}$$

Demonstração. Se $a \pm bi = a + c_k$, então $\pm bi = c_k$. Como c_k é real, isso exige $b = 0$ e $c_k = 0$. Quando $b = 0$, o primeiro bloco de $M_x^{\mathbb{C}} - aI$ é nulo. A equação espacial é

$$T_{\mathbf{c}}^{\mathbb{C}}(u,v) + D_{\mathbf{c}}\mathbf{d} = 0,$$

ou, coordenada a coordenada,

$$c_k(u + d_k) = 0.$$

Isso fornece a descrição completa. □

Observação 18.5 (A diferença entre $p < \infty$ e $p = \infty$). Na colisão, as coordenadas com $c_k \neq 0$ devem satisfazer $d_k = -u$. Se $p < \infty$ e $u \neq 0$, isso define um vetor de ℓ^p somente quando $\{k : c_k \neq 0\}$ é finito. Em ℓ^∞, a sequência é sempre limitada. Assim, o autoespaço de colisão pode aumentar ao passar para $p = \infty$.

18.4 Subespaços invariantes

Na decomposição

$$(\mathcal{K}^p)_{\mathbb{C}} \cong \mathbb{C}^2 \oplus \ell^p_{\mathbb{C}},$$

ponha

$$E_{\mathrm{sp}} := \{0\} \oplus \ell^p_{\mathbb{C}}, \qquad E_{\mathbb{C}} := \mathbb{C}^2 \oplus \{0\}.$$

Proposição 18.6 (Invariância espacial). *O subespaço* E_{sp} *é invariante por* $M_x^{\mathbb{C}}$, *e*

$$M_x^{\mathbb{C}}\Big|_{E_{\mathrm{sp}}} = aI + D_{\mathbf{c}}.$$

Em contraste, $E_{\mathbb{C}}$ *é invariante se, e somente se,* $\mathbf{c} = 0$.

Demonstração. Pela forma triangular,

$$M_x^{\mathbb{C}}(0,\mathbf{d}) = (0,(aI + D_{\mathbf{c}})\mathbf{d}),$$

o que prova a primeira afirmação. Para $q = (u,v)$,

$$M_x^{\mathbb{C}}(q,0) = (C_{a,b}q, u\mathbf{c}).$$

Esse vetor pertence a $E_{\mathbb{C}}$ para todo q exatamente quando $\mathbf{c} = 0$. □

Observação 18.7 (Sentido geométrico do acoplamento). O operador $T_{\mathbf{c}}^{\mathbb{C}}(u,v) = u\mathbf{c}$ mede precisamente a falha de invariância do plano complexo. Ele será a peça central da rigidez do modelo e, no caso hilbertiano $p = 2$, do operador associado ao número de ouro.

18.5 Defeito multiplicativo e posto

Para $x, y \in \mathcal{K}^p$, defina

$$\mathcal{D}_{x,y} := M_x M_y - M_{xy}.$$

Teorema 18.8 (Defeito operatorial da não associatividade). *Se*

$$x = a + bi + J(\mathbf{c}), \qquad y = u + vi + J(\mathbf{d}),$$

então, para $z = r + si + J(\mathbf{e})$,

$$\boxed{\mathcal{D}_{x,y}(z) = J\big(bv\,\mathbf{e} - vs\,\mathbf{c}\big).}$$

Consequentemente:

(i) *se* $v = 0$, *então* $\mathcal{D}_{x,y} = 0$;

(ii) *se* $v \neq 0$ *e* $b = 0$, *então* posto $\mathcal{D}_{x,y} \leq 1$;

(iii) *se* $bv \neq 0$, *então* $\operatorname{im} \mathcal{D}_{x,y} = E_{\mathrm{sp}}$ *e o posto é infinito.*

Demonstração. Como

$$M_x M_y(z) = x(yz), \qquad M_{xy}(z) = (xy)z,$$

temos $\mathcal{D}_{x,y}(z) = -[x,y,z]$. A fórmula do associador em $\mathcal{K}^p$ dá o resultado. Se $v \neq 0$ e $b = 0$, a imagem está contida em $\operatorname{span}\{J(\mathbf{c})\}$. Se $bv \neq 0$, dado $\mathbf{f} \in \ell^p$, escolha $z = J(\mathbf{f}/(bv))$; então $\mathcal{D}_{x,y}(z) = J(\mathbf{f})$. □

Corolário 18.9 (Compacidade do defeito). *$\mathcal{D}_{x,y}$ é compacto se, e somente se, $bv = 0$. Quando é compacto, seu posto é no máximo um.*

Demonstração. Se $bv = 0$, o teorema fornece posto no máximo um. Se $bv \neq 0$, a restrição de $\mathcal{D}_{x,y}$ a E_{sp} é bvI, que não é compacta em um espaço de dimensão infinita. □

18.6 Compactação da parte espacial

Teorema 18.10 (Critério de compacidade diagonal). *O operador*

$$D_{\mathbf{c}} : \ell^p \longrightarrow \ell^p$$

é compacto se, e somente se,

$$\boxed{c_k \longrightarrow 0.}$$

Demonstração. Se $c_k \to 0$, defina

$$D_N(d_1, d_2, \ldots) = (c_1 d_1, \ldots, c_N d_N, 0, 0, \ldots).$$

Cada D_N tem posto finito e

$$\|D_{\mathbf{c}} - D_N\| = \sup_{k>N} |c_k| \longrightarrow 0.$$

Logo, $D_{\mathbf{c}}$ é compacto.

Reciprocamente, se $c_k \not\to 0$, existem $\varepsilon > 0$ e índices distintos k_n tais que $|c_{k_n}| \geq \varepsilon$. Os vetores $D_{\mathbf{c}} e_{k_n} = c_{k_n} e_{k_n}$ ficam separados por uma distância uniformemente positiva e não possuem subsequência de Cauchy. Isso contradiz a compacidade. □

Corolário 18.11 (Compacidade automática para $p < \infty$). *Se $1 \leq p < \infty$ e $\mathbf{c} \in \ell^p$, então $D_{\mathbf{c}}$ é compacto. Em $p = \infty$, isso ocorre exatamente quando $\mathbf{c} \in c_0$.*

Demonstração. Toda sequência de ℓ^p, com $p < \infty$, converge a zero. Para $p = \infty$, a condição $c_k \to 0$ é precisamente $\mathbf{c} \in c_0$. □

Corolário 18.12 (Perturbação compacta do canal central). *O bloco espacial $aI + D_{\mathbf{c}}$ é uma perturbação compacta de aI exatamente quando $\mathbf{c} \in c_0$.*

Demonstração. Basta observar que

$$(aI + D_{\mathbf{c}}) - aI = D_{\mathbf{c}}.$$

□

Observação 18.13 (Convenção para o espectro essencial). Recordemos aqui a noção necessária antes de usá-la. Um operador linear limitado S :

$X \to Y$ entre espaços de Banach é de *Fredholm* quando $\ker S$ e $Y/\operatorname{im} S$ têm dimensão finita e $\operatorname{im} S$ é fechada. Neste capítulo adotaremos a convenção

$$\sigma_{\mathrm{ess}}(T) := \{\lambda \in \mathbb{C} : \lambda I - T \text{ não é um operador de Fredholm}\}.$$

Com essa convenção clássica, o espectro essencial é invariante por perturbações compactas.

18.7 Exercícios

Exercício 18.1 (♦). Determine o autoespaço associado a $a + c_k$ quando todos os valores c_k são distintos e $b \neq 0$.

Exercício 18.2 (♦♦). Em $\mathcal{K}^2$, tome $c_{2k} = 1/k$ e $c_{2k-1} = 0$. Determine o autoespaço de colisão no ponto a quando $b = 0$.

Exercício 18.3 (♦♦). Mostre diretamente que E_{sp} é invariante e encontre a condição para que E_{C} também seja invariante.

Exercício 18.4 (♦♦♦). Para $x = i + J(\mathbf{c})$ e $y = i + J(\mathbf{d})$, determine a imagem do defeito $M_x M_y - M_{xy}$.

Exercício 18.5 (♦♦♦). Prove que $D_{\mathbf{c}}$ é o limite em norma dos truncamentos diagonais D_N exatamente quando $\mathbf{c} \in c_0$.

Exercício 18.6 (♦♦♦). Mostre que, para $1 \leq p < \infty$, o espectro essencial de Fredholm de $aI + D_{\mathbf{c}}$ reduz-se ao ponto $\{a\}$.

Exercício 18.7 (♦♦♦♦). Classifique todos os pares $x, y \in \mathcal{K}^p$ para os quais $M_x M_y - M_{xy}$ tem posto exatamente um.

Observação 18.14 (Para prosseguir). Os multiplicadores foram agora descritos por seus canais, autoespaços, subespaços invariantes e defeitos compactos ou não compactos. No próximo capítulo, estudaremos o espaço formado por todos os multiplicadores e a rigidez da realização $x \mapsto M_x$.

CAPÍTULO 19

O espaço dos multiplicadores e sua rigidez

Uma representação fiel, mas não multiplicativa

Cada $x \in \mathcal{K}^p$ determina o operador M_x. Assim, obtemos uma aplicação

$$\Lambda : \mathcal{K}^p \longrightarrow \mathcal{L}_{\mathbb{R}}(\mathcal{K}^p), \qquad \Lambda(x) = M_x.$$

Em uma álgebra associativa, seria natural esperar $M_x M_y = M_{xy}$. Nas álgebras espaciais isso falha, pois

$$M_x M_y - M_{xy} = -A_{x,y},$$

onde $A_{x,y}(z) = [x, y, z]$. Apesar dessa falha, mostraremos que Λ conserva toda a informação do elemento e que sua imagem é um subespaço completo e fechado do espaço de operadores.

19.1 A realização linear Λ

Para $0 < p \leq \infty$, definimos o calibre operatorial

$$\|T\|_{\text{op}} := \sup_{\|z\|_p \leq 1} \|Tz\|_p.$$

Quando $p \geq 1$, essa é a norma usual de operadores. Para $p < 1$, é o calibre compatível com a quase norma de $\mathcal{K}^p$.

Teorema 19.1 (Mergulho topológico pelos multiplicadores). *Para todo $0 < p \leq \infty$, a aplicação*

$$\Lambda : \mathcal{K}^p \longrightarrow \mathcal{L}_{\mathbb{R}}(\mathcal{K}^p), \qquad x \longmapsto M_x,$$

é real linear e injetiva. Além disso,

$$\boxed{\|x\|_p \leq \|M_x\|_{\text{op}} \leq C_p \|x\|_p,}$$

onde podemos tomar

$$C_p = \begin{cases} 7^{1/p}, & 0 < p < 1, \\ 7, & 1 \leq p \leq \infty. \end{cases}$$

Consequentemente, Λ é um isomorfismo linear topológico de $\mathcal{K}^p$ sobre

$$\mathcal{M}(\mathcal{K}^p) := \{M_x : x \in \mathcal{K}^p\}.$$

O espaço $\mathcal{M}(\mathcal{K}^p)$ é fechado; é um espaço de Banach para $p \geq 1$ e um espaço quase-Banach para $p < 1$.

Demonstração. A bilinearidade do produto fornece

$$M_{\alpha x + \beta y} = \alpha M_x + \beta M_y.$$

Se $M_x = 0$, então $x = M_x(1) = 0$, provando a injetividade. As estimativas superiores foram obtidas na continuidade do produto. Como $\|1\|_p = 1$,

$$\|x\|_p = \|M_x(1)\|_p \leq \|M_x\|_{\text{op}},$$

o que dá a estimativa inferior.

Se $M_{x_n} \to T$, então

$$\|x_n - x_m\|_p \leq \|M_{x_n} - M_{x_m}\|_{\text{op}},$$

logo (x_n) é de Cauchy. Pela completude, $x_n \to x \in \mathcal{K}^p$. A estimativa superior implica $M_{x_n} \to M_x$, portanto $T = M_x$. Assim, a imagem é fechada e herda a completude de $\mathcal{K}^p$. □

Observação 19.2 (Como recuperar o elemento). A inversa de Λ sobre sua imagem é especialmente simples:

$$\boxed{\Lambda^{-1}(M_x) = M_x(1) = x.}$$

Portanto, não é necessário inspecionar todos os blocos do operador para recuperar seu gerador; basta aplicá-lo à unidade.

19.2 Caracterização intrínseca da imagem

Teorema 19.3 (Quais operadores são multiplicadores?). *Um operador*

$$L \in \mathcal{L}_{\mathbb{R}}(\mathbb{R}^2 \oplus_p \ell^p)$$

pertence a $\mathcal{M}(\mathcal{K}^p)$ se, e somente se, existem únicos $a, b \in \mathbb{R}$ e $\mathbf{c} \in \ell^p$ tais que

$$\boxed{L = \begin{pmatrix} C_{a,b} & 0 \\ T_{\mathbf{c}} & aI + D_{\mathbf{c}} \end{pmatrix},}$$

onde

$$C_{a,b} = \begin{pmatrix} a & -b \\ b & a \end{pmatrix}, \qquad T_{\mathbf{c}}(u, v) = u\mathbf{c}.$$

Demonstração. Se $L = M_x$, a forma em blocos já foi demonstrada no teorema 16.4. Reciprocamente, dado um operador com essa forma, tome $x = a + bi + J(\mathbf{c})$; o mesmo teorema dá $L = M_x$. Se dois trios gerassem o mesmo operador, a aplicação dos operadores à unidade produziria a igualdade dos elementos correspondentes. A unicidade das coordenadas fornece a igualdade dos trios. □

Exemplo: Um operador que não é multiplicador

Considere

$$L = \begin{pmatrix} I_{\mathbb{R}^2} & 0 \\ 0 & 2I_{\ell^p} \end{pmatrix}.$$

Se $L = M_x$, o bloco superior força $a = 1$ e $b = 0$, enquanto o bloco inferior, com $T_{\mathbf{c}} = 0$, força $\mathbf{c} = 0$ e, portanto, $aI + D_{\mathbf{c}} = I$, não $2I$. Logo, $L \notin \mathcal{M}(\mathcal{K}^p)$.

19.3 Por que a imagem não é uma álgebra de operadores?

Proposição 19.4 (Defeito de multiplicatividade). *Para $x, y \in \mathcal{K}^p$,*

$$\boxed{\Lambda(x)\Lambda(y) - \Lambda(xy) = M_x M_y - M_{xy} = -A_{x,y}.}$$

Assim, Λ é multiplicativa no par (x, y) exatamente quando $[x, y, z] = 0$ para todo $z \in \mathcal{K}^p$.

Demonstração. Para todo z,

$$(M_x M_y - M_{xy})(z) = x(yz) - (xy)z = -[x, y, z].$$

□

Subespaço fechado não significa subálgebra

O conjunto $\mathcal{M}(\mathcal{K}^p)$ é fechado para soma, multiplicação por escalares e limites na topologia operatorial. Contudo, em geral,

$$M_x M_y \notin \mathcal{M}(\mathcal{K}^p).$$

De fato, se $M_x M_y = M_w$, a aplicação à unidade daria $w = x(y1) = xy$, obrigando $M_x M_y = M_{xy}$. Portanto, a composição pertence novamente a $\mathcal{M}(\mathcal{K}^p)$ exatamente quando $A_{x,y} = 0$.

19.4 Comutadores de multiplicadores

Mesmo que $xy = yx$, os operadores M_x e M_y podem não comutar.

Teorema 19.5 (Fórmula do comutador). *Se*

$$x = a + bi + J(\mathbf{c}), \qquad y = u + vi + J(\mathbf{d}),$$

então

$$[M_x, M_y] = A_{y,x} - A_{x,y},$$

e, para $z = r + si + J(\mathbf{e})$,

$$\boxed{[M_x, M_y](z) = sJ\big(b\mathbf{d} - v\mathbf{c}\big).}$$

Consequentemente,

$$\text{posto}[M_x, M_y] \leq 1.$$

Demonstração. Como $xy = yx$,

$$[M_x, M_y] = (M_{xy} - A_{x,y}) - (M_{yx} - A_{y,x}) \\ = A_{y,x} - A_{x,y}.$$

Pela fórmula do associador,

$$A_{x,y}(z) = J(vs\,\mathbf{c} - bv\,\mathbf{e}),$$

$$A_{y,x}(z) = J(bs\,\mathbf{d} - bv\,\mathbf{e}).$$

Subtraindo, obtemos a fórmula. A imagem está contida na reta gerada por $J(b\mathbf{d} - v\mathbf{c})$. □

Corolário 19.6 (Critério de comutação). *São equivalentes:*

$$M_x M_y = M_y M_x, \qquad A_{x,y} = A_{y,x}, \qquad b\mathbf{d} = v\mathbf{c}.$$

Demonstração. As duas primeiras condições equivalem ao anulamento do comutador. Pela fórmula anterior, esse anulamento ocorre se $b\mathbf{d} = v\mathbf{c}$. Reciprocamente, avaliando o comutador em i, obtemos

$$[M_x, M_y](i) = J(b\mathbf{d} - v\mathbf{c}),$$

e a injetividade de J fornece a condição coordenada. □

Exemplo: Elementos que comutam, multiplicadores que não comutam

Em qualquer $\mathcal{K}^p$, tome $x = i$ e $y = j_1$. Na álgebra,

$$xy = yx = 0.$$

Entretanto,

$$[M_i, M_{j_1}](i) = j_1 \neq 0.$$

Portanto, a comutatividade dos elementos não se transfere automaticamente para a composição dos multiplicadores.

19.5 Rigidez do modelo operatorial

Observação 19.7 (Rigidez da realização). Para $x, y \in \mathcal{K}^p$,

$$\boxed{M_x = M_y \quad \Longleftrightarrow \quad x = y.}$$

Consequentemente, cada multiplicador determina unicamente seu elemento gerador. De fato, se $M_x = M_y$, a avaliação na unidade fornece

$$x = M_x(1) = M_y(1) = y.$$

A recíproca é imediata. Esse argumento vale em qualquer álgebra unital; a informação específica de $\mathcal{K}^p$ está na caracterização em blocos do teorema 19.3.

Observação 19.8 (Fidelidade sem multiplicatividade). A realização $x \mapsto M_x$ é fiel: nenhum par de elementos distintos produz o mesmo operador. Sua falha não está na perda de informação, mas exclusivamente na composição, cujo defeito é exatamente o associador.

19.6 Exercícios

Exercício 19.1 (♦). Mostre diretamente que $\Lambda(\alpha x + \beta y) = \alpha\Lambda(x) + \beta\Lambda(y)$.

Exercício 19.2 (♦). Recupere x a partir da matriz em blocos de M_x de duas maneiras: pelos blocos e pelo valor $M_x(1)$.

Exercício 19.3 (♦♦). Decida quais operadores escalares $\gamma I_{\mathcal{K}^p}$ pertencem a $\mathcal{M}(\mathcal{K}^p)$.

Exercício 19.4 (♦♦). Para $x = i + J(\mathbf{c})$ e $y = i + J(\mathbf{d})$, determine quando M_x e M_y comutam.

Exercício 19.5 (♦♦♦). Mostre que $M_x M_y \in \mathcal{M}(\mathcal{K}^p)$ se, e somente se, $A_{x,y} = 0$.

Exercício 19.6 (♦♦♦). Classifique todos os $x \in \mathcal{K}^p$ cujos multiplicadores comutam com M_i.

Exercício 19.7 (♦♦♦♦). Determine o centro comutante da família

$$\mathcal{M}(\mathcal{K}^p)$$

dentro da própria família de multiplicadores.

Observação 19.9 (Para prosseguir). O modelo operatorial está agora completamente identificado e sua rigidez foi demonstrada para todo $0 < p \leq \infty$. No próximo capítulo, especializaremos para o espaço de Hilbert $\mathcal{K}^2$, estudaremos adjuntos e introduziremos o operador canônico de acoplamento cuja norma é o número de ouro.

CAPÍTULO 20

Geometria hilbertiana e o número de ouro

Por que $p = 2$ é o centro geométrico?

Na escala $\mathcal{K}^p$, o expoente $p = 2$ é o único para o qual a norma canônica provém de um produto interno. Isso permite falar em ortogonalidade, projeções, adjuntos, valores singulares e normas operatoriais calculadas por autovalores positivos.
É nesse ambiente que o número de ouro reaparece. Ele não será inserido como uma constante externa: surgirá da interação canônica entre a unidade 1 e cada idempotente espacial j_k.

20.1 O espaço de Hilbert $\mathcal{K}^2$

Para

$$x = a + bi + J(\mathbf{c}), \qquad y = u + vi + J(\mathbf{d}),$$

definimos

$$\boxed{\langle x, y \rangle := au + bv + \sum_{\ell=1}^{\infty} c_\ell d_\ell.} \tag{20.1}$$

Proposição 20.1 (Estrutura hilbertiana). *$\mathcal{K}^2$, munido de* (20.1), *é um espaço de Hilbert real e*

$$\|x\|_2^2 = a^2 + b^2 + \sum_{\ell=1}^{\infty} c_\ell^2.$$

A família

$$\{1, i, j_1, j_2, \dots\}$$

é ortonormal e total.

Demonstração. Sob a identificação isométrica

$$\mathcal{K}^2 \cong \ell^2(\{0,1,2,\dots\}),$$

o produto interno acima é o produto interno real usual de ℓ^2. Completude, ortonormalidade e totalidade são transportadas por essa identificação. □

20.2 Adjuntos dos multiplicadores

Para $x = a + bi + J(\mathbf{c})$, recorde que

$$M_x = \begin{pmatrix} C_{a,b} & 0 \\ T_{\mathbf{c}} & aI + D_{\mathbf{c}} \end{pmatrix}.$$

O adjunto de $T_{\mathbf{c}}(u,v) = u\mathbf{c}$ é

$$T_{\mathbf{c}}^*(\mathbf{d}) = (\langle \mathbf{c}, \mathbf{d} \rangle_{\ell^2}, 0).$$

Proposição 20.2 (Fórmula do adjunto). *Relativamente a* $\mathbb{R}^2 \oplus \ell^2$,

$$\boxed{M_x^* = \begin{pmatrix} C_{a,b}^{\mathsf{T}} & T_{\mathbf{c}}^* \\ 0 & aI + D_{\mathbf{c}} \end{pmatrix}.}$$

Em coordenadas,

$$M_x^*((u,v),\mathbf{d}) = \left((au + bv + \langle \mathbf{c}, \mathbf{d} \rangle, -bu + av), (aI + D_{\mathbf{c}})\mathbf{d}\right).$$

Demonstração. O bloco diagonal $D_{\mathbf{c}}$ é autoadjunto porque $\mathbf{c}$ é real. A fórmula resulta da regra usual para o adjunto de uma matriz de operadores e das identidades

$$C_{a,b}^* = C_{a,b}^{\mathsf{T}}, \qquad \langle T_{\mathbf{c}}(u,v), \mathbf{d} \rangle = u \langle \mathbf{c}, \mathbf{d} \rangle.$$

□

Corolário 20.3 (Multiplicadores autoadjuntos). *O operador M_x é autoadjunto se, e somente se,*

$$x = a\,1 \quad \textit{para algum } a \in \mathbb{R}.$$

Demonstração. A igualdade $M_x = M_x^*$ força $C_{a,b} = C_{a,b}^{\mathsf{T}}$, portanto $b = 0$, e força $T_{\mathbf{c}} = 0$, portanto $\mathbf{c} = 0$. A recíproca é imediata, pois $M_{a1} = aI$. □

Observação 20.4 (Idempotentes não geram multiplicadores autoadjuntos). Embora j_k seja um idempotente, M_{j_k} não é autoadjunto: o acoplamento T_{e_k} aparece no bloco inferior esquerdo sem o bloco adjunto correspondente no canto superior direito.

20.3 O acoplamento unidade–idempotente

Seja P_1 a projeção ortogonal sobre a direção da unidade:

$$P_1 x = \langle x, 1\rangle 1 = a\,1.$$

Para cada $k \geq 1$, definimos

$$\boxed{\Gamma_k := P_1 + M_{j_k}.} \tag{20.2}$$

Se

$$x = a + bi + \sum_{\ell=1}^{\infty} c_\ell j_\ell,$$

então

$$M_{j_k} x = (a + c_k) j_k$$

e, consequentemente,

$$\boxed{\Gamma_k x = a\,1 + (a + c_k) j_k.} \tag{20.3}$$

Proposição 20.5 (Redução a um plano). *Põe-se*

$$E_k := \operatorname{span}_{\mathbb{R}}\{1, j_k\}.$$

Então E_k é invariante por Γ_k, $E_k^{\perp} \subset \ker \Gamma_k$ e, na base ortonormal $\{1, j_k\}$,

$$[\Gamma_k|_{E_k}] = G := \begin{pmatrix} 1 & 0 \\ 1 & 1 \end{pmatrix}.$$

Demonstração. A fórmula (20.3) mostra que a imagem está contida em E_k. Se $x \perp E_k$, então $a = c_k = 0$, logo $\Gamma_k x = 0$. Finalmente,

$$\Gamma_k(1) = 1 + j_k, \qquad \Gamma_k(j_k) = j_k,$$

o que fornece as colunas da matriz G. □

20.4 A reaparição do número de ouro

Teorema 20.6 (Norma exata do acoplamento). *Para todo $k \geq 1$,*

$$\boxed{\|\Gamma_k\| = \varphi = \frac{1 + \sqrt{5}}{2}.}$$

Equivalentemente,

$$\|\Gamma_k x\|_2 \leq \varphi \|x\|_2 \qquad (x \in \mathcal{K}^2),$$

e a constante φ é ótima.

Demonstração. Como Γ_k se anula em $E_k^{\perp}$, sua norma é a norma da matriz

$$G = \begin{pmatrix} 1 & 0 \\ 1 & 1 \end{pmatrix}.$$

Calculamos

$$G^{\mathsf{T}} G = \begin{pmatrix} 2 & 1 \\ 1 & 1 \end{pmatrix}.$$

Seu polinômio característico é

$$\lambda^2 - 3\lambda + 1,$$

cujas raízes são

$$\lambda_{\pm} = \frac{3 \pm \sqrt{5}}{2}.$$

Como

$$\varphi^2 = \frac{3 + \sqrt{5}}{2},$$

o maior valor singular de G é

$$\sqrt{\lambda_+} = \varphi.$$

Logo, $\|\Gamma_k\| = \varphi$.

Para provar que a constante é atingida, tome

$$\xi_k := \varphi\, 1 + j_k.$$

Usando $\varphi + 1 = \varphi^2$,

$$\Gamma_k \xi_k = \varphi\, 1 + \varphi^2 j_k.$$

Portanto,

$$\|\Gamma_k \xi_k\|_2^2 = \varphi^2 + \varphi^4 = \varphi^2(\varphi^2 + 1) = \varphi^2 \|\xi_k\|_2^2.$$

Assim,

$$\|\Gamma_k \xi_k\|_2 = \varphi \|\xi_k\|_2.$$

□

Corolário 20.7 (Desigualdade ótima por canal). *Para todo* $x = a + bi + \sum_\ell c_\ell j_\ell \in \mathcal{K}^2$,

$$\boxed{\sqrt{a^2 + (a + c_k)^2} \le \varphi \sqrt{a^2 + b^2 + \sum_{\ell=1}^{\infty} c_\ell^2}.}$$

A constante não pode ser diminuída.

Demonstração. Pela fórmula (20.3),

$$\|\Gamma_k x\|_2^2 = a^2 + (a + c_k)^2.$$

Aplique o teorema anterior. □

Por que aparece exatamente φ?

A transformação no plano $\mathrm{span}\{1, j_k\}$ é

$$(a, c_k) \longmapsto (a, a + c_k).$$

Ela preserva a primeira coordenada e adiciona essa coordenada à segunda. Essa transformação triangular é o cisalhamento elementar

$$\begin{pmatrix} 1 & 0 \\ 1 & 1 \end{pmatrix}.$$

O número de ouro surge porque o maior autovalor de

$$\begin{pmatrix} 1 & 0 \\ 1 & 1 \end{pmatrix}^{\mathsf{T}} \begin{pmatrix} 1 & 0 \\ 1 & 1 \end{pmatrix}$$

é φ^2. Portanto, φ é forçado pela geometria euclidiana da interação unidade–idempotente.

20.5 O multiplicador de $i + j_k$

A mesma constante aparece diretamente em um multiplicador da álgebra.

Proposição 20.8 (Uma segunda manifestação de φ). *Para todo* $k \ge 1$,

$$\boxed{\|M_{i+j_k}\| = \varphi.}$$

Na base ortonormal $\{1, i, j_k\}$ *do subespaço* $F_k := \operatorname{span}\{1, i, j_k\}$,

$$[M_{i+j_k}|_{F_k}] = \begin{pmatrix} 0 & -1 & 0 \\ 1 & 0 & 0 \\ 1 & 0 & 1 \end{pmatrix},$$

e M_{i+j_k} *se anula em* $F_k^{\perp}$.

Demonstração. As relações da álgebra dão

$$M_{i+j_k}(1) = i + j_k, \qquad M_{i+j_k}(i) = -1, \qquad M_{i+j_k}(j_k) = j_k.$$

Para $\ell \neq k$, temos $(i + j_k)j_\ell = 0$, produzindo a matriz e o anulamento afirmados. Se A denota a matriz exibida, então

$$A^{\mathsf{T}} A = \begin{pmatrix} 2 & 0 & 1 \\ 0 & 1 & 0 \\ 1 & 0 & 1 \end{pmatrix}.$$

Seus autovalores são

$$1, \qquad \frac{3+\sqrt{5}}{2}, \qquad \frac{3-\sqrt{5}}{2}.$$

Logo, o maior valor singular é φ. □

O alcance correto do resultado

Os teoremas anteriores não afirmam que φ seja a melhor constante para o produto bilinear completo de $\mathcal{K}^2$. Eles afirmam, precisamente, que φ é:

(i) a norma exata do acoplamento canônico $P_1 + M_{j_k}$;

(ii) a norma exata do multiplicador M_{i+j_k}.

Essa distinção evita extrapolar uma constante ótima de um operador especial para toda a multiplicação.

20.6 Exercícios

Exercício 20.1 (♦). Verifique diretamente que $\{1, i, j_1, j_2, \ldots\}$ é uma família ortonormal em $\mathcal{K}^2$.

Exercício 20.2 (♦♦). Calcule $M_{j_k}^*$ e compare-o com M_{j_k}.

Exercício 20.3 (♦♦). Determine os vetores próprios de $G^\mathsf{T}G$ associados a λ_+ e λ_-.

Exercício 20.4 (♦♦). Mostre diretamente que $\xi_k = \varphi 1 + j_k$ é um vetor de norma atingida para Γ_k.

Exercício 20.5 (♦♦♦). Calcule os três valores singulares de $M_{i+j_k}|_{F_k}$.

Exercício 20.6 (♦♦♦). Determine $\|\alpha P_1 + \beta M_{j_k}\|$ para $\alpha, \beta \in \mathbb{R}$.

Exercício 20.7 (♦♦♦♦). Classifique todos os $x \in \mathcal{K}^2$ para os quais M_x é normal.

Observação 20.9 (Para prosseguir). O número de ouro reapareceu como uma constante operatorial intrínseca da geometria de $\mathcal{K}^2$. Com isso, concluímos o núcleo estrutural da teoria de dimensão infinita construída até aqui. No próximo capítulo, porém, não abandonaremos a álgebra: reorganizaremos o quociente complexo e o associador num princípio de reconstrução que passará a controlar a teoria operatorial avançada.

Part II

Reconstrução associadora e rigidez operatorial

CAPÍTULO 21

O princípio de reconstrução associadora

O que será reconstruído?

Já sabemos que $\mathcal{J}^p$ é um ideal de $\mathcal{K}^p$ e que o quociente $\mathcal{K}^p/\mathcal{J}^p$ é a álgebra complexa. O quociente conserva o canal complexo, mas apaga toda a cauda espacial. A questão central deste capítulo é: como recuperar exatamente a informação apagada?
A resposta usa a não associatividade. O associador com a sonda canônica i recupera precisamente a componente espacial. Assim, quociente e associador não são descrições concorrentes: são os dois canais complementares de uma mesma reconstrução.

21.1 O canal quociente e a informação perdida

Para $0 < p \leq \infty$, definimos a projeção complexa

$$\pi_p : \mathcal{K}^p \longrightarrow \mathbb{C}, \qquad \pi_p\big(a + bi + J(\mathbf{c})\big) = a + bi. \tag{21.1}$$

Proposição 21.1 (Quociente complexo canônico). *A aplicação π_p é um homomorfismo sobrejetivo de álgebras reais e*

$$\boxed{\ker \pi_p = \mathcal{J}^p.}$$

Consequentemente,

$$\boxed{\mathcal{K}^p/\mathcal{J}^p \cong \mathbb{C}.}$$

Demonstração. Se

$$x = a + bi + J(\mathbf{c}), \qquad y = u + vi + J(\mathbf{d}),$$

então a fórmula do produto em $\mathcal{K}^p$ fornece

$$\pi_p(xy) = (au - bv) + (av + bu)i = \pi_p(x)\pi_p(y).$$

A linearidade real e a sobrejetividade são imediatas. Além disso, $\pi_p(x) = 0$ se, e somente se, $a = b = 0$, isto é, se, e somente se, $x \in \mathcal{J}^p$. O primeiro teorema do isomorfismo conclui a prova. □

O quociente não reconstrói sozinho

Todos os elementos

$$a + bi + J(\mathbf{c}), \qquad \mathbf{c} \in \ell^p,$$

possuem a mesma imagem $a + bi$ por π_p. Portanto, a projeção complexa é estruturalmente correta, mas insuficiente para distinguir os canais espaciais. Precisamos de um segundo dado intrínseco.

21.2 A sonda associadora canônica

Recorde a fórmula, já demonstrada, para

$$x = a + bi + J(\mathbf{c}), \quad y = u + vi + J(\mathbf{d}), \quad z = r + si + J(\mathbf{e}):$$

$$[x, y, z] = J\big(vs\,\mathbf{c} - bv\,\mathbf{e}\big).$$

Proposição 21.2 (Recuperação exata da cauda espacial). *Para todo $x = a + bi + J(\mathbf{c}) \in \mathcal{K}^p$,*

$$\boxed{[x, i, i] = J(\mathbf{c}).} \tag{21.2}$$

Em particular, o operador linear

$$R_i : \mathcal{K}^p \longrightarrow \mathcal{J}^p, \qquad R_i(x) := [x, i, i],$$

é a projeção canônica sobre o ideal espacial.

Demonstração. Na fórmula geral do associador, tome $y = z = i$. Então

$$v = s = 1, \qquad \mathbf{e} = 0,$$

e obtemos

$$[x, i, i] = J(1 \cdot 1\,\mathbf{c} - b \cdot 1\,\mathbf{0}) = J(\mathbf{c}).$$

Logo R_i é linear, sua imagem é $\mathcal{J}^p$ e $R_i^2 = R_i$. □

Observação 21.3 (Por que a escolha de i é natural?). A unidade não detecta a não associatividade, pois $[x,1,1] = 0$. Os idempotentes isolados também não recuperam toda a cauda. A direção i, por outro lado, é o elemento que satisfaz $i^2 = -1$ e se anula multiplicativamente contra todos os j_k. Essa interação faz com que o defeito de associatividade devolva simultaneamente todos os canais.

21.3 O teorema de reconstrução

Teorema 21.4 (Reconstrução associadora em toda a escala $\mathcal{K}^p$). *Para todo* $0 < p \leq \infty$ *e todo* $x \in \mathcal{K}^p$,

$$\boxed{x = Re\pi_p(x)\,1 + \Im\pi_p(x)\,i + [x,i,i].} \tag{21.3}$$

Consequentemente, x *é determinado de maneira única pelo par*

$$\boxed{(\pi_p(x), [x,i,i]).}$$

Demonstração. Escreva $x = a + bi + J(\mathbf{c})$. Pela definição de π_p,

$$\Re\pi_p(x) = a, \qquad \Im\pi_p(x) = b.$$

Pela proposição 21.2,

$$[x,i,i] = J(\mathbf{c}).$$

A soma dos três termos é exatamente x. A unicidade segue da unicidade da decomposição $\mathcal{K}^p = \operatorname{span}_{\mathbb{R}}\{1,i\} \oplus \mathcal{J}^p$. □

Exemplo: Reconstrução com infinitos canais

Em $\mathcal{K}^2$, considere

$$x = 2 - 3i + \sum_{k=1}^{\infty} 2^{-k} j_k.$$

Temos

$$\pi_2(x) = 2 - 3i, \qquad [x,i,i] = \sum_{k=1}^{\infty} 2^{-k} j_k.$$

Logo

$$x = 21 - 3i + [x,i,i].$$

O associador não fornece uma aproximação da cauda: ele a recupera inteira em uma única identidade vetorial.

21.4 Coordenadas de reconstrução e produto transportado

Defina

$$\mathcal{R}_p : \mathcal{K}^p \longrightarrow \mathbb{C} \oplus \mathcal{J}^p, \qquad \mathcal{R}_p(x) = \big(\pi_p(x), R_i(x)\big).$$

Teorema 21.5 (Modelo em coordenadas de reconstrução). *A aplicação $\mathcal{R}_p$ é uma bijeção real-linear, com inversa*

$$\boxed{\mathcal{R}_p^{-1}(\zeta, J(\mathbf{c})) = \Re\zeta\, 1 + \Im\zeta\, i + J(\mathbf{c}).}$$

Se identificarmos $J(\mathbf{c})$ com $\mathbf{c}$, o produto transportado para $\mathbb{C} \oplus \ell^p$ é

$$\boxed{(\zeta, \mathbf{c}) \diamond (\eta, \mathbf{d}) = \big(\zeta\eta, \Re\zeta\, \mathbf{d} + \Re\eta\, \mathbf{c} + \mathbf{c} \odot \mathbf{d}\big).} \tag{21.4}$$

Assim, $\mathcal{R}_p$ é um isomorfismo de álgebras reais entre $\mathcal{K}^p$ e $(\mathbb{C} \oplus \ell^p, \diamond)$.

Demonstração. A fórmula da inversa decorre do teorema 21.4. Para calcular o produto, escreva

$$\zeta = a + bi, \qquad \eta = u + vi.$$

Se $x = \mathcal{R}_p^{-1}(\zeta, \mathbf{c})$ e $y = \mathcal{R}_p^{-1}(\eta, \mathbf{d})$, então a multiplicação canônica dá

$$xy = \zeta\eta + J\big(a\mathbf{d} + u\mathbf{c} + \mathbf{c} \odot \mathbf{d}\big).$$

Como $a = \Re\zeta$ e $u = \Re\eta$, obtemos (21.4). A definição de $\diamond$ foi precisamente o transporte da multiplicação, de modo que $\mathcal{R}_p(xy) = \mathcal{R}_p(x) \diamond \mathcal{R}_p(y)$. □

Soma direta não significa produto desacoplado

Como espaço vetorial,

$$\mathcal{K}^p \cong \mathbb{C} \oplus \ell^p.$$

Como álgebra, porém, o produto não é o produto componente a componente. Os termos

$$\Re\zeta\,\mathbf{d} + \Re\eta\,\mathbf{c}$$

acoplam o quociente complexo à cauda espacial. Suprimir esses termos destrói a multiplicação de $\mathcal{K}^p$.

21.5 O associador como dado mínimo complementar

Proposição 21.6 (Rigidez dos dados de reconstrução). *Se $x, y \in \mathcal{K}^p$, então*

$$x = y \iff \begin{cases} \pi_p(x) = \pi_p(y), \\ [x, i, i] = [y, i, i]. \end{cases}$$

Além disso,

$$\pi_p(x) = 0 \quad e \quad [x, i, i] = 0 \implies x = 0.$$

Demonstração. A implicação direta é imediata. Para a recíproca, aplique (21.3) a x e a y. As três parcelas das duas reconstruções coincidem. A última afirmação é o caso $y = 0$. □

Observação 21.7 (Centralidade do resultado). Este capítulo não afirma apenas que um espaço vetorial se decompõe em soma direta. O ponto específico das álgebras espaciais é que a projeção sobre o segundo somando é realizada internamente pelo associador $x \mapsto [x, i, i]$. Nos próximos capítulos, essa identidade será levada a funções, espectros e operadores. Consequências que dependam somente de uma soma direta abstrata serão tratadas como observações, não como teoremas centrais.

21.6 Exercícios

Exercício 21.1 (♦). Calcule $\pi_p(x)$ e $[x, i, i]$ para

$$x = 1 + 2i + J(3e_1 - e_2).$$

Reconstrua x a partir desses dois dados.

Exercício 21.2 (♦). Mostre diretamente que $R_i^2 = R_i$, sem usar a fórmula geral do associador.

Exercício 21.3 (♦♦). Calcule

$$(1+i, e_1) \diamond (2-i, e_2)$$

e confira o resultado por multiplicação direta em $\mathcal{K}^p$.

Exercício 21.4 (♦♦). Determine o núcleo de R_i e prove que

$$\mathcal{K}^p = \ker R_i \oplus \operatorname{im} R_i.$$

Exercício 21.5 (♦♦♦). Prove diretamente, usando (21.4), que $\diamond$ é comutativo e não associativo.

Exercício 21.6 (♦♦♦). Seja $q = \alpha 1 + \beta i$. Calcule $[x, q, q]$. Para quais valores de α, β essa aplicação coincide com R_i?

Exercício 21.7 (♦♦♦♦). Determine todas as aplicações lineares $T : \mathcal{K}^p \to \mathcal{J}^p$ da forma $T(x) = [x, q, q]$, com $q \in \operatorname{span}_{\mathbb{R}}\{1, i\}$, que são projeções sobre $\mathcal{J}^p$.

Observação 21.8 (Para prosseguir). O elemento espacial foi comprimido em dois dados intrínsecos: seu quociente complexo e sua assinatura associadora. No próximo capítulo, aplicaremos essa reconstrução ponto a ponto e verificaremos quais estruturas funcionais e espectrais são realmente preservadas.

CAPÍTULO 22

Reconstrução de funções e dados espectrais

Da reconstrução de valores à reconstrução de funções

Uma função com valores em $\mathcal{K}^p$ atribui a cada ponto um elemento que já sabemos reconstruir. Aplicar a identidade do capítulo anterior ponto a ponto é imediato e, por si só, não constitui um novo teorema profundo.

O conteúdo específico deste capítulo começa quando perguntamos como o produto de funções atua sobre os dados reconstruídos e como a representação espectral acoplada pode ser comprimida sem perder sua multiplicação. É nessa etapa que o produto idempotente e o associador das álgebras espaciais se tornam indispensáveis.

22.1 Canal complexo e campo associador

Sejam X um conjunto, $0 < p \leq \infty$ e

$$F : X \longrightarrow \mathcal{K}^p.$$

Escrevendo

$$F(x) = A(x) + B(x)i + J(\mathbf{C}(x)),$$

definem-se o *canal complexo* e o *campo associador* de F por

$$\Pi_{\mathbb{C}} F(x) := \pi_p(F(x)), \tag{22.1}$$

$$\mathfrak{A}_F(x) := [F(x), i, i]. \tag{22.2}$$

Observação 22.1 (Reconstrução pontual). Para todo $x \in X$, aplicamos o teorema de reconstrução do capítulo anterior e obtemos

$$\boxed{F(x) = \Re(\Pi_{\mathbb{C}} F(x))\, 1 + \Im(\Pi_{\mathbb{C}} F(x))\, i + \mathfrak{A}_F(x).} \tag{22.3}$$

Em coordenadas,

$$\Pi_{\mathbb{C}} F = A + Bi, \qquad \mathfrak{A}_F = J(\mathbf{C}).$$

Esta afirmação foi registrada como observação porque é a aplicação pontual de um resultado já demonstrado. Sua importância será revelar os dois dados sobre os quais o produto funcional atua.

Proposição 22.2 (Unicidade dos dados funcionais). *Se $F, G : X \to \mathcal{K}^p$, então*

$$F = G \iff \Pi_{\mathbb{C}} F = \Pi_{\mathbb{C}} G \quad e \quad \mathfrak{A}_F = \mathfrak{A}_G.$$

Demonstração. A implicação direta é imediata. Na direção inversa, as três parcelas de (22.3) coincidem em cada ponto de X. □

22.2 A lei de produto do campo associador

O produto de duas funções $F, G : X \to \mathcal{K}^p$ será sempre entendido ponto a ponto:

$$(FG)(x) := F(x)G(x).$$

O produto de dois campos com valores em $\mathcal{J}^p$ também é pontual e usa o produto de Hadamard nas coordenadas espaciais.

Teorema 22.3 (Lei espacial do produto funcional). *Para quaisquer $F, G : X \to \mathcal{K}^p$,*

$$\Pi_{\mathbb{C}}(FG) = (\Pi_{\mathbb{C}} F)(\Pi_{\mathbb{C}} G), \tag{22.4}$$

$$\mathfrak{A}_{FG} = \Re(\Pi_{\mathbb{C}} F)\, \mathfrak{A}_G + \Re(\Pi_{\mathbb{C}} G)\, \mathfrak{A}_F + \mathfrak{A}_F \mathfrak{A}_G. \tag{22.5}$$

Demonstração. Fixe $x \in X$ e escreva

$$F(x) = a + bi + J(\mathbf{c}), \qquad G(x) = u + vi + J(\mathbf{d}).$$

A multiplicação canônica em $\mathcal{K}^p$ dá

$$F(x)G(x) = (a + bi)(u + vi) + J\big(a\mathbf{d} + u\mathbf{c} + \mathbf{c} \odot \mathbf{d}\big).$$

A primeira parcela prova (22.4). A identidade $[y, i, i] = J(\text{cauda de } y)$ aplicada à segunda parcela fornece (22.5). Como x é arbitrário, o resultado vale em todo X. □

Corolário 22.4 (Correção quadrática da regra de Leibniz). *A aplicação $F \mapsto \mathfrak{A}_F$ não é uma derivação. Seu termo quadrático é exatamente*

$$\boxed{\mathfrak{A}_F \mathfrak{A}_G.}$$

Esse termo desaparece num ponto x se, e somente se, os perfis espaciais de $F(x)$ e $G(x)$ possuem produto de Hadamard nulo.

Demonstração. A primeira afirmação segue de (22.5). Se $\mathfrak{A}_F(x) = J(\mathbf{c})$ e $\mathfrak{A}_G(x) = J(\mathbf{d})$, então

$$\mathfrak{A}_F(x)\mathfrak{A}_G(x) = J(\mathbf{c} \odot \mathbf{d}),$$

o que prova o critério. □

Observação 22.5 (Origem genuinamente espacial). A correção quadrática não foi acrescentada para imitar uma regra diferencial. Ela é forçada pelas relações

$$j_k^2 = j_k, \qquad j_k j_\ell = 0 \quad (k \neq \ell).$$

Por isso, a teorema 22.3 permanece como resultado central: sem a multiplicação específica de $\mathcal{K}^p$, sua fórmula não existe.

22.3 A álgebra funcional reconstruída

Considere pares (ϕ, U), onde

$$\phi : X \to \mathbb{C}, \qquad U : X \to \mathcal{J}^p.$$

Define-se, ponto a ponto,

$$\boxed{(\phi, U) \diamond (\psi, V) := (\phi\psi, \Re(\phi)V + \Re(\psi)U + UV).} \tag{22.6}$$

Teorema 22.6 (Representação funcional por dois campos). *Se $\mathcal{F}(X, \mathcal{K}^p)$ denota a álgebra real das funções $X \to \mathcal{K}^p$, com produto pontual, então*

$$\mathscr{R}_X(F) := (\Pi_{\mathbb{C}} F, \mathfrak{A}_F)$$

define um isomorfismo de álgebras reais

$$\boxed{\mathscr{R}_X : \mathcal{F}(X, \mathcal{K}^p) \longrightarrow (\mathcal{F}(X, \mathbb{C}) \oplus \mathcal{F}(X, \mathcal{J}^p), \diamond).}$$

Sua inversa é dada por

$$\boxed{\mathscr{R}_X^{-1}(\phi, U)(x) = \Re\phi(x)\,1 + \Im\phi(x)\,i + U(x).}$$

Demonstração. A bijetividade real-linear decorre da reconstrução pontual. A teorema 22.3 mostra que

$$\mathscr{R}_X(FG) = \mathscr{R}_X(F) \diamond \mathscr{R}_X(G),$$

isto é, a multiplicação também é preservada. □

Não há redução no número de graus de liberdade

O par $(\Pi_{\mathbb{C}}F, \mathfrak{A}_F)$ reorganiza os dados de F, mas não os comprime numericamente: o campo $\mathfrak{A}_F$ ainda contém todas as coordenadas espaciais. A vantagem é estrutural. A cauda deixa de ser uma lista externa de canais e passa a ser identificada pelo operador intrínseco $F \mapsto [F, i, i]$.

22.4 Compressão associadora dos dados espectrais

Retornemos agora ao caso finito $\mathcal{K}_m$, cuja representação espectral foi construída no capítulo 11. Para uma função $F : X \to \mathcal{K}_m$, escreva

$$\Phi(F(x)) = \big(\phi_0(x), \phi_1(x), \ldots, \phi_m(x)\big),$$

onde ϕ_0 é complexa e ϕ_k é real para $k \geq 1$.

Se

$$F(x) = A(x) + B(x)i + \sum_{k=1}^{m} C_k(x) j_k,$$

então, pela definição de Φ,

$$\phi_0 = A + Bi, \qquad \phi_k = A + C_k.$$

Logo

$$\boxed{\mathfrak{A}_F = \sum_{k=1}^{m} (\phi_k - \Re\phi_0) j_k.} \tag{22.7}$$

Teorema 22.7 (Compressão associadora da tupla espectral). *A tupla espectral*

$$(\phi_0, \phi_1, \ldots, \phi_m)$$

e o par

$$\boxed{(\phi_0, \mathfrak{A}_F)}$$

determinam-se mutuamente. Mais precisamente, se

$$\mathfrak{A}_F = \sum_{k=1}^{m} u_k j_k,$$

então

$$\boxed{\phi_k = \Re\phi_0 + u_k, \qquad k = 1, \ldots, m.} \tag{22.8}$$

As transformações (22.7) e (22.8) são inversas.

Demonstração. A primeira transformação decorre de $C_k = \phi_k - \Re\phi_0$. Reciprocamente, a coordenada de j_k em $\mathfrak{A}_F$ é $u_k = C_k$, e portanto

$$\phi_k = A + C_k = \Re\phi_0 + u_k.$$

Aplicar uma fórmula após a outra devolve todas as componentes originais. □

Exemplo: Três canais escritos como um campo

Em $\mathcal{K}_3$, suponha

$$\Phi(F) = \big(1 + i,\ 3,\ -1,\ 4\big).$$

Como $\Re\phi_0 = 1$, obtemos

$$\mathfrak{A}_F = (3-1)j_1 + (-1-1)j_2 + (4-1)j_3 = 2j_1 - 2j_2 + 3j_3.$$

A partir do par $(1 + i, 2j_1 - 2j_2 + 3j_3)$, a fórmula de descompressão recupera $(3, -1, 4)$.

22.5 Compatibilidade com o produto espectral

Define-se a compressão

$$\mathcal{C}_{\mathrm{ass}}(\phi_0, \phi_1, \ldots, \phi_m) := \left(\phi_0, \sum_{k=1}^{m} (\phi_k - \Re\phi_0) j_k \right).$$

Teorema 22.8 (Equivalência dos produtos $\star$ e $\diamond$). *Se $\boldsymbol{\phi}$ e $\boldsymbol{\psi}$ são duas tuplas espectrais, então*

$$\boxed{\mathcal{C}_{\mathrm{ass}}(\boldsymbol{\phi} \star \boldsymbol{\psi}) = \mathcal{C}_{\mathrm{ass}}(\boldsymbol{\phi}) \diamond \mathcal{C}_{\mathrm{ass}}(\boldsymbol{\psi}).} \tag{22.9}$$

Portanto, a representação espectral acoplada e a representação por canal complexo mais campo associador são modelos isomorfos da mesma álgebra funcional.

Demonstração. Escreva

$$\phi_0 = a + bi, \qquad \psi_0 = u + vi,$$

e põem-se

$$c_k := \phi_k - a, \qquad d_k := \psi_k - u.$$

Pela fórmula do produto espectral acoplado,

$$(\boldsymbol{\phi} \star \boldsymbol{\psi})_k = \phi_k \psi_k - bv.$$

Por outro lado,

$$\Re(\phi_0 \psi_0) = au - bv.$$

Assim,

$$\begin{aligned} (\boldsymbol{\phi} \star \boldsymbol{\psi})_k - \Re(\phi_0 \psi_0) &= (a + c_k)(u + d_k) - bv - (au - bv) \\ &= a d_k + u c_k + c_k d_k. \end{aligned}$$

Esse é exatamente o coeficiente de j_k produzido pelo segundo componente do produto $\diamond$. As componentes complexas são, em ambos os lados, $\phi_0 \psi_0$. □

Observação 22.9 (O que foi e o que não foi comprimido). O teorema não transforma $\star$ num produto componente a componente e não remove a não associatividade. Ele mostra que os desvios

$$\phi_k - \Re\phi_0$$

são precisamente as coordenadas de um único objeto intrínseco, $\mathfrak{A}_F$. A estrutura completa permanece presente no produto $\diamond$.

22.6 Exercícios

Exercício 22.1 (♦). Para a aplicação identidade $F : \mathcal{K}^p \to \mathcal{K}^p$, dada por $F(x) = x$, determine $\Pi_{\mathbb{C}} F$ e $\mathfrak{A}_F$.

Exercício 22.2 (♦). Se F assume valores no plano complexo canônico, prove que $\mathfrak{A}_F = 0$.

Exercício 22.3 (♦♦). Calcule $\mathfrak{A}_{FG}$ quando

$$F(x) = i + f(x)j_1, \qquad G(x) = 1 + g(x)j_1.$$

Exercício 22.4 (♦♦). Mostre que a unidade do produto $\diamond$ é o par $(1,0)$.

Exercício 22.5 (♦♦♦). Calcule o associador de três pares sob $\diamond$. Em seguida, compare a resposta com a fórmula geral do associador em $\mathcal{K}^p$.

Exercício 22.6 (♦♦♦). Em $\mathcal{K}_2$, comprima a tupla

$$(2 - i, 5, 0)$$

e depois aplique a fórmula de descompressão.

Exercício 22.7 (♦♦♦♦). Demonstre (22.9) diretamente, sem usar o teorema 22.3.

Observação 22.10 (Para prosseguir). A reconstrução funcional preserva exatamente a multiplicação, e a tupla espectral acoplada admite uma forma equivalente em dois campos. No próximo capítulo da parte central, levaremos os mesmos dados aos operadores de multiplicação e ao cálculo funcional holomorfo.

CAPÍTULO 23

Reconstrução dos operadores de multiplicação

O ganho da reformulação no nível operatorial

Os Capítulos 12 e 16 já determinaram as matrizes e os blocos de M_x. Não repetiremos essa teoria. O objetivo agora é mostrar que a forma operatorial inteira pode ser escrita diretamente nas coordenadas

$$(\pi_p(x), [x,i,i])$$

e que, nessas coordenadas, o associador reaparece exatamente como o defeito de composição dos multiplicadores.

23.1 A decomposição operatorial elementar

Denota-se por

$$\iota_{\mathbb{C}} : \mathbb{C} \longrightarrow \mathcal{K}^p, \qquad \iota_{\mathbb{C}}(a+bi) = a+bi,$$

a inclusão do plano complexo canônico. Para $x \in \mathcal{K}^p$, põe-se

$$S_x := [x,i,i] \in \mathcal{J}^p.$$

Observação 23.1 (Decomposição linear do multiplicador). Da identidade

$$x = \iota_{\mathbb{C}}(\pi_p(x)) + S_x$$

e da linearidade de $x \mapsto M_x$, segue

$$\boxed{M_x = M_{\iota_{\mathbb{C}}(\pi_p(x))} + M_{S_x}.} \tag{23.1}$$

Esta é uma consequência linear do teorema de reconstrução e, por isso, é registrada como observação. O conteúdo operatorial mais forte está na forma como S_x determina simultaneamente os blocos de acoplamento e diagonal.

23.2 Recuperação dos blocos pelo associador

Se

$$\pi_p(x) = a + bi, \qquad S_x = J(\mathbf{c}),$$

recorde os operadores

$$C_{a,b} = \begin{pmatrix} a & -b \\ b & a \end{pmatrix}, \qquad T_{\mathbf{c}}(u,v) = u\mathbf{c}, \qquad D_{\mathbf{c}}(\mathbf{d}) = \mathbf{c} \odot \mathbf{d}.$$

Proposição 23.2 (Reconstrução associadora dos blocos). *Relativamente a $\mathcal{K}^p \cong \mathbb{R}^2 \oplus \ell^p$,*

$$\boxed{M_x = \begin{pmatrix} C_{a,b} & 0 \\ T_{\mathbf{c}} & aI + D_{\mathbf{c}} \end{pmatrix}.} \tag{23.2}$$

O quociente $\pi_p(x)$ determina $C_{a,b}$ e a parte escalar aI, enquanto o único dado associador S_x determina tanto $T_{\mathbf{c}}$ quanto $D_{\mathbf{c}}$.

Demonstração. A forma em blocos foi demonstrada no teorema 16.4. O ponto adicional é que

$$S_x = [x, i, i] = J(\mathbf{c})$$

recupera a sequência $\mathbf{c}$ inteira. Consequentemente, recupera as duas aplicações que ela define: $T_{\mathbf{c}}(u,v) = u\mathbf{c}$ e $D_{\mathbf{c}}(\mathbf{d}) = \mathbf{c} \odot \mathbf{d}$. □

Observação 23.3 (Um dado, duas funções operatoriais). O acoplamento de posto um e o operador diagonal não são parâmetros independentes. Ambos são manifestações operatoriais do mesmo elemento $S_x \in \mathcal{J}^p$. Essa dependência será importante ao determinar a álgebra associativa gerada pelos multiplicadores.

23.3 Multiplicação nas coordenadas de reconstrução

Para $(\zeta, U) \in \mathbb{C} \oplus \mathcal{J}^p$, define-se

$$\mathcal{M}_{\zeta,U} : \mathbb{C} \oplus \mathcal{J}^p \longrightarrow \mathbb{C} \oplus \mathcal{J}^p$$

por

$$\boxed{\mathcal{M}_{\zeta,U}(\eta, V) := (\zeta\eta, \Re\zeta\, V + \Re\eta\, U + UV).} \tag{23.3}$$

Teorema 23.4 (Transporte exato do multiplicador). *Se*

$$\mathcal{R}_p(x) = (\zeta, U),$$

então

$$\boxed{\mathcal{R}_p \circ M_x \circ \mathcal{R}_p^{-1} = \mathcal{M}_{\zeta,U}.} \tag{23.4}$$

Equivalentemente, para todo $y \in \mathcal{K}^p$,

$$\mathcal{R}_p(xy) = \mathcal{M}_{\zeta,U}(\mathcal{R}_p(y)).$$

Demonstração. Escreva $\mathcal{R}_p(y) = (\eta, V)$. Pelo produto reconstruído do teorema 21.5,

$$\mathcal{R}_p(xy) = (\zeta, U) \diamond (\eta, V) = (\zeta\eta, \Re\zeta\, V + \Re\eta\, U + UV),$$

que é precisamente $\mathcal{M}_{\zeta,U}(\eta, V)$. □

Exemplo: O multiplicador de $i + j_1$

Temos

$$\mathcal{R}_p(i + j_1) = (i, j_1).$$

Logo

$$\mathcal{M}_{i,j_1}(\eta, V) = (i\eta, \Re\eta\, j_1 + j_1 V).$$

Se $\eta = u + vi$ e $V = J(\mathbf{d})$, então

$$\Re\eta\, j_1 + j_1 V = (u + d_1) j_1.$$

Assim, a fórmula recupera diretamente o fato de que os demais canais espaciais são anulados por M_{i+j_1}.

23.4 O defeito de composição em coordenadas reconstruídas

Para

$$(\zeta, U), (\eta, V) \in \mathbb{C} \oplus \mathcal{J}^p,$$

define-se o operador

$$\mathcal{A}_{(\zeta,U),(\eta,V)} : \mathbb{C} \oplus \mathcal{J}^p \longrightarrow \mathbb{C} \oplus \mathcal{J}^p$$

por

$$\boxed{\mathcal{A}_{(\zeta,U),(\eta,V)}(\chi,W) := (0, \Im\eta\,[\Im\chi\,U - \Im\zeta\,W])\,.} \tag{23.5}$$

Teorema 23.5 (Associador e defeito de composição). *Se*

$$\mathcal{R}_p(x) = (\zeta,U), \quad \mathcal{R}_p(y) = (\eta,V), \quad \mathcal{R}_p(z) = (\chi,W),$$

então

$$\boxed{\mathcal{R}_p([x,y,z]) = \mathcal{A}_{(\zeta,U),(\eta,V)}(\chi,W).} \tag{23.6}$$

Consequentemente,

$$\boxed{\mathcal{M}_{\zeta,U}\mathcal{M}_{\eta,V} - \mathcal{M}_{(\zeta,U)\diamond(\eta,V)} = -\mathcal{A}_{(\zeta,U),(\eta,V)}.} \tag{23.7}$$

Demonstração. Escreva

$$\zeta = a + bi, \qquad \eta = u + vi, \qquad \chi = r + si.$$

Como $U = J(\mathbf{c})$ e $W = J(\mathbf{e})$, a fórmula geral do associador fornece

$$[x,y,z] = J(vs\,\mathbf{c} - bv\,\mathbf{e}) = v(sU - bW).$$

Esse elemento tem canal complexo nulo. Substituindo $v = \Im\eta$, $s = \Im\chi$ e $b = \Im\zeta$, obtemos (23.6).

Para a segunda identidade, aplique ambos os lados a $\mathcal{R}_p(z)$ e transporte

$$M_x M_y - M_{xy} = -A_{x,y}, \qquad A_{x,y}(z) := [x,y,z].$$

□

Corolário 23.6 (Independência da segunda cauda). *O defeito $\mathcal{A}_{(\zeta,U),(\eta,V)}$ não depende de V, a parte espacial do segundo fator. Ele depende de U, das partes imaginárias de ζ e η, e do argumento (χ,W).*

Demonstração. Isso é imediato em (23.5). A ausência de V é a forma coordenada da independência do associador em relação à cauda espacial do elemento central. □

23.5 Comutadores e memória espacial

Corolário 23.7 (Comutador em coordenadas reconstruídas). *Para todo $(\chi,W) \in \mathbb{C} \oplus \mathcal{J}^p$,*

$$\boxed{[\mathcal{M}_{\zeta,U},\mathcal{M}_{\eta,V}](\chi,W) = (0, \Im\chi\,[\Im\zeta\,V - \Im\eta\,U])\,.} \tag{23.8}$$

Em particular, os dois multiplicadores comutam se, e somente se,

$$\boxed{\Im\zeta\, V = \Im\eta\, U.} \tag{23.9}$$

Quando o comutador não é nulo, seu posto real é um.

Demonstração. Subtraia as duas identidades de defeito obtidas ao trocar (ζ, U) e (η, V). Os termos que contêm W cancelam-se e resta (23.8). Tomando $\chi = i$, vemos que o comutador se anula exatamente sob (23.9). Sua imagem está contida na reta gerada por $\Im\zeta\, V - \Im\eta\, U$. □

Observação 23.8 (Comutatividade da álgebra versus comutação dos operadores). Embora $xy = yx$, a igualdade $M_xM_y = M_yM_x$ exige a compatibilidade adicional (23.9). A memória da ordem não está no produto binário dos elementos, mas na forma como seus canais imaginários interagem com as caudas associadoras.

23.6 Exercícios

Exercício 23.1 (♦). Recupere os blocos de M_x a partir de $\pi_p(x) = 2 - i$ e $S_x = J(3\mathbf{e}_1 - \mathbf{e}_2)$.

Exercício 23.2 (♦). Calcule $\mathcal{M}_{i,0}(\eta, V)$ e explique por que a cauda de (η, V) é anulada.

Exercício 23.3 (♦♦). Verifique diretamente (23.4) para $x = 1 + i + j_1$ e $y = 2 - i + j_2$.

Exercício 23.4 (♦♦). Calcule $\mathcal{A}_{(i,j_1),(i,j_2)}(i, j_3)$.

Exercício 23.5 (♦♦♦). Mostre diretamente que o operador em (23.8) tem posto no máximo um.

Exercício 23.6 (♦♦♦). Classifique os pares $x, y \in \mathcal{K}^p$ para os quais M_x e M_y comutam, distinguindo os casos em que um dos canais complexos é real.

Exercício 23.7 (♦♦♦♦). Determine quando

$$\mathcal{M}_{\zeta,U}\mathcal{M}_{\eta,V} = \mathcal{M}_{(\zeta,U)\diamond(\eta,V)}.$$

Interprete a resposta como a anulação de um operador associador.

Observação 23.9 (Para prosseguir). Os multiplicadores foram reconstruídos sem perda, e seu defeito de composição foi identificado exatamente com o associador transportado. No próximo capítulo, usaremos a forma triangular complexificada para construir o cálculo funcional holomorfo e determinar quando ele retorna à representação espacial.

CAPÍTULO 24

Cálculo holomorfo e rigidez espacial

Por que agora precisamos de $p \geq 1$?

O cálculo funcional holomorfo pertence à teoria de operadores limitados em espaços de Banach. Por isso, neste capítulo trabalharemos exclusivamente com

$$1 \leq p \leq \infty.$$

O regime quase-Banach $0 < p < 1$ não está sendo descartado da teoria das álgebras espaciais; apenas não será incluído numa construção que utiliza a álgebra de Banach dos operadores limitados e a integral de Cauchy.

24.1 Dados espectrais reconstruídos

Fixe

$$x = a + bi + J(\mathbf{c}) \in \mathcal{K}^p, \qquad \mathbf{c} = (c_k)_{k \geq 1},$$

e ponha

$$\alpha := a + bi, \qquad \beta := a - bi, \qquad d_k := a + c_k. \tag{24.1}$$

Na complexificação de $\mathcal{K}^p$, o espectro do multiplicador é

$$\boxed{\sigma(M_x^{\mathbb{C}}) = \{\alpha, \beta\} \cup \overline{\{d_k : k \geq 1\}}.} \tag{24.2}$$

Proposição 24.1 (Reconstrução associadora do espectro). *O espectro $\sigma(M_x^{\mathbb{C}})$ é determinado pelo par*

$$\boxed{\left(\pi_p(x), [x, i, i]\right).}$$

Mais precisamente, se

$$\pi_p(x) = \alpha, \qquad [x, i, i] = J(\mathbf{c}),$$

então $a = \Re\alpha$, $d_k = \Re\alpha + c_k$ *e* (24.2) *fornece todo o espectro.*

Demonstração. O canal complexo determina a, b, α, β, enquanto o associador determina cada c_k. A fórmula espectral, já demonstrada no capítulo 17, conclui a prova. □

24.2 Diferenças divididas e cálculo de Cauchy

Seja $U \subset \mathbb{C}$ uma vizinhança aberta de $\sigma(M_x^{\mathbb{C}})$, e seja $f : U \to \mathbb{C}$ holomorfa. Define-se

$$f^{[1]}(\lambda, \mu) := \begin{cases} \dfrac{f(\lambda) - f(\mu)}{\lambda - \mu}, & \lambda \neq \mu, \\ f'(\lambda), & \lambda = \mu. \end{cases} \tag{24.3}$$

A singularidade aparente na diagonal é removível, de modo que $f^{[1]}$ é holomorfa nas duas variáveis.

O cálculo de Cauchy define

$$f(M_x^{\mathbb{C}}) := \frac{1}{2\pi i} \int_\Gamma f(\lambda)(\lambda I - M_x^{\mathbb{C}})^{-1} \, d\lambda, \tag{24.4}$$

onde Γ é um sistema admissível de curvas que envolve o espectro dentro de U.

24.3 A fórmula holomorfa exata

Relativamente à decomposição complexificada

$$(\mathcal{K}^p)_{\mathbb{C}} \cong \mathbb{C}^2 \oplus \ell^p_{\mathbb{C}},$$

temos

$$M_x^{\mathbb{C}} = \begin{pmatrix} C_{a,b} & 0 \\ T_{\mathbf{c}} & D_x \end{pmatrix}, \qquad D_x := aI + D_{\mathbf{c}}.$$

Definem-se

$$q_+ := \begin{pmatrix} 1 \\ -i \end{pmatrix}, \qquad q_- := \begin{pmatrix} 1 \\ i \end{pmatrix}.$$

Então

$$C_{a,b}q_+ = \alpha q_+, \qquad C_{a,b}q_- = \beta q_-.$$

Teorema 24.2 (Cálculo funcional holomorfo exato). *Se f é holomorfa numa vizinhança de $\sigma(M_x^{\mathbb{C}})$, então*

$$\boxed{f(M_x^{\mathbb{C}}) = \begin{pmatrix} f(C_{a,b}) & 0 \\ K_f(x) & f(D_x) \end{pmatrix}.} \tag{24.5}$$

O bloco diagonal satisfaz

$$f(D_x)e_k = f(d_k)e_k,$$

e o acoplamento é caracterizado por

$$K_f(x)q_+ = \left(c_k f^{[1]}(d_k, \alpha)\right)_{k\geq 1}, \tag{24.6}$$

$$K_f(x)q_- = \left(c_k f^{[1]}(d_k, \beta)\right)_{k\geq 1}. \tag{24.7}$$

Equivalentemente,

$$\boxed{\left(K_f(x)(u,v)\right)_k = \frac{c_k}{2}\left[(u+iv)f^{[1]}(d_k,\alpha) + (u-iv)f^{[1]}(d_k,\beta)\right].} \tag{24.8}$$

Demonstração. Para um operador triangular

$$T = \begin{pmatrix} A & 0 \\ B & D \end{pmatrix},$$

uma multiplicação direta mostra que

$$(\lambda I - T)^{-1} = \begin{pmatrix} (\lambda I - A)^{-1} & 0 \\ (\lambda I - D)^{-1}B(\lambda I - A)^{-1} & (\lambda I - D)^{-1} \end{pmatrix}.$$

Ao inserir essa fórmula em (24.4), os blocos diagonais produzem $f(A)$ e $f(D)$, enquanto o bloco inferior esquerdo é

$$K_f = \frac{1}{2\pi i}\int_\Gamma f(\lambda)(\lambda I - D)^{-1}B(\lambda I - A)^{-1}\,d\lambda.$$

Agora tome $A = C_{a,b}$, $B = T_{\mathbf{c}}$ e $D = D_x$. Como

$$T_{\mathbf{c}}q_+ = T_{\mathbf{c}}q_- = \mathbf{c},$$

a k-ésima coordenada de $K_f(x)q_+$ é

$$\frac{c_k}{2\pi i}\int_\Gamma \frac{f(\lambda)}{(\lambda - d_k)(\lambda - \alpha)}\,d\lambda = c_k f^{[1]}(d_k, \alpha),$$

pela fórmula integral para diferenças divididas. A prova de (24.7) é idêntica. Finalmente,

$$(u,v) = \frac{u+iv}{2}q_+ + \frac{u-iv}{2}q_-,$$

o que fornece (24.8). □

Observação 24.3 (Onde está o conteúdo espacial?). Os valores diagonais são avaliações escalares usuais:

$$f(\alpha), \qquad f(\beta), \qquad f(d_k).$$

O conteúdo espacial está no acoplamento

$$c_k f^{[1]}(d_k,\alpha), \qquad c_k f^{[1]}(d_k,\beta).$$

Sem a cauda recuperada por $[x,i,i]$, esse bloco desaparece. Assim, o teorema não é apenas uma aplicação diagonal do cálculo funcional clássico.

Corolário 24.4 (Reconstrução do cálculo holomorfo). *O operador $f(M_x^{\mathbb{C}})$ é determinado completamente por*

$$\boxed{(\pi_p(x),[x,i,i]).}$$

Demonstração. O primeiro dado determina a,b,α,β; o segundo determina **c** e, portanto, todos os $d_k = a + c_k$. As fórmulas do teorema 24.2 determinam os três blocos. □

24.4 Quando o cálculo continua espacial?

Uma função holomorfa em um aberto invariante por conjugação é *real-simétrica* quando

$$f(\bar{z}) = \overline{f(z)}.$$

Nesse caso, escrevendo $f(\alpha) = A + iB$, temos

$$f(\beta) = A - iB, \qquad f(d_k) \in \mathbb{R}.$$

Proposição 24.5 (Critério exato de permanência espacial). *Suponha f real-simétrica e holomorfa numa vizinhança do espectro. Defina*

$$e_k := f(d_k) - A.$$

Então existe $y = A + Bi + J(\mathbf{e}) \in \mathcal{K}^p$ tal que

$$f(M_x^{\mathbb{C}}) = M_y^{\mathbb{C}}$$

se, e somente se, $\mathbf{e} \in \ell^p$ e, para todo k,

$$\frac{c_k}{2}\left[f^{[1]}(d_k,\alpha) + f^{[1]}(d_k,\beta)\right] = e_k, \tag{24.9}$$

$$\frac{ic_k}{2}\left[f^{[1]}(d_k,\alpha) - f^{[1]}(d_k,\beta)\right] = 0. \tag{24.10}$$

Demonstração. O multiplicador de y possui blocos

$$M_y^{\mathbb{C}} = \begin{pmatrix} C_{A,B} & 0 \\ T_{\mathbf{e}} & AI + D_{\mathbf{e}} \end{pmatrix}.$$

A simetria real fornece $f(C_{a,b}) = C_{A,B}$, e a igualdade dos blocos diagonais espaciais equivale a $e_k = f(d_k) - A$, com $\mathbf{e} \in \ell^p$. Resta comparar $K_f(x)$ com $T_{\mathbf{e}}(u,v) = u\mathbf{e}$. Na fórmula (24.8), os coeficientes de u e v são exatamente os lados esquerdos de (24.9) e (24.10). □

O cálculo holomorfo pode escapar

A imagem linear

$$\{M_y^{\mathbb{C}} : y \in \mathcal{K}^p\}$$

não é, em geral, fechada sob cálculo funcional holomorfo. O bloco $T_{\mathbf{c}}$ é transformado em $K_f(x)$, e este pode depender da segunda coordenada v. Nesse caso, não possui a forma espacial $T_{\mathbf{e}}(u,v) = u\mathbf{e}$.

24.5 A cauda funcionalmente não degenerada

Definição 24.6 (Elemento funcionalmente não degenerado)**.** Diz-se que $x = a + bi + J(\mathbf{c}) \in \mathcal{K}^p$ é *funcionalmente não degenerado* quando:

(i) $b \neq 0$;

(ii) existem índices distintos k_n tais que

$$c_{k_n} \neq 0 \quad \text{e} \quad c_{k_n} \longrightarrow 0.$$

Proposição 24.7 (Não degenerescência automática). *Se $1 \leq p < \infty$, $b \neq 0$ e* supp **c** *é infinito, então x é funcionalmente não degenerado.*

Demonstração. Toda sequência de ℓ^p, com $p < \infty$, converge a zero. Extraia da parte infinita do suporte uma sequência de índices distintos. □

Lema 24.8 (Interpolação afim forçada). *Se x é funcionalmente não degenerado, f é real-simétrica e*

$$f(M_x^{\mathbb{C}}) = M_y^{\mathbb{C}}$$

para algum $y \in \mathcal{K}^p$, então, escrevendo $f(\alpha) = A + iB$, temos

$$\boxed{f(a + c_k) = A + \frac{B}{b} c_k} \tag{24.11}$$

para todo k com $c_k \neq 0$.

Demonstração. Pela proposição 24.5, a anulação do coeficiente de v implica

$$f^{[1]}(d_k, \alpha) = f^{[1]}(d_k, \beta)$$

quando $c_k \neq 0$. Como $b \neq 0$, os pontos α, β, d_k são distintos. Portanto,

$$\frac{f(d_k) - f(\alpha)}{d_k - \alpha} = \frac{f(d_k) - f(\beta)}{d_k - \beta}.$$

Use $f(\alpha) = A + iB$, $f(\beta) = A - iB$ e $\alpha - \beta = 2ib$. A simplificação fornece

$$f(d_k) = A + \frac{B}{b}(d_k - a),$$

que é (24.11). □

24.6 O teorema de rigidez holomorfa

Teorema 24.9 (Rigidez do cálculo funcional espacial). *Seja $x = a + bi + J(\mathbf{c}) \in \mathcal{K}^p$ funcionalmente não degenerado. Seja $U \subset \mathbb{C}$ uma vizinhança aberta, conexa e invariante por conjugação de $\sigma(M_x^{\mathbb{C}})$, e seja $f : U \to \mathbb{C}$ holomorfa. São equivalentes:*

(i) *existe $y \in \mathcal{K}^p$ tal que*

$$f(M_x^{\mathbb{C}}) = M_y^{\mathbb{C}};$$

(ii) *existem* $\gamma, \delta \in \mathbb{R}$ *tais que*

$$\boxed{f(z) = \gamma z + \delta \qquad (z \in U).}$$

Quando essas condições valem,

$$\boxed{y = \gamma x + \delta 1.}$$

Demonstração. Suponha primeiro $f(M_x^{\mathbb{C}}) = M_y^{\mathbb{C}}$. O bloco diagonal espacial de $M_y^{\mathbb{C}}$ tem entradas reais; logo $f(d_k) \in \mathbb{R}$ para todo k. Defina

$$f^\sharp(z) := \overline{f(\overline{z})}.$$

Passando, se necessário, a uma subsequência, pode-se supor que os valores c_{k_n} são distintos. De fato, uma sequência de termos não nulos que converge a zero possui infinitos valores distintos. Para esses índices, temos

$$d_{k_n} = a + c_{k_n} \longrightarrow a$$

e $f(d_{k_n}) = f^\sharp(d_{k_n})$. Os pontos são distintos e $a \in U$. Pelo princípio de identidade, $f = f^\sharp$ em U; portanto, f é real-simétrica.

Escreva $f(\alpha) = A + iB$. Pelo lema 24.8,

$$f(a + c_{k_n}) = A + \frac{B}{b} c_{k_n}.$$

Assim, a função holomorfa

$$g(z) := f(z) - \left[A + \frac{B}{b}(z - a)\right]$$

possui zeros distintos que convergem a $a \in U$. Novamente pelo princípio de identidade, $g \equiv 0$. Logo

$$f(z) = \gamma z + \delta, \qquad \gamma := \frac{B}{b}, \qquad \delta := A - \gamma a,$$

com $\gamma, \delta \in \mathbb{R}$.

Reciprocamente, se $f(z) = \gamma z + \delta$, então

$$f(M_x^{\mathbb{C}}) = \gamma M_x^{\mathbb{C}} + \delta I = M_{\gamma x + \delta 1}^{\mathbb{C}},$$

pois $M_1 = I$ e a representação é real-linear. □

Corolário 24.10 (Rigidez produzida por suporte infinito). *Se* $1 \leq p < \infty$, $b \neq 0$ *e* $\operatorname{supp} \mathbf{c}$ *é infinito, então*

$$f(M_x^{\mathbb{C}}) \in \{M_y^{\mathbb{C}} : y \in \mathcal{K}^p\}$$

se, e somente se, $f(z) = \gamma z + \delta$ *no domínio conexo, com* $\gamma, \delta \in \mathbb{R}$.

Demonstração. Aplique a proposição 24.7 e o teorema anterior. □

24.7 Consequências e alcance

Corolário 24.11 (Funções não lineares escapam). *Se* x *é funcionalmente não degenerado, então não existe* $y \in \mathcal{K}^p$ *com*

$$(M_x^{\mathbb{C}})^n = M_y^{\mathbb{C}} \qquad (n \geq 2),$$

nem com

$$e^{tM_x^{\mathbb{C}}} = M_y^{\mathbb{C}} \qquad (t \in \mathbb{R} \setminus \{0\}).$$

Além disso, se $\lambda \notin \sigma(M_x^{\mathbb{C}})$, *então*

$$(\lambda I - M_x^{\mathbb{C}})^{-1}$$

não é a complexificação de um multiplicador espacial.

Demonstração. As funções z^n, e^{tz} e $(\lambda - z)^{-1}$ são holomorfas e não afins nos respectivos domínios. Para o resolvente, escolha uma vizinhança conexa e invariante por conjugação do espectro que evite λ e $\overline{\lambda}$. Aplique o teorema 24.9. □

Observação 24.12 (Por que a cauda infinita é essencial?). Com apenas um número finito de valores espectrais, as condições de permanência são condições finitas de interpolação. Funções holomorfas não afins podem satisfazê-las. A rigidez nasce da sequência

$$a + c_{k_n} \longrightarrow a$$

no interior do domínio holomorfo; é essa acumulação espacial que ativa duas vezes o princípio de identidade.

Exemplo: Um detector de não linearidade

Em $\mathcal{K}^2$, considere

$$x = 1 + i + \sum_{k=1}^{\infty} 2^{-k} j_k.$$

Seu suporte espacial é infinito e sua parte imaginária é não nula. Portanto, para qualquer domínio adequado,

$$f(M_x^{\mathbb{C}}) = M_y^{\mathbb{C}}$$

para algum $y \in \mathcal{K}^2$ se, e somente se, f é real afim.

24.8 Exercícios

Exercício 24.1 (♦). Calcule $f^{[1]}(\lambda, \mu)$ para $f(z) = z^2$ e para $f(z) = e^z$.

Exercício 24.2 (♦). Verifique que q_+ e q_- são autovetores de $C_{a,b}$.

Exercício 24.3 (♦♦). Use o teorema 24.2 com $f(z) = z$ e recupere os blocos de $M_x^{\mathbb{C}}$.

Exercício 24.4 (♦♦). Mostre diretamente que toda função real afim satisfaz o critério da proposição 24.5.

Exercício 24.5 (♦♦♦). Para $f(z) = z^2$, calcule o coeficiente de v em (24.8) e identifique o defeito que impede $(M_x^{\mathbb{C}})^2$ de ser um multiplicador espacial.

Exercício 24.6 (♦♦♦). Mostre que o elemento

$$2 + i + \sum_{k=1}^{\infty} 3^{-k} j_k \in \mathcal{K}^p$$

é funcionalmente não degenerado para todo $1 \leq p < \infty$.

Exercício 24.7 (♦♦♦♦). Construa, para um conjunto espectral finito sem colisões, uma função holomorfa não afim que tenha os mesmos valores e as mesmas diferenças divididas relevantes de uma função afim nesse conjunto.

Observação 24.13 (Para prosseguir). O cálculo holomorfo é completamente reconstruído pelos dados espaciais, mas somente as funções reais afins permanecem na representação quando a cauda é funcionalmente não degenerada. No próximo capítulo, determinaremos a álgebra associativa maior gerada por todos os multiplicadores espaciais.

CAPÍTULO 25

A envolvente operatorial associativa

Objetivo e pré-requisitos

Uma álgebra espacial não associativa não pode ser representada, em geral, por uma subálgebra associativa de operadores mediante multiplicação à esquerda: o produto de dois multiplicadores pode deixar a imagem espacial. Neste capítulo determinaremos, sem aproximações, a menor álgebra associativa que contém todos esses multiplicadores.
Trabalharemos com $1 \leq p \leq \infty$, pois usaremos operadores limitados na complexificação de $\mathcal{K}^p$. Serão necessários apenas a forma triangular do capítulo 23 e os associadores estudados nos capítulos anteriores.

25.1 Da representação espacial à envolvente

Põe-se

$$X_p := (\mathcal{K}^p)_{\mathbb{C}} \cong \mathbb{C}^2 \oplus \ell^p_{\mathbb{C}}$$

e denota-se por $\mathrm{Alg}(\mathscr{M}_p)$ a menor subálgebra complexa unital de $\mathcal{B}(X_p)$ que contém

$$\mathscr{M}_p := \{M_x^{\mathbb{C}} : x \in \mathcal{K}^p\}.$$

Ela será chamada de *envolvente operatorial associativa* de $\mathcal{K}^p$. Observe que não estamos impondo artificialmente um novo produto em $\mathcal{K}^p$: estamos medindo tudo o que a composição associativa dos multiplicadores espaciais força a acrescentar.

Recordemos os vetores

$$q_+ = \begin{pmatrix} 1 \\ -i \end{pmatrix}, \qquad q_- = \begin{pmatrix} 1 \\ i \end{pmatrix}$$

e introduz-se a álgebra diagonal do canal central

$$\mathscr{D}_2 := \left\{ A \in M_2(\mathbb{C}) : \begin{array}{ll} Aq_+ = \lambda_+ q_+, & Aq_- = \lambda_- q_-, \\ \lambda_+, \lambda_- \in \mathbb{C} & \end{array} \right\}.$$

Para $\eta = (\eta_k)$, escreve-se

$$D_\eta(z_k) := (\eta_k z_k).$$

Definição 25.1 (Álgebra triangular espacial). Define-se $\mathscr{E}_p^{\mathrm{alg}}$ como o conjunto dos operadores

$$\boxed{\begin{pmatrix} A & 0 \\ B & \lambda I + D_\eta \end{pmatrix}} \quad \text{em } X_p,$$

nos quais

$$A \in \mathscr{D}_2, \qquad B \in \mathcal{B}(\mathbb{C}^2, \ell^p_{\mathbb{C}}), \qquad \lambda \in \mathbb{C}, \qquad \eta \in \ell^p_{\mathbb{C}}.$$

Para $p = \infty$, entende-se naturalmente $\eta \in \ell^\infty_{\mathbb{C}}$.

Proposição 25.2 (Fechamento algébrico da forma triangular). *O espaço $\mathscr{E}_p^{\mathrm{alg}}$ é uma álgebra complexa unital. Mais precisamente,*

$$\begin{pmatrix} A_1 & 0 \\ B_1 & D_1 \end{pmatrix} \begin{pmatrix} A_2 & 0 \\ B_2 & D_2 \end{pmatrix} = \begin{pmatrix} A_1 A_2 & 0 \\ B_1 A_2 + D_1 B_2 & D_1 D_2 \end{pmatrix},$$

e todos os blocos do segundo membro permanecem nas classes indicadas na definição 25.1.

Demonstração. A álgebra $\mathscr{D}_2$ é fechada por composição. Se $D_r = \lambda_r I + D_{\eta^{(r)}}$, então

$$D_1 D_2 = \lambda_1 \lambda_2 I + D_{\lambda_1 \eta^{(2)} + \lambda_2 \eta^{(1)} + \eta^{(1)} \eta^{(2)}}.$$

O produto pontual de duas sequências de ℓ^p pertence a ℓ^p, pois $\ell^p \subset \ell^\infty$; o caso $p = \infty$ é imediato. Por fim, $B_1 A_2 + D_1 B_2$ é um operador limitado de $\mathbb{C}^2$ em $\ell^p_{\mathbb{C}}$. A identidade corresponde a $A = I_2$, $B = 0$, $\lambda = 1$ e $\eta = 0$. □

25.2 A projeção espacial nasce do associador

Sejam P e Q as projeções canônicas de X_p sobre $\mathbb{C}^2 \oplus \{0\}$ e $\{0\} \oplus \ell^p_{\mathbb{C}}$, respectivamente.

Teorema 25.3 (Projeção espacial forçada pela não associatividade).
Temos

$$\boxed{P = -(M_i^{\mathbb{C}})^2}, \qquad \boxed{Q = I + (M_i^{\mathbb{C}})^2}.$$

Além disso, se

$$\mathfrak{A}_{x,y} := M_x^{\mathbb{C}} M_y^{\mathbb{C}} - M_{xy}^{\mathbb{C}},$$

então

$$\boxed{\mathfrak{A}_{i,i} = Q.}$$

Portanto, a projeção sobre toda a cauda espacial pertence à envolvente e é exatamente o defeito de composição do par (i, i).

Demonstração. Na decomposição $X_p = \mathbb{C}^2 \oplus \ell^p_{\mathbb{C}}$,

$$M_i^{\mathbb{C}} = \begin{pmatrix} C_{0,1} & 0 \\ 0 & 0 \end{pmatrix}.$$

Como $C_{0,1}^2 = -I_2$, segue que

$$(M_i^{\mathbb{C}})^2 = \begin{pmatrix} -I_2 & 0 \\ 0 & 0 \end{pmatrix} = -P.$$

As duas primeiras fórmulas são imediatas. Como $i^2 = -1$ em $\mathcal{K}^p$ e $M_{-1}^{\mathbb{C}} = -I$, obtemos

$$\mathfrak{A}_{i,i} = (M_i^{\mathbb{C}})^2 - M_{-1}^{\mathbb{C}} = (M_i^{\mathbb{C}})^2 + I = Q.$$

□

Observação 25.4 (Por que este resultado é espacial). Em uma representação multiplicativa de uma álgebra associativa teríamos $M_i^2 = M_{i^2} = -I$. Aqui, i anula todos os canais j_k, e por isso M_i^2 desaparece precisamente na cauda. A diferença entre $-P$ e $-I$ recupera Q. O setor espacial não foi acrescentado externamente: ele foi detectado pelo associador.

25.3 Reconstrução de todos os blocos

Para $\mathbf{c} \in \ell^p_{\mathbb{C}}$, a complexificação permite escrever $J(\mathbf{c})$ e

$$M_{J(\mathbf{c})}^{\mathbb{C}} = \begin{pmatrix} 0 & 0 \\ T_{\mathbf{c}} & D_{\mathbf{c}} \end{pmatrix}, \qquad T_{\mathbf{c}}(u, v) = u\mathbf{c}.$$

Lema 25.5 (Separação da diagonal e do acoplamento). *Para toda* $\mathbf{c} \in \ell^p_{\mathbb{C}}$,

$$\boxed{QM^{\mathbb{C}}_{J(\mathbf{c})}Q = \begin{pmatrix} 0 & 0 \\ 0 & D_{\mathbf{c}} \end{pmatrix}},$$

enquanto

$$\boxed{QM^{\mathbb{C}}_{J(\mathbf{c})}P = \begin{pmatrix} 0 & 0 \\ T_{\mathbf{c}} & 0 \end{pmatrix}}.$$

Assim, composição com as projeções associadoras separa os dois efeitos que um elemento espacial produz sobre a cauda.

Demonstração. Basta multiplicar os três blocos triangulares, usando que P conserva somente a entrada de $\mathbb{C}^2$ e Q conserva somente a entrada de $\ell^p_{\mathbb{C}}$. □

Lema 25.6 (Geração de todo acoplamento). *Todo* $B \in \mathcal{B}(\mathbb{C}^2, \ell^p_{\mathbb{C}})$ *pertence ao bloco inferior esquerdo de algum elemento da envolvente.*

Demonstração. Ponha $\mathbf{r} = Bq_+$ e $\mathbf{s} = Bq_-$. Como q_+, q_- formam uma base de $\mathbb{C}^2$, esses dois vetores determinam B. Defina

$$\mathbf{c} := \frac{\mathbf{r}+\mathbf{s}}{2}, \qquad \mathbf{d} := \frac{\mathbf{r}-\mathbf{s}}{2i}.$$

O operador $T_{\mathbf{c}} + T_{\mathbf{d}}C_{0,1}$ envia q_+ em $\mathbf{c} + i\mathbf{d} = \mathbf{r}$ e q_- em $\mathbf{c} - i\mathbf{d} = \mathbf{s}$. Pelo lema 25.5, os operadores $T_{\mathbf{c}}$ e $T_{\mathbf{d}}$ aparecem na envolvente; a composição à direita com $M^{\mathbb{C}}_i$ produz $T_{\mathbf{d}}C_{0,1}$. □

25.4 O teorema de identificação exata

Teorema 25.7 (Envolvente operatorial associativa de $\mathcal{K}^p$). *Para todo* $1 \le p \le \infty$,

$$\boxed{\mathrm{Alg}(\mathscr{M}_p) = \mathscr{E}^{\mathrm{alg}}_p.}$$

Equivalentemente, a composição dos multiplicadores espaciais gera exatamente, e nada além de, os operadores triangulares

$$\begin{pmatrix} A & 0 \\ B & \lambda I + D_\eta \end{pmatrix},$$

com $A \in \mathscr{D}_2$, $B \in \mathcal{B}(\mathbb{C}^2, \ell^p_{\mathbb{C}})$, $\lambda \in \mathbb{C}$ *e* $\eta \in \ell^p_{\mathbb{C}}$.

Demonstração. Cada multiplicador possui a forma

$$M^{\mathbb{C}}_{a+bi+J(\mathbf{c})} = \begin{pmatrix} C_{a,b} & 0 \\ T_{\mathbf{c}} & aI + D_{\mathbf{c}} \end{pmatrix},$$

logo pertence a $\mathscr{E}_p^{\text{alg}}$. A proposição 25.2 fornece a inclusão $\text{Alg}(\mathscr{M}_p) \subseteq \mathscr{E}_p^{\text{alg}}$.

Para a inclusão inversa, o teorema 25.3 fornece P, Q. Os operadores P e $M_i^{\mathbb{C}}$ geram todo bloco $A \in \mathscr{D}_2$. O bloco escalar λI sobre a cauda é λQ. O primeiro resultado do lema 25.5 gera cada D_η, e o lema 25.6 gera todo B. Somando esses quatro tipos de operadores, obtemos cada elemento de $\mathscr{E}_p^{\text{alg}}$. □

Corolário 25.8 (A imagem espacial é uma pequena fatia da envolvente). *Um operador da envolvente é um multiplicador espacial se, e somente se, seus blocos possuem simultaneamente a forma*

$$A = C_{a,b}, \qquad B = T_{\mathbf{c}}, \qquad \lambda = a, \qquad \eta = \mathbf{c}$$

para algum $a, b \in \mathbb{R}$ e $\mathbf{c} \in \ell^p$, após a complexificação. Em particular, a envolvente rompe as três vinculações entre o canal central, o acoplamento e a diagonal espacial.

Demonstração. Esta é precisamente a unicidade dos blocos na fórmula do multiplicador. □

25.5 Fecho em norma e o aparecimento de c_0

Para $1 \le p < \infty$, a norma de D_η como operador em ℓ^p é $\|\eta\|_\infty$, e não $\|\eta\|_p$. Essa mudança de norma produz um fenômeno adicional, típico da passagem ao caso infinito.

Teorema 25.9 (Fecho normado da envolvente). *Se $1 \le p < \infty$, então*

$$\boxed{\overline{\text{Alg}(\mathscr{M}_p)}^{\|\cdot\|} = \left\{ \begin{pmatrix} A & 0 \\ B & \lambda I + D_\eta \end{pmatrix} : \begin{array}{c} A \in \mathscr{D}_2,\ B \in \mathcal{B}(\mathbb{C}^2, \ell^p_{\mathbb{C}}), \\ \lambda \in \mathbb{C},\ \eta \in c_0(\mathbb{C}) \end{array} \right\}.}$$

Para $p = \infty$, a envolvente já é fechada e a cauda diagonal permanece em $\ell^\infty_{\mathbb{C}}$.

Demonstração. Os blocos A formam um espaço de dimensão finita e os blocos B formam o espaço de Banach $\mathcal{B}(\mathbb{C}^2, \ell^p_{\mathbb{C}})$; ambos já são fechados. Para o bloco diagonal usamos

$$\|D_\eta\| = \|\eta\|_\infty.$$

O fecho de ℓ^p na norma uniforme é c_0: sequências de suporte finito pertencem a ℓ^p e são uniformemente densas em c_0, ao passo que todo limite uniforme de sequências de ℓ^p tende a zero. Isso prova a primeira fórmula.

Se $p = \infty$, tanto o bloco diagonal ℓ^∞ quanto $\mathcal{B}(\mathbb{C}^2, \ell^\infty_{\mathbb{C}})$ são fechados; a descrição algébrica do teorema 25.7 já é normativamente fechada. □

Observação 25.10 (Um ganho topológico genuíno). Para $p < \infty$, a passagem ao fecho não acrescenta novos vetores a $\mathcal{K}^p$; acrescenta diagonais indexadas por c_0, que podem não pertencer a ℓ^p. Portanto, a envolvente fechada retém a geometria do acoplamento em ℓ^p, mas completa a geometria diagonal na norma uniforme.

25.6 O ideal de acoplamento

Define-se

$$\mathscr{N}_p := \left\{ \begin{pmatrix} 0 & 0 \\ B & 0 \end{pmatrix} : B \in \mathcal{B}(\mathbb{C}^2, \ell^p_{\mathbb{C}}) \right\}.$$

Teorema 25.11 (Radical de acoplamento). *O espaço $\mathscr{N}_p$ é um ideal bilateral fechado da envolvente normada e*

$$\boxed{\mathscr{N}_p^2 = \{0\}.}$$

Além disso, $\mathscr{N}_p$ é exatamente o radical de Jacobson da envolvente fechada.

Demonstração. A regra de multiplicação triangular mostra que $\mathscr{N}_p$ é ideal, e o produto de dois operadores com apenas o bloco inferior esquerdo não nulo é zero. O quociente pelo ideal é a soma direta da álgebra diagonal $\mathscr{D}_2$ e da álgebra diagonal da cauda:

$$\mathscr{D}_2 \oplus (\mathbb{C}1 + c_0) \quad (p < \infty), \qquad \mathscr{D}_2 \oplus \ell^\infty \quad (p = \infty).$$

Essas álgebras comutativas de funções são semissimples. Logo o radical da envolvente está contido em $\mathscr{N}_p$. A inclusão inversa decorre de $\mathscr{N}_p^2 = 0$, pois todo ideal nilpotente está contido no radical de Jacobson. □

Observação 25.12 (Interpretação espacial). O radical não é um resíduo abstrato: ele é constituído exatamente pelos operadores que transferem informação do plano complexo para a cauda e se anulam depois dessa transferência. O acoplamento espacial é, portanto, a parte radical da envolvente associativa.

25.7 As álgebras finitas $\mathcal{K}_m$

Substitua $\ell^p_{\mathbb{C}}$ por $\mathbb{C}^m$ e denote a envolvente correspondente por $\mathcal{E}_m$.

Corolário 25.13 (Envolvente finita e dimensão exata). *A envolvente operatorial associativa de $\mathcal{K}_m$, complexificada, é*

$$\mathcal{E}_m = \left\{ \begin{pmatrix} A & 0 \\ B & D \end{pmatrix} : A \in \mathcal{D}_2,\ B \in M_{m\times 2}(\mathbb{C}),\ D \text{ diagonal} \right\}.$$

Em particular,

$$\boxed{\dim_{\mathbb{C}} \mathcal{E}_m = 3m + 2,}$$

e seu radical é o ideal quadrado nulo dos blocos $B \in M_{m\times 2}(\mathbb{C})$, de dimensão complexa $2m$.

Demonstração. Repita, em dimensão finita, a demonstração do teorema anterior. A álgebra $\mathcal{D}_2$ tem dimensão 2, o bloco diagonal D tem dimensão m, e o bloco B tem dimensão $2m$. Somando, obtemos $3m + 2$. A afirmação sobre o radical segue do teorema 25.11 ou diretamente da multiplicação em blocos. □

Exemplo: A primeira envolvente espacial

Para $m = 1$, a álgebra $\mathcal{K}_1$ possui dimensão real 3, enquanto seu envolvente complexificada possui dimensão complexa 5. Na base q_+, q_-, j_1, seus elementos são exatamente

$$\begin{pmatrix} \lambda_+ & 0 & 0 \\ 0 & \lambda_- & 0 \\ \rho_+ & \rho_- & \mu \end{pmatrix}.$$

Os dois coeficientes ρ_+, ρ_- mostram que a composição separa os dois canais conjugados que um único multiplicador espacial acopla de maneira vinculada.

25.8 Exercícios

Exercício 25.1 (♦). Verifique diretamente que $P = -\left(M_i^{\mathbb{C}}\right)^2$ e $Q = I + \left(M_i^{\mathbb{C}}\right)^2$.

Exercício 25.2 (♦♦). Mostre que $\mathscr{D}_2 = \operatorname{span}_{\mathbb{C}}\{I_2, C_{0,1}\}$.

Exercício 25.3 (♦♦). Calcule $QM^{\mathbb{C}}_{J(\mathbf{c})}P$ e $QM^{\mathbb{C}}_{J(\mathbf{c})}Q$ diretamente, por multiplicação em blocos.

Exercício 25.4 (♦♦♦). Dados $\mathbf{r}, \mathbf{s} \in \ell^p_{\mathbb{C}}$, construa explicitamente no envolvente um operador B tal que $Bq_+ = \mathbf{r}$ e $Bq_- = \mathbf{s}$.

Exercício 25.5 (♦♦♦). Para $1 \le p < \infty$, dê um exemplo de $\eta \in c_0 \setminus \ell^p$ e aproxime D_η, em norma de operador, por diagonais provenientes de elementos de ℓ^p.

Exercício 25.6 (♦♦♦♦). Mostre diretamente, sem usar teoria geral do radical de Jacobson, que todo elemento de $\mathscr{N}_p$ é quase-regular na envolvente unitizada.

Observação 25.14 (Para prosseguir). A envolvente separou quatro dados: os dois canais complexos, a diagonal espacial e o acoplamento. Este último constitui o radical quadrado nulo da realização associativa. A Parte seguinte transportará essa estrutura para fibrados e conexões, mantendo os canais como consequências da multiplicação espacial.

Part III

Teorias avançadas das álgebras espaciais

CAPÍTULO 26

Fibrados de álgebras espaciais

Por que os canais são algébricos?

Uma decomposição suave por projeções não determina, por si só, uma álgebra espacial. O objeto central será um fibrado cujas fibras carregam a tabela de multiplicação das álgebras espaciais. Os canais não serão postulados como projeções arbitrárias: serão reconstruídos pelos multiplicadores de i, pelos idempotentes j_k e pelo associador que detecta a cauda.

26.1 Preparação geométrica mínima

Uma *variedade diferenciável* de dimensão n é um espaço que, localmente, admite coordenadas em abertos de $\mathbb{R}^n$, com mudanças de coordenadas suaves. Em cada ponto $x \in M$, o espaço tangente T_xM reúne as velocidades das curvas que passam por x. A união $TM = \bigsqcup_x T_xM$ é o fibrado tangente.

Um *fibrado vetorial* $E \to M$ associa a cada ponto x um espaço vetorial E_x e, localmente, possui a forma $U \times \mathbb{R}^q$. Uma *seção* é uma escolha suave $s(x) \in E_x$. Uma métrica de fibras é uma família suave de produtos internos g_x em E_x.

Definição 26.1 (Conexão). Uma conexão em E é uma regra $(X, s) \mapsto \nabla_X s$, linear em X, que diferencia seções na direção de campos vetoriais e satisfaz

$$\nabla_X(fs) = X(f)s + f\nabla_X s.$$

Ela é *métrica* quando

$$Xg(s,t) = g(\nabla_X s, t) + g(s, \nabla_X t).$$

Ao longo de uma curva γ, a equação $\nabla_{\dot\gamma} s = 0$ define o transporte paralelo.

No fibrado tangente de uma variedade riemanniana, existe uma única conexão métrica sem torção, chamada *conexão de Levi–Civita*. Sua curvatura é o operador

$$R^{\nabla}(X,Y)Z := \nabla_X \nabla_Y Z - \nabla_Y \nabla_X Z - \nabla_{[X,Y]} Z.$$

Essas definições são suficientes para as fórmulas usadas nos capítulos seguintes; sempre que uma ferramenta geométrica mais especializada aparecer, ela será enunciada no ponto de uso.

26.2 Da álgebra espacial ao fibrado de álgebras espaciais

Recordemos apenas a linguagem mínima. Um fibrado vetorial real de posto $m+2$ sobre uma variedade diferenciável M é uma família de espaços vetoriais E_x, parametrizada suavemente por $x \in M$, que localmente se parece com $U \times \mathbb{R}^{m+2}$. Denotamos o espaço de suas seções suaves por $\Gamma(E)$.

Definição 26.2 (Fibrado espacial enquadrado). Um *fibrado espacial enquadrado de ordem m* é um fibrado vetorial real $E \to M$ munido de:

(i) uma multiplicação bilinear, comutativa e suave

$$\mu : E \times_M E \longrightarrow E, \qquad (u,v) \longmapsto u \cdot v;$$

(ii) seções globais $1, i, j_1, \ldots, j_m$ que formam uma base de cada fibra;

(iii) uma métrica de fibras para a qual esse referencial é ortonormal;

(iv) a tabela, válida em cada fibra,

$$1 \cdot u = u, \qquad i^2 = -1, \qquad i j_k = 0,$$
$$j_k^2 = j_k, \qquad j_k j_\ell = 0 \quad (k \neq \ell).$$

Assim, cada fibra E_x, com sua multiplicação, é uma cópia isométrica e unital de $\mathcal{K}_m$.

A palavra *enquadrado* registra que os canais j_k estão nomeados globalmente. Essa hipótese é adequada ao objetivo didático deste capítulo: ela permite distinguir a geometria produzida pela multiplicação da topologia adicional que apareceria ao colar referenciais por permutações.

Exemplo: O fibrado espacial trivial

Para qualquer variedade M,

$$E = M \times \mathcal{K}_m$$

é um fibrado espacial enquadrado. A multiplicação é realizada na segunda coordenada, e $1, i, j_1, \ldots, j_m$ são as seções constantes. O caso $M = \mathcal{K}_m$, considerado apenas como variedade, fornece $T\mathcal{K}_m \cong \mathcal{K}_m \times \mathcal{K}_m$.

Para uma seção $s \in \Gamma(E)$, define-se o multiplicador de fibras

$$\mathsf{M}_s(v) := s \cdot v.$$

Trata-se de um endomorfismo suave de E. Em cada fibra, ele coincide com o operador de multiplicação estudado na Parte II.

26.3 Os canais reconstruídos pela multiplicação

Definem-se os endomorfismos

$$\mathsf{P} := -\mathsf{M}_i^2, \qquad \mathsf{Q} := I + \mathsf{M}_i^2, \qquad \mathsf{P}_k := \mathsf{Q}\mathsf{M}_{j_k}\mathsf{Q} \quad (1 \leq k \leq m). \tag{26.1}$$

Teorema 26.3 (Reconstrução multiplicativa dos canais). *Em todo fibrado espacial enquadrado,*

$$\boxed{\operatorname{im}\mathsf{P} = \operatorname{span}\{1, i\}, \qquad \operatorname{im}\mathsf{P}_k = \operatorname{span}\{j_k\}.}$$

Além disso,

$$\boxed{\mathsf{P}^2 = \mathsf{P}, \quad \mathsf{P}_k\mathsf{P}_\ell = \delta_{k\ell}\mathsf{P}_k, \quad \mathsf{P}\mathsf{P}_k = 0, \quad \mathsf{P} + \sum_{k=1}^{m} \mathsf{P}_k = I.} \tag{26.2}$$

Consequentemente,

$$\boxed{E = E_{\mathbb{C}} \oplus E_1 \oplus \cdots \oplus E_m,}$$

onde $E_{\mathbb{C}} := \operatorname{im} \mathsf{P}$ *é o* canal complexo *e* $E_k := \operatorname{im} \mathsf{P}_k$ *é o* k-ésimo canal idempotente. *Chamaremos coletivamente* $E_{\mathbb{C}}, E_1, \ldots, E_m$ *de* canais espaciais *do fibrado.*

Demonstração. Fixe uma fibra e escreva

$$v = a1 + bi + \sum_{r=1}^{m} c_r j_r.$$

Como i anula todos os j_r,

$$\mathsf{M}_i v = ai - b1, \qquad \mathsf{M}_i^2 v = -a1 - bi.$$

Logo

$$\mathsf{P}v = a1 + bi, \qquad \mathsf{Q}v = \sum_{r=1}^{m} c_r j_r.$$

Ao aplicar M_{j_k} a $\mathsf{Q}v$, as relações $j_k^2 = j_k$ e $j_k j_r = 0$ para $r \neq k$ fornecem

$$\mathsf{P}_k v = c_k j_k.$$

As imagens e todas as identidades de (26.2) seguem dessas três fórmulas coordenadas. Como a construção é suave fibra a fibra, as imagens formam os subfibrados indicados. □

Corolário 26.4 (Decomposição espacial das seções). *Toda seção* $s \in \Gamma(E)$ *possui uma única decomposição*

$$\boxed{s = s_{\mathbb{C}} + s_1 + \cdots + s_m,} \qquad s_{\mathbb{C}} = \mathsf{P}s, \qquad s_k = \mathsf{P}_k s.$$

Cada componente é recuperada exclusivamente pela multiplicação do fibrado.

Demonstração. A existência segue da resolução da identidade no teorema anterior. Aplicar P e cada P_k a uma segunda decomposição prova a unicidade. □

Para compatibilizar esta construção com a linguagem de blocos, escreveremos doravante

$$\Pi_0 := \mathsf{P}, \qquad \Pi_k := \mathsf{P}_k \quad (1 \leq k \leq m).$$

26.4 A cauda como associador de fibras

Para seções r, s, t, escreva

$$[r, s, t] := (r \cdot s) \cdot t - r \cdot (s \cdot t).$$

Teorema 26.5 (A projeção da cauda é associadora). *Para toda seção $s \in \Gamma(E)$,*

$$\boxed{\mathsf{Q}s = [s, i, i].}$$

Em particular, a decomposição $E = E_{\mathbb{C}} \oplus E_1 \oplus \cdots \oplus E_m$ pode ser reconstruída a partir de i, da multiplicação e dos idempotentes espaciais, sem escolher projeções externas.

Demonstração. Na fibra sobre x, escreva $s = a + bi + \sum_k c_k j_k$. Temos

$$(s \cdot i) \cdot i = -a - bi, \qquad s \cdot (i \cdot i) = -s.$$

Portanto

$$[s, i, i] = \sum_{k=1}^{m} c_k j_k = \mathsf{Q}s.$$

□

Observação 26.6 (Diferença em relação a projeções arbitrárias). É claro que qualquer decomposição ortogonal finita pode ser codificada por projeções. O conteúdo espacial está nas identidades

$$\mathsf{P} = -\mathsf{M}_i^2, \qquad \mathsf{Q}s = [s, i, i], \qquad \mathsf{P}_k = \mathsf{Q}\mathsf{M}_{j_k}\mathsf{Q}.$$

Elas mostram que a família de canais é consequência da álgebra de cada fibra. A teoria genérica de projeções será usada apenas como linguagem auxiliar.

26.5 Conexões e defeito covariante da multiplicação

Uma conexão em E é uma operação

$$\nabla : \mathfrak{X}(M) \times \Gamma(E) \longrightarrow \Gamma(E), \qquad (X,s) \longmapsto \nabla_X s,$$

linear sobre funções suaves em X e satisfazendo $\nabla_X(fs) = X(f)s + f\nabla_X s$. Fixaremos uma conexão compatível com a métrica de fibras.

Para cada canal reconstruído, ponha

$$C_r(X,s) := (\nabla_X \Pi_r)s.$$

Observação 26.7 (Identidades auxiliares de projeções). Derivar $\sum_r \Pi_r = I$ e $\Pi_r^2 = \Pi_r$ fornece

$$\sum_{r=0}^{m} C_r = 0, \qquad \Pi_r(\nabla_X \Pi_r)\Pi_r = 0.$$

Essas identidades serão usadas para organizar blocos, mas são consequências gerais do cálculo de projeções. O conteúdo especificamente espacial está nas fórmulas que reconstroem cada Π_r por multiplicadores e associadores.

Definição 26.8 (Defeito covariante espacial). O *defeito covariante da multiplicação* é o tensor

$$\boxed{\Theta_X(r,s) := \nabla_X(r \cdot s) - (\nabla_X r) \cdot s - r \cdot (\nabla_X s).}$$

Uma conexão é chamada de *algébrica* quando $\Theta = 0$.

Proposição 26.9 (Tensorialidade e significado). *O valor de $\Theta_X(r,s)$ em $x \in M$ depende somente de $X(x), r(x), s(x)$. Além disso, $\Theta = 0$ se, e somente se, todo transporte paralelo da conexão preserva a multiplicação das fibras.*

Demonstração. Nas três entradas, os termos com derivadas de funções cancelam-se pelas regras de Leibniz. Isso prova a tensorialidade. Ao longo de uma curva γ, sejam r e s seções paralelas. Então

$$\nabla_{\dot\gamma}(r \cdot s) = \Theta_{\dot\gamma}(r,s).$$

Logo, $r \cdot s$ é paralelo sempre que r, s o são se, e somente se, $\Theta = 0$. Isso equivale a dizer que o transporte paralelo é multiplicativo. □

Para uma seção s, a derivada covariante do endomorfismo M_s é definida por

$$(\nabla_X \mathsf{M}_s)r := \nabla_X(\mathsf{M}_s r) - \mathsf{M}_s(\nabla_X r).$$

Teorema 26.10 (Derivada dos multiplicadores de fibras). *Para quaisquer $X \in \mathfrak{X}(M)$ e $r, s \in \Gamma(E)$,*

$$\boxed{(\nabla_X \mathsf{M}_s)r = (\nabla_X s) \cdot r + \boldsymbol{\Theta}_X(s,r).} \tag{26.3}$$

Assim, a variação de um multiplicador espacial possui exatamente duas fontes: a variação de seu elemento gerador e a falha da conexão em preservar a multiplicação.

Demonstração. Pela definição de $\boldsymbol{\Theta}$,

$$\nabla_X(s \cdot r) = (\nabla_X s) \cdot r + s \cdot \nabla_X r + \boldsymbol{\Theta}_X(s,r).$$

Subtrair $\mathsf{M}_s(\nabla_X r) = s \cdot \nabla_X r$ fornece (26.3). □

26.6 Variação dos canais espaciais

Definem-se

$$\mathsf{R}_i(X) := \nabla_X \mathsf{M}_i, \qquad \mathsf{R}_k(X) := \nabla_X \mathsf{M}_{j_k}.$$

Pelo teorema anterior,

$$\mathsf{R}_i(X)r = (\nabla_X i) \cdot r + \boldsymbol{\Theta}_X(i,r), \tag{26.4}$$
$$\mathsf{R}_k(X)r = (\nabla_X j_k) \cdot r + \boldsymbol{\Theta}_X(j_k,r). \tag{26.5}$$

Teorema 26.11 (Fórmulas espaciais de variação dos canais). *As derivadas covariantes dos projetores reconstruídos satisfazem*

$$\boxed{\nabla_X \mathsf{P} = -\mathsf{R}_i(X)\mathsf{M}_i - \mathsf{M}_i\mathsf{R}_i(X),} \tag{26.6}$$

$$\boxed{\nabla_X \mathsf{Q} = -\nabla_X \mathsf{P},} \tag{26.7}$$

$$\boxed{\begin{aligned}\nabla_X \mathsf{P}_k = (\nabla_X \mathsf{Q})\mathsf{M}_{j_k}\mathsf{Q} + \mathsf{Q}\mathsf{R}_k(X)\mathsf{Q} \\ + \mathsf{Q}\mathsf{M}_{j_k}(\nabla_X \mathsf{Q}).\end{aligned}} \tag{26.8}$$

Portanto, toda transferência infinitesimal entre os canais é reconstruída por ∇i, ∇j_k e pelo defeito covariante $\boldsymbol{\Theta}$.

Demonstração. Derive covariantemente as três identidades em (26.1) e use a regra de Leibniz para a composição de endomorfismos. As expressões de R_i e R_k são dadas por (26.4)–(26.5). □

Corolário 26.12 (Critério de canais paralelos). *Se a conexão é algébrica e as seções $i, j_1, \dots, j_m$ são paralelas, então*

$$\boxed{\nabla \mathsf{P} = \nabla \mathsf{Q} = \nabla \mathsf{P}_1 = \cdots = \nabla \mathsf{P}_m = 0.}$$

Logo o transporte paralelo preserva separadamente o plano complexo e cada canal espacial.

Demonstração. As hipóteses anulam R_i e todos os R_k. Aplique o teorema anterior. □

26.7 Rigidez das conexões algébricas

Teorema 26.13 (Rigidez do referencial espacial). *Seja ∇ uma conexão métrica em um fibrado espacial enquadrado. São equivalentes:*

(i) $1, i, j_1, \dots, j_m$ *são seções paralelas;*

(ii) $\nabla 1 = 0$, $\nabla i = 0$ *e* $\boldsymbol{\Theta} = 0$.

Quando essas condições valem, a conexão é a única conexão que torna paralelo o referencial espacial dado; em particular, ela é plana.

Demonstração. Se o referencial é paralelo, os coeficientes da tabela de multiplicação são constantes, logo $\boldsymbol{\Theta} = 0$, e as outras duas condições são imediatas.

Reciprocamente, suponha (ii). Derive a identidade $j_k^2 = j_k$. Como $\boldsymbol{\Theta} = 0$, obtemos

$$\nabla_X j_k = 2 j_k \cdot \nabla_X j_k, \qquad \text{isto é,} \qquad (I - 2\mathsf{M}_{j_k}) \nabla_X j_k = 0.$$

O operador $I - 2\mathsf{M}_{j_k}$ é injetivo. De fato, se $v = a + bi + \sum_r c_r j_r$ e $v = 2 j_k v = 2(a + c_k) j_k$, a comparação das coordenadas fornece $a = b = 0$,

$c_r = 0$ para $r \neq k$ e $c_k = 2c_k$, donde $c_k = 0$. Portanto $\nabla_X j_k = 0$ para todo X, k, e o referencial inteiro é paralelo.

Uma conexão é determinada por suas derivadas em um referencial global. Se todo o referencial é paralelo, sua matriz de conexão é nula nesse referencial; assim, a conexão é única e sua curvatura é zero. □

Observação 26.14 (O conteúdo geométrico que foi rebaixado). De $\mathsf{P}_r^2 = \mathsf{P}_r$ segue genericamente que

$$\mathsf{P}_r(\nabla_X \mathsf{P}_r)\mathsf{P}_r = 0.$$

Isso apenas afirma que a derivada de uma projeção troca sua imagem com o complemento. Como essa identidade não usa a multiplicação espacial, ela não é um teorema central deste livro. Seu papel é somente interpretar, em blocos, as fórmulas específicas do teorema 26.11.

26.8 A extensão para $\mathcal{K}^p$

Considere agora o fibrado trivial de Banach

$$E^p := M \times \mathcal{K}^p, \qquad 1 \leq p \leq \infty,$$

com a multiplicação espacial fibra a fibra. As fórmulas

$$\mathsf{P} = -\mathsf{M}_i^2, \qquad \mathsf{Q} = I + \mathsf{M}_i^2, \qquad \mathsf{P}_k = \mathsf{Q}\mathsf{M}_{j_k}\mathsf{Q}$$

continuam válidas.

Teorema 26.15 (Resolução infinita da identidade espacial). *Para $1 \leq p < \infty$ e toda seção contínua $s = a + bi + J(\mathbf{c})$ de E^p,*

$$\boxed{s = \mathsf{P}s + \sum_{k=1}^{\infty} \mathsf{P}_k s,}$$

com convergência na norma de $\mathcal{K}^p$, fibra a fibra. Para $p = \infty$, as somas parciais convergem coordenada a coordenada e na topologia fraca estrela de $\ell^\infty = (\ell^1)^*$, mas podem não convergir em norma.

Demonstração. Temos

$$\mathsf{P}s = a + bi, \qquad \mathsf{P}_k s = c_k j_k.$$

Se $p < \infty$, as truncações de uma sequência de ℓ^p convergem em norma para a própria sequência. Se $p = \infty$, a convergência coordenada a coordenada é imediata. Para $\boldsymbol{\xi} \in \ell^1$,

$$\sum_{k>N} \xi_k c_k \longrightarrow 0$$

pela estimativa $\left|\sum_{k>N} \xi_k c_k\right| \leq \|\mathbf{c}\|_\infty \sum_{k>N} |\xi_k|$, o que prova a convergência fraca estrela. □

A extremidade $p = \infty$

Para a seção constante com cauda $(1, 1, \ldots)$, a distância, em norma, de qualquer truncação à cauda completa é 1. Assim, afirmar convergência em norma para $p = \infty$ seria falso. Essa distinção não aparece no caso finito $\mathcal{K}_m$.

26.9 Exercícios

Exercício 26.1 (♦). Calcule P, Q e P_k em uma fibra de $M \times \mathcal{K}_m$, diretamente na base $1, i, j_1, \ldots, j_m$.

Exercício 26.2 (♦). Verifique a identidade $\mathsf{Q}s = [s, i, i]$ para $s = 2 - 3i + \sum_k c_k j_k$.

Exercício 26.3 (♦♦). Prove detalhadamente a tensorialidade de $\boldsymbol{\Theta}$ nas três entradas.

Exercício 26.4 (♦♦). Derive a fórmula de $\nabla_X \mathsf{P}_k$ a partir de $\mathsf{P}_k = \mathsf{Q}\mathsf{M}_{j_k}\mathsf{Q}$.

Exercício 26.5 (♦♦♦). Mostre que $I - 2\mathsf{M}_{j_k}$ é não apenas injetivo, mas invertível, e determine sua inversa em coordenadas espaciais.

Exercício 26.6 (♦♦♦). Construa uma conexão métrica para a qual $\nabla i \neq 0$ e calcule, usando (26.6), a variação do plano complexo.

Exercício 26.7 (♦♦♦♦). No fibrado $M \times \mathcal{K}^p$, com $p < \infty$, justifique a convergência localmente uniforme da resolução infinita para toda seção cuja imagem de um compacto de M seja compacta em $\mathcal{K}^p$.

Observação 26.16 (Para prosseguir). Os canais foram reconstruídos pela multiplicação e pelo associador em cada fibra, e sua variação foi expressa pelo defeito covariante $\boldsymbol{\Theta}$. No próximo capítulo, essas fórmulas serão comprimidas entre os canais de origem e de chegada, produzindo os operadores de transferência espacial.

CAPÍTULO 27

Transferências entre canais espaciais

Por que partir dos geradores espaciais?

As identidades de linhas e colunas de uma matriz de blocos são consequências formais de uma resolução da identidade. Elas não distinguem $\mathcal{K}_m$ de uma decomposição ortogonal arbitrária e, por isso, não serão apresentadas como teoremas centrais.
Neste capítulo, cada transferência será calculada a partir das fórmulas

$$\mathsf{P} = -\mathsf{M}_i^2, \qquad \mathsf{P}_k = \mathsf{Q}\mathsf{M}_{j_k}\mathsf{Q}$$

e das derivadas espaciais

$$\mathsf{R}_i(X) := \nabla_X \mathsf{M}_i, \qquad \mathsf{R}_k(X) := \nabla_X \mathsf{M}_{j_k}.$$

Assim, os blocos registrarão a variação efetiva da multiplicação nas fibras.

27.1 A notação auxiliar de blocos

Fixe um fibrado espacial enquadrado $E \to M$, com uma conexão métrica ∇. Escreveremos

$$\Pi_0 := \mathsf{P}, \qquad \Pi_k := \mathsf{P}_k \quad (1 \leq k \leq m), \qquad E_r := \operatorname{im} \Pi_r.$$

Definição 27.1 (Transferência orientada). Para $r \neq s$, define-se

$$\boxed{\mathsf{B}_{sr}(X) := \Pi_s (\nabla_X \Pi_r) \Pi_r : E_r \longrightarrow E_s.}$$

O índice da direita indica o canal de origem, e o índice da esquerda indica o canal de chegada. Convencionamos que $\mathsf{B}_{rr} = 0$.

Observação 27.2 (O que é apenas álgebra de projeções). Para qualquer família ortogonal de projetores,

$$\nabla_X \Pi_r = \sum_{s \neq r} \big(\mathsf{B}_{sr}(X) + \mathsf{B}_{sr}(X)^*\big), \qquad \mathsf{B}_{sr}(X)^* = -\mathsf{B}_{rs}(X).$$

Essas fórmulas seguem de $\Pi_r^2 = \Pi_r$, $\Pi_r \Pi_s = 0$ e da compatibilidade métrica. Elas pertencem ao formalismo clássico de conexões projetadas, decomposições ortogonais e segundas formas fundamentais; veja, por exemplo, [1, 7]. Elas serão usadas como linguagem de reconstrução, mas não constituem resultados específicos das álgebras espaciais. O conteúdo espacial começa somente quando os blocos são reconstruídos pelos geradores i, j_k, pelos multiplicadores e pelo defeito covariante da multiplicação.

27.2 O teorema espacial dos blocos geradores

Recordemos do capítulo anterior que

$$\nabla_X \mathsf{P} = -\mathsf{R}_i(X)\mathsf{M}_i - \mathsf{M}_i\mathsf{R}_i(X), \tag{27.1}$$

$$\nabla_X \mathsf{Q} = -\nabla_X \mathsf{P}, \tag{27.2}$$

$$\nabla_X \mathsf{P}_k = (\nabla_X \mathsf{Q})\mathsf{M}_{j_k}\mathsf{Q} + \mathsf{Q}\mathsf{R}_k(X)\mathsf{Q} + \mathsf{Q}\mathsf{M}_{j_k}(\nabla_X \mathsf{Q}). \tag{27.3}$$

Teorema 27.3 (Fórmulas exatas das transferências espaciais). *Para $1 \leq k, \ell \leq m$, com $k \neq \ell$, valem:*

$$\boxed{\mathsf{B}_{k0}(X) = -\mathsf{P}_k\mathsf{R}_i(X)\mathsf{M}_i\mathsf{P},} \tag{27.4}$$

$$\boxed{\mathsf{B}_{0k}(X) = \mathsf{P}\mathsf{M}_i\mathsf{R}_i(X)\mathsf{P}_k,} \tag{27.5}$$

$$\boxed{\mathsf{B}_{\ell k}(X) = \mathsf{P}_\ell\mathsf{R}_k(X)\mathsf{P}_k.} \tag{27.6}$$

Usando o defeito covariante da multiplicação,

$$\mathsf{R}_i(X)u = (\nabla_X i) \cdot u + \boldsymbol{\Theta}_X(i, u), \tag{27.7}$$

$$\mathsf{R}_k(X)u = (\nabla_X j_k) \cdot u + \boldsymbol{\Theta}_X(j_k, u). \tag{27.8}$$

Logo, todos os blocos são determinados por

$$\boxed{\nabla i, \quad \nabla j_1, \dots, \nabla j_m, \quad \Theta.}$$

Demonstração. Para o bloco do plano complexo para E_k, use (27.1):

$$\mathsf{B}_{k0} = -\mathsf{P}_k \mathsf{R}_i \mathsf{M}_i \mathsf{P} - \mathsf{P}_k \mathsf{M}_i \mathsf{R}_i \mathsf{P}.$$

Como $\mathsf{P}_k \mathsf{M}_i = 0$, resta (27.4).

Derivando $\mathsf{P}\mathsf{P}_k = 0$, obtemos

$$\mathsf{P}(\nabla_X \mathsf{P}_k)\mathsf{P}_k = -\mathsf{P}(\nabla_X \mathsf{P})\mathsf{P}_k.$$

Insira (27.1). Como $\mathsf{M}_i \mathsf{P}_k = 0$, resulta

$$\mathsf{B}_{0k} = \mathsf{P}\mathsf{M}_i \mathsf{R}_i \mathsf{P}_k,$$

que é (27.5).

Finalmente, multiplique (27.3) por P_ℓ à esquerda e por P_k à direita. O primeiro termo se anula porque

$$\mathsf{Q}(\nabla_X \mathsf{Q})\mathsf{Q} = 0,$$

e o terceiro se anula porque $\mathsf{P}_\ell \mathsf{M}_{j_k} = 0$ quando $\ell \neq k$. Resta

$$\mathsf{B}_{\ell k} = \mathsf{P}_\ell \mathsf{R}_k \mathsf{P}_k.$$

As duas fórmulas envolvendo Θ são a identidade de derivação dos multiplicadores de fibras demonstrada no capítulo anterior. □

Corolário 27.4 (Reconstrução associadora dos blocos). *Como*

$$\mathsf{Q}s = [s, i, i],$$

os projetores P, P_k *e os três tipos de transferência do teorema anterior são reconstruídos pela multiplicação, pelo associador e por suas derivadas covariantes. Nenhuma família externa de canais precisa ser acrescentada ao fibrado espacial.*

Demonstração. O associador fornece Q, donde $\mathsf{P} = I - \mathsf{Q}$ e $\mathsf{P}_k = \mathsf{Q}\mathsf{M}_{j_k}\mathsf{Q}$. Substitua esses operadores em (27.4)–(27.6). □

27.3 Transferências entre o plano e a cauda

No plano complexo, $\mathsf{M}_i\mathsf{P}$ é uma estrutura complexa ortogonal:

$$(\mathsf{M}_i\mathsf{P})^2 = -\mathsf{P}.$$

Portanto, sua restrição a E_0 é uma isometria e é invertível.

Proposição 27.5 (Critério para o fluxo complexo–espacial). *Para cada k,*

$$\mathsf{B}_{k0}(X) = 0 \iff \mathsf{P}_k\mathsf{R}_i(X)\mathsf{P} = 0.$$

Se a conexão é métrica, essa condição também equivale a $\mathsf{B}_{0k}(X) = 0$.

Demonstração. Pela (27.4),

$$\mathsf{B}_{k0} = -\mathsf{P}_k\mathsf{R}_i(\mathsf{M}_i\mathsf{P}).$$

Como $\mathsf{M}_i\mathsf{P}$ é sobrejetivo em E_0, o primeiro equivalente segue. No caso métrico, $\mathsf{B}_{0k} = -\mathsf{B}_{k0}^*$. □

Observação 27.6 (Qual elemento controla essa transferência?). Os fluxos entre o plano complexo e toda a cauda são governados pela variação de M_i, não pelas derivadas individuais de M_{j_k}. Isso reflete a identidade

$$\mathsf{Q} = I + \mathsf{M}_i^2 :$$

é o comportamento de i que separa globalmente o plano complexo do setor espacial.

27.4 Transferências entre idempotentes distintos

Proposição 27.7 (Critério para o fluxo $j_k \to j_\ell$). *Se* $k \neq \ell$, *então*

$$\mathsf{B}_{\ell k}(X) = 0 \iff \mathsf{P}_\ell\mathsf{R}_k(X)\mathsf{P}_k = 0.$$

Mais explicitamente, para uma seção $u_k \in \Gamma(E_k)$,

$$\boxed{\mathsf{B}_{\ell k}(X)u_k = \mathsf{P}_\ell((\nabla_X j_k)\cdot u_k + \boldsymbol{\Theta}_X(j_k, u_k))\,.}$$

Demonstração. É a terceira fórmula do teorema 27.3, seguida da expressão de R_k em termos de $\boldsymbol{\Theta}$. □

Corolário 27.8 (Conexões algébricas não transferem canais). *Se* $\Theta = 0$, $\nabla i = 0$ *e* $\nabla 1 = 0$, *então*

$$\boxed{\mathsf{B}_{sr} = 0 \qquad (r \neq s).}$$

Demonstração. O teorema de rigidez do referencial espacial fornece $\nabla j_k = 0$ para todo k. Assim, $\mathsf{R}_i = \mathsf{R}_k = 0$, e as fórmulas exatas dos blocos concluem a prova. □

A recíproca é falsa sem hipóteses adicionais

O anulamento dos blocos diz que a conexão preserva cada subfibrado $E_0, E_1, \ldots, E_m$. Isso não obriga, por si só, que o transporte paralelo preserve toda a multiplicação. Em particular, desacoplamento de canais e anulamento de Θ são condições distintas.

27.5 Densidade espacial de transferência

Em um ponto $x \in M$, escolha uma base ortonormal $X_1, \ldots, X_d$ de T_xM. Para um operador linear $L : E \to F$ entre espaços euclidianos de dimensão finita, sua norma de Hilbert–Schmidt é

$$\|L\|_{\mathrm{HS}}^2 := \mathrm{tr}(L^*L) = \sum_j |Le_j|^2,$$

onde (e_j) é qualquer base ortonormal de E. Para uma 1-forma A com valores em operadores entre fibras euclidianas, ponha

$$|\mathsf{A}|^2 := \sum_{a=1}^{d} \|\mathsf{A}(X_a)\|_{\mathrm{HS}}^2.$$

Essa norma não depende das bases ortonormais escolhidas.

Definição 27.9 (Densidade espacial de transferência). Define-se

$$\boxed{\mathscr{T}_{\mathrm{sp}}^2 := \sum_{\substack{0 \le r,s \le m \\ r \neq s}} |\mathsf{B}_{sr}|^2.}$$

Teorema 27.10 (Identidade exata da densidade espacial). *Temos*

$$\boxed{\begin{aligned}\mathscr{T}_{\mathrm{sp}}^2 = \sum_{k=1}^{m} \left(|\mathsf{P}_k\mathsf{R}_i\mathsf{M}_i\mathsf{P}|^2 + |\mathsf{P}\mathsf{M}_i\mathsf{R}_i\mathsf{P}_k|^2\right) \\ + \sum_{\substack{k,\ell=1 \\ k\neq\ell}}^{m} |\mathsf{P}_\ell\mathsf{R}_k\mathsf{P}_k|^2.\end{aligned}} \tag{27.9}$$

Como a conexão é métrica,

$$\boxed{\mathscr{T}_{\mathrm{sp}}^2 = 2\sum_{k=1}^{m} |\mathsf{P}_k\mathsf{R}_i\mathsf{M}_i\mathsf{P}|^2 + \sum_{\substack{k,\ell=1 \\ k\neq\ell}}^{m} |\mathsf{P}_\ell\mathsf{R}_k\mathsf{P}_k|^2.} \tag{27.10}$$

Demonstração. Substitua as três fórmulas do teorema 27.3 na definição de $\mathscr{T}_{\mathrm{sp}}$. Isso fornece (27.9). Para uma conexão métrica, $\mathsf{B}_{0k} = -\mathsf{B}_{k0}^*$, e a norma de Hilbert–Schmidt é invariante pela adjunção. Logo os dois termos complexo–espaciais possuem a mesma norma, produzindo o fator 2. □

Corolário 27.11 (Controle individual dos fluxos). *Para todos $r \neq s$,*

$$|\mathsf{B}_{sr}| \leq \mathscr{T}_{\mathrm{sp}}.$$

Além disso, $\mathscr{T}_{\mathrm{sp}} = 0$ se, e somente se, todos os blocos espaciais se anulam.

Demonstração. Cada quadrado é uma parcela não negativa da soma que define $\mathscr{T}_{\mathrm{sp}}^2$. □

27.6 Critério espacial de desacoplamento

Definição 27.12 (Conexão que preserva os canais espaciais). Diz-se que ∇ é *desacoplada espacialmente* quando

$$\nabla_X\Gamma(E_r) \subseteq \Gamma(E_r)$$

para todo $X \in \mathfrak{X}(M)$ e todo $0 \leq r \leq m$.

Teorema 27.13 (Critério exato pelos geradores espaciais). *Para uma conexão métrica, são equivalentes:*

(i) ∇ *é desacoplada espacialmente;*

(ii) $\mathscr{T}_{\mathrm{sp}} = 0$;

(iii) *para todo campo* X,

$$\mathsf{P}_k\mathsf{R}_i(X)\mathsf{P} = 0 \qquad (1 \leq k \leq m),$$
$$\mathsf{P}_\ell\mathsf{R}_k(X)\mathsf{P}_k = 0 \qquad (1 \leq k \neq \ell \leq m).$$

Demonstração. Uma conexão métrica preserva todos os canais se, e somente se, $\nabla\Pi_r = 0$ para todo r. Pela decomposição auxiliar em blocos, isso equivale ao anulamento de todos os B_{sr}, isto é, a (ii).

Pela (27.10), a densidade se anula se, e somente se,

$$\mathsf{P}_k\mathsf{R}_i\mathsf{M}_i\mathsf{P} = 0, \qquad \mathsf{P}_\ell\mathsf{R}_k\mathsf{P}_k = 0.$$

Como $\mathsf{M}_i\mathsf{P}$ é invertível em E_0, a primeira família equivale a $\mathsf{P}_k\mathsf{R}_i\mathsf{P} = 0$. Isso prova (ii)$\Leftrightarrow$(iii). □

Observação 27.14 (Hierarquia correta de noções). Temos a implicação

$$\boxed{\text{conexão algébrica com } 1, i \text{ paralelos} \Longrightarrow \text{desacoplamento espacial.}}$$

A primeira condição preserva toda a multiplicação de $\mathcal{K}_m$; a segunda preserva somente seus canais canônicos. A distinção impede que uma propriedade de decomposição seja confundida com compatibilidade algébrica.

27.7 Extensão bloco a bloco para $\mathcal{K}^p$

No fibrado trivial $M \times \mathcal{K}^p$, $1 \leq p \leq \infty$, os projetores P, P_k são limitados e as fórmulas (27.4)–(27.6) continuam válidas para cada par fixo de canais.

Proposição 27.15 (Transferências coordenadas em $\mathcal{K}^p$). *Para todo* $k \neq \ell$, *as transferências*

$$\mathsf{B}_{k0}, \qquad \mathsf{B}_{0k}, \qquad \mathsf{B}_{\ell k}$$

são operadores limitados entre os subespaços coordenados correspondentes e são determinadas pelas mesmas compressões de R_i *e* R_k *do caso finito. Para* $p = 2$*, a antissimetria adjunta e a identidade de densidade valem sempre que a soma dos quadrados das normas de Hilbert–Schmidt converge.*

Demonstração. Os projetores coordenados têm norma 1, e a composição de operadores limitados é limitada. As identidades foram demonstradas usando apenas produtos de projetores e multiplicadores, portanto permanecem válidas. No caso $p = 2$, a fibra é hilbertiana; as afirmações métricas seguem por truncação finita e passagem ao limite quando a soma indicada converge. □

Não somar blocos sem uma hipótese de convergência

Para $\mathcal{K}^p$, cada bloco coordenado é bem definido, mas uma matriz infinita de blocos não representa automaticamente um operador limitado. A descrição bloco a bloco é sempre válida; identidades envolvendo somas infinitas exigem convergência adicional. Esse cuidado é indispensável na extremidade $p = \infty$.

27.8 Exercícios

Exercício 27.1 (♦). Partindo de $\nabla_X \mathsf{P} = -\mathsf{R}_i(X)\mathsf{M}_i - \mathsf{M}_i\mathsf{R}_i(X)$, derive (27.4).

Exercício 27.2 (♦). Derive (27.5) diferenciando $\mathsf{P}\mathsf{P}_k = 0$.

Exercício 27.3 (♦♦). Mostre diretamente que $\mathsf{Q}(\nabla_X \mathsf{Q})\mathsf{Q} = 0$ e use a identidade para obter (27.6).

Exercício 27.4 (♦♦). No caso $m = 1$, mostre que não existem transferências entre idempotentes distintos e escreva $\mathscr{T}^2_{\mathrm{sp}}$ apenas em termos de R_i.

Exercício 27.5 (♦♦♦). Suponha $\boldsymbol{\Theta} = 0$. Expresse $\mathsf{B}_{\ell k}(X)u_k$ somente em termos de $\nabla_X j_k$ e u_k.

Exercício 27.6 (♦♦♦). Construa uma conexão que preserve cada canal, mas para a qual $\boldsymbol{\Theta} \neq 0$, confirmando a advertência sobre a recíproca.

Exercício 27.7 (♦♦♦♦). No caso $p = 2$, formule condições suficientes sobre R_i e a família (R_k) para que a soma infinita que define $\mathscr{T}^2_{\mathrm{sp}}$ seja finita.

Observação 27.16 (Para prosseguir). As transferências foram reconstruídas por derivadas dos multiplicadores espaciais e pelo defeito covariante da multiplicação. No próximo capítulo, extrairemos da conexão sua parte que preserva os canais e determinaremos quando essa diagonalização também preserva a multiplicação espacial.

CAPÍTULO 28

A conexão espacial associada

Da conexão ambiente à conexão espacial

Uma conexão métrica em um fibrado espacial pode misturar o plano complexo e os canais idempotentes. Os projetores

$$\mathsf{P} = -\mathsf{M}_i^2, \qquad \mathsf{P}_k = \mathsf{Q}\mathsf{M}_{j_k}\mathsf{Q}$$

permitem extrair a parte que preserva cada canal. Veremos que essa conexão diagonal possui uma forma muito mais rígida do que ocorreria numa decomposição ortogonal arbitrária: toda a sua liberdade está concentrada numa única 1-forma real atuando pelo multiplicador M_i.

28.1 Diagonalização pelos projetores espaciais

Fixe um fibrado espacial enquadrado $E \to M$ e uma conexão métrica ∇. Como antes, escreva

$$\Pi_0 := \mathsf{P}, \qquad \Pi_k := \mathsf{P}_k \quad (1 \leq k \leq m).$$

Definição 28.1 (Conexão espacial associada). Define-se

$$\boxed{\nabla_X^{\mathrm{sp}} s := \sum_{r=0}^{m} \Pi_r\big(\nabla_X(\Pi_r s)\big).} \tag{28.1}$$

Quando for conveniente na comparação com a decomposição em canais, também escreveremos $\nabla^{\Sigma} := \nabla^{\mathrm{sp}}$.

Proposição 28.2 (Conexão métrica que preserva os canais). *A aplicação ∇^{sp} é uma conexão métrica em E e*

$$\boxed{\nabla^{\mathrm{sp}}_X \Gamma(E_r) \subseteq \Gamma(E_r)}$$

para todo $X \in \mathfrak{X}(M)$ e todo $0 \leq r \leq m$.

Demonstração. Para $f \in C^\infty(M)$, a resolução da identidade fornece

$$\begin{aligned}\nabla^{\mathrm{sp}}_X(fs) &= \sum_r \Pi_r \nabla_X(f\Pi_r s)\\ &= X(f)\sum_r \Pi_r s + f\sum_r \Pi_r \nabla_X(\Pi_r s)\\ &= X(f)s + f\nabla^{\mathrm{sp}}_X s.\end{aligned}$$

A linearidade na primeira entrada segue da linearidade de ∇. Logo ∇^{sp} é uma conexão.

Se $s \in \Gamma(E_q)$, apenas o termo $r = q$ permanece na soma, e

$$\nabla^{\mathrm{sp}}_X s = \Pi_q \nabla_X s \in \Gamma(E_q).$$

Finalmente, decomponha $s = \sum_r s_r$ e $t = \sum_r t_r$. A ortogonalidade dos canais e a compatibilidade de ∇ com a métrica mostram que

$$Xg(s,t) = g(\nabla^{\mathrm{sp}}_X s, t) + g(s, \nabla^{\mathrm{sp}}_X t).$$

□

Observação 28.3 (Caracterização sem coordenadas). Entre as conexões que preservam cada E_r, a conexão ∇^{sp} é a projeção diagonal de ∇: em cada canal, ela conserva exatamente a componente da derivada ambiente que retorna ao mesmo canal.

28.2 O tensor de transferência total

Definição 28.4 (Tensor intercanal espacial). Define-se

$$\boxed{\mathcal{A}_X s := \nabla_X s - \nabla^{\mathrm{sp}}_X s.}$$

Observação 28.5 (Por que $\mathcal{A}$ é um tensor?). Como $\mathcal{A}$ é a diferença entre duas conexões no mesmo fibrado, os termos derivados se cancelam. Assim, para $f \in C^\infty(M)$,

$$\mathcal{A}_{fX} s = f\mathcal{A}_X s, \qquad \mathcal{A}_X(fs) = f\mathcal{A}_X s.$$

Logo, $\mathcal{A}$ é uma 1-forma com valores em $\mathrm{End}(E)$, e suas fórmulas podem ser verificadas ponto a ponto.

Teorema 28.6 (Reconstrução pelos geradores espaciais). *O tensor $\mathcal{A}$ é dado por*

$$\boxed{\mathcal{A}_X = \sum_{k=1}^{m} [-\mathsf{P}_k \mathsf{R}_i(X) \mathsf{M}_i \mathsf{P} + \mathsf{P} \mathsf{M}_i \mathsf{R}_i(X) \mathsf{P}_k] + \sum_{\substack{k,\ell=1 \\ k \neq \ell}}^{m} \mathsf{P}_\ell \mathsf{R}_k(X) \mathsf{P}_k.} \tag{28.2}$$

Consequentemente, $\mathcal{A}$ é determinado por

$$\boxed{\nabla i, \quad \nabla j_1, \ldots, \nabla j_m, \quad \boldsymbol{\Theta}.}$$

Demonstração. Se $s = \sum_r s_r$, então

$$\mathcal{A}_X s = \sum_r \sum_{q \neq r} \Pi_q \nabla_X s_r = \sum_r \sum_{q \neq r} \mathsf{B}_{qr}(X) s_r.$$

Portanto,

$$\mathcal{A}_X = \sum_{r \neq q} \mathsf{B}_{qr}(X).$$

Substitua as três fórmulas exatas do teorema 27.3. As identidades

$$\mathsf{R}_i(X)u = (\nabla_X i) \cdot u + \boldsymbol{\Theta}_X(i, u), \qquad \mathsf{R}_k(X)u = (\nabla_X j_k) \cdot u + \boldsymbol{\Theta}_X(j_k, u)$$

fornecem a última afirmação. □

Corolário 28.7 (Norma exata da parte intercanal). *Com a notação do capítulo anterior,*

$$\boxed{|\mathcal{A}|^2 = \mathscr{T}_{\mathrm{sp}}^2.}$$

Em particular, $\nabla = \nabla^{\mathrm{sp}}$ se, e somente se, $\mathscr{T}_{\mathrm{sp}} = 0$.

Demonstração. Os blocos de $\mathcal{A}$ possuem domínios e imagens em pares ortogonais de canais. A norma de Hilbert–Schmidt do operador em blocos é, portanto, a soma dos quadrados das normas de todos os blocos orientados. Essa é precisamente a definição de $\mathscr{T}_{\mathrm{sp}}^2$. □

28.3 A conexão canônica do referencial espacial

Existe uma única conexão D em E para a qual

$$\boxed{D1 = Di = Dj_1 = \cdots = Dj_m = 0.}$$

Mais explicitamente, se

$$s = a1 + bi + \sum_{k=1}^{m} c_k j_k,$$

então

$$\boxed{D_X s = X(a)1 + X(b)i + \sum_{k=1}^{m} X(c_k) j_k.} \tag{28.3}$$

A tabela de multiplicação tem coeficientes constantes nesse referencial; logo D é métrica, plana e algébrica.

Definição 28.8 (Forma de rotação complexa). Define-se a 1-forma real

$$\boxed{\omega(X) := g(\nabla^{\mathrm{sp}}_X 1, i) = g(\nabla_X 1, i).}$$

Teorema 28.9 (Forma normal da conexão espacial). *Para todo campo X,*

$$\nabla^{\mathrm{sp}}_X 1 = \omega(X) i, \tag{28.4}$$
$$\nabla^{\mathrm{sp}}_X i = -\omega(X) 1, \tag{28.5}$$
$$\nabla^{\mathrm{sp}}_X j_k = 0 \qquad (1 \le k \le m). \tag{28.6}$$

Equivalentemente,

$$\boxed{\nabla^{\mathrm{sp}}_X = D_X + \omega(X) \mathrm{M}_i.} \tag{28.7}$$

Demonstração. A conexão ∇^{sp} preserva o plano ortonormal $\mathrm{span}\{1, i\}$. Como é métrica, sua matriz nesse plano é antissimétrica; logo possui a forma

$$\begin{pmatrix} 0 & -\omega(X) \\ \omega(X) & 0 \end{pmatrix},$$

o que prova (28.4) e (28.5).

Cada $E_k = \text{span}\{j_k\}$ é uma linha preservada por ∇^{sp}. Assim, $\nabla^{\text{sp}}_X j_k = \alpha_k(X) j_k$. Derivar $g(j_k, j_k) = 1$ fornece $2\alpha_k(X) = 0$, provando (28.6). Para uma seção arbitrária, as três fórmulas dão

$$\nabla^{\text{sp}}_X s = D_X s + \omega(X)(ai - b1) = D_X s + \omega(X)\mathsf{M}_i s.$$

□

Observação 28.10 (Posicionamento clássico da forma normal). A redução de uma conexão métrica num plano real orientado a uma única 1-forma de conexão é o caso padrão de uma conexão com grupo estrutural $SO(2)$; em um referencial ortonormal, a matriz da conexão é antissimétrica e a curvatura correspondente é dada por $d\omega$ [1]. Do mesmo modo, uma conexão métrica que preserva uma reta gerada por uma seção unitária torna essa seção paralela. Portanto, a existência abstrata da forma $D + \omega\mathsf{M}_i$ não é reivindicada como novidade de geometria de fibrados. O aspecto especificamente espacial é que a decomposição $E_0 \oplus E_1 \oplus \cdots \oplus E_m$ e o gerador M_i são determinados pela álgebra $\mathcal{K}_m$, de modo que a forma normal é obtida sem escolher externamente uma decomposição arbitrária.

Corolário 28.11 (Rigidez da parte diagonal). *São equivalentes:*

(i) ∇^{sp} *é uma conexão algébrica;*

(ii) $\omega = 0$;

(iii) $\nabla^{\text{sp}} = D$;

(iv) $1, i, j_1, \ldots, j_m$ *são paralelos para* ∇^{sp}.

Demonstração. As implicações (ii)⇔(iii)⇔(iv) seguem da forma normal. Se (iv) vale, a tabela possui coeficientes constantes num referencial paralelo, logo a conexão é algébrica.

Reciprocamente, suponha que ∇^{sp} é algébrica. Derive $1 \cdot 1 = 1$:

$$\nabla^{\text{sp}}_X 1 = 2\nabla^{\text{sp}}_X 1,$$

e portanto $\nabla^{\text{sp}} 1 = 0$. Pela (28.4), isso equivale a $\omega = 0$. □

28.4 Defeito multiplicativo da conexão diagonal

Define-se o defeito de derivação do multiplicador M_i por

$$\boxed{\boldsymbol{\Delta}_i(u,v) := \mathsf{M}_i(u\cdot v) - (\mathsf{M}_i u)\cdot v - u\cdot(\mathsf{M}_i v).} \tag{28.8}$$

Esse tensor não é nulo; por exemplo,

$$\boldsymbol{\Delta}_i(1,1) = -i.$$

Teorema 28.12 (Defeito covariante da conexão espacial). *O defeito covariante de ∇^{sp} satisfaz*

$$\boxed{\boldsymbol{\Theta}^{\mathrm{sp}}_X(u,v) = \omega(X)\boldsymbol{\Delta}_i(u,v).} \tag{28.9}$$

Em particular,

$$\boldsymbol{\Theta}^{\mathrm{sp}} = 0 \iff \omega = 0.$$

Demonstração. A conexão D preserva a multiplicação. Usando $\nabla^{\mathrm{sp}}_X = D_X + \omega(X)\mathsf{M}_i$, obtemos

$$\begin{aligned}\boldsymbol{\Theta}^{\mathrm{sp}}_X(u,v) &= \omega(X)\mathsf{M}_i(u\cdot v)\\ &\quad - \omega(X)(\mathsf{M}_i u)\cdot v - \omega(X)u\cdot(\mathsf{M}_i v),\end{aligned}$$

que é (28.9). Como $\boldsymbol{\Delta}_i(1,1) = -i$, o produto $\omega\boldsymbol{\Delta}_i$ se anula identicamente apenas quando $\omega = 0$. □

Proposição 28.13 (Relação com o defeito da conexão ambiente). *Para quaisquer seções u, v,*

$$\boxed{\boldsymbol{\Theta}^{\mathrm{sp}}_X(u,v) = \boldsymbol{\Theta}_X(u,v) - \mathcal{A}_X(u\cdot v) + (\mathcal{A}_X u)\cdot v + u\cdot(\mathcal{A}_X v).} \tag{28.10}$$

Demonstração. Substitua $\nabla^{\mathrm{sp}} = \nabla - \mathcal{A}$ na definição do defeito covariante e agrupe os quatro termos que contêm $\mathcal{A}$. □

Corolário 28.14 (Critério extrínseco de compatibilidade algébrica). *A conexão espacial associada é algébrica se, e somente se,*

$$\boxed{\boldsymbol{\Theta}_X(u,v) = \mathcal{A}_X(u\cdot v) - (\mathcal{A}_X u)\cdot v - u\cdot(\mathcal{A}_X v)}$$

para todos X, u, v.

Demonstração. É a condição $\boldsymbol{\Theta}^{\mathrm{sp}} = 0$ na equação (28.10). □

28.5 Transporte paralelo e rotação do plano complexo

Seja $\gamma : [0, T] \to M$ uma curva C^1, e ponha

$$\vartheta_\gamma(t) := \int_0^t \omega_{\gamma(\tau)}\big(\dot\gamma(\tau)\big)\, d\tau.$$

Teorema 28.15 (Transporte espacial explícito). *Identifique as fibras ao longo de γ pelo referencial espacial. O transporte paralelo de ∇^{sp} é*

$$\boxed{a + bi + \sum_{k=1}^{m} c_k j_k \longmapsto e^{-i\vartheta_\gamma(t)}(a+bi) + \sum_{k=1}^{m} c_k j_k.} \tag{28.11}$$

Assim, os canais idempotentes permanecem ponto a ponto, enquanto o plano complexo sofre uma rotação de ângulo $-\vartheta_\gamma(t)$.

Demonstração. Pela forma normal, uma seção paralela $s = a + bi + \sum_k c_k j_k$ satisfaz

$$a' - \omega(\dot\gamma)b = 0, \qquad b' + \omega(\dot\gamma)a = 0, \qquad c_k' = 0.$$

Para $z = a + bi$, as duas primeiras equações equivalem a

$$z' + i\omega(\dot\gamma)z = 0.$$

Logo

$$z(t) = e^{-i\vartheta_\gamma(t)} z(0), \qquad c_k(t) = c_k(0),$$

o que prova a fórmula. □

Corolário 28.16 (Quando o transporte preserva a multiplicação?). *O transporte ao longo de $\gamma|_{[0,t]}$ é um isomorfismo unital das álgebras espaciais das fibras se, e somente se,*

$$\boxed{\vartheta_\gamma(t) \in 2\pi\mathbb{Z}.}$$

Ele é multiplicativo em todo subintervalo inicial se, e somente se, $\omega(\dot\gamma) = 0$ ao longo da curva.

Demonstração. Um isomorfismo unital deve enviar 1 em 1. Pela (28.11), isso ocorre exatamente quando $e^{-i\vartheta_\gamma(t)} = 1$. Nesse caso, o transporte é a identidade no referencial espacial e preserva a tabela. A afirmação para todos os subintervalos equivale a $\vartheta_\gamma \equiv 0$, isto é, $\omega(\dot\gamma) = 0$. □

Corolário 28.17 (Comparação com o transporte ambiente). *Se $\mathscr{T}_{\mathrm{sp}} \leq \varepsilon$ ao longo de γ, então*

$$\boxed{\left\|(\tau^{\mathrm{sp}}_{0\to t})^{-1}\tau^{\nabla}_{0\to t} - I\right\|_{\mathrm{op}} \leq \varepsilon L(\gamma|_{[0,t]}).}$$

Demonstração. Ambos os transportes são isometrias. Ao diferenciar

$$U(t) := (\tau^{\mathrm{sp}}_{0\to t})^{-1}\tau^{\nabla}_{0\to t},$$

obtemos, a menos de sinal, a conjugação de $\mathcal{A}_{\dot\gamma(t)}$. Pelo Corolário 28.7,

$$\|U'(t)\|_{\mathrm{op}} \leq \mathscr{T}_{\mathrm{sp}}|\dot\gamma(t)| \leq \varepsilon|\dot\gamma(t)|.$$

Integre e use $U(0) = I$. □

28.6 A conexão canônica em $\mathcal{K}^p$

No fibrado trivial $M \times \mathcal{K}^p$, $1 \leq p \leq \infty$, a fórmula (28.3) define a conexão componente a componente:

$$\boxed{D_X(a + bi + J(\mathbf{c})) = X(a) + X(b)i + J(X\mathbf{c}).}$$

Ela é algébrica para todo p. Quando $p = 2$, a fibra é hilbertiana e a diagonalização ortogonal de uma conexão métrica possui novamente a forma

$$\nabla^{\mathrm{sp}}_X = D_X + \omega(X)\mathsf{M}_i,$$

desde que a resolução infinita dos projetores seja interpretada no sentido forte. Para $p = \infty$, uma soma infinita de blocos não será usada sem uma hipótese explícita de convergência.

Observação 28.18 (A conexão espacial é essencialmente finita). Mesmo sobre $\mathcal{K}^2$, que possui infinitos canais idempotentes, a parte diagonal de uma conexão métrica é controlada por uma única 1-forma ω. Toda a complexidade infinita permanece na parte intercanal $\mathcal{A}$, isto é, nas transferências entre canais.

28.7 Exercícios

Exercício 28.1 (♦). Verifique diretamente os axiomas de conexão para ∇^{sp}.

Exercício 28.2 (♦). Mostre que uma conexão métrica numa linha gerada por uma seção unitária torna essa seção paralela.

Exercício 28.3 (♦♦). Derive a forma normal $\nabla^{\mathrm{sp}} = D + \omega \mathsf{M}_i$ em coordenadas.

Exercício 28.4 (♦♦). Calcule $\boldsymbol{\Delta}_i(i, 1)$, $\boldsymbol{\Delta}_i(i, i)$ e $\boldsymbol{\Delta}_i(j_k, 1)$.

Exercício 28.5 (♦♦♦). Prove (28.10) expandindo todos os termos.

Exercício 28.6 (♦♦♦). Mostre que o transporte de (28.11) preserva cada subespaço $\mathrm{span}\{1, i\}$ e $\mathrm{span}\{j_k\}$, mas em geral não preserva o produto.

Exercício 28.7 (♦♦♦♦). Mostre, usando a forma normal, que a curvatura da conexão espacial é

$$R^{\mathrm{sp}} = d\omega \otimes \mathsf{M}_i.$$

Interprete o resultado como preparação para o próximo capítulo.

Observação 28.19 (Para prosseguir). A conexão espacial associada separa a rotação interna do plano complexo, codificada por ω, das transferências intercanal reunidas em $\mathcal{A}$. No próximo capítulo, sua curvatura será comparada com a curvatura ambiente, e os termos de retorno entre canais serão expressos pelos blocos espaciais já reconstruídos.

CAPÍTULO 29

Curvatura espacial e retornos intercanal

Por que comparar duas curvaturas?

No capítulo anterior, a conexão ambiente foi decomposta de maneira canônica:

$$\nabla = \nabla^{\mathrm{sp}} + \mathcal{A}, \qquad \nabla^{\mathrm{sp}} = D + \omega\,\mathsf{M}_i.$$

A primeira parcela preserva os canais espaciais; a segunda reúne exatamente as transferências entre canais. Essa decomposição permite responder a duas questões distintas. Qual curvatura já existe dentro de cada canal? Que parte da curvatura ambiente é produzida por saídas, variações e retornos entre canais?
A forma normal espacial torna a primeira resposta excepcionalmente rígida: toda a curvatura própria da conexão diagonal é determinada pela única 2-forma $d\omega$, atua apenas no plano complexo e se anula em cada linha idempotente. A segunda resposta será obtida por uma fórmula exata em $\mathcal{A}$.

29.1 Curvatura em um fibrado espacial

Seja $E \to M$ um fibrado espacial enquadrado e seja $\widetilde{\nabla}$ uma conexão em E.

Definição 29.1 (Curvatura). A curvatura de $\widetilde{\nabla}$ é a 2-forma com valores em $\mathrm{End}(E)$ definida por

$$R^{\widetilde{\nabla}}(X,Y)s := \widetilde{\nabla}_X\widetilde{\nabla}_Y s - \widetilde{\nabla}_Y\widetilde{\nabla}_X s - \widetilde{\nabla}_{[X,Y]}s.$$

Em particular, $R^{\tilde{\nabla}}(X,Y) = -R^{\tilde{\nabla}}(Y,X)$.

Observação 29.2 (Por que a expressão é tensorial?). Embora apareçam derivadas de segunda ordem de s, as parcelas que contêm derivadas de funções se cancelam. Assim, $R^{\tilde{\nabla}}(X,Y)s$ é $C^\infty(M)$-linear em X, Y, s. Consequentemente, todas as identidades deste capítulo podem ser verificadas ponto a ponto.

Definição 29.3 (Blocos espaciais da curvatura). Para $0 \le r,s \le m$, define-se

$$R^{\nabla}_{sr}(X,Y) := \Pi_s R^{\nabla}(X,Y)\Pi_r : E_r \longrightarrow E_s.$$

O segundo índice indica o canal de origem; o primeiro, o canal de chegada.

Observação 29.4 (Decomposição auxiliar da curvatura). Para quaisquer X, Y,

$$\boxed{R^{\nabla}(X,Y) = \sum_{r=0}^{m}\sum_{s=0}^{m} R^{\nabla}_{sr}(X,Y).}$$

De fato, basta inserir a resolução espacial da identidade nos dois lados do operador:

$$R^{\nabla}(X,Y) = \left(\sum_s \Pi_s\right) R^{\nabla}(X,Y) \left(\sum_r \Pi_r\right).$$

A expansão fornece os blocos definidos acima. Essa identidade é uma propriedade formal de qualquer resolução da identidade; seu papel aqui é apenas organizar os blocos que serão reconstruídos pelos canais espaciais.

29.2 A curvatura da conexão espacial

Recordemos que D é a conexão para a qual o referencial $1, i, j_1, \ldots, j_m$ é paralelo. Logo D é plana e $D\mathsf{M}_i = 0$, pois a tabela de multiplicação é constante nesse referencial.

Teorema 29.5 (Fórmula fundamental da curvatura espacial). *A conexão espacial associada satisfaz*

$$\boxed{R^{\nabla^{\mathrm{sp}}}(X,Y) = d\omega(X,Y)\,\mathsf{M}_i.}$$

Equivalentemente,

$$R^{\nabla^{\mathrm{sp}}} = d\omega \otimes \mathsf{M}_i.$$

Demonstração. Pela forma normal do capítulo anterior, $\nabla^{\mathrm{sp}}_X = D_X + \omega(X)\mathsf{M}_i$. Aplicando duas vezes essa identidade a uma seção s, obtemos

$$\nabla^{\mathrm{sp}}_X \nabla^{\mathrm{sp}}_Y s = D_X D_Y s + X(\omega(Y))\,\mathsf{M}_i s + \omega(Y)\mathsf{M}_i D_X s \\ + \omega(X)\mathsf{M}_i D_Y s + \omega(X)\omega(Y)\mathsf{M}_i^2 s.$$

Na antissimetrização em X, Y, os termos mistos e o termo quadrático se cancelam. Como $R^D = 0$, após subtrair $\nabla^{\mathrm{sp}}_{[X,Y]} s$ resta

$$\big(X(\omega(Y)) - Y(\omega(X)) - \omega([X,Y])\big)\mathsf{M}_i s,$$

que é $d\omega(X,Y)\mathsf{M}_i s$. □

Observação 29.6 (A fórmula de curvatura não é um novo princípio geral). Para uma conexão métrica de posto dois escrita por uma 1-forma ω com valores em $\mathfrak{so}(2)$, a identidade $R = d\omega$ é clássica, pois $SO(2)$ é abeliano [1]. Aqui a informação adicional é apenas a identificação canônica do único bloco curvo com o canal complexo espacial e a anulação dos blocos idempotentes na conexão diagonal associada.

Corolário 29.7 (Concentração da curvatura no canal complexo). *Com* $E_0 = \mathrm{span}\{1, i\}$ *e* $E_k = \mathrm{span}\{j_k\}$, *temos*

$$\boxed{\Pi_s R^{\nabla^{\mathrm{sp}}}(X,Y)\Pi_r = \begin{cases} d\omega(X,Y)\,\mathsf{M}_i|_{E_0}, & r = s = 0, \\ 0, & \textit{caso contrário}. \end{cases}}$$

Em particular, todos os canais idempotentes são planos para ∇^{sp}.

Demonstração. O multiplicador M_i preserva E_0 e se anula em cada E_k, pois $i j_k = 0$. A conclusão segue do teorema. □

Corolário 29.8 (Planura espacial). *São equivalentes:*

(i) ∇^{sp} *é plana;*

(ii) $d\omega = 0$;

(iii) *a rotação complexa tem holonomia local trivial em todo domínio simplesmente conexo.*

A condição $d\omega = 0$ não implica, em geral, $\omega = 0$: uma conexão espacial pode ser plana sem ser algébrica no referencial dado.

Demonstração. A equivalência entre (i) e (ii) decorre da fórmula fundamental e do fato de $\mathsf{M}_i|_{E_0} \neq 0$. Em um domínio simplesmente conexo, $d\omega = 0$ equivale a $\omega = d\varphi$; a mudança do referencial complexo por rotação de ângulo $-\varphi$ elimina a forma de conexão e torna o transporte independente do caminho. A última afirmação distingue forma fechada de forma identicamente nula. □

29.3 Curvaturas intrínsecas dos canais

Para $s_r \in \Gamma(E_r)$, ponha

$$D^{(r)}_X s_r := \Pi_r(\nabla_X s_r) = \nabla^{\mathrm{sp}}_X s_r.$$

Observação 29.9 (Conexões induzidas nos canais). Cada $D^{(r)}$ é uma conexão em E_r. Se ∇ é métrica, então $D^{(r)}$ é métrica para a métrica restrita ao canal. Os axiomas seguem da linearidade de Π_r, da regra de Leibniz para ∇ e da identidade $\Pi_r s_r = s_r$. A compatibilidade métrica é a restrição ao canal da compatibilidade de ∇^{sp}. Trata-se de um fato geral sobre subfibrados preservados; a informação espacial específica aparecerá nas curvaturas exatas abaixo.

> **Definição 29.10** (Curvatura intrínseca do canal). Denota-se por $R^{(r)}$ a curvatura de $D^{(r)}$.

Proposição 29.11 (Curvaturas intrínsecas exatas). *As curvaturas dos canais espaciais são*

$$\boxed{R^{(0)} = d\omega \otimes \mathsf{M}_i|_{E_0}, \qquad R^{(k)} = 0 \quad (1 \leq k \leq m).}$$

Demonstração. A curvatura de uma conexão que preserva uma soma direta preserva cada parcela, e sua restrição a E_r é a curvatura da conexão induzida. Agora aplique o Corolário 29.7. □

29.4 Comparação com a curvatura ambiente

A conexão ∇^{sp} induz uma conexão em $\text{End}(E)$:

$$(\nabla^{\text{sp}}_X S)s := \nabla^{\text{sp}}_X(Ss) - S(\nabla^{\text{sp}}_X s).$$

Para a 1-forma $\mathcal{A}$ com valores em endomorfismos, define-se

$$(d^{\nabla^{\text{sp}}}\mathcal{A})(X,Y) := \nabla^{\text{sp}}_X(\mathcal{A}_Y) - \nabla^{\text{sp}}_Y(\mathcal{A}_X) - \mathcal{A}_{[X,Y]}.$$

Observação 29.12 (Identidade de comparação das curvaturas). Temos

$$\boxed{R^{\nabla}(X,Y) = d\omega(X,Y)\mathsf{M}_i + (d^{\nabla^{\text{sp}}}\mathcal{A})(X,Y) + [\mathcal{A}_X, \mathcal{A}_Y].}$$

Essa é a identidade clássica de comparação entre duas conexões. Para verificá-la no presente contexto, escreva $D_0 = \nabla^{\text{sp}}$, de modo que $\nabla_X = D_{0,X} + \mathcal{A}_X$. Para uma seção s,

$$\begin{aligned}\nabla_X\nabla_Y s = D_{0,X}D_{0,Y}s + (D_{0,X}\mathcal{A}_Y)s + \mathcal{A}_Y D_{0,X}s \\ + \mathcal{A}_X D_{0,Y}s + \mathcal{A}_X\mathcal{A}_Y s.\end{aligned}$$

Subtraia a expressão com X, Y trocados e depois $\nabla_{[X,Y]}s$. Os termos mistos se cancelam, dando

$$R^{\nabla} = R^{\nabla^{\text{sp}}} + d^{\nabla^{\text{sp}}}\mathcal{A} + \mathcal{A}\wedge\mathcal{A}.$$

O Teorema 29.5 fornece o primeiro termo, e $(\mathcal{A}\wedge\mathcal{A})(X,Y) = [\mathcal{A}_X, \mathcal{A}_Y]$. Sua relevância espacial decorre das fórmulas anteriores, que reconstroem $\mathcal{A}$ pelos geradores de $\mathcal{K}_m$.

Definição 29.13 (Defeito intercanal de curvatura). Define-se

$$\mathfrak{D}(X,Y) := R^{\nabla}(X,Y) - d\omega(X,Y)\mathsf{M}_i.$$

Portanto,

$$\boxed{\mathfrak{D} = d^{\nabla^{\text{sp}}}\mathcal{A} + \mathcal{A}\wedge\mathcal{A}.}$$

29.5 Retornos e caminhos entre canais

Escreva

$$\mathsf{B}_{sr}(X) := \Pi_s\mathcal{A}_X\Pi_r \qquad (s \neq r).$$

Como ∇^{sp} preserva os canais, sua conexão induzida preserva cada fibrado $\text{Hom}(E_r, E_s)$.

Lema 29.14 (A derivada mantém origem e chegada). *Para todo r,*

$$\boxed{\Pi_r(d^{\nabla^{sp}}\mathcal{A})(X,Y)\Pi_r = 0.}$$

Demonstração. Cada parcela B_{sr}, com $s \neq r$, toma valores no fibrado

$$\mathrm{Hom}(E_r, E_s).$$

A derivada covariante por uma conexão que preserva E_r e E_s mantém esse tipo de bloco; a antissimetrização em X, Y também. Logo o termo linear não cria blocos diagonais. □

Teorema 29.15 (Fórmula dos retornos intercanal). *Para cada* $0 \leq r \leq m$,

$$\boxed{\begin{aligned}\Pi_r R^{\nabla}(X,Y)\Pi_r = {} & R^{(r)}(X,Y) \\ & + \sum_{s\neq r}\big(\mathsf{B}_{rs}(X)\mathsf{B}_{sr}(Y) - \mathsf{B}_{rs}(Y)\mathsf{B}_{sr}(X)\big).\end{aligned}}$$

Assim, a diferença entre a curvatura diagonal ambiente e a curvatura intrínseca é produzida exatamente por excursões de dois passos $E_r \to E_s \to E_r$.

Demonstração. Projete a fórmula exata da curvatura ambiente nos dois lados por Π_r. O termo linear desaparece pelo lema. No produto $\mathcal{A}_X\mathcal{A}_Y$, uma composição que começa e termina em E_r precisa passar por algum E_s, $s \neq r$, e é precisamente $\mathsf{B}_{rs}(X)\mathsf{B}_{sr}(Y)$. A troca de X e Y fornece o segundo termo. □

Observação 29.16 (Posicionamento clássico da fórmula de retorno). A identidade anterior é uma escrita em blocos da comparação clássica entre a curvatura ambiente e a curvatura das conexões induzidas por uma decomposição ortogonal. Em particular, os termos quadráticos de ida e retorno desempenham o papel dos termos de segunda forma fundamental nas equações de Gauss–Codazzi. A formulação geral não é apresentada aqui como nova; o aspecto espacial está na reconstrução explícita dos blocos pelos geradores de $\mathcal{K}_m$ e pelo defeito covariante da multiplicação. Compare-se também com a teoria de conexões e distribuições de Lewis [7].

Corolário 29.17 (Blocos de curvatura entre canais distintos). *Se $s \neq r$, então*

$$\boxed{\begin{aligned} R^{\nabla}_{sr}(X,Y) &= \Pi_s(d^{\nabla^{\mathrm{sp}}}\mathcal{A})(X,Y)\Pi_r \\ &\quad + \sum_{q\neq r,s}\big(\mathsf{B}_{sq}(X)\mathsf{B}_{qr}(Y) - \mathsf{B}_{sq}(Y)\mathsf{B}_{qr}(X)\big). \end{aligned}}$$

O primeiro termo mede a variação covariante da transferência direta $E_r \to E_s$; a soma reúne os caminhos de dois passos por canais intermediários E_q.

Demonstração. O bloco fora da diagonal de $d\omega(X,Y)\mathsf{M}_i$ é nulo. Ao expandir o comutador, uma composição de E_r em E_s deve passar por um canal E_q. Como $\mathcal{A}$ não possui blocos diagonais, necessariamente $q \neq r, s$, o que fornece a soma. □

Exemplo: Somente dois canais

Se a decomposição contém apenas E_0 e E_1, não há canal intermediário distinto dos extremos. Portanto,

$$R^{\nabla}_{10} = \Pi_1 d^{\nabla^{\mathrm{sp}}}\mathcal{A}\,\Pi_0, \qquad R^{\nabla}_{01} = \Pi_0 d^{\nabla^{\mathrm{sp}}}\mathcal{A}\,\Pi_1.$$

Os blocos fora da diagonal são lineares na variação do acoplamento; os defeitos diagonais são quadráticos nas transferências.

29.6 Estimativas quantitativas

Proposição 29.18 (Estimativa direcional do defeito). *Para quaisquer X, Y,*

$$\boxed{\|\mathfrak{D}(X,Y)\|_{\mathrm{op}} \le \|(d^{\nabla^{\mathrm{sp}}}\mathcal{A})(X,Y)\|_{\mathrm{op}} + 2\|\mathcal{A}_X\|_{\mathrm{op}}\|\mathcal{A}_Y\|_{\mathrm{op}}.}$$

Demonstração. Use a fórmula exata, a desigualdade triangular e

$$\|[S,T]\|_{\mathrm{op}} \le \|ST\|_{\mathrm{op}} + \|TS\|_{\mathrm{op}} \le 2\|S\|_{\mathrm{op}}\|T\|_{\mathrm{op}}.$$

□

Corolário 29.19 (Controle por transferência e sua variação). *Suponha que, no ponto considerado,*

$$\mathcal{T}_{\mathrm{sp}} \le \varepsilon, \qquad \|(d^{\nabla^{\mathrm{sp}}}\mathcal{A})(X,Y)\|_{\mathrm{op}} \le \delta|X|_g|Y|_g.$$

Então

$$\boxed{\|R^{\nabla}(X,Y) - d\omega(X,Y)\mathsf{M}_i\|_{\mathrm{op}} \le (\delta + 2\varepsilon^2)|X|_g|Y|_g.}$$

Demonstração. Pela identidade $|\mathcal{A}|^2 = \mathscr{T}_{\mathrm{sp}}^2$ do capítulo anterior,

$$\|\mathcal{A}_X\|_{\mathrm{op}} \leq |\mathcal{A}_X|_{\mathrm{HS}} \leq \varepsilon |X|_g,$$

e o mesmo vale para Y. Substitua essas estimativas na proposição. □

Amplitude não controla variação

Uma transferência pode ter norma pequena e oscilar rapidamente. Por isso, o controle de $\mathscr{T}_{\mathrm{sp}}$ não limita, sozinho, $d^{\nabla^{\mathrm{sp}}}\mathcal{A}$. A estimativa de curvatura exige separar a amplitude das transferências de sua variação covariante.

29.7 O caso de $\mathcal{K}^p$

No fibrado trivial $M \times \mathcal{K}^p$, a conexão canônica componente a componente é plana para todo $1 \leq p \leq \infty$. Para $p = 2$, sob a resolução forte dos projetores, a parte diagonal de uma conexão métrica continua satisfazendo

$$R^{\nabla^{\mathrm{sp}}} = d\omega \otimes \mathsf{M}_i.$$

Cada canal idempotente permanece plano; toda contribuição adicional vem da parte intercanal $\mathcal{A}$. As somas de caminhos infinitos somente são usadas quando convergem na topologia operatorial indicada. Para $p \neq 2$, não se presume uma projeção ortogonal hilbertiana: permanecem válidas a conexão canônica plana e as fórmulas componente a componente que tenham convergência explícita.

29.8 Exercícios

Exercício 29.1 (♦). Verifique diretamente a tensorialidade de $R^{\tilde{\nabla}}(X, Y)s$ nas três entradas.

Exercício 29.2 (♦). Partindo de $\nabla^{\mathrm{sp}} = D + \omega \mathsf{M}_i$, obtenha $R^{\nabla^{\mathrm{sp}}} = d\omega \otimes \mathsf{M}_i$ sem usar o teorema.

Exercício 29.3 (♦♦). Mostre diretamente que $R^{(k)} = 0$ para cada linha idempotente $E_k = \mathrm{span}\{j_k\}$.

Exercício 29.4 (♦♦). Expanda a fórmula de comparação das curvaturas aplicando ambos os lados a uma seção s.

Exercício 29.5 (♦♦♦). No caso de dois canais, escreva os quatro blocos de $[\mathcal{A}_X, \mathcal{A}_Y]$ e prove que os blocos fora da diagonal se anulam.

Exercício 29.6 (♦♦♦). Para três canais, identifique os caminhos que contribuem para o bloco de E_0 em E_1 e para o retorno de E_0 a si mesmo.

Exercício 29.7 (♦♦♦♦). Em um domínio simplesmente conexo, construa explicitamente o referencial complexo paralelo quando $d\omega = 0$. Explique por que isso não força $\omega = 0$ no referencial espacial original.

Exercício 29.8 (♦♦♦♦). Construa uma família de 1-formas com valores em matrizes cuja norma tenda uniformemente a zero, mas cuja derivada exterior não tenda a zero. Relacione o exemplo ao último aviso do capítulo.

Observação 29.20 (Síntese estrutural). A curvatura ambiente separa-se agora em três mecanismos espaciais: a rotação intrínseca $d\omega \mathsf{M}_i$ do plano complexo, a variação covariante das transferências e os retornos quadráticos por canais intermediários. Essa decomposição será aplicada, no próximo capítulo, às equações de segunda ordem por canais.

CAPÍTULO 30

Dinâmica de segunda ordem por canais

Da geometria espacial à dinâmica

Neste capítulo, o fibrado espacial será o próprio fibrado tangente:

$$TM = E_0 \oplus E_1 \oplus \cdots \oplus E_m, \qquad E_0 = \operatorname{span}\{1, i\}, \quad E_k = \operatorname{span}\{j_k\}.$$

Se $\gamma : I \to M$ tem velocidade $V = \dot{\gamma}$, decompomos $V = \sum_r V_r$, com $V_r = \Pi_r V$. Para uma equação

$$\nabla_V V = F(t, \gamma, V),$$

a derivação dos projetores produz termos que transferem aceleração e energia entre os canais.
Esses termos não serão tratados como correções abstratas. Eles serão reconstruídos pelos blocos espaciais B_{sr}, que, por sua vez, são determinados por ∇i, ∇j_k e pelo defeito covariante da multiplicação.

30.1 A equação exata de cada componente

Recordemos o tensor de variação do r-ésimo projetor:

$$\mathcal{C}_r(X, Y) := (\nabla_X \Pi_r) Y.$$

Definição 30.1 (Defeito dinâmico do canal). Ao longo de uma curva, define-se

$$\boxed{\mathcal{F}_r^{\text{geom}}(V) := \mathcal{C}_r(V, V) = (\nabla_V \Pi_r) V.}$$

Esse vetor mede a contribuição produzida exclusivamente pela variação do r-ésimo canal espacial.

Observação 30.2 (Identidade geral de projeção da equação). Se γ satisfaz $\nabla_V V = F$, então

$$\boxed{\nabla_V V_r = \Pi_r F + \mathcal{C}_r(V, V).}$$

Essa identidade é válida para qualquer projetor variável. De fato, como $V_r = \Pi_r V$, a regra de Leibniz fornece

$$\nabla_V V_r = \nabla_V(\Pi_r V) = (\nabla_V \Pi_r)V + \Pi_r \nabla_V V.$$

Substitua $\nabla_V V = F$. Sua especialização espacial será obtida abaixo pela reconstrução dos blocos de $\nabla \Pi_r$.

Observação 30.3 (A força ainda pode acoplar os canais). Mesmo quando $\mathcal{C}_r(V, V) = 0$, a parcela $\Pi_r F(t, \gamma, V)$ pode depender de todas as componentes de γ e V. A ausência de transferência geométrica não implica independência da lei de força.

30.2 Reconstrução pelas transferências espaciais

Para $s \neq r$, recordemos

$$\mathsf{B}_{sr}(X) := \Pi_s(\nabla_X \Pi_r)\Pi_r : E_r \longrightarrow E_s.$$

Observação 30.4 (Blocos auxiliares da derivada de um projetor). Para $s \neq r$,

$$\Pi_s(\nabla_X \Pi_r) = \mathsf{B}_{sr}(X)\Pi_r, \qquad \Pi_r(\nabla_X \Pi_r)\Pi_s = -\mathsf{B}_{rs}(X)\Pi_s.$$

Todos os demais blocos de $\nabla_X \Pi_r$ são nulos. Derivar $\Pi_r^2 = \Pi_r$ mostra que a derivada de Π_r troca E_r com seu complemento. A primeira fórmula é a definição de B_{sr}. Derivando $\Pi_r \Pi_s = 0$ e multiplicando à esquerda por Π_r e à direita por Π_s, obtemos

$$\Pi_r(\nabla_X \Pi_r)\Pi_s = -\Pi_r(\nabla_X \Pi_s)\Pi_s = -\mathsf{B}_{rs}(X)\Pi_s.$$

Essas são identidades formais de projetores; a informação específica das álgebras espaciais entra nas fórmulas explícitas dos blocos B_{sr}.

Teorema 30.5 (Equação espacial resolvida em blocos). *Para cada canal E_r,*

$$\boxed{\mathcal{C}_r(V,V) = \sum_{s\neq r} \left(\mathsf{B}_{sr}(V)V_r - \mathsf{B}_{rs}(V)V_s\right).} \tag{30.1}$$

Consequentemente,

$$\boxed{D_V^{(r)} V_r = \Pi_r F - \sum_{s\neq r} \mathsf{B}_{rs}(V)V_s,} \tag{30.2}$$

$$\boxed{\Pi_s \nabla_V V_r = \mathsf{B}_{sr}(V)V_r \quad (s \neq r).} \tag{30.3}$$

Demonstração. Escreva $V = \sum_q V_q$ e aplique o lema a cada parcela de $(\nabla_V \Pi_r)V$. Somente os blocos que entram em E_r ou saem de E_r permanecem, dando (30.1). A projeção da equação exata em E_r fornece (30.2); a projeção em E_s, com $s \neq r$, fornece (30.3). □

Corolário 30.6 (Reconstrução algébrica da dinâmica). *Todos os termos geométricos das equações projetadas são determinados por*

$$\boxed{\nabla i, \qquad \nabla j_1, \ldots, \nabla j_m, \qquad \boldsymbol{\Theta}.}$$

Mais precisamente, os blocos em (30.1) *são obtidos das fórmulas*

$$\begin{aligned} \mathsf{B}_{k0}(X) &= -\mathsf{P}_k \mathsf{R}_i(X) \mathsf{M}_i \mathsf{P}, \\ \mathsf{B}_{0k}(X) &= \mathsf{P}\mathsf{M}_i \mathsf{R}_i(X) \mathsf{P}_k, \\ \mathsf{B}_{\ell k}(X) &= \mathsf{P}_\ell \mathsf{R}_k(X) \mathsf{P}_k \quad (\ell \neq k), \end{aligned}$$

onde

$$\mathsf{R}_i(X)u = (\nabla_X i) \cdot u + \boldsymbol{\Theta}_X(i,u), \quad \mathsf{R}_k(X)u = (\nabla_X j_k) \cdot u + \boldsymbol{\Theta}_X(j_k,u).$$

Demonstração. É a substituição das fórmulas exatas de transferência do Capítulo 27 na equação espacial resolvida em blocos. □

30.3 A parte simétrica e o desacoplamento dinâmico

Definição 30.7 (Tensor dinâmico simétrico). Define-se

$$\boxed{\mathcal{S}_r(X,Y) := \frac{1}{2}(\mathcal{C}_r(X,Y) + \mathcal{C}_r(Y,X)).}$$

A parte antissimétrica é

$$\mathcal{K}_r(X,Y) := \frac{1}{2}(\mathcal{C}_r(X,Y) - \mathcal{C}_r(Y,X)).$$

Como $\mathcal{K}_r(V,V) = 0$,

$$\boxed{\mathcal{C}_r(V,V) = \mathcal{S}_r(V,V).}$$

Observação 30.8 (Critério dinâmico auxiliar). Suponha que a equação com força suave F admita solução local para cada condição inicial. Para um canal fixo E_r, são equivalentes:

(i) $\mathcal{S}_r = 0$;

(ii) $\mathcal{C}_r(v,v) = 0$ para todo $v \in TM$;

(iii) $(\nabla_{\dot\gamma}\Pi_r)\dot\gamma = 0$ para toda curva suave γ;

(iv) ao longo de toda solução de $\nabla_V V = F$, vale

$$\nabla_V(\Pi_r V) = \Pi_r F.$$

A igualdade $\mathcal{C}_r(v,v) = \mathcal{S}_r(v,v)$ prova que (i) implica (ii). Reciprocamente, a identidade de polarização

$$2\mathcal{S}_r(x,y) = \mathcal{S}_r(x+y,x+y) - \mathcal{S}_r(x,x) - \mathcal{S}_r(y,y)$$

mostra que (ii) implica (i). Todo vetor tangente é a velocidade de alguma curva num ponto prescrito, o que dá (ii)⇔(iii). A solvabilidade local para dados iniciais arbitrários e a identidade exata do canal dão (iii)⇔(iv).

Corolário 30.9 (Hierarquia espacial de desacoplamentos). *Se $\mathcal{T}_{\mathrm{sp}} = 0$, então $\mathcal{C}_r = \mathcal{S}_r = 0$ para todo r, e todas as equações projetadas perdem o termo geométrico. Sem compatibilidade métrica, a recíproca dinâmica não é automática: as partes antissimétricas $\mathcal{K}_r$ podem ser não nulas sem aparecer na avaliação diagonal (V,V).*

Demonstração. A condição $\mathscr{T}_{\text{sp}} = 0$ anula todos os blocos B_{sr}. A fórmula (30.1) então anula $\mathcal{C}_r$. A última afirmação decorre de $\mathcal{K}_r(V,V) = 0$. □

Observação 30.10 (O que muda para uma conexão métrica?). Se ∇ é métrica, $\nabla_X \Pi_r$ é autoadjunto. Portanto, o tensor trilinear

$$T_r(X,Y,Z) := g(\mathcal{C}_r(X,Y),Z)$$

é simétrico nas duas últimas entradas. Se $\mathcal{S}_r = 0$, ele também é antissimétrico nas duas primeiras. Consequentemente,

$$\begin{aligned} T_r(X,Y,Z) &= -T_r(Y,X,Z) = -T_r(Y,Z,X) = T_r(Z,Y,X), \\ &= T_r(Z,X,Y) = -T_r(X,Z,Y) = -T_r(X,Y,Z). \end{aligned}$$

Logo $T_r = 0$ e $\mathcal{C}_r = 0$. Assim, no regime métrico, o desacoplamento dinâmico de um canal equivale à invariância desse canal pela conexão.

Observação 30.11 (Posicionamento clássico). A formulação por $(\nabla_X \Pi_r)Y$ deve ser entendida no contexto da geometria clássica de distribuições e projetores. Em particular, Lewis [7] estuda conexões afins associadas a distribuições, invariância geodésica e uma generalização da segunda forma fundamental. Aqui, a utilidade do formalismo de canais está em organizar essas quantidades segundo os projetores canônicos que, nas aplicações espaciais, são rotulados pela estrutura algébrica de $\mathcal{K}_m$.

30.4 Velocidades admissíveis

Em sistemas com restrições, as velocidades podem pertencer a uma distribuição suave $\mathcal{D} \subseteq TM$.

Observação 30.12 (Redução auxiliar numa distribuição). Se

$$\mathcal{S}_r(X,Y) = 0 \qquad (X,Y \in \Gamma(\mathcal{D})),$$

então toda solução com $V(t) \in \mathcal{D}_{\gamma(t)}$ satisfaz

$$\nabla_V(\Pi_r V) = \Pi_r F.$$

Em particular, isso vale para trajetórias numa subvariedade invariante $N \subseteq M$ quando $\mathcal{S}_r|_{TN \times TN} = 0$. Ao longo da trajetória,

$$\mathcal{C}_r(V,V) = \mathcal{S}_r(V,V) = 0.$$

Aplique a equação exata. Esse fato depende apenas da avaliação diagonal de um tensor bilinear; a estrutura espacial determina como a condição se expressa pelos blocos. A interpretação em termos de uma distribuição admissível deve ser comparada à teoria clássica de invariância geodésica e segunda forma fundamental generalizada de Lewis [7]; não a trataremos como uma nova estrutura geométrica geral.

30.5 Controle pela densidade espacial de transferência

Proposição 30.13 (Norma da variação de um canal). *Para cada r,*

$$\boxed{|\mathcal{C}_r|^2 = \sum_{s\neq r}\left(|\mathsf{B}_{sr}|^2 + |\mathsf{B}_{rs}|^2\right) \leq \mathscr{T}_{\mathrm{sp}}^2.}$$

Em particular, $|\mathcal{S}_r| \leq |\mathcal{C}_r| \leq \mathscr{T}_{\mathrm{sp}}$.

Demonstração. Pela Observação 30.4, os blocos não nulos de $\mathcal{C}_r = \nabla\Pi_r$ possuem pares ortogonais de domínio e imagem. A norma de Hilbert–Schmidt ao quadrado é, portanto, a soma dos quadrados indicada. Ela é uma sub-soma da definição de $\mathscr{T}_{\mathrm{sp}}^2$. Por fim, a simetrização é uma projeção ortogonal no espaço dos tensores bilineares. □

Teorema 30.14 (Estimativa dinâmica espacial). *Ao longo de qualquer solução,*

$$\boxed{|\nabla_V(\Pi_r V) - \Pi_r F|_g \leq |\mathcal{S}_r|_g |V|_g^2 \leq \mathscr{T}_{\mathrm{sp}} |V|_g^2.}$$

Em particular, se $\mathscr{T}_{\mathrm{sp}} \leq \varepsilon$ *e* $|V|_g \leq L$, *então o defeito projetado é limitado por* εL^2.

Demonstração. O defeito é $\mathcal{S}_r(V,V)$. A primeira estimativa é a desigualdade de Cauchy–Schwarz para tensores; a segunda segue da proposição. □

Defeito pequeno não implica trajetórias próximas

O limite $\mathscr{T}_{\mathrm{sp}} \to 0$, com velocidades uniformemente limitadas, controla o defeito das equações projetadas. A proximidade das trajetórias requer ainda hipóteses de existência, unicidade e estabilidade para a lei de força.

30.6 Transferência de energia entre pares de canais

Suponha agora que ∇ é métrica. Definem-se

$$E_r := \frac{1}{2}|V_r|_g^2, \qquad E := \sum_{r=0}^{m} E_r = \frac{1}{2}|V|_g^2.$$

Definição 30.15 (Potência espacial orientada). Para $r \neq s$, define-se a potência transferida de s para r:

$$\boxed{\mathscr{P}_{r\leftarrow s} := -g\big(\mathsf{B}_{rs}(V)V_s, V_r\big).}$$

Lema 30.16 (Antissimetria da potência transferida). *Para $r \neq s$,*

$$\boxed{\mathscr{P}_{r\leftarrow s} = -\mathscr{P}_{s\leftarrow r}.}$$

Demonstração. Como os projetores são ortogonais e ∇ é métrica, $\nabla_X \Pi_r$ é autoadjunto. A relação entre os blocos do lema da Seção 30.2 fornece

$$\mathsf{B}_{rs}(X) = -\mathsf{B}_{sr}(X)^*.$$

Portanto,

$$\mathscr{P}_{r\leftarrow s} = g\big(V_s, \mathsf{B}_{sr}(V)V_r\big) = -\mathscr{P}_{s\leftarrow r}.$$

□

Teorema 30.17 (Balanço espacial de energia por canais). *Ao longo de $\nabla_V V = F$,*

$$\boxed{\frac{dE_r}{dt} = g(F, V_r) + \sum_{s\neq r} \mathscr{P}_{r\leftarrow s}.}$$

Além disso,

$$\boxed{\sum_{r=0}^{m} \sum_{s\neq r} \mathscr{P}_{r\leftarrow s} = 0.}$$

Logo a geometria móvel apenas redistribui energia cinética entre os canais.

Demonstração. Pela compatibilidade métrica e pela equação intrínseca em blocos,

$$\begin{aligned}\frac{dE_r}{dt} &= g(D_V^{(r)} V_r, V_r)\\ &= g(F, V_r) - \sum_{s \neq r} g(\mathsf{B}_{rs}(V)V_s, V_r).\end{aligned}$$

Essa é a primeira fórmula. A segunda segue cancelando, para cada par não ordenado $\{r,s\}$, as potências $\mathscr{P}_{r \leftarrow s}$ e $\mathscr{P}_{s \leftarrow r}$. □

Corolário 30.18 (Movimento livre). *Se $F = 0$, a energia cinética total é constante. Cada E_r pode variar, mas somente por trocas antissimétricas com os demais canais.*

30.7 Exemplo espacial em $\mathcal{K}_1$

Em $\mathbb{R}^3$, fixe uma base ortonormal (e_1, e_2, e_3) e uma função suave θ. Considere o referencial espacial móvel

$$1_\theta = \cos\theta\, e_1 + \sin\theta\, e_3, \qquad i_\theta = e_2, \qquad j_\theta = -\sin\theta\, e_1 + \cos\theta\, e_3,$$

e transporte para ele a tabela de multiplicação de $\mathcal{K}_1$. Assim,

$$E_0 = \operatorname{span}\{1_\theta, i_\theta\}, \qquad E_1 = \operatorname{span}\{j_\theta\}.$$

Escreva

$$V = a1_\theta + bi_\theta + cj_\theta, \qquad \alpha := V(\theta).$$

Para a conexão euclidiana,

$$\boxed{\mathcal{C}_0(V,V) = \alpha(aj_\theta + c1_\theta), \qquad \mathcal{C}_1(V,V) = -\mathcal{C}_0(V,V).}$$

As energias $E_0 = (a^2 + b^2)/2$ e $E_1 = c^2/2$ recebem as potências geométricas

$$\boxed{\mathscr{P}_{0\leftarrow 1} = ac\,\alpha, \qquad \mathscr{P}_{1\leftarrow 0} = -ac\,\alpha.}$$

A componente bi_θ não participa da troca porque o eixo i_θ permanece fixo. O exemplo exibe, dentro de $\mathcal{K}_1$, a transferência entre o plano complexo e o canal idempotente.

30.8 O caso de $\mathcal{K}^p$

Em uma variedade de Banach modelada em $\mathcal{K}^p$, as equações por canais mantêm a mesma forma componente a componente sempre que a conexão, os projetores e as séries envolvidas forem bem definidos na topologia escolhida. Para $p = 2$, a decomposição hilbertiana permite usar diretamente $\mathcal{T}_{\mathrm{sp}}$ e o balanço ortogonal de energia. Para $p \neq 2$, não se transportam automaticamente as identidades de Hilbert–Schmidt ou de energia quadrática. Para $p = \infty$, toda soma infinita de transferências deve vir acompanhada de uma hipótese explícita de convergência.

30.9 Exercícios

Exercício 30.1 (♦). Derive a equação exata do canal pela regra de Leibniz.

Exercício 30.2 (♦). Demonstre as identidades da Observação 30.4.

Exercício 30.3 (♦♦). Obtenha (30.1) expandindo $V = \sum_r V_r$.

Exercício 30.4 (♦♦). Mostre que $\sum_r \mathcal{S}_r = 0$ e $\sum_r \mathcal{K}_r = 0$.

Exercício 30.5 (♦♦♦). Prove a identidade exata da norma de $\mathcal{C}_r$ a partir dos blocos B_{sr}.

Exercício 30.6 (♦♦♦). No exemplo em $\mathcal{K}_1$, calcule separadamente $\nabla_V(a1_\theta + bi_\theta)$ e $\nabla_V(cj_\theta)$.

Exercício 30.7 (♦♦♦). Mostre diretamente que a soma das potências orientadas se anula, agrupando os termos por pares não ordenados de canais.

Exercício 30.8 (♦♦♦♦). Abandone explicitamente a hipótese de compatibilidade métrica e construa uma conexão afim para a qual $\mathcal{S}_r = 0$, mas $\mathcal{C}_r \neq 0$. Explique por que esse tensor é invisível numa equação avaliada em (V, V), embora seja detectado pelas transferências infinitesimais. Em seguida, explique por que tal fenômeno é impossível para uma conexão métrica e projetores ortogonais.

Observação 30.19 (Síntese estrutural). A dinâmica projetada foi reconstruída pelas transferências espaciais, e o balanço de energia foi refinado numa soma de trocas antissimétricas entre pares de canais. No próximo capítulo, separaremos esse acoplamento geométrico das interações físicas em sistemas de várias partículas.

CAPÍTULO 31

Sistemas de várias partículas

Três fontes distintas de acoplamento

Em um sistema de várias partículas, uma equação projetada pode depender de outros canais por razões diferentes:

(i) os projetores podem variar, produzindo acoplamento geométrico;

(ii) a força física pode depender das posições e velocidades completas;

(iii) a lei constitutiva pode usar uma multiplicação algébrica que misture coordenadas.

Esses mecanismos não serão identificados entre si. Em particular, anular o primeiro não elimina automaticamente os dois últimos.

31.1 A variedade de configurações

Considere $N \geq 2$ partículas que se movem em uma variedade riemanniana (M, g). Uma configuração é

$$q = (q_1, \ldots, q_N) \in Q := M^N.$$

O espaço tangente de Q é

$$T_q Q = T_{q_1} M \oplus \cdots \oplus T_{q_N} M.$$

Se as massas são $m_1, \ldots, m_N > 0$, usaremos a métrica produto ponderada

$$G_q(X, Y) := \sum_{a=1}^{N} m_a g_{q_a}(X_a, Y_a).$$

A conexão produto será denotada por ∇^Q. Se $\pi_a : Q \to M$ é a projeção no a-ésimo fator e $Y_a = d\pi_a(Y)$ é visto como seção de $\pi_a^* TM$, então $\pi_a^* TM$ é o *fibrado pullback* de TM por π_a, também denominado *fibrado induzido* ou *fibrado imagem inversa*. Sua fibra sobre $q \in Q$ é

$$(\pi_a^* TM)_q = T_{\pi_a(q)} M = T_{q_a} M.$$

A conexão ∇ induz nesse fibrado a *conexão pullback* $\pi_a^* \nabla$, e a conexão produto é definida por

$$(\nabla_X^Q Y)_a := (\pi_a^* \nabla)_X Y_a.$$

Quando Y_a depende apenas de q_a, essa expressão reduz-se a $\nabla_{X_a} Y_a$. A formulação por conexões pullback é necessária para campos em Q cujas componentes dependem da configuração completa.

Observação 31.1 (Compatibilidade da conexão produto). Se $\nabla g = 0$, então $\nabla^Q G = 0$.

Demonstração. Derivamos $G(Y, Z) = \sum_a m_a g(Y_a, Z_a)$. Como as massas são constantes e ∇ é métrica em cada fator,

$$XG(Y, Z) = \sum_a m_a \big(g((\pi_a^* \nabla)_X Y_a, Z_a) + g(Y_a, (\pi_a^* \nabla)_X Z_a)\big),$$

que é a identidade de compatibilidade para (G, ∇^Q). □

31.2 Canais de partícula e canais espectrais

Suponha que M possua a estrutura espectral $TM = E_0 \oplus_g \cdots \oplus_g E_m$. Para cada partícula a e cada canal r, definimos o projetor

$$\widehat{\Pi}_{a,r}(X_1, \ldots, X_N) := (0, \ldots, 0, \Pi_r X_a, 0, \ldots, 0).$$

Teorema 31.2 (Estrutura espectral do espaço de configurações). *A família*

$$\widehat{\Sigma} = \{\widehat{\Pi}_{a,r} : 1 \leq a \leq N,\ 0 \leq r \leq m\}$$

é uma estrutura espectral canônica em (Q, G). *Além disso,*

$$\boxed{\widehat{\mathcal{C}}_{a,r}(X, Y) = (0, \ldots, 0, \mathcal{C}_r(X_a, Y_a), 0, \ldots, 0).}$$

Demonstração. Cada $\widehat{\Pi}_{a,r}$ é idempotente. Projetores com partículas distintas têm suportes em fatores diferentes; para a mesma partícula, a ortogonalidade vem dos canais de M. Ademais,

$$\sum_{a=1}^{N}\sum_{r=0}^{m}\widehat{\Pi}_{a,r} = I_{TQ}.$$

Os postos são constantes, pois o posto de $\widehat{\Pi}_{a,r}$ é o de Π_r.

Por fim, a conexão produto deriva componente a componente. Na única componente não nula,

$$(\nabla_{X_a}\Pi_r)Y_a = \mathcal{C}_r(X_a, Y_a),$$

o que prova a fórmula do acoplamento. □

Corolário 31.3 (Parte simétrica no produto). *O tensor dinâmico simétrico associado a* (a,r) *é*

$$\widehat{\mathcal{S}}_{a,r}(X,Y) = (0,\dots,0,\mathcal{S}_r(X_a,Y_a),0,\dots,0).$$

Assim, o acoplamento geométrico não mistura índices de partículas distintos; essa mistura, quando presente, vem da força.

31.3 Equações multicanal de várias partículas

Seja $q(t) = (q_1(t),\dots,q_N(t))$, com velocidade $V = (V_1,\dots,V_N)$. Para evitar conflito entre o índice da partícula e o do canal, escrevemos

$$V_{a,r} := \Pi_r V_a.$$

Considere o sistema

$$\nabla_{V_a}V_a = A_a(q,V,t), \qquad a = 1,\dots,N.$$

Observação 31.4 (Identidades partícula–canal). Para cada a e r,

$$\boxed{\nabla_{V_a}V_{a,r} = \Pi_r A_a + \mathcal{C}_r(V_a, V_a).}$$

Além disso,

$$\boxed{\mathcal{C}_r(V_a,V_a) = \sum_{s\neq r}\big(\mathsf{B}_{sr}(V_a)V_{a,r} - \mathsf{B}_{rs}(V_a)V_{a,s}\big).} \tag{31.1}$$

Em particular,

$$|\nabla_{V_a}V_{a,r} - \Pi_r A_a|_g \le |\mathcal{S}_r|_g|V_a|_g^2 \le \mathscr{T}_{\mathrm{sp}}|V_a|_g^2.$$

Demonstração. Aplicamos a identidade de projeção da Observação 30.2 à curva $q_a(t)$. O termo diagonal é $\mathcal{C}_r(V_a, V_a) = \mathcal{S}_r(V_a, V_a)$, e a estimativa segue da norma tensorial e da Proposição 30.13. A fórmula em blocos é (30.1), aplicada à velocidade da partícula a. □

Corolário 31.5 (Reconstrução algébrica do sistema geométrico). *Para todas as partículas, os termos geométricos das equações multicanais são determinados pelo mesmo conjunto de dados*

$$\boxed{\nabla i, \qquad \nabla j_1, \ldots, \nabla j_m, \qquad \Theta.}$$

O número de partículas multiplica as cópias dos blocos espaciais, mas não introduz novos tipos de transferência geométrica.

Demonstração. Substitua, em (31.1), as três fórmulas de reconstrução de B_{k0}, B_{0k} e $\mathsf{B}_{\ell k}$ obtidas no Capítulo 27. □

Para formular independência também nas posições, suponha nesta parte que existam variáveis globais de canal $q_{a,r}$; isso ocorre, por exemplo, quando $M = M_0 \times \cdots \times M_m$ e Π_r é a projeção tangente no fator M_r. Em um espaço vetorial decomposto, simplesmente temos $q_{a,r} = \Pi_r q_a$.

Definição 31.6 (Dependência física entre canais). Diz-se que a força é *separável por canais* se existem funções $A_{a,r}$ tais que

$$\Pi_r A_a(q, V, t) = A_{a,r}\big((q_{b,r})_{b=1}^N, (\Pi_r V_b)_{b=1}^N, t\big).$$

Ou seja, a força projetada no canal r depende apenas das variáveis do mesmo canal, embora ainda possa acoplar partículas diferentes.

Observação 31.7 (Critério auxiliar de fatorização por canais). Suponha, para todo r, que:

(i) $\mathcal{S}_r = 0$;

(ii) a força seja separável por canais.

Então as equações dos diferentes índices r formam sistemas fechados e independentes entre si. Cada sistema ainda pode conter interação entre as N partículas do mesmo canal.

Demonstração. A primeira hipótese elimina $\mathcal{C}_r(V_a, V_a)$. Pela segunda, o termo restante $\Pi_r A_a$ é função somente das posições e velocidades de índice r. Logo, nenhuma equação desse subsistema contém variáveis de outro canal. □

Paralelismo não elimina o acoplamento físico

Quando a conexão é métrica e os projetores são ortogonais, as condições $\mathcal{S}_r = 0$ e $\mathcal{C}_r = 0$ são equivalentes; sem compatibilidade métrica, a segunda é em geral mais forte. Em qualquer dos regimes, $\mathcal{C}_r = 0$ elimina a variação geométrica dos projetores, mas não implica a hipótese (ii) do critério. Uma força não separável mantém dependência física entre canais mesmo em uma decomposição constante.

31.4 Momento linear e centro de massa por canais

Considere agora o espaço vetorial subjacente a $\mathcal{K}_m$, com os projetores espaciais constantes, e escreva as forças na forma

$$m_a \ddot{q}_a = F_a^{\text{ext}} + \sum_{b \neq a} F_{ab}, \qquad F_{ab} = -F_{ba}.$$

Definem-se a massa total, o momento do canal e o centro de massa espectral por

$$M := \sum_{a=1}^{N} m_a, \qquad \mathscr{P}_r := \sum_{a=1}^{N} m_a \dot{q}_{a,r}, \qquad q_{\text{cm},r} := \frac{1}{M} \sum_{a=1}^{N} m_a q_{a,r}.$$

Observação 31.8 (Balanço do momento por canais constantes). Para cada canal r,

$$\boxed{\frac{d\mathscr{P}_r}{dt} = \sum_{a=1}^{N} \Pi_r F_a^{\text{ext}}, \qquad M\ddot{q}_{\text{cm},r} = \sum_{a=1}^{N} \Pi_r F_a^{\text{ext}}.}$$

Em particular, na ausência de forças externas, cada momento $\mathscr{P}_r$ é conservado e cada componente do centro de massa possui movimento uniforme.

Demonstração. Some as equações das partículas e projete no canal r. Os termos internos cancelam aos pares:

$$\sum_a \sum_{b \neq a} F_{ab} = \sum_{a<b} (F_{ab} + F_{ba}) = 0.$$

Como Π_r é constante, ele comuta com a derivada temporal. As duas identidades seguem das definições de $\mathscr{P}_r$ e $q_{\mathrm{cm},r}$. □

Exemplo: Uma interação que usa o produto espacial

Fixe $u \in \mathcal{K}_m$ e coeficientes simétricos $\kappa_{ab} = \kappa_{ba}$. A lei constitutiva

$$\boxed{F_{ab} := \kappa_{ab}\,(q_b - q_a) \cdot u}$$

satisfaz $F_{ba} = -F_{ab}$ pela bilinearidade do produto. Diferentemente da força radial euclidiana, seus canais são calculados pelos blocos do multiplicador M_u; portanto, a mistura entre o plano complexo e os canais idempotentes depende da tabela de multiplicação de $\mathcal{K}_m$. A Observação 31.8 continua válida, mas a separabilidade por canais depende da forma espectral de M_u.

31.5 O modelo de distância inversa em $\mathcal{K}_m$

Identifique o espaço vetorial subjacente a $\mathcal{K}_m$ com $\mathbb{R}^{m+2}$, usando a base ortonormal

$$\{1, i, j_1, \dots, j_m\}.$$

Sejam P_0 a projeção em $\mathrm{span}\{1, i\}$ e P_r a projeção em $\mathrm{span}\{j_r\}$, para $1 \le r \le m$. Esses projetores são constantes, logo

$$\mathcal{C}_r = \mathcal{S}_r = 0.$$

Retire do espaço de configurações o conjunto de colisões

$$\Delta := \{q : q_a = q_b \text{ para algum } a \neq b\}.$$

Em $Q^* = (\mathcal{K}_m)^N \setminus \Delta$, considere o potencial

$$U(q) = -G \sum_{1 \le a < b \le N} \frac{m_a m_b}{\|q_a - q_b\|}.$$

Observação 31.9 (Equações projetadas do modelo comparativo). As equações

$$m_a \ddot{q}_a = -\nabla_{q_a} U$$

equivalem a

$$\ddot{q}_a = -G \sum_{b \neq a} m_b \frac{q_a - q_b}{\|q_a - q_b\|^3}.$$

Para cada canal r,

$$\ddot{q}_{a,r} = -G \sum_{b \neq a} m_b \frac{q_{a,r} - q_{b,r}}{\left(\sum_{s=0}^{m} \|q_{a,s} - q_{b,s}\|^2\right)^{3/2}}.$$

Demonstração. Para $x \neq 0$,

$$\nabla_x \frac{1}{\|x\|} = -\frac{x}{\|x\|^3}.$$

Derivar o potencial em q_a fornece a equação vetorial. Como os projetores são constantes, projetar comuta com a segunda derivada. Por fim, a ortogonalidade dá

$$\|q_a - q_b\|^2 = \sum_{s=0}^{m} \|q_{a,s} - q_{b,s}\|^2,$$

produzindo a fórmula. □

Corolário 31.10 (O acoplamento restante é físico). *Embora $C_r = 0$, a equação do canal r depende em geral de todos os canais por meio do denominador da distância. Portanto, o sistema não se fatora por canais.*

Interpretação dimensional

Para $m = 1$, temos $\dim \mathcal{K}_1 = 3$, e o potencial de distância inversa é o potencial newtoniano tridimensional usual. Em outras dimensões, a solução fundamental do Laplaciano possui outra dependência radial. Assim, para $m \neq 1$, a expressão acima é um modelo matemático de distância inversa, não uma dedução automática da gravitação newtoniana na dimensão $m + 2$.

A multiplicação de $\mathcal{K}_m$ não foi usada

O modelo depende do espaço euclidiano subjacente e de suas projeções, não do produto não associativo de $\mathcal{K}_m$. Uma dinâmica que use explicitamente a multiplicação algébrica constituiria uma lei constitutiva adicional e teria de ser especificada separadamente.

31.6 Energia e domínio sem colisões

Observação 31.11 (Conservação da energia no modelo comparativo). Ao longo de toda solução C^2 do modelo que permaneça em Q^*,

$$\boxed{H(q,\dot{q}) := \frac{1}{2}\sum_{a=1}^{N} m_a\|\dot{q}_a\|^2 + U(q)}$$

é constante.

Demonstração. Derivando a energia cinética,

$$\frac{d}{dt}\left(\frac{1}{2}\sum_a m_a\|\dot{q}_a\|^2\right) = \sum_a \langle m_a\ddot{q}_a, \dot{q}_a\rangle = -\sum_a \langle \nabla_{q_a} U, \dot{q}_a\rangle.$$

Pela regra da cadeia, esse membro é $-dU/dt$. Portanto, $dH/dt = 0$. □

Conservação não exclui colisões

A identidade de conservação vale apenas enquanto a solução permanece no domínio sem colisões. A conservação de H, isoladamente, não prova existência global nem impede que $\|q_a - q_b\| \to 0$ em tempo finito.

31.7 Sistemas de partículas em $\mathcal{K}^p$

Para $1 \leq p \leq \infty$, o espaço de configurações $(\mathcal{K}^p)^N$ recebe a multiplicação espacial componente a componente e os projetores de partícula–canal $\widehat{\Pi}_{a,r}$. As equações (31.1) permanecem válidas para cada canal finito. Quando $p = 2$, a estrutura hilbertiana fornece a métrica produto ponderada, a densidade $\mathscr{T}_{\mathrm{sp}}$ e os balanços quadráticos de energia. Para $p \neq 2$, essas identidades não são transportadas sem uma geometria adicional. No caso $p = \infty$, somas envolvendo todos os canais somente serão usadas sob uma hipótese explícita de convergência.

31.8 Exercícios

Exercício 31.1 (♦). Verifique que G é um produto interno em cada espaço tangente de Q.

Exercício 31.2 (♦). Prove diretamente que os projetores $\widehat{\Pi}_{a,r}$ resolvem a identidade de TQ.

Exercício 31.3 (♦♦). Derive a fórmula de $\widehat{\mathcal{C}}_{a,r}$ a partir da conexão produto.

Exercício 31.4 (♦♦). Dê um exemplo de força separável por canais que ainda acople todas as partículas dentro de cada canal.

Exercício 31.5 (♦♦). No modelo de distância inversa, escreva explicitamente as equações dos canais de duas partículas em $\mathcal{K}_1$.

Exercício 31.6 (♦♦♦). Para a lei constitutiva $F_{ab} = \kappa_{ab}(q_b - q_a) \cdot u$, calcule os canais da força usando a representação em blocos de M_u.

Exercício 31.7 (♦♦♦). Suponha que $U(q) = \sum_{r=0}^{m} U_r((q_{a,r})_{a=1}^{N})$. Prove que a força gradiente é separável por canais.

Exercício 31.8 (♦♦♦♦). Determine o potencial radial correspondente à solução fundamental do Laplaciano em $\mathbb{R}^d$, distinguindo $d = 2$ de $d \geq 3$, e compare-o com o potencial usado neste capítulo.

Observação 31.12 (Para prosseguir). O modelo de várias partículas tornou explícita a diferença entre geometria dos canais e interação física. No próximo capítulo, estudaremos estimativas de estabilidade em intervalos finitos e formularemos cuidadosamente as hipóteses necessárias para preservar uma distância positiva do conjunto de colisões.

CAPÍTULO 32

Estabilidade em tempo finito e persistência sem colisões

O alcance de uma estimativa de estabilidade

Uma perturbação pequena do campo vetorial não garante controle para tempos arbitrariamente grandes. Em um intervalo fixo $[0, T]$, porém, ela pode garantir existência até T, proximidade de uma solução de referência e persistência da ausência de colisões. Para evitar circularidade, não suporemos que a solução perturbada permanece numa região compacta sem colisões: construiremos um tubo em torno da referência e usaremos um argumento de tempo de saída.

32.1 Do sistema de segunda ordem ao espaço de fases

Em um espaço euclidiano de dimensão finita E, escrevemos

$$\ddot{q} = A(q, \dot{q}, t) \iff Y = (q, v), \qquad \dot{Y} = F(t, Y) := (v, A(q, v, t)).$$

Para N partículas, adotaremos a norma

$$\|(q, v)\|_* = \max\left\{\max_a \|q_a\|, \max_a \|v_a\|\right\}.$$

Ela permite passar imediatamente de uma estimativa no espaço de fases para uma estimativa da posição de cada partícula.

Definição 32.1 (Tubo em torno de uma trajetória). Para uma curva contínua $Y_0 : [0,T] \to E \times E$ e $\rho > 0$, ponha

$$\mathcal{T}_\rho(Y_0) = \{Y : \operatorname{dist}_*(Y, Y_0([0,T])) \le \rho\}.$$

Para argumentos evolutivos, será usado o *tubo sincronizado*

$$\mathcal{T}_\rho^{\text{sin}}(Y_0) := \{(t,Y) \in [0,T] \times (E \times E) : \|Y - Y_0(t)\|_* \le \rho\}.$$

Ele registra a proximidade à referência no mesmo instante, e não apenas a distância à imagem total da curva.

Observação 32.2 (Compacidade do tubo). O conjunto $\mathcal{T}_\rho(Y_0)$ é compacto.

Demonstração. A imagem de Y_0 é compacta. O tubo é fechado e limitado, pois cada um de seus pontos está a distância no máximo ρ dessa imagem. Heine–Borel conclui a prova. □

32.2 Grönwall com termo de erro

Observação 32.3 (Ferramenta clássica: Grönwall com fonte constante). Se $u : [0,T] \to [0,\infty)$ é absolutamente contínua e

$$u'(t) \le Lu(t) + \eta$$

quase em toda parte, com $L, \eta \ge 0$, então

$$u(t) \le \begin{cases} e^{Lt}u(0) + \eta \dfrac{e^{Lt}-1}{L}, & L > 0, \\ u(0) + \eta t, & L = 0. \end{cases}$$

Demonstração. Para $L > 0$, multiplicamos por e^{-Lt} e obtemos

$$\frac{d}{dt}\big(e^{-Lt}u(t)\big) \le \eta e^{-Lt}.$$

Integrando de 0 a t e multiplicando por e^{Lt}, segue a primeira fórmula. Para $L = 0$, basta integrar $u' \le \eta$. □

Observação 32.4 (A origem da exponencial). O fator e^{Lt} mede a amplificação de diferenças pela dinâmica de referência. Mesmo quando η é pequeno, a estimativa pode perder força para tempos grandes.

32.3 A ferramenta abstrata de estabilidade

Seja $\mathcal{U} \subset E \times E$ aberto. Compare

$$\dot{Y}_0 = F_0(t, Y_0) \qquad \text{e} \qquad \dot{Y}_\varepsilon = F_0(t, Y_\varepsilon) + R_\varepsilon(t, Y_\varepsilon).$$

Observação 32.5 (Ferramenta clássica: estabilidade em intervalo finito). Suponha que:

(i) $Y_0 : [0, T] \to \mathcal{U}$ seja uma solução;

(ii) a fibra em $E \times E$ de $\mathcal{T}_\rho^{\sin}(Y_0)$ esteja contida em $\mathcal{U}$ para todo t, para algum $\rho > 0$;

(iii) F_0 seja contínuo e L-Lipschitz em Y sobre $\mathcal{T}_\rho^{\sin}(Y_0)$;

(iv) R_ε seja contínuo, localmente Lipschitz em Y e $\|R_\varepsilon(t, Y)\|_* \leq \eta$ nesse conjunto;

(v)
$$B_T := \begin{cases} \eta \dfrac{e^{LT} - 1}{L}, & L > 0, \\ \eta T, & L = 0 \end{cases} \qquad \text{satisfaça} \quad B_T < \rho.$$

Então a solução perturbada com $Y_\varepsilon(0) = Y_0(0)$ existe em $[0, T]$ e

$$\boxed{\|Y_\varepsilon(t) - Y_0(t)\|_* \leq \begin{cases} \eta \dfrac{e^{Lt} - 1}{L}, & L > 0, \\ \eta t, & L = 0 \end{cases}}$$

para $0 \leq t \leq T$.

Demonstração. A teoria local fornece uma solução perturbada maximal. Enquanto ela permanece no interior do tubo, defina

$$u(t) = \|Y_\varepsilon(t) - Y_0(t)\|_*.$$

Essa função é absolutamente contínua e, quase em toda parte,

$$\begin{aligned} u'(t) &\leq \|F_0(t, Y_\varepsilon) - F_0(t, Y_0)\|_* + \|R_\varepsilon(t, Y_\varepsilon)\|_* \\ &\leq Lu(t) + \eta. \end{aligned}$$

Como $u(0) = 0$, a Observação 32.3 dá a estimativa anunciada.

Se houvesse um primeiro tempo de saída $\tau \leq T$, teríamos

$$\|Y_\varepsilon(\tau) - Y_0(\tau)\|_* \leq B_T < \rho.$$

Logo, $Y_\varepsilon(\tau)$ ainda estaria no interior do tubo. Isso contradiz a definição de τ, de modo que não há saída antes de T. A trajetória fica na projeção compacta do tubo sincronizado sobre o espaço de fases. Pelo teorema de continuação, seu intervalo maximal não pode terminar antes de T. □

Hipóteses indispensáveis

É necessária uma região na qual o campo de referência seja Lipschitz e o erro seja uniformemente limitado. A existência até T usa também a regularidade local do campo perturbado e a inclusão compacta do tubo no domínio. Erro pontual pequeno não implica existência global nem estabilidade para tempo infinito.

32.4 Aplicação aos canais espectrais

Para N partículas e uma família finita de canais, ponha

$$D_{a,r} := \mathcal{C}_r(V_a, V_a) = \sum_{s \neq r} \big(\mathsf{B}_{sr}(V_a)V_{a,r} - \mathsf{B}_{rs}(V_a)V_{a,s}\big).$$

Este é precisamente o defeito entre a dinâmica projetada e sua referência geometricamente desacoplada. No tubo escolhido, suponha

$$\mathscr{T}_{\mathrm{sp}} \leq \varepsilon \qquad \text{e} \qquad |V_a| \leq M$$

para todos os índices a. A primeira desigualdade mede o tamanho total das transferências entre os canais espaciais, e não uma perturbação arbitrária acrescentada ao sistema.

Teorema 32.6 (Controle do defeito espacial). *Existe $C_{\Sigma,N} > 0$, dependente apenas do número de partículas, do número de canais e da norma produto, tal que*

$$\boxed{\|R_\varepsilon(t,Y)\|_* \leq C_{\Sigma,N}\varepsilon M^2.}$$

Na norma máxima aplicada diretamente à lista dos defeitos, pode-se tomar $C_{\Sigma,N} = 1$. Além disso, cada componente de R_ε é reconstruível a partir de

$$\boxed{\nabla i, \qquad \nabla j_1, \dots, \nabla j_m, \qquad \Theta.}$$

Demonstração. Para cada (a,r), usamos a identidade em blocos acima. Pela estimativa das transferências da Proposição 30.13, obtemos

$$|D_{a,r}| \le |\mathcal{S}_r|\,|V_a|^2 \le \mathcal{T}_{\rm sp}|V_a|^2 \le \varepsilon M^2.$$

A norma máxima preserva a cota. Qualquer outra norma produto de dimensão finita introduz apenas uma constante de equivalência. A reconstrução final segue das fórmulas dos blocos B_{k0}, B_{0k} e $\mathsf{B}_{\ell k}$ em termos dos dados algébricos indicados. □

Corolário 32.7 (Estabilidade espectral quantitativa). *Nas hipóteses da Observação 32.5, tome $\eta = C_{\Sigma,N}\varepsilon M^2$. Se*

$$\begin{cases} \dfrac{C_{\Sigma,N}\varepsilon M^2}{L}(e^{LT} - 1) < \rho, & L > 0, \\ C_{\Sigma,N}\varepsilon M^2 T < \rho, & L = 0, \end{cases}$$

então a trajetória espectral existe até T e obedece à correspondente estimativa de proximidade em relação à referência desacoplada.

Observação 32.8 (A cota de velocidade não é circular). Como o tubo é compacto, M pode ser escolhido como o máximo da componente velocidade sobre todo o tubo. Não é necessário supor antecipadamente uma cota ao longo da solução perturbada desconhecida.

32.5 Persistência quantitativa sem colisões

Seja $Y_0(t) = (q_0(t), v_0(t))$ uma trajetória sem colisões e defina

$$\delta_T = \min_{0 \le t \le T} \min_{a \ne b} \|q_{0,a}(t) - q_{0,b}(t)\| > 0.$$

Teorema 32.9 (Persistência espectral sem colisões). *Nas hipóteses da Observação 32.5, suponha*

$$B_T < \min\left\{\rho, \frac{\delta_T}{2}\right\}.$$

Então Y_ε existe em $[0, T]$ e

$$\boxed{\|q_{\varepsilon,a}(t) - q_{\varepsilon,b}(t)\| \geq \delta_T - 2B_T > 0}$$

para $a \neq b$ e $0 \leq t \leq T$.

Demonstração. A estimativa espacial quantitativa implica

$$\|q_{\varepsilon,a}(t) - q_{0,a}(t)\| \leq B_T.$$

Logo, pela desigualdade triangular,

$$\begin{aligned} \|q_{\varepsilon,a} - q_{\varepsilon,b}\| &\geq \|q_{0,a} - q_{0,b}\| - \|q_{\varepsilon,a} - q_{0,a}\| - \|q_{\varepsilon,b} - q_{0,b}\| \\ &\geq \delta_T - 2B_T > 0. \end{aligned}$$

□

Corolário 32.10 (Limiar explícito para o acoplamento). *No caso espectral, é suficiente, para $L > 0$, que*

$$\boxed{\varepsilon < \frac{L}{C_{\Sigma,N} M^2 (e^{LT} - 1)} \min\left\{\rho, \frac{\delta_T}{2}\right\}.}$$

Para $L = 0$, basta

$$\boxed{\varepsilon < \frac{1}{C_{\Sigma,N} M^2 T} \min\left\{\rho, \frac{\delta_T}{2}\right\}.}$$

Interpretação correta

O resultado não afirma que toda solução do problema de N corpos seja livre de colisões. Ele prova a persistência, num intervalo finito prescrito, de uma referência que já possui separação mínima positiva. Também não fornece controle uniforme quando $T \to \infty$.

32.6 A força de distância inversa longe das colisões

Considere

$$A_a(q) = -G \sum_{b\neq a} m_b \frac{q_a - q_b}{\|q_a - q_b\|^3}.$$

Esse campo não é globalmente Lipschitz. Em um tubo estreito em torno de uma referência sem colisões, porém, sua constante de Lipschitz pode ser estimada explicitamente.

Observação 32.11 (Cálculo clássico da constante local de Lipschitz). Escolha $0 < \rho < \delta_T/2$, ponha

$$d_* = \delta_T - 2\rho > 0, \qquad M_{\text{tot}} = \sum_{b=1}^{N} m_b,$$

e fixe $t \in [0, T]$. Se $q, \tilde{q}$ satisfazem

$$\|q - q_0(t)\|_{\max} \leq \rho, \qquad \|\tilde{q} - q_0(t)\|_{\max} \leq \rho,$$

então

$$\max_a \|A_a(q) - A_a(\tilde{q})\| \leq \frac{4GM_{\text{tot}}}{d_*^3} \|q - \tilde{q}\|_{\max}.$$

Consequentemente, $F_0(q, v) = (v, A(q))$ é Lipschitz nessa fibra tubular com

$$L = \max\left\{1, \frac{4GM_{\text{tot}}}{d_*^3}\right\}.$$

Demonstração. Para $h(x) = x/\|x\|^3$,

$$Dh(x) = \frac{I}{\|x\|^3} - 3\frac{x \otimes x}{\|x\|^5}.$$

Seus autovalores são $\|x\|^{-3}$ nas direções ortogonais a x e $-2\|x\|^{-3}$ na direção de x. Assim,

$$\|Dh(x)\|_{\text{op}} \leq \frac{2}{d_*^3}$$

quando $\|x\| \geq d_*$.

O segmento entre $q_a - q_b$ e $\tilde{q}_a - \tilde{q}_b$ permanece no conjunto $\|x\| \geq d_*$, pois ambos os extremos pertencem à bola convexa de raio 2ρ em torno de $q_{0,a}(t) - q_{0,b}(t)$. O teorema do valor médio fornece

$$\|h(q_a - q_b) - h(\tilde{q}_a - \tilde{q}_b)\| \leq \frac{2}{d_*^3} \|(q_a - q_b) - (\tilde{q}_a - \tilde{q}_b)\|.$$

O último fator é no máximo $2\|q - \tilde{q}\|_{\max}$. Somar em $b \neq a$ prova a primeira estimativa; a afirmação sobre F_0 segue imediatamente. □

Observação 32.12 (A separação aparece ao cubo). A constante cresce como d_*^{-3}. Quanto mais perto a referência passa de uma colisão, menor precisa ser a perturbação admissível. Isso reflete a singularidade da força, e não uma perda meramente técnica.

32.7 Estabilidade na escala $\mathcal{K}^p$

Nos sistemas modelados em $(\mathcal{K}^p)^N$, a lista finita de defeitos deve ser substituída pelo vetor de todos os canais,

$$\mathcal{C}(V_a, V_a) = \big(\mathcal{C}_r(V_a, V_a)\big)_{r\geq 0}.$$

Como cada entrada dessa lista já pertence a $\mathcal{K}^p$, seu espaço natural é

$$\mathfrak{D}_p := \ell^p(\mathbb{N}_0; \mathcal{K}^p),$$

com a modificação usual pela norma do supremo quando $p = \infty$. Não basta controlar separadamente cada coordenada: é necessário que a lista pertença a $\mathfrak{D}_p$ e possua uma cota na norma agregada.

Teorema 32.13 (Estabilidade espacial em $\mathcal{K}^p$). *Fixe $1 \leq p \leq \infty$, uma trajetória de referência $Y_0 : [0, T] \to (\mathcal{K}^p)^N \times (\mathcal{K}^p)^N$ e números $0 < \rho < \rho_+$. Suponha que o tubo $\mathcal{T}_{\rho_+}^{\text{sin}}(Y_0)$ esteja contido no domínio dos campos, que o campo de referência seja contínuo e uniformemente L-Lipschitz nesse tubo e que o campo perturbado possua a regularidade local necessária para existência e unicidade. Suponha ainda que, no tubo maior, o defeito bilinear espacial satisfaça*

$$\|\mathcal{C}(X, Y)\|_{\mathfrak{D}_p} \leq \varepsilon \|X\|_p \|Y\|_p \qquad (X, Y \in \mathcal{K}^p)$$

e que $\|V_a\|_p \leq M$. Se o campo de referência for L-Lipschitz e

$$B_{p,T} := \begin{cases} C_N \varepsilon M^2 \dfrac{e^{LT} - 1}{L}, & L > 0, \\ C_N \varepsilon M^2 T, & L = 0 \end{cases} < \rho,$$

então a solução espacial existe até T e permanece a distância no máximo $B_{p,t}$ da referência, para $0 \leq t \leq T$. Se a referência tem separação mínima δ_T e $B_{p,T} < \delta_T/2$, a solução perturbada não colide nesse intervalo.

Demonstração. A hipótese bilinear fornece, para cada partícula,

$$\|\mathcal{C}(V_a, V_a)\|_{\mathfrak{D}_p} \leq \varepsilon M^2.$$

A norma produto das N cópias introduz apenas a constante C_N. A desigualdade integral de Grönwall, válida em espaços de Banach, dá a cota $B_{p,t}$. Como $B_{p,T} < \rho < \rho_+$, o argumento de tempo de saída conserva a solução no tubo menor e deixa uma margem até a fronteira do tubo maior. A Lipschitzianidade e as cotas uniformes nesse tubo fornecem o passo local uniforme necessário à continuação até T, sem invocar compacidade de conjuntos fechados e limitados. A estimativa de separação segue da desigualdade triangular, como no caso finito. □

Em dimensão infinita, limitado não implica compacto

O argumento anterior usa o tubo maior e estimativas uniformes porque uma bola fechada de $\mathcal{K}^p$ não é compacta em geral. A prova de dimensão finita baseada diretamente em Heine–Borel não deve ser transportada para $\mathcal{K}^p$ sem essas hipóteses adicionais.

Observação 32.14 (O papel especial de $p = 2$). Em $\mathcal{K}^2$, a geometria hilbertiana permite controlar o defeito agregado por normas quadráticas dos blocos de transferência e interpretar a pequenez em termos da energia total intercanal. Para $p \neq 2$, deve-se usar diretamente a norma de operador bilinear em $\mathcal{K}^p$; identidades de Hilbert–Schmidt não podem ser transportadas automaticamente. No caso $p = \infty$, a hipótese do teorema inclui, em particular, uniformidade em todos os canais.

32.8 Exercícios

Exercício 32.1 (♦). Prove a versão da Observação 32.3 com fonte $\eta(t) \geq 0$:

$$u(t) \leq e^{Lt}u(0) + \int_0^t e^{L(t-s)}\eta(s)\,ds.$$

Exercício 32.2 (♦). Justifique cuidadosamente por que $\delta_T > 0$ para uma trajetória contínua sem colisões num intervalo compacto.

Exercício 32.3 (♦♦). Adapte a Observação 32.5 a dados iniciais distintos e obtenha o termo $e^{Lt}\|Y_\varepsilon(0) - Y_0(0)\|_*$.

Exercício 32.4 (♦♦). Mostre que $B_T < \delta_T/4$ implica separação perturbada maior que $\delta_T/2$.

Exercício 32.5 (♦♦♦). Calcule diretamente os autovalores de $Dh(x)$ usados na Observação 32.11.

Exercício 32.6 (♦♦♦). Refaça a estimativa da força usando a norma euclidiana no produto e determine uma constante explícita dependente de N.

Exercício 32.7 (♦♦♦). Partindo da fórmula em blocos para $D_{a,r}$, mostre diretamente que $D_{a,r} = 0$ quando todos os blocos de transferência intercanal se anulam. Interprete o resultado por meio dos dados $\nabla i, \nabla j_1, \ldots, \nabla j_m, \boldsymbol{\Theta}$.

Exercício 32.8 (♦♦♦♦). Em $\mathcal{K}^2$, suponha que a família de blocos defina um operador de Hilbert–Schmidt. Obtenha uma cota quadrática para $\|\mathcal{C}(V, V)\|_2$ e compare-a com a hipótese do Teorema 32.13.

Exercício 32.9 (♦♦♦♦). Substitua $x/\|x\|^3$ por $h_\alpha(x) = x/\|x\|^{\alpha+1}, \alpha > 0$, e determine a ordem de crescimento da constante de Lipschitz quando $d_* \downarrow 0$.

Observação 32.15 (Para prosseguir). Obtivemos controle local em regiões regulares. No próximo capítulo, estudaremos soluções periódicas e distinguiremos controle em tempo finito, estabilidade orbital e persistência de periodicidade.

CAPÍTULO 33

Órbitas periódicas e persistência

Quatro afirmações que não são equivalentes

Se γ é uma órbita periódica e Y_ε é uma trajetória perturbada, é essencial distinguir:

(i) proximidade parametrizada: $Y_\varepsilon(t)$ fica perto de $\gamma(t)$;

(ii) proximidade orbital: $Y_\varepsilon(t)$ fica perto do conjunto traçado por γ, admitindo defasagem no tempo;

(iii) retorno aproximado: $Y_\varepsilon(P)$ fica perto de $Y_\varepsilon(0)$;

(iv) persistência periódica: existe uma órbita fechada da dinâmica perturbada.

O Capítulo 32 fornece a primeira afirmação em intervalos finitos e, como consequência, pode fornecer a terceira. A quarta exige uma hipótese adicional de não degenerescência.

33.1 Órbitas periódicas e distância orbital

Considere um campo vetorial autônomo C^1,

$$\dot{Y} = F(Y), \qquad Y \in \mathcal{U} \subset \mathbb{R}^d.$$

Definição 33.1 (Órbita periódica). Uma solução não constante $\gamma : \mathbb{R} \to \mathcal{U}$ é periódica se existe $P > 0$ tal que

$$\gamma(t+P) = \gamma(t)$$

para todo t. O menor $P > 0$ com essa propriedade é o *período mínimo*. A órbita geométrica é o conjunto

$$\Gamma = \{\gamma(t) : 0 \leq t < P\}.$$

Definição 33.2 (Distância à órbita). Para $Y \in \mathcal{U}$, define-se

$$\operatorname{dist}(Y,\Gamma) := \inf_{0 \leq s < P} \|Y - \gamma(s)\|.$$

Definição 33.3 (Estabilidade orbital). A órbita Γ é orbitalmente estável se, para todo $\epsilon > 0$, existe $\delta > 0$ tal que

$$\operatorname{dist}(Y(0),\Gamma) < \delta \quad \Longrightarrow \quad \operatorname{dist}(Y(t),\Gamma) < \epsilon$$

para todo $t \geq 0$ para o qual a solução esteja definida. Ela é assintoticamente orbitalmente estável se, além disso,

$$\operatorname{dist}(Y(t),\Gamma) \longrightarrow 0 \quad \text{quando} \quad t \to \infty.$$

Observação 33.4 (A fase pode deslizar). Estabilidade orbital não exige que $\|Y(t) - \gamma(t)\|$ permaneça pequena. A trajetória pode aproximar o mesmo conjunto geométrico com uma fase $\theta(t)$, isto é, $Y(t) \approx \gamma(\theta(t))$, enquanto $\theta(t) - t$ cresce.

33.2 O que Grönwall fornece após um período

Seja γ uma solução P-periódica da dinâmica de referência $\dot{Y} = F_0(Y)$. Considere

$$\dot{Y}_\varepsilon = F_0(Y_\varepsilon) + R_\varepsilon(t, Y_\varepsilon), \qquad Y_\varepsilon(0) = \gamma(0),$$

sob as hipóteses da Observação 32.5 em $[0, P]$.

Observação 33.5 (Ferramenta clássica: retorno aproximado). Com a notação do capítulo anterior,

$$\boxed{\|Y_\varepsilon(P) - Y_\varepsilon(0)\| \leq B_P,}$$

onde

$$B_P = \begin{cases} \eta \dfrac{e^{LP}-1}{L}, & L > 0, \\ \eta P, & L = 0. \end{cases}$$

Demonstração. Como $\gamma(P) = \gamma(0) = Y_\varepsilon(0)$,

$$\|Y_\varepsilon(P) - Y_\varepsilon(0)\| = \|Y_\varepsilon(P) - \gamma(P)\| \leq B_P.$$

□

Retorno pequeno não é retorno exato

Uma desigualdade $\|Y_\varepsilon(P) - Y_\varepsilon(0)\| \leq B_P$ com $B_P > 0$ não implica igualdade dos extremos. Tampouco garante que algum dado inicial próximo produza uma órbita periódica. Para transformar quase retorno em retorno exato, precisaremos estudar uma aplicação de retorno e um ponto fixo.

Exemplo: Mudança de velocidade angular

Na circunferência, considere

$$\dot{\theta} = 1 \qquad \text{e} \qquad \dot{\theta}_\varepsilon = 1 + \varepsilon.$$

A referência tem período 2π. A trajetória perturbada percorre exatamente a mesma órbita geométrica, logo sua distância orbital é sempre zero, mas

$$\theta_\varepsilon(2\pi) - \theta_\varepsilon(0) = 2\pi + 2\pi\varepsilon.$$

Em geral, ela não retorna ao ponto inicial no tempo 2π. Seu período é

$$P_\varepsilon = \frac{2\pi}{1+\varepsilon}.$$

Portanto, até a persistência da mesma curva fechada pode vir acompanhada de mudança do período.

33.3 Linearização, monodromia e multiplicadores de Floquet

Para uma órbita P-periódica γ de $\dot{Y} = F_0(Y)$, a equação variacional é

$$\dot{\xi} = A(t)\xi, \qquad A(t) := DF_0(\gamma(t)).$$

Como $\gamma(t+P) = \gamma(t)$, temos $A(t+P) = A(t)$.

Definição 33.6 (Matriz fundamental e monodromia). A matriz fundamental principal é a solução

$$\dot{\Phi}(t) = A(t)\Phi(t), \qquad \Phi(0) = I.$$

A matriz

$$M := \Phi(P)$$

é a *matriz de monodromia*. Seus autovalores são os *multiplicadores de Floquet*.

Observação 33.7 (Fato clássico: multiplicador tangencial). Toda órbita periódica não estacionária de um sistema autônomo possui o multiplicador de Floquet 1.

Demonstração. Derivando $\dot{\gamma} = F_0(\gamma)$,

$$\ddot{\gamma}(t) = DF_0(\gamma(t))\dot{\gamma}(t) = A(t)\dot{\gamma}(t).$$

Logo $\dot{\gamma}$ resolve a equação variacional. Pela periodicidade,

$$\dot{\gamma}(P) = \dot{\gamma}(0).$$

Como a evolução linear de 0 a P é M,

$$M\dot{\gamma}(0) = \dot{\gamma}(0).$$

Assim, 1 é autovalor de M. □

Observação 33.8 (Por que não se inverte $I - M$). No espaço de fases completo, $I - M$ nunca é invertível por causa da direção tangente à órbita. A condição correta de não degenerescência deve ser imposta apenas nas direções transversais.

33.4 Seção transversal e aplicação de Poincaré

Fixe $Y_* = \gamma(0)$. Como $F_0(Y_*) \neq 0$, existe uma hipersuperfície C^1, denotada por Σ, que passa por Y_* e é transversal ao campo:

$$T_{Y_*}\mathbb{R}^d = \operatorname{span}\{F_0(Y_*)\} \oplus T_{Y_*}\Sigma.$$

Para $Y \in \Sigma$ próximo de Y_*, a trajetória retorna a Σ num tempo $\tau_0(Y)$ próximo de P.

Definição 33.9 (Aplicação de Poincaré). Se φ_0^t é o fluxo de F_0, a aplicação de primeiro retorno é

$$\mathcal{P}_0(Y) := \varphi_0^{\tau_0(Y)}(Y).$$

Em particular,

$$\mathcal{P}_0(Y_*) = Y_*.$$

Observação 33.10 (Fato clássico: periodicidade e ponto fixo). Um ponto $Y \in \Sigma$ próximo de Y_* gera uma órbita periódica próxima de Γ se e somente se

$$\mathcal{P}_0(Y) = Y.$$

Nesse caso, o período próximo de P é $\tau_0(Y)$.

Demonstração. Se $\mathcal{P}_0(Y) = Y$, a trajetória retorna ao mesmo ponto após o tempo $\tau_0(Y) > 0$; a unicidade das soluções permite repetir o trecho indefinidamente. Reciprocamente, uma órbita periódica próxima e transversal a Σ retorna ao ponto em que a intercepta. □

Observação 33.11 (Multiplicadores transversais). Os autovalores de $D\mathcal{P}_0(Y_*)$ são precisamente os multiplicadores de Floquet transversais. O multiplicador tangencial 1 foi removido pela passagem à seção.

33.5 Persistência de uma órbita periódica

Considere agora uma família autônoma de campos C^1,

$$\dot{Y} = F_\varepsilon(Y), \qquad F_\varepsilon \longrightarrow F_0 \quad \text{em } C^1$$

numa vizinhança de Γ. Para ε pequeno, a transversalidade persiste e define aplicações de retorno $\mathcal{P}_\varepsilon$ na mesma seção local.

Definição 33.12 (Órbita periódica não degenerada). A órbita Γ é não degenerada se

$$1 \notin \sigma(D\mathcal{P}_0(Y_*)).$$

Equivalentemente, o multiplicador 1 da monodromia é simples na direção orbital e não aparece entre os multiplicadores transversais.

Observação 33.13 (Ferramenta clássica: persistência de órbita periódica). Suponha que Γ seja uma órbita P-periódica não degenerada de F_0. Se $(\varepsilon, Y) \mapsto F_\varepsilon(Y)$ é C^1, então, para $|\varepsilon|$ pequeno, existe um único ponto $Y_\varepsilon^* \in \Sigma$ próximo de Y_* tal que

$$\mathcal{P}_\varepsilon(Y_\varepsilon^*) = Y_\varepsilon^*.$$

Consequentemente, F_ε possui uma órbita periódica próxima de Γ, com período

$$P_\varepsilon = \tau_\varepsilon(Y_\varepsilon^*) \longrightarrow P.$$

A unicidade é local e considerada após fixar a seção transversal.

Demonstração. Em coordenadas locais de Σ, defina

$$\mathcal{G}(\varepsilon, Y) := \mathcal{P}_\varepsilon(Y) - Y.$$

Temos $\mathcal{G}(0, Y_*) = 0$ e

$$D_Y\mathcal{G}(0, Y_*) = D\mathcal{P}_0(Y_*) - I.$$

A não degenerescência afirma exatamente que esse operador é invertível. O teorema da função implícita fornece uma única função C^1 $\varepsilon \mapsto Y_\varepsilon^*$, próxima de Y_*, tal que $\mathcal{G}(\varepsilon, Y_\varepsilon^*) = 0$.

Pela Observação 33.10, cada ponto fixo gera uma órbita periódica. A dependência contínua do fluxo e do tempo de retorno implica $P_\varepsilon \to P$. □

A hipótese é C^1, não apenas C^0

A estimativa uniforme $\|F_\varepsilon - F_0\| \leq \eta$ basta para controle em tempo finito, mas não controla a derivada da aplicação de retorno. A persistência de um ponto fixo não degenerado requer controle C^1 do campo, ou outra hipótese que garanta diretamente a regularidade e a proximidade das aplicações de Poincaré.

Observação 33.14 (O dado inicial geralmente muda). A Observação 33.13 não afirma que a solução perturbada iniciada em Y_* seja periódica. O ponto inicial correto é Y_ε^*, obtido como ponto fixo da nova aplicação de retorno.

33.6 Estabilidade orbital pelos multiplicadores

Observação 33.15 (Critério clássico transversal de estabilidade). Se todos os autovalores de $D\mathcal{P}_0(Y_*)$ possuem módulo estritamente menor que 1, então Γ é assintoticamente orbitalmente estável. Se algum multiplicador transversal possui módulo maior que 1, então Γ é orbitalmente instável.

Demonstração. No primeiro caso, existe uma norma equivalente nas coordenadas transversais e uma vizinhança de Y_* na qual alguma iterada da aplicação de Poincaré é uma contração. As interseções sucessivas de uma trajetória próxima com Σ convergem a Y_*. Entre duas interseções, a dependência contínua do fluxo mantém a trajetória próxima da órbita; portanto, a distância a Γ tende a zero.

Se existe um multiplicador de módulo maior que 1, a linearização da aplicação de retorno possui uma direção expansiva. Pontos arbitrariamente próximos de Y_* afastam-se sob alguma iterada, o que contradiz a estabilidade orbital. □

Multiplicadores sobre o círculo unitário

Quando um multiplicador transversal tem módulo 1, a linearização pode ser inconclusiva. Termos não lineares podem produzir estabilidade, instabilidade ou dinâmica central. Não se deve concluir estabilidade apenas da desigualdade $|\mu| \leq 1$.

33.7 Aplicação às perturbações espectrais

Suponha que uma dinâmica desacoplada possua uma órbita periódica não degenerada e que o sistema espectral forme uma família F_ε. O defeito de segunda ordem fornece a estimativa C^0

$$\|F_\varepsilon - F_0\| \leq C_{\Sigma,N}\varepsilon M^2$$

em um tubo regular. Para aplicar o teorema de persistência, é preciso ainda controlar a derivada desse defeito.

Teorema 33.16 (Proximidade espacial C^1 reconstruível). *Suponha, num tubo em torno da órbita, que*

$$\mathscr{T}_{\mathrm{sp}} \leq \varepsilon, \qquad |\nabla \mathcal{S}_r| \leq \varepsilon, \qquad |V_a| \leq M,$$

e que as demais parcelas da dinâmica dependam de ε *em* C^1*. Então, após restringir o tubo se necessário,*

$$\|F_\varepsilon - F_0\|_{C^1} \leq C\,\varepsilon,$$

onde C *depende do tubo, das cotas de velocidade, do número de partículas e dos canais. Cada componente do defeito e de sua derivada é determinada pelos dados espaciais*

$$\boxed{\nabla i,\ \nabla j_1, \dots, \nabla j_m,\ \boldsymbol{\Theta}; \qquad \nabla^2 i,\ \nabla^2 j_1, \dots, \nabla^2 j_m,\ \nabla \boldsymbol{\Theta}.}$$

Demonstração. O defeito básico possui a forma em blocos

$$D_{a,r} = \sum_{s \neq r} \big(\mathsf{B}_{sr}(V_a) V_{a,r} - \mathsf{B}_{rs}(V_a) V_{a,s}\big) = \mathcal{S}_r(V_a, V_a).$$

Pelo controle das transferências, $|D_{a,r}| \leq \varepsilon M^2$. Sua derivada em relação à velocidade é

$$W \longmapsto \mathcal{S}_r(W, V_a) + \mathcal{S}_r(V_a, W),$$

cuja norma é no máximo $2\varepsilon M|W|$. Na variável de base surge

$$(\nabla \mathcal{S}_r)(V_a, V_a),$$

cuja norma é no máximo εM^2. Somamos as componentes e incluímos as demais parcelas C^1, obtendo a estimativa. As fórmulas de reconstrução dos blocos fornecem sua dependência nos dados de primeira ordem. Derivá-las covariantemente acrescenta precisamente os dados de segunda ordem exibidos no enunciado. □

Corolário 33.17 (Persistência periódica espectral). *Sob as hipóteses do Teorema 33.16, uma órbita periódica não degenerada da dinâmica desacoplada persiste como órbita periódica próxima do sistema espectral para* ε *pequeno.*

Corolário 33.18 (Persistência da ausência de colisões). *Se a órbita periódica de referência é livre de colisões, então a órbita periódica perturbada também é livre de colisões para* ε *suficientemente pequeno.*

Demonstração. A órbita de referência é compacta e possui separação mínima $\delta_P > 0$. A órbita perturbada converge uniformemente à referência, após uma escolha contínua de fase. Para perturbação suficientemente pequena, o deslocamento de cada partícula é menor que $\delta_P/4$; o argumento triangular do Teorema 32.9 conclui a prova. □

O que o acoplamento pequeno não prova sozinho

A cota $\mathscr{T}_{\mathrm{sp}} \leq \varepsilon$, isoladamente, não produz uma órbita periódica. São necessários, no mínimo, um mecanismo de retorno, controle regular suficiente e não degenerescência transversal. Sem isso, podemos afirmar apenas estabilidade em tempo finito dentro das hipóteses do capítulo anterior.

33.8 Persistência periódica na escala $\mathcal{K}^p$

Em dimensão infinita, a condição coordenada a coordenada não controla a aplicação de retorno. A perturbação espacial agregada e sua derivada devem ser pequenas na norma $\mathfrak{D}_p = \ell^p(\mathbb{N}_0; \mathcal{K}^p)$, e a não degenerescência precisa ser formulada como invertibilidade de um operador transversal.

Teorema 33.19 (Persistência periódica espacial em $\mathcal{K}^p$). *Fixe* $1 \leq p \leq \infty$. *Seja* Γ *uma órbita periódica de uma dinâmica desacoplada em* $(\mathcal{K}^p)^N$, *e suponha que exista uma seção local transversal* Σ *para a qual*

$$I - D\mathcal{P}_0(Y_*) : T_{Y_*}\Sigma \longrightarrow T_{Y_*}\Sigma$$

seja um isomorfismo limitado. Suponha ainda que, num tubo em torno de Γ, *os campos gerem fluxos locais* C^1 *com um intervalo uniforme que contenha o primeiro retorno e que*

$$\|\mathcal{C}_\varepsilon\|_{\mathrm{Bil}(\mathcal{K}^p \times \mathcal{K}^p, \mathfrak{D}_p)} + \|\nabla \mathcal{C}_\varepsilon\|_{\mathrm{Bil}(\mathcal{K}^p \times \mathcal{K}^p, \mathfrak{D}_p)} \leq C\varepsilon$$

e que as demais parcelas do campo convirjam em C^1. *Então, para* ε *suficientemente pequeno, existe uma órbita periódica espacial* Γ_ε *próxima de* Γ, *única após a fixação da seção, e seu período converge ao período de* Γ.

Demonstração. As hipóteses sobre $\mathcal{C}_\varepsilon$ fornecem convergência C^1 dos campos na norma de $(\mathcal{K}^p)^N$. A dependência C^1 do fluxo e do tempo de retorno implica $\mathcal{P}_\varepsilon \to \mathcal{P}_0$ em C^1. Aplicamos o teorema da função implícita em espaços de Banach a

$$\mathcal{G}(\varepsilon, Y) = \mathcal{P}_\varepsilon(Y) - Y.$$

A derivada em Y_* é $D\mathcal{P}_0(Y_*) - I$, invertível pela hipótese. O ponto fixo obtido gera a órbita periódica e a continuidade do tempo de retorno fornece a convergência dos períodos. □

Observação 33.20 (Diferença entre $\mathcal{K}^2$ e $\mathcal{K}^p$). Em $\mathcal{K}^2$, a parte transversal pode ser descrita por complemento ortogonal, e normas quadráticas dos blocos controlam naturalmente a perturbação. Para $p \neq 2$, deve-se escolher uma seção transversal complementada e trabalhar com normas de operadores limitados. Em $p = \infty$, a pequena perturbação deve ser uniforme em todos os canais; convergência em cada canal isolado não é suficiente.

33.9 Exercícios

Exercício 33.1 (♦). Mostre que a distância orbital é independente da parametrização periódica escolhida para Γ.

Exercício 33.2 (♦). No exemplo $\dot{\theta}_\varepsilon = 1 + \varepsilon$, calcule o erro de fase após n períodos da referência.

Exercício 33.3 (♦♦). Prove que um ponto fixo da aplicação de Poincaré gera uma solução periódica usando explicitamente a unicidade das soluções.

Exercício 33.4 (♦♦). Considere, em coordenadas polares,

$$\dot{r} = -\alpha(r-1), \qquad \dot{\theta} = 1,$$

com $\alpha > 0$. Determine a órbita periódica, seu período e o multiplicador transversal.

Exercício 33.5 (♦♦♦). Mostre que o multiplicador tangencial 1 decorre da invariância por translação temporal do sistema autônomo.

Exercício 33.6 (♦♦♦). Para o sistema do exercício anterior, perturbe $\dot{r} = -\alpha(r-1)$ para $\dot{r} = -\alpha(r-1) + \varepsilon$. Encontre diretamente a órbita periódica persistente e compare-a com a ferramenta abstrata de persistência.

Exercício 33.7 (♦♦♦). Derive a fórmula em blocos de $D_{a,r}$ ao longo de uma órbita e identifique separadamente os termos provenientes de ∇B_{sr} e da variação da velocidade.

Exercício 33.8 (♦♦♦♦). Mostre que, em $\mathcal{K}^2$, uma cota de Hilbert–Schmidt uniforme para os blocos e suas derivadas fornece a hipótese de proximidade C^1 usada no Teorema 33.19.

Exercício 33.9 (♦♦♦♦). Explique como o argumento muda para um campo não autônomo P-periódico no tempo, usando a aplicação estroboscópica $Y(0) \mapsto Y(P)$.

Observação 33.21 (Para prosseguir). A aplicação de Poincaré converteu periodicidade em um problema de ponto fixo e mostrou onde o controle transversal é indispensável. No próximo capítulo, retomaremos a geometria multicanal para estudar simetrias, quantidades conservadas e reduções compatíveis com a decomposição espectral.

CAPÍTULO 34

Simetrias, conservação e redução multicanal

Três níveis de compatibilidade

Uma simetria de um sistema multicanal pode preservar objetos diferentes:

(i) a métrica e a energia, produzindo uma quantidade conservada;

(ii) cada distribuição espectral E_r, preservando a identificação dos canais;

(iii) a distribuição vertical de uma ação de grupo, permitindo que os projetores desçam ao espaço reduzido.

Essas condições não são automáticas nem equivalentes. Em particular, uma rotação pode ser simetria da energia e ainda misturar canais espectrais.

34.1 Campos de Killing e uma identidade de balanço

Seja (M, g) uma variedade riemanniana com conexão de Levi–Civita ∇. Considere a equação

$$\nabla_V V = F, \qquad V = \dot{\gamma}.$$

Definição 34.1 (Campo de Killing). Um campo vetorial X é de Killing se

$$\mathcal{L}_X g = 0,$$

isto é, seu fluxo local é formado por isometrias. Equivalentemente,

$$g(\nabla_Y X, Z) + g(Y, \nabla_Z X) = 0$$

para todos os campos Y, Z.

Observação 34.2 (Balanço clássico de Noether). Ao longo de uma solução de $\nabla_V V = F$,

$$\boxed{\frac{d}{dt}g(V,X) = g(F,X) + \frac{1}{2}(\mathcal{L}_X g)(V,V).}$$

Em particular, se X é de Killing,

$$\frac{d}{dt}g(V,X) = g(F,X).$$

Demonstração. Como a conexão é métrica,

$$\frac{d}{dt}g(V,X) = g(\nabla_V V, X) + g(V, \nabla_V X).$$

O primeiro termo é $g(F,X)$. Além disso,

$$(\mathcal{L}_X g)(V,V) = 2g(\nabla_V X, V),$$

o que fornece a identidade. □

Observação 34.3 (Consequência clássica para forças potenciais). Considere

$$\nabla_V V = -\operatorname{grad} U.$$

Se X é de Killing e $X(U) = 0$, então

$$\boxed{J_X(\gamma, V) := g(V,X)}$$

é constante ao longo das soluções.

Demonstração. Pela observação anterior,

$$\frac{dJ_X}{dt} = -g(\operatorname{grad} U, X) = -dU(X) = -X(U) = 0.$$

□

Onde a conexão métrica é usada

A derivação de $g(V,X)$ emprega $\nabla g = 0$. Para uma conexão afim arbitrária surge um termo adicional envolvendo ∇g. Portanto, a lei acima não deve ser transferida sem alteração para conexões não métricas.

34.2 Simetrias que preservam os canais

Suponha agora

$$TM = E_0 \oplus_g \cdots \oplus_g E_m, \qquad \sum_{r=0}^{m} \Pi_r = I.$$

Definição 34.4 (Simetria espectral). Uma isometria $\Phi : M \to M$ é compatível com a estrutura espectral se

$$\boxed{d\Phi \circ \Pi_r = \Pi_r \circ d\Phi}$$

para todo r, nos pontos correspondentes. Equivalentemente, $d\Phi(E_r) = E_r$.

Definição 34.5 (Compatibilidade infinitesimal). Um campo X preserva os canais se

$$\mathcal{L}_X \Pi_r = 0$$

para todo r, onde

$$(\mathcal{L}_X \Pi_r)(Y) = [X, \Pi_r Y] - \Pi_r [X, Y].$$

Teorema 34.6 (Reconstrução algébrica da simetria espectral). *Seja $A : T_q M \to T_{\Phi(q)} M$ uma isometria linear que entrelaça os produtos espaciais,*

$$A(u \cdot v) = A(u) \cdot A(v),$$

e suponha, para uma permutação σ de $\{1, \ldots, m\}$, que

$$A(1) = 1, \qquad A(i) = \epsilon i, \qquad A(j_k) = j_{\sigma(k)}, \qquad \epsilon \in \{-1, 1\}.$$

Então

$$\boxed{A\Pi_0 = \Pi_0 A, \qquad A\Pi_k = \Pi_{\sigma(k)} A.}$$

Em particular, a multiplicação de $\mathcal{K}_m$ reconstrói a compatibilidade espectral: nenhuma hipótese independente sobre os projetores é necessária.

Demonstração. O entrelaçamento do produto equivale a

$$A\mathsf{M}_u = \mathsf{M}_{A(u)} A.$$

Como $\Pi_0 = -\mathsf{M}_i^2$, obtemos

$$A\Pi_0 = -\mathsf{M}_{\epsilon i}^2 A = \Pi_0 A.$$

Logo $A\mathsf{Q} = \mathsf{Q}A$, onde $\mathsf{Q} = I - \Pi_0$. Usando $\Pi_k = \mathsf{Q}\mathsf{M}_{j_k}\mathsf{Q}$, segue

$$A\Pi_k = \mathsf{Q}\mathsf{M}_{j_{\sigma(k)}}\mathsf{Q}A = \Pi_{\sigma(k)} A.$$

□

Observação 34.7 (Do fluxo à condição infinitesimal). O fluxo local de X preserva cada E_r se e somente se $\mathcal{L}_X \Pi_r = 0$ para todo r.

Demonstração. A derivada, em $s = 0$, da identidade

$$d\Phi_s \circ \Pi_r = \Pi_r \circ d\Phi_s$$

é precisamente $\mathcal{L}_X \Pi_r = 0$. Reciprocamente, essa equação diferencial afirma que o transporte de Π_r pelo fluxo é constante; pela unicidade, a identidade global local vale para todo s para o qual o fluxo esteja definido. □

Teorema 34.8 (Equivariância espacial do tensor de acoplamento). *Se Φ é uma isometria e, para uma permutação σ dos canais, $d\Phi \circ \Pi_r = \Pi_{\sigma(r)} \circ d\Phi$, então*

$$\boxed{d\Phi(\mathcal{C}_r(Y, Z)) = \mathcal{C}_{\sigma(r)}(d\Phi Y, d\Phi Z).}$$

Demonstração. Isometrias preservam a conexão de Levi–Civita:

$$d\Phi(\nabla_Y Z) = \nabla_{d\Phi Y}(d\Phi Z).$$

Como $d\Phi$ entrelaça Π_r e $\Pi_{\sigma(r)}$,

$$\begin{aligned} d\Phi((\nabla_Y \Pi_r)Z) &= d\Phi(\nabla_Y(\Pi_r Z) - \Pi_r \nabla_Y Z) \\ &= \nabla_{d\Phi Y}(\Pi_{\sigma(r)} d\Phi Z) - \Pi_{\sigma(r)} \nabla_{d\Phi Y}(d\Phi Z) \\ &= (\nabla_{d\Phi Y} \Pi_{\sigma(r)})(d\Phi Z). \end{aligned}$$

□

Observação 34.9 (Invariância não significa desacoplamento). A equivariância de C_r diz que o acoplamento respeita a simetria. Ela não afirma que $C_r = 0$, nem que os canais sejam dinamicamente independentes.

34.3 Quantidades conservadas por canal

Escreva $V_r = \Pi_r V$. Uma simetria total X fornece a quantidade $g(V, X)$, mas não necessariamente uma lei separada em cada canal.

Teorema 34.10 (Conservação gerada dentro de um canal). *Considere $\nabla_V V = -\operatorname{grad} U$. Suponha que X_r seja um campo de Killing satisfazendo*

$$X_r \in \Gamma(E_r) \qquad e \qquad X_r(U) = 0.$$

Então

$$\boxed{J_r := g(V_r, X_r) = g(V, X_r)}$$

é constante.

Demonstração. Como $X_r \in E_r$ e Π_r é a projeção ortogonal,

$$g(V_r, X_r) = g(V, X_r).$$

A Observação 34.3, aplicada ao campo X_r, prova a conservação. □

Projetar um campo de Killing pode destruir a simetria

Mesmo que X seja de Killing, o campo $\Pi_r X$ não precisa ser de Killing. Portanto, não se pode concluir automaticamente que $g(V_r, \Pi_r X)$ seja conservado. O Teorema 34.10 supõe explicitamente que o gerador X_r é uma simetria verdadeira.

Observação 34.11 (Decomposição de uma quantidade conservada). Se $X = \sum_r X_r$, com $X_r \in E_r$, então

$$J_X = g(V, X) = \sum_{r=0}^{m} g(V_r, X_r).$$

Se J_X é conservado, apenas a soma é necessariamente constante. Cada parcela é constante quando as hipóteses do Teorema 34.10 valem separadamente.

Demonstração. A ortogonalidade dos canais elimina os termos $g(V_s, X_r)$ para $s \neq r$. A última afirmação segue do teorema anterior. □

34.4 Ações de grupos e aplicação momento

Seja G um grupo de Lie agindo em M por isometrias. Para ξ em sua álgebra de Lie $\mathfrak{g}$, denotamos por ξ_M o campo infinitesimal gerado pela ação.

Definição 34.12 (Aplicação momento no fibrado tangente). Usando a métrica para identificar TM e T^*M, define-se

$$\langle \mathbf{J}(q, V), \xi \rangle := g_q(V, \xi_M(q)).$$

Observação 34.13 (Ferramenta clássica: conservação da aplicação momento). Se U é G-invariante, então, ao longo de

$$\nabla_V V = -\operatorname{grad} U,$$

a aplicação $\mathbf{J}(q, V) \in \mathfrak{g}^*$ é constante.

Demonstração. Para cada $\xi \in \mathfrak{g}$, o campo ξ_M é de Killing porque a ação é isométrica. A invariância de U implica $\xi_M(U) = 0$. Logo

$$\frac{d}{dt}\langle \mathbf{J}, \xi \rangle = 0$$

pela Observação 34.3. Como isso vale para todo ξ, a aplicação momento é constante. □

Observação 34.14 (Formulação hamiltoniana). No fibrado cotangente, com a forma simplética canônica e o Hamiltoniano

$$H(q, p) = \frac{1}{2}|p|^2 + U(q),$$

a mesma expressão é a aplicação momento do levantamento cotangente da ação. Essa formulação é a adequada para redução simplética.

34.5 Quando os projetores descem ao quociente

Suponha que G atue livre e propriamente em M, de modo que $\overline{M} = M/G$ seja uma variedade e $\pi : M \to \overline{M}$ a projeção. A distribuição vertical é

$$\mathcal{V}_q := \ker d\pi_q.$$

Observação 34.15 (Critério geral de descida dos projetores). Suponha que cada Π_r:

(i) seja G-equivariante;

(ii) preserve a distribuição vertical: $\Pi_r(\mathcal{V}) \subset \mathcal{V}$.

Então existe um único endomorfismo $\overline{\Pi}_r : T\overline{M} \to T\overline{M}$ tal que

$$\boxed{\overline{\Pi}_r(d\pi\, Y) = d\pi(\Pi_r Y).}$$

Os operadores $\overline{\Pi}_r$ são idempotentes, anulam-se mutuamente e satisfazem

$$\sum_r \overline{\Pi}_r = I_{T\overline{M}}.$$

Demonstração. Se $d\pi\, Y = d\pi\, Y'$, então $Y - Y' \in \mathcal{V}$. Pela hipótese (ii), $\Pi_r(Y - Y') \in \mathcal{V}$, logo

$$d\pi(\Pi_r Y) = d\pi(\Pi_r Y').$$

Assim, a fórmula independe do representante tangente. A equivariância garante que ela também independe do representante q da órbita de G. Idempotência, produtos nulos e resolução da identidade descem aplicando $d\pi$ às identidades correspondentes para Π_r. □

Ortogonalidade no quociente exige mais

A observação anterior é algébrica. Para obter projetores ortogonais em uma métrica quociente, é preciso que a ação seja isométrica e que os projetores sejam compatíveis também com a distribuição horizontal escolhida. Sem isso, a decomposição desce como soma direta, mas não necessariamente como soma ortogonal.

Corolário 34.16 (Estrutura espectral reduzida). *Se, além das hipóteses da Observação 34.15, π é uma submersão riemanniana e Π_r preserva as distribuições vertical e horizontal, então $\{\overline{\Pi}_r\}$ é uma estrutura espectral ortogonal em $\overline{M}$.*

Demonstração. Para vetores horizontais Y, Z,

$$\overline{g}(d\pi\,\Pi_r Y, d\pi\, Z) = g(\Pi_r Y, Z) = g(Y, \Pi_r Z) = \overline{g}(d\pi\, Y, d\pi\,\Pi_r Z).$$

Logo $\overline{\Pi}_r$ é autoadjunto para $\overline{g}$. As demais propriedades já foram provadas. □

Teorema 34.17 (Descida do produto e reconstrução dos canais reduzidos). *Suponha, além das hipóteses do Observação 34.15, que a ação de G preserve o produto espacial e que cada espaço vertical $\mathcal{V}_q$ seja um ideal bilateral da álgebra T_qM. Então a fórmula*

$$d\pi(Y) \mathbin{\bar{\cdot}} d\pi(Z) := d\pi(Y \cdot Z)$$

define um produto espacial nas fibras de $T\overline{M}$. Além disso, os projetores reduzidos são reconstruídos por esse produto:

$$\boxed{\overline{\Pi}_0 = -\overline{\mathsf{M}}_{\bar{i}}^2, \qquad \overline{\Pi}_k = \overline{\mathsf{Q}}\,\overline{\mathsf{M}}_{\bar{j}_k}\,\overline{\mathsf{Q}},} \qquad \overline{\mathsf{Q}} = I - \overline{\Pi}_0,$$

para cada canal que não seja anulado no quociente.

Demonstração. Se $Y' = Y + W$ e $Z' = Z + W'$, com $W, W' \in \mathcal{V}_q$, então

$$Y' \cdot Z' - Y \cdot Z = Y \cdot W' + W \cdot Z + W \cdot W' \in \mathcal{V}_q.$$

Logo o produto independe dos representantes tangentes. A invariância por G garante independência do representante de $[q]$. A projeção entrelaça os multiplicadores,

$$d\pi\,\mathsf{M}_u = \overline{\mathsf{M}}_{d\pi(u)}\,d\pi.$$

Aplicando essa identidade às fórmulas algébricas de Π_0 e Π_k, obtemos exatamente as fórmulas anunciadas. □

34.6 Redução em nível fixo de momento

No formalismo hamiltoniano, fixe $\mu \in \mathfrak{g}^*$ e seja G_μ seu estabilizador pela ação coadjunta.

Observação 34.18 (Ferramenta clássica: redução simplética em nível regular). Suponha que $\mathbf{J} : T^*M \to \mathfrak{g}^*$ seja a aplicação momento equivariante do levantamento cotangente, que μ seja seu valor regular e que G_μ atue livre e propriamente em $\mathbf{J}^{-1}(\mu)$. Então

$$\mathcal{P}_\mu := \mathbf{J}^{-1}(\mu)/G_\mu$$

é uma variedade simplética. Se o Hamiltoniano é G-invariante, seu fluxo preserva $\mathbf{J}^{-1}(\mu)$ e induz uma dinâmica hamiltoniana em $\mathcal{P}_\mu$.

Demonstração. A conservação de $\mathbf{J}$ torna o nível $\mathbf{J}^{-1}(\mu)$ invariante. A restrição da forma simplética canônica tem como núcleo exatamente as direções geradas por G_μ. Como a ação é livre e própria, ela produz um quociente suave; a forma restrita desce a uma forma fechada e não degenerada em $\mathcal{P}_\mu$. A invariância do Hamiltoniano faz com que ele também desça ao quociente, e sua equação hamiltoniana é preservada pela projeção. □

Observação 34.19 (Redução espectral e redução simplética). A Observação 34.15 trata da descida dos canais no quociente de configurações. O A Observação 34.18 trata da dinâmica em um nível de momento no espaço de fases. Para combiná-los, é preciso verificar a equivariância dos projetores e sua compatibilidade com as distribuições verticais e horizontais relevantes; uma redução não implica automaticamente a outra.

34.7 Exemplos no sistema de várias partículas

Exemplo: Translações e momento linear

Em $M = \mathbb{R}^d$, suponha que o potencial dependa apenas das diferenças $q_a - q_b$. As translações simultâneas

$$(q_1, \ldots, q_N) \longmapsto (q_1 + c, \ldots, q_N + c)$$

preservam a métrica ponderada e o potencial. A aplicação momento é o momento linear total

$$\boxed{\mathsf{P} = \sum_{a=1}^{N} m_a \dot{q}_a.}$$

Sua conservação equivale a

$$\ddot{q}_{\mathrm{cm}} = 0.$$

Se os projetores dos canais são constantes, cada componente $P_r\mathsf{P}$ também é conservada.

Exemplo: Rotações e momento angular

Para um potencial central em $\mathbb{R}^d$, a ação ortogonal preserva a dinâmica. O momento angular pode ser escrito como o bivetor

$$\boxed{\mathsf{L} = \sum_{a=1}^{N} m_a\, q_a \wedge \dot{q}_a.}$$

Em dimensão três, ele se identifica com o vetor usual $\sum_a m_a q_a \times \dot{q}_a$. Uma rotação geral pode misturar os subespaços dos canais; apenas o subgrupo que comuta com todos os projetores é uma simetria espectral.

Exemplo: Permutações algébricas dos canais de $\mathcal{K}_m$

Cada permutação $\sigma \in S_m$ define uma isometria algébrica

$$A_\sigma(1) = 1, \qquad A_\sigma(i) = i, \qquad A_\sigma(j_k) = j_{\sigma(k)}.$$

As relações de multiplicação são preservadas, de modo que

$$A_\sigma(x \cdot y) = A_\sigma(x) \cdot A_\sigma(y).$$

Pelo Teorema 34.6, o canal complexo é fixado e os canais idempotentes são permutados. Se a métrica, o potencial e a conexão são invariantes por um subgrupo $H \leq S_m$, então os termos de acoplamento e as quantidades conservadas organizam-se em órbitas de canais sob H. Aqui a simetria depende efetivamente do produto de $\mathcal{K}_m$.

34.8 Simetrias algébricas na escala $\mathcal{K}^p$

Para $1 \leq p \leq \infty$, uma permutação σ de $\mathbb{N}$ atua na parte espacial de $\mathcal{K}^p$ por

$$A_\sigma \left(z + \sum_{k \geq 1} c_k j_k \right) = z + \sum_{k \geq 1} c_k j_{\sigma(k)}.$$

Teorema 34.20 (Ação isométrica das permutações em $\mathcal{K}^p$). *Todo A_σ é um automorfismo isométrico da álgebra $\mathcal{K}^p$ e*

$$\boxed{A_\sigma \Pi_0 = \Pi_0 A_\sigma, \qquad A_\sigma \Pi_k = \Pi_{\sigma(k)} A_\sigma.}$$

Se uma dinâmica em $(\mathcal{K}^p)^N$ é equivariante por um grupo dessas permutações, então o defeito espacial, suas equações por canais e qualquer lei de conservação espectral são transportados pela mesma ação.

Demonstração. Permutar coordenadas preserva a norma ℓ^p, também nos casos $p = 1$ e $p = \infty$. Como o produto espacial é coordenado pelos idempotentes ortogonais j_k, a permutação preserva todas as relações de multiplicação. As identidades com os projetores seguem do Teorema 34.6; a última afirmação decorre da equivariância espacial do tensor de acoplamento. □

Observação 34.21 (O caso infinito exige simetria limitada). Permutações de coordenadas são isometrias em toda a escala. Para ações mais gerais que misturam infinitos canais, deve-se exigir que o operador e seu inverso sejam limitados em $\mathcal{K}^p$. No caso $p = 2$, a estrutura unitária fornece ferramentas adicionais; para $p \neq 2$, não se deve importar uma decomposição ortogonal inexistente.

34.9 Exercícios

Exercício 34.1 (♦). Derive a identidade da Observação 34.2 quando X não é de Killing.

Exercício 34.2 (♦). Prove diretamente a conservação do momento linear total no modelo de distância inversa.

Exercício 34.3 (♦♦). Dê um exemplo em $\mathbb{R}^2$ de um campo de Killing X e de uma projeção ortogonal variável Π para os quais ΠX não seja de Killing.

Exercício 34.4 (♦♦). Mostre que a condição $\mathcal{L}_X\Pi_r = 0$ implica $\mathcal{L}_X(I - \Pi_r) = 0$.

Exercício 34.5 (♦♦♦). Determine o subgrupo de $O(m+2)$ que comuta com as projeções canônicas em $\operatorname{span}\{1, i\}$ e em cada $\operatorname{span}\{j_r\}$.

Exercício 34.6 (♦♦♦). Verifique diretamente, usando a tabela de multiplicação de $\mathcal{K}_m$, que toda permutação dos geradores $j_1, \ldots, j_m$ define um automorfismo algébrico. Supondo, adicionalmente, que essa simetria seja realizada por uma isometria que preserve a conexão, prove que ela transporta C_k em $C_{\sigma(k)}$.

Exercício 34.7 (♦♦♦). Verifique todos os passos da descida de $\overline{\Pi}_r$, incluindo a independência do representante da órbita de G.

Exercício 34.8 (♦♦♦♦). No formalismo cotangente, calcule a aplicação momento da ação de rotações em $\mathbb{R}^3$ e recupere o vetor momento angular.

Exercício 34.9 (♦♦♦♦). Seja I um ideal bilateral de $\mathcal{K}_m$ gerado por um subconjunto dos idempotentes j_k. Descreva a álgebra quociente $\mathcal{K}_m/I$ e identifique quais projetores espaciais sobrevivem na redução.

Observação 34.22 (Para prosseguir). As simetrias permitiram conservar, decompor e reduzir a dinâmica sem confundir invariância total com invariância de cada canal. No próximo capítulo, estudaremos princípios variacionais para estruturas espectrais e identificaremos cuidadosamente quais equações de Euler–Lagrange estão efetivamente demonstradas.

CAPÍTULO 35

Princípios variacionais e decomposição espectral

Variar a curva também varia seus canais

Se $V = \dot{\gamma}$ e $V_r = \Pi_r V$, uma variação da curva altera simultaneamente V e os projetores avaliados ao longo da curva. Assim, em geral,

$$\delta(\Pi_r V) \neq \Pi_r(\delta V).$$

O termo omitido é $(\nabla_W \Pi_r)V$, onde W é o campo variacional. É ele que distingue um princípio variacional verdadeiramente espacial da simples decomposição formal da equação clássica.

35.1 A ferramenta variacional clássica

Para uma curva $\gamma : [a, b] \to M$, considere

$$\mathcal{A}(\gamma) = \int_a^b \left(\frac{1}{2}|\dot{\gamma}|_g^2 - U(\gamma)\right) dt.$$

Observação 35.1 (Primeira variação clássica). Se γ_s é uma variação com extremos fixos e $W = \partial_s \gamma_s|_{s=0}$, então

$$\left.\frac{d}{ds}\right|_{s=0} \mathcal{A}(\gamma_s) = -\int_a^b g(\nabla_V V + \operatorname{grad} U, W)\, dt.$$

Logo os pontos críticos satisfazem $\nabla_V V = -\operatorname{grad} U$.

Demonstração. Como a conexão de Levi-Civita é métrica e sem torção, $\nabla_{\partial_s} V = \nabla_V W$. Integramos $g(V, \nabla_V W)$ por partes; o termo de bordo desaparece porque $W(a) = W(b) = 0$. □

35.2 Ação cinética ponderada pelos canais

Fixe pesos $\alpha_r > 0$ e defina

$$\mathcal{A}_\alpha(\gamma) = \int_a^b \left\{ \frac{1}{2} \sum_{r=0}^{m} \alpha_r |\Pi_r V|_g^2 - U(\gamma) \right\} dt.$$

Para cada r, introduza o campo quadrático $\mathcal{G}_r(V)$ pela identidade

$$g(\mathcal{G}_r(V), W) := g\big(\Pi_r V, (\nabla_W \Pi_r) V\big) \qquad (W \in TM). \tag{35.1}$$

Teorema 35.2 (Equação de Euler–Lagrange espacial exata). *Uma curva C^2 é ponto crítico de $\mathcal{A}_\alpha$, entre curvas com os mesmos extremos, se e somente se*

$$\boxed{\sum_{r=0}^{m} \alpha_r \{ \nabla_V(\Pi_r V) - \mathcal{G}_r(V) \} + \operatorname{grad} U = 0.}$$

O termo $\mathcal{G}_r$ mede a variação transversal do próprio canal e não pode ser descartado quando $\nabla \Pi_r \neq 0$.

Demonstração. Para uma variação de extremos fixos,

$$\nabla_{\partial_s}(\Pi_r V) = (\nabla_W \Pi_r) V + \Pi_r \nabla_V W.$$

Como Π_r é ortogonal,

$$\begin{aligned} \frac{1}{2}\partial_s |\Pi_r V|^2 &= g\big(\Pi_r V, (\nabla_W \Pi_r) V\big) + g(\Pi_r V, \nabla_V W) \\ &= g(\mathcal{G}_r(V), W) + g(\Pi_r V, \nabla_V W). \end{aligned}$$

Integração por partes no segundo termo fornece

$$\delta \mathcal{A}_\alpha = -\int_a^b g\left(\sum_r \alpha_r \{ \nabla_V(\Pi_r V) - \mathcal{G}_r(V) \} + \operatorname{grad} U, W \right) dt.$$

O lema fundamental do cálculo das variações conclui a prova. □

Corolário 35.3 (Recuperação da dinâmica clássica). *Se $\alpha_0 = \cdots = \alpha_m = 1$, então*

$$\sum_r \mathcal{G}_r(V) = 0$$

e a equação espacial reduz-se exatamente a

$$\nabla_V V + \operatorname{grad} U = 0.$$

Demonstração. Para todo W, a ortogonalidade e $\sum_r \Pi_r = I$ dão

$$\sum_r g(\Pi_r V, (\nabla_W \Pi_r) V) = 0;$$

Essa soma é metade da derivada, na direção W, da identidade

$$\sum_r |\Pi_r V|^2 = |V|^2,$$

quando V é estendido paralelamente no ponto. Além disso,

$$\sum_r \nabla_V (\Pi_r V) = \nabla_V V.$$

□

35.3 Reconstrução algébrica do termo variacional

Teorema 35.4 (Reconstrução do sistema variacional espacial). *Nas álgebras espaciais $\mathcal{K}_m$, os campos $\mathcal{G}_0, \ldots, \mathcal{G}_m$ e, portanto, a equação do Teorema 35.2, são determinados por*

$$\boxed{\nabla i, \qquad \nabla j_1, \ldots, \nabla j_m, \qquad \mathbf{\Theta}.}$$

Em particular, duas estruturas espaciais com os mesmos dados acima possuem o mesmo defeito variacional de canais.

Demonstração. A definição (35.1) depende apenas de Π_r e $\nabla \Pi_r$. Os projetores são reconstruídos por

$$\Pi_0 = -\mathsf{M}_i^2, \qquad \Pi_k = \mathsf{Q}\mathsf{M}_{j_k}\mathsf{Q}, \qquad \mathsf{Q} = I - \Pi_0,$$

e os blocos de $\nabla \Pi_r$ são reconstruídos pelos dados indicados. Substituí-los em (35.1) determina $\mathcal{G}_r$ por não degenerescência de g. □

35.4 Quando a ação se separa por canais

Suponha agora que a variedade seja um produto riemanniano

$$M = M_0 \times \cdots \times M_m$$

e que $\Pi_r : TM \to TM_r$ sejam as projeções tangentes dos fatores. Para uma curva $q = (q_0, \ldots, q_m)$, tem-se $V_r = \dot{q}_r$. Esses projetores são paralelos, e a variação da decomposição desaparece.

Teorema 35.5 (Fatorização variacional por canais). *Nas hipóteses de produto acima, se*

$$U(q) = \sum_{r=0}^{m} U_r(q_r),$$

então

$$\mathcal{A}_{\alpha}(q) = \sum_{r=0}^{m} \int_a^b \left\{ \frac{\alpha_r}{2} |\dot{q}_r|^2 - U_r(q_r) \right\} dt$$

e as equações de Euler–Lagrange são os sistemas independentes

$$\boxed{\alpha_r \nabla^{M_r}_{\dot{q}_r} \dot{q}_r + \operatorname{grad}_{M_r} U_r = 0, \qquad 0 \leq r \leq m.}$$

Demonstração. O paralelismo implica $\mathcal{G}_r = 0$, e a conexão produto satisfaz

$$\nabla_V(\Pi_r V) = \nabla^{M_r}_{\dot{q}_r} \dot{q}_r.$$

A separação do potencial decompõe a ação como soma; variações independentes em cada fator fornecem as equações. □

Decompor a energia não basta

Mesmo que a energia cinética seja escrita como soma de energias de canais, projetores variáveis produzem os termos $\mathcal{G}_r$. Além disso, um potencial não separável mantém acoplamento físico. Portanto, uma lista de equações independentes só foi demonstrada sob as duas hipóteses do teorema.

35.5 O caso infinito de $\mathcal{K}^2$

Considere pesos satisfazendo

$$0 < \alpha_- \leq \alpha_r \leq \alpha_+ < \infty$$

e a ação

$$\mathcal{A}_{\alpha}(\gamma) = \int_a^b \left\{ \frac{1}{2} \sum_{r \geq 0} \alpha_r |\Pi_r V|^2 - U(\gamma) \right\} dt.$$

Teorema 35.6 (Princípio variacional espacial em $\mathcal{K}^2$). *Suponha que U seja C^1, que a família $(\nabla\Pi_r)_r$ permita somar absolutamente, de modo localmente uniforme, a primeira variação, e que*

$$\sum_{r\geq 0}\alpha_r\left\|\nabla_V(\Pi_r V)-\mathcal{G}_r(V)\right\|_2<\infty.$$

Então os pontos críticos satisfazem, em $\mathcal{K}^2$,

$$\boxed{\sum_{r\geq 0}\alpha_r\left\{\nabla_V(\Pi_r V)-\mathcal{G}_r(V)\right\}+\operatorname{grad}U=0.}$$

Demonstração. As hipóteses permitem diferenciar a série cinética sob o sinal de integral e repetir a prova finita termo a termo. A convergência localmente uniforme da primeira variação e a convergência absoluta da série vetorial justificam a passagem ao limite. O lema fundamental em espaço de Hilbert fornece a equação. □

Observação 35.7 (Por que não afirmamos a mesma fórmula para todo p). Para $p\neq 2$, a energia natural $\|V\|_p^p/p$ possui derivada no dual $\mathcal{K}^{p'}$, e não há identificação canônica entre vetores e covetores. O caso $p=1$ exige subdiferenciais, e $p=\infty$ apresenta uma dificuldade adicional de diferenciabilidade. Uma teoria variacional nessa escala requer a aplicação de dualidade apropriada; a fórmula hilbertiana acima não deve ser copiada formalmente.

35.6 Exercícios

Exercício 35.1 (♦). Complete todos os detalhes da integração por partes na primeira variação clássica.

Exercício 35.2 (♦♦). Prove diretamente que $\sum_r \mathcal{G}_r(V)=0$ usando $\Pi_r\Pi_s=\delta_{rs}\Pi_r$.

Exercício 35.3 (♦♦). Mostre que $\mathcal{G}_r=0$ quando $\nabla\Pi_r=0$, e dê um exemplo em que $\mathcal{G}_r\neq 0$.

Exercício 35.4 (♦♦♦). Para dois canais, com $\alpha_0\neq\alpha_1$, escreva a equação exata. Identifique os termos que desaparecem para uma decomposição paralela.

Exercício 35.5 (♦♦♦). Expresse $\mathcal{G}_0$ em termos de $\Pi_0 = -\mathsf{M}_i^2$ e $\nabla \mathsf{M}_i$.

Exercício 35.6 (♦♦♦♦). Formule a primeira variação em $\mathcal{K}^p, 1 < p < \infty$, usando a aplicação de dualidade de ℓ^p, e compare-a com o caso $p = 2$.

Observação 35.8 (Para prosseguir). O princípio variacional mostrou exatamente onde a variação dos canais entra nas equações. No próximo capítulo, estudaremos operadores de segunda variação, campos de Jacobi e critérios espectrais de estabilidade.

CAPÍTULO 36

Segunda variação e campos de Jacobi espaciais

Linearizar a equação exata, não uma versão truncada

O campo de Jacobi espacial deve ser obtido pela linearização da equação de Euler–Lagrange do Capítulo 35. Se os projetores variam, linearizar apenas $\nabla_V(\Pi_r V)$ e ignorar $\mathcal{G}_r(V)$ produz um operador incorreto. A segunda variação detecta tanto a curvatura ambiente quanto a primeira e a segunda derivadas da decomposição em canais.

36.1 Preparação analítica mínima

Esta seção reúne o vocabulário clássico necessário ao capítulo. Seu objetivo é permitir a leitura dos resultados espaciais sem pressupor um curso de pós-graduação em análise funcional.

Definição 36.1 (Os espaços H^1 e H^1_0). Para um intervalo $[a,t]$ e um espaço euclidiano E, denota-se por $H^1([a,t],E)$ o completamento dos campos C^1 para a norma

$$\|W\|^2_{H^1} := \int_a^t \left(|W(s)|^2 + |\dot{W}(s)|^2\right) ds.$$

O subespaço $H^1_0([a,t],E)$ é o fecho, nessa norma, dos campos C^1 que se anulam nos extremos. Em uma variedade, escolhe-se uma trivialização de γ^*TM e substitui-se $\dot{W}$ por $\nabla_{\dot{\gamma}}W$. Trivializações suaves distintas produzem normas equivalentes; assim, os espaços obtidos não dependem dessa escolha. Seus elementos são campos absolutamente contínuos com derivada covariante quadrado-integrável; em H_0^1, os valores de traço nos extremos são nulos.

Definição 36.2 (Formas simétricas, índice, núcleo e operador associado). Uma forma bilinear contínua $\mathcal{I}$ num espaço de Hilbert real $\mathscr{H}$ é *simétrica* quando $\mathcal{I}(W,Z) = \mathcal{I}(Z,W)$. Seu núcleo e seu índice são

$$\ker \mathcal{I} := \{W : \mathcal{I}(W,Z) = 0 \text{ para todo } Z\},$$
$$\operatorname{ind} \mathcal{I} := \sup\{\dim V : \mathcal{I}|_V < 0\}.$$

Pelo teorema de representação de Riesz, existe um único operador autoadjunto limitado A tal que $\mathcal{I}(W,Z) = \langle AW, Z\rangle_{\mathscr{H}}$. Quando a expressão diferencial natural é não limitada, usa-se equivalentemente o operador autoadjunto associado à forma fechada; neste livro, as hipóteses de cada resultado declaram quando essa associação é válida.

Definição 36.3 (Operador de Fredholm: recordação). Como já usado no capítulo sobre compactação, um operador linear limitado $T : X \to Y$ entre espaços de Banach é de *Fredholm* quando $\ker T$ e $Y/\operatorname{im} T$ têm dimensão finita e $\operatorname{im} T$ é fechada. Seu índice de Fredholm é

$$\operatorname{ind}_{\mathrm{F}} T := \dim \ker T - \dim(Y/\operatorname{im} T).$$

Para um operador autoadjunto de Fredholm, zero é um valor espectral isolado de multiplicidade finita, salvo quando não pertence ao espectro. Essa é a propriedade usada nas contagens de cruzamentos.

Observação 36.4 (Formas de Sturm–Liouville). No contexto deste livro, uma forma índice de Sturm–Liouville tem o modelo

$$\mathcal{I}(W,Z) = \int_a^t \langle A(s)\nabla_s W, \nabla_s Z\rangle + \langle B(s)W, Z\rangle\, ds,$$

onde $A(s)$ é simétrico e uniformemente positivo e $B(s)$ é simétrico. Essas condições fornecem uma equação diferencial simétrica de segunda ordem, regularidade das soluções fracas e, em intervalo compacto e posto finito, as propriedades de Fredholm usadas pelo teorema do índice de Morse.

Ao longo deste capítulo, supõe-se que U seja de classe C^2, que os projetores possuam duas derivadas covariantes e que as trajetórias e variações tenham a regularidade necessária às linearizações efetuadas. Quando se usa a recíproca entre campos de Jacobi e variações por trajetórias críticas, supõem-se também existência local, unicidade e dependência C^1 das soluções em relação aos dados iniciais.

36.2 A referência clássica

Observação 36.5 (Operador clássico de Jacobi com potencial). Para a ação usual e uma trajetória crítica, a linearização de $\nabla_V V + \operatorname{grad} U$ na direção de um campo W é

$$\mathcal{J}W = \nabla_V^2 W + R^{\nabla}(W,V)V + \operatorname{Hess} U(W).$$

Campos no núcleo de $\mathcal{J}$ são os campos de Jacobi. Para campos com extremos nulos, a segunda variação é

$$\delta^2 \mathcal{A}(W,W) = -\int_a^b g(\mathcal{J}W, W)\,dt.$$

36.3 Polarização do termo variacional de canal

Polarize o campo quadrático do capítulo anterior escrevendo

$$\mathcal{G}_r(X,Y) := \frac{1}{2}\{\mathcal{G}_r(X+Y) - \mathcal{G}_r(X) - \mathcal{G}_r(Y)\}.$$

Assim, $\mathcal{G}_r(V,V) = \mathcal{G}_r(V)$. Equivalentemente,

$$\begin{aligned} 2g(\mathcal{G}_r(X,Y),Z) = g(&\Pi_r X, (\nabla_Z \Pi_r)Y) \\ &+ g(\Pi_r Y, (\nabla_Z \Pi_r)X). \end{aligned} \tag{36.1}$$

Definição 36.6 (Operador espacial de Jacobi). Ao longo de uma trajetória crítica de $\mathcal{A}_\alpha$, define-se $\mathcal{J}_\alpha W$ como a linearização, na direção W, do membro esquerdo da equação espacial de Euler–Lagrange.

36.4 Fórmula exata do operador espacial

Teorema 36.7 (Operador de Jacobi espacial exato). *Se W é um campo variacional ao longo de uma trajetória crítica γ, então*

$$\boxed{\begin{aligned}\mathcal{J}_\alpha W = \sum_{r=0}^{m} \alpha_r \Big[& \nabla_V\big((\nabla_W \Pi_r)V + \Pi_r \nabla_V W\big) \\ & + R^\nabla(W,V)\Pi_r V - (\nabla_W \mathcal{G}_r)(V,V) \\ & - 2\mathcal{G}_r(V, \nabla_V W)\Big] + \operatorname{Hess} U(W).\end{aligned}}$$

Em particular, sob as hipóteses de existência e dependência suave fixadas no início do capítulo, W provém localmente de uma variação por trajetórias críticas se e somente se satisfaz

$$\mathcal{J}_\alpha W = 0.$$

Demonstração. Ponha $X_r = \Pi_r V$. Para uma variação com campos coordenados comutantes, a identidade de curvatura fornece

$$\nabla_{\partial_s} \nabla_V X_r = \nabla_V \nabla_{\partial_s} X_r + R^\nabla(W,V)X_r.$$

Além disso,

$$\nabla_{\partial_s} X_r = (\nabla_W \Pi_r)V + \Pi_r \nabla_V W.$$

Como $\mathcal{G}_r$ é bilinear após polarização,

$$\nabla_{\partial_s}(\mathcal{G}_r(V,V)) = (\nabla_W \mathcal{G}_r)(V,V) + 2\mathcal{G}_r(V, \nabla_V W).$$

Por fim, a linearização de grad U é Hess $U(W)$. Somar os termos prova a fórmula. A última afirmação resulta da diferenciação de uma família de equações críticas; a recíproca é a equação variacional linear associada. □

Corolário 36.8 (Compatibilidade com o operador clássico). *Se $\alpha_r = 1$ para todos os canais, então*

$$\mathcal{J}_\alpha W = \nabla_V^2 W + R^\nabla(W,V)V + \operatorname{Hess} U(W).$$

Demonstração. Com pesos iguais, os operadores espacial e clássico de Euler–Lagrange coincidem; veja o Corolário 35.3. Logo suas linearizações coincidem. Também se pode somar a fórmula do teorema e derivar $\sum_r \mathcal{G}_r = 0$. □

36.5 Reconstrução algébrica de segunda ordem

Teorema 36.9 (Reconstrução algébrica do operador de Jacobi). *Em $\mathcal{K}_m$, toda a parte adicional do operador $\mathcal{J}_\alpha$, além do operador clássico, é determinada por*

$$\boxed{\nabla i,\ \nabla j_1, \ldots, \nabla j_m,\ \mathbf{\Theta}; \qquad \nabla^2 i,\ \nabla^2 j_1, \ldots, \nabla^2 j_m,\ \nabla \mathbf{\Theta}.}$$

Logo o operador de estabilidade variacional é reconstruível a partir da multiplicação espacial e de suas derivadas até segunda ordem.

Demonstração. A fórmula exata usa Π_r, $\nabla \Pi_r$ e $\nabla \mathcal{G}_r$. Pela equação (36.1), a última quantidade depende de $\nabla \Pi_r$ e $\nabla^2 \Pi_r$. Os projetores e suas primeiras derivadas são reconstruídos pelos multiplicadores espaciais e pelos dados de primeira ordem; uma nova derivação covariante acrescenta exatamente os dados de segunda ordem exibidos. □

Duas curvaturas não devem ser confundidas

O termo $R^\nabla(W, V)\Pi_r V$ usa a curvatura da conexão que governa a ação. A curvatura da conexão espacial do Capítulo 29 satisfaz identidades próprias, como a concentração no canal complexo, mas só pode substituí-la quando a ação tiver sido formulada com essa conexão e as hipóteses de compatibilidade tiverem sido demonstradas. Blocos diagonais de R^∇ também não são automaticamente curvaturas intrínsecas dos canais.

36.6 Forma índice e estabilidade

Para campos W, Z nulos nos extremos, defina

$$\mathcal{I}_\alpha(W, Z) := -\int_a^b g(\mathcal{J}_\alpha W, Z)\, dt.$$

Teorema 36.10 (Critério espacial de estabilidade variacional). *Suponha que a ação seja de classe C^2 numa vizinhança de γ no espaço H^1 de curvas com extremos fixos e que sua segunda variação se estenda à forma contínua e simétrica $\mathcal{I}_\alpha$ em H^1_0. Se existe $c > 0$ tal que*

$$\mathcal{I}_\alpha(W, W) \geq c\|W\|^2_{H^1}$$

para todo $W \neq 0$ com extremos nulos, então γ é um mínimo local estrito da ação entre curvas suficientemente próximas com os mesmos extremos. Em particular, não existe campo de Jacobi espacial não nulo com extremos nulos.

Demonstração. A desigualdade é coercividade da segunda variação. A expansão de Taylor da ação em uma carta tubular, com resto de ordem superior uniforme, fornece o mínimo local estrito. Se $\mathcal{J}_\alpha W = 0$ e $W(a) = W(b) = 0$, então $\mathcal{I}_\alpha(W, W) = 0$; a coercividade implica $W = 0$. □

Observação 36.11 (Pequeno acoplamento não basta). Uma cota apenas para $\nabla\Pi_r$ controla termos de primeira ordem, mas o operador de Jacobi contém também $\nabla^2\Pi_r$. Para transferir positividade de um sistema desacoplado ao sistema espacial, são necessárias cotas na topologia apropriada para ambos os níveis de derivação.

36.7 Fatorização no caso paralelo

Teorema 36.12 (Decomposição dos campos de Jacobi por canais). *Nas hipóteses de produto riemanniano e separação do potencial do Teorema 35.5, escreva $W = \sum_r W_r$, com $W_r = \Pi_r W$. Então*

$$\boxed{\mathcal{J}_\alpha W = \sum_{r=0}^{m} \left\{\alpha_r(\nabla_V^2 W_r + R^\nabla(W_r, V_r)V_r) + \operatorname{Hess} U_r(W_r)\right\}.}$$

Consequentemente, W é um campo de Jacobi espacial se e somente se cada componente satisfaz a equação do respectivo canal.

Demonstração. Projetores paralelos anulam $\mathcal{G}_r$ e todas as suas derivadas. Na conexão produto, derivação, curvatura e Hessiana preservam os fatores e os termos cruzados desaparecem. A fórmula exata reduz-se à soma indicada. □

36.8 A extensão hilbertiana em $\mathcal{K}^2$

Teorema 36.13 (Operador de Jacobi espacial em $\mathcal{K}^2$). *Suponha as hipóteses de convergência do Teorema 35.6 e, adicionalmente, que as séries obtidas após duas derivações convirjam localmente de modo uniforme no domínio H^1_0. Então a fórmula do Teorema 36.7, com soma sobre $r \geq 0$, define o operador de segunda variação em $\mathcal{K}^2$. Se sua forma índice se estende a uma forma contínua, simétrica e coerciva em H^1_0, vale o critério de estabilidade do Teorema 36.10.*

Demonstração. Podemos diferenciar duas vezes a série da ação e intercambiar soma, derivação e integral. A representação de Riesz em $\mathcal{K}^2$ identifica a segunda variação com o operador anunciado. A coercividade fornece a estimativa exigida pelo teorema anterior. □

Observação 36.14 (Limite da extensão para $\mathcal{K}^p$). Para $p \neq 2$, a segunda variação atua naturalmente entre o espaço e seu dual, e pode deixar de ser representada por um operador autoadjunto no próprio $\mathcal{K}^p$. Por isso, o critério espectral hilbertiano foi afirmado apenas em $\mathcal{K}^2$.

36.9 Exercícios

Exercício 36.1 (♦). Derive a equação clássica de Jacobi diferenciando uma família de geodésicas.

Exercício 36.2 (♦♦). Verifique a fórmula de polarização (36.1).

Exercício 36.3 (♦♦). Mostre diretamente que pesos iguais reduzem o operador espacial ao operador clássico de Jacobi.

Exercício 36.4 (♦♦♦). Expanda $\nabla_W \Pi_0$ e $\nabla^2 \Pi_0$ a partir de $\Pi_0 = -\mathsf{M}_i^2$.

Exercício 36.5 (♦♦♦). No caso de dois canais paralelos, determine o índice da soma a partir dos índices dos operadores de cada canal.

Exercício 36.6 (♦♦♦♦). Formule condições quantitativas sobre $\nabla \Pi_r$ e $\nabla^2 \Pi_r$ que preservem a coercividade de uma forma índice de referência.

Observação 36.15 (Para prosseguir). O operador de Jacobi espacial transformou estabilidade em um problema espectral de segunda ordem. No próximo capítulo, estudaremos tempos conjugados, índice de Morse e a contribuição efetiva das transferências intercanal.

CAPÍTULO 37

Tempos conjugados e índice de Morse espacial

Da equação local à contagem global de instabilidades

O operador de Jacobi descreve a evolução infinitesimal de uma variação. Para decidir se uma trajetória perde minimalidade, porém, não basta conhecer pontualmente seus coeficientes: é preciso acompanhar quando uma solução com valor inicial nulo volta a se anular. Esses reencontros são os tempos conjugados. Neste capítulo, a decomposição de $\mathcal{K}_m$ separará a contribuição própria de cada canal da instabilidade produzida pela transferência entre canais.

37.1 Tempos conjugados espaciais

Fixe uma trajetória crítica $\gamma\colon [a,b] \to M$ e suponha $\alpha_r > 0$. Para $t \in (a,b]$, denote por $\mathscr{H}_t = H_0^1([a,t], \gamma^*TM)$ o espaço dos campos com extremos nulos e por $\mathcal{I}_{\alpha,t}$ a forma índice restrita a $[a,t]$.

Definição 37.1 (Tempo conjugado espacial). Um instante $t_* \in (a,b]$ é conjugado a a ao longo de γ se existe um campo não nulo W tal que

$$\mathcal{J}_\alpha W = 0, \qquad W(a) = W(t_*) = 0.$$

Sua multiplicidade é a dimensão do espaço desses campos.

Proposição 37.2 (Caracterização pelo núcleo da forma índice). *Suponha que a segunda variação seja regular e que $\mathcal{J}_\alpha$ seja simétrico. Então t_* é conjugado a a se e somente se*

$$\ker \mathcal{I}_{\alpha,t_*} \neq \{0\}.$$

Além disso, a multiplicidade de t_* é a nulidade da forma.

Demonstração. Se W é um campo de Jacobi com extremos nulos, a integração por partes na segunda variação fornece $\mathcal{I}_{\alpha,t_*}(W,Z) = 0$ para todo $Z \in \mathscr{H}_{t_*}$. Reciprocamente, um elemento do núcleo é uma solução fraca da equação de Jacobi espacial. A regularidade da equação de segunda ordem torna essa solução clássica, com as condições de contorno já incorporadas em $\mathscr{H}_{t_*}$. □

37.2 O teorema do índice de Morse

O índice $\operatorname{ind}\mathcal{I}$ é a dimensão máxima de um subespaço no qual a forma quadrática $\mathcal{I}(W,W)$ é negativa definida.

Teorema 37.3 (Índice de Morse espacial). *Suponha que a ação espacial seja um problema variacional regular de tipo riemanniano, que a forma índice seja uma forma de Sturm–Liouville simétrica e que b não seja conjugado a a. Então há apenas um número finito de tempos conjugados em (a,b), contados com multiplicidade, e*

$$\boxed{\operatorname{ind}\mathcal{I}_{\alpha,b} = \sum_{a<t<b} \operatorname{mult}(t).}$$

Em particular, a trajetória não possui tempos conjugados em $(a,b]$ se e somente se sua forma índice é positiva definida.

Demonstração. Restrinja a forma aos intervalos $[a,t]$ e transporte-os para um domínio fixo por reparametrização. A família obtida é uma família contínua de formas de Fredholm. Sua nulidade ocorre exatamente nos tempos conjugados, pela Proposição 37.2. Para uma ação regular de tipo riemanniano, a forma de cruzamento tem o sinal que faz o índice aumentar pela dimensão do núcleo. Somando os saltos desde um intervalo suficientemente curto, onde a parte cinética domina e o índice é zero, obtemos a fórmula. A última afirmação segue da mesma contagem e da não degenerescência no extremo final. □

Corolário 37.4 (Primeiro tempo conjugado e perda de positividade). *Sob as hipóteses riemannianas regulares do Teorema 37.3, se t_* é o primeiro tempo conjugado a a, então $\mathcal{I}_{\alpha,t}$ é positiva definida para $a < t < t_*$ e degenerada em $t = t_*$. Sob as hipóteses regulares do mesmo teorema, a forma adquire novas direções negativas depois de atravessar t_*, em número igual à sua multiplicidade.*

Hipóteses de Morse são essenciais

Simetria formal, sozinha, não garante a fórmula do índice. Em problemas degenerados, indefinidos ou com acumulação de espectro em zero, podem surgir índice infinito ou tempos conjugados não isolados. Nesses casos, a grandeza correta é o fluxo espectral, e não uma soma finita sem qualificações.

37.3 Separação algébrica entre canais e transferências

Ao longo de γ, escreva

$$\mathscr{H}_b = \mathscr{H}_0 \oplus \cdots \oplus \mathscr{H}_m, \qquad \mathscr{H}_r := \{W \in \mathscr{H}_b : W = \Pi_r W\}.$$

Para $W = \sum_r W_r$, decomponha a forma índice como

$$\mathcal{I}_\alpha(W,W) = \sum_{r=0}^{m} \mathcal{I}_{rr}(W_r, W_r) + 2 \sum_{0 \le r < s \le m} \mathcal{T}_{rs}(W_r, W_s), \tag{37.1}$$

onde $\mathcal{I}_{rr}$ é a restrição diagonal e $\mathcal{T}_{rs}$ é a parte polarizada entre os canais r e s.

Teorema 37.5 (Reconstrução algébrica das transferências de Morse). *Em $\mathcal{K}_m$, todas as formas $\mathcal{T}_{rs}$ da equação* (37.1) *são determinadas pelos dados geométricos e variacionais da ação, juntamente com a multiplicação espacial e os dados*

$$\nabla i,\ \nabla j_1, \dots, \nabla j_m,\ \mathbf{\Theta}, \qquad \nabla^2 i,\ \nabla^2 j_1, \dots, \nabla^2 j_m,\ \nabla \mathbf{\Theta}.$$

A parcela proveniente da variação da decomposição é, portanto, reconstruída inteiramente por esses dados espaciais. Todas as transferências se anulam quando a decomposição é paralela e a geometria e o potencial separam-se por canais.

Demonstração. Cada $\mathcal{T}_{rs}$ é obtida polarizando e projetando a forma associada ao operador do Teorema 36.7. A conexão, a curvatura e a Hessiana do potencial fornecem os dados ambientais. Pelo Teorema 36.9, toda dependência adicional da variação dos canais é determinada pelos multiplicadores espaciais e por suas derivadas até segunda ordem. No caso paralelo e separado, o Teorema 36.12 torna o operador diagonal, e portanto todas as formas cruzadas desaparecem. □

Esse resultado identifica um ponto estrutural: a soma dos índices isolados dos canais só é suficiente quando $\mathcal{T}_{rs} = 0$. Fora desse regime, a multiplicação de $\mathcal{K}_m$ controla termos capazes de criar ou remover direções instáveis.

37.4 Fórmula efetiva por complemento de Schur

Considere inicialmente dois grupos ortogonais de canais, $\mathscr{H}_b = \mathscr{H}_A \oplus \mathscr{H}_B$, e represente o operador autoadjunto da forma por

$$\mathbb{A} = \begin{pmatrix} A & B^* \\ B & D \end{pmatrix}.$$

O bloco B reúne precisamente as transferências intercanal.

Teorema 37.6 (Contribuição efetiva da transferência intercanal). *Suponha que A e D sejam operadores autoadjuntos limitados nos respectivos espaços de Hilbert, que B seja limitado, que D seja uniformemente positivo e que $\mathbb{A}$ seja de Fredholm com índice de Morse finito. Então*

$$\boxed{\operatorname{ind} \mathbb{A} = \operatorname{ind}\big(A - B^* D^{-1} B\big).}$$

Assim, a eliminação dos canais de $\mathscr{H}_B$ acrescenta ao bloco A a correção negativa $-B^* D^{-1} B$.

Demonstração. A transformação triangular invertível

$$L = \begin{pmatrix} I & 0 \\ -D^{-1}B & I \end{pmatrix}$$

fornece a congruência

$$L^* \mathbb{A} L = \begin{pmatrix} A - B^* D^{-1} B & 0 \\ 0 & D \end{pmatrix}.$$

O índice é invariante por congruências invertíveis. Como $D > 0$, o segundo bloco não contribui com direções negativas, o que prova a fórmula. □

Corolário 37.7 (Criação de instabilidade por transferência). *Mesmo que A e D sejam positivos, o sistema acoplado pode ter índice positivo. Isso ocorre exatamente quando a correção $B^*D^{-1}B$ torna $A - B^*D^{-1}B$ negativo em alguma direção.*

Exemplo: Um modo estável que se torna instável

No modelo bidimensional

$$\mathbb{A}_\tau = \begin{pmatrix} a & \tau \\ \tau & d \end{pmatrix}, \qquad a, d > 0,$$

os canais isolados são estáveis. Entretanto,

$$\operatorname{ind} \mathbb{A}_\tau = 1 \quad \Longleftrightarrow \quad \tau^2 > ad.$$

O limiar $|\tau| = \sqrt{ad}$ é o ponto em que aparece um modo nulo; na dinâmica variacional, ele corresponde ao nascimento de um tempo conjugado.

37.5 Critérios quantitativos de preservação do índice

Teorema 37.8 (Margem de estabilidade espacial). *Nas hipóteses funcionais do Teorema 36.10, escreva $\mathcal{I} = \mathcal{I}_{\text{diag}} + \mathcal{T}$, onde $\mathcal{T}$ contém todas as transferências. Se existem $c > 0$ e $0 \leq \eta < c$ tais que*

$$\mathcal{I}_{\text{diag}}(W, W) \geq c\|W\|_{H^1}^2, \qquad |\mathcal{T}(W, W)| \leq \eta\|W\|_{H^1}^2,$$

então

$$\mathcal{I}(W, W) \geq (c - \eta)\|W\|_{H^1}^2.$$

Logo não há tempos conjugados e a trajetória é um mínimo local estrito.

Demonstração. Basta combinar as duas estimativas. A conclusão segue do Teorema 37.3 e do critério de estabilidade do Teorema 36.10. □

Observação 37.9 (O que deve ser estimado em $\mathcal{K}_m$). Pelo Teorema 37.5, uma estimativa de η exige controle simultâneo da variação dos multiplicadores, do associador e de suas derivadas de segunda ordem. Controlar apenas $\nabla\Pi_r$ não exclui que $\nabla^2\Pi_r$ produza uma correção de Schur suficientemente grande para mudar o índice.

37.6 O caso paralelo e a escala infinita

Corolário 37.10 (Aditividade do índice por canais). *Nas hipóteses do Teorema 36.12, suponha que cada forma de canal tenha índice finito. Então*

$$\boxed{\operatorname{ind} \mathcal{I}_\alpha = \sum_{r=0}^{m} \operatorname{ind} \mathcal{I}_r.}$$

As multiplicidades dos tempos conjugados também são somadas canal a canal.

Demonstração. A forma é soma ortogonal das formas de canal, pois todas as transferências se anulam. O subespaço negativo é a soma direta dos subespaços negativos de cada bloco. A afirmação sobre multiplicidades segue aplicando a mesma decomposição aos núcleos das formas restritas. □

Teorema 37.11 (Índice espacial em $\mathcal{K}^2$). *Suponha as hipóteses do Teorema 36.13. Se o operador de Jacobi é autoadjunto de Fredholm, possui resolvente compacto e seu subespaço espectral positivo tem dimensão finita, então*

$$\operatorname{ind} \mathcal{I}_\alpha = N_-(-\mathcal{J}_\alpha) = N_+(\mathcal{J}_\alpha),$$

pois $\mathcal{I}(W,W) = -\langle \mathcal{J}_\alpha W, W\rangle$. *No caso paralelo, a igualdade aditiva permanece válida sempre que a soma dos índices dos canais seja finita.*

Demonstração. O teorema espectral identifica o índice da forma com a dimensão do subespaço espectral negativo de seu operador representante. A convenção de sinal decorre da definição da forma índice. No caso paralelo, as projeções espectrais negativas de blocos ortogonais somam-se fortemente; a hipótese de finitude torna a soma de suas dimensões finita. □

37.7 Exercícios

Exercício 37.1 (♦). Mostre que um tempo conjugado é exatamente um instante em que a aplicação que envia a derivada inicial de um campo de Jacobi em seu valor final deixa de ser injetiva.

Exercício 37.2 (♦♦). Calcule o índice da matriz $\mathbb{A}_\tau$ do exemplo e verifique diretamente o limiar $\tau^2 = ad$.

Exercício 37.3 (♦♦). Prove a aditividade das multiplicidades conjugadas para três canais paralelos.

Exercício 37.4 (♦♦♦). Para um sistema com dois canais, derive o complemento de Schur eliminando o primeiro canal em vez do segundo e compare as duas fórmulas de índice.

Exercício 37.5 (♦♦♦). Expresse a parte de $\mathcal{T}_{0k}$ que contém $\nabla^2\Pi_0$ usando $\Pi_0 = -\mathsf{M}_i^2$.

Exercício 37.6 (♦♦♦♦). Em $\mathcal{K}^2$, formule uma condição de somabilidade para os blocos $\mathcal{T}_{rs}$ que faça o acoplamento definir um operador compacto. Explique por que a compacidade preserva a propriedade de Fredholm, mas não preserva necessariamente o índice de Morse.

Observação 37.12 (Para prosseguir). Tempos conjugados e índice de Morse converteram as transferências entre canais em uma correção espectral mensurável. No próximo capítulo, estudaremos fluxo espectral e bifurcação, incluindo os casos em que um modo nulo atravessa a origem e altera a estabilidade espacial.

CAPÍTULO 38

Fluxo espectral e bifurcação espacial

Um modo nulo não é ainda uma bifurcação

Quando um autovalor da segunda variação atinge zero, a trajetória crítica torna-se degenerada. Isso é necessário para muitas bifurcações, mas não é suficiente: o autovalor pode apenas tocar zero e retornar ao mesmo lado, ou a degenerescência pode não produzir novas soluções. O fluxo espectral registra as travessias orientadas. Nas álgebras espaciais, a orientação dessas travessias contém uma parcela própria dos canais e outra produzida pelo acoplamento reconstruído pela multiplicação de $\mathcal{K}_m$.

Observação 38.1 (Continuidade para operadores não limitados). Se A é autoadjunto, seu grafo é o subespaço fechado

$$\mathcal{G}(A) := \{(u, Au) : u \in \mathcal{D}(A)\} \subset \mathscr{H} \oplus \mathscr{H}.$$

A *topologia da lacuna* mede a distância entre os projetores ortogonais sobre esses grafos. Assim, uma família A_λ é contínua na topologia da lacuna quando esses projetores variam continuamente em norma. Para operadores limitados com domínio fixo, a continuidade em norma de operadores é suficiente. Essa noção impede saltos espectrais artificiais quando o domínio dos operadores não limitados varia.

38.1 Famílias de segundas variações

Seja $\lambda \mapsto \gamma_\lambda$ uma família C^1 de trajetórias críticas, $\lambda \in [\lambda_-, \lambda_+]$. Após identificar os fibrados ao longo das trajetórias por uma trivialização compatível, suponha que suas formas índice sejam representadas por uma família

$$\lambda \longmapsto A_\lambda$$

de operadores autoadjuntos de Fredholm em um espaço de Hilbert real $\mathscr{H}$, com domínio comum ou, mais geralmente, contínua na topologia da lacuna. Quando forem usadas derivadas, supõe-se que a família seja diferenciável como família de formas num domínio de formas comum; no caso de operadores limitados, isso significa diferenciabilidade na norma de operadores.

Definição 38.2 (Instante de cruzamento). Um parâmetro λ_* é um instante de cruzamento se $\ker A_{\lambda_*} \neq \{0\}$. Quando a família é diferenciável, sua forma de cruzamento é

$$\Gamma(A,\lambda_*)[W] := \langle \dot{A}_{\lambda_*} W, W\rangle, \qquad W \in \ker A_{\lambda_*}.$$

O cruzamento é regular quando essa forma é não degenerada.

Observação 38.3 (Convenção de orientação). Contaremos como positiva a passagem de um autovalor do semieixo negativo para o positivo. Com essa convenção, uma travessia regular contribui com a assinatura de $\Gamma(A,\lambda_*)$.

38.2 Fluxo espectral e variação do índice

Definição 38.4 (Fluxo espectral). O fluxo espectral $\mathrm{sf}(A_\lambda)$ é o número algébrico de autovalores que atravessam zero, contado positivamente nas passagens do negativo para o positivo e negativamente no sentido contrário.

A construção abstrata para operadores autoadjuntos de Fredholm e o cálculo por formas de cruzamento são ferramentas clássicas; veja [9, 10]. Aqui elas serão aplicadas aos operadores reconstruídos pela estrutura espacial.

Teorema 38.5 (Fórmula por formas de cruzamento). *Suponha que os extremos sejam invertíveis e que todos os cruzamentos sejam regulares. Então eles são isolados e*

$$\boxed{\mathrm{sf}(A_\lambda; [\lambda_-, \lambda_+]) = \sum_{\lambda_*} \mathrm{sign}\, \Gamma(A, \lambda_*).}$$

Se, adicionalmente, cada A_λ possui índice de Morse finito, então

$$\boxed{\mathrm{ind}\, A_{\lambda_+} = \mathrm{ind}\, A_{\lambda_-} - \mathrm{sf}(A_\lambda).}$$

Demonstração. Perto de um cruzamento regular, a redução espectral ao pequeno subespaço associado a zero transforma a família em uma matriz simétrica cuja derivada em λ_* é a forma de cruzamento. Seus autovalores positivos correspondem às passagens do negativo para o positivo, e os negativos às passagens inversas. A soma local é, portanto, a assinatura. Fora de pequenas vizinhanças dos cruzamentos, zero permanece no resolvente e nada contribui. A segunda fórmula resulta porque cada passagem positiva remove uma direção negativa, enquanto cada passagem negativa acrescenta uma. □

Corolário 38.6 (Persistência da estabilidade sob uma lacuna uniforme). *Se existe $c > 0$ tal que*

$$\langle A_\lambda W, W \rangle \geq c \|W\|^2$$

para todo λ e todo W, então não há cruzamentos, o fluxo espectral é zero e o índice permanece nulo.

38.3 Reconstrução espacial da forma de cruzamento

Escreva A_λ em blocos relativamente aos projetores $\Pi_r(\lambda)$. A diferenciação em λ atua simultaneamente sobre a trajetória, os pesos, a geometria e a decomposição espectral.

Teorema 38.7 (Reconstrução algébrica da travessia). *Em uma família de estruturas $\mathcal{K}_m$, a forma $\Gamma(A, \lambda_*)$ é determinada pelos dados de reconstrução do operador de Jacobi,*

$$\nabla i,\ \nabla j_1, \ldots, \nabla j_m,\ \boldsymbol{\Theta}, \qquad \nabla^2 i,\ \nabla^2 j_1, \ldots, \nabla^2 j_m,\ \nabla \boldsymbol{\Theta},$$

juntamente com suas derivadas paramétricas e com as derivadas paramétricas dos pesos, da métrica, do potencial e da trajetória crítica. Em particular, duas famílias com esses dados coincidentes possuem as mesmas formas de cruzamento e as mesmas contribuições locais ao fluxo espectral.

Demonstração. Pelo Teorema 36.9, esses dados determinam A_λ. Diferenciar a fórmula reconstruída determina $\dot{A}_{\lambda_*}$. Restringir a forma quadrática resultante a $\ker A_{\lambda_*}$ fornece $\Gamma(A, \lambda_*)$. A assinatura é invariante por identificações isométricas do núcleo, provando a última afirmação. □

Variação espacial e variação paramétrica

Os símbolos $\nabla\Pi_r$ e $\partial_\lambda \Pi_r$ medem fenômenos distintos. O primeiro descreve como os canais variam sobre a variedade; o segundo, como a própria decomposição muda na família. A forma de cruzamento pode ser não nula mesmo quando todos os projetores são paralelos em cada valor fixo de λ.

38.4 A correção intercanal na travessia

Considere uma decomposição em dois grupos de canais e uma família em blocos

$$\mathbb{A}_\lambda = \begin{pmatrix} A_\lambda & B_\lambda^* \\ B_\lambda & D_\lambda \end{pmatrix}, \qquad D_\lambda > 0.$$

O operador reduzido é

$$S_\lambda := A_\lambda - B_\lambda^* D_\lambda^{-1} B_\lambda.$$

Teorema 38.8 (Forma de cruzamento reduzida). *Suponha, uniformemente em λ, as hipóteses funcionais do Teorema 37.6: os blocos são limitados nos respectivos espaços de Hilbert, A_λ e D_λ são autoadjuntos, B_λ é limitado e D_λ permanece uniformemente positivo. Suponha ainda que os blocos sejam C^1. Então*

$$\ker \mathbb{A}_{\lambda_*} \cong \ker S_{\lambda_*}$$

e, nessa identificação, a forma de cruzamento de $\mathbb{A}_\lambda$ coincide com a de S_λ, onde

$$\boxed{\begin{aligned}\dot{S} = \dot{A} - \dot{B}^* D^{-1} B - B^* D^{-1} \dot{B} \\ + B^* D^{-1} \dot{D}\, D^{-1} B.\end{aligned}}$$

Consequentemente, o acoplamento afeta não apenas a posição do cruzamento, mas também sua orientação.

Demonstração. A equação do segundo bloco fornece $Y = -D^{-1}BX$; substituí-la no primeiro bloco produz $SX = 0$. A congruência triangular usada no Teorema 37.6 identifica as restrições das formas aos respectivos núcleos. Finalmente, $\partial_\lambda D^{-1} = -D^{-1}\dot{D}D^{-1}$, e a regra do produto fornece a fórmula exibida. □

Exemplo: Orientação no modelo de dois modos

Para

$$\mathbb{A}_\lambda = \begin{pmatrix} a & \tau(\lambda) \\ \tau(\lambda) & d \end{pmatrix}, \qquad a, d > 0,$$

temos

$$S_\lambda = a - \frac{\tau(\lambda)^2}{d}, \qquad \dot{S}_\lambda = -\frac{2\tau(\lambda)\dot{\tau}(\lambda)}{d}.$$

Se τ atravessa $\sqrt{ad}$ de modo crescente, a forma de cruzamento é negativa: o índice aumenta em uma unidade e a contribuição ao fluxo espectral é -1.

38.5 Do fluxo espectral à bifurcação

Considere uma família C^2 de funcionais espaciais Φ_λ em uma variedade de Hilbert, com um ramo trivial de pontos críticos u_λ. Uma bifurcação em λ_* significa que existem $\lambda_n \to \lambda_*$ e pontos críticos $v_n \neq u_{\lambda_n}$ tais que $v_n \to u_{\lambda_*}$. O princípio abstrato que liga fluxo não nulo e bifurcação é clássico [11]; a especialização abaixo identifica os dados espaciais que entram em suas Hessianas.

Teorema 38.9 (Critério espacial de bifurcação). *Em uma carta ao longo do ramo trivial, suponha que os gradientes formem uma família*

C^1 de aplicações de Fredholm de índice zero, que o ramo seja localmente isolado na ausência de bifurcação e que os conjuntos de pontos críticos próximos satisfaçam a compacidade local necessária à continuação do índice crítico. Suponha ainda que as Hessianas formem uma família autoadjunta de Fredholm e que os extremos de um intervalo $[\mu_-, \mu_+]$ sejam invertíveis. Se

$$\mathrm{sf}(A_\lambda; [\mu_-, \mu_+]) \neq 0,$$

então existe pelo menos um parâmetro de bifurcação em (μ_-, μ_+).

Demonstração. Se não houvesse bifurcação, o ramo trivial seria localmente isolado em todo o intervalo e admitiria uma vizinhança isolante comum. A continuação dos dados locais de Morse ao longo dessa vizinhança identificaria os invariantes dos dois extremos. Para Hessianas autoadjuntas de Fredholm, o deslocamento de graduação entre esses invariantes é precisamente o fluxo espectral; no regime fortemente indefinido, a mesma afirmação é formulada pelo índice relativo. Um fluxo não nulo contradiz a existência dessa continuação sem novos pontos críticos. Logo algum parâmetro intermediário é de bifurcação. □

Corolário 38.10 (Cruzamento simples). *Se* ker A_{λ_*} *é unidimensional, a forma de cruzamento é não nula e as hipóteses do teorema anterior valem em uma vizinhança de λ_*, então λ_* é parâmetro de bifurcação.*

Degenerescência sem bifurcação

A condição ker $A_{\lambda_*} \neq \{0\}$, isoladamente, não basta. Por exemplo, a família escalar $\Phi_\lambda(x) = x^4 + \lambda^2 x^2$ possui ramo crítico $x = 0$ e Hessiana nula em $\lambda = 0$, mas não há outros pontos críticos reais próximos. O autovalor toca zero sem atravessá-lo, e o fluxo espectral é nulo.

38.6 Fatorização e extensão a $\mathcal{K}^2$

Proposição 38.11 (Aditividade do fluxo no caso paralelo). *Se a família espacial se decompõe ortogonalmente em um número finito de canais invariantes, $A_\lambda = \bigoplus_{r=0}^{m} A_{r,\lambda}$, então*

$$\mathrm{sf}(A_\lambda) = \sum_{r=0}^{m} \mathrm{sf}(A_{r,\lambda}).$$

Assim, cancelamentos entre travessias orientadas de canais distintos podem produzir fluxo total nulo mesmo quando há cruzamentos.

Demonstração. As projeções espectrais próximas de zero são somas ortogonais das projeções de cada bloco. Portanto, as contagens orientadas e as assinaturas das formas de cruzamento somam-se. □

Teorema 38.12 (Fluxo espectral espacial em $\mathcal{K}^2$). *Considere uma família contínua, na topologia da lacuna, de operadores de Jacobi autoadjuntos de Fredholm em $\mathcal{K}^2$, com extremos invertíveis. Então seu fluxo espectral está bem definido e é invariante por homotopias que mantêm os extremos invertíveis. Se a decomposição é paralela e apenas um número finito de canais contribui ao espectro em uma vizinhança uniforme de zero, vale a fórmula aditiva*

$$\mathrm{sf}(A_\lambda) = \sum_{r\geq 0} \mathrm{sf}(A_{r,\lambda}),$$

na qual a soma tem somente um número finito de termos não nulos.

Demonstração. A primeira afirmação é a construção do fluxo espectral para caminhos no espaço dos operadores autoadjuntos de Fredholm. Na situação paralela, a hipótese espectral uniforme reduz a contagem próxima de zero a uma soma direta finita. Aplica-se então a proposição anterior. □

Observação 38.13 (Por que a hipótese uniforme é necessária). Em dimensão infinita, infinitos canais podem aproximar-se simultaneamente de zero sem que cada canal isolado apresente dificuldade. Sem uma lacuna essencial uniforme, a soma de fluxos pode divergir e o operador total pode deixar de ser Fredholm.

38.7 Exercícios

Exercício 38.1 (♦). Calcule o fluxo espectral da família escalar $A_\lambda = \lambda$, para $-1 \le \lambda \le 1$, usando a forma de cruzamento.

Exercício 38.2 (♦♦). Mostre que $A_\lambda = \lambda^2$ possui um cruzamento não regular em zero e fluxo espectral nulo.

Exercício 38.3 (♦♦). Para uma soma de dois canais, construa travessias simples com contribuições $+1$ e -1 no mesmo parâmetro e verifique que o fluxo total se anula.

Exercício 38.4 (♦♦♦). Diferencie diretamente $B_\lambda^* D_\lambda^{-1} B_\lambda$ e obtenha a fórmula do Teorema 38.8.

Exercício 38.5 (♦♦♦). No caso paralelo de $\mathcal{K}_m$, mostre que a forma de cruzamento se decompõe por canais mesmo quando os pesos $\alpha_r(\lambda)$ variam.

Exercício 38.6 (♦♦♦♦). Formule, para uma família diagonal contínua em $\mathcal{K}^2$, uma hipótese de lacuna essencial uniforme acompanhada do controle espectral local necessário e prove que apenas um número finito de canais pode cruzar zero em um intervalo compacto.

Observação 38.14 (Para prosseguir). O fluxo espectral detectou quando a estabilidade muda e forneceu um critério global de bifurcação. No próximo capítulo, estudaremos ramos bifurcados, redução de Lyapunov–Schmidt e a maneira como a multiplicação espacial determina os coeficientes da equação reduzida.

CAPÍTULO 39

Redução de Lyapunov–Schmidt espacial

Transformar uma equação infinita em poucos modos

No parâmetro de bifurcação, a Hessiana deixa de ser invertível apenas em um subespaço finito de modos críticos. A redução de Lyapunov–Schmidt resolve a equação nos modos complementares e conserva uma equação finita no núcleo. Para as álgebras espaciais, essa eliminação é particularmente informativa: os canais não críticos não desaparecem, mas retornam aos coeficientes reduzidos por termos de transferência mediados pelo resolvente.

39.1 A decomposição núcleo–complemento

Considere uma família C^k, $k \geq 4$, de equações de gradiente

$$F(\lambda, u) = \nabla\Phi_\lambda(u) = 0, \qquad F(\lambda, 0) = 0,$$

em um espaço de Hilbert real $\mathscr{H}$. Fixe um parâmetro crítico λ_* e ponha

$$L := D_u F(\lambda_*, 0), \qquad N := \ker L, \qquad R := N^\perp.$$

Se L é autoadjunto de Fredholm, então N é de dimensão finita, $\operatorname{im} L = R$, e $L_R := L|_R \colon R \to R$ é um isomorfismo limitado. Denote por P e $Q = I - P$ as projeções sobre N e R. A redução abstrata e suas aplicações clássicas à teoria de bifurcação podem ser encontradas em [12].

Observação 39.1 (Teorema da função implícita em espaços de Banach). Se $\mathscr{F} : X \times Y \to Z$ é de classe C^k, $\mathscr{F}(x_0, y_0) = 0$ e a derivada parcial $D_y\mathscr{F}(x_0, y_0) : Y \to Z$ é um isomorfismo limitado, então existem vizinhanças de x_0 e y_0 e uma única aplicação C^k, $y = y(x)$, tal que

$$\mathscr{F}(x, y(x)) = 0, \qquad y(x_0) = y_0.$$

Na redução abaixo, $x = (\lambda, z)$, $y = w$ e a derivada invertível é a restrição L_R. Portanto, o uso do teorema é exatamente a resolução dos modos complementares como função dos modos críticos.

Teorema 39.2 (Redução de Lyapunov–Schmidt). *Sob as hipóteses acima, existem vizinhanças da origem e uma única aplicação* C^k

$$w = w(\lambda, z) \in R, \qquad w(\lambda, 0) = 0,$$

tal que

$$QF(\lambda, z + w(\lambda, z)) = 0.$$

Consequentemente, as soluções próximas do ramo trivial estão em correspondência biunívoca com as soluções da equação de dimensão finita

$$\boxed{g(\lambda, z) := PF(\lambda, z + w(\lambda, z)) = 0, \qquad z \in N.}$$

Além disso, g *é o gradiente da função reduzida*

$$\varphi(\lambda, z) := \Phi_\lambda(z + w(\lambda, z)).$$

Demonstração. Considere $\mathscr{F}(\lambda, z, w) = QF(\lambda, z + w)$. Sua derivada em w, no ponto $(\lambda_*, 0, 0)$, é L_R, que é invertível. O teorema da função implícita fornece w e sua unicidade. A equação completa equivale então à equação restante $PF = 0$. Para $\zeta \in N$, a regra da cadeia e a equação complementar fornecem

$$D_z\varphi(\lambda, z)[\zeta] = \langle F(\lambda, z + w), \zeta + D_z w[\zeta] \rangle = \langle g(\lambda, z), \zeta \rangle,$$

pois $F(\lambda, z + w) \in N$ e $D_z w[\zeta] \in R$. □

Observação 39.3 (Informação preservada). A equação reduzida preserva os pontos críticos próximos e sua natureza variacional. Contudo, não preserva termo a termo a decomposição original em canais. Resolver a equação em R introduz L_R^{-1}, que transporta informação dos canais eliminados de volta ao núcleo.

39.2 Expansão em um núcleo simples

Suponha agora $N = \text{span}\{e\}$, com $\|e\| = 1$, e escreva $z = se$, $\mu = \lambda - \lambda_*$. Defina

$$B := D_u^2 F(\lambda_*, 0), \qquad C := D_u^3 F(\lambda_*, 0).$$

Proposição 39.4 (Correção dos modos eliminados). *Vale*

$$w(\lambda_*, se) = -\frac{s^2}{2} L_R^{-1} QB(e,e) + O(|s|^3).$$

Demonstração. Derivar uma vez a equação complementar em s dá $L_R D_s w(\lambda_*, 0) = 0$, logo $D_s w(\lambda_*, 0) = 0$. A segunda derivada fornece

$$L_R D_s^2 w(\lambda_*, 0) + QB(e,e) = 0.$$

A fórmula segue da expansão de Taylor. □

Identifique $g(\lambda, se)$ com seu coeficiente na direção e.

Teorema 39.5 (Equação reduzida até ordem cúbica). *Suponha $F \in C^4$ e ponha*

$$a := \langle \dot{L}_{\lambda_*} e, e \rangle, \qquad b := \langle B(e,e), e \rangle,$$

$$c := \langle C(e,e,e), e \rangle - 3 \left\langle B\big(e, L_R^{-1} QB(e,e)\big), e \right\rangle.$$

Então

$$\boxed{g(\lambda, se) = a\mu s + \frac{b}{2} s^2 + \frac{c}{6} s^3 + O(|\mu|^2 |s| + |\mu||s|^2 + |s|^4).}$$

O segundo termo de c é a contribuição efetiva dos modos eliminados.

Demonstração. Como $F(\lambda, 0) = 0$, a equação reduzida possui o fator infinitesimal s. O termo $a\mu s$ é a forma de cruzamento na direção e, e o termo quadrático é a projeção de $B(e,e)$. Para a ordem cúbica, substitua a expansão da Proposição 39.4 em

$$F(\lambda_*, u) = Lu + \frac{1}{2} B(u,u) + \frac{1}{6} C(u,u,u) + O(\|u\|^4).$$

O termo Lw pertence a R e desaparece após a projeção sobre e. Os dois termos mistos de $B(se, w)$ produzem, após considerar o fator $1/2$, exatamente a correção indicada. Os termos com μ são agrupados no resto. □

A Hessiana não determina o ramo

O fluxo espectral e a forma de cruzamento determinam a, mas não determinam b nem c. Duas famílias podem ter a mesma Hessiana e bifurcações locais distintas porque suas terceiras e quartas variações da ação são diferentes.

39.3 Classificação local dos ramos

Teorema 39.6 (Ramo transversal). *Se $a \neq 0$ e $b \neq 0$, existe um único ramo não trivial próximo da origem, parametrizado por*

$$s(\mu) = -\frac{2a}{b}\mu + O(\mu^2).$$

O ramo não trivial cruza o ramo $s = 0$; essa é a configuração local do tipo transcrítico.

Demonstração. Divida a equação reduzida por s para $s \neq 0$. A derivada da equação resultante em relação a s, na origem, é $b/2 \neq 0$. O teorema da função implícita fornece $s(\mu)$, e a derivação na origem dá o coeficiente exibido. □

Teorema 39.7 (Bifurcação simétrica). *Se $a \neq 0$, $b = 0$, $c \neq 0$ e a simetria da equação reduzida elimina os termos pares em s, então os ramos não triviais satisfazem*

$$s_{\pm}(\mu) = \pm\sqrt{-\frac{6a}{c}\mu} + O(|\mu|).$$

Eles existem no lado em que $-6a\mu/c > 0$, formando uma bifurcação do tipo forquilha.

Demonstração. A simetria escreve $g(\mu, s) = s\,h(\mu, s^2)$, com

$$h(\mu, \rho) = a\mu + \frac{c}{6}\rho + O(\mu^2 + |\mu|\rho + \rho^2).$$

Como $\partial_\rho h(0,0) = c/6 \neq 0$, resolvemos

$$\rho = -\frac{6a}{c}\mu + O(\mu^2)$$

e tomamos as duas raízes reais quando $\rho > 0$. □

39.4 Coeficientes reduzidos e estrutura de $\mathcal{K}_m$

Para uma ação espacial, os tensores B e C são, respectivamente, as terceiras e quartas variações da ação. Eles contêm derivadas de ordem superior da métrica, do potencial e dos projetores de canal.

Teorema 39.8 (Reconstrução algébrica da equação reduzida). *Considere uma família de ações construída a partir da multiplicação de $\mathcal{K}_m$, de sua decomposição espectral e de dados geométricos compatíveis. Então os coeficientes a, b, c são determinados por:*

1. *o jato paramétrico de primeira ordem do operador de Jacobi;*
2. *os jatos espaciais da multiplicação, do associador, da métrica e do potencial até a ordem exigida pelas quarta variação;*
3. *a projeção P sobre o modo crítico e o resolvente reduzido L_R^{-1}.*

Em particular, a parcela

$$-3\left\langle B(e, L_R^{-1}QB(e,e)), e\right\rangle$$

mede o retorno intercanal dos modos não críticos ao coeficiente cúbico.

Demonstração. O coeficiente a é a forma de cruzamento e foi reconstruído no Teorema 38.7. Os coeficientes b e c são contrações de B, C, P, Q e L_R^{-1}, pelas fórmulas anteriores. As variações de ordem três e quatro da ação são obtidas diferenciando os dados que a definem até as ordens correspondentes. Logo os jatos listados determinam toda a equação reduzida até ordem cúbica. □

Observação 39.9 (Centralidade efetiva de $\mathcal{K}_m$). O resultado não afirma que toda redução de Lyapunov–Schmidt seja espacial. A ferramenta abstrata é clássica. O conteúdo próprio de $\mathcal{K}_m$ está na reconstrução dos projetores, dos tensores não lineares e do retorno intercanal que decide o sinal de b e c.

39.5 Separação e acoplamento de canais críticos

Proposição 39.10 (Redução no caso paralelo). *Se a ação e sua decomposição são produtos por canais em todas as ordens relevantes, então $N = \bigoplus_r N_r$, a aplicação complementar se decompõe como $w = \bigoplus_r w_r$, e a função reduzida é*

$$\varphi(\lambda, z) = \sum_r \varphi_r(\lambda, z_r).$$

Assim, não aparecem coeficientes mistos entre canais distintos.

Demonstração. O gradiente, suas derivadas e o resolvente reduzido são diagonais por blocos. A equação complementar separa-se, e a unicidade fornecida pelo teorema da função implícita obriga w a ser a soma das soluções de canal. Substituir na ação separada prova a fórmula. □

Exemplo: Dois modos críticos acoplados

Se $N = \text{span}\{e_1, e_2\}$, a função reduzida pode iniciar por

$$\varphi(\mu, s_1, s_2) = \frac{\mu}{2}(a_1 s_1^2 + a_2 s_2^2) + \frac{1}{4}(\beta_1 s_1^4 + 2\beta_{12} s_1^2 s_2^2 + \beta_2 s_2^4) + \cdots.$$

No caso paralelo, $\beta_{12} = 0$. Quando há transferência espacial, β_{12} recebe contribuições diretas e contribuições mediadas pelo resolvente. Seu sinal decide se os dois modos bifurcados podem coexistir ou se competem localmente.

39.6 A extensão hilbertiana em $\mathcal{K}^2$

Teorema 39.11 (Redução espacial em $\mathcal{K}^2$). *Se $F : \mathbb{R} \times \mathcal{K}^2 \to \mathcal{K}^2$ é C^k, sua linearização crítica é autoadjunta de Fredholm e zero é um autovalor isolado de multiplicidade finita, então a redução do Teorema 39.2 produz uma equação em um núcleo de dimensão finita. Suponha, adicionalmente, que os projetores críticos das truncações finitas convergem em norma para P, que os inversos reduzidos existem com norma uniformemente limitada e convergem para L_R^{-1}, e que os jatos multilineares das ações de canal convergem absoluta e localmente de modo uniforme até a ordem k. Então os coeficientes reduzidos são limites dos coeficientes das respectivas truncações finitas de $\mathcal{K}_m$.*

Demonstração. A propriedade de Fredholm fornece a decomposição ortogonal e a inversa limitada em R. O teorema da função implícita em espaços de Banach dá a redução finita. A convergência uniforme dos jatos permite trocar truncação, diferenciação e contração. A convergência dos projetores e dos inversos reduzidos controla precisamente os termos mediados pelo resolvente e completa a passagem ao limite. □

Infinitos modos críticos

Se zero não é isolado ou possui multiplicidade infinita, o núcleo deixa de ser o espaço finito que sustenta a redução clássica. Uma equação de amplitude de dimensão infinita exige ferramentas adicionais e não decorre do teorema acima.

39.7 Exercícios

Exercício 39.1 (♦). Mostre que $D_z w(\lambda_*, 0) = 0$ diferenciando a equação complementar.

Exercício 39.2 (♦♦). Obtenha a fórmula de $D_s^2 w(\lambda_*, 0)$ e verifique o fator $1/2$ na Proposição 39.4.

Exercício 39.3 (♦♦). Para $g(\mu, s) = \mu s - s^2$, determine os ramos e classifique a bifurcação.

Exercício 39.4 (♦♦♦). Derive cuidadosamente o fator -3 na fórmula do coeficiente c.

Exercício 39.5 (♦♦♦). Mostre que uma simetria $u \mapsto -u$ da ação reduzida elimina os termos ímpares de φ e os termos pares de seu gradiente g.

Exercício 39.6 (♦♦♦♦). No exemplo de dois modos, derive as equações de amplitude e determine, em termos de $\beta_1, \beta_2, \beta_{12}$, quando existe um ramo com $s_1 s_2 \neq 0$.

Observação 39.12 (Para prosseguir). A redução de Lyapunov–Schmidt revelou como modos eliminados retornam aos coeficientes que governam os ramos bifurcados. No próximo capítulo, estudaremos formas normais, ressonâncias entre canais e seleção de padrões espaciais.

CAPÍTULO 40

Formas normais e seleção de padrões espaciais

Quais interações realmente sobrevivem?

A equação reduzida ainda pode conter muitos monômios. Mudanças suaves de coordenadas removem parte deles, enquanto ressonâncias e simetrias obrigam outros a permanecer. A forma normal separa esses dois grupos. Nas álgebras espaciais, os coeficientes sobreviventes distinguem padrões confinados a um canal, padrões mistos e regimes de competição; sua reconstrução exige tanto os produtos diretos quanto os retornos intercanal mediados pelo resolvente.

40.1 A ferramenta clássica de forma normal

Há duas construções relacionadas, mas distintas. A equação estacionária reduzida do capítulo anterior é $g(\lambda, z) = 0$. Para estudar a seleção dinâmica, pode-se considerar o fluxo gradiente associado $\dot{z} = -g(\lambda, z)$ ou, mais geralmente, reduzir diretamente um campo vetorial espacial. A forma normal abaixo aplica-se a esse campo de dimensão finita; no caso gradiente, mudanças arbitrárias de coordenadas podem não preservar a forma gradiente, como será advertido adiante.

Considere uma equação reduzida de dimensão finita

$$\dot{z} = Az + f_2(z) + f_3(z) + \cdots,$$

onde f_q é homogênea de grau q. Uma mudança próxima da identidade, $z = y + h_q(y)$, modifica o termo de ordem q pela ação do operador homológico

$$\mathcal{L}_A h_q(y) := Dh_q(y)Ay - Ah_q(y).$$

Definição 40.1 (Monômio ressonante). Se A é diagonalizável, com autovalores $\nu_1, \ldots, \nu_d$, o monômio $y^{\mathbf{q}}e_j$, $|\mathbf{q}| \geq 2$, é ressonante quando

$$\mathbf{q} \cdot \nu = \nu_j.$$

Equivalentemente, ele pertence ao núcleo do operador homológico sobre o subespaço correspondente.

Observação 40.2 (Ferramenta clássica: forma normal finita). Fixe $N \geq 2$. Existe uma mudança polinomial de coordenadas, tangente à identidade, que transforma o campo reduzido em

$$\dot{y} = Ay + g_2(y) + \cdots + g_N(y) + O(\|y\|^{N+1}),$$

onde cada g_q pode ser escolhido em um complemento de $\operatorname{im} \mathcal{L}_A$. No caso sem blocos de Jordan, podem permanecer apenas os monômios ressonantes. A construção procede por indução: na ordem q, decompõe-se o termo homogêneo em uma parcela na imagem de $\mathcal{L}_A$ e outra em um complemento fixado; a primeira é cancelada por h_q. Como a mudança começa na ordem q, ela não altera os termos de grau menor já normalizados.

Forma normal não é igualdade global

A transformação é local, depende da ordem de truncamento e em geral não é única. Além disso, uma mudança arbitrária de coordenadas pode ocultar a estrutura de gradiente euclidiana. Em problemas variacionais, é muitas vezes preferível normalizar a função potencial sob mudanças compatíveis com as simetrias e depois derivá-la.

40.2 Simetrias como regras de seleção

Se um grupo compacto G atua ortogonalmente no núcleo crítico N, a função reduzida pode ser escolhida G-invariante e seu gradiente é G-equivariante.

Observação 40.3. A seleção por equivariância é uma ferramenta clássica. Um monômio da equação de amplitude pode ter coeficiente não nulo somente se pertencer ao espaço de aplicações polinomiais

G-equivariantes. Em particular, se G contém a troca de sinal independente $s_r \mapsto -s_r$ em cada modo, então a função potencial depende de s_r^2, e sua equação na componente r possui um fator s_r. A média de uma aplicação polinomial sobre G, usando a medida de Haar, projeta-a sobre o subespaço equivariante. Para trocas de sinal independentes, a invariância exige expoente par de cada variável na função potencial; sua derivação em s_r produz o fator anunciado.

Exemplo: Permutação de canais equivalentes

Se dois canais críticos são trocados por uma simetria, a função potencial quártica mais geral, com trocas de sinal independentes, tem a forma

$$\varphi_4(s_1, s_2) = \frac{\beta}{4}(s_1^4 + s_2^4) + \frac{\gamma}{2}s_1^2 s_2^2.$$

Os coeficientes próprios dos canais coincidem, mas o coeficiente misto γ não é forçado a ser igual a β. Ele mede a interação efetiva entre os padrões.

40.3 Ressonâncias entre canais espaciais

Em problemas oscilatórios, os autovalores centrais têm a forma

$$i\omega_1, \dots, i\omega_d.$$

Uma relação inteira entre frequências torna alguns monômios temporalmente ressonantes. Simultaneamente, a simetria espacial decide se esses monômios são permitidos.

Definição 40.4 (Ressonância espacial admissível). Uma interação entre modos é espacialmente admissível quando satisfaz, ao mesmo tempo:

1. a relação de ressonância do operador homológico;
2. a equivariância pelas simetrias que preservam a estrutura de canais;
3. a não anulação do tensor multilinear reconstruído que fornece seu coeficiente.

Teorema 40.5 (Critério de sobrevivência de uma interação). *Um monômio intercanal sobrevive na forma normal espacial somente se é ressonante, permitido pelas simetrias e possui contração multilinear não nula após a redução de Lyapunov–Schmidt e as normalizações de ordens inferiores. Se qualquer uma dessas três condições falha, seu coeficiente normal pode ser tomado igual a zero.*

Demonstração. Monômios não ressonantes pertencem à imagem do operador homológico e são removidos por mudança de coordenadas. Monômios incompatíveis com a ação de G desaparecem pela projeção equivariante. Finalmente, mesmo uma classe ressonante e permitida não aparece se sua projeção normal efetiva é nula. Essa projeção inclui a contração do jato não linear com os modos críticos e o resolvente reduzido, bem como as contribuições produzidas pelas mudanças já efetuadas em ordens inferiores. □

Observação 40.6 (Ressonância não implica acoplamento). A igualdade entre frequências é apenas uma condição cinemática. Nas álgebras espaciais, relações como $j_r j_s = 0$, para $r \neq s$, anulam produtos diretos entre canais idempotentes; contudo, termos mediados pelo associador, pela variação dos projetores ou pelo resolvente podem reintroduzir uma interação efetiva. Por isso, a contração multilinear deve ser calculada.

40.4 Reconstrução algébrica da forma normal

Teorema 40.7 (Reconstrução dos coeficientes normais). *Para uma ação espacial sobre $\mathcal{K}_m$, cada coeficiente da forma normal de ordem N é determinado por:*

1. *os jatos até ordem $N+1$ da multiplicação espacial, do associador, da métrica, do potencial e dos projetores;*

2. *as projeções sobre os modos críticos e o resolvente no complemento;*

3. *as inversas do operador homológico nos subespaços não ressonantes.*

Logo duas estruturas espaciais com esses dados coincidentes possuem a mesma forma normal truncada, salvo as mudanças admissíveis de coordenadas dentro dos subespaços ressonantes.

Demonstração. O Teorema 39.8 fornece os jatos da equação reduzida como contrações dos dados espaciais e do resolvente. Em cada ordem, a normalização aplica projeções lineares e a inversa do operador homológico à parcela não ressonante. Essas operações determinam recursivamente todos os coeficientes até a ordem N. A liberdade restante é precisamente a escolha de representantes no complemento da imagem homológica. □

Observação 40.8 (Ordem exigida dos jatos). O deslocamento em uma unidade decorre de trabalharmos com o gradiente da ação: um termo de grau N na equação provém de uma variação de ordem $N+1$ da função potencial.

40.5 Seleção de padrões em dois canais

Considere a função potencial reduzida

$$\varphi(\mu, s_1, s_2) = \frac{\mu}{2}(a_1 s_1^2 + a_2 s_2^2) + \frac{1}{4}(\beta_1 s_1^4 + 2\beta_{12} s_1^2 s_2^2 + \beta_2 s_2^4). \tag{40.1}$$

As equações de amplitude são

$$\begin{aligned} s_1(a_1\mu + \beta_1 s_1^2 + \beta_{12} s_2^2) &= 0, \\ s_2(a_2\mu + \beta_{12} s_1^2 + \beta_2 s_2^2) &= 0. \end{aligned} \tag{40.2}$$

Teorema 40.9 (Existência do padrão misto). *Ponha* $\Delta = \beta_1\beta_2 - \beta_{12}^2$. *Se* $\Delta \neq 0$*, um padrão com* $s_1 s_2 \neq 0$ *satisfaz*

$$\boxed{\begin{aligned} s_1^2 &= -\mu\,\frac{\beta_2 a_1 - \beta_{12} a_2}{\Delta}, \\ s_2^2 &= -\mu\,\frac{\beta_1 a_2 - \beta_{12} a_1}{\Delta}. \end{aligned}}$$

Ele existe como padrão real exatamente quando as duas quantidades do lado direito são positivas.

Demonstração. Para $s_1 s_2 \neq 0$, divida as equações (40.2) por s_1 e s_2. O sistema linear resultante para (s_1^2, s_2^2) tem matriz $\begin{pmatrix} \beta_1 & \beta_{12} \\ \beta_{12} & \beta_2 \end{pmatrix}$, cujo determinante é Δ. A regra de Cramer fornece as fórmulas. □

Teorema 40.10 (Estabilidade e seleção do padrão misto). *Em um padrão misto existente, a Hessiana da função reduzida é*

$$2\begin{pmatrix} \beta_1 s_1^2 & \beta_{12} s_1 s_2 \\ \beta_{12} s_1 s_2 & \beta_2 s_2^2 \end{pmatrix}.$$

Se $\beta_1 > 0$, o padrão misto é um mínimo local estrito precisamente quando $\Delta > 0$. Se $\Delta < 0$, ele é uma sela. Portanto, o termo intercanal β_{12} pode converter coexistência estável em competição instável.

Demonstração. Use as equações de amplitude para simplificar os termos diagonais da Hessiana. Como $s_1^2 s_2^2 > 0$, seu primeiro menor principal tem o sinal de β_1, e seu determinante é $4s_1^2 s_2^2 \Delta$. O critério de Sylvester prova as afirmações. □

Corolário 40.11 (Estabilidade dos padrões puros). *No ramo puro do primeiro canal, $s_1^2 = -a_1\mu/\beta_1$, a curvatura transversal é*

$$\mu\left(a_2 - \frac{\beta_{12} a_1}{\beta_1}\right).$$

Assim, mesmo sem ativar o segundo canal, sua transferência com o primeiro decide a estabilidade transversal do padrão.

Demonstração. Avalie a segunda derivada de φ na direção s_2 ao longo do ramo puro e substitua a fórmula de s_1^2. □

40.6 Caso paralelo e extensão a $\mathcal{K}^2$

Proposição 40.12 (Ausência de seleção mista no produto completo). *Se a ação se separa por canais em todas as ordens relevantes, então todos os coeficientes mistos da função normal se anulam. Os padrões são selecionados independentemente em cada canal, e $\beta_{12} = 0$ no modelo anterior.*

Demonstração. A função reduzida é soma das funções de canal pela Proposição 39.10. Derivadas mistas de uma soma separada são nulas, e a normalização bloco a bloco não as recria. □

Teorema 40.13 (Formas normais espaciais em $\mathcal{K}^2$). *Suponha que a redução crítica em $\mathcal{K}^2$ tenha núcleo de dimensão finita e que os jatos multilineares até ordem $N+1$ satisfaçam as hipóteses de convergência do Teorema 39.11. Então a forma normal de ordem N é o limite das formas normais das truncações finitas, desde que as projeções críticas e os operadores lineares reduzidos convirjam e que a decomposição ressonante se estabilize para truncações suficientemente grandes.*

Demonstração. Os coeficientes reduzidos convergem pelas hipóteses sobre os jatos e o resolvente. Como o núcleo é de dimensão finita, há somente um número finito de monômios até a ordem N. A convergência dos operadores reduzidos e a estabilização das relações de ressonância permitem aplicar as projeções homológicas termo a termo e passar ao limite. □

Quando pequenos divisores reaparecem

Após uma redução com núcleo finito, a normalização de ordem finita não vê infinitos denominadores homológicos. Pequenos divisores podem reaparecer se o espaço central for de dimensão infinita ou se tentarmos normalizar o sistema completo antes de eliminar os canais complementares.

40.7 Exercícios

Exercício 40.1 (♦). Verifique diretamente a condição de ressonância para o monômio $y_1^2 y_2 e_3$.

Exercício 40.2 (♦♦). Determine os monômios quárticos invariantes por trocas independentes de sinal em duas amplitudes.

Exercício 40.3 (♦♦). Derive as equações (40.2) a partir do potencial (40.1).

Exercício 40.4 (♦♦♦). Prove a fórmula do padrão misto usando a inversa da matriz de coeficientes quárticos.

Exercício 40.5 (♦♦♦). Classifique a estabilidade dos dois ramos puros e compare-a com a do padrão misto.

Exercício 40.6 (♦♦♦♦). Para três canais equivalentes sob permutações e trocas independentes de sinal, determine a forma quártica invariante mais geral e identifique os padrões puro, duplo e triplo.

Observação 40.14 (Para prosseguir). As formas normais converteram os tensores espaciais em regras de seleção de padrões. No próximo capítulo, estudaremos estabilidade orbital e troca de estabilidade ao longo dos ramos bifurcados, relacionando a Hessiana reduzida ao espectro do problema completo.

CAPÍTULO 41

Estabilidade dos ramos bifurcados

Do padrão reduzido à dinâmica completa

Uma solução reduzida pode ser um mínimo no núcleo crítico e, ainda assim, ser instável no problema completo se algum modo eliminado for negativo. Reciprocamente, uma lacuna positiva no complemento permite transferir a estabilidade da equação de amplitude para a trajetória espacial. O objetivo deste capítulo é tornar essa transferência exata e localizar as trocas de estabilidade produzidas pelos canais.

41.1 A referência orbital clássica

Observação 41.1 (Ferramenta clássica: energia e órbitas de simetria). Se uma dinâmica preserva uma função $\mathscr{E}$ e um grupo G de simetrias, um equilíbrio relativo não é isolado: toda a órbita $G \cdot u$ representa o mesmo estado físico. A positividade da segunda variação de uma energia aumentada nas direções transversais à órbita fornece estabilidade orbital, e não estabilidade em relação a um representante fixo.

Se J é a aplicação momento e ξ a velocidade geradora, use a energia aumentada

$$\mathscr{E}_\xi(u) := \mathscr{E}(u) - \langle J(u), \xi \rangle.$$

As direções tangentes a $G \cdot u$ pertencem ao núcleo de sua Hessiana.

Definição 41.2 (Complemento orbital espacial). Ao longo de um ramo espacial u_λ, o complemento orbital é um subespaço fechado

X_λ transversal às direções de simetria e às restrições conservadas. A Hessiana orbital espacial é a restrição

$$H_\lambda^{\mathrm{orb}} := D^2\mathscr{E}_{\xi,\lambda}(u_\lambda)|_{X_\lambda}.$$

41.2 Hessiana reduzida e operador completo

Use a decomposição de Lyapunov–Schmidt $X_\lambda = N_\lambda \oplus R_\lambda$. Em blocos, escreva

$$H_\lambda^{\mathrm{orb}} = \begin{pmatrix} A_\lambda & B_\lambda^* \\ B_\lambda & D_\lambda \end{pmatrix}, \qquad S_\lambda = A_\lambda - B_\lambda^* D_\lambda^{-1} B_\lambda.$$

Teorema 41.3 (Transferência espacial de estabilidade). *Suponha que $D_\lambda \geq cI$, com $c > 0$, uniformemente ao longo de um trecho do ramo, e que valham as hipóteses do método da energia: conservação de $\mathscr{E}_\xi$, regularidade da órbita de simetria e controle local da distância orbital pela energia aumentada. Então S_λ é a Hessiana da função reduzida nesse ramo e*

$$\boxed{\operatorname{ind} H_\lambda^{\mathrm{orb}} = \operatorname{ind} S_\lambda, \qquad \ker H_\lambda^{\mathrm{orb}} \cong \ker S_\lambda.}$$

Em particular, positividade definida da Hessiana reduzida implica estabilidade orbital do ramo; uma direção negativa reduzida produz uma direção negativa no problema completo. Essa última conclusão é instabilidade variacional; sua conversão em instabilidade dinâmica requer uma hipótese espectral ou um teorema de instabilidade apropriado à evolução considerada.

Demonstração. A equação complementar da redução fornece $D_\lambda w_z + B_\lambda z = 0$, logo $w_z = -D_\lambda^{-1} B_\lambda z$. Substituir na segunda variação dá S_λ. A congruência triangular do Teorema 37.6 diagonaliza a Hessiana em $S_\lambda \oplus D_\lambda$. Como $D_\lambda > 0$, índice e núcleo vêm somente do bloco reduzido. A conclusão orbital segue do método da energia no complemento das simetrias. □

A lacuna complementar não pode ser omitida

Uma Hessiana reduzida positiva controla apenas os modos críticos escolhidos. Se D_λ perde positividade ou se seu espectro se aproxima de zero, uma instabilidade pode nascer fora do núcleo reduzido e permanecer invisível na equação de amplitude.

41.3 Reconstrução algébrica da estabilidade

Teorema 41.4 (Reconstrução do teste orbital espacial). *Em $\mathcal{K}_m$, os três blocos $A_\lambda, B_\lambda, D_\lambda$, o complemento de Schur S_λ e suas derivadas paramétricas são determinados pelos jatos da multiplicação espacial, do associador, dos projetores, da métrica e do potencial, juntamente com a aplicação momento e as projeções transversais às simetrias. Portanto, a margem de estabilidade e o instante de troca de estabilidade são reconstruíveis a partir dos dados espaciais correspondentes.*

Demonstração. Os blocos são compressões da Hessiana orbital pelos projetores críticos e complementares. Os capítulos anteriores reconstruíram a Hessiana, suas derivadas e os termos de transferência. Inverter o bloco uniformemente positivo D_λ e formar $A_\lambda - B_\lambda^* D_\lambda^{-1} B_\lambda$ completa a reconstrução. □

Observação 41.5 (O papel próprio de $\mathcal{K}_m$). O critério abstrato de energia é clássico. O conteúdo espacial está na identificação exata do bloco misto B_λ, na correção negativa de Schur e na reconstrução dos coeficientes que fazem uma curvatura reduzida atravessar zero.

41.4 Troca de estabilidade em um ramo puro

No modelo de dois padrões do Capítulo 40, considere o ramo puro

$$s_1(\lambda)^2 = -\frac{q_1(\lambda)}{\beta_1(\lambda)}, \qquad s_2 = 0,$$

onde q_1 e q_2 são os coeficientes quadráticos. A curvatura transversal é

$$\kappa_2(\lambda) = q_2(\lambda) + \beta_{12}(\lambda) s_1(\lambda)^2. \tag{41.1}$$

Teorema 41.6 (Troca espacial de estabilidade). *Suponha $\beta_1(\lambda_*) > 0$, que a curvatura longitudinal do ramo seja positiva e que o complemento não crítico possua lacuna positiva uniforme. Se*

$$\kappa_2(\lambda_*) = 0, \qquad \dot{\kappa}_2(\lambda_*) \neq 0,$$

então o índice orbital completo muda em uma unidade ao atravessar λ_*. O sinal de κ_2 seleciona o lado orbitalmente estável do ramo puro.

Demonstração. Na base longitudinal–transversal, a Hessiana reduzida do ramo puro é diagonal. Por hipótese, o autovalor longitudinal permanece positivo, enquanto o transversal é κ_2 e cruza zero simplesmente. Logo o índice reduzido varia em uma unidade. O Teorema 41.3 transfere essa variação ao operador orbital completo. Sob as demais hipóteses de positividade, o lado com $\kappa_2 > 0$ é orbitalmente estável, enquanto o lado com $\kappa_2 < 0$ possui uma direção variacional negativa. □

Corolário 41.7 (Transferência como mecanismo de troca). *Mesmo que $q_2(\lambda) > 0$, o primeiro padrão pode perder estabilidade transversal quando*

$$\beta_{12}(\lambda)s_1(\lambda)^2 < -q_2(\lambda).$$

Assim, a ativação do primeiro canal pode desestabilizar o segundo sem que o coeficiente linear isolado deste se torne negativo.

41.5 Padrões mistos e estabilidade orbital

Teorema 41.8 (Estabilidade orbital do padrão misto). *Suponha que o padrão misto do Teorema 40.9 exista, que $\beta_1 > 0$, $\Delta > 0$ e que o complemento orbital possua lacuna positiva. Então o padrão misto é orbitalmente estável. Se $\Delta < 0$, ele possui uma direção variacional negativa; sob uma hipótese dinâmica de instabilidade, isso implica instabilidade orbital.*

Demonstração. Pelo Teorema 40.10, a Hessiana reduzida é positiva para $\beta_1 > 0$ e $\Delta > 0$, e indefinida para $\Delta < 0$. A transferência para o problema completo segue do Teorema 41.3. □

Exemplo: Competição forte entre canais

Se $\beta_1 = \beta_2 = 1$, então $\Delta = 1 - \beta_{12}^2$. Para $|\beta_{12}| < 1$, um padrão misto existente pode ser estável. Quando $|\beta_{12}| > 1$, sua Hessiana é indefinida: a transferência intercanal domina as auto-interações e favorece a exclusão de um dos padrões.

41.6 Separação por canais e o caso $\mathcal{K}^2$

Proposição 41.9 (Estabilidade no produto paralelo). *No caso completamente separado, o índice orbital é a soma dos índices de canal. Não ocorre troca de estabilidade causada por transferência; qualquer mudança provém do espectro de um canal isolado.*

Demonstração. Todos os blocos mistos se anulam e a Hessiana é soma ortogonal das Hessianas de canal. Índices e núcleos somam-se diretamente. □

Teorema 41.10 (Estabilidade dos ramos em $\mathcal{K}^2$). *Em $\mathcal{K}^2$, suponha núcleo crítico finito, convergência dos jatos reduzidos e uma lacuna uniforme $D_\lambda \geq cI$ no complemento orbital. Então os critérios de estabilidade, troca simples e padrão misto deste capítulo permanecem válidos. Eles são limites dos critérios das truncações finitas.*

Demonstração. A lacuna fornece inversas uniformemente limitadas e preserva a propriedade de Fredholm. As Hessianas reduzidas e seus coeficientes convergem pelas hipóteses sobre os jatos. Índice, núcleo e sinais das curvaturas isoladas estabilizam, salvo exatamente nos parâmetros de cruzamento. □

41.7 Exercícios

Exercício 41.1 (♦). Calcule a curvatura transversal κ_2 diretamente no potencial de dois padrões.

Exercício 41.2 (♦♦). Mostre que a congruência de Schur preserva o núcleo e o índice quando $D > 0$.

Exercício 41.3 (♦♦). Determine o lado estável de um ramo para $\kappa_2(\lambda) = 3(\lambda - \lambda_*)$.

Exercício 41.4 (♦♦♦). No modelo simétrico $q_1 = q_2 = q$ e $\beta_1 = \beta_2 = 1$, classifique a existência e a estabilidade variacional dos padrões puros e mistos para diferentes valores de β_{12}.

Exercício 41.5 (♦♦♦♦). Formule um critério de estabilidade orbital para três canais em termos da matriz das interações quárticas e de uma lacuna complementar uniforme.

Observação 41.11 (Para prosseguir). A Hessiana reduzida e o complemento de Schur permitiram acompanhar a troca de estabilidade dos padrões espaciais. No próximo capítulo, estudaremos continuação global dos ramos, alternativas de retorno e obstáculos causados por colisões espectrais ou perda da propriedade de Fredholm.

CAPÍTULO 42

Continuação global dos ramos espaciais

Da curva local à componente global

Os teoremas de bifurcação constroem soluções apenas em uma vizinhança do ponto crítico. Para acompanhar um padrão além dessa vizinhança, é preciso saber quais propriedades impedem que o ramo simplesmente termine. Nas álgebras espaciais, essa pergunta possui uma resposta mais fina do que a alternativa abstrata: o prosseguimento depende da separação dos canais, da invertibilidade do bloco complementar e da permanência da propriedade de Fredholm. Este capítulo organiza esses mecanismos e mostra como eles são reconstruídos pelos dados de $\mathcal{K}_m$ e de $\mathcal{K}^2$.

42.1 A alternativa global como referência

Considere uma aplicação C^1

$$\mathscr{F} : \Omega \subset \mathbb{R} \times X \longrightarrow Y, \qquad \mathscr{F}(\lambda, 0) = 0,$$

entre espaços de Banach. Denote por $\mathscr{S}$ o conjunto das soluções não triviais e por $\mathscr{C}$ uma componente conexa de $\overline{\mathscr{S}}$ que contém $(\lambda_0, 0)$.

Observação 42.1 (Ferramenta clássica: alternativa de continuação). Sob as hipóteses usuais de teoria do grau — linearização de Fredholm de índice zero, mudança não trivial do grau local (por exemplo, uma travessia de multiplicidade ímpar) no ponto crítico e compacidade ou propriedade de aplicação própria em conjuntos limitados — a componente $\mathscr{C}$ não pode ser simultaneamente limitada, interior a Ω e separada do restante do ramo trivial. Ela é ilimitada, encontra a fronteira de Ω

ou reencontra o ramo trivial em outro valor crítico. Essa alternativa é topológica e não depende, por si só, da multiplicação espacial [12].

Nosso problema é determinar o que cada saída significa quando X e Y carregam decomposições induzidas por uma álgebra espacial. Para a decomposição em blocos que segue, trabalharemos no quadro $X = Y$, com projetores limitados no espaço comum. A versão entre espaços distintos exige projetores compatíveis, um no domínio e outro no contradomínio.

42.2 Corredores espaciais admissíveis

Seja $P_{\lambda,u}$ o projetor sobre os canais ativos e ponha $Q_{\lambda,u} = I - P_{\lambda,u}$. Para $L_{\lambda,u} = D_u\mathscr{F}(\lambda, u)$, escreva

$$L_{\lambda,u} = \begin{pmatrix} A_{\lambda,u} & B_{\lambda,u} \\ C_{\lambda,u} & D_{\lambda,u} \end{pmatrix}$$

nas decomposições ativa e complementar.

Definição 42.2 (Corredor espacial admissível). Um subconjunto aberto $\mathscr{U} \subset \Omega$ é um *corredor espacial admissível* se, em $\mathscr{U}$, valem:

1. os projetores $P_{\lambda,u}$ variam continuamente e possuem posto finito constante;
2. $L_{\lambda,u}$ é Fredholm de índice zero;
3. o bloco complementar $D_{\lambda,u}$ é invertível e $\|D_{\lambda,u}^{-1}\|$ é localmente limitado;
4. $\mathscr{F}$ é própria sobre subconjuntos fechados e limitados de $\mathscr{U}$.

A terceira condição equivale, no caso autoadjunto, a manter uma lacuna entre zero e o espectro complementar. Dentro do corredor, toda degeneração é concentrada no complemento de Schur de dimensão finita

$$S_{\lambda,u} = A_{\lambda,u} - B_{\lambda,u}D_{\lambda,u}^{-1}C_{\lambda,u}. \tag{42.1}$$

Teorema 42.3 (Princípio de não terminação espacial). *Seja Γ um arco de soluções regulares contido em um corredor espacial admissível.*

Suponha que sua imagem permaneça em um subconjunto fechado e limitado $K \subset \mathscr{U}$ e que

$$\inf_{(\lambda,u)\in\Gamma} \inf_{\|z\|=1} \|S_{\lambda,u}z\| > 0.$$

Então Γ não possui extremidade em K: cada sequência de pontos do arco que converge em direção a uma extremidade admite continuação local como arco de soluções regulares.

Demonstração. A propriedade de aplicação própria fornece, para qualquer sequência no arco, uma subsequência convergente para uma solução $(\lambda_*, u_*) \in K$. A inversa de $D_{\lambda,u}$ permanece limitada numa vizinhança desse ponto. A fórmula de fatoração em blocos mostra que L_{λ_*,u_*} é invertível exatamente quando S_{λ_*,u_*} o é. A estimativa uniforme exclui a perda dessa invertibilidade. O teorema da função implícita prolonga o arco através do limite. □

Três hipóteses, três fenômenos distintos

Uma lacuna complementar pode fechar mesmo quando as soluções permanecem limitadas; a propriedade de Fredholm pode falhar mesmo sem autovalor isolado atravessar zero; e uma sequência limitada pode não possuir subsequência convergente. Esses fenômenos não devem ser reunidos sob a expressão vaga "o ramo diverge".

42.3 A alternativa espacial de continuação

Teorema 42.4 (Alternativa espacial de continuação). *Considere uma componente $\mathscr{C}$ que nasce de uma bifurcação espacial de multiplicidade ímpar e suponha que as hipóteses globais de grau permaneçam válidas enquanto $\mathscr{C}$ estiver em um corredor admissível $\mathscr{U}$. Ao seguir maximamente a componente, ocorre pelo menos uma das alternativas:*

1. *$\|u\| + |\lambda|$ torna-se ilimitado ou a componente atinge a fronteira física do domínio;*

2. *a separação espacial falha: muda o posto de $P_{\lambda,u}$ ou a lacuna do bloco complementar se fecha;*

3. *perde-se a propriedade de Fredholm ou a compacidade necessária ao grau;*

4. *a componente encontra outro ponto crítico, possivelmente no ramo trivial ou em outro ramo espacial.*

Se as três primeiras alternativas forem excluídas em um conjunto fechado e limitado, a quarta é obrigatória.

Demonstração. Enquanto as alternativas 1–3 não ocorrem, a componente permanece em uma região na qual o grau está definido e o bloco complementar é eliminável. O Teorema 42.3 impede uma extremidade regular. Se o complemento de Schur se torna singular, há um novo ponto crítico. Se ele permanece invertível, a continuação local é possível. A alternativa global clássica exclui uma componente compacta que contenha somente o ponto crítico inicial; portanto, sob as exclusões enunciadas, a componente deve encontrar outro ponto crítico. □

Definição 42.5 (Colisão espectral espacial). Há uma *colisão espectral espacial* quando um valor espectral de um canal ativo encontra outro canal ou o espectro complementar de modo que o projetor ativo deixa de possuir posto constante ou de variar continuamente.

Uma colisão pode alterar a dimensão da equação reduzida sem destruir a propriedade de Fredholm. Em contraste, quando zero encontra o espectro essencial, a imagem pode deixar de ser fechada e nenhuma redução de dimensão finita uniforme permanece disponível.

42.4 Reconstrução dos obstáculos por $\mathcal{K}_m$

Teorema 42.6 (Reconstrução espacial dos mecanismos de término). *Em $\mathcal{K}_m$, suponha que a equação, sua linearização e os projetores espectrais sejam gerados pelos dados de multiplicação, associador, métrica e ação de simetria estudados nos capítulos anteriores. Então, ao longo de um ramo:*

1. *a colisão entre canais é detectada pela coincidência dos valores espectrais das compressões espaciais;*

2. *o fechamento da lacuna complementar é detectado pela perda de invertibilidade de* $D_{\lambda,u}$*;*

3. *a degeneração ativa é detectada por* $\det S_{\lambda,u} = 0$*;*

4. *os termos de transferência que distinguem colisão genuína de simples cruzamento são reconstruídos por* $B_{\lambda,u}$, $C_{\lambda,u}$ *e pelo associador.*

Assim, enquanto os dados permanecem regulares, a alternativa encontrada pelo ramo é decidida pelos invariantes espaciais, e não apenas pela norma das soluções.

Demonstração. As compressões pelos projetores espaciais determinam os quatro blocos da linearização. O cálculo funcional fornece os projetores e seus derivados enquanto os grupos espectrais permanecem separados. A fatoração de Schur reduz a singularidade de $L_{\lambda,u}$ à de $S_{\lambda,u}$ sempre que $D_{\lambda,u}$ é invertível. Por fim, os blocos mistos são contrações dos jatos espaciais; neles aparecem exatamente os termos de transferência produzidos pela multiplicação e pelo associador. □

Corolário 42.7 (Ramos sem transferência intercanal). *Se a multiplicação é paralela e os blocos mistos se anulam, então* $S_{\lambda,u} = A_{\lambda,u}$*. Nesse caso, a degeneração de um canal não é deslocada pelos demais; qualquer mudança de direção do ramo provém de um canal isolado ou da perda da lacuna complementar.*

42.5 Dobras e retorno no diagrama global

Após a redução a um canal de amplitude s, escreva a equação como $g(\lambda, s) = 0$.

Observação 42.8 (Ferramenta clássica: dobra simples). Se, em (λ_*, s_*),

$$g = 0, \qquad g_s = 0, \qquad g_\lambda \neq 0, \qquad g_{ss} \neq 0,$$

então o conjunto de soluções possui uma dobra e

$$\lambda - \lambda_* = -\frac{g_{ss}(\lambda_*, s_*)}{2g_\lambda(\lambda_*, s_*)}(s - s_*)^2 + o\big((s - s_*)^2\big).$$

Esse fato é uma consequência do teorema da função implícita e não é específico das álgebras espaciais.

Teorema 42.9 (Coeficientes espaciais da dobra). *Nas hipóteses do Teorema 42.6, os coeficientes g_λ e g_{ss} de uma dobra simples são determinados pelos jatos espaciais e pelas correções de Schur. Em particular, o lado para o qual o ramo retorna é alterado pelos termos*

$$B_{\lambda,u} D_{\lambda,u}^{-1} C_{\lambda,u}$$

e por suas derivadas, salvo quando a transferência entre canais se anula.

Demonstração. A função g é a compressão ativa da equação após resolver a equação complementar. Suas derivadas contêm as derivadas diretas do canal ativo e as derivadas da solução complementar. Diferenciar essa solução introduz $D^{-1}C$; a segunda diferenciação acrescenta os jatos da multiplicação e do associador. Portanto, tanto g_λ quanto g_{ss} são reconstruídos pelos dados indicados. □

Exemplo: Deslocamento de uma dobra por transferência

Considere

$$g(\lambda, s) = \lambda - \lambda_0 + (a - \tau)s^2 + O(s^3), \qquad \tau = BD^{-1}C.$$

Se $a - \tau \neq 0$, o ramo satisfaz $\lambda - \lambda_0 = -(a - \tau)s^2 + O(s^3)$. Logo um termo de transferência maior que a inverte a orientação da dobra. No produto paralelo, $\tau = 0$, e esse mecanismo desaparece.

42.6 O caso de dimensão infinita $\mathcal{K}^2$

Teorema 42.10 (Corredor admissível em $\mathcal{K}^2$). *Considere uma equação espacial em $\mathcal{K}^2$ da forma $\mathscr{F}(\lambda, u) = L_0 u - \mathscr{N}(\lambda, u)$, em que L_0 é Fredholm de índice zero e $\mathscr{N}$ é compacta em conjuntos limitados. Suponha que a linearização permaneça Fredholm de índice zero ao longo de um conjunto $\mathscr{U}$ e que:*

1. *o subespaço espectral crítico tem dimensão finita constante;*

2. *existe $\delta > 0$ tal que o espectro complementar permanece a distância pelo menos δ de zero;*

3. *as soluções possuem as estimativas a priori necessárias para permanecer em subconjuntos fechados e limitados de $\mathscr{U}$;*

4. *os jatos espaciais e as compressões de canal convergem sob truncação.*

Então $\mathscr{U}$ é um corredor espacial admissível. A redução de Schur, o princípio de não terminação e a classificação dos obstáculos permanecem válidos em $\mathcal{K}^2$. Em todo subconjunto compacto do corredor, as equações reduzidas das truncações convergem, com seus jatos, para a equação reduzida infinita.

Demonstração. A lacuna uniforme produz projetores críticos contínuos e inversas complementares limitadas por δ^{-1}. A perturbação compacta preserva a propriedade de Fredholm; juntamente com as estimativas a priori e a decomposição de Fredholm de L_0, fornece a compacidade necessária às sequências limitadas de soluções. A convergência dos jatos permite passar ao limite na equação complementar e em suas derivadas; consequentemente, os complementos de Schur truncados convergem no subespaço crítico de dimensão finita. Aplicam-se então os resultados anteriores. □

O número de ouro não é um ornamento

Nos modelos em que o valor singular espacial extremo é governado pelo número de ouro, a constante correspondente entra na estimativa da inversa complementar e, portanto, na largura quantitativa do corredor admissível. No caso infinito, ela reaparece quando as truncações preservam uniformemente esse bloco espacial; sem uniformidade, uma identidade finita não garante uma lacuna em $\mathcal{K}^2$.

42.7 Roteiro prático de continuação

Para acompanhar um ramo espacial sem confundir os mecanismos, use a ordem:

1. escolha os canais ativos por projetores espectrais;

2. estime a lacuna do bloco complementar;

3. forme o complemento de Schur e localize seus zeros;
4. controle compacidade e propriedade de Fredholm;
5. somente então interprete a geometria global do diagrama.

42.8 Exercícios

Exercício 42.1 (♦). Explique por que uma curva de soluções limitada pode deixar de possuir continuação quando a aplicação não é própria em conjuntos limitados.

Exercício 42.2 (♦♦). Para blocos escalares $A = a$, $D = d \neq 0$, $B = b$ e $C = c$, determine o ponto crítico pelo complemento de Schur e compare-o com o caso $b = c = 0$.

Exercício 42.3 (♦♦). Mostre que uma estimativa $\operatorname{dist}(0, \sigma(D)) \geq \delta > 0$ implica $\|D^{-1}\| \leq \delta^{-1}$ quando D é normal.

Exercício 42.4 (♦♦♦). Construa um exemplo de dimensão finita no qual dois autovalores de canais colidam, mas a matriz completa continue invertível por causa dos blocos mistos.

Exercício 42.5 (♦♦♦). No modelo da dobra com $a = 2$ e $\tau = 3$, determine a orientação local do ramo e compare-a com a do produto paralelo.

Exercício 42.6 (♦♦♦♦). Para uma família diagonal em $\mathcal{K}^2$ perturbada por um operador compacto, formule condições uniformes que impeçam zero de alcançar o espectro essencial ao longo de um intervalo de parâmetros.

Observação 42.11 (Para prosseguir). A continuação global separou retorno, colisão espectral, perda de compacidade e falha de Fredholm. No próximo capítulo, organizaremos diagramas globais de bifurcação, histerese e transições entre padrões, usando os coeficientes espaciais para comparar ramos concorrentes.

CAPÍTULO 43

Diagramas globais e transições entre padrões

Ler um diagrama sem perder a álgebra

Um diagrama de bifurcação reúne, numa mesma figura conceitual, existência, estabilidade e competição entre soluções. Entretanto, duas curvas com a mesma aparência podem representar mecanismos espaciais diferentes: uma dobra causada por auto-interação, uma inversão produzida por transferência intercanal ou uma transição desencadeada pelo fechamento da lacuna complementar. Nosso objetivo é aprender a distinguir essas situações usando os invariantes de $\mathcal{K}_m$, preparando a passagem da teoria às aplicações.

43.1 Quatro informações em um único diagrama

Considere uma família de soluções (λ, u), uma quantidade observável $R(u)$ e, no caso variacional, uma energia reduzida V_λ. Um diagrama global deve registrar separadamente:

1. a existência dos ramos;
2. a estabilidade de cada trecho;
3. as dobras e os pontos de bifurcação;
4. a preferência energética entre ramos estáveis concorrentes.

Definição 43.1 (Diagrama espacial rotulado). Um *diagrama espacial rotulado* é o conjunto das soluções projetado no plano (λ, R), acompanhado, em cada trecho regular, do projetor de canal ativo, do índice da Hessiana reduzida e da energia relativa quando esta estiver definida.

O projetor impede que ramos geometricamente próximos sejam confundidos. O índice distingue estabilidade de simples existência, e a energia identifica a transição preferencial entre dois mínimos locais.

Observação 43.2 (Convenção gráfica clássica). Costuma-se desenhar trechos estáveis com linha contínua e trechos instáveis com linha tracejada. Essa convenção é útil, mas não constitui um argumento: a estabilidade deve vir da Hessiana completa ou de sua redução de Schur.

43.2 Histerese em uma equação de amplitude

O modelo escalar mais simples capaz de produzir duas dobras é

$$g(\lambda, s) = h(\lambda) + a(\lambda)s + b(\lambda)s^3 + s^5 = 0. \tag{43.1}$$

O termo h quebra a simetria $s \mapsto -s$; quando $h = 0$, a equação é ímpar em s.

Observação 43.3 (Ferramenta clássica: critério de dobra). Uma dobra regular satisfaz $g = 0$, $g_s = 0$, $g_{ss} \neq 0$ e $g_\lambda \neq 0$. Duas dobras que delimitam três soluções para o mesmo parâmetro produzem a geometria elementar da histerese. Esse critério é escalar e não depende das álgebras espaciais.

No caso simétrico $h = 0$, as soluções não nulas satisfazem, com $r = s^2 \geq 0$,

$$r^2 + b(\lambda)r + a(\lambda) = 0. \tag{43.2}$$

Proposição 43.4 (Janela algébrica de coexistência). *Fixe $b < 0$. A equação reduzida $s(a + bs^2 + s^4) = 0$ possui dois valores positivos distintos de s^2 se, e somente se,*

$$0 < a < \frac{b^2}{4}.$$

No extremo $a = b^2/4$, os dois valores coincidem e formam uma dobra.

Demonstração. A equação em $r = s^2$ possui discriminante $\Delta = b^2 - 4a$. Para $0 < a < b^2/4$, suas raízes

$$r_\pm = \frac{-b \pm \sqrt{b^2 - 4a}}{2}$$

são reais, distintas e positivas. A recíproca segue das relações de Viète. Quando $\Delta = 0$, há uma raiz positiva dupla. □

Observação 43.5 (Por que a proposição não é espacial). O cálculo precedente descreve a geometria geral da equação reduzida. Seu papel é fornecer o vocabulário para o resultado seguinte, no qual os coeficientes deixam de ser parâmetros abstratos e passam a ser invariantes reconstruídos pela estrutura espacial.

43.3 Reconstrução espacial da histerese

Teorema 43.6 (Reconstrução da janela de histerese). *Suponha que a redução de um ramo de $\mathcal{K}_m$ tenha a forma*

$$g(\lambda, s) = s\big(a(\lambda) + b(\lambda)s^2 + c(\lambda)s^4\big) + O(s^7), \qquad c(\lambda) > 0.$$

Então os coeficientes a, b, c, suas derivadas paramétricas e os extremos da janela de coexistência são determinados pelos jatos da multiplicação espacial, do associador, dos projetores e pela inversa do bloco complementar. Após a normalização $s \mapsto c^{-1/4}s$, uma janela subcrítica local ocorre quando

$$b < 0, \qquad 0 < a < \frac{b^2}{4c},$$

para a forma normal truncada. Em todo subintervalo compacto dessas desigualdades no qual as raízes sejam não degeneradas, a coexistência persiste para a equação completa em amplitudes suficientemente pequenas. Os termos de transferência podem criar, deslocar ou eliminar essa janela.

Demonstração. A redução de Lyapunov–Schmidt expressa cada coeficiente como uma contração dos jatos ativos com as correções obtidas ao resolver a equação complementar. Essas correções contêm D^{-1}, os blocos mistos e os termos do associador. Desprezando inicialmente o resto, ponha $r = s^2$; a equação não nula é $a + br + cr^2 = 0$. Como $c > 0$, duas raízes positivas distintas existem exatamente quando $b < 0$ e $0 < a < b^2/(4c)$. A não degeneração das raízes garante a persistência local sob o resto de ordem superior. □

Corolário 43.7 (Ausência do mecanismo de transferência). *No produto paralelo, desaparecem das expressões de b e c todas as parcelas que contêm* *blocos mistos ou associadores entre canais. Portanto, uma janela ausente nos coeficientes isolados não pode ser criada por transferência intercanal.*

Exemplo: Inversão do caráter da bifurcação

Escreva $b = b_0 - \tau$, onde $b_0 > 0$ é a auto-interação do canal e $\tau = BD^{-1}C$ representa uma correção efetiva de transferência. Se $\tau > b_0$, então $b < 0$: uma bifurcação que seria supercrítica no canal isolado torna-se subcrítica após o acoplamento espacial.

43.4 Transições energéticas e pontos de Maxwell

Suponha agora que a equação reduzida seja gradiente:

$$g(\lambda, s) = \partial_s V_\lambda(s).$$

Definição 43.8 (Ponto de Maxwell espacial). Se $s_1(\lambda)$ e $s_2(\lambda)$ representam dois ramos localmente estáveis com projetores espaciais distintos, um parâmetro λ_M é um *ponto de Maxwell espacial* quando

$$V_{\lambda_M}(s_1(\lambda_M)) = V_{\lambda_M}(s_2(\lambda_M)).$$

As dobras marcam perda local de um estado metaestável. O ponto de Maxwell marca igualdade energética e pode situar-se estritamente entre elas.

Teorema 43.9 (Reconstrução da transição preferencial). *Nas hipóteses variacionais da reconstrução espacial, a diferença*

$$\Delta V(\lambda) = V_\lambda(s_2(\lambda)) - V_\lambda(s_1(\lambda))$$

é determinada pelo potencial espacial reduzido e pelas correções de Schur. Se $\Delta V(\lambda_M) = 0$ e $\Delta V'(\lambda_M) \neq 0$, então a preferência energética troca de ramo ao atravessar λ_M. A direção da troca é dada pelo sinal de $\Delta V'$, enquanto os extremos metaestáveis são determinados pelas dobras.

Demonstração. A energia reduzida é obtida substituindo a solução complementar no potencial completo. Logo seus jatos são reconstruídos pelos mesmos dados espaciais que determinam a equação reduzida. A igualdade em λ_M fornece a coexistência energética. Como o zero de

ΔV é simples, seu sinal muda nesse parâmetro, invertendo a ordem das duas energias. □

Estabilidade local não decide a seleção global

Duas Hessianas positivas apenas mostram que há dois mínimos locais. Elas não informam qual deles tem menor energia. Inversamente, comparar energias sem verificar a Hessiana pode selecionar um ponto estacionário instável.

43.5 Competição entre dois padrões espaciais

Retome o potencial quártico de duas amplitudes,

$$V_\lambda(s_1, s_2) = \frac{1}{2}q_1 s_1^2 + \frac{1}{2}q_2 s_2^2 + \frac{1}{4}\beta_1 s_1^4 + \frac{1}{4}\beta_2 s_2^4 + \frac{1}{2}\beta_{12} s_1^2 s_2^2. \tag{43.3}$$

Nos ramos puros não nulos,

$$s_1^2 = -\frac{q_1}{\beta_1}, \qquad s_2^2 = -\frac{q_2}{\beta_2},$$

e as energias são

$$V_1 = -\frac{q_1^2}{4\beta_1}, \qquad V_2 = -\frac{q_2^2}{4\beta_2}. \tag{43.4}$$

Teorema 43.10 (Fronteira espacial de seleção entre padrões puros). *Suponha $\beta_1, \beta_2 > 0$, $q_1, q_2 < 0$ e estabilidade transversal dos dois ramos puros. A fronteira de igualdade energética é*

$$\boxed{\frac{q_1^2}{\beta_1} = \frac{q_2^2}{\beta_2}}.$$

Como q_j e β_j são reconstruídos pelas compressões e pelos jatos espaciais, essa fronteira é um invariante do diagrama espacial reduzido. Os termos de transferência deslocam tanto a fronteira quanto as regiões de estabilidade transversal.

Demonstração. A igualdade segue diretamente de (43.4). A estabilidade transversal é necessária para que ambos os pontos estacionários representem estados localmente admissíveis. A reconstrução dos coeficientes foi estabelecida nos capítulos de redução e formas normais; os blocos mistos entram em suas correções de Schur. □

Proposição 43.11 (Regime de exclusão e regime misto). *Se $\Delta = \beta_1\beta_2 - \beta_{12}^2 < 0$, um padrão misto existente é uma sela e, portanto, não é selecionado como mínimo local. Se ramos puros existentes forem transversalmente estáveis, eles permanecem como os candidatos estáveis à seleção. Se $\beta_1 > 0$ e $\Delta > 0$, um padrão misto existente é estável e pode mediar uma transição contínua entre os canais.*

Demonstração. É a classificação da Hessiana reduzida do padrão misto, combinada com a lacuna positiva no complemento. O sinal de Δ determina a definitude do bloco de amplitudes. □

43.6 Grafo de transições espaciais

Definição 43.12 (Grafo de transições). Associe a cada ramo estável um vértice rotulado por seu projetor espacial. Ligue dois vértices quando os ramos coexistirem num intervalo e ocorrer uma das seguintes situações: igualdade energética, perda de estabilidade ou colisão dos respectivos canais. O rótulo da aresta registra o mecanismo.

Teorema 43.13 (Reconstrução do grafo de transições). *Em um corredor espacial admissível com número finito de canais críticos, o grafo de transições é determinado por:*

1. *zeros dos complementos de Schur, que localizam perdas de estabilidade e dobras;*

2. *diferenças de energia reduzida, que localizam pontos de Maxwell;*

3. *encontros dos espectros comprimidos, que localizam colisões de canais;*

4. *projetores espaciais, que identificam os padrões nos vértices.*

Todos esses dados são reconstruíveis em $\mathcal{K}_m$. Assim, o grafo preserva informação algébrica que a projeção plana (λ, R) pode ocultar.

Demonstração. Cada tipo de aresta é definido pelo anulamento de uma quantidade já reconstruída: determinante ou menor espectral de Schur, diferença de potenciais ou distância entre grupos espectrais. A continuidade dentro do corredor permite ordenar esses eventos ao longo dos ramos. Os projetores distinguem vértices que possuam a mesma observável R. □

43.7 Persistência em $\mathcal{K}^2$

Teorema 43.14 (Persistência dos diagramas sob truncação). *Em $\mathcal{K}^2$, suponha as hipóteses do Teorema 42.10. Considere um trecho compacto do diagrama no qual todas as bifurcações, dobras, trocas energéticas e colisões sejam transversais e estejam separadas entre si. Então, para truncações suficientemente grandes:*

1. *existem eventos correspondentes, com os mesmos rótulos de canal;*
2. *seus parâmetros convergem aos parâmetros do problema infinito;*
3. *índices de estabilidade e orientações das dobras coincidem.*

Não se conclui persistência quando uma lacuna se fecha ou quando dois eventos se fundem no limite.

Demonstração. A convergência dos complementos de Schur e de seus jatos preserva zeros simples pelo teorema da função implícita. O mesmo argumento aplica-se às diferenças de energia e às diferenças assinadas entre autovalores comprimidos simples e rotulados. A lacuna uniforme mantém os projetores e os índices estáveis. Sem transversalidade ou separação, zeros podem nascer, desaparecer ou coalescer sob perturbações. □

Observação 43.15 (Limite da leitura por truncações). Um grande número de diagramas finitos visualmente semelhantes não prova, por si só, a existência de um diagrama limite. O passo decisivo é a estimativa uniforme da lacuna complementar e a convergência dos jatos reduzidos.

43.8 Exercícios

Exercício 43.1 (♦). Para $b = -2$, determine o intervalo de a no qual a equação $s(a + bs^2 + s^4) = 0$ possui duas amplitudes quadráticas positivas.

Exercício 43.2 (♦♦). Calcule as energias dos ramos puros em (43.3) e derive novamente a fronteira de igualdade energética.

Exercício 43.3 (♦♦). Explique, por meio de um diagrama, a diferença entre um ponto de Maxwell e uma dobra.

Exercício 43.4 (♦♦♦). Suponha $b = b_0 - \tau$, com $b_0 = 1$. Determine como a janela de coexistência varia para $\tau = 0$, $\tau = 1$ e $\tau = 3$, tomando $c = 1$.

Exercício 43.5 (♦♦♦). No potencial de dois padrões, determine as condições de estabilidade transversal dos ramos puros e compare-as com a fronteira energética.

Exercício 43.6 (♦♦♦♦). Construa um grafo de eventos de três ramos estáveis sabendo que os dois primeiros trocam preferência num ponto de Maxwell, o segundo termina como ramo estável numa dobra e o terceiro nasce de uma colisão entre os canais rotulados 1 e 3. Represente a dobra e a colisão por marcadores incidentes aos respectivos vértices.

Observação 43.16 (Passagem às aplicações). Com os diagramas globais, concluímos o núcleo teórico necessário para acompanhar existência, estabilidade, transições e limites de dimensão infinita sem apagar a estrutura de $\mathcal{K}_m$ e $\mathcal{K}^2$. A partir do próximo capítulo, iniciaremos a parte final de aplicações avançadas, começando pela geometria multicanal espectral e culminando nos canais de Kaluza–Klein.

Part IV

Aplicações avançadas

CAPÍTULO 44

MSG: referenciais espaciais móveis e acoplamento

O que será aplicado neste capítulo

Os capítulos de geometria e dinâmica organizaram, na linguagem de canais, a geometria de uma família de projetores. Essa geometria pertence ao quadro clássico de distribuições, conexões, segunda forma fundamental generalizada e invariância geodésica; veja, em particular, Lewis [7]. Agora fixaremos a fonte algébrica específica desses objetos. A decomposição canônica de $\mathcal{K}_m$ fornece um plano complexo e m direções idempotentes. Ao permitir que esse referencial espacial varie sobre uma variedade, especializamos a geometria clássica de projetores ao sistema de canais canônicos induzido pelas álgebras espaciais. É nessa especialização algébrica, e não na operação geral de derivar um projetor, que se encontra o conteúdo próprio da MSG (*Multichannel Spectral Geometry*).

44.1 Da álgebra aos canais geométricos

Recorde a decomposição ortogonal

$$\mathcal{K}_m = A_m \oplus J_1 \oplus \cdots \oplus J_m, \qquad A_m = \operatorname{span}_{\mathbb{R}}\{1, i\}, \qquad J_k = \mathbb{R} j_k. \quad (44.1)$$

Denote por $\pi_0, \pi_1, \ldots, \pi_m$ os projetores ortogonais sobre esses subespaços. Eles satisfazem

$$\pi_r \pi_s = \delta_{rs} \pi_r, \qquad \sum_{r=0}^{m} \pi_r = I, \qquad \pi_r^* = \pi_r.$$

Definição 44.1 (Referencial espacial móvel). Seja (M, g) uma variedade riemanniana e seja $E \to M$ um fibrado euclidiano cujas fibras são identificadas com o espaço subjacente a $\mathcal{K}_m$. Um *referencial espacial móvel* é uma família suave de isometrias

$$U_q : \mathcal{K}_m \longrightarrow E_q, \qquad q \in M.$$

Os projetores espaciais induzidos são

$$P_r(q) = U_q \pi_r U_q^{-1}, \qquad 0 \le r \le m. \tag{44.2}$$

Cada P_r transporta um canal determinado pela multiplicação espacial: o canal complexo A_m ou uma direção idempotente J_k. Uma decomposição ortogonal arbitrária com as mesmas dimensões não carrega, sem esse rótulo, a informação de qual canal provém de $1, i, j_1, \ldots, j_m$.

Definição 44.2 (Forma de rotação do referencial). Se ∇^E é uma conexão métrica em E, defina

$$\Omega_X := U^{-1} \nabla^E_X U.$$

Em uma trivialização, Ω é uma 1-forma com valores em operadores antissimétricos de $\mathcal{K}_m$.

Teorema 44.3 (Fórmula espacial do acoplamento). *Para todo campo X em M e todo canal r,*

$$\boxed{(\nabla^E_X P_r) = U[\Omega_X, \pi_r]U^{-1}.} \tag{44.3}$$

Consequentemente, a parte de Ω_X diagonal em relação a (44.1) não produz transferência; somente os blocos entre canais distintos contribuem para $\nabla^E P_r$.

Demonstração. Diferencie $P_r = U\pi_r U^{-1}$. Como π_r é constante e

$$\nabla_X(U^{-1}) = -U^{-1}(\nabla_X U)U^{-1},$$

obtemos

$$\nabla_X P_r = (\nabla_X U)\pi_r U^{-1} - U\pi_r U^{-1}(\nabla_X U)U^{-1}.$$

Usando $\nabla_X U = U\Omega_X$, resulta

$$\nabla_X P_r = U(\Omega_X \pi_r - \pi_r \Omega_X)U^{-1}.$$

Se Ω_X preserva cada somando canônico, comuta com todos os π_r. Reciprocamente, os blocos fora da diagonal são precisamente os comutadores não nulos. □

Observação 44.4 (A identidade geral e o conteúdo espacial). A derivação de um projetor conjugado é uma identidade clássica. O conteúdo espacial está na família particular $\{\pi_r\}$, reconstruída da álgebra $\mathcal{K}_m$, e na interpretação dos blocos como transferências entre o plano complexo e as direções idempotentes.

44.2 Energia do referencial móvel

Escolha uma base ortonormal $e_1, \dots, e_n$ de T_qM e use a norma de Hilbert–Schmidt nos endomorfismos de E_q.

Definição 44.5 (Densidade MSG de acoplamento). A densidade de acoplamento do referencial espacial é

$$\mathfrak{c}_U(q) := \frac{1}{2} \sum_{a=1}^{n} \sum_{r=0}^{m} \|\nabla^E_{e_a} P_r\|^2_{\mathrm{HS}}. \tag{44.4}$$

Teorema 44.6 (Energia dos blocos intercanal). *Para cada $q \in M$,*

$$\boxed{\mathfrak{c}_U(q) = \sum_{a=1}^{n} \sum_{0 \le r < s \le m} \|\pi_r \Omega_{e_a} \pi_s\|^2_{\mathrm{HS}} + \|\pi_s \Omega_{e_a} \pi_r\|^2_{\mathrm{HS}}.} \tag{44.5}$$

Como $\Omega^*_{e_a} = -\Omega_{e_a}$, as duas normas de cada par são iguais. Em particular,

$$\mathfrak{c}_U = 0 \iff [\Omega_X, \pi_r] = 0 \quad \textit{para todos } X, r.$$

Demonstração. Como U é isométrico, a fórmula (44.3) preserva a norma de Hilbert–Schmidt. Em blocos,

$$[\Omega, \pi_r]_{st} = (\delta_{tr} - \delta_{sr})\pi_s \Omega \pi_t.$$

Portanto, sua norma quadrática é a soma dos blocos que entram ou saem do canal r. Ao somar em r e multiplicar por $1/2$, cada bloco orientado aparece uma única vez, o que fornece (44.5). A última equivalência segue da anulação de todas as parcelas não negativas. □

Corolário 44.7 (Rigidez do referencial sem transferência). *Em uma região conexa,* $\mathfrak{c}_U = 0$ *se, e somente se, o transporte paralelo da conexão preserva o canal complexo e cada canal idempotente. Isso não obriga* U *a ser constante: rotações internas ao plano complexo e mudanças de sinal dentro dos canais preservados não geram transferência.*

Demonstração. A anulação da densidade equivale a $\nabla P_r = 0$ para todo r. Essa é exatamente a condição de preservação dos subfibrados $P_r E$ pelo transporte paralelo. Movimentos internos a um subfibrado comutam com o projetor correspondente. □

Acoplamento geométrico não é força física

A quantidade $\mathfrak{c}_U$ mede a rotação geométrica dos canais. Ela não postula uma interação física adicional. Uma força aplicada deve ser especificada separadamente e depois projetada nos canais. Misturar esses dois níveis produziria uma interpretação incorreta da MSG.

44.3 A parte simétrica que governa a dinâmica

Considere agora $E = TM$, com ∇ a conexão de Levi–Civita, e uma trajetória que satisfaz

$$\nabla_{\dot{\gamma}}\dot{\gamma} = F(\gamma, \dot{\gamma}).$$

Defina

$$\mathcal{C}_r(X,Y) := (\nabla_X P_r)Y, \qquad \mathcal{S}_r(X,Y) := \frac{1}{2}(\mathcal{C}_r(X,Y) + \mathcal{C}_r(Y,X)).$$

Teorema 44.8 (Defeito dinâmico MSG). *O momento do canal* r, $v_r = P_r\dot{\gamma}$, *satisfaz*

$$\boxed{\nabla_{\dot{\gamma}} v_r = P_r F + \mathcal{S}_r(\dot{\gamma}, \dot{\gamma}).} \tag{44.6}$$

Além disso, o canal é dinamicamente desacoplado para toda equação de segunda ordem no sentido geométrico — isto é, não recebe contribuição adicional da variação do projetor — se, e somente se, $\mathcal{S}_r = 0$. *Como* *neste capítulo ∇ é a conexão de Levi–Civita e P_r é ortogonal, vale a equivalência*

$$\boxed{\mathcal{S}_r = 0 \iff \mathcal{C}_r = 0 \iff \nabla P_r = 0.}$$

Portanto, no regime métrico global não existe desacoplamento dinâmico exato sem paralelismo do canal. Um eventual acoplamento físico contido em P_rF permanece e deve ser analisado separadamente.

Demonstração. Pela regra de Leibniz,

$$\nabla_{\dot\gamma}(P_r\dot\gamma) = (\nabla_{\dot\gamma}P_r)\dot\gamma + P_r\nabla_{\dot\gamma}\dot\gamma.$$

Na diagonal, $\mathcal{C}_r(V,V) = \mathcal{S}_r(V,V)$, pois a parte antissimétrica se anula em (V,V). Isso prova (44.6). Se $\mathcal{S}_r = 0$, o defeito desaparece para toda velocidade. Reciprocamente, a anulação de $\mathcal{S}_r(V,V)$ para todo V, seguida de polarização, implica $\mathcal{S}_r = 0$. Finalmente, como ∇ é métrica e P_r é ortogonal, o resultado do Capítulo 30 fornece $\mathcal{S}_r = 0 \iff \mathcal{C}_r = 0$, e pela definição de $\mathcal{C}_r$ isso equivale a $\nabla P_r = 0$. □

Observação 44.9 (Correção conceitual indispensável). Para uma conexão afim arbitrária, a avaliação diagonal de uma equação de segunda ordem depende apenas da parte simétrica $\mathcal{S}_r$, e uma parte antissimétrica de $\mathcal{C}_r$ pode permanecer invisível em $\mathcal{C}_r(V,V)$. Isso não ocorre sob as hipóteses desta seção. Como ∇ é métrica e P_r é ortogonal, $\nabla_X P_r$ é autoadjunto; o argumento trilinear do Capítulo 30 mostra que $\mathcal{S}_r = 0$ força $\mathcal{C}_r = 0$. Assim, a distinção entre desacoplamento dinâmico global e paralelismo geométrico colapsa no regime Levi–Civita. O fenômeno não trivial que pode sobreviver é o desacoplamento restrito a uma distribuição de velocidades, em consonância com a geometria clássica de distribuições e invariância geodésica; veja Lewis [7].

44.4 Modelo explícito em $\mathcal{K}_1$

Considere a base ortonormal $\{1, i, j\}$ de $\mathcal{K}_1$. Seja $\theta : M \to \mathbb{R}$ suave e defina

$$v_\theta = \cos\theta\, 1 + \sin\theta\, j, \qquad w_\theta = -\sin\theta\, 1 + \cos\theta\, j.$$

O canal complexo móvel e o canal idempotente móvel são

$$E_0(q) = \operatorname{span}\{i, v_\theta\}, \qquad E_1(q) = \mathbb{R}w_\theta.$$

Denote seus projetores por P_0 e P_1.

Teorema 44.10 (Acoplamento de rotação em $\mathcal{K}_1$). *Na conexão euclidiana trivial,*

$$(\nabla_X P_0)Y = d\theta(X)\big(\langle Y, v_\theta\rangle w_\theta + \langle Y, w_\theta\rangle v_\theta\big), \tag{44.7}$$

$$(\nabla_X P_1)Y = -(\nabla_X P_0)Y. \tag{44.8}$$

A densidade MSG é

$$\boxed{\mathfrak{c}_U = 2\|d\theta\|^2.} \tag{44.9}$$

Logo os canais são paralelos exatamente nas regiões em que θ é localmente constante.

Demonstração. Temos $\nabla_X v_\theta = d\theta(X)w_\theta$ e $\nabla_X w_\theta = -d\theta(X)v_\theta$. Como

$$P_0 Y = \langle Y, i\rangle i + \langle Y, v_\theta\rangle v_\theta,$$

sua derivada fornece (44.7); a identidade $P_1 = I - P_0$ fornece (44.8). Para cada vetor unitário X, o operador $\nabla_X P_0$ troca v_θ e w_θ, ambos com coeficiente $d\theta(X)$, e se anula em i. Portanto,

$$\|\nabla_X P_0\|^2_{\mathrm{HS}} = 2d\theta(X)^2 = \|\nabla_X P_1\|^2_{\mathrm{HS}}.$$

Somando numa base de TM e usando a definição (44.4), obtemos $\mathfrak{c}_U = 2\|d\theta\|^2$. □

Corolário 44.11 (Força geométrica na trajetória). *Para uma velocidade*

$$V = \alpha i + \beta v_\theta + \gamma w_\theta,$$

o defeito do canal complexo é

$$\boxed{\mathcal{S}_0(V,V) = d\theta(V)(\beta w_\theta + \gamma v_\theta),} \tag{44.10}$$

e o defeito do canal idempotente é o seu oposto. A soma dos defeitos é zero, como exige $P_0 + P_1 = I$.

Demonstração. Basta tomar $X = Y = V$ em (44.7). A fórmula do segundo canal segue de (44.8). □

Exemplo: Rotação uniforme ao longo de uma coordenada

Em $M = \mathbb{R}^3$, tome $\theta(x, y, z) = \omega x$. Então $\mathfrak{c}_U = 2\omega^2$. Uma trajetória cuja velocidade satisfaça $dx(V) = 0$ não sente defeito instantâneo, embora o campo de canais não seja paralelo quando $\omega \neq 0$. Isso distingue desacoplamento ao longo de uma distribuição do desacoplamento para todas as trajetórias.

44.5 Extensão a vários canais

Para $\mathcal{K}_m$, decomponha a forma de rotação em blocos

$$\Omega_X = (\Omega_{rs}(X))_{0 \leq r,s \leq m}, \qquad \Omega_{rs}(X) = \pi_r \Omega_X \pi_s.$$

Teorema 44.12 (Rede MSG de transferências). *Associe aos canais de $\mathcal{K}_m$ um grafo ponderado com vértices $0, 1, \ldots, m$ e peso*

$$w_{rs}(q) := \sum_{a=1}^{n} \|\Omega_{rs}(e_a)\|_{\mathrm{HS}}^2, \qquad r \neq s.$$

Então $w_{rs} = w_{sr} \geq 0$,

$$\mathfrak{c}_U = 2 \sum_{0 \leq r < s \leq m} w_{rs},$$

e uma partição dos canais define dois subsistemas geometricamente isolados se, e somente se, todos os pesos que atravessam o corte se anulam.

Demonstração. A antissimetria de Ω_X implica $\Omega_{sr} = -\Omega_{rs}^*$, logo os pesos são simétricos. A fórmula da energia segue do Teorema 44.6. Um corte é preservado pela conexão exatamente quando a forma de rotação é diagonal em blocos com respeito à partição, isto é, quando não há bloco atravessando o corte. □

Observação 44.13 (O papel do associador). Os pesos anteriores medem a rotação dos projetores. Quando o referencial e a conexão são reconstruídos a partir da multiplicação espacial, os blocos Ω_{rs} também recebem contribuições do associador. Assim, duas realizações com a mesma dimensão dos canais podem ter redes distintas por possuírem diferentes dados de multiplicação transportada.

44.6 Exercícios

Exercício 44.1 (♦). Verifique diretamente que os vetores i, v_θ, w_θ formam uma base ortonormal de $\mathcal{K}_1$.

Exercício 44.2 (♦♦). Deduza (44.7) diferenciando a matriz de P_0 na base $\{1, i, j\}$.

Exercício 44.3 (♦♦). Para $\theta(x, y, z) = x + y$, calcule $\mathfrak{c}_U$ e determine as velocidades que anulam instantaneamente o defeito (44.10).

Exercício 44.4 (♦♦♦). Mostre que $\mathfrak{c}_U$ não muda quando U é substituído por UH, onde H é uma transformação ortogonal constante que preserva cada somando de (44.1).

Exercício 44.5 (♦♦♦). Construa, em $\mathcal{K}_2$, um referencial que misture apenas J_1 e J_2. Determine a rede de transferências e explique por que o canal complexo fica isolado.

Exercício 44.6 (♦♦♦♦). Suponha que os pesos da rede MSG dependam do ponto. Prove que uma componente conexa do grafo define um subfibrado paralelo quando nenhum peso sai dessa componente em toda uma região conexa.

Observação 44.14 (Para prosseguir). O primeiro capítulo de aplicações realizou a MSG diretamente sobre os canais canônicos de $\mathcal{K}_m$ e separou rotação geométrica de força física. No próximo capítulo, aplicaremos essa estrutura a sistemas newtonianos de várias partículas, preservando a distinção entre fatorização espacial e solução do problema geral dos N corpos.

CAPÍTULO 45

MSG aplicada a sistemas newtonianos espaciais

Fatorar equações não significa resolvê-las

O problema newtoniano de N corpos permanece, em geral, não integrável e não será resolvido neste capítulo. A contribuição da MSG é outra: decompor exatamente posições, forças e leis de conservação segundo os canais de $\mathcal{K}_m$, identificar onde eles continuam acoplados e obter estimativas quantitativas quando as componentes idempotentes são pequenas. Essa decomposição revela estrutura, mas não fornece fórmulas fechadas para todas as trajetórias.

45.1 O modelo espacial de N corpos

Considere massas $m_1, \ldots, m_N > 0$ com posições

$$x_a(t) \in \mathcal{K}_m, \qquad 1 \leq a \leq N.$$

Usaremos a métrica euclidiana canônica do espaço subjacente a $\mathcal{K}_m$. Para $a \neq b$, ponha

$$x_{ab} := x_a - x_b, \qquad R_{ab} := \|x_{ab}\|.$$

Definição 45.1 (Extensão newtoniana espacial). Fora do conjunto de colisões, o potencial e as equações de movimento são

$$U(x_1, \dots, x_N) = -\sum_{1 \le a < b \le N} \frac{G m_a m_b}{R_{ab}}, \tag{45.1}$$

$$\ddot{x}_a = -G \sum_{b \neq a} m_b \frac{x_{ab}}{R_{ab}^3}. \tag{45.2}$$

Essa é uma hipótese de modelagem: a lei do inverso do quadrado é calculada com a norma euclidiana total de $\mathcal{K}_m$.

Não se está propondo uma nova lei gravitacional observada. Estudamos as consequências matemáticas de estender a lei clássica ao espaço canônico da álgebra.

A força radial utiliza apenas a estrutura euclidiana subjacente; a multiplicação de $\mathcal{K}_m$ entra na identificação e na reconstrução dos canais espaciais, não na forma constitutiva escolhida para a gravitação.

Escreva cada posição na decomposição espacial

$$x_a = z_a + \sum_{k=1}^{m} \xi_a^k j_k, \qquad z_a \in A_m \cong \mathbb{C}, \qquad \xi_a^k \in \mathbb{R}. \tag{45.3}$$

Defina

$$z_{ab} = z_a - z_b, \qquad \eta_{ab}^k = \xi_a^k - \xi_b^k, \qquad \rho_{ab}^2 = \sum_{k=1}^{m} (\eta_{ab}^k)^2.$$

Então

$$\boxed{R_{ab}^2 = |z_{ab}|^2 + \rho_{ab}^2.} \tag{45.4}$$

45.2 Decomposição exata e acoplamento físico

Teorema 45.2 (Equações newtonianas por canais espaciais). *As equações* (45.2) *equivalem ao sistema*

$$\ddot{z}_a = -G \sum_{b \neq a} m_b \frac{z_{ab}}{\left(|z_{ab}|^2 + \rho_{ab}^2\right)^{3/2}}, \tag{45.5}$$

$$\ddot{\xi}_a^k = -G \sum_{b \neq a} m_b \frac{\eta_{ab}^k}{\left(|z_{ab}|^2 + \rho_{ab}^2\right)^{3/2}}, \quad 1 \le k \le m. \tag{45.6}$$

Os projetores canônicos são paralelos, de modo que o acoplamento geométrico é zero. Apesar disso, as equações de canal não são, em geral, independentes: o denominador R_{ab}^3 é compartilhado por todas elas.

Demonstração. Projete (45.2) sobre A_m e sobre cada J_k. Como os projetores são lineares e constantes, eles comutam com a segunda derivada. A identidade (45.4) fornece os denominadores. Como $\nabla P_r = 0$, nenhum defeito geométrico aparece. A dependência cruzada permanece exclusivamente na força física. □

Dois acoplamentos que não devem ser confundidos

No referencial canônico fixo,

$$\nabla P_r = 0,$$

mas cada aceleração ainda depende das separações em todos os canais. Portanto, "canais geometricamente paralelos" não significa "problemas newtonianos independentes". O primeiro enunciado concerne à conexão; o segundo, à forma constitutiva do potencial.

Proposição 45.3 (Diagnóstico diferencial do acoplamento físico). *Para uma parcela de interação*

$$U_{ab} = -\frac{Gm_a m_b}{\sqrt{|z_{ab}|^2 + \rho_{ab}^2}},$$

se z_{ab}^ℓ é uma coordenada real do canal complexo, então

$$\frac{\partial^2 U_{ab}}{\partial z_{ab}^\ell \, \partial \eta_{ab}^k} = -3Gm_a m_b \frac{z_{ab}^\ell \eta_{ab}^k}{R_{ab}^5}. \tag{45.7}$$

Assim, fora dos eixos coordenados, o potencial não se escreve como soma de um potencial complexo e potenciais idempotentes independentes.

Demonstração. Derivando primeiro em z_{ab}^ℓ, obtemos

$$\frac{\partial U_{ab}}{\partial z_{ab}^\ell} = Gm_a m_b \frac{z_{ab}^\ell}{R_{ab}^3}.$$

A derivada em η_{ab}^k fornece (45.7). Se o potencial fosse soma de funções de canais separados, todas as derivadas mistas seriam identicamente nulas. □

45.3 Pequenas componentes idempotentes

Fixe um par (a, b) e suponha $r_{ab} := |z_{ab}| > 0$. Ponha

$$\varepsilon_{ab} := \frac{\rho_{ab}}{r_{ab}}.$$

Teorema 45.4 (Estimativas de correção transversal). *Se $r_{ab} > 0$, a contribuição do par (a, b) para a aceleração complexa difere da contribuição puramente complexa por uma quantidade cuja norma é no máximo*

$$\boxed{\frac{3Gm_b}{2}\frac{\rho_{ab}^2}{r_{ab}^4}.} \tag{45.8}$$

A norma conjunta das contribuições idempotentes desse par é limitada por

$$\boxed{Gm_b\frac{\rho_{ab}}{r_{ab}^3}.} \tag{45.9}$$

Além disso, para o potencial do par,

$$0 \le U_{ab} - \left(-\frac{Gm_a m_b}{r_{ab}}\right) \le \frac{Gm_a m_b}{2}\frac{\rho_{ab}^2}{r_{ab}^3}. \tag{45.10}$$

Demonstração. Escreva

$$R_{ab}^{-3} = r_{ab}^{-3}(1 + \varepsilon_{ab}^2)^{-3/2}.$$

Pelo teorema do valor médio,

$$0 \le 1 - (1 + t)^{-3/2} \le \frac{3}{2}t, \qquad t \ge 0.$$

Multiplicar essa desigualdade pela norma $Gm_b|z_{ab}|/r_{ab}^3 = Gm_b/r_{ab}^2$ dá (45.8). Para o vetor transversal, use $R_{ab} \ge r_{ab}$, obtendo (45.9). Por fim,

$$0 \le 1 - (1 + t)^{-1/2} \le \frac{1}{2}t$$

fornece (45.10). □

Corolário 45.5 (Ordem diferente das duas correções). *Para $\rho_{ab}/r_{ab} \ll 1$, a alteração da força complexa é quadrática na razão transversal, enquanto a força nos canais idempotentes é de primeira ordem. Portanto, canais pequenos podem possuir dinâmica própria perceptível antes de produzirem uma correção de mesma ordem na trajetória complexa.*

Observação 45.6 (Validade longe das colisões complexas). As estimativas anteriores exigem $r_{ab} > 0$ e tornam-se uniformes quando $r_{ab} \geq d > 0$. Elas não descrevem uma passagem por colisão no canal complexo, mesmo que a distância espacial total permaneça positiva por causa de uma separação idempotente.

45.4 Leis de conservação por canais

Defina o momento linear do canal r por

$$\mathcal{P}_r := \sum_{a=1}^{N} m_a \pi_r \dot{x}_a.$$

Para o momento angular dentro do subespaço $\pi_r \mathcal{K}_m$, use o bivetor

$$\mathcal{L}_r := \sum_{a=1}^{N} m_a (\pi_r x_a) \wedge (\pi_r \dot{x}_a).$$

Teorema 45.7 (Conservação canalizada no referencial canônico). *Para o sistema* (45.2),

$$\boxed{\dot{\mathcal{P}}_r = 0, \qquad \dot{\mathcal{L}}_r = 0, \qquad 0 \leq r \leq m.}$$

Em particular, o centro de massa de cada canal move-se uniformemente. Nos canais idempotentes unidimensionais, $\mathcal{L}_k$ é identicamente nulo; a conservação angular é não trivial no plano complexo e em somas de canais de dimensão pelo menos dois.

Demonstração. A força exercida por b sobre a é oposta à força exercida por a sobre b. Essa identidade permanece válida após aplicar π_r, e as forças internas cancelam na derivada de $\mathcal{P}_r$. Para o momento angular, a contribuição do par é proporcional a

$$(\pi_r x_a - \pi_r x_b) \wedge \pi_r (x_a - x_b) = 0,$$

pois o denominador comum é escalar. Logo cada $\mathcal{L}_r$ é constante. A afirmação sobre o centro de massa segue da conservação do momento. □

Observação 45.8 (A energia não se separa da mesma maneira). A energia total

$$E = \frac{1}{2}\sum_{a=1}^{N} m_a \|\dot{x}_a\|^2 + U$$

é conservada. A energia cinética decompõe-se ortogonalmente por canais, mas o potencial não, como mostrou a Proposição 45.3. Assim, não existem em geral energias newtonianas independentes para cada canal, embora momento linear e momento angular se conservem canal a canal.

45.5 O problema espacial de dois corpos

Para $N = 2$, introduza

$$M = m_1 + m_2, \qquad \mu = \frac{m_1 m_2}{M}, \qquad q = x_1 - x_2.$$

Após separar o centro de massa, a equação relativa é

$$\boxed{\ddot{q} = -GM\frac{q}{\|q\|^3}.} \tag{45.11}$$

Teorema 45.9 (Estrutura canalizada do problema de dois corpos). *Escreva $q_r = \pi_r q$. Então*

$$\ddot{q}_r = -\frac{GM}{\|q\|^3} q_r, \qquad 0 \leq r \leq m. \tag{45.12}$$

Cada bivetor $q_r \wedge \dot{q}_r$ é constante. Além disso, para qualquer conjunto de canais I, o subespaço

$$\bigoplus_{r \in I} \pi_r \mathcal{K}_m$$

é dinamicamente invariante: se $q_r(0) = \dot{q}_r(0) = 0$ para $r \notin I$, essas componentes permanecem nulas enquanto a solução existir sem colisão.

Demonstração. Aplicar π_r a (45.11) fornece (45.12). Como a aceleração de q_r é paralela a q_r,

$$\frac{d}{dt}(q_r \wedge \dot{q}_r) = q_r \wedge \ddot{q}_r = 0.$$

Para um canal inicialmente ausente, a equação linear homogênea $\ddot{q}_r + a(t)q_r = 0$, com dados iniciais nulos, possui somente a solução nula no intervalo regular considerado. □

Exemplo: Órbita inteiramente complexa

Se $q(0), \dot{q}(0) \in A_m$, todos os canais idempotentes permanecem nulos. A equação reduz-se exatamente ao problema clássico de Kepler no plano complexo. Isso é uma redução invariante legítima, não uma solução do sistema para dados iniciais arbitrários em $\mathcal{K}_m$.

Exemplo: Separação idempotente evita colisão espacial

Pode ocorrer $z_1 = z_2$ e, ainda assim, $x_1 \neq x_2$ quando alguma $\eta_{12}^k \neq 0$. Nesse instante, a projeção complexa apresenta uma colisão, mas a força espacial permanece finita porque $R_{12} = \rho_{12} > 0$. A colisão física do modelo espacial exige a anulação simultânea de todos os canais.

45.6 Referenciais móveis: soma dos dois mecanismos

Se os canais são descritos por projetores móveis P_r, a equação de canal para a partícula a torna-se

$$\boxed{\nabla_{\dot{x}_a}(P_r \dot{x}_a) = P_r F_a + \mathcal{S}_r(\dot{x}_a, \dot{x}_a).} \tag{45.13}$$

Proposição 45.10 (Separação dos mecanismos geométrico e físico). *Na equação* (45.13),

1. *$P_r F_a$ é o termo de força física, cujo acoplamento entre canais é determinado pelo potencial e pela distância total entre as partículas;*

2. *$\mathcal{S}_r(\dot{x}_a, \dot{x}_a)$ é o defeito geométrico, determinado pela variação do referencial de canais.*

O primeiro pode ser não nulo quando $\mathcal{S}_r = 0$; o segundo pode ser não nulo mesmo para uma força já confinada a um canal. A fatorização dinâmica completa exige controlar ambos separadamente.

Demonstração. A identidade segue da regra de Leibniz aplicada a $P_r\dot{x}_a$. O termo da força depende de F_a e permanece mesmo para projetores paralelos. O segundo depende de ∇P_r e permanece possível independentemente da decomposição constitutiva de F_a. Como as fontes matemáticas dos termos são distintas, a anulação de um não implica a do outro. □

Alcance do modelo

As fórmulas deste capítulo fornecem decomposição exata, leis de conservação, subespaços invariantes e estimativas perturbativas. Elas não integram o problema geral de N corpos, não excluem todas as colisões e não convertem o acoplamento físico em canais independentes.

45.7 Exercícios

Exercício 45.1 (♦). Deduza (45.4) a partir da ortogonalidade dos canais canônicos.

Exercício 45.2 (♦♦). Para $m = 1$, escreva explicitamente as equações de três partículas com posições $x_a = z_a + \xi_a j$.

Exercício 45.3 (♦♦). Prove as duas desigualdades escalares usadas no Teorema 45.4 pelo teorema do valor médio.

Exercício 45.4 (♦♦♦). Mostre diretamente que a soma das forças projetadas em cada canal é zero e deduza o movimento uniforme do centro de massa canalizado.

Exercício 45.5 (♦♦♦). No problema de dois corpos em $\mathcal{K}_1$, suponha $q(0) = r_0 1 + h_0 j$ e $\dot{q}(0) = 0$. Escreva o sistema escalar acoplado e identifique a quantidade que impede sua separação em duas equações de Kepler.

Exercício 45.6 (♦♦♦♦). Em uma região onde $|z_{ab}| \geq d > 0$ para todos os pares, some as estimativas do Teorema 45.4 e obtenha um limite para a diferença entre a aceleração complexa espacial e a aceleração do sistema newtoniano puramente complexo.

Observação 45.11 (Para prosseguir). A aplicação newtoniana revelou acoplamento físico mesmo quando a geometria dos canais é paralela.

No próximo capítulo, estudaremos estabilidade em tempo finito e persistência da ausência de colisões para pequenas perturbações espaciais, com hipóteses quantitativas explícitas.

CAPÍTULO 46

Estabilidade e persistência sem colisões na MSG

Por que restringir o tempo e afastar as colisões

A força newtoniana não é globalmente Lipschitz: sua derivada diverge quando duas partículas se aproximam. Por isso, uma estimativa perturbativa rigorosa deve fixar um intervalo de tempo e uma região na qual todas as distâncias permaneçam positivas. Dentro dessa região, a MSG permite controlar separadamente a perturbação física dos canais e o defeito geométrico do referencial móvel.

46.1 A constante newtoniana fora das colisões

Seja H um espaço de Hilbert real; para as aplicações deste capítulo, H será $\mathcal{K}_m$ ou $\mathcal{K}^2$. Defina

$$\Phi(q) := \frac{q}{\|q\|^3}, \qquad q \neq 0.$$

Lema 46.1 (Derivada da força radial). *Para $q \neq 0$,*

$$D\Phi(q)h = \frac{h}{\|q\|^3} - 3\frac{\langle q, h\rangle}{\|q\|^5}q, \qquad \|D\Phi(q)\| = \frac{2}{\|q\|^3}. \tag{46.1}$$

Consequentemente, em qualquer segmento que permaneça na região $\|q\| \geq d > 0$,

$$\|\Phi(q) - \Phi(\tilde{q})\| \leq \frac{2}{d^3}\|q - \tilde{q}\|.$$

Demonstração. A primeira fórmula segue da regra da cadeia. Na direção radial, a derivada tem autovalor $-2\|q\|^{-3}$; no complemento ortogonal, ela age como $\|q\|^{-3}I$. Portanto sua norma é $2\|q\|^{-3}$. A desigualdade final segue do teorema do valor médio ao longo do segmento indicado. □

Observação 46.2 (O segmento também precisa evitar a origem). As condições $\|q\|, \|\widetilde{q}\| \geq d$ isoladamente não garantem que o segmento entre q e $\widetilde{q}$ permaneça fora da bola de raio d. Nas aplicações, trabalharemos em tubos convexos menores em torno de uma trajetória de referência, nos quais essa propriedade é assegurada por uma margem de distância.

Para uma configuração $x = (x_1, \dots, x_N)$, use

$$\|x\|_\infty := \max_a \|x_a\|, \qquad M := \sum_{a=1}^{N} m_a.$$

Proposição 46.3 (Estimativa de Lipschitz para a aceleração). *Suponha que, para duas configurações e para os segmentos que ligam cada par de separações correspondentes, todas as distâncias sejam pelo menos $d > 0$. Então a aceleração newtoniana $A = (A_1, \dots, A_N)$ satisfaz*

$$\boxed{\|A(x) - A(\widetilde{x})\|_\infty \leq L_A \|x - \widetilde{x}\|_\infty, \qquad L_A := \frac{4GM}{d^3}.} \tag{46.2}$$

Demonstração. Para cada a, o Lema 46.1 dá

$$\|A_a(x) - A_a(\widetilde{x})\| \leq \frac{2G}{d^3} \sum_{b \neq a} m_b \|x_{ab} - \widetilde{x}_{ab}\|.$$

Como $\|x_{ab} - \widetilde{x}_{ab}\| \leq 2\|x - \widetilde{x}\|_\infty$, obtemos a constante anunciada. □

46.2 Estimativa em espaço de fase

Escreva $Y = (x, v)$ e use a norma

$$\|Y\|_* := \max\{\|x\|_\infty, \|v\|_\infty\}.$$

Considere uma solução de referência

$$\dot{\overline{Y}} = \mathcal{F}(\overline{Y}), \qquad \mathcal{F}(x, v) = (v, A(x)),$$

e uma solução espacial perturbada

$$\dot{Y} = \mathcal{F}(Y) + \mathcal{R}(t, Y). \tag{46.3}$$

O resto $\mathcal{R}$ pode reunir uma alteração da força física e os termos simétricos produzidos por projetores móveis.

Corolário 46.4 (Estabilidade MSG em tempo finito). *Seja* $\overline{Y} : [0, T] \to \mathcal{P}_N$ *uma solução de referência e suponha que exista um tubo sincronizado de raio* $\rho_+ > 0$ *em torno de* $\overline{Y}$*, contido na região regular. Ponha*

$$L := \max\{1, L_A\} > 0.$$

Nesse tubo, $\mathcal{F}$ *é L-Lipschitz; suponha também que o campo perturbado possua a regularidade local necessária para existência e unicidade e que*

$$\|\mathcal{R}(t, Y)\|_* \leq \varepsilon.$$

Fixe $0 < \rho < \rho_+$*, ponha*

$$\delta_0 := \|Y(0) - \overline{Y}(0)\|_*$$

e defina

$$B_T := \delta_0 e^{LT} + \frac{\varepsilon}{L}(e^{LT} - 1).$$

Se $B_T < \rho$*, então a solução perturbada existe em* $[0, T]$*, permanece no tubo e, para* $0 \leq t \leq T$*,*

$$\boxed{\|Y(t) - \overline{Y}(t)\|_* \leq \delta_0 e^{Lt} + \frac{\varepsilon}{L}(e^{Lt} - 1) \leq (\delta_0 + \varepsilon t)e^{Lt}.} \tag{46.4}$$

Demonstração. Esta é a aplicação, ao campo newtoniano no tubo regular, da estimativa clássica de estabilidade em intervalo finito estabelecida no Capítulo 31. A desigualdade de Grönwall fornece a cota enquanto a solução permanece no tubo. Se houvesse um primeiro tempo de saída $\tau \leq T$, a mesma cota daria distância estritamente menor que ρ em τ, contradizendo a definição de τ. A margem até ρ_+ e a regularidade local permitem a continuação até T. □

Definição 46.5 (Orçamento MSG de perturbação). Se a força física perturbada é $F + \Delta F$ e os canais móveis possuem defeito simétrico $\mathcal{S}_r$, um orçamento admissível é

$$\varepsilon = \varepsilon_{\text{fis}} + \varepsilon_{\text{geo}},$$

onde

$$\max_a \|\Delta F_a\| \leq \varepsilon_{\text{fis}}, \qquad \max_a \sum_r \|\mathcal{S}_r(v_a, v_a)\| \leq \varepsilon_{\text{geo}}.$$

Observação 46.6 (A soma é uma estimativa, não uma identificação). Os dois termos podem ser majorados juntos na desigualdade diferencial, mas continuam conceitualmente distintos. ε_{fis} mede a mudança constitutiva da força; ε_{geo} mede a rotação dos canais ao longo do movimento.

46.3 Persistência quantitativa sem colisões

Suponha que a trajetória de referência satisfaça

$$\min_{0\leq t\leq T}\min_{a<b}\|\overline{x}_a(t)-\overline{x}_b(t)\|\geq d_0>0. \tag{46.5}$$

Teorema 46.7 (Persistência da ausência de colisões). *Nas hipóteses do Corolário 46.4, suponha que*

$$\boxed{B_T<\min\left\{\rho,\frac{d_0}{2}\right\}.} \tag{46.6}$$

Então a solução perturbada não possui colisões em $[0,T]$. *Mais precisamente,*

$$\|x_a(t)-x_b(t)\|\geq d_0-2B_T>0.$$

Demonstração. Para todo par,

$$\begin{aligned}\|x_a-x_b\| &\geq \|\overline{x}_a-\overline{x}_b\|-\|x_a-\overline{x}_a\|-\|x_b-\overline{x}_b\|\\ &\geq d_0-2\|Y-\overline{Y}\|_*.\end{aligned}$$

Use (46.4) e o critério (46.6). □

O argumento é local no tubo

Não se deve supor antecipadamente que a solução perturbada permanece na região regular. O raciocínio correto usa o primeiro tempo de saída do tubo: a estimativa estrita impede que a fronteira seja alcançada antes de T, fechando o argumento por contradição.

46.4 Aplicação às componentes idempotentes pequenas

Considere uma trajetória de referência contida no plano complexo e uma trajetória espacial dentro de um tubo no qual

$$|z_{ab}| \geq d, \qquad \rho_{ab} \leq h \quad \text{para todos } a < b.$$

Corolário 46.8 (Orçamento físico dos canais transversais). *No referencial canônico fixo, a diferença entre a aceleração espacial e a aceleração complexa incorporada em $\mathcal{K}_m$ é limitada por*

$$\boxed{\varepsilon_{\text{fis}} \leq GM\left(\frac{h}{d^3} + \frac{3h^2}{2d^4}\right).} \tag{46.7}$$

Como $\varepsilon_{\text{geo}} = 0$, essa expressão pode ser inserida diretamente em (46.4) *e* (46.6).

Demonstração. Some, para cada partícula, as estimativas complexa e transversal do Teorema 45.4. Substituir $\rho_{ab} \leq h$, $|z_{ab}| \geq d$ e $\sum_{b \neq a} m_b \leq M$ fornece o limite. □

Exemplo: Critério numérico normalizado

Tome $G = M = d = d_0 = 1$, $T = 0{,}1$ e use $L = 4$. Se $\delta_0 = 10^{-3}$ e $h = 10^{-2}$, então

$$\varepsilon_{\text{fis}} \leq 10^{-2} + \frac{3}{2}10^{-4} = 0{,}01015.$$

Logo

$$(\delta_0 + \varepsilon_{\text{fis}} T)e^{LT} < 0{,}0031 < \frac{1}{2}.$$

O critério garante ausência de colisões no intervalo considerado. Ele é suficiente e conservador, não uma condição necessária.

46.5 A extensão hilbertiana em $\mathcal{K}^2$

Corolário 46.9 (Extensão hilbertiana da estabilidade a $\mathcal{K}^2$). *Para um número finito de partículas em $\mathcal{K}^2$, o Corolário 46.4 e o Teorema 46.7 permanecem válidos com as mesmas constantes. Se as trajetórias e forças truncadas convergem uniformemente no tubo e os orçamentos ε_n são uniformemente limitados, as estimativas passam ao limite de dimensão infinita.*

Demonstração. A fórmula (46.1) e a norma $2\|q\|^{-3}$ valem em qualquer espaço de Hilbert, sem dependência da dimensão. Portanto, as constantes de Lipschitz e o argumento de Grönwall são uniformes nas truncações. A convergência uniforme permite passar ao limite nas desigualdades. □

Observação 46.10 (O que não se estende automaticamente). O teorema exige apenas um número finito de partículas com posições em $\mathcal{K}^2$. Um sistema com infinitas partículas requer hipóteses adicionais sobre somabilidade das massas e convergência das forças; esse problema não é tratado aqui.

46.6 Exercícios

Exercício 46.1 (♦). Calcule os autovalores de $D\Phi(q)$ na direção radial e no complemento ortogonal.

Exercício 46.2 (♦♦). Derive a constante $4GM/d^3$ usando a norma máxima das configurações.

Exercício 46.3 (♦♦). Resolva a desigualdade de Grönwall com fonte constante usada em (46.4).

Exercício 46.4 (♦♦♦). Para valores dados de G, M, d_0, T, δ_0, determine o maior orçamento ε permitido por (46.6).

Exercício 46.5 (♦♦♦). Suponha que o orçamento geométrico satisfaça

$$\varepsilon_{\text{geo}} \le C \sup_t \|v(t)\|^2.$$

Escreva o novo critério suficiente de ausência de colisões.

Exercício 46.6 (♦♦♦♦). Formule hipóteses de somabilidade que tornariam convergente a força sobre uma partícula num sistema enumerável em $\mathcal{K}^2$, sem afirmar existência global das soluções.

Observação 46.11 (Para prosseguir). As estimativas fecharam a aplicação newtoniana da MSG com constantes explícitas e uma extensão uniforme a $\mathcal{K}^2$. No próximo capítulo, iniciaremos a aplicação aos canais de Kaluza–Klein, começando pela torre de massas e por sua realização operatorial na álgebra espacial infinita.

CAPÍTULO 47

Torres de Kaluza–Klein e completamento espacial positivo

Da dimensão compacta à torre de massas

Numa redução de Kaluza–Klein (KK), um campo definido num espaço com dimensões compactas é decomposto em modos próprios do operador interno. Para o observador nas dimensões não compactas, cada modo aparece como um campo com massa própria. O resultado é uma torre, em geral infinita, de canais. A questão específica deste capítulo não é apenas diagonalizar uma matriz de massas: é determinar quando todos os coeficientes de interação dessa torre provêm de um único elemento positivo da álgebra espacial $\mathcal{K}^2$.

47.1 A torre livre e o espaço aumentado de canais

Seja Y um espaço compacto cujo operador interno positivo possui uma família ortonormal de modos $(\phi_k)_{k\geq 1}$, com valores próprios

$$-\Delta_Y \phi_k = \lambda_k \phi_k, \qquad 0 \leq \lambda_1 \leq \lambda_2 \leq \cdots .$$

Formalmente, um campo escalar admite a expansão

$$\Phi(x,y) = \sum_{k\geq 1} \Phi_k(x)\phi_k(y), \qquad \mu_k^2 = m_B^2 + \lambda_k.$$

Assim, cada índice k determina um canal de massa quadrada μ_k^2. Acrescentaremos um canal distinguido e_0, chamado *canal de brana*, e trabalharemos no espaço de Hilbert real

$$\mathcal{H}_{\mathrm{KK}} := \mathbb{R}e_0 \oplus \ell^2, \tag{47.1}$$

cuja base canônica será denotada por $(e_0, e_1, e_2, \ldots)$.

Observação 47.1 (O que é fundamentação clássica e o que é espacial). A expansão modal e a torre livre são fatos usuais da redução de Kaluza–Klein. Também são clássicos os ingredientes operatoriais usados adiante: somas positivas de operadores de posto um, operadores de classe de traço, perturbações autoadjuntas limitadas e complementos de Schur [3, 2, 4]. A contribuição própria das álgebras espaciais, quando houver, não está nesses fatos. Ela começa na lei de coerência que obriga deslocamento diagonal, transição e incremento escalar de cada canal a serem coordenadas do mesmo dado $J(c) \in J(\ell^1_+) \subset \mathcal{K}^2$, com uma única inclinação ρ.

No domínio natural do operador diagonal, a parte livre é

$$H_0 e_0 = m_b^2 e_0, \qquad H_0 e_k = \mu_k^2 e_k \quad (k \geq 1). \tag{47.2}$$

O parâmetro m_b^2 descreve a massa quadrada inicial do canal distinguido; ele não deve ser confundido com a massa da região ambiente m_B^2.

47.2 O cone físico dentro de $\mathcal{K}^2$

Recorde que

$$\mathcal{K}^2 = \mathbb{R}1 \oplus \mathbb{R}i \oplus J(\ell^2), \qquad J(c) = \sum_{k \geq 1} c_k j_k.$$

Para a torre positiva, o espaço relevante é o cone

$$\mathfrak{C}_+ := J(\ell^1_+) \subset J(\ell^2) \subset \mathcal{K}^2, \qquad \ell^1_+ := \{c \in \ell^1 : c_k \geq 0\}. \tag{47.3}$$

A inclusão em ℓ^1 tem conteúdo operatorial: ela assegura que a soma total dos canais

$$\tau(c) := \sum_{k \geq 1} c_k \tag{47.4}$$

seja finita e que o operador construído abaixo pertença à classe de traço.

Fixe uma inclinação $\rho \geq 0$. Para cada canal espacial, associe o vetor

$$u_k := \rho e_0 + e_k. \tag{47.5}$$

O número ρ é comum a toda a torre e mede a razão imposta entre a componente no canal distinguido e a componente da região ambiente (*bulk*).

Definição 47.2 (Realização operatorial do dado espacial). Para $J(c) \in \mathfrak{C}_+$, define-se

$$\boxed{\mathfrak{V}_\rho(c) := \sum_{k\geq 1} c_k u_k \otimes u_k.} \tag{47.6}$$

Aqui $(u \otimes u)x := \langle x, u\rangle u$.

Na decomposição $\mathcal{H}_{KK} = \mathbb{R}e_0 \oplus \ell^2$, a mesma definição assume a forma de seta

$$\mathfrak{V}_\rho(c) = \begin{pmatrix} \rho^2\tau(c) & \rho c^* \\ \rho c & D_c \end{pmatrix}, \qquad D_c d = (c_k d_k)_{k\geq 1}. \tag{47.7}$$

Logo, uma única coordenada c_k produz simultaneamente

$$\boxed{\Delta_k = c_k, \qquad g_k = \rho c_k, \qquad \delta\alpha_k = \rho^2 c_k.} \tag{47.8}$$

Esses números representam, respectivamente, o deslocamento diagonal da região ambiente, a transição brana–ambiente e o incremento escalar no canal distinguido.

Proposição 47.3 (Positividade e traço da realização espacial). *Se $c \in \ell^1_+$, então $\mathfrak{V}_\rho(c)$ é positivo e pertence à classe de traço. Além disso,*

$$\boxed{\operatorname{Tr}\mathfrak{V}_\rho(c) = \|\mathfrak{V}_\rho(c)\|_1 = (1+\rho^2)\sum_{k\geq 1} c_k.} \tag{47.9}$$

Demonstração. Cada parcela de (47.6) é positiva e possui norma de traço

$$\|c_k u_k \otimes u_k\|_1 = c_k\|u_k\|^2 = (1+\rho^2)c_k.$$

Como a série dessas normas converge, a série de operadores converge em norma de traço para um operador positivo. Para operadores positivos, a norma de traço coincide com o traço, e a aditividade do traço fornece a fórmula. □

Corolário 47.4 (Massa espacial completa). *Se H_0 é o operador livre* (47.2) *e $\gamma \geq 0$, então*

$$H := H_0 + \gamma\mathfrak{V}_\rho(c) \tag{47.10}$$

é autoadjunto no domínio de H_0. Se $H_0 \geq 0$, então $H \geq 0$.

Demonstração. A Proposição 47.3 mostra que a perturbação é limitada, autoadjunta e positiva. O resultado segue do teorema de perturbação limitada para operadores autoadjuntos e, para a última afirmação, da soma de duas formas quadráticas não negativas. □

47.3 Torres espacialmente coerentes

Ponha $\mathcal{H}_m := \operatorname{span}_{\mathbb{R}}\{e_0, e_1, \ldots, e_m\}$ e denote por $\iota_m : \mathcal{H}_m \to \mathcal{H}_{m+1}$ a inclusão canônica.

Definição 47.5 (Torre espacialmente coerente). Uma sequência de operadores autoadjuntos W_m em $\mathcal{H}_m$ é uma *torre positiva espacialmente coerente de inclinação* ρ se existem números $c_k \geq 0$ tais que

$$W_1 = c_1 u_1 \otimes u_1, \tag{47.11}$$

$$W_{m+1} - \iota_m W_m \iota_m^* = c_{m+1} u_{m+1} \otimes u_{m+1}. \tag{47.12}$$

A torre é *somável* quando $\sum_k c_k < \infty$.

A definição exige mais do que positividade de cada matriz finita. Ela fixa a direção do novo incremento e impede que diagonal, transição e termo escalar sejam escolhidos separadamente.

Uma sequência de matrizes de seta é dita *compatível* quando, ao passar do nível m ao nível $m+1$, todas as entradas que envolvem apenas os canais $e_0, \ldots, e_m$ permanecem inalteradas, exceto a entrada e_0-e_0, que pode receber o incremento escalar do novo canal.

Teorema 47.6 (Completamento positivo espacial). *Fixe $\rho \geq 0$. Para uma sequência compatível de operadores de seta*

$$W_m = \begin{pmatrix} \alpha_m & b_1 & \cdots & b_m \\ b_1 & d_1 & & 0 \\ \vdots & & \ddots & \\ b_m & 0 & & d_m \end{pmatrix},$$

as seguintes afirmações são equivalentes:

1. *(W_m) é uma torre positiva espacialmente coerente de inclinação ρ;*

2. *existe uma única sequência $c_k \geq 0$ tal que, para todo m e $k \leq m$,*

$$d_k = c_k, \qquad b_k = \rho c_k, \qquad \alpha_m = \rho^2 \sum_{k=1}^{m} c_k; \tag{47.13}$$

3. *cada incremento é positivo, tem posto no máximo um e sua imagem está contida em $\mathbb{R}u_{m+1}$, com o termo inicial dado por (47.11).*

Além disso, a torre admite um completamento positivo em norma de traço se, e somente se, $c \in \ell^1_+$. Nesse caso, o completamento é único e vale

$$\boxed{W = \mathfrak{B}_\rho(c) = \sum_{k\geq 1} c_k u_k \otimes u_k.} \tag{47.14}$$

Demonstração. Somando (47.11) e os incrementos (47.12), obtemos

$$W_m = \sum_{k=1}^{m} c_k u_k \otimes u_k. \tag{47.15}$$

A comparação entrada por entrada fornece (47.13). Reciprocamente, essas identidades reconstroem (47.15) e, portanto, a lei de incrementos.

Um operador positivo cuja imagem está contida numa reta $\mathbb{R}u$ tem a forma $\lambda u \otimes u$, com $\lambda \geq 0$. A entrada correspondente ao novo canal determina $\lambda = c_{m+1}$, provando a equivalência com a terceira condição.

Se $c \in \ell^1_+$, a Proposição 47.3 assegura a convergência em norma de traço para (47.14). Na direção contrária, se W_m converge em norma de traço para um operador positivo W, então, para todo m,

$$\sum_{k=1}^{m} c_k = \sum_{k=1}^{m} \langle We_k, e_k \rangle \leq \operatorname{Tr} W.$$

As somas parciais são limitadas, logo $c \in \ell^1_+$. A unicidade decorre da unicidade do limite em norma de traço. □

Corolário 47.7 (Lei exata de truncamento). *Nas hipóteses somáveis do Teorema 47.6,*

$$\boxed{\|W - W_m\|_1 = (1+\rho^2) \sum_{k>m} c_k.} \tag{47.16}$$

Aqui W_m é estendido por zero fora de $\mathcal{H}_m$.

Demonstração. A diferença é o operador positivo

$$W - W_m = \sum_{k>m} c_k u_k \otimes u_k.$$

Sua norma de traço é seu traço, isto é, a soma das quantidades $c_k \|u_k\|^2$. □

Soma espacial não é compressão ordinária

Em geral, $W_m \neq P_m W P_m$. A compressão ordinária preserva, na entrada e_0–e_0, a contribuição escalar de todos os canais omitidos. Já o truncamento espacial retém exatamente os primeiros m incrementos. Trocar uma convenção pela outra introduz silenciosamente um contratermo de cauda.

47.4 Minimalidade do termo de brana

Proposição 47.8 (Completamento escalar mínimo). *Se $c_1, \dots, c_m > 0$, considere*

$$Q_m(\alpha) = \begin{pmatrix} \alpha & \rho c_1 & \cdots & \rho c_m \\ \rho c_1 & c_1 & & 0 \\ \vdots & & \ddots & \\ \rho c_m & 0 & & c_m \end{pmatrix}.$$

Então

$$\boxed{Q_m(\alpha) \geq 0 \quad \Longleftrightarrow \quad \alpha \geq \rho^2 \sum_{k=1}^{m} c_k.} \tag{47.17}$$

Consequentemente, o valor imposto pela coerência espacial é o único completamento mínimo na ordem de Loewner.

Demonstração. O bloco da região ambiente $D = \operatorname{diag}(c_1, \dots, c_m)$ é positivo definido. O complemento de Schur de D em $Q_m(\alpha)$, pelo critério padrão de positividade por complementos de Schur [4], é

$$\alpha - (\rho c)^* D^{-1} (\rho c) = \alpha - \rho^2 \sum_{k=1}^{m} c_k.$$

O critério de Schur prova (47.17). Qualquer outro completamento positivo acrescenta $\mu_0 e_0 \otimes e_0$, com $\mu_0 \geq 0$, ao valor mínimo. □

47.5 O modo nulo finito e o limite infinito

Proposição 47.9 (Transição do núcleo). *Suponha $\rho > 0$ e $c_k > 0$.*

1. *O completamento mínimo finito satisfaz*

$$\ker W_m = \mathbb{R}\left(e_0 - \rho \sum_{k=1}^{m} e_k\right). \tag{47.18}$$

2. *Se $c \in \ell^1$ e há infinitos canais, então $\mathfrak{W}_\rho(c)$ é injetivo, mas*

$$0 \in \operatorname{spec}(\mathfrak{W}_\rho(c)). \tag{47.19}$$

Demonstração. Pela soma (47.15), um vetor pertence ao núcleo se, e somente se, é ortogonal a todos os vetores u_k. No nível finito, essas equações fornecem $x_k = -\rho x_0$ e resultam exatamente em (47.18).

No limite infinito, as mesmas equações exigiriam que todas as coordenadas x_k fossem iguais a $-\rho x_0$. Uma sequência constante não nula não pertence a ℓ^2; portanto $x_0 = 0$ e depois $x_k = 0$ para todo k. O operador é injetivo. Contudo, ele é compacto por ser de classe de traço. Um operador compacto injetivo num espaço de dimensão infinita não possui inversa limitada; logo zero continua no espectro. □

47.6 Classificação pelo cone espacial

Teorema 47.10 (Classificação espacial das torres coerentes). *Fixe $\rho \geq 0$. A aplicação*

$$\begin{aligned} \mathcal{U}_\rho : J(\ell^1_+) &\longrightarrow \{\textit{torres coerentes somáveis}\}, \\ J(c) &\longmapsto (W_m(c))_{m\geq 1}. \end{aligned} \tag{47.20}$$

com

$$W_m(c) = \sum_{k=1}^{m} c_k(\rho e_0 + e_k) \otimes (\rho e_0 + e_k),$$

é aditivo, homogêneo para escalares não negativos e bijetivo sobre o cone indicado. Sua realização completa satisfaz

$$\|\mathfrak{W}_\rho(c)\|_1 = (1+\rho^2)\|c\|_{\ell^1}. \tag{47.21}$$

Assim, toda torre com a lei fixa de canais fatora de modo único por

$$\boxed{\textit{dados de canais} \longrightarrow J(\ell^1_+) \subset \mathcal{K}^2 \xrightarrow{\mathcal{U}_\rho} \textit{torre operatorial.}} \tag{47.22}$$

Demonstração. A aditividade, a homogeneidade positiva e a preservação da positividade seguem da expansão em operadores de posto um. A sobrejetividade é a Definição 47.5. A injetividade segue de $c_k = \langle W_k e_k, e_k \rangle$. A identidade de norma é (47.9). □

Observação 47.11 (Escopo preciso da classificação). O Teorema 47.10 não afirma uma propriedade universal de todas as matrizes de seta, de todos os operadores positivos ou de todas as torres de Kaluza–Klein. A bijeção é relativa à classe definida neste capítulo: positividade, coerência de truncamento e direção fixa $\rho e_0 + e_k$. Dentro dessa classe, todas as torres admissíveis são parametrizadas por um único elemento do cone físico de $\mathcal{K}^2$. Uma descrição puramente matricial reproduz exatamente o mesmo modelo se impuser, canal por canal, as identidades (47.8). Portanto, A classificação é apenas interna à categoria de dados aqui fixada e não constitui reivindicação de prioridade sobre a teoria geral de completamentos positivos ou de operadores de posto um [4, 3].

47.7 Primeiro exemplo: pesos térmicos

Fixe $t > 0$ e tome

$$c_k(t) := e^{-t\lambda_k}. \tag{47.23}$$

Quando o traço térmico $\sum_k e^{-t\lambda_k}$ é finito, temos $J(c(t)) \in \mathfrak{C}_+$, e todo o completamento positivo é determinado por esse único elemento espacial. Modos de alta energia são suprimidos exponencialmente, e a lei exata de truncamento torna-se

$$\|W(t) - W_m(t)\|_1 = (1+\rho^2) \sum_{k>m} e^{-t\lambda_k}. \tag{47.24}$$

Observação 47.12 (Alcance físico). O perfil térmico define rigorosamente um modelo efetivo regularizado. Sua presença, por si só, não constitui uma derivação a partir de uma teoria de cordas completa. Uma interpretação top-down exigiria especificar a compactificação, a redução BRST e o emparelhamento dos vértices efetivos.

47.8 Exercícios

Exercício 47.1 (♦). Escreva a matriz de W_2 na base (e_0, e_1, e_2) e verifique diretamente a lei (47.8).

Exercício 47.2 (♦♦). Mostre que os vetores $u_1, \ldots, u_m$ são linearmente independentes e deduza que W_m tem posto m quando todos os c_k são positivos.

Exercício 47.3 (♦♦). Calcule $P_m W P_m - W_m$ e identifique explicitamente o contratermo escalar produzido pela cauda omitida.

Exercício 47.4 (♦♦♦). Refaça a Proposição 47.8 permitindo alguns coeficientes $c_k = 0$, separando primeiro os canais nulos.

Exercício 47.5 (♦♦♦). Para $c_k = 2^{-k}$, calcule a norma de traço do completamento e o erro exato do truncamento no nível m.

Exercício 47.6 (♦♦♦♦). Suponha que uma torre de seta tenha coeficientes $d_k > 0$, b_k e incrementos escalares a_k. Formule condições verificáveis para que exista uma única inclinação $\rho \geq 0$ com $b_k = \rho d_k$ e $a_k = \rho^2 d_k$ para todo k.

Observação 47.13 (Para prosseguir). O cone $J(\ell^1_+) \subset \mathcal{K}^2$ passou a classificar a torre inteira e forneceu positividade, completamento mínimo e controle exato da cauda. No próximo capítulo, aplicaremos essa estrutura ao toro quadrado: as multiplicidades aritméticas serão separadas em modos claros e escuros, e o problema espectral infinito será reduzido a uma equação secular escalar.

CAPÍTULO 48

Cascas de Kaluza–Klein no toro quadrado

Por que agrupar os modos em cascas

No toro quadrado, diferentes vetores da rede podem possuir o mesmo valor de $n_1^2 + n_2^2$ e, portanto, a mesma massa livre. Em vez de tratar esses modos um a um, agruparemos cada nível degenerado numa casca aritmética. A simetria da casca separa uma direção que interage com a brana, o modo claro, e um complemento que não interage diretamente com ela, formado pelos modos escuros. A coerência espacial de $\mathcal{K}^2$ determinará então, com um único peso por modo, todos os coeficientes da matriz reduzida.

48.1 O toro quadrado e suas cascas aritméticas

Considere o toro plano quadrado

$$\mathbb{T}_R^2 := \mathbb{R}^2/(2\pi R\mathbb{Z})^2, \qquad V_R = (2\pi R)^2. \tag{48.1}$$

Os modos de Fourier são indexados por $n = (n_1, n_2) \in \mathbb{Z}^2$, e os valores próprios do laplaciano positivo são

$$\lambda_n = \frac{|n|^2}{R^2}, \qquad |n|^2 = n_1^2 + n_2^2. \tag{48.2}$$

Fixe um parâmetro térmico $t > 0$ e ponha

$$a := \frac{t}{R^2}, \qquad c_n = e^{-a|n|^2}, \qquad \rho^2 := \frac{1}{V_R}. \tag{48.3}$$

Excluiremos temporariamente o modo $n = 0$, que já está representado pelo canal distinguido e_0.

Para $q \geq 1$, defina

$$r_2(q) := \#\{n \in \mathbb{Z}^2 : n_1^2 + n_2^2 = q\} = 4\big(d_1(q) - d_3(q)\big), \tag{48.4}$$

onde $d_j(q)$ conta os divisores positivos de q congruentes a j módulo 4. O conjunto das cascas não vazias será

$$\mathcal{Q} := \{q \geq 1 : r_2(q) > 0\}. \tag{48.5}$$

Exemplo: As primeiras cascas

Temos

$$r_2(1) = 4, \qquad r_2(2) = 4, \qquad r_2(3) = 0,$$
$$r_2(4) = 4, \qquad r_2(5) = 8.$$

Por exemplo, a casca $q = 1$ contém $(\pm 1, 0)$ e $(0, \pm 1)$, enquanto $q = 5$ contém as oito escolhas obtidas de $(\pm 1, \pm 2)$ por permutação das coordenadas.

48.2 A função theta como massa espacial total

Recorde a função theta de Jacobi

$$\vartheta_3(0, e^{-a}) := \sum_{n \in \mathbb{Z}} e^{-an^2}.$$

Agrupando a soma dupla segundo $q = n_1^2 + n_2^2$, obtemos

$$\boxed{\tau(a) := \sum_{q \in \mathcal{Q}} r_2(q) e^{-aq} = \vartheta_3(0, e^{-a})^2 - 1.} \tag{48.6}$$

Como $a > 0$, a soma é finita. Logo os pesos, repetidos de acordo com as multiplicidades, definem um elemento do cone físico

$$J(c(a)) \in J(\ell_+^1) \subset \mathcal{K}^2. \tag{48.7}$$

Proposição 48.1 (Completamento escalar no toro). *O completamento mínimo imposto pelo dado espacial térmico é*

$$\boxed{\alpha_{\min}(a, R) = \rho^2 \tau(a) = \frac{\vartheta_3(0, e^{-a})^2 - 1}{V_R}.} \tag{48.8}$$

Se W_E denota a truncação obtida pela remoção de um conjunto E de cascas, seu erro é exatamente

$$\|W - W_E\|_1 = (1+\rho^2) \sum_{q \in E} r_2(q) e^{-aq}. \tag{48.9}$$

Demonstração. A identidade (48.8) é a fórmula de completamento do Capítulo 47 aplicada à soma (48.6). A lei de truncamento segue de (47.16), somando todos os canais pertencentes às cascas omitidas. □

Observação 48.2 (A função theta pertence ao dado espacial). A ocorrência da função theta na soma dos modos do toro e sua relação com o núcleo do calor são clássicas [6]. Neste modelo, $\vartheta_3^2 - 1$ não aparece apenas como uma contagem auxiliar do toro. Ela é a massa total do elemento positivo de $\mathcal{K}^2$ e, por isso, determina simultaneamente o traço da interação e o completamento escalar mínimo.

48.3 Coeficientes espaciais por casca

Para $q \in \mathcal{Q}$, escreva

$$c_q := e^{-aq}, \qquad M_q := m_B^2 + \frac{q}{R^2}, \tag{48.10}$$

e suponha

$$a > 0, \qquad R > 0, \qquad \gamma > 0, \qquad M_q > 0 \quad (q \in \mathcal{Q}). \tag{48.11}$$

Em particular, a última condição vale se $m_B^2 \geq 0$.

Denote por $e_{q,1}, \ldots, e_{q,r_2(q)}$ os vetores dos modos da casca q. O operador de massa quadrada é

$$H = H_0 + \gamma \mathfrak{V}_\rho(c), \tag{48.12}$$

com

$$H_0 e_0 = m_b^2 e_0, \qquad H_0 e_{q,\ell} = M_q e_{q,\ell}.$$

O Capítulo 47 garante que a perturbação é positiva e de classe de traço.

Para cada casca, os três coeficientes agregados são

$$\Delta_q = \gamma c_q, \qquad G_q = \gamma \rho \sqrt{r_2(q)} c_q, \qquad C_q = \gamma \rho^2 r_2(q) c_q. \tag{48.13}$$

Eles satisfazem a identidade espacial

$$\boxed{G_q^2 = \Delta_q C_q.} \tag{48.14}$$

Verificação da identidade. Pela definição,

$$G_q^2 = \gamma^2 \rho^2 r_2(q) c_q^2 = (\gamma c_q)(\gamma \rho^2 r_2(q) c_q) = \Delta_q C_q.$$

Esta é a versão por cascas da rigidez dos coeficientes (47.8). □

48.4 Modos claros e escuros

Em cada casca, defina o vetor claro normalizado

$$B_q := \frac{1}{\sqrt{r_2(q)}} \sum_{\ell=1}^{r_2(q)} e_{q,\ell} \tag{48.15}$$

e o subespaço escuro

$$\mathcal{D}_q := \left\{ \sum_{\ell=1}^{r_2(q)} x_\ell e_{q,\ell} : \sum_{\ell=1}^{r_2(q)} x_\ell = 0 \right\}. \tag{48.16}$$

Então $\dim \mathcal{D}_q = r_2(q) - 1$ e

$$\mathcal{H}_{\mathrm{KK}} = \mathcal{H}_{\mathrm{cl}} \oplus \bigoplus_{q \in \mathcal{Q}} \mathcal{D}_q, \qquad \mathcal{H}_{\mathrm{cl}} = \overline{\mathrm{span}_{\mathbb{R}}\{e_0, B_q : q \in \mathcal{Q}\}}. \tag{48.17}$$

Teorema 48.3 (Decomposição exata em modos claros e escuros). *Cada $\mathcal{D}_q$ reduz H, e*

$$H|_{\mathcal{D}_q} = D_q I_{\mathcal{D}_q}, \qquad D_q := M_q + \gamma c_q. \tag{48.18}$$

Portanto, se $r_2(q) > 1$, D_q é um autovalor escuro de multiplicidade $r_2(q) - 1$. No setor claro, H é representado pela matriz de seta

$$H_{\mathrm{cl}} = \begin{pmatrix} A & G_{q_1} & G_{q_2} & \cdots \\ G_{q_1} & D_{q_1} & 0 & \cdots \\ G_{q_2} & 0 & D_{q_2} & \cdots \\ \vdots & \vdots & \vdots & \ddots \end{pmatrix}, \tag{48.19}$$

onde

$$A = m_b^2 + \gamma \rho^2 \sum_{q \in \mathcal{Q}} r_2(q) c_q. \tag{48.20}$$

Demonstração. Todos os vetores de uma casca têm a mesma massa livre e o mesmo peso espacial. A interação com e_0 depende apenas da soma das coordenadas da casca; por isso, ela se concentra em B_q e se anula em $\mathcal{D}_q$. A restrição de H à decomposição ortogonal (48.17) fornece (48.18) e a matriz (48.19). A entrada e_0–e_0 é a soma dos incrementos C_q, o que dá (48.20). □

Observação 48.4 (O papel exato de $\mathcal{K}^2$). A existência de um vetor claro por casca decorre da igualdade dos acoplamentos dentro da casca. A informação adicional fornecida por $\mathcal{K}^2$ é a identidade (48.14): deslocamento da região ambiente, transição clara e completamento da brana são manifestações do mesmo peso espacial.

48.5 A equação secular do setor claro

Para $z \notin \{D_q : q \in \mathcal{Q}\}$, defina

$$\boxed{F(z) := A - z - \sum_{q\in\mathcal{Q}} \frac{G_q^2}{D_q - z}.} \tag{48.21}$$

A série converge localmente uniformemente fora dos polos, pois os resíduos contêm o fator exponencial e^{-2aq}.

Teorema 48.5 (Equação espectral clara). *Se $z \notin \{D_q : q \in \mathcal{Q}\}$, então z é autovalor de H_{cl} se, e somente se,*

$$F(z) = 0. \tag{48.22}$$

Todo autovalor obtido dessa forma é simples. Um autovetor normalizado é

$$\Psi_z = Z(z)^{1/2} \left(e_0 - sum_{q\in\mathcal{Q}} \frac{G_q}{D_q - z} B_q \right), \tag{48.23}$$

onde

$$Z(z) := \left(1 + \sum_{q\in\mathcal{Q}} \frac{G_q^2}{(D_q - z)^2} \right)^{-1} \tag{48.24}$$

é o peso do canal de brana. Além disso,

$$F'(z) = -1 - \sum_{q\in\mathcal{Q}} \frac{G_q^2}{(D_q - z)^2} < 0. \tag{48.25}$$

Após ordenar os valores distintos D_q, existe exatamente uma raiz clara abaixo do menor polo e uma entre cada par de polos consecutivos.

Demonstração. Escreva um autovetor como $x_0 e_0 + \sum_q x_q B_q$. Para $z \neq D_q$, as equações da região ambiente fornecem

$$x_q = -\frac{G_q}{D_q - z} x_0.$$

Um autovetor não nulo fora dos polos deve ter $x_0 \neq 0$. Substituindo na equação da primeira linha, obtemos $F(z) = 0$. A normalização fornece (48.24). A derivação termo a termo dá (48.25), provando simplicidade e monotonicidade estrita. Em cada polo com resíduo total não nulo, os limites laterais de F têm sinais infinitos opostos; daí segue o entrelaçamento. □

Polos coincidentes

Pode ocorrer $D_q = D_{q'}$ para cascas aritméticas distintas. Nesse caso, os termos devem ser reunidos num único polo, somando seus resíduos. Apenas a combinação proporcional aos acoplamentos permanece clara; as combinações ortogonais adicionais tornam-se escuras. Contar separadamente polos coincidentes produziria multiplicidades incorretas.

48.6 Critério exato de estabilidade

Defina o funcional espacial de estabilidade

$$\boxed{\mathcal{S}(a, R, \gamma, m_B) := \gamma\rho^2 \sum_{q \in \mathcal{Q}} r_2(q) e^{-aq} \frac{m_B^2 + q/R^2}{m_B^2 + q/R^2 + \gamma e^{-aq}}.} \tag{48.26}$$

Nas hipóteses (48.11), a série é finita e estritamente positiva.

Teorema 48.6 (Tricotomia espacial exata). *Sob as hipóteses* (48.11), *vale:*

$$m_b^2 + \mathcal{S} > 0 \iff H > 0, \tag{48.27}$$

$$m_b^2 + \mathcal{S} = 0 \iff H \geq 0 \text{ e } \dim\ker H = 1, \tag{48.28}$$

$$m_b^2 + \mathcal{S} < 0 \iff H \text{ possui exatamente um autovalor negativo.} \tag{48.29}$$

A superfície crítica é

$$\boxed{m_{b,c}^2 = -\mathcal{S}(a, R, \gamma, m_B).} \tag{48.30}$$

Na criticidade, o modo nulo normalizado é

$$\Psi_{\text{crit}} = Z_c^{1/2}\left(e_0 - \sum_{q\in\mathcal{Q}} \frac{G_q}{D_q} B_q\right), \qquad Z_c = \left(1 + \sum_q \frac{G_q^2}{D_q^2}\right)^{-1}. \tag{48.31}$$

Demonstração. Todos os autovalores escuros D_q são positivos. No setor claro, o bloco da região ambiente $D = \operatorname{diag}(D_q)$ é estritamente positivo. Seu complemento de Schur em zero é

$$\begin{aligned} A - \sum_q \frac{G_q^2}{D_q} &= m_b^2 + \gamma\rho^2 \sum_q r_2(q) c_q - \gamma^2\rho^2 \sum_q \frac{r_2(q) c_q^2}{M_q + \gamma c_q} \\ &= m_b^2 + \gamma\rho^2 \sum_q r_2(q) c_q \frac{M_q}{M_q + \gamma c_q} = m_b^2 + \mathcal{S}. \end{aligned} \tag{48.32}$$

A fatorização por congruência preserva os índices negativo e nulo. Como o bloco D é positivo, o sinal do complemento escalar prova os três casos. Na igualdade, resolver as equações do núcleo fornece (48.31). □

Observação 48.7 (Centralidade de $\mathcal{K}^2$). Sem (48.14), o complemento de Schur conteria três famílias independentes: deslocamentos, transições e incrementos escalares. A coerência de $\mathcal{K}^2$ reduz essas famílias a $c_q = e^{-aq}$ e transforma o critério numa única série explícita. A conclusão não é apenas uma condição suficiente: ela localiza a fronteira exata e exclui dois ou mais modos claros negativos.

48.7 Exemplo de truncação nas duas primeiras cascas

Considere $q = 1, 2$, para as quais $r_2(1) = r_2(2) = 4$. Então

$$c_1 = e^{-a}, \qquad c_2 = e^{-2a}, \qquad D_j = m_B^2 + \frac{j}{R^2} + \gamma e^{-aj}.$$

O setor claro truncado é

$$H_{\mathrm{cl}}^{(2)} = \begin{pmatrix} A_2 & 2\gamma\rho e^{-a} & 2\gamma\rho e^{-2a} \\ 2\gamma\rho e^{-a} & D_1 & 0 \\ 2\gamma\rho e^{-2a} & 0 & D_2 \end{pmatrix}, \tag{48.33}$$

onde

$$A_2 = m_b^2 + 4\gamma\rho^2(e^{-a} + e^{-2a}).$$

Cada casca fornece ainda três modos escuros, com autovalores D_1 e D_2, respectivamente. A equação clara é

$$A_2 - z - \frac{4\gamma^2\rho^2 e^{-2a}}{D_1 - z} - \frac{4\gamma^2\rho^2 e^{-4a}}{D_2 - z} = 0.$$

Esse modelo finito permite visualizar a decomposição, mas o erro em relação à torre completa deve ser medido pela cauda espacial (48.9), e não pela simples remoção de linhas e colunas.

48.8 Exercícios

Exercício 48.1 (♦). Liste os vetores das cascas $q = 4$, $q = 5$ e $q = 8$, verificando os valores de $r_2(q)$.

Exercício 48.2 (♦♦). Deduza (48.6) diretamente do produto de duas séries unidimensionais de Jacobi.

Exercício 48.3 (♦♦). Construa uma base ortonormal do espaço escuro da casca $q = 1$ e verifique diretamente que seus três vetores são autovetores de H.

Exercício 48.4 (♦♦♦). Derive a equação secular da matriz (48.33) por eliminação das duas coordenadas da região ambiente.

Exercício 48.5 (♦♦♦). Prove que $0 < Z(z) \leq 1$ e interprete os casos em que $Z(z)$ está próximo de 1 ou de 0.

Exercício 48.6 (♦♦♦♦). Suponha que duas cascas distintas tenham o mesmo valor D_q. Construa a combinação clara resultante e determine a dimensão do subespaço escuro adicional no polo coincidente.

Exercício 48.7 (♦♦♦♦). Parta de três famílias independentes de coeficientes e refaça o complemento de Schur do Teorema 48.6. Identifique onde as relações

$$\Delta_q = \gamma c_q, \qquad G_q^2 = \Delta_q C_q$$

reduzem o critério ao funcional $\mathcal{S}$.

Observação 48.8 (Para prosseguir). O toro quadrado converteu o dado espacial de $\mathcal{K}^2$ numa decomposição espectral completa e numa fronteira exata de estabilidade. No próximo capítulo, estudaremos a dependência de $\mathcal{S}$ nos parâmetros, os regimes de brana fina e espessa, a lei crítica da lacuna de massa e a robustez sob quebra da simetria das cascas.

CAPÍTULO 49

Escalas críticas e robustez dos canais KK

O que muda quando variamos os parâmetros

O Capítulo 48 reduziu a estabilidade da torre ao sinal de $m_b^2 + \mathcal{S}$. Agora podemos perguntar como essa fronteira se move quando alteramos a espessura térmica, a intensidade da interação ou a massa da região ambiente. Também estudaremos os dois regimes extremos da brana, o fechamento da lacuna na criticidade e a persistência das fases quando a degenerescência exata das cascas é quebrada.

49.1 O funcional espacial e seus parâmetros

Recordemos

$$\mathcal{S}(a, R, \gamma, m_B) = \gamma \rho^2 \sum_{q \in \mathcal{Q}} r_2(q) c_q \frac{M_q}{M_q + \gamma c_q}, \tag{49.1}$$

onde

$$c_q = e^{-aq}, \qquad M_q = m_B^2 + \frac{q}{R^2}, \qquad \rho^2 = \frac{1}{(2\pi R)^2}. \tag{49.2}$$

Suporemos $a, R, \gamma > 0$ e $M_q > 0$ para toda casca não vazia.

O somando elementar

$$s(c, \gamma, M) := \frac{\gamma c M}{M + \gamma c} \tag{49.3}$$

isola toda a dependência não linear do funcional.

Lema 49.1 (Derivadas do somando espacial). *Para $c, \gamma, M > 0$,*

$$\frac{\partial s}{\partial c} = \frac{\gamma M^2}{(M+\gamma c)^2} > 0, \qquad \frac{\partial s}{\partial \gamma} = \frac{cM^2}{(M+\gamma c)^2} > 0, \tag{49.4}$$

$$\frac{\partial^2 s}{\partial \gamma^2} = -\frac{2c^2M^2}{(M+\gamma c)^3} < 0, \qquad \frac{\partial s}{\partial M} = \frac{\gamma^2 c^2}{(M+\gamma c)^2} > 0. \tag{49.5}$$

Demonstração. As quatro identidades seguem da regra do quociente. Seus sinais são estritos porque todos os parâmetros são positivos. □

Teorema 49.2 (Dependência global da estabilidade). *Fixe R e os demais parâmetros admissíveis. Então:*

1. *$\mathcal{S}$ é estritamente decrescente em a;*
2. *$\mathcal{S}$ é estritamente crescente e estritamente côncava em γ;*
3. *$\mathcal{S}$ é estritamente crescente em m_B^2.*

Não existe uma monotonicidade universal em R quando a espessura física t é mantida fixa.

Demonstração. Como $dc_q/da = -qc_q < 0$, o primeiro item segue de $\partial s/\partial c > 0$. Os dois itens seguintes decorrem das demais derivadas do Lema 49.1. A diferenciação termo a termo é legítima por dominação exponencial.

Se t é fixo e R varia, mudam simultaneamente

$$a = \frac{t}{R^2}, \qquad \rho^2 = \frac{1}{4\pi^2 R^2}, \qquad \frac{q}{R^2}.$$

Essas três contribuições têm efeitos concorrentes, o que impede uma conclusão de sinal sem hipóteses adicionais. □

Observação 49.3 (Leitura da superfície crítica). Como $m_{b,c}^2 = -\mathcal{S}$, aumentar a desloca a superfície crítica para valores menos negativos de m_b^2. Aumentar γ ou m_B^2 a desloca para valores mais negativos. Essas conclusões são globais, não expansões perturbativas.

49.2 O regime de brana espessa

Quando $a \to \infty$, os canais altos são fortemente suprimidos. A primeira casca possui $q = 1$ e multiplicidade $r_2(1) = 4$. Ponha

$$M_1 = m_B^2 + R^{-2}.$$

Proposição 49.4 (Assintótica de brana espessa). *Para R, γ, m_B fixos e admissíveis,*

$$\boxed{\begin{aligned} \mathcal{S}(a, R, \gamma, m_B) &= 4\gamma\rho^2 e^{-a}\frac{M_1}{M_1 + \gamma e^{-a}} + O(e^{-2a}) \\ &= 4\gamma\rho^2 e^{-a} + O(e^{-2a}). \end{aligned}} \tag{49.6}$$

Demonstração. A contribuição da casca $q = 1$ é o primeiro termo exibido. Para $q \geq 2$, o fator $c_q = e^{-aq}$ fornece uma cauda $O(e^{-2a})$. Por fim,

$$\frac{M_1}{M_1 + \gamma e^{-a}} = 1 + O(e^{-a}),$$

o que fornece a segunda igualdade. □

Observação 49.5 (Domínio efetivo de baixa energia). No regime espesso, a primeira casca domina a fronteira de estabilidade. A redução é controlada pela cauda espacial de $\mathcal{K}^2$, e não por uma remoção informal dos canais altos.

49.3 O regime de brana fina

Agora mantenha R fixo e faça $t \downarrow 0$, de modo que $a = t/R^2 \downarrow 0$. A transformação modular da função theta implica

$$\sum_{q \in \mathcal{Q}} r_2(q) e^{-aq} = \vartheta_3(0, e^{-a})^2 - 1 \sim \frac{\pi}{a}. \tag{49.7}$$

Teorema 49.6 (Assintótica de brana fina no modelo). *Para R, γ, m_B fixos e admissíveis,*

$$\boxed{\mathcal{S}(t/R^2, R, \gamma, m_B) = \frac{\gamma}{4\pi t}(1 + o(1)), \qquad t \downarrow 0.} \tag{49.8}$$

Em particular, o termo principal não depende de R nem de m_B.

Demonstração. Usando

$$\frac{\gamma c M}{M + \gamma c} = \gamma c - \frac{\gamma^2 c^2}{M + \gamma c},$$

decompomos

$$\mathcal{S} = \gamma\rho^2 \sum_q r_2(q)e^{-aq} - \gamma^2\rho^2 \sum_q \frac{r_2(q)e^{-2aq}}{M_q + \gamma e^{-aq}}. \tag{49.9}$$

Pela fórmula theta (49.7), a primeira soma é assintótica a $\gamma\rho^2\pi/a$.

Para q grande, $M_q \geq q/(2R^2)$. A segunda soma é, portanto, majorada, salvo um número finito de termos, por uma constante vezes

$$\sum_{n\in\mathbb{Z}^2\setminus\{0\}} \frac{e^{-2a|n|^2}}{|n|^2} = O\left(\log\frac{1}{a}\right).$$

Esse crescimento é de ordem inferior a a^{-1}. Finalmente,

$$\rho^2 = \frac{1}{4\pi^2R^2}, \qquad a = \frac{t}{R^2},$$

de onde

$$\frac{\gamma\rho^2\pi}{a} = \frac{\gamma}{4\pi t}.$$

□

A divergência tem significado de modelo

O limite $t \downarrow 0$ remove a regularização térmica e faz divergir o completamento espacial. A fórmula (49.8) descreve o modelo efetivo; ela não elimina a necessidade de renormalização numa teoria microscópica de brana pontual.

49.4 Lei crítica da lacuna de massa

Defina a distância assinada à superfície crítica por

$$\delta := m_b^2 + \mathcal{S}(a, R, \gamma, m_B). \tag{49.10}$$

Variaremos m_b^2, mantendo os demais parâmetros fixos. No ponto crítico, o peso de brana do modo nulo é

$$Z_c = \left(1 + \sum_q \frac{G_q^2}{D_q^2}\right)^{-1}. \tag{49.11}$$

Observação 49.7 (Origem da assintótica). A assintótica de brana fina usa a transformação de Jacobi/Poisson e o comportamento de curto tempo do núcleo do calor no toro, fatos clássicos da análise do núcleo do calor [6]. O resultado anterior é a especialização desses fatos ao funcional $\mathcal{S}$ definido pelo modelo; não se reivindica como uma nova assintótica geral para torres KK.

Teorema 49.8 (Expansão local da lacuna na criticidade). *O autovalor claro $z_0(\delta)$ que atravessa zero satisfaz*

$$\boxed{z_0(\delta) = Z_c\delta + O(\delta^2), \qquad \delta \to 0.} \tag{49.12}$$

No lado estável $\delta > 0$, a lacuna física de massa obedece à lei de raiz quadrada

$$\boxed{m_{\text{lac}} = \sqrt{Z_c}\,\delta^{1/2} + O(\delta^{3/2}).} \tag{49.13}$$

Demonstração. Na criticidade, $F(0) = 0$. Pela equação secular do Capítulo 48,

$$F'(0) = -1 - \sum_q \frac{G_q^2}{D_q^2} = -Z_c^{-1}.$$

Alterar m_b^2 por δ altera F pela mesma quantidade. O teorema da função implícita fornece $z_0'(0) = -1/F'(0) = Z_c$, provando (49.12). A raiz quadrada positiva fornece (49.13). □

Observação 49.9 (Origem clássica do expoente e amplitude espacial). O expoente $1/2$ vem da passagem de massa quadrada para massa e não é uma assinatura nova da álgebra espacial. A amplitude $\sqrt{Z_c}$, porém, registra toda a distribuição espacial dos canais por meio de G_q e D_q.

49.5 Quebra da simetria das cascas

A decomposição clara–escura é exata no toro quadrado. Uma deformação da geometria interna ou dos acoplamentos pode quebrar as degenerescências. Seja E uma perturbação autoadjunta limitada que represente esse defeito.

Teorema 49.10 (Cota padrão de robustez espectral). *A estimativa a seguir é uma aplicação da teoria clássica de perturbações de operadores autoadjuntos [2]; o papel espacial consiste apenas em fornecer uma cota explícita para $\|E\|$ a partir dos dados de canais. Vale a estimativa*

$$\boxed{\mathrm{dist_H}(\mathrm{spec}(H+E), \mathrm{spec}(H)) \leq \|E\|.} \tag{49.14}$$

Se

$$\mathrm{dist}(0, \mathrm{spec}(H)) > \|E\|, \tag{49.15}$$

então o caminho $H + sE$, $0 \leq s \leq 1$, não possui cruzamento espectral por zero. Consequentemente, o índice negativo é preservado: as fases estável e de um modo taquiônico não podem trocar sob essa condição.

Demonstração. A identidade do resolvente fornece

$$\mathrm{spec}(H+E) \subset \mathrm{spec}(H) + [-\|E\|, \|E\|].$$

Aplicando a mesma inclusão a $H = (H+E) - E$, obtemos a estimativa simétrica (49.14). A condição (49.15) mantém zero no resolvente de $H + sE$ para todo $s \in [0,1]$; logo nenhum autovalor cruza zero, e o índice negativo permanece constante. □

Corolário 49.11 (Aglomerados espectrais). *As degenerescências escuras podem se separar, mas cada ponto do espectro perturbado permanece a distância no máximo $\|E\|$ do espectro original. Se um aglomerado claro ou escuro está separado do restante do espectro por um uma lacuna maior que $2\|E\|$, seu subespaço espectral persiste sob a perturbação.*

Demonstração. A primeira afirmação segue de (49.14). Na segunda, um contorno dentro da lacuna separa o aglomerado do restante do espectro tanto para H quanto para $H + E$; as respectivas projeções espectrais são dadas pela integral do resolvente nesse contorno. □

Observação 49.12 (O que se perde e o que permanece). A quebra de simetria pode destruir a decomposição exata em modos claros e escuros. Contudo, enquanto o defeito for menor que a lacuna relevante, permanecem a fase, o número de direções instáveis e os aglomerados espectrais. A coerência de $\mathcal{K}^2$ fornece o operador de referência em torno do qual essa robustez é quantificada.

49.6 Exemplo quantitativo

Suponha que um operador estável possua

$$\inf \operatorname{spec}(H) = 0{,}08.$$

Toda perturbação autoadjunta com $\|E\| < 0{,}08$ preserva a positividade. Se, além disso, um aglomerado escuro está separado do restante do espectro por uma lacuna de 0,30, então $\|E\| < 0{,}15$ assegura sua persistência como aglomerado isolado. As duas condições têm finalidades diferentes: a primeira protege a fase; a segunda protege a separação do grupo espectral.

49.7 Exercícios

Exercício 49.1 (♦). Calcule as derivadas do somando espacial (49.3) e confirme os sinais do Lema 49.1.

Exercício 49.2 (♦♦). Use o Teorema 49.2 para descrever o movimento de $m_{b,c}^2$ quando a, γ e m_B^2 variam separadamente.

Exercício 49.3 (♦♦). Calcule o primeiro termo corretivo da contribuição da casca $q = 1$ na expansão de brana espessa.

Exercício 49.4 (♦♦♦). Justifique por comparação com anéis planos que

$$\sum_{n \in \mathbb{Z}^2 \setminus \{0\}} \frac{e^{-2a|n|^2}}{|n|^2} = O\left(\log \frac{1}{a}\right)$$

quando $a \downarrow 0$.

Exercício 49.5 (♦♦♦). Derive a segunda ordem da expansão de $z_0(\delta)$ em termos das derivadas da função secular no ponto crítico.

Exercício 49.6 (♦♦♦♦). Considere uma perturbação que separa os três modos escuros da primeira casca. Use (49.14) para limitar a posição dos três novos autovalores.

Exercício 49.7 (♦♦♦♦). Mostre, por um exemplo 2×2, que a condição de lacuna estrita em (49.15) não pode ser substituída por uma afirmação de estabilidade sem qualquer controle de $\|E\|$.

Observação 49.13 (Para prosseguir). O funcional espacial agora controla não apenas a fronteira de fase, mas também suas escalas assintóticas, o fechamento da lacuna e a tolerância a defeitos de simetria. No próximo capítulo, passaremos da análise direta à reconstrução: determinaremos quando dados finitos de uma torre permitem recuperar o perfil térmico e reconhecer sua origem em $\mathcal{K}^2$.

CAPÍTULO 50

Reconstrução térmica e reconhecimento espacial

Do problema direto ao problema inverso

Nos capítulos anteriores, um perfil térmico conhecido produziu pesos $c_k = e^{-t\lambda_k}$, uma torre coerente e um operador de massa. Agora inverteremos esse processo. Perguntaremos quais medidas finitas determinam a escala térmica e quais identidades observáveis certificam que uma torre provém de um único elemento de $J(\ell^1_+) \subset \mathcal{K}^2$. A reconstrução será acompanhada de critérios claros de unicidade, degeneração e obstrução.

50.1 Reconstrução de uma única escala

Sejam $\lambda_j \neq \lambda_k$ dois valores próprios positivos conhecidos. Suponha que um observável de canal satisfaça

$$y_\nu = Ae^{-t\lambda_\nu}, \qquad \nu \in \{j,k\}, \tag{50.1}$$

com amplitude $A \neq 0$ e escala $t > 0$ desconhecidas.

Proposição 50.1 (Reconstrução por dois canais). *Se $y_j y_k > 0$, então A e t são determinados unicamente por*

$$\boxed{t = \frac{\log|y_j| - \log|y_k|}{\lambda_k - \lambda_j}, \qquad A = y_j e^{t\lambda_j}.} \tag{50.2}$$

Para perturbações relativas pequenas,

$$|\delta t| \leq \frac{1}{|\lambda_k - \lambda_j|}\left(\frac{|\delta y_j|}{|y_j|} + \frac{|\delta y_k|}{|y_k|}\right) + O(\|\delta y\|^2). \tag{50.3}$$

Demonstração. O quociente y_j/y_k elimina A. Tomar o logaritmo fornece a primeira fórmula, e a substituição fornece a segunda. Diferenciar o quociente logarítmico dá (50.3). □

Observação 50.2 (Separação espectral e condicionamento). O denominador mostra que sondas espectralmente afastadas melhoram o condicionamento. Contudo, um canal muito alto pode ter amplitude pequena demais para ser resolvido. A escolha experimental deve equilibrar esses dois efeitos.

50.2 Reconstrução pelo traço espacial

No toro quadrado,

$$\tau(a) = \vartheta_3(0, e^{-a})^2 - 1, \qquad a = \frac{t}{R^2}. \tag{50.4}$$

Teorema 50.3 (O traço determina a espessura). *Para R conhecido, cada valor $\tau_* > 0$ determina uma única espessura $t > 0$:*

$$\boxed{t = R^2 \tau^{-1}(\tau_*).} \tag{50.5}$$

A mesma conclusão vale quando se mede o completamento mínimo $\alpha_{\min} = \rho^2 \tau(a)$.

Demonstração. A derivação termo a termo fornece

$$\tau'(a) = -\sum_{q \in \mathcal{Q}} q\, r_2(q) e^{-aq} < 0.$$

Além disso, $\tau(a) \to \infty$ quando $a \downarrow 0$ e $\tau(a) \to 0$ quando $a \to \infty$. Logo $\tau : (0, \infty) \to (0, \infty)$ é bijetiva, contínua e estritamente decrescente. □

Observação 50.4 (Teste cruzado de coerência). A escala reconstruída pelos deslocamentos diagonais, pelas transições brana–ambiente e pelo traço escalar deve ser a mesma. Uma discrepância que exceda os erros de medida falsifica o modelo de uma única escala espacial.

50.3 Mistura de duas escalas térmicas

Considere

$$y(\lambda) = Ae^{-t\lambda} + Be^{-s\lambda}, \tag{50.6}$$

com $A, B \neq 0$ e $t, s > 0$, $t \neq s$. As amplitudes podem ter sinais distintos quando y representa um observável de interferência; os pesos do operador espacial positivo continuam não negativos.

Lema 50.5 (Zeros de um polinômio exponencial). *Uma combinação linear não nula de N funções $e^{-u_1\lambda}, \ldots, e^{-u_N\lambda}$, com expoentes reais distintos, possui no máximo $N-1$ zeros distintos em qualquer intervalo.*

Demonstração. Proceda por indução em N. Multiplique a combinação por $e^{u_1\lambda}$. Se ela possui N zeros distintos, o teorema de Rolle implica que sua derivada possui ao menos $N-1$ zeros. Essa derivada é uma combinação de apenas $N-1$ exponenciais distintas, contrariando a hipótese indutiva. □

Teorema 50.6 (Reconstrução de duas exponenciais por quatro amostras). *Se $0 < \lambda_1 < \lambda_2 < \lambda_3 < \lambda_4$, as quatro amostras exatas*

$$y_j = Ae^{-t\lambda_j} + Be^{-s\lambda_j}, \qquad j = 1, 2, 3, 4, \tag{50.7}$$

determinam unicamente o conjunto não ordenado

$$\boxed{\{(A, t), (B, s)\}.} \tag{50.8}$$

Demonstração. Se duas quádruplas produzem as mesmas amostras, sua diferença é uma combinação de no máximo quatro exponenciais distintas com quatro zeros. Pelo Lema 50.5, ela se anula identicamente. A independência linear das exponenciais iguala expoentes e amplitudes, restando apenas a permutação dos dois perfis. □

Ordene $0 < t < s$ e defina a aplicação direta

$$\Phi(A, B, t, s) := \left(Ae^{-t\lambda_j} + Be^{-s\lambda_j}\right)_{j=1}^{4}.$$

Seu jacobiano é

$$D\Phi = \begin{pmatrix} e^{-t\lambda_1} & e^{-s\lambda_1} & -A\lambda_1 e^{-t\lambda_1} & -B\lambda_1 e^{-s\lambda_1} \\ e^{-t\lambda_2} & e^{-s\lambda_2} & -A\lambda_2 e^{-t\lambda_2} & -B\lambda_2 e^{-s\lambda_2} \\ e^{-t\lambda_3} & e^{-s\lambda_3} & -A\lambda_3 e^{-t\lambda_3} & -B\lambda_3 e^{-s\lambda_3} \\ e^{-t\lambda_4} & e^{-s\lambda_4} & -A\lambda_4 e^{-t\lambda_4} & -B\lambda_4 e^{-s\lambda_4} \end{pmatrix}. \tag{50.9}$$

Observação 50.7 (Relação com o método de Prony). A reconstrução de uma soma de duas exponenciais a partir de quatro amostras é um caso do problema clássico de Prony: uma soma de K exponenciais é recuperada, sob hipóteses de não degeneração, a partir de um número finito de amostras, tipicamente $2K$ no caso ideal [5]. O que o modelo espacial acrescenta é a interpretação dos parâmetros reconstruídos como dados que devem ainda satisfazer os testes de coerência em $\mathcal{K}^2$.

Proposição 50.8 (Estabilidade local fora da degeneração). *Se $AB \neq 0$ e $0 < t < s$, então $D\Phi$ é invertível. Localmente,*

$$\|\delta(A,B,t,s)\| \leq \|D\Phi^{-1}\| \, \|\delta y\| + O(\|\delta y\|^2). \tag{50.10}$$

Demonstração. Depois de extrair os fatores não nulos A e B, o determinante é o alternante confluente associado às funções

$$e^{-t\lambda}, \quad \lambda e^{-t\lambda}, \quad e^{-s\lambda}, \quad \lambda e^{-s\lambda}.$$

O argumento de Rolle do Lema 50.5, repetido quando um expoente tem multiplicidade dois, mostra que uma combinação não nula dessas quatro funções possui no máximo três zeros distintos. Portanto, uma combinação que se anule nos quatro λ_j é identicamente nula, e a matriz de avaliação é invertível. Repondo os fatores A e B, também $D\Phi$ é invertível. O teorema da função inversa fornece a estimativa. □

Regimes sem quatro parâmetros identificáveis

Quando $A \to 0$, $B \to 0$ ou $s \to t$, o modelo de duas escalas colapsa para um único perfil efetivo. Nesses limites, não existe reconstrução estável de quatro parâmetros. Amostras λ_j quase coincidentes também tornam o problema mal condicionado.

50.4 Corte toroidal certificado

Para $N \geq 1$, ponha

$$\vartheta_{3,N}(a) := \sum_{n=-N}^{N} e^{-an^2}. \tag{50.11}$$

O corte quadrado mantém $|n_1|, |n_2| \leq N$. A massa espacial omitida é exatamente

$$\mathcal{R}_N(a) = \vartheta_3(0, e^{-a})^2 - \vartheta_{3,N}(a)^2. \tag{50.12}$$

Teorema 50.9 (Certificação gaussiana do corte). *Para $a > 0$ e $N \geq 1$,*

$$0 \leq \mathcal{R}_N(a) \leq 2\vartheta_3(0, e^{-a})\sqrt{\frac{\pi}{a}}\ \mathrm{erfc}(N\sqrt{a}) \tag{50.13}$$

$$\leq 2\left(1 + \sqrt{\frac{\pi}{a}}\right)\sqrt{\frac{\pi}{a}}\ \mathrm{erfc}(N\sqrt{a}). \tag{50.14}$$

Além disso,

$$\boxed{\|\gamma\mathfrak{V}_\rho(c) - \gamma\mathfrak{V}_{\rho,N}(c)\|_1 = \gamma(1+\rho^2)\mathcal{R}_N(a).} \tag{50.15}$$

Demonstração. Se

$$T_N(a) := 2\sum_{n=N+1}^{\infty} e^{-an^2},$$

a monotonicidade da gaussiana fornece

$$T_N(a) \leq 2\int_N^\infty e^{-ax^2}\,dx = \sqrt{\frac{\pi}{a}}\,\mathrm{erfc}(N\sqrt{a}).$$

Como

$$\mathcal{R}_N(a) = T_N(a)\big(\vartheta_3 + \vartheta_{3,N}\big) \leq 2\vartheta_3 T_N(a),$$

obtemos o primeiro limite. A comparação integral $\vartheta_3 \leq 1 + \sqrt{\pi/a}$ dá o segundo. A última identidade é a lei exata de truncamento espacial aplicada aos modos omitidos. □

Corolário 50.10 (Escolha prévia do corte). *Dada uma tolerância $\varepsilon > 0$, qualquer N que satisfaça*

$$2\gamma(1+\rho^2)\left(1 + \sqrt{\frac{\pi}{a}}\right)\sqrt{\frac{\pi}{a}}\ \mathrm{erfc}(N\sqrt{a}) \leq \varepsilon \tag{50.16}$$

garante erro em norma de traço no máximo ε, antes de qualquer diagonalização.

50.5 Reconhecimento de uma torre espacial

Considere dados observados por canal:

$$\Delta_k \geq 0, \qquad g_k \in \mathbb{R}, \qquad \delta\alpha_k \geq 0. \tag{50.17}$$

Teorema 50.11 (Reconhecimento por $\mathcal{K}^2$). *Suponha $\sum_k \Delta_k < \infty$ e $\Delta_k > 0$ para algum k. Os dados provêm de uma única torre espacialmente coerente somável e de uma única inclinação $\rho \geq 0$ se, e somente se, existe $\rho \geq 0$ tal que*

$$\boxed{g_k = \rho\Delta_k, \qquad \delta\alpha_k = \rho^2\Delta_k \quad \text{para todo } k.} \tag{50.18}$$

Equivalentemente, nos canais positivos,

$$\frac{g_k}{\Delta_k} = \rho, \qquad g_k^2 = \Delta_k\delta\alpha_k, \qquad g_k \geq 0, \tag{50.19}$$

e todo canal com $\Delta_k = 0$ deve satisfazer

$$g_k = \delta\alpha_k = 0. \tag{50.20}$$

Se $\gamma > 0$ é prescrito, o elemento reconstruído é

$$\boxed{J(c) \in J(\ell^1_+) \subset \mathcal{K}^2, \qquad c_k = \frac{\Delta_k}{\gamma}.} \tag{50.21}$$

Demonstração. A necessidade segue da rigidez de coeficientes estabelecida no Teorema 47.6. Reciprocamente, (50.18) dá

$$\begin{pmatrix} \delta\alpha_k & g_k \\ g_k & \Delta_k \end{pmatrix} = \Delta_k \begin{pmatrix} \rho \\ 1 \end{pmatrix} \begin{pmatrix} \rho & 1 \end{pmatrix}.$$

Cada incremento é positivo, de posto um e possui a direção fixa exigida. A somabilidade fornece o completamento em classe de traço. Um canal positivo determina $\rho = g_k/\Delta_k$, garantindo unicidade. □

Corolário 50.12 (Resíduos de incoerência espacial). *Defina*

$$\eta_k^{(1)} := g_k^2 - \Delta_k\delta\alpha_k, \qquad \eta_{jk}^{(2)} := g_j\Delta_k - g_k\Delta_j. \tag{50.22}$$

Se algum resíduo é não nulo, se algum canal positivo tem $g_k < 0$, ou se um canal nulo viola (50.20)*, então não existe representação exata em $\mathcal{K}^2$ com inclinação fixa.*

Demonstração. Segue diretamente do Teorema 50.11. □

Positividade matricial não implica coerência espacial

Para uma matriz de seta finita com $\Delta_k > 0$, a positividade exige apenas

$$\alpha \geq \sum_k \frac{g_k^2}{\Delta_k}.$$

Essa desigualdade não força uma inclinação comum, não seleciona um perfil térmico e não relaciona observáveis de setores distintos. Os testes (50.19) são hipóteses estruturais adicionais e falsificáveis.

50.6 Exemplo de reconhecimento

Considere três canais com

$$(\Delta_1, \Delta_2, \Delta_3) = (1, \tfrac{1}{2}, \tfrac{1}{4}), \qquad \rho = 2.$$

Os dados coerentes são

$$(g_1, g_2, g_3) = (2, 1, \tfrac{1}{2}), \qquad (\delta\alpha_1, \delta\alpha_2, \delta\alpha_3) = (4, 2, 1).$$

Todos os quocientes g_k/Δ_k valem 2, e $g_k^2 = \Delta_k \delta\alpha_k$. Se apenas g_3 for substituído por 0,6, a positividade de uma matriz global ainda pode ser restaurada por um termo escalar suficientemente grande, mas

$$\eta_{13}^{(2)} = 2 \cdot \frac{1}{4} - 0{,}6 \cdot 1 = -0{,}1 \neq 0.$$

Logo a torre modificada não possui representação espacial exata de inclinação fixa.

50.7 Exercícios

Exercício 50.1 (♦). Reconstrua A e t a partir de $\lambda_j = 1$, $\lambda_k = 3$, $y_j = 2e^{-1}$ e $y_k = 2e^{-3}$.

Exercício 50.2 (♦♦). Prove diretamente que $\tau : (0, \infty) \to (0, \infty)$ é sobrejetiva usando as assintóticas theta dos Capítulos 48 e 49.

Exercício 50.3 (♦♦♦). Explique por que três amostras não podem, em geral, determinar quatro parâmetros independentes no modelo de duas escalas.

Exercício 50.4 (♦♦♦). Para valores dados de $a, \gamma, \rho, \varepsilon$, use (50.16) para selecionar um corte N.

Exercício 50.5 (♦♦♦♦). Mostre que os resíduos $\eta_{jk}^{(2)}$ se anulam para todos os pares se, e somente se, os vetores (g_k) e (Δ_k) são proporcionais nos canais positivos.

Exercício 50.6 (♦♦♦♦). Construa uma torre positiva que viole a identidade de posto um $g_k^2 = \Delta_k \delta\alpha_k$, ilustrando a diferença entre positividade e coerência espacial.

Observação 50.13 (Para prosseguir). Reconstrução e reconhecimento transformaram a estrutura espacial numa teoria testável: dados finitos recuperam escalas térmicas, a cauda possui certificado quantitativo e resíduos observáveis detectam a falha de coerência. No próximo capítulo, construiremos uma realização microscópica da interface e mostraremos em que sentido preciso a fatorização por $\mathcal{K}^2$ é necessária dentro dessa classe de modelos.

CAPÍTULO 51

Interface microscópica e necessidade relativa de $\mathcal{K}^2$

Da realização operatorial ao mecanismo gerador

Nos capítulos anteriores, a interação $\gamma\mathfrak{V}_\rho(c)$ foi construída a partir de um elemento positivo de $\mathcal{K}^2$, e suas consequências espectrais foram deduzidas com exatidão. Falta inverter a perspectiva: exibir um mecanismo de interface cujos coeficientes produzam precisamente esse operador. Isso permitirá distinguir duas afirmações muito diferentes:

1. $\mathcal{K}^2$ fornece uma parametrização intrínseca e rígida para certa classe de interfaces multicanal;
2. toda teoria física possível deveria ser descrita por $\mathcal{K}^2$.

Provaremos a primeira. A segunda não será afirmada.

51.1 Campos complexos e canais toroidais

Considere o toro quadrado $\mathbb{T}^2_R$ do Capítulo 48. Para evitar a redundância $n \leftrightarrow -n$ de um campo real, trabalharemos na complexificação

$$\mathcal{H}_{\mathbb{C}} := \mathbb{C}e_0 \oplus \ell^2(\mathbb{Z}^2 \setminus \{0\}; \mathbb{C}). \tag{51.1}$$

O vetor e_0 representa o grau de liberdade localizado na brana. Seja $\chi \in \mathbb{C}$ sua amplitude e escreva a parte não constante de um campo da região ambiente como

$$\Phi_\perp(y) = \sum_{n \in \mathbb{Z}^2 \setminus \{0\}} \Phi_n \phi_n(y). \tag{51.2}$$

Escolhemos as fases dos automodos toroidais de modo que, na posição y_0 da brana,

$$\phi_n(y_0) = \rho := V_R^{-1/2}, \qquad V_R = (2\pi R)^2. \tag{51.3}$$

Observação 51.1 (Por que o campo complexo é relevante). Para um campo real, $\Phi_{-n} = \overline{\Phi_n}$. Numa base real de senos e cossenos, a avaliação em y_0 deixa de ter, em geral, a mesma amplitude em todos os canais. A inclinação fixa de $\mathcal{K}^2$ é literal no modelo complexo acima; o caso real conduz naturalmente a uma extensão espacial ponderada.

Fixe $t > 0$, $\gamma > 0$, e ponha

$$c_n := e^{-t|n|^2/R^2}. \tag{51.4}$$

O funcional quadrático de interface é

$$\boxed{\mathcal{E}_{\text{int}}[\chi, \Phi] := \frac{\gamma}{2} \sum_{n \neq 0} c_n \, |\Phi_n + \rho\chi|^2.} \tag{51.5}$$

Cada parcela é não negativa. O peso do calor suprime os modos de alta frequência e torna a soma finita para toda configuração em $\mathcal{H}_\mathbb{C}$.

51.2 Forma em posição e núcleo do calor

Adotamos a convenção de que $\Delta_{\mathbb{T}^2_R}\phi_n = -|n|^2 R^{-2}\phi_n$. Denote por $P_\perp$ a projeção que remove o modo constante.

Proposição 51.2 (Forma do funcional no toro). *Para $\Phi_\perp = P_\perp\Phi$, vale*

$$\mathcal{E}_{\text{int}}[\chi, \Phi] = \frac{\gamma}{2}\Bigg[\Big\langle \Phi_\perp, e^{t\Delta}\Phi_\perp \Big\rangle + 2\Re\Big(\overline{\chi}\,(e^{t\Delta}\Phi_\perp)(y_0)\Big) + |\chi|^2\left(K_t(y_0, y_0) - \frac{1}{V_R}\right)\Bigg]. \tag{51.6}$$

O termo V_R^{-1} subtraído é exatamente a contribuição do modo zero.

Demonstração. O teorema espectral fornece

$$\Big\langle \Phi_\perp, e^{t\Delta}\Phi_\perp \Big\rangle = \sum_{n \neq 0} c_n |\Phi_n|^2.$$

Por (51.3),

$$(e^{t\Delta}\Phi_\perp)(y_0) = \rho \sum_{n \neq 0} c_n \Phi_n.$$

Finalmente, a expansão espectral do núcleo do calor na diagonal dá

$$K_t(y_0, y_0) - \frac{1}{V_R} = \sum_{n\neq 0} c_n |\phi_n(y_0)|^2 = \rho^2 \sum_{n\neq 0} c_n.$$

Expandir os quadrados em (51.5) conclui a demonstração. □

51.3 Geração microscópica do operador espacial

Identifique a configuração com

$$X := \chi e_0 + \sum_{n\neq 0} \Phi_n e_n \in \mathcal{H}_{\mathbb{C}}. \tag{51.7}$$

Estendemos complexamente a realização $\mathfrak{V}_\rho$ do Capítulo 47.

Teorema 51.3 (Geração microscópica espacial). *O funcional* (51.5) *satisfaz*

$$\boxed{\mathcal{E}_{\text{int}}[\chi, \Phi] = \frac{1}{2} \langle X, \gamma \mathfrak{V}_\rho(c) X \rangle .} \tag{51.8}$$

Consequentemente, cada coordenada c_n *gera simultaneamente*

$$\Delta_n = \gamma c_n, \qquad g_n = \gamma \rho c_n, \qquad \delta\alpha_n = \gamma \rho^2 c_n, \tag{51.9}$$

e satura a identidade de positividade

$$g_n^2 = \Delta_n \delta\alpha_n. \tag{51.10}$$

Demonstração. Com $u_n = \rho e_0 + e_n$, temos

$$\mathcal{E}_{\text{int}}[\chi, \Phi] = \frac{\gamma}{2} \sum_{n\neq 0} c_n |\langle u_n, X\rangle|^2.$$

Como $|\langle u_n, X\rangle|^2 = \langle X, (u_n \otimes u_n) X\rangle$, a expansão de posto um de $\mathfrak{V}_\rho(c)$ fornece (51.8). A comparação das entradas na decomposição $\mathbb{C}e_0 \oplus \ell^2$ fornece (51.9) e (51.10). □

Alcance físico da construção

O Teorema 51.3 é uma derivação dentro de uma teoria efetiva seis-dimensional com interface suavizada pelo calor. Ele não é uma derivação a partir de uma teoria conforme na folha-mundo, de coomologia BRST ou de uma compactificação completa de cordas. O perfil exponencial é inspirado pelo mecanismo térmico; uma identificação top-down exigiria dados microscópicos adicionais.

51.4 Saltos de canal e positividade completa

Para interpretar a mesma interação como uma taxa, ampliamos $\mathcal{H}_{\mathbb{C}}$ por estados auxiliares ortonormais s_n. Defina

$$L_n := \sqrt{\gamma c_n}\, |s_n\rangle\langle \rho e_0 + e_n|. \tag{51.11}$$

O símbolo $|v\rangle\langle u|$ designa o operador $x \mapsto \langle u, x\rangle v$.

Proposição 51.4 (Operador espacial de taxa). *A série converge em norma de traço e satisfaz*

$$\boxed{\sum_{n\neq 0} L_n^* L_n = \gamma \mathfrak{V}_\rho(c).} \tag{51.12}$$

Em particular, para um operador de densidade ϱ, a expressão

$$\mathcal{L}(\varrho) := \sum_{n\neq 0} \left(L_n \varrho L_n^* - \frac{1}{2}\{L_n^* L_n, \varrho\} \right) \tag{51.13}$$

tem a forma de Gorini–Kossakowski–Sudarshan–Lindblad [13, 14]. Seu operador total de perda é precisamente a interação espacial do problema de massa.

Demonstração. Para todo $n \neq 0$,

$$L_n^* L_n = \gamma c_n (\rho e_0 + e_n) \otimes (\rho e_0 + e_n).$$

Somando e usando a realização operatorial, obtemos (51.12). Além disso,

$$\sum_{n\neq 0} \|L_n\|^2 = \gamma(1+\rho^2) \sum_{n\neq 0} c_n < \infty.$$

Essa estimativa garante convergência absoluta, em norma de traço, das séries de ganho e perda quando ϱ pertence à classe de traço. A forma (51.13) é, portanto, bem definida e preserva o traço. □

Corolário 51.5 (Significado operacional da cauda). *Se apenas os saltos de um conjunto finito Λ forem mantidos, então*

$$\boxed{\left\| \sum_{n\neq 0} L_n^* L_n - \sum_{n\in\Lambda} L_n^* L_n \right\|_1 = \gamma(1+\rho^2) \sum_{n\notin\Lambda} c_n.} \tag{51.14}$$

Assim, o erro espacial de truncamento é exatamente a taxa total omitida.

Demonstração. A diferença é soma de operadores positivos de posto um. Seu traço é a soma dos traços das parcelas, cada qual igual a $\gamma(1+\rho^2)c_n$. Para operadores positivos, traço e norma de traço coincidem. □

51.5 Em que sentido $\mathcal{K}^2$ é necessária?

Uma matriz de seta positiva arbitrária pode satisfazer apenas uma desigualdade global de Schur. Isso não impõe inclinação comum, posto um por canal nem compatibilidade ao acrescentar novos modos. A necessidade de $\mathcal{K}^2$ exige, portanto, que a classe comparada seja declarada.

Definição 51.6 (Interface positiva aditiva de inclinação fixa). Uma família $(Q_k)_{k\geq 1}$ pertence à classe $\mathscr{I}_{\gamma,\rho}$ quando satisfaz:

1. $Q_k \geq 0$, possui posto no máximo um e é suportado em $\operatorname{span}_{\mathbb{C}}\{e_0, e_k\}$;
2. $\langle Q_k e_k, e_k\rangle = \gamma c_k$, com $c_k \geq 0$, e $c_k = 0$ implica $Q_k = 0$;
3. nos canais não nulos,
$$\frac{\langle Q_k e_0, e_k\rangle}{\langle Q_k e_k, e_k\rangle} = \rho \geq 0;$$
4. interações finitas são somas dos canais e permanecem compatíveis quando um canal é acrescentado ou removido;
5. a taxa total é finita: $\sum_k c_k < \infty$.

Teorema 51.7 (Necessidade relativa da álgebra espacial). *Toda interface da classe $\mathscr{I}_{\gamma,\rho}$ admite uma única fatorização*

$$\boxed{\sum_{k\geq 1} Q_k = \gamma\mathfrak{V}_\rho(c), \qquad J(c) \in J(\ell^1_+) \subset \mathcal{K}^2.} \tag{51.15}$$

Logo, dentro dessa classe, $\mathcal{K}^2$ fornece uma parametrização intrínseca completa dos parâmetros de canal. Qualquer descrição matricial que reproduza todas as leis espaciais deve impor identidades de coeficientes equivalentes a essa fatorização.

Demonstração. No plano $\operatorname{span}_{\mathbb{C}}\{e_0, e_k\}$, escreva

$$Q_k = \begin{pmatrix} \alpha_k & g_k \\ g_k & \gamma c_k \end{pmatrix}.$$

Para um canal não nulo, a inclinação fixa dá $g_k = \gamma\rho c_k$. Como Q_k é positivo e possui posto um, $\det Q_k = 0$; portanto, $\alpha_k = \gamma\rho^2 c_k$. Nos canais nulos, a segunda condição impõe $Q_k = 0$. Assim,

$$Q_k = \gamma c_k(\rho e_0 + e_k) \otimes (\rho e_0 + e_k).$$

A aditividade identifica as interações finitas com as somas parciais, e a finitude da taxa equivale a $c \in \ell^1_+$. O completamento positivo e a rigidez da realização, provados no Capítulo 47, fornecem existência e unicidade de (51.15). □

Observação 51.8 (Necessidade relativa, não absoluta). O teorema não afirma que a natureza deva satisfazer os axiomas da Definição 51.6, nem que matrizes associativas sejam incapazes de representar o operador final. Ele prova algo mais preciso: nessa classe de interfaces, as coordenadas positivas de $\mathcal{K}^2$ são exatamente os dados livres; as demais entradas são forçadas. Retirar o posto um, a inclinação comum ou a aditividade conduz a classes maiores, nas quais a fatorização pode falhar.

51.6 Comparação com a positividade matricial geral

Considere, em dimensão finita,

$$Q_m = \begin{pmatrix} \alpha & g_1 & \cdots & g_m \\ g_1 & \Delta_1 & & 0 \\ \vdots & & \ddots & \\ g_m & 0 & & \Delta_m \end{pmatrix}, \qquad \Delta_k > 0. \tag{51.16}$$

Proposição 51.9 (O que a positividade geral não decide). *A condição $Q_m \geq 0$ equivale a*

$$\alpha \geq \sum_{k=1}^{m} \frac{g_k^2}{\Delta_k}. \tag{51.17}$$

Ela não implica, por si só, que os quocientes g_k/Δ_k sejam iguais, que os incrementos tenham posto um ou que exista $J(c) \in \mathcal{K}^2$ gerando a matriz.

Demonstração. O bloco diagonal $D = \operatorname{diag}(\Delta_1, \ldots, \Delta_m)$ é positivo e invertível. O complemento de Schur de D é $\alpha - g^* D^{-1} g$, o que prova a equivalência. Para mostrar que nenhuma das conclusões espaciais decorre dela, tome $m = 2$, $\Delta_1 = \Delta_2 = 1$, $g_1 = 1$, $g_2 = 2$ e $\alpha = 5$. A matriz é positiva, mas os quocientes são 1 e 2, de modo que não há inclinação comum. □

Exemplo: Mesma positividade, estruturas diferentes

No exemplo da demonstração, aumentar α de 5 para 6 preserva a positividade e introduz massa escalar excedente. Em contraste, numa torre espacial coerente a contribuição escalar mínima é determinada canal a canal:

$$\alpha_{\min} = \rho^2 \sum_k \Delta_k.$$

Assim, a desigualdade de Schur descreve uma região, enquanto a fatorização espacial seleciona uma subvariedade rígida dentro dela.

51.7 Exercícios

Exercício 51.1 (♦♦). Expanda diretamente (51.5) e recupere os três termos de (51.6).

Exercício 51.2 (♦♦). Verifique que $\sum_{n \neq 0} c_n < \infty$ para todo $t > 0$, usando a fatorização pela função theta do Capítulo 48.

Exercício 51.3 (♦♦♦). Mostre diretamente que o dissipador (51.13) preserva o traço em cada truncamento finito.

Exercício 51.4 (♦♦♦). Prove a identidade (51.14) sem usar o corolário, calculando os autovalores não nulos de cada parcela omitida.

Exercício 51.5 (♦♦♦♦). Construa uma família aditiva positiva que satisfaça todas as condições da Definição 51.6, exceto a inclinação fixa, e prove que ela não admite uma representação por uma única realização $\mathfrak{V}_\rho$.

Exercício 51.6 (♦♦♦♦). No caso real, passe dos pares $(n, -n)$ para uma base de senos e cossenos e calcule os valores dos automodos em y_0. Identifique precisamente onde a lei de inclinação fixa pode falhar.

Observação 51.10 (Para prosseguir). A interface microscópica fecha a cadeia lógica da aplicação KK:

$$\begin{aligned} \text{perfil térmico} \longrightarrow J(c) \in \mathcal{K}^2 \longrightarrow \mathfrak{V}_\rho(c), \\ \longrightarrow \text{espectro, taxas e observáveis.} \end{aligned}$$

No próximo capítulo, reuniremos essas etapas num caso de referência toroidal reprodutível, com truncamento certificado e verificação simultânea das leis de coerência.

CAPÍTULO 52

Um caso de referência toroidal reprodutível

O papel de um caso de referência

Um caso de referência não é um ajuste a dados experimentais. Ele é um conjunto de parâmetros completamente especificado, no qual todas as etapas da teoria podem ser refeitas por outro leitor. Nosso objetivo é verificar, no mesmo exemplo, cinco aspectos: a soma espacial em $\mathcal{K}^2$, a superfície crítica, a visibilidade do modo crítico, a decomposição em cascas aritméticas e o custo certificado de um truncamento KK.

Os números decimais serão sempre aproximações de fórmulas exatas. As decisões de estabilidade, por sua vez, serão acompanhadas de limites rigorosos para a cauda omitida.

52.1 Escolha dos parâmetros

Fixamos o conjunto adimensional

$$\boxed{R = 1, \qquad \gamma = 1, \qquad m_B^2 = 1, \qquad \rho^2 = \frac{1}{4\pi^2}.} \tag{52.1}$$

As massas quadráticas são medidas em unidades de R^{-2}. Para cada $a = t/R^2 > 0$, o peso da casca q é $c_q = e^{-aq}$. O completamento escalar mínimo vale

$$\alpha_{\min}(a) = \frac{1}{4\pi^2} \sum_{q \in \mathcal{Q}} r_2(q) e^{-aq} = \frac{\vartheta_3(0, e^{-a})^2 - 1}{4\pi^2}. \tag{52.2}$$

O funcional de estabilidade do Capítulo 48 torna-se

$$\mathcal{S}(a) = \frac{1}{4\pi^2} \sum_{q \in \mathcal{Q}} r_2(q) e^{-aq} \frac{1+q}{1+q+e^{-aq}}. \tag{52.3}$$

Na superfície crítica, $m_{b,c}^2 = -\mathcal{S}(a)$, e o peso da brana no modo nulo é

$$Z_c(a) = \left[1 + \frac{1}{4\pi^2} \sum_{q \in \mathcal{Q}} \frac{r_2(q) e^{-2aq}}{(1+q+e^{-aq})^2} \right]^{-1}. \tag{52.4}$$

Observação 52.1 (Duas somas, dois papéis). A quantidade $\alpha_{\min}$ mede a massa escalar exigida pelo completamento positivo. Já $\mathcal{S}$ incorpora a resposta do bloco da região ambiente por meio do fator $(1+q)/(1+q+e^{-aq})$. Confundir as duas apagaria precisamente o efeito espectral que determina a fronteira crítica.

52.2 Dados críticos certificados

Fixemos a tolerância de norma de traço

$$\varepsilon = 10^{-8}. \tag{52.5}$$

Denotaremos por N_{cert} o menor inteiro que satisfaz o limite elementar (50.16), e por N_{exato} o menor inteiro para o qual a cauda theta exata satisfaz

$$(1+\rho^2)\mathcal{R}_N(a) \le 10^{-8}. \tag{52.6}$$

Tabela 52.1: Completamento espacial, superfície crítica, peso de brana e cortes quadrados certificados.

a	$\alpha_{\min}$	$m_{b,c}^2$	Z_c	N_{cert}	N_{exato}
0,25	0,292980	−0,254864	0,988370	9	9
0,50	0,133825	−0,114861	0,993243	7	6
1,00	0,054264	−0,047872	0,997371	5	4
2,00	0,015611	−0,014731	0,999589	4	3

Proposição 52.2 (Leitura estrutural da tabela). *Quando a aumenta, o valor crítico $m_{b,c}^2$ cresce em direção a zero, o peso Z_c aproxima-se de um e o corte necessário diminui. Assim, no regime de brana espessa, o modo crítico é mais localizado na brana e menos canais são necessários para uma precisão fixada.*

Demonstração. A monotonicidade de $m_{b,c}^2 = -\mathcal{S}(a)$ segue do Teorema 49.2. Em (52.4), cada somando positivo decresce com a, logo Z_c cresce. Finalmente, os limites gaussianos para $\mathcal{R}_N(a)$ decrescem quando a aumenta, permitindo cortes menores. □

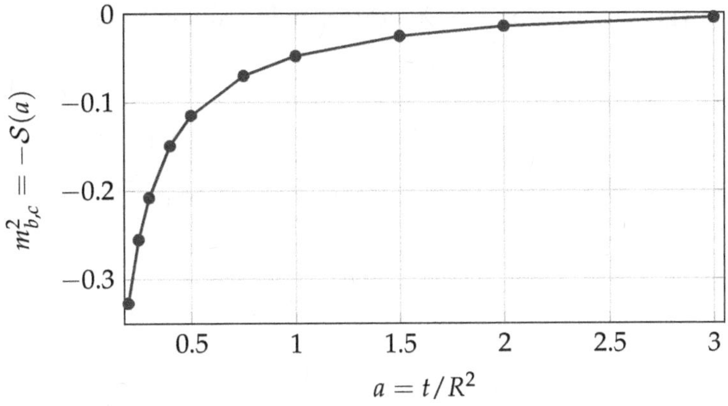

Figura 52.1: Curva crítica espacial do caso de referência. Acima dela, $H > 0$; abaixo, há exatamente um modo de massa quadrática negativa.

52.3 Espectro resolvido por cascas em $a = 1$

Para $a = 1$, as primeiras cascas não vazias são dadas na Tabela 52.2. Recordemos as fórmulas

$$D_q = 1 + q + e^{-q}, \qquad G_q = \frac{\sqrt{r_2(q)}}{2\pi} e^{-q}. \tag{52.7}$$

Tabela 52.2: Primeiras cascas KK espaciais do caso de referência em $a = 1$.

q	$r_2(q)$	multiplicidade escura	D_q	G_q
1	4	3	2,367879	0,117100
2	4	3	3,135335	0,043079
4	4	3	5,018316	0,005830
5	8	7	6,006738	0,003033

Exemplo: Degenerescência não é visibilidade

A casca $q = 5$ contém oito modos. Sete combinações ortogonais são escuras e uma única combinação normalizada acopla-se à brana. Seu acoplamento claro recebe o fator aritmético $\sqrt{8}$, mas é simultaneamente suprimido pelo fator térmico e^{-5}. A multiplicidade vem do toro; a visibilidade vem da realização espacial.

52.4 Procedimento numérico com certificado

O operador truncado deve ser comparado ao operador completo no mesmo espaço. Defina

$$\begin{aligned} \mathfrak{V}_{\rho,N}(c) &:= \sum_{\substack{|n_1|,|n_2|\le N \\ n\neq 0}} c_n(\rho e_0 + e_n) \otimes (\rho e_0 + e_n), \\ H_N &:= H_0 + \gamma \mathfrak{V}_{\rho,N}(c). \end{aligned} \tag{52.8}$$

Os canais omitidos continuam no espaço de Hilbert, mas permanecem desacoplados. Apenas o bloco interagente finito precisa ser diagonalizado.

Algoritmo certificado

Passo 1. Fixe a, R, γ, m_B^2 e a tolerância ε.

Passo 2. Selecione N por (50.16) e retenha o quadrado $|n_1|, |n_2| \le N$.

Passo 3. Calcule as somas finitas para $\alpha_{\min,N}$, $\mathcal{S}_N$ e $Z_{c,N}$.

Passo 4. Certifique a cauda pela identidade

$$\|H - H_N\|_1 = \gamma(1+\rho^2)\mathcal{R}_N(a).$$

Passo 5. Resolva a equação secular finita, usando sua monotonicidade para isolar uma raiz entre polos consecutivos.

Passo 6. Compare cada saída decimal com o limite certificado correspondente; não use apenas a aparente estabilização dos dígitos.

Proposição 52.3 (Erro espectral do truncamento). *Para autovalores isolados cuja ordenação é preservada pelo intervalo de erro,*

$$|\lambda_j(H) - \lambda_j(H_N)| \le \|H - H_N\| \le \gamma(1 + \rho^2)\mathcal{R}_N(a). \tag{52.9}$$

Sem hipótese de isolamento, os dois espectros estão a distância de Hausdorff no máximo igual ao mesmo limite.

Demonstração. A diferença $H - H_N$ é limitada, autoadjunta e positiva. A primeira desigualdade é a estimativa min–max para perturbações autoadjuntas limitadas; a segunda decorre de $\|T\| \le \|T\|_1$ e da identidade exata da cauda. A estimativa de Hausdorff é a estabilidade espectral padrão sob perturbação autoadjunta limitada. □

52.5 Decisão rigorosa da fase

Seja $\mathcal{S}_N$ a soma de (52.3) restrita ao quadrado $|n_1|, |n_2| \le N$. Como

$$0 < \frac{1 + |n|^2}{1 + |n|^2 + e^{-a|n|^2}} < 1, \tag{52.10}$$

temos a estimativa rigorosa

$$0 \le \mathcal{S} - \mathcal{S}_N \le \epsilon_N, \qquad \epsilon_N := \rho^2 \mathcal{R}_N(a). \tag{52.11}$$

Teorema 52.4 (Decisão certificada da fase). *Nas hipóteses do caso de referência,*

$$m_b^2 + \mathcal{S}_N > 0 \implies H > 0, \tag{52.12}$$

$$m_b^2 + \mathcal{S}_N + \epsilon_N < 0 \implies \mathrm{ind}_-(H) = 1. \tag{52.13}$$

O único intervalo não decidido por esse corte é

$$-\mathcal{S}_N - \epsilon_N \le m_b^2 \le -\mathcal{S}_N. \tag{52.14}$$

Demonstração. Por (52.11), $\mathcal{S}_N \le \mathcal{S} \le \mathcal{S}_N + \epsilon_N$. A primeira hipótese implica $m_b^2 + \mathcal{S} > 0$, enquanto a segunda implica $m_b^2 + \mathcal{S} < 0$. Aplicamos a tricotomia espacial exata do Teorema 48.6. □

Observação 52.5 (Por que a faixa é assimétrica). A cauda de $\mathcal{S}$ é positiva; logo, $\mathcal{S}_N$ aproxima $\mathcal{S}$ sempre por baixo. Usar um intervalo simétrico $\mathcal{S}_N \pm \epsilon_N$ seria correto, mas perderia informação já fornecida pela positividade espacial dos canais omitidos.

52.6 Teste de coerência sem parâmetros

Em cada casca, denote por

$$\Delta_q := D_q - M_q = \gamma c_q, \qquad C_q := \gamma \rho^2 r_2(q) c_q \tag{52.15}$$

os incrementos da região ambiente e escalar. Defina

$$\mathfrak{R}_q := \frac{G_q^2}{\Delta_q C_q}. \tag{52.16}$$

Proposição 52.6 (Razão espacial unitária). *Toda casca não vazia do caso de referência satisfaz*

$$\boxed{\mathfrak{R}_q = 1.} \tag{52.17}$$

A igualdade independe de a, R, γ, m_B^2 *e da multiplicidade* $r_2(q)$.

Demonstração. A lei de coerência por cascas fornece $G_q^2 = \Delta_q C_q$. Todos os fatores paramétricos e aritméticos aparecem nos dois membros e cancelam-se no quociente. □

Observação 52.7 (O que o espectro sozinho não testa). Uma matriz de seta sem restrições pode ajustar separadamente D_q e G_q. A razão $\mathfrak{R}_q$, entretanto, compara também o incremento escalar C_q. Verificar $\mathfrak{R}_q = 1$ em várias cascas testa a fatorização por $\mathcal{K}^2$, e não apenas o posicionamento dos autovalores.

52.7 Exercícios

Exercício 52.1 (♦♦). Partindo de (48.26), deduza (52.3) com os parâmetros (52.1).

Exercício 52.2 (♦♦). Calcule $r_2(q)$ para $q = 1, 2, 3, 4, 5$ e explique a ausência da casca $q = 3$ na Tabela 52.2.

Exercício 52.3 (♦♦♦). Reproduza, com seis casas decimais, a linha $a = 1$ da Tabela 52.1. Indique separadamente a fórmula exata e sua aproximação.

Exercício 52.4 (♦♦♦). Para $a = 1$, verifique que $N = 4$ satisfaz o critério exato de cauda, mas não o limite elementar usado para N_{cert}.

Exercício 52.5 (♦♦♦♦). Escolha m_b^2 dentro da faixa (52.14) e mostre como aumentar N até que a fase seja decidida.

Exercício 52.6 (♦♦♦♦). Perturbe apenas G_5 em um por cento, mantendo D_5 e C_5 fixos. Calcule a nova razão $\mathfrak{R}_5$ e interprete a falha de coerência.

Observação 52.8 (Para prosseguir). O caso de referência tornou verificável toda a cadeia espacial, das coordenadas positivas de $\mathcal{K}^2$ até a decisão de fase com erro controlado. No capítulo seguinte, faremos a síntese das aplicações MSG e KK, isolando o que elas têm em comum e o que depende de estruturas específicas de cada modelo.

CAPÍTULO 53

Síntese estrutural das aplicações MSG e KK

Duas aplicações, dois usos da álgebra

A MSG e a construção de Kaluza–Klein (KK) não são duas versões do mesmo modelo físico. Na MSG, a decomposição canônica de $\mathcal{K}_m$ rotula subfibrados e permite medir a transferência causada por um referencial móvel. Na aplicação KK, um elemento positivo de $\mathcal{K}^2$ codifica uma torre infinita de incrementos de posto um. O ponto comum não está na física específica, mas num princípio algébrico: canais nomeados pela álgebra carregam relações que uma decomposição vetorial sem rótulos não registra. Este capítulo organiza essas relações sem acrescentar uma teoria física além daquelas já declaradas.

53.1 Onde a álgebra entra em cada modelo

Observação 53.1 (A tabela não é um teorema de unificação). As correspondências da Tabela 53.1 organizam o livro, mas não identificam forças newtonianas com operadores de massa KK. Em particular, a MSG é formulada por projetores e conexões, enquanto a torre KK é formulada por operadores positivos em classe de traço.

53.2 O núcleo espacial comum

Apesar das diferenças, as duas aplicações percorrem quatro operações estruturais:

1. a álgebra determina uma família canônica de canais;

Tabela 53.1: Papéis distintos da estrutura espacial nas duas aplicações.

Aspecto	MSG	Kaluza–Klein espacial
Dado algébrico	$\mathcal{K}_m = A_m \oplus J_1 \oplus \cdots \oplus J_m$	$J(c) \in J(\ell^1_+) \subset \mathcal{K}^2$
Canais	plano complexo e direções idempotentes	canal de brana e torre enumerável de modos da região ambiente
Realização	projetores $P_r = U\pi_r U^{-1}$	$\mathfrak{V}_\rho(c) = \sum_k c_k u_k \otimes u_k$
Rigidez	comutadores e blocos inter-canal	lei conjunta de diagonal, transição e termo escalar
Fonte do acoplamento	rotação geométrica e força constitutiva	incrementos positivos de inclinação fixa
Controle quantitativo	energia MSG e estabilidade longe de colisões	norma de traço, cauda exata e critério espectral

2. os dados do modelo são transportados para esses canais;
3. a interação é medida por relações entre canais distintos;
4. a reconstrução verifica se os dados ainda provêm da estrutura espacial.

Proposição 53.2 (Dois diagnósticos intrínsecos). *Os diagnósticos fundamentais das duas aplicações são:*

$$\nabla_X P_r = U[\Omega_X, \pi_r]U^{-1} \qquad \text{na MSG,} \tag{53.1}$$

$$g_k = \rho\Delta_k, \qquad \delta\alpha_k = \rho^2\Delta_k \qquad \text{na torre KK.} \tag{53.2}$$

O primeiro detecta a rotação dos canais algébricos; o segundo detecta a coerência de coeficientes gerada por um único elemento de $\mathcal{K}^2$.

Demonstração. A primeira identidade é a diferenciação dos projetores transportados da decomposição canônica de $\mathcal{K}_m$, conforme o Teorema 44.3. A segunda é a rigidez de coeficientes do completamento positivo, expressa no Teorema 50.11. Em ambos os casos, o teste compara dados observáveis com relações impostas pela realização espacial. □

Corolário 53.3 (Obstruções de naturezas diferentes). *Na MSG, um bloco $\pi_r\Omega_X\pi_s \neq 0$ obstrui a preservação geométrica dos canais r e s. Na teoria KK, um resíduo*

$$\eta_k^{(1)} \neq 0 \quad \text{ou} \quad \eta_{jk}^{(2)} \neq 0$$

obstrui uma representação exata de inclinação fixa por $\mathcal{K}^2$.

Demonstração. O primeiro enunciado segue da decomposição em blocos de (53.1). O segundo é o Corolário 50.12. □

53.3 Acoplamento geométrico e acoplamento físico

Para uma trajetória com força F, a equação MSG por canais é

$$\boxed{\nabla_{\dot\gamma}(P_r\dot\gamma) = P_rF + \mathcal{S}_r(\dot\gamma,\dot\gamma).} \tag{53.3}$$

Os dois termos do membro direito possuem origens independentes.

Teorema 53.4 (Critério de desacoplamento dinâmico completo). *Fixe uma classe de forças independentes da velocidade. O canal r evolui autonomamente para todos os dados iniciais dessa classe se, e somente se:*

1. $\mathcal{S}_r = 0$*, eliminando o defeito geométrico quadrático;*

2. P_rF *depende apenas das variáveis do próprio canal r.*

No regime Levi–Civita com projetores ortogonais, a primeira condição é equivalente a $\nabla P_r = 0$. As duas condições acima continuam, porém, logicamente independentes entre si: a primeira elimina o acoplamento geométrico, enquanto a segunda elimina a dependência física entre canais.

Demonstração. Se ambas valem, o membro direito de (53.3) depende apenas do estado do canal, e sua equação é autônoma. Reciprocamente, autonomia para todos os dados elimina o termo quadrático misto: pela polarização, isso implica $\mathcal{S}_r = 0$. Além disso, variar os demais canais sem alterar o estado de r não pode modificar sua aceleração, de modo que P_rF deve depender apenas das variáveis do próprio canal. A independência é exibida pelos dois casos já construídos no livro: projetores canônicos com força newtoniana acoplada, e projetores móveis com força confinada. □

O caso newtoniano

No referencial canônico, $\mathcal{S}_r = 0$, mas a distância total

$$R_{ab}^2 = |z_{ab}|^2 + \sum_k (\eta_{ab}^k)^2$$

permanece no denominador de todas as forças. Portanto, a decomposição em canais não resolve o problema geral de N corpos e não produz sistemas independentes. Os resultados provados concernem a número finito de partículas, intervalos regulares e regiões quantitativamente afastadas das colisões.

53.4 Rigidez geométrica e rigidez positiva

Na MSG, a quantidade não negativa

$$\mathfrak{c}_U = \frac{1}{2}\sum_{a,r} \|\nabla_{e_a} P_r\|_{\mathrm{HS}}^2$$

mede a energia geométrica entre canais. Na aplicação KK, a positividade aparece na decomposição

$$\mathfrak{V}_\rho(c) = \sum_k c_k(\rho e_0 + e_k) \otimes (\rho e_0 + e_k), \qquad c_k \geq 0.$$

Proposição 53.5 (Duas formas de rigidez espacial). *Valem as equivalências:*

$$\mathfrak{c}_U = 0 \iff \nabla P_r = 0 \text{ para todo } r, \tag{53.4}$$

$$\|\mathfrak{V}_\rho(c) - \mathfrak{V}_\rho(d)\|_1 = 0 \iff c = d. \tag{53.5}$$

A primeira é rigidez de preservação dos canais; a segunda é rigidez de reconstrução do dado positivo.

Demonstração. A identidade de energia em blocos do Teorema 44.6 prova (53.4). Para a segunda,

$$\|\mathfrak{V}_\rho(c) - \mathfrak{V}_\rho(d)\|_1 = (1+\rho^2)\|c-d\|_{\ell^1}$$

quando $c \geq d$ ou $d \geq c$ coordenada a coordenada; no caso geral, a injetividade da classificação espacial das torres coerentes, Teorema 47.10, fornece a equivalência. □

Observação 53.6 (Correção sobre a norma). A fórmula simples com $\|c-d\|_{\ell^1}$ exige cuidado quando as diferenças mudam de sinal, pois os vetores $\rho e_0 + e_k$ não são ortogonais. A injetividade, entretanto, não depende dessa igualdade de normas: as entradas diagonais da região ambiente recuperam cada coordenada c_k.

53.5 Dimensão finita e limite infinito

A MSG geométrica foi construída primeiro em $\mathcal{K}_m$, onde existem $m+1$ canais canônicos. A extensão newtoniana a $\mathcal{K}^2$ exige controle uniforme das componentes. A torre KK nasce, ao contrário, no regime enumerável e usa $c \in \ell^1_+$ desde o início.

Teorema 53.7 (Princípio de controle da cauda espacial). *Nos dois modelos, a passagem de sistemas finitos de canais para $\mathcal{K}^2$ é legítima somente quando o efeito agregado dos canais omitidos tende a zero:*

1. *na estabilidade newtoniana, isso é assegurado por um majorante uniforme das estimativas, juntamente com a convergência uniforme das trajetórias e forças truncadas no tubo considerado;*
2. *na torre KK positiva,*

$$\|\gamma\mathfrak{V}_\rho(c) - \gamma\mathfrak{V}_{\rho,N}(c)\|_1 = \gamma(1+\rho^2) \sum_{k \notin \Lambda_N} c_k.$$

Sem um controle de cauda, a existência de cada truncamento finito não prova a existência nem a estabilidade do modelo infinito.

Demonstração. O primeiro item é o mecanismo do Teorema 46.9: as constantes permanecem uniformes e a norma hilbertiana soma as componentes. O segundo é a lei exata de truncamento da realização positiva. A última afirmação é consequência lógica: convergência ponto a ponto dos truncamentos não controla a soma total nem o limite dos operadores. □

Sistemas infinitos de partículas

O Teorema 53.7 não estende automaticamente a MSG newtoniana a infinitas partículas. Isso exigiria, além do controle dos canais, hipóteses próprias de somabilidade das massas, convergência das forças e prevenção de acumulações de colisões. Nenhuma existência global é afirmada nesse regime.

53.6 O que é genuinamente espacial

Proposição 53.8 (Conteúdo irredutível das aplicações). *Nas construções desenvolvidas:*

1. *a MSG usa de modo essencial a identificação algébrica do plano complexo e das direções idempotentes, permitindo transportar e reconstruir canais nomeados;*

2. *a teoria KK usa de modo essencial a classificação do cone $J(\ell^1_+) \subset \mathcal{K}^2$, que força a lei dos três coeficientes e fornece completamento e truncamento intrínsecos.*

Retiradas essas estruturas, permanecem identidades clássicas sobre projetores, matrizes de seta, complementos de Schur e núcleos do calor, mas desaparecem os respectivos teoremas de coerência espacial.

Demonstração. No primeiro caso, uma decomposição ortogonal abstrata não distingue qual subespaço transporta $1, i$ e quais transportam os j_k; por isso não recupera o rótulo multiplicativo dos canais. No segundo, a positividade geral de uma matriz de seta impõe apenas a desigualdade de Schur, não as identidades $g_k = \rho\Delta_k$ e $\delta\alpha_k = \rho^2\Delta_k$. Essas diferenças foram provadas, respectivamente, nos Capítulos 44 e 51. □

Observação 53.9 (Fronteira das interpretações físicas). A MSG newtoniana é uma extensão matemática da lei constitutiva para o espaço subjacente à álgebra; não é uma nova lei gravitacional observada. A interface KK é uma teoria efetiva suavizada pelo calor; não foi derivada de uma compactificação top-down completa. O valor das aplicações está nas consequências matemáticas rigorosas de hipóteses explicitamente declaradas.

53.7 Exercícios integradores

Exercício 53.1 (♦♦). Explique por que $\nabla P_r = 0$ não implica independência das equações newtonianas por canais.

Exercício 53.2 (♦♦♦). Construa um referencial móvel com $c_U > 0$ e uma força confinada ao canal complexo. Identifique separadamente os dois termos de (53.3).

Exercício 53.3 (♦♦♦). Considere dois conjuntos de dados KK positivos que tenham os mesmos Δ_k, mas transições g_k diferentes. Mostre que no máximo um deles pode provir da mesma inclinação espacial ρ.

Exercício 53.4 (♦♦♦♦). Compare o erro quadrático da força complexa no regime transversal da MSG com a cauda exponencial do caso de referência KK. Explique por que as duas pequenas quantidades possuem origens matemáticas distintas.

Exercício 53.5 (♦♦♦♦). Formule um conjunto mínimo de hipóteses que seria necessário investigar antes de considerar infinitas partículas em $\mathcal{K}^2$. Não afirme existência: indique apenas os pontos que exigiriam demonstração.

Observação 53.10 (Para prosseguir). As aplicações estão agora organizadas pelos mecanismos que realmente usam a estrutura espacial. O próximo capítulo reunirá problemas finais de síntese, ordenados por dependência conceitual, antes da conclusão geral do livro.

CAPÍTULO 54

Problemas finais e síntese estrutural

Como usar este capítulo

Os problemas a seguir não formam uma lista de técnicas abstratas. Cada bloco parte de uma estrutura própria de $\mathcal{K}_m$ ou de $\mathcal{K}^p$, acompanha sua passagem para operadores ou fibrados e termina numa consequência que deixaria de ser reconhecível sem os canais espaciais.

A ordem é cumulativa. Os losangos indicam o grau de elaboração: dois losangos pedem uma combinação curta de resultados; três exigem reconstruir uma cadeia de argumentos; quatro propõem uma síntese comparável a um pequeno projeto. Em todos os casos, uma solução completa deve declarar as hipóteses usadas e indicar exatamente onde a estrutura espacial é essencial.

54.1 Diagrama de dependências

Tabela 54.1: Percursos conceituais dos problemas finais.

Bloco	Dados de partida	Objetivo estrutural
I	produto e associador em $\mathcal{K}^p$	reconstrução do elemento espacial
II	multiplicadores e cálculo funcional	recuperar canais a partir de operadores
III	projetores transportados em fibrados	distinguir preservação e transferência
IV	dinâmica MSG	separar acoplamento geométrico e físico
V	cone positivo de $\mathcal{K}^2$	reconhecer e controlar torres KK
VI	truncamentos finitos	justificar, ou recusar, a passagem ao infinito

Observação 54.1 (Regra de validação). Uma resposta que use apenas álgebra linear, teoria espectral ou equações diferenciais clássicas pode fornecer cálculos auxiliares corretos, mas ainda não conclui o problema. É preciso identificar o dado que provém de $1, i, j_k$, do associador, dos canais transportados ou do cone positivo espacial.

54.2 Do produto à reconstrução associadora

Considere, nesta seção, $1 \leq p < \infty$ e

$$x = a + bi + J(\mathbf{c}), \qquad y = u + vi + J(\mathbf{d}) \in \mathcal{K}^p.$$

Recorde que $\pi_p(x) = a + bi$ e $[x, i, i] = J(\mathbf{c})$.

Exercício 54.1 (♦♦). Calcule xy, $\pi_p(xy)$ e $[xy, i, i]$. Verifique diretamente que o par

$$(\pi_p(xy), [xy, i, i])$$

reconstrói o produto e explique por que a projeção complexa, isoladamente, perde o termo $J(a\mathbf{d} + u\mathbf{c} + \mathbf{c} \odot \mathbf{d})$.

Exercício 54.2 (♦♦♦). Sejam $x, y \in \mathcal{K}^p$ tais que

$$\pi_p(x) = \pi_p(y) \quad \text{e} \quad [x, i, i] = [y, i, i].$$

Prove $x = y$ sem recorrer à escrita coordenada até o último passo. Em seguida, mostre por um exemplo que nenhuma das duas igualdades, tomada separadamente, determina o elemento.

Exercício 54.3 (♦♦♦♦). Suponha que $T : \mathcal{K}^p \to \mathcal{K}^p$ seja linear, preserve o canal complexo e a sonda associadora, isto é,

$$\pi_p(Tx) = \pi_p(x), \qquad [Tx, i, i] = [x, i, i] \quad (x \in \mathcal{K}^p).$$

Prove que $T = I$. Depois investigue quais hipóteses devem ser modificadas se se permite uma permutação dos idempotentes j_k. Distinga preservação dos rótulos de preservação apenas do conjunto de canais.

Observação 54.2 (Ponto de controle do Bloco I). O argumento decisivo é a decomposição intrínseca

$$x = \Re\pi_p(x)\,1 + \Im\pi_p(x)\,i + [x, i, i].$$

Sem a sonda associadora, todos os elementos com a mesma projeção em $\mathbb{C}$ continuariam indistinguíveis.

54.3 Multiplicadores, espectro e cálculo funcional

Exercício 54.4 (♦♦). Para $x = a + bi + J(\mathbf{c}) \in \mathcal{K}^p$, determine os blocos de M_x relativos à decomposição $\operatorname{span}\{1, i\} \oplus J(\ell^p)$ e sua ação em cada direção $\mathbb{R}j_k$. Identifique os valores espectrais gerados pelo bloco complexo e pelas coordenadas $a + c_k$. Explique por que a enumeração dos valores reais ainda conserva informação algébrica sobre os canais j_k.

Exercício 54.5 (♦♦♦). Construa dois elementos distintos de $\mathcal{K}^p$ cujos multiplicadores tenham o mesmo conjunto espectral, mas canais reais permutados. Mostre que o espectro como conjunto não reconstrói os rótulos, enquanto o operador juntamente com as projeções canônicas os reconstrói.

Exercício 54.6 (♦♦♦). Se f é holomorfa numa vizinhança do espectro de M_x, compare $f(M_x)$ com o multiplicador pelo valor funcional espacial. Localize os termos de diferença dividida que governam o acoplamento entre o bloco complexo e os canais reais. Determine a condição sob a qual o resultado permanece um multiplicador espacial.

Exercício 54.7 (♦♦♦♦). Escolha um elemento funcionalmente não degenerado e suponha que um cálculo holomorfo preserve a classe dos multiplicadores espaciais para toda função de uma álgebra que separa os pontos espectrais. Reconstrua a consequência de rigidez sobre os canais. Indique por que retirar a não degenerescência pode permitir colisões espectrais que destroem a conclusão.

Observação 54.3 (Ponto de controle do Bloco II). O teorema espectral clássico calcula $f(M_x)$, mas não afirma que esse operador ainda provém de um elemento de $\mathcal{K}^p$. Essa permanência é a questão espacial e deve ser demonstrada, não presumida.

54.4 Canais em fibrados e transferência geométrica

Seja U um referencial espacial e $P_r = U\pi_r U^{-1}$ a família de projetores transportados.

Exercício 54.8 (♦♦). Derive a identidade

$$\nabla_X P_r = U[\Omega_X, \pi_r]U^{-1}$$

a partir da diferenciação de P_r. Mostre que $\nabla P_r = 0$ para todo r equivale à ausência dos blocos intercanal de Ω.

Exercício 54.9 (♦♦♦). Considere três canais, o complexo e dois idempotentes. Construa uma conexão cuja matriz tenha apenas um bloco não nulo entre o canal complexo e j_1. Determine quais derivadas ∇P_r são não nulas e prove que o canal j_2 permanece paralelo.

Exercício 54.10 (♦♦♦♦). Suponha conhecida apenas a família de projetores P_r e suas derivadas covariantes. Reconstrua a parte intercanal da conexão e identifique a liberdade diagonal que permanece invisível. Explique por que os rótulos provenientes de $\mathcal{K}_m$ são necessários para distinguir os blocos reconstruídos.

Observação 54.4 (Ponto de controle do Bloco III). O desaparecimento de ∇P_r significa preservação geométrica dos canais, não trivialidade da conexão inteira. Blocos diagonais podem permanecer ativos sem transferir vetores entre canais distintos.

54.5 Diagnóstico completo na dinâmica MSG

Exercício 54.11 (♦♦). No referencial canônico, decomponha a força newtoniana de duas partículas em $\mathcal{K}_m$. Mostre que cada componente é paralela ao deslocamento do canal correspondente, mas que o coeficiente comum depende da distância total

$$R^2 = |z|^2 + \sum_k \eta_k^2.$$

Conclua que canais geometricamente fixos não são, em geral, dinamicamente independentes.

Exercício 54.12 (♦♦♦). Construa duas situações contrastantes:

1. projetores paralelos e força fisicamente acoplada;

2. projetores móveis e força confinada a um único canal.

Em cada caso, identifique separadamente $P_r F$ e $\mathcal{S}_r(\dot{\gamma}, \dot{\gamma})$.

Exercício 54.13 (♦♦♦♦). Formule e prove um critério de autonomia de um canal para forças independentes da velocidade. Sua prova deve usar a variação dos dados iniciais para eliminar o termo quadrático geométrico e a variação dos demais canais para testar a dependência física da força.

Escopo do Bloco IV

Trabalhe com número finito de partículas e em intervalos afastados das colisões. Os problemas não autorizam concluir existência global, resolver o problema geral de N corpos nem passar automaticamente a infinitas partículas.

54.6 Reconhecimento e estabilidade de torres KK

Considere dados de uma matriz de seta com incrementos da região ambiente Δ_k, transições g_k e incrementos escalares $\delta\alpha_k$.

Exercício 54.14 (♦♦). Fixado $\rho > 0$, prove que os dados provêm de um único elemento positivo $J(c) \in J(\ell^1_+) \subset \mathcal{K}^2$ se, e somente se,

$$\Delta_k \geq 0, \qquad g_k = \rho\Delta_k, \qquad \delta\alpha_k = \rho^2\Delta_k, \qquad \sum_k \Delta_k < \infty.$$

Reconstrua c e justifique sua unicidade.

Exercício 54.15 (♦♦♦). Suponha $\Delta_k > 0$ e defina

$$\rho_k^{(1)} = \frac{g_k}{\Delta_k}, \qquad \rho_k^{(2)} = \sqrt{\frac{\delta\alpha_k}{\Delta_k}}.$$

Mostre que uma inclinação espacial comum existe exatamente quando todas essas quantidades coincidem, com sinais compatíveis. Produza um conjunto positivo de dados que satisfaça a desigualdade de Schur, mas falhe nesse teste espacial.

Exercício 54.16 (♦♦♦). Para $c, d \in \ell^1_+$, mostre que a igualdade $\mathfrak{V}_\rho(c) = \mathfrak{V}_\rho(d)$ implica $c = d$ examinando as entradas diagonais da região ambiente. Explique por que não se deve usar, sem hipótese de ordem coordenada, a fórmula simplificada para a norma de traço da diferença.

Exercício 54.17 (♦♦♦♦). Considere uma torre coerente e seu complemento de Schur. Derive um certificado finito de estabilidade usando uma soma truncada e uma estimativa superior para a cauda positiva. Mostre por que o certificado é assimétrico e descreva a faixa de parâmetros que permanece indecidida após o truncamento.

Observação 54.5 (Ponto de controle do Bloco V). Positividade de uma matriz de seta não basta para provar origem espacial. A conclusão exige simultaneamente a lei dos três coeficientes, a somabilidade e a reconstrução por um único elemento positivo de $\mathcal{K}^2$.

54.7 Truncamento, limite infinito e decisão responsável

Exercício 54.18 (♦♦♦). Se $c \in \ell^1_+$ e $\Lambda_N \uparrow \mathbb{N}$, prove

$$\|\mathfrak{V}_\rho(c) - \mathfrak{V}_{\rho,N}(c)\|_1 = (1+\rho^2) \sum_{k \notin \Lambda_N} c_k.$$

Use a positividade para explicar por que esta identidade é mais forte que a mera convergência coordenada dos truncamentos.

Exercício 54.19 (♦♦♦). Considere uma família de trajetórias MSG truncadas nos primeiros N canais. Liste as estimativas uniformes que seriam necessárias para extrair um limite num intervalo regular: controle das trajetórias, separação de colisões, convergência das forças e controle da cauda em $\mathcal{K}^2$. Explique por que a existência de cada problema finito não fornece, sozinha, o problema infinito.

Exercício 54.20 (♦♦♦♦). Compare os dois limites infinitos do livro:

1. aumento do número de canais em $\mathcal{K}^2$;
2. aumento do número de partículas na dinâmica newtoniana.

Prove que o primeiro é controlado por uma norma interna da álgebra, enquanto o segundo requer hipóteses adicionais sobre massas, forças e acumulação de colisões. Conclua por que os dois processos não podem ser identificados.

Exercício 54.21 (♦♦♦♦). Elabore um diagrama de decisão para uma nova aplicação proposta sobre $\mathcal{K}^p$. O diagrama deve responder, nesta ordem:

1. quais dados são codificados por $1, i, j_k$;
2. qual identidade algébrica é observável;
3. como os canais são reconstruídos;
4. qual norma controla truncamentos;
5. quais afirmações permanecem apenas formais ou heurísticas.

A aplicação deve ser rejeitada como "espacial" se nenhuma conclusão depender das três primeiras etapas.

Observação 54.6 (Encerramento dos problemas). Os seis blocos percorrem a arquitetura completa do livro: produto, reconstrução, operadores, geometria de canais, dinâmica e aplicações positivas. A conclusão geral retomará essa cadeia para delimitar os resultados estabelecidos, as fronteiras do método e as direções de desenvolvimento que permanecem matematicamente abertas.

CAPÍTULO 55

Conclusão geral e perspectivas

O ponto de chegada

Este livro começou com uma pergunta elementar: como estender o plano complexo por direções reais adicionais sem perder a identidade do canal gerado por 1 e i? A resposta conduziu às álgebras espaciais $\mathcal{K}_m$, às versões infinitas $\mathcal{K}^p$, aos seus operadores de multiplicação e, finalmente, a uma geometria de canais capaz de sustentar aplicações rigorosamente delimitadas.
O resultado não é uma coleção de extensões formais de teoremas clássicos. O fio condutor é a possibilidade de nomear, transportar e reconstruir canais por meio da multiplicação espacial. Esta conclusão resume o que foi estabelecido, separa-o do que depende de hipóteses adicionais e indica quais prolongamentos preservam o conteúdo próprio da teoria.

55.1 A estrutura algébrica que organiza a teoria

A álgebra $\mathcal{K}_m$ contém um plano complexo canônico e m direções idempotentes mutuamente ortogonais para a multiplicação:

$$\mathcal{K}_m = \operatorname{span}_{\mathbb{R}}\{1, i\} \oplus \operatorname{span}_{\mathbb{R}}\{j_1, \ldots, j_m\}.$$

O plano complexo não é colocado ao lado de componentes reais independentes. Ele interage com elas por uma lei comutativa e não associativa. Essa falha de associatividade não é um inconveniente residual: ela guarda a informação que o quociente complexo apaga.

Na escala infinita, para $1 \leq p < \infty$, a decomposição

$$\mathcal{K}^p = \operatorname{span}_{\mathbb{R}}\{1, i\} \oplus J(\ell^p)$$

permanece compatível com a multiplicação canônica. O produto de Hadamard controla as coordenadas espaciais, enquanto a projeção $\pi_p : \mathcal{K}^p \to \mathbb{C}$ conserva o canal central.

Exemplo: A identidade de reconstrução

Para $x = a + bi + J(\mathbf{c}) \in \mathcal{K}^p$, o par intrínseco

$$\big(\pi_p(x), [x, i, i]\big) = \big(a + bi, J(\mathbf{c})\big)$$

determina exatamente x. Em particular,

$$\boxed{x = \Re\pi_p(x)\,1 + \Im\pi_p(x)\,i + [x, i, i].}$$

Essa fórmula concentra o princípio central do livro: o canal complexo e o defeito de associatividade são informações complementares.

O caso hilbertiano $\mathcal{K}^2$ acrescenta uma geometria métrica especialmente eficaz. Nele, os multiplicadores elementares exibem o acoplamento triangular cuja norma ótima é o número de ouro

$$\varphi = \frac{1 + \sqrt{5}}{2}.$$

Assim, a constante que apareceu graficamente em $\mathcal{K}_1$ reaparece no regime infinito como valor singular exato de um operador espacial canônico. Não se trata de coincidência numérica: ambos os casos provêm do mesmo bloco triangular gerado pela unidade e por um idempotente.

55.2 Do elemento ao operador

O operador de multiplicação $M_x : y \mapsto xy$ transforma a decomposição algébrica numa forma triangular. O bloco central registra a multiplicação complexa; os blocos reais registram as coordenadas $a + c_k$; e os termos fora da diagonal conservam a memória do acoplamento com a unidade.

Essa descrição permitiu obter fórmulas de espectro, resolvente, núcleo, invertibilidade e projeções espectrais. Entretanto, a passagem de x para M_x não autoriza ignorar a origem algébrica dos blocos. Dois operadores podem compartilhar o mesmo espectro como conjunto e ainda diferir na atribuição dos valores aos canais j_k.

O mesmo cuidado rege o cálculo funcional. A teoria holomorfa clássica define $f(M_x)$, mas a pergunta espacial é mais forte:

$$\text{existe } y \in \mathcal{K}^p \text{ tal que } f(M_x) = M_y?$$

Os critérios de permanência, as diferenças divididas e os resultados de rigidez desenvolvidos no livro respondem a essa pergunta sob hipóteses explícitas. Quando há colisões espectrais ou degenerescência funcional, a reconstrução pode perder informação e a conclusão precisa ser enfraquecida.

Observação 55.1 (O papel dos resultados clássicos). Teoremas clássicos de álgebra linear e análise funcional são instrumentos indispensáveis para calcular blocos, espectros e resolventes. O conteúdo espacial começa onde se demonstra que esses dados satisfazem relações impostas por $1, i, j_k$, pelo associador ou pela realização multiplicativa. Sem essa etapa, obtém-se um resultado operatorial correto, mas não um resultado próprio das álgebras espaciais.

55.3 Canais transportados e geometria

Nos fibrados espaciais, a decomposição canônica deixa de ser uma escolha fixa de coordenadas e passa a variar sobre a base. Um referencial U transporta os projetores π_r para

$$P_r = U\pi_r U^{-1}.$$

A transferência geométrica entre canais é medida por

$$\nabla_X P_r = U[\Omega_X, \pi_r]U^{-1}.$$

Desse modo, a parte intercanal da conexão é reconstruída a partir de dados geométricos observáveis, ao passo que a liberdade diagonal permanece dentro de cada canal.

A distinção entre esses dois níveis foi essencial em toda a parte geométrica:

1. $\nabla P_r = 0$ significa que a conexão preserva os canais;

2. isso não implica que a conexão seja nula;

3. tampouco implica que uma força constitutiva se decomponha em sistemas independentes.

Portanto, preservação algébrica, desacoplamento geométrico e autonomia dinâmica são propriedades diferentes. Elas coincidem apenas quando as hipóteses necessárias são verificadas separadamente.

55.4 O alcance das aplicações

As duas aplicações finais usam a estrutura espacial de modos distintos.

Geometria Multicanal Espectral

Na MSG, os canais de $\mathcal{K}_m$ são transportados por projetores e conexões. A equação por canais separa o termo físico projetado do defeito geométrico:

$$\nabla_{\dot{\gamma}}(P_r\dot{\gamma}) = P_rF + \mathcal{S}_r(\dot{\gamma}, \dot{\gamma}).$$

Essa identidade fornece um diagnóstico rigoroso do acoplamento, mas não resolve o problema geral de N corpos. Mesmo em referenciais canônicos, a força newtoniana continua dependente da distância total entre as partículas.

Os resultados dinâmicos obtidos valem para sistemas finitos, em intervalos regulares e sob afastamento quantitativo das colisões. Não foi provada existência global, nem uma teoria de infinitas partículas. A MSG newtoniana deve ser entendida como extensão matemática de uma lei constitutiva ao espaço da álgebra, e não como nova lei gravitacional observada.

Canais Kaluza–Klein positivos

Na aplicação KK, um elemento positivo $J(c) \in J(\ell^1_+) \subset \mathcal{K}^2$ gera uma torre de incrementos de posto um. A origem espacial é reconhecida pela lei comum

$$g_k = \rho\Delta_k, \qquad \delta\alpha_k = \rho^2\Delta_k,$$

acompanhada de positividade e somabilidade. Essas relações são mais fortes que a positividade geral de uma matriz de seta: elas permitem reconstruir de modo único o dado c e a inclinação ρ, quando esta não é previamente fixada e os canais não são degenerados.

A condição $c \in \ell^1_+$ fornece completamento positivo, classe de traço e controle exato das caudas. O complemento de Schur reduz a estabilidade da torre a um funcional escalar, e os truncamentos produzem certificados finitos com erro unilateral controlado.

Essa construção é uma teoria efetiva suavizada pelo núcleo do calor. Ela não foi derivada de uma compactificação top-down completa, nem identifica a MSG e a teoria KK como um único modelo físico.

55.5 Resultados, hipóteses e fronteiras

Tabela 55.1: Estatuto lógico das principais afirmações.

Estatuto	Conteúdo	Condição decisiva
Demonstrado	reconstrução de $x \in \mathcal{K}^p$	projeção complexa e associador
Demonstrado	teoria de M_x	estrutura triangular espacial
Demonstrado	reconstrução de canais em fibrados	projetores espaciais e conexão
Condicional	autonomia dinâmica por canal	defeito geométrico nulo e força autônoma
Demonstrado	reconhecimento da torre KK	três coeficientes, positividade e somabilidade em ℓ^1
Condicional	passagem de truncamentos ao limite	estimativas uniformes e cauda controlada
Não afirmado	existência global para MSG	análise dinâmica adicional
Não afirmado	sistema de infinitas partículas	massas, forças e colisões controladas
Não afirmado	derivação física top-down de KK	modelo microscópico independente

Três inferências que devem ser evitadas

Não se deve concluir que:

1. a existência de todos os truncamentos produz automaticamente um objeto infinito;
2. a diagonalização de um operador prova independência física dos canais;
3. uma parametrização matematicamente coerente constitui, por si só, uma teoria física observada.

Cada passagem exige hipóteses próprias e uma demonstração independente.

55.6 Programa de desenvolvimento

As direções futuras mais naturais são aquelas em que a estrutura espacial continua produzindo uma conclusão verificável.

Geometria e análise em $\mathcal{K}^p$

Uma primeira direção é aprofundar a geometria dos fibrados infinitos, estudando regularidade das conexões, curvaturas em classes de operadores e estabilidade dos canais sob perturbações. A escala ℓ^p deve permanecer visível nas hipóteses, pois diferentes valores de p controlam diferentes regimes de somabilidade e compacidade.

Outra direção é caracterizar, para classes mais amplas de funções, quando o cálculo funcional de M_x permanece dentro da realização espacial. O problema relevante não é apenas calcular $f(M_x)$, mas reconhecer e reconstruir o elemento espacial que o gera.

Limites dinâmicos

Uma teoria de infinitas partículas exigiria, no mínimo:

1. somabilidade apropriada das massas;
2. convergência controlada das séries de forças;
3. estimativas uniformes nos truncamentos;

4. exclusão ou controle de acumulações de colisões;

5. unicidade e estabilidade do limite obtido.

Esses itens constituem um programa de investigação, não consequências dos teoremas finitos deste livro.

Reconstrução de dados efetivos

Na teoria KK, pode-se estudar estabilidade inversa: dados aproximadamente coerentes devem determinar quantitativamente sua distância ao cone de torres espaciais. O objetivo seria converter resíduos da lei dos três coeficientes em estimativas para o elemento positivo reconstruído, preservando o controle de cauda e a decisão espectral.

Também é natural comparar diferentes funções de suavização e identificar quais propriedades dependem especificamente do núcleo do calor. Uma generalização só será genuinamente espacial se conservar um dado positivo em $\mathcal{K}^2$, uma lei de reconstrução e um controle intrínseco de truncamento.

Observação 55.2 (Critério para novas aplicações). Uma aplicação futura merece integrar a teoria quando responde a três perguntas: quais dados são codificados pelos canais espaciais? Qual identidade observável é forçada pela multiplicação? Como o dado algébrico é reconstruído? Se nenhuma conclusão depende dessas respostas, a aplicação pertence ao fundamentação clássica, não ao núcleo das álgebras espaciais.

55.7 Palavra final

As álgebras espaciais foram construídas como uma extensão natural do plano complexo por canais reais idempotentes. Ao longo do livro, essa ideia simples produziu uma cadeia coerente:

$$\boxed{\begin{array}{c}\text{produto} \longrightarrow \text{associador} \longrightarrow \text{reconstrução}\\ \text{operadores} \longrightarrow \text{canais geométricos} \longrightarrow \text{aplicações}\end{array}}$$

Em cada passagem, a informação espacial pôde ser testada e recuperada. Essa é a principal unidade da teoria: não apenas decompor um espaço, mas conservar a origem algébrica de seus canais através das transformações que atuam sobre eles.

A exposição teórica encerra-se, portanto, com uma fronteira precisa. De um lado estão as estruturas, identidades e critérios demonstrados. Do outro estão problemas abertos que exigem novas estimativas, novos teoremas de existência ou novas hipóteses físicas. Manter essa fronteira visível não reduz o alcance da teoria; é o que permite que seus próximos desenvolvimentos sejam matematicamente significativos.

CAPÍTULO 56

Respostas e sugestões aos exercícios

Como consultar este capítulo

As respostas seguem a ordem dos capítulos. Nos exercícios de cálculo direto, apresenta-se uma resolução completa. Nos problemas de demonstração ou síntese, indicam-se as etapas decisivas e justificam-se as passagens que poderiam causar ambiguidade. Sempre que pertinente, assinala-se se o argumento utiliza apenas uma teoria clássica de preparação ou se depende efetivamente da estrutura das álgebras espaciais.

56.1 Álgebras reais e associatividade

Exercício 1.1

Sejam

$$z_1 = a_1 + b_1 i, \quad z_2 = a_2 + b_2 i, \quad w = u + vi$$

e $\alpha, \beta \in \mathbb{R}$. Pela fórmula do produto complexo,

$$\begin{aligned}(\alpha z_1 + \beta z_2)w &= [(\alpha a_1 + \beta a_2) + (\alpha b_1 + \beta b_2)i](u + vi) \\ &= \alpha[(a_1 u - b_1 v) + (a_1 v + b_1 u)i] \\ &\quad + \beta[(a_2 u - b_2 v) + (a_2 v + b_2 u)i] \\ &= \alpha z_1 w + \beta z_2 w.\end{aligned}$$

O mesmo cálculo na segunda variável fornece $z(\alpha w_1 + \beta w_2) = \alpha z w_1 + \beta z w_2$. Logo, a multiplicação de $\mathbb{C}$, considerada sobre $\mathbb{R}$, é bilinear. Trata-se de preparação clássica; nenhuma propriedade específica de $\mathcal{K}_m$ é utilizada.

Exercício 1.2

A tabela completa é

$$\begin{array}{c|ccc} \cdot & 1 & i & j \\ \hline 1 & 1 & i & j \\ i & i & -1 & 0 \\ j & j & 0 & j \end{array}.$$

Pela bilinearidade,

$$\begin{aligned}(2-i+3j)(1+2i-j) &= 2+4i-2j-i-2i^2+ij+3j+6ji-3j^2 \\ &= 2+4i-2j-i+2+3j-3j \\ &= \boxed{4+3i-2j}.\end{aligned}$$

Aqui a tabela de $\mathcal{K}_1$ é essencial, em particular $ij = ji = 0$ e $j^2 = j$.

Exercício 1.3

Para quaisquer $x_1, x_2, y \in A$ e $\alpha, \beta \in \mathbb{R}$,

$$(\alpha x_1 + \beta x_2)y = 0 = \alpha(x_1 y) + \beta(x_2 y).$$

A linearidade na segunda variável é análoga; logo, o produto é bilinear. Além disso, $(xy)z = 0 = x(yz)$, de modo que a álgebra é associativa.

Se e fosse uma unidade, então $x = ex = 0$ para todo $x \in A$, donde $A = \{0\}$. Reciprocamente, no espaço vetorial nulo, o único elemento 0 satisfaz as identidades de unidade. Portanto, a álgebra de produto nulo possui unidade se, e somente se, $A = \{0\}$.

Exercício 1.4

Considere

$$A = \begin{pmatrix} 1 & 0 \\ 0 & 0 \end{pmatrix}, \qquad B = \begin{pmatrix} 0 & 0 \\ 0 & 1 \end{pmatrix}.$$

As duas matrizes são não nulas e $AB = 0$. A existência de I_2 significa apenas que $I_2 X = X I_2 = X$ para toda matriz X; não implica que todo elemento não nulo seja invertível, nem exclui divisores de zero. Não há, portanto, contradição.

Exercício 1.5

Para vetores da base,

$$\begin{aligned}(e_r e_s)e_t &= \sum_{u=1}^{n} \left(\sum_{q=1}^{n} c_{rs}^{q} c_{qt}^{u} \right) e_u, \\ e_r(e_s e_t) &= \sum_{u=1}^{n} \left(\sum_{q=1}^{n} c_{st}^{q} c_{rq}^{u} \right) e_u.\end{aligned}$$

Pela independência linear dos e_u, a igualdade dessas expressões equivale ao sistema indicado no enunciado. Se a álgebra é associativa, as identidades são necessárias. Reciprocamente, se valem para todos os índices, o associador se anula nas ternas da base e, por trilinearidade, em toda terna de elementos de A. Logo, a álgebra é associativa.

Exercício 1.6

A necessidade é imediata. Para a recíproca, suponha que $T(e_r e_s) = T(e_r)T(e_s)$ para todos os pares de uma base $\{e_1, \dots, e_n\}$ de A. Se $x = \sum_r x_r e_r$ e $y = \sum_s y_s e_s$, então

$$T(xy) = \sum_{r,s} x_r y_s T(e_r e_s) = \sum_{r,s} x_r y_s T(e_r)T(e_s)$$
$$= \left(\sum_r x_r T(e_r)\right)\left(\sum_s y_s T(e_s)\right) = T(x)T(y).$$

Foram usadas a linearidade de T e a bilinearidade dos produtos. Portanto, basta verificar a identidade nos pares da base.

Exercício 1.7

As identidades do produto vetorial triplo fornecem

$$(x \times y) \times z = (x \cdot z)y - (y \cdot z)x$$

e

$$x \times (y \times z) = (x \cdot z)y - (x \cdot y)z.$$

Subtraindo, obtém-se

$$[x, y, z] = (x \times y) \times z - x \times (y \times z) = (x \cdot y)z - (y \cdot z)x.$$

Para $x = y = e_1$ e $z = e_2$,

$$[e_1, e_1, e_2] = e_2 \neq 0.$$

Logo, o associador não é identicamente nulo e $(\mathbb{R}^3, \times)$ não é associativa.

56.2 Subestruturas e operadores de multiplicação

Exercício 2.1

Seja $L = \mathbb{R}(a, b)$ uma reta, com $(a, b) \neq (0, 0)$. Como $(\alpha a, \alpha b)(\beta a, \beta b) = \alpha\beta(a^2, b^2)$, a reta é uma subálgebra se, e somente se, existe $\lambda \in \mathbb{R}$ tal que

$$a^2 = \lambda a, \qquad b^2 = \lambda b.$$

Se uma das coordenadas é nula, obtêm-se os eixos $\mathbb{R}(1, 0)$ e $\mathbb{R}(0, 1)$. Se $ab \neq 0$, as duas equações dão $\lambda = a = b$, e resulta a diagonal $\mathbb{R}(1, 1)$. Portanto, essas são exatamente as três subálgebras unidimensionais.

Os dois eixos são ideais, pois o produto coordenada a coordenada preserva cada um deles. A diagonal não é ideal: por exemplo,

$$(1,0)(1,1) = (1,0) \notin \mathbb{R}(1,1).$$

Exercício 2.2

As colunas abaixo são as coordenadas das imagens de $1, i, j$, nessa ordem. Das relações $i^2 = -1$, $ij = 0$ e $j^2 = j$, segue que

$$[L_1]_{\{1,i,j\}} = \begin{pmatrix} 1 & 0 & 0 \\ 0 & 1 & 0 \\ 0 & 0 & 1 \end{pmatrix},$$

$$[L_i]_{\{1,i,j\}} = \begin{pmatrix} 0 & -1 & 0 \\ 1 & 0 & 0 \\ 0 & 0 & 0 \end{pmatrix}, \qquad [L_j]_{\{1,i,j\}} = \begin{pmatrix} 0 & 0 & 0 \\ 0 & 0 & 0 \\ 1 & 0 & 1 \end{pmatrix}.$$

Essas matrizes já exibem a estrutura operatorial de $\mathcal{K}_1$: o canal complexo e o canal idempotente não formam blocos independentes por causa da ação de L_j sobre a unidade.

Exercício 2.3

Seja $(I_\gamma)_{\gamma\in\Gamma}$ uma família não vazia de ideais e ponha $I = \bigcap_{\gamma\in\Gamma} I_\gamma$. A interseção de subespaços é um subespaço. Se $u \in I$ e $a \in A$, então, para todo γ,

$$au \in I_\gamma, \qquad ua \in I_\gamma.$$

Logo, $au, ua \in I$, e I é um ideal.

Para $S \subseteq A$, considere a família de todos os ideais que contêm S. Ela é não vazia, pois contém A. Sua interseção é um ideal que contém S e está contido em qualquer outro ideal com essa propriedade; portanto, é o menor ideal que contém S.

Exercício 2.4

Suponha que $x \in I$ possua inverso bilateral $y \in A$. Como I é um ideal, $xy \in I$. Mas $xy = 1_A$, de modo que $1_A \in I$. Pela proposição sobre ideais de álgebras unitais, isso implica $I = A$, em contradição com a hipótese de que I é próprio. Logo, nenhum elemento de I possui inverso bilateral em A.

Exercício 2.5

Seja $T : A \to B$ sobrejetivo e ponha $e = T(1_A)$. Para cada $b \in B$, existe $a \in A$ tal que $b = T(a)$. Pela multiplicatividade,

$$eb = T(1_A)T(a) = T(1_A a) = T(a) = b$$

e, analogamente, $be = b$. Assim, e é uma unidade de B. Pela unicidade da unidade, $T(1_A) = e = 1_B$. O argumento não utiliza associatividade nem comutatividade.

Exercício 2.6

Define-se

$$\widehat{T}(x+I) := T(x).$$

Se $x+I = y+I$, então $x-y \in I \subseteq \ker T$, logo $T(x) = T(y)$; portanto, $\widehat{T}$ está bem definida. A linearidade é imediata e

$$\widehat{T}((x+I)(y+I)) = T(xy) = T(x)T(y) = \widehat{T}(x+I)\widehat{T}(y+I).$$

Além disso, $(\widehat{T} \circ \pi)(x) = \widehat{T}(x+I) = T(x)$. Se $S : A/I \to B$ é outro homomorfismo com $T = S \circ \pi$, então $S(x+I) = S(\pi(x)) = T(x) = \widehat{T}(x+I)$. Logo, a fatoração é única.

Exercício 2.7

Pela definição $R_y(x) = xy$, tem-se

$$R_z R_y(x) = R_z(xy) = (xy)z, \qquad R_{yz}(x) = x(yz).$$

Consequentemente,

$$(R_z R_y - R_{yz})x = (xy)z - x(yz) = [x,y,z].$$

A ordem $R_z R_y$ aparece porque primeiro se multiplica x à direita por y e, em seguida, o resultado à direita por z. Na composição de operadores, a operação executada primeiro é a que está mais à direita.

Exercício 2.8

Como A é comutativa, $yx = xy$. Assim,

$$\begin{aligned}[y,x,z] - [x,y,z] &= (yx)z - y(xz) - (xy)z + x(yz) \\ &= x(yz) - y(xz) \\ &= L_x L_y z - L_y L_x z = [L_x, L_y]z.\end{aligned}$$

No protótipo tridimensional, para $x = i$, $y = j$ e $z = i$,

$$[L_i, L_j]i = L_i(ji) - L_j(i^2) = 0 - L_j(-1) = j.$$

Por outro lado,

$$[j,i,i] = j, \qquad [i,j,i] = 0,$$

e o lado direito também é j. A não comutatividade dos operadores de multiplicação, apesar da comutatividade do produto em $\mathcal{K}_1$, é uma manifestação direta da não associatividade espacial.

56.3 Idempotentes, divisores de zero e inversibilidade

Exercício 3.1

Um elemento $(a, b) \in \mathbb{R} \times \mathbb{R}$ é idempotente se, e somente se,

$$(a^2, b^2) = (a, b).$$

Logo, $a, b \in \{0, 1\}$, e os idempotentes são

$$\boxed{(0,0),\ (1,0),\ (0,1),\ (1,1)}.$$

Exercício 3.2

As relações do protótipo fornecem

$$j^2 = j$$

e

$$(1-j)^2 = 1 - 2j + j^2 = 1 - j.$$

Além disso,

$$j(1-j) = j - j^2 = 0, \qquad (1-j)j = j - j^2 = 0,$$

e $j + (1-j) = 1$. Portanto, j e $1-j$ são idempotentes ortogonais cuja soma é a unidade.

Exercício 3.3

Seja e um idempotente não trivial. Então $e \neq 0$ e $1_A - e \neq 0$, pois $e \neq 1_A$. Como

$$e(1_A - e) = e - e^2 = 0$$

e também $(1_A - e)e = 0$, o elemento e é divisor de zero à esquerda e à direita. Não foi utilizada associatividade.

Exercício 3.4

Se $y_1 \neq y_2$ são inversos à direita de x, então

$$xy_1 = 1_A = xy_2.$$

Pela bilinearidade,

$$x(y_1 - y_2) = 0.$$

Como $y_1 - y_2 \neq 0$, conclui-se que x é divisor de zero à esquerda.

Exercício 3.5

Para $y = u + vi + dj$,

$$L_i(y) = iy = ui + vi^2 + dij = -v + ui.$$

Assim, $L_i(y) = 0$ se, e somente se, $u = v = 0$, enquanto d é livre. Portanto,

$$\boxed{\ker L_i = \mathbb{R}j}.$$

A equação $iy = 1$ equivale a $-v + ui = 1$, isto é, $u = 0$ e $v = -1$. Logo, seu conjunto de soluções é a reta afim

$$\boxed{y = -i + dj, \qquad d \in \mathbb{R}},$$

obtida somando uma solução particular a $\ker L_i$.

Exercício 3.6

Para $x = a + bi + cj \neq 0$, a comutatividade permite usar apenas L_x. Pelo critério do determinante, x é divisor de zero se, e somente se,

$$(a^2 + b^2)(a + c) = 0.$$

O primeiro fator se anula exatamente quando $a = b = 0$, produzindo os múltiplos não nulos de j. O segundo se anula quando $c = -a$. Portanto, o conjunto dos divisores de zero é

$$\boxed{\{cj : c \in \mathbb{R} \setminus \{0\}\} \cup \{a + bi - aj : (a,b) \neq (0,0)\}.}$$

As restrições indicadas excluem o elemento zero.

Exercício 3.7

Se $x = a + bi + cj$ possui inverso $y = u + vi + dj$, a componente complexa de $xy = 1$ exige $a^2 + b^2 \neq 0$ e

$$u = \frac{a}{a^2 + b^2}, \qquad v = -\frac{b}{a^2 + b^2}.$$

A componente em j fornece

$$(a + c)d + cu = 0.$$

Se $a + c \neq 0$, há uma única solução para d, e x é regular. Se $a + c = 0$, a equação exige $cu = 0$. Como $c = -a$, segue que

$$cu = -\frac{a^2}{a^2 + b^2} = 0,$$

logo $a = c = 0$ e $b \neq 0$. Nesse caso, $x = bi$, e

$$(bi)\left(-\frac{1}{b}i + dj\right) = 1 \qquad (d \in \mathbb{R}).$$

Assim, os elementos multiplicativamente invertíveis são exatamente os elementos regulares e os múltiplos não nulos de i.

Exercício 3.8

Considere a álgebra unital não comutativa $\mathcal{B}(\ell^2)$ dos operadores lineares limitados em ℓ^2. Seja $(e_n)_{n \geq 1}$ a base canônica e definam-se o deslocamento unilateral S e o deslocamento para trás L por

$$Se_n = e_{n+1}, \qquad Le_1 = 0, \qquad Le_{n+1} = e_n.$$

Então $LS = I$. Logo, S é um inverso à direita de L. Entretanto, L não possui inverso à esquerda: se $TL = I$, então

$$e_1 = Ie_1 = TLe_1 = T0 = 0,$$

uma contradição. O fenômeno é possível porque, em dimensão infinita, L é sobrejetivo sem ser injetivo. Em dimensão finita, um operador linear é sobrejetivo se, e somente se, é injetivo; por isso, uma matriz quadrada com inverso unilateral possui automaticamente inverso bilateral.

56.4 As álgebras espaciais como extensões de $\mathbb{C}$

Exercício 4.1

Pela fórmula do produto em $\mathcal{K}_1$,

$$\begin{aligned}(1+i+j)(-1+i+2j) &= (-1-1)+(1-1)i \\ &\quad + (1\cdot 2+(-1)\cdot 1+1\cdot 2)j \\ &= -2+3j.\end{aligned}$$

Sob a identificação com $\mathbb{R}^3$, o resultado é $\boxed{(-2,0,3)}$, exatamente o vetor representado na figura 4.1.

Exercício 4.2

Para

$$x = 1+i+j_1, \qquad y = 2-i+j_1+3j_2,$$

a componente complexa é

$$(1+i)(2-i) = 3+i.$$

As componentes espaciais são

$$1\cdot 1+2\cdot 1+1\cdot 1 = 4$$

no canal j_1, e

$$1\cdot 3+2\cdot 0+0\cdot 3 = 3$$

no canal j_2. Portanto,

$$\boxed{xy = 3+i+4j_1+3j_2}.$$

Exercício 4.3

Considere a inclusão

$$\iota_m : \mathcal{K}_m \longrightarrow \mathcal{K}_{m+1}, \qquad a+bi+\sum_{k=1}^{m} c_k j_k \longmapsto a+bi+\sum_{k=1}^{m} c_k j_k + 0j_{m+1}.$$

Ela é linear, injetiva e envia a unidade de $\mathcal{K}_m$ na unidade de $\mathcal{K}_{m+1}$. Se $x, y \in \mathcal{K}_m$, a fórmula do produto em $\mathcal{K}_{m+1}$ coincide, nos primeiros m canais, com a fórmula em $\mathcal{K}_m$; a coordenada de j_{m+1} permanece nula. Logo,

$$\iota_m(xy) = \iota_m(x)\iota_m(y).$$

Assim, a cadeia $\mathcal{K}_1 \subset \mathcal{K}_2 \subset \cdots$ preserva tanto a unidade quanto o produto espacial.

Exercício 4.4

Para $x = a + bi + cj$,

$$xi = -b + ai.$$

Portanto, $xi = 0$ se, e somente se, $a = b = 0$. Geometricamente, o anulador de i é o eixo espacial

$$\boxed{\mathbb{R}j = \{(0,0,c) : c \in \mathbb{R}\}}.$$

Por outro lado,

$$xj = (a + c)j.$$

Logo, $xj = 0$ se, e somente se, $a + c = 0$. O anulador de j é o plano

$$\boxed{\{(a,b,c) \in \mathbb{R}^3 : a + c = 0\}}.$$

Exercício 4.5

A base de A_m é $\{1, j_1, \ldots, j_m\}$. Toda terna que contém 1 possui associador nulo porque 1 é a unidade. Para três idempotentes da base, use

$$j_k j_\ell = \delta_{k\ell} j_k.$$

Então

$$(j_k j_\ell) j_r = \delta_{k\ell}\delta_{kr} j_k,$$

enquanto

$$j_k (j_\ell j_r) = \delta_{\ell r}\delta_{k\ell} j_k.$$

Se $k \neq \ell$, ambos os lados são nulos; se $k = \ell$, tem-se $\delta_{kr} = \delta_{\ell r}$. Logo, os dois lados sempre coincidem. Pela trilinearidade do associador, A_m é associativa.

O isomorfismo $A_m \cong \mathbb{R}^{m+1}$ fornece uma verificação mais conceitual: o produto coordenada a coordenada em $\mathbb{R}^{m+1}$ é associativo, e isomorfismos de álgebras preservam identidades algébricas.

Exercício 4.6

Todo $x \in \mathcal{K}_m$ possui decomposição única

$$x = z + u, \qquad z \in \mathbb{C}_m, \quad u \in J_m.$$

Se $P : \mathcal{K}_m \to \mathbb{C}_m$ é linear, restringe-se à identidade em $\mathbb{C}_m$ e possui núcleo J_m, então

$$P(x) = P(z) + P(u) = z.$$

Mas $z = \pi_{\mathbb{C}}(x)$. Portanto, $P = \pi_{\mathbb{C}}$, o que prova a unicidade.

Exercício 4.7

Para $x \neq 0$, a melhor razão obtida com um segundo fator variável é

$$\frac{\|L_x y\|_2}{\|x\|_2 \|y\|_2},$$

cujo máximo em y é $\|L_x\|_{\mathrm{op}} / \|x\|_2$. Uma busca numérica sobre a esfera $a^2 + b^2 + c^2 = 1$, seguida de refinamento pelos valores singulares de

$$[L_x] = \begin{pmatrix} a & -b & 0 \\ b & a & 0 \\ c & 0 & a+c \end{pmatrix},$$

fornece aproximadamente

$$\boxed{C_1 \approx 1{,}644490529}.$$

Esse valor é bem menor que a constante uniforme demonstrada no capítulo,

$$\sqrt{1+\varphi^2} \approx 1{,}902113033.$$

O máximo numérico ocorre, a menos de sinais simultâneos, próximo de

$$x = y = \frac{1+tj}{\sqrt{1+t^2}}, \qquad t \approx 1{,}481194304.$$

Na fatia $x = y = (1+tj)/\sqrt{1+t^2}$, a razão ao quadrado é

$$Q(t) = \frac{1+(2t+t^2)^2}{(1+t^2)^2},$$

e seus pontos críticos não nulos satisfazem

$$t^3 + t^2 - 3t - 1 = 0.$$

Isso sugere a conjectura de que a melhor constante euclidiana em $\mathcal{K}_1$ é

$$\boxed{C_1 = \frac{\sqrt{1+(2t_* + t_*^2)^2}}{1+t_*^2},}$$

onde t_* é a raiz positiva de $t^3 + t^2 - 3t - 1 = 0$. A busca numérica sustenta a conjectura, mas não substitui uma prova de maximalidade global.

56.5 O associador e as leis de associatividade

Exercício 5.1

Usando somente as relações $i^2 = -1$, $ij_k = j_k i = 0$ e $j_k^2 = j_k$, obtém-se

$$[i, i, j_k] = (i^2)j_k - i(ij_k) = (-1)j_k - i0 = -j_k$$

e

$$[j_k, i, i] = (j_k i)i - j_k(i^2) = 0i - j_k(-1) = j_k.$$

Como $j_k \neq 0$, a primeira igualdade exibe a falha da alternatividade à esquerda, e a segunda exibe a falha da alternatividade à direita. Ambas dependem diretamente do acoplamento característico entre o canal complexo e os canais idempotentes de $\mathcal{K}_m$.

Exercício 5.2

Para

$$x = 1 + i + 2j, \qquad y = 2 - i + j, \qquad z = i - 3j,$$

a fórmula do produto em $\mathcal{K}_1$ fornece

$$xy = 3 + i + 7j.$$

Multiplicando o resultado por z,

$$(xy)z = (3 + i + 7j)(i - 3j) = -1 + 3i - 30j.$$

Por outro lado,

$$yz = (2 - i + j)(i - 3j) = 1 + 2i - 9j$$

e, portanto,

$$x(yz) = (1 + i + 2j)(1 + 2i - 9j) = -1 + 3i - 25j.$$

Logo,

$$\boxed{[x, y, z] = -5j}.$$

Isso coincide com a fórmula geral: aqui $b = 1$, $v = -1$, $s = 1$, $c = 2$ e $e = -3$, de modo que

$$vsc - bve = (-1)(1)(2) - (1)(-1)(-3) = -5.$$

Exercício 5.3

Escreva $x = a + bi + J(\mathbf{c})$ e deixe y arbitrário, com coordenada imaginária complexa v. Ao substituir $z = x$ na fórmula geral, as coordenadas externas satisfazem $s = b$ e $\mathbf{e} = \mathbf{c}$. Assim,

$$[x, y, x] = J(vb\,\mathbf{c} - bv\,\mathbf{c}) = 0.$$

O argumento usa diretamente a forma espacial do associador e não recorre à comutatividade.

Exercício 5.4

Para $x = a + bi + cj$, a fórmula do defeito de quarta potência reduz-se a

$$x^2x^2 - x(x^3) = -b^2c^2j.$$

Como $j \neq 0$ e $b, c \in \mathbb{R}$, as duas expressões coincidem se, e somente se, $b^2c^2 = 0$, isto é,

$$\boxed{b = 0 \quad \text{ou} \quad c = 0.}$$

Geometricamente, o conjunto procurado é a união do plano associativo $A_1 = \operatorname{span}_{\mathbb{R}}\{1, j\}$ com o plano complexo $\mathbb{C}_1 = \operatorname{span}_{\mathbb{R}}\{1, i\}$.

Exercício 5.5

Se as coordenadas imaginárias complexas de x, y, z são, respectivamente, b, v, s, e as coordenadas espaciais externas são $\mathbf{c}, \mathbf{e}$, então

$$[x, y, z] = J(vs\,\mathbf{c} - bv\,\mathbf{e}).$$

Ao trocar as variáveis externas,

$$[z, y, x] = J(vb\,\mathbf{e} - sv\,\mathbf{c}) = -[x, y, z].$$

Para a polarização, escreva $A(x, y, z) = [x, y, z]$. A trilinearidade e a flexibilidade implicam

$$0 = A(x + z, y, x + z) = A(x, y, z) + A(z, y, x),$$

pois os termos diagonais se anulam. Logo, A é antissimétrico nas variáveis externas. Reciprocamente, a antissimetria dá $A(x, y, x) = -A(x, y, x)$; sobre $\mathbb{R}$, segue que $A(x, y, x) = 0$. Portanto, as duas propriedades são equivalentes.

Exercício 5.6

Fixe

$$x = a + bi + J(\mathbf{c}), \qquad z = r + si + J(\mathbf{e}).$$

Se v é a coordenada imaginária complexa de y, então

$$[x, y, z] = J(v(s\mathbf{c} - b\mathbf{e}))\,.$$

Como v pode assumir qualquer valor real, esse associador se anula para todo $y \in \mathcal{K}_m$ se, e somente se,

$$\boxed{s\mathbf{c} = b\mathbf{e}.}$$

Equivalentemente, os pares classificam-se da seguinte maneira:

- se $b = s = 0$, os vetores $\mathbf{c}$ e $\mathbf{e}$ são arbitrários;
- se $b = 0$ e $s \neq 0$, deve-se ter $\mathbf{c} = 0$, enquanto $\mathbf{e}$ é arbitrário;
- se $b \neq 0$, deve-se ter $\mathbf{e} = (s/b)\mathbf{c}$.

As coordenadas reais a, r são livres em todos os casos.

Exercício 5.7

Para $x = i + j$, a convenção à esquerda produz

$$x^{[2]} = (i+j)^2 = -1 + j,$$
$$x^{[3]} = (-1+j)(i+j) = -i,$$
$$x^{[4]} = (-i)(i+j) = 1.$$

Entretanto,

$$(x^2)(x^2) = (-1+j)^2 = 1 - j.$$

Portanto,

$$\boxed{x^{[4]} = 1 \neq 1 - j = (x^2)(x^2).}$$

Ao definir uma série de potências em $\mathcal{K}_m$, não basta escrever $\sum_{n \geq 0} a_n x^n$: é indispensável declarar uma convenção de parentização para cada potência. A convenção à esquerda adotada no capítulo seguinte torna os termos inequívocos; sem ela, já o grau quatro pode produzir valores distintos.

56.6 Potências à esquerda

Exercício 6.1

Para $x = 1 + i + j$, tem-se $z = 1 + i$, $c = 1$ e escala espacial $\lambda = 1 + c = 2$. A recorrência

$$\gamma^{(n+1)} = 2\gamma^{(n)} + \Re(z^n), \qquad \gamma^{(1)} = 1,$$

fornece

$$\gamma^{(2)} = 3, \qquad \gamma^{(3)} = 6, \qquad \gamma^{(4)} = 10.$$

Como

$$z^2 = 2i, \qquad z^3 = -2 + 2i, \qquad z^4 = -4,$$

conclui-se que

$$\boxed{x^{[2]} = 2i + 3j, \qquad x^{[3]} = -2 + 2i + 6j, \qquad x^{[4]} = -4 + 10j.}$$

O cálculo evidencia a separação característica de $\mathcal{K}_1$: as componentes complexas são as potências usuais de $1 + i$, enquanto o canal idempotente obedece a uma recorrência forçada por suas partes reais.

Exercício 6.2

Agora $z = i$, $a = 0$, $c = 1$ e $\lambda = 1$. Logo,

$$\gamma^{(n+1)} = \gamma^{(n)} + \Re(i^n), \qquad \gamma^{(1)} = 1.$$

Usando sucessivamente $\Re(i) = 0$, $\Re(i^2) = -1$, $\Re(i^3) = 0$ e $\Re(i^4) = 1$, obtém-se

$$\gamma^{(1)}, \ldots, \gamma^{(5)} = 1, 1, 0, 0, 1.$$

Combinando esses valores com as potências complexas de i, resulta

$$x^{[1]} = i + j, \qquad x^{[2]} = -1 + j, \qquad x^{[3]} = -i,$$
$$x^{[4]} = 1, \qquad x^{[5]} = i + j.$$

O quinto termo retorna ao primeiro, sugerindo o ciclo de comprimento quatro que será demonstrado no Exercício 6.5.

Exercício 6.3

Se $x \in \mathbb{C}_m$, todas as suas coordenadas espaciais são nulas. Como $\mathbb{C}_m$ é uma subálgebra associativa isomorfa a $\mathbb{C}$, a afirmação já segue da definição recursiva. Explicitamente, para $n = 0$, $x^{[0]} = 1 = x^0$. Se $x^{[n]} = x^n$ no sentido complexo usual, então

$$x^{[n+1]} = x^{[n]}x = x^n x = x^{n+1}.$$

Por indução,

$$\boxed{x^{[n]} = x^n \quad \text{para todo } n \geq 0.}$$

Em termos da recorrência espacial, a mesma conclusão decorre de $c_k = 0$, que implica $\gamma_k^{(n)} = 0$ em todos os canais.

Exercício 6.4

Para $x = a + cj$, a parte complexa é o número real a, e a única escala espacial é $\lambda = a + c$. A fórmula fechada fornece

$$\begin{aligned} \gamma^{(n)} &= c \sum_{r=0}^{n-1} (a+c)^{n-1-r} a^r \\ &= (a+c)^n - a^n. \end{aligned}$$

Portanto,

$$\boxed{(a + cj)^{[n]} = a^n + ((a+c)^n - a^n)j, \qquad n \geq 0.}$$

Para conferir pelo isomorfismo, considere

$$\Phi : A_1 \longrightarrow \mathbb{R}^2, \qquad \Phi(a + cj) = (a, a + c),$$

em que $\mathbb{R}^2$ possui produto coordenada a coordenada. Então

$$\Phi(x)^n = (a^n, (a+c)^n).$$

Aplicando $\Phi^{-1}(u, v) = u + (v - u)j$, recupera-se exatamente a fórmula acima. Nesse setor associativo, a convenção de parentização não altera o resultado.

Exercício 6.5

Para $x = i + j$, a fórmula fechada assume a forma

$$x^{[n]} = i^n + \gamma^{(n)} j, \qquad \gamma^{(n)} = \sum_{r=0}^{n-1} \Re(i^r).$$

As partes reais de $1, i, -1, -i$ são $1, 0, -1, 0$, cuja soma é zero. Assim, para todo $n \geq 1$,

$$\gamma^{(n+4)} - \gamma^{(n)} = \sum_{r=n}^{n+3} \Re(i^r) = 0.$$

Além disso, $i^{n+4} = i^n$. Consequentemente,

$$x^{[n+4]} = x^{[n]} \qquad (n \geq 1).$$

Os quatro primeiros termos são

$$i + j, \quad -1 + j, \quad -i, \quad 1,$$

e são dois a dois distintos. Logo, o período mínimo é exatamente quatro.

Exercício 6.6

Defina

$$\rho = \max\{|z|, |\lambda_1|, \ldots, |\lambda_m|\}.$$

As hipóteses garantem $0 \leq \rho < 1$. Se $\rho = 0$, então $x = 0$, e a conclusão é imediata. Se $0 < \rho < 1$, a estimativa de crescimento dá

$$\|x^{[n]}\|_2 \leq \rho^n + n\|\mathbf{c}\|_2 \rho^{n-1}.$$

O primeiro termo tende a zero. Para o segundo, escolha q com $\rho < q < 1$. Como $n(\rho/q)^{n-1} \to 0$, existe N tal que $n\rho^{n-1} \leq q^{n-1}$ para $n \geq N$; logo esse termo também tende a zero. Portanto,

$$\boxed{x^{[n]} \longrightarrow 0 \quad \text{em } \mathcal{K}_m.}$$

O critério envolve simultaneamente o módulo da projeção complexa e todas as escalas espaciais, não apenas a norma de uma única componente.

Exercício 6.7

Para $n \geq 1$, a identidade algébrica

$$\lambda_k^n - z^n = (\lambda_k - z) \sum_{r=0}^{n-1} \lambda_k^{n-1-r} z^r$$

implica, quando $\lambda_k \neq z$,

$$\sum_{r=0}^{n-1} \lambda_k^{n-1-r} z^r = \frac{\lambda_k^n - z^n}{\lambda_k - z}.$$

Como λ_k é real, tomar partes reais e multiplicar por c_k fornece

$$\boxed{\gamma_k^{(n)} = c_k \Re\left(\frac{\lambda_k^n - z^n}{\lambda_k - z}\right).}$$

Resta analisar $\lambda_k = z$. Como $\lambda_k = a + c_k \in \mathbb{R}$ e $z = a + bi$, a igualdade força $b = 0$ e $c_k = 0$. Logo, a coordenada espacial inicial desse canal é nula e a recorrência dá

$$\boxed{\gamma_k^{(n)} = 0 \quad \text{para todo } n \geq 0.}$$

A soma polinomial antes da multiplicação por c_k vale na^{n-1} para $n \geq 1$, que é também o limite da diferença dividida; o coeficiente espacial continua nulo porque $c_k = 0$.

56.7 A exponencial espacial

Exercício 7.1

Os dois elementos pertencem ao setor associativo A_1. Aplicando

$$\exp_{\mathcal{K}_1}(a + cj) = e^a + \left(e^{a+c} - e^a\right)j,$$

obtém-se

$$\boxed{\exp_{\mathcal{K}_1}(2j) = 1 + (e^2 - 1)j}$$

e

$$\boxed{\exp_{\mathcal{K}_1}(1 - j) = e + (1 - e)j.}$$

Na segunda igualdade, as duas escalas reais são $a = 1$ e $a + c = 0$; por isso, as coordenadas espectrais da resposta são e e 1.

Exercício 7.2

Como $0^{[0]} = 1$ e $0^{[n]} = 0$ para $n \geq 1$, a série definidora dá

$$\boxed{\exp_{\mathcal{K}_m}(0) = 1.}$$

Se $x \in \mathbb{C}_m$, todas as coordenadas espaciais de x são nulas e, pelo Exercício 6.3, $x^{[n]} = x^n$ no sentido complexo usual. Portanto,

$$\exp_{\mathcal{K}_m}(x) = \sum_{n=0}^{\infty} \frac{x^n}{n!} = e^x.$$

Assim, a construção espacial estende literalmente a exponencial complexa no plano canônico $\mathbb{C}_m$.

Exercício 7.3

Para $x = 2i + 3j$, tem-se $a = 0$, $b = 2$ e $c = 3$. Pela fórmula racional,

$$\begin{aligned} E(0,2,3) &= \frac{3(3e^3 - 3\cos 2 + 2\sin 2)}{3^2 + 2^2} \\ &= \boxed{\frac{3(3e^3 - 3\cos 2 + 2\sin 2)}{13}}. \end{aligned}$$

Logo, a exponencial completa é

$$\exp_{\mathcal{K}_1}(2i+3j) = e^{2i} + \frac{3\big(3e^3 - 3\cos 2 + 2\sin 2\big)}{13}j.$$

Exercício 7.4

Na figura, o gerador é

$$x = \frac{1}{4} + \frac{3}{4}j.$$

Para tx, a coordenada real é $a_t = t/4$, e a coordenada idempotente é $c_t = 3t/4$. Consequentemente, a segunda escala espectral é $a_t + c_t = t$. A fórmula real-idempotente fornece

$$\boxed{\gamma_x(t) = \exp_{\mathcal{K}_1}(tx) = e^{t/4} + \big(e^t - e^{t/4}\big)j.}$$

Não há componente em i, de modo que a curva permanece no plano

$$\operatorname{span}_{\mathbb{R}}\{1, j\}.$$

Em particular, $\gamma_x(0) = 1$ e $\gamma_x(1) = e^{1/4} + (e - e^{1/4})j$, exatamente como representado.

Exercício 7.5

Considere o isomorfismo

$$\Sigma : A_m \longrightarrow \mathbb{R}^{m+1}, \qquad \Sigma\left(a + \sum_{k=1}^{m} c_k j_k\right) = (a, a + c_1, \ldots, a + c_m).$$

O produto em A_m é transportado no produto coordenado de $\mathbb{R}^{m+1}$, e a fórmula da exponencial dá

$$\Sigma(\exp_{\mathcal{K}_m}(x)) = \big(e^{\sigma_0(x)}, \ldots, e^{\sigma_m(x)}\big).$$

Assim, para $x, y \in A_m$,

$$\begin{aligned}
\Sigma(\exp_{\mathcal{K}_m}(x+y)) &= \big(e^{\sigma_0(x)+\sigma_0(y)}, \ldots, e^{\sigma_m(x)+\sigma_m(y)}\big) \\
&= \Sigma(\exp_{\mathcal{K}_m}(x)) \circ \Sigma(\exp_{\mathcal{K}_m}(y)) \\
&= \Sigma\big(\exp_{\mathcal{K}_m}(x)\exp_{\mathcal{K}_m}(y)\big).
\end{aligned}$$

A injetividade de Σ prova

$$\boxed{\exp_{\mathcal{K}_m}(x+y) = \exp_{\mathcal{K}_m}(x)\exp_{\mathcal{K}_m}(y).}$$

O argumento utiliza diretamente a estrutura espectral de A_m, sem produto de Cauchy.

Exercício 7.6

Põe-se

$$\alpha = \frac{e - \cos 1 + \sin 1}{2}, \qquad \beta = \frac{e^{-1} - \cos 1 - \sin 1}{2}.$$

A fórmula fechada fornece

$$\exp_{\mathcal{K}_1}(i+j) = e^i + \alpha j, \qquad \exp_{\mathcal{K}_1}(-i-j) = e^{-i} + \beta j.$$

Usando a regra de multiplicação em $\mathcal{K}_1$, a parte complexa do produto é $e^i e^{-i} = 1$, enquanto a coordenada espacial é

$$\delta = \cos 1\,(\alpha + \beta) + \alpha\beta.$$

Portanto,

$$\boxed{\exp_{\mathcal{K}_1}(i+j)\exp_{\mathcal{K}_1}(-i-j) = 1 + \delta j,}$$

com

$$\delta \approx -0{,}223547131 \neq 0.$$

Logo, o produto não é 1. A teoria complexa não antecipa esse resultado: a projeção complexa do produto é realmente $e^i e^{-i} = 1$, mas a projeção elimina o canal idempotente no qual se concentra o defeito. Além disso, a dedução clássica de $e^{-x} = (e^x)^{-1}$ depende da lei exponencial, que não vale globalmente em $\mathcal{K}_1$.

Exercício 7.7

Escreva

$$x = a + bi + J(\mathbf{c}), \qquad y_0 = u + vi + J(\mathbf{d}),$$

e ponha $\gamma(t) = \exp_{\mathcal{K}_m}(tx)$. A função proposta $w(t) = \gamma(t)y_0$ satisfaz $w(0) = y_0$. Como $\gamma'(t) = \gamma(t)x$, tem-se

$$w'(t) - w(t)x = (\gamma(t)x)y_0 - (\gamma(t)y_0)x = -[y_0, \gamma(t), x].$$

A coordenada imaginária complexa de $\gamma(t)$ é $e^{at}\sin(bt)$. A fórmula geral do associador dá

$$[y_0, \gamma(t), x] = e^{at}\sin(bt)\,J(b\mathbf{d} - v\mathbf{c}).$$

Consequentemente, $w'(t) = w(t)x$ para todo t se, e somente se,

$$e^{at}\sin(bt)\,(b\mathbf{d} - v\mathbf{c}) = 0 \qquad \text{para todo } t.$$

Isso equivale à classificação

$$\boxed{b = 0 \quad \text{ou} \quad b\mathbf{d} = v\mathbf{c}.}$$

Sob qualquer uma dessas condições, a unicidade do sistema linear implica

$$e^{tR_x}y_0 = \exp_{\mathcal{K}_m}(tx)y_0.$$

Se $b \neq 0$ e $b\mathbf{d} \neq v\mathbf{c}$, a igualdade falha para todo t suficientemente próximo de zero com $t \neq 0$, pois então $\sin(bt) \neq 0$. A condição obtida é, portanto, necessária e suficiente, e não apenas suficiente.

56.8 O logaritmo no cone espectral positivo

Exercício 8.1

Um elemento $A + Bj$ pertence a $\mathcal{P}_1$ se, e somente se,

$$A > 0 \quad \text{e} \quad A + B > 0.$$

Aplicando o critério aos quatro elementos:

$$\begin{aligned} 2+j:&\quad 2>0,\quad 2+1=3>0;\\ 1-\tfrac{1}{2}j:&\quad 1>0,\quad 1-\tfrac{1}{2}=\tfrac{1}{2}>0;\\ 1-2j:&\quad 1>0,\quad 1-2=-1<0;\\ -1+3j:&\quad -1<0. \end{aligned}$$

Portanto,

$$\boxed{2+j,\ 1-\tfrac{1}{2}j \in \mathcal{P}_1, \qquad 1-2j,\ -1+3j \notin \mathcal{P}_1.}$$

Exercício 8.2

Para $y = 3 + 6j$, as coordenadas espectrais são

$$\sigma_0(y) = 3, \qquad \sigma_1(y) = 3 + 6 = 9,$$

ambas positivas. A fórmula fechada fornece

$$\boxed{\log_{\mathcal{K}_1}(3+6j) = \log 3 + \log\left(\frac{9}{3}\right) j = \log 3 + (\log 3)j.}$$

Para conferir, use a fórmula exponencial em A_1:

$$\begin{aligned} \exp_{\mathcal{K}_1}(\log 3 + (\log 3)j) &= 3 + \left(e^{2\log 3} - 3\right)j\\ &= 3 + (9-3)j = 3 + 6j. \end{aligned}$$

Exercício 8.3

Em A_2, escreva $y = A + B_1 j_1 + B_2 j_2$. Suas coordenadas espectrais são

$$A, \qquad A + B_1, \qquad A + B_2.$$

Logo,

$$\boxed{\mathcal{P}_2 = \{(A, B_1, B_2) \in \mathbb{R}^3 : A > 0,\ A + B_1 > 0,\ A + B_2 > 0\}.}$$

Geometricamente, trata-se da interseção de três semiespaços abertos limitados pelos planos

$$A = 0, \qquad B_1 = -A, \qquad B_2 = -A.$$

É, portanto, um cone poliedral aberto e convexo. A aplicação linear Σ leva esse cone exatamente ao ortante positivo $(0, \infty)^3$.

Exercício 8.4

Se

$$x = A + \sum_{k=1}^{m} B_k j_k \in \mathcal{P}_m,$$

então as coordenadas espectrais de x^{-1} são

$$\frac{1}{A}, \qquad \frac{1}{A+B_k} \quad (1 \le k \le m).$$

Assim,

$$x^{-1} = \frac{1}{A} + \sum_{k=1}^{m} \left(\frac{1}{A+B_k} - \frac{1}{A} \right) j_k.$$

Aplicando diretamente a fórmula fechada do logaritmo,

$$\begin{aligned} \log_{\mathcal{K}_m}(x^{-1}) &= -\log A + \sum_{k=1}^{m} \log\left(\frac{A}{A+B_k} \right) j_k \\ &= -\log A - \sum_{k=1}^{m} \log\left(\frac{A+B_k}{A} \right) j_k \\ &= -\log_{\mathcal{K}_m}(x). \end{aligned}$$

Isso prova a identidade sem recorrer previamente à lei do logaritmo do produto.

Exercício 8.5

O produto de dois elementos de $\mathcal{P}_m$ permanece em $\mathcal{P}_m$, pois suas coordenadas espectrais são produtos de números positivos. A unidade 1 pertence ao cone, e cada elemento possui inverso no cone, com coordenadas espectrais recíprocas. A associatividade e a comutatividade são herdadas da subálgebra A_m. Logo, $(\mathcal{P}_m, \cdot)$ é um grupo abeliano.

Além disso, o teorema do logaritmo do produto fornece

$$\log_{\mathcal{K}_m}(xy) = \log_{\mathcal{K}_m}(x) + \log_{\mathcal{K}_m}(y),$$

de modo que $\log_{\mathcal{K}_m}$ é um homomorfismo de $(\mathcal{P}_m, \cdot)$ em $(A_m, +)$. Ele é bijetivo porque é a inversa da bijeção $\exp_{\mathcal{K}_m} : A_m \to \mathcal{P}_m$. Portanto,

$$\boxed{\log_{\mathcal{K}_m} : (\mathcal{P}_m, \cdot) \longrightarrow (A_m, +) \text{ é um isomorfismo de grupos.}}$$

Exercício 8.6

As coordenadas espectrais de $2 + 3j$ são 2 e 5. Pela fórmula das potências reais,

$$\boxed{(2+3j)^{1/2} = \sqrt{2} + (\sqrt{5} - \sqrt{2})j.}$$

Ponha $u = \sqrt{2}$ e $v = \sqrt{5} - \sqrt{2}$. Como

$$(u+vj)^2 = u^2 + (2uv + v^2)j = u^2 + ((u+v)^2 - u^2)j,$$

temos

$$(u+vj)^2 = 2 + (5-2)j = 2 + 3j.$$

Exercício 8.7

O isomorfismo linear $\Sigma : A_m \to \mathbb{R}^{m+1}$ leva $\mathcal{P}_m$ ao ortante aberto $(0,\infty)^{m+1}$. Como homeomorfismos preservam fronteiras,

$$\Sigma(\partial\mathcal{P}_m) = \partial(0,\infty)^{m+1}.$$

A fronteira do ortante aberto é formada pelos vetores cujas coordenadas são todas não negativas e pelo menos uma delas é zero. Portanto,

$$\boxed{\partial\mathcal{P}_m = \{x \in A_m : \sigma_r(x) \geq 0 \text{ para todo } r,\ \sigma_s(x) = 0 \text{ para algum } s\}.}$$

No produto coordenado, um elemento não nulo é divisor de zero se, e somente se, pelo menos uma coordenada espectral é zero. Consequentemente, todo ponto não nulo da fronteira é um divisor de zero; o próprio zero também pertence à fronteira, embora não seja chamado divisor de zero pela convenção adotada. Mais precisamente,

$$\partial\mathcal{P}_m = \overline{\mathcal{P}_m} \cap \big(\{0\} \cup \{\text{divisores de zero de } A_m\}\big).$$

Não se deve identificar a fronteira com todo o conjunto de divisores de zero: um divisor pode ter, além de uma coordenada nula, outras coordenadas espectrais negativas e, nesse caso, não pertence ao fecho de $\mathcal{P}_m$.

56.9 Funções trigonométricas e hiperbólicas

Exercício 9.1

Como $j \in A_1$, a fórmula componente a componente, com $a = 0$ e $c = 1$, fornece

$$\begin{aligned}
\cos_{\mathcal{K}_1}(j) &= 1 + (\cos 1 - 1)j, \\
\sin_{\mathcal{K}_1}(j) &= (\sin 1)j, \\
\cosh_{\mathcal{K}_1}(j) &= 1 + (\cosh 1 - 1)j, \\
\sinh_{\mathcal{K}_1}(j) &= (\sinh 1)j.
\end{aligned}$$

Exercício 9.2

Como $0^{[0]} = 1$ e $0^{[n]} = 0$ para todo $n \geq 1$, segue diretamente das séries que

$$\cos_{\mathcal{K}_m}(0) = \frac{0^{[0]}}{0!} + \sum_{n=1}^{\infty}(-1)^n \frac{0^{[2n]}}{(2n)!} = 1$$

e

$$\sin_{\mathcal{K}_m}(0) = \sum_{n=0}^{\infty}(-1)^n \frac{0^{[2n+1]}}{(2n+1)!} = 0.$$

Exercício 9.3

Para $x = i + 2j$, temos $z = i$, $\lambda = 2$ e $c = 2$. Como $\cos i = \cosh 1$, a fórmula de diferenças divididas dá

$$\begin{aligned}\cos_{\mathcal{K}_1}(i+2j) &= \cosh 1 + 2\Re\left(\frac{\cos 2 - \cosh 1}{2-i}\right) j \\ &= \boxed{\cosh 1 + \frac{4}{5}(\cos 2 - \cosh 1) j},\end{aligned}$$

pois $\Re(1/(2-i)) = 2/5$.

Exercício 9.4

A identidade $(-x)^{[n]} = (-1)^n x^{[n]}$ implica

$$\begin{aligned}\cos_{\mathcal{K}_m}(-x) &= \sum_{n=0}^{\infty}(-1)^n \frac{(-x)^{[2n]}}{(2n)!} = \sum_{n=0}^{\infty}(-1)^n \frac{x^{[2n]}}{(2n)!} = \cos_{\mathcal{K}_m}(x), \\ \sin_{\mathcal{K}_m}(-x) &= \sum_{n=0}^{\infty}(-1)^n \frac{(-x)^{[2n+1]}}{(2n+1)!} = -\sin_{\mathcal{K}_m}(x).\end{aligned}$$

As manipulações são legítimas pela convergência absoluta das séries.

Exercício 9.5

Para $x = a + \sum_{k=1}^{m} c_k j_k \in A_m$, o isomorfismo $\Sigma : A_m \longrightarrow \mathbb{R}^{m+1}$ fornece

$$\Sigma(x) = (a, a + c_1, \ldots, a + c_m).$$

Como o cálculo das funções é componente a componente,

$$\begin{aligned}\Sigma(\cos_{\mathcal{K}_m}(x)) &= \big(\cos a, \cos(a + c_1), \ldots, \cos(a + c_m)\big), \\ \Sigma(\sin_{\mathcal{K}_m}(x)) &= \big(\sin a, \sin(a + c_1), \ldots, \sin(a + c_m)\big).\end{aligned}$$

O produto em A_m é transportado por Σ para o produto coordenado. Portanto,

$$\Sigma\big(\cos^2_{\mathcal{K}_m}(x) + \sin^2_{\mathcal{K}_m}(x)\big) = (1, 1, \ldots, 1) = \Sigma(1).$$

Pela injetividade de Σ,

$$\boxed{\cos^2_{\mathcal{K}_m}(x) + \sin^2_{\mathcal{K}_m}(x) = 1.}$$

Exercício 9.6

Se $x = a + cj$, então $ix = ai$, e assim

$$\exp_{\mathcal{K}_1}(ix) = \cos a + i \sin a.$$

Por outro lado,

$$\begin{aligned}\cos_{\mathcal{K}_1}(x) &= \cos a + \big(\cos(a + c) - \cos a\big) j, \\ i \sin_{\mathcal{K}_1}(x) &= i \sin a,\end{aligned}$$

pois $ij = 0$. Logo, a igualdade de Euler vale se, e somente se,

$$\cos(a + c) = \cos a.$$

As soluções são

$$a + c = 2\pi n + a \quad \text{ou} \quad a + c = 2\pi n - a, \qquad n \in \mathbb{Z}.$$

Equivalentemente,

$$\boxed{c = 2\pi n \quad \text{ou} \quad c = 2\pi n - 2a, \qquad n \in \mathbb{Z}.}$$

Exercício 9.7

Escreva

$$x = a + bi + J(\mathbf{c}).$$

Derivando a primeira equação do sistema e usando a segunda, obtém-se

$$C_x''(t) = -(C_x(t)x)x.$$

Portanto, a redução desejada ocorre se, e somente se,

$$[C_x(t), x, x] = 0 \qquad \text{para todo } t.$$

Se $b = 0$, então $x \in A_m$, uma subálgebra associativa. Se $\mathbf{c} = 0$, então $x \in \mathbb{C}$, também uma subálgebra associativa. Em ambos os casos,

$$C_x''(t) = -C_x(t)x^2.$$

Essas condições também são necessárias. Com efeito, quando $t \to 0$,

$$C_x(t) = 1 - \frac{t^2}{2}x^2 + O(t^4).$$

A parte imaginária complexa de $C_x(t)$ é $-abt^2 + O(t^4)$, enquanto sua k-ésima coordenada espacial é

$$-\frac{t^2}{2}(2ac_k + c_k^2) + O(t^4).$$

Aplicando a fórmula geral do associador, a k-ésima coordenada de $[C_x(t), x, x]$ é

$$-\frac{1}{2}b^2c_k^2t^2 + O(t^4).$$

Se $b \neq 0$ e algum $c_k \neq 0$, essa expressão não pode ser identicamente nula numa vizinhança de zero. Conclui-se que

$$\boxed{C_x''(t) = -C_x(t)x^2 \text{ para todo } t \iff x \in A_m \cup \mathbb{C}.}$$

56.10 Cálculo de funções inteiras

Exercício 10.1

Como $j^{[0]} = 1$ e $j^{[n]} = j$ para todo $n \geq 1$,

$$f_{\mathcal{K}_1}(j) = 1 + j + j = \boxed{1 + 2j}.$$

Equivalentemente, no setor associativo A_1, os valores espectrais são $f(0) = 1$ e $f(1) = 3$, de modo que $f_{\mathcal{K}_1}(j) = f(0) + (f(1) - f(0))j$.

Exercício 10.2

Se $f(w) = \sum_{n=0}^{\infty} \alpha_n w^n$, então $0^{[0]} = 1$ e $0^{[n]} = 0$ para $n \geq 1$. Logo,

$$f_{\mathcal{K}_m}(0) = \sum_{n=0}^{\infty} \alpha_n 0^{[n]} = \alpha_0, 1 = \boxed{f(0)1}.$$

Exercício 10.3

Para $x = 2i + 3j$, temos

$$z = 2i, \qquad \lambda = 3, \qquad c = 3.$$

Se $f(w) = e^{w^2}$, então $f(2i) = e^{-4}$ e $f(3) = e^9$. Portanto,

$$\begin{aligned} f_{\mathcal{K}_1}(2i + 3j) &= e^{-4} + 3\Re\left(\frac{e^9 - e^{-4}}{3 - 2i}\right) j \\ &= \boxed{e^{-4} + \frac{9}{13}(e^9 - e^{-4})j}, \end{aligned}$$

pois $\Re(1/(3 - 2i)) = 3/13$.

Exercício 10.4

Pela fórmula integral,

$$[z, \lambda]f = \int_0^1 f'\big((1 - t)z + t\lambda\big)\, dt.$$

Se $(z_\nu, \lambda_\nu) \to (z_0, z_0)$, os segmentos que unem z_ν a λ_ν ficam, a partir de certo índice, num mesmo compacto de $\mathbb{C}$. Para cada $t \in [0, 1]$,

$$f'\big((1 - t)z_\nu + t\lambda_\nu\big) \longrightarrow f'(z_0),$$

uniformemente em t, pela continuidade uniforme de f' nesse compacto. Consequentemente,

$$[z_\nu, \lambda_\nu]f \longrightarrow \int_0^1 f'(z_0)\, dt = f'(z_0) = [z_0, z_0]f.$$

Isso prova a continuidade também sobre a diagonal $\lambda = z$.

Exercício 10.5

Suponha $c_k = c_\ell = c \neq 0$. Então

$$\lambda_k = a + c = \lambda_\ell.$$

Pela fórmula geral, os coeficientes de j_k e j_ℓ são, respectivamente,

$$c_k\Re([z,\lambda_k]f) \quad \text{e} \quad c_\ell\Re([z,\lambda_\ell]f).$$

Os fatores e as diferenças divididas coincidem; portanto, as duas coordenadas espaciais são iguais. O resultado expressa que canais com o mesmo deslocamento espectral recebem o mesmo valor funcional.

Exercício 10.6

Para $x = j$, temos $z = 0$ e $S_j = \{1\}$. Pelo teorema do núcleo,

$$\boxed{\ker(\mathrm{ev}_j) = \{f \in \mathcal{E}_{\mathbb{R}} : f(0) = f(1) = 0\}.}$$

Um polinômio não nulo pertencente ao núcleo deve possuir os dois zeros distintos 0 e 1, logo tem grau pelo menos dois. O polinômio

$$\boxed{p(w) = w(w-1)}$$

pertence ao núcleo e possui grau dois; é, portanto, de menor grau possível, a menos da multiplicação por uma constante real não nula.

Exercício 10.7

Escreva

$$x = a + bi + \sum_{k=1}^{m} c_k j_k$$

e considere a relação de equivalência entre os índices ativos dada por

$$k \sim \ell \quad \Longleftrightarrow \quad c_k = c_\ell \neq 0.$$

Então

$$\boxed{\mathrm{im}(\mathrm{ev}_x) = \left\{ u + \sum_{k=1}^{m} d_k j_k : \begin{array}{l} u \in \mathbb{C} \text{ se } b \neq 0, \quad u \in \mathbb{R} \text{ se } b = 0, \\ d_k = 0 \text{ se } c_k = 0, \\ d_k = d_\ell \text{ se } k \sim \ell \end{array} \right\}.}$$

De fato, a projeção complexa de $f_{\mathcal{K}_m}(x)$ é $f(z)$, que pode ser arbitrária em $\mathbb{C}$ quando $z \notin \mathbb{R}$, e deve ser real quando $z \in \mathbb{R}$. Coordenadas com $c_k = 0$ desaparecem, e coordenadas associadas ao mesmo $c_k \neq 0$ coincidem pelo exercício anterior.

Reciprocamente, fixe um elemento com essas propriedades. Para cada valor distinto $c \neq 0$, a coordenada correspondente depende de $r_c = f(a+c)$ por

$$d_c = \begin{cases} \dfrac{c(c(r_c - \Re u) + b\Im u)}{c^2 + b^2}, & b \neq 0, \\[2ex] r_c - u, & b = 0. \end{cases}$$

Em ambos os casos, como $c \neq 0$, existe um único valor real r_c que produz o d_c prescrito. Interpolação nos nós reais distintos $a + c$ e, quando $b \neq 0$, no par conjugado $z, \bar{z}$, produz um polinômio com coeficientes reais que realiza simultaneamente todos esses dados. Assim, as condições exibidas são também suficientes.

56.11 A representação espectral acoplada

Exercício 11.1

Pela definição de Φ,

$$\Phi(1) = (1, \mathbf{1}_m), \qquad \Phi(i) = (i, \mathbf{0}), \qquad \Phi(j_k) = (0, \varepsilon_k),$$

onde ε_k é o k-ésimo vetor canônico de $\mathbb{R}^m$. Se $X = (z, \boldsymbol{\lambda})$, então

$$\begin{aligned} X \star \Phi(1) &= (z, \boldsymbol{\lambda} \circ \mathbf{1}_m - \Im z \Im 1\, \mathbf{1}_m) \\ &= (z, \boldsymbol{\lambda}) = X. \end{aligned}$$

Pela comutatividade, também $\Phi(1) \star X = X$; logo, $\Phi(1)$ é a unidade.

Exercício 11.2

Em $\mathscr{S}_1$,

$$(i,1) \star (i,1) = (i^2, 1 \cdot 1 - 1 \cdot 1) = \boxed{(-1,0)}.$$

Como $(i+j)^2 = -1 + j$, temos

$$\Phi((i+j)^2) = \Phi(-1+j) = (-1, -1+1) = (-1, 0),$$

em concordância exata com o produto acoplado.

Exercício 11.3

Se $X = (z, \boldsymbol{\lambda})$, $Y = (w, \boldsymbol{\mu})$ e $T = (q, \boldsymbol{\nu})$, então, para $r, s \in \mathbb{R}$,

$$\begin{aligned} X \star (rY + sT) &= (z(rw + sq), \boldsymbol{\lambda} \circ (r\boldsymbol{\mu} + s\boldsymbol{\nu}) - \Im z \Im (rw + sq) \mathbf{1}_m) \\ &= r(X \star Y) + s(X \star T). \end{aligned}$$

Isso prova a linearidade real na segunda variável; a comutatividade fornece a linearidade na primeira. Além disso,

$$zw = wz, \qquad \boldsymbol{\lambda} \circ \boldsymbol{\mu} = \boldsymbol{\mu} \circ \boldsymbol{\lambda}, \qquad \Im z \Im w = \Im w \Im z,$$

portanto $X \star Y = Y \star X$.

Exercício 11.4

Pela diferença entre os dois produtos,

$$X \star Y - X \odot Y = (0, -\Im z \Im w\, \mathbf{1}_m)\,.$$

Como $\mathbf{1}_m \neq \mathbf{0}$, conclui-se que

$$\boxed{X \star Y = X \odot Y \iff \Im z = 0 \text{ ou } \Im w = 0.}$$

Exercício 11.5

Escreva

$$X = (z, \boldsymbol{\lambda}), \quad Y = (w, \boldsymbol{\mu}), \quad Z = (q, \boldsymbol{\nu}),$$

com $z = a + bi$, $w = u + vi$ e $q = r + si$. A componente complexa dos dois reagrupamentos é zwq. Na k-ésima coordenada real,

$$((X \star Y) \star Z)_k = (\lambda_k \mu_k - bv)\nu_k - (av + bu)s,$$
$$(X \star (Y \star Z))_k = \lambda_k(\mu_k \nu_k - vs) - b(us + vr).$$

Subtraindo e cancelando os termos comuns, obtemos

$$[X, Y, Z]_{\star,k} = vs(\lambda_k - a) - bv(\nu_k - r).$$

Se $\mathbf{c} = \boldsymbol{\lambda} - a\mathbf{1}_m$ e $\mathbf{e} = \boldsymbol{\nu} - r\mathbf{1}_m$, então

$$\boxed{[X, Y, Z]_\star = (0, vs\mathbf{c} - bv\mathbf{e}).}$$

Exercício 11.6

Ponha $z = a + bi$. A recorrência espectral fornece

$$\Phi(x^{[2]}) = \left(z^2, \boldsymbol{\lambda}^{\circ 2} - b^2\mathbf{1}_m\right),$$
$$\Phi(x^{[3]}) = \left(z^3, \boldsymbol{\lambda}^{\circ 3} - b^2\boldsymbol{\lambda} - 2ab^2\mathbf{1}_m\right),$$
$$\Phi(x^{[4]}) = \left(z^4, \boldsymbol{\lambda}^{\circ 4} - b^2\boldsymbol{\lambda}^{\circ 2} - 2ab^2\boldsymbol{\lambda} + (b^4 - 3a^2b^2)\mathbf{1}_m\right).$$

Aqui usamos

$$\Im(z^2) = 2ab, \qquad \Im(z^3) = 3a^2b - b^3.$$

Exercício 11.7

Se $x \in A_m$, então $z = a \in \mathbb{R}$ e $\mathbf{c} = \boldsymbol{\lambda} - a\mathbf{1}_m$. A parte complexa da fórmula espectral é $f(a)$. Para cada k,

$$f(a) + c_k[a, \lambda_k]f = f(a) + (\lambda_k - a)[a, \lambda_k]f = f(\lambda_k),$$

inclusive quando $\lambda_k = a$, pois o termo multiplicado pela diferença dividida é nulo. Portanto,

$$\Phi(f_{K_m}(x)) = (f(a), (f(\lambda_1), \ldots, f(\lambda_m))).$$

Aplicando Φ^{-1},

$$\boxed{f_{K_m}(x) = f(a) + \sum_{k=1}^{m} (f(a + c_k) - f(a)) j_k.}$$

Exercício 11.8

Com a notação do associador espectral, ponha

$$b = \Im z, \qquad v = \Im w, \qquad s = \Im q,$$

$$\mathbf{c} = \boldsymbol{\lambda} - \Re z\,\mathbf{1}_m, \qquad \mathbf{e} = \boldsymbol{\nu} - \Re q\,\mathbf{1}_m.$$

A condição necessária e suficiente é

$$v(s\mathbf{c} - b\mathbf{e}) = \mathbf{0}.$$

Se $v = 0$, isto é, se $\Im w = 0$, toda terna associa. Se $v \neq 0$, a condição reduz-se a

$$s\mathbf{c} = b\mathbf{e}.$$

Consequentemente:

(i) se $b = s = 0$, toda escolha de $\mathbf{c}, \mathbf{e}$ é admissível;

(ii) se $b = 0$ e $s \neq 0$, é necessário e suficiente que $\mathbf{c} = \mathbf{0}$;

(iii) se $b \neq 0$ e $s = 0$, é necessário e suficiente que $\mathbf{e} = \mathbf{0}$;

(iv) se $b \neq 0$ e $s \neq 0$, é necessário e suficiente que $\mathbf{e} = (s/b)\mathbf{c}$.

Esses quatro casos, juntamente com $v = 0$, classificam todas as ternas que associam.

56.12 Operadores de multiplicação e defeito associativo

Exercício 12.1

Aqui $a = 2, b = 1, c_1 = -1, c_2 = 3$, logo $\lambda_1 = 1$ e $\lambda_2 = 5$. Portanto,

$$[M_{2+i-j_1+3j_2}] = \boxed{\begin{pmatrix} 2 & -1 & 0 & 0 \\ 1 & 2 & 0 & 0 \\ -1 & 0 & 1 & 0 \\ 3 & 0 & 0 & 5 \end{pmatrix}}.$$

Exercício 12.2

Na base $(1, i, j)$, as matrizes exibidas no capítulo fornecem

$$M_i M_j = 0, \qquad M_j M_i = \begin{pmatrix} 0 & 0 & 0 \\ 0 & 0 & 0 \\ 0 & -1 & 0 \end{pmatrix}.$$

Assim, $[M_i, M_j] = M_i M_j - M_j M_i$ envia o vetor coordenado de i, isto é, $(0,1,0)^\mathsf{T}$, em $(0,0,1)^\mathsf{T}$, que representa j.

Exercício 12.3

Se $\xi = J(\mathbf{d}) \in J_m$, então

$$M_x \xi = x\xi = J(D_\lambda \mathbf{d}) \in J_m.$$

Logo, J_m é invariante e, na base $(j_1, \ldots, j_m)$,

$$\boxed{M_x|_{J_m} = D_\lambda = \operatorname{diag}(\lambda_1, \ldots, \lambda_m).}$$

Exercício 12.4

Para $x = 1 + 2i + 3j$, temos $a = 1$, $b = 2$ e $\lambda = 4$. Logo,

$$\boxed{\chi_x(t) = ((t-1)^2 + 4)(t-4)}, \qquad \boxed{\det M_x = (1^2 + 2^2)4 = 20}.$$

Exercício 12.5

Para $Y = \Phi(y)$, a multiplicatividade de Φ dá

$$\mathcal{M}_{\Phi(x)} Y = \Phi(x) \star \Phi(y) = \Phi(xy) = \Phi M_x \Phi^{-1} Y.$$

Portanto, $\mathcal{M}_{\Phi(x)} = \Phi M_x \Phi^{-1}$. Operadores similares possuem o mesmo polinômio característico, o que prova a afirmação sobre as duas matrizes.

Exercício 12.6

A fórmula matricial do capítulo fornece

$$\operatorname{posto} \mathcal{A}_{x,y} = \begin{cases} 0, & v = 0, \text{ ou } (v \neq 0, b = 0, \mathbf{c} = 0), \\ 1, & v \neq 0, b = 0, \mathbf{c} \neq 0, \\ m, & v \neq 0, b \neq 0. \end{cases}$$

Esses casos são exaustivos e independem de u e $\mathbf{d}$.

Exercício 12.7

Pela fórmula do comutador,

$$[M_x, M_y] = 0 \iff b\mathbf{d} - v\mathbf{c} = 0.$$

Como $b, v \neq 0$, isso equivale a

$$\frac{\mathbf{c}}{b} = \frac{\mathbf{d}}{v},$$

ou seja, $(v, \mathbf{d}) = (v/b)(b, \mathbf{c})$, com o mesmo fator na coordenada imaginária e nas coordenadas espaciais.

Exercício 12.8

Sob as hipóteses de invertibilidade, escreva

$$[M_x] = \begin{pmatrix} A_z & 0 \\ C_x & D_\lambda \end{pmatrix}.$$

A inversa triangular por blocos é

$$\boxed{[M_x]^{-1} = \begin{pmatrix} A_z^{-1} & 0 \\ -D_\lambda^{-1} C_x A_z^{-1} & D_\lambda^{-1} \end{pmatrix}},$$

onde

$$A_z^{-1} = \frac{1}{|z|^2}\begin{pmatrix} a & b \\ -b & a \end{pmatrix}, \qquad D_\lambda^{-1} = \operatorname{diag}(\lambda_k^{-1}).$$

A k-ésima linha do bloco inferior esquerdo é

$$-\frac{c_k}{|z|^2\lambda_k}(a,b).$$

Em geral, essa matriz não é M_y: a matriz de um multiplicador possui segunda coluna nula no bloco inferior esquerdo, enquanto a expressão acima contém $-bc_k/(|z|^2\lambda_k)$. Isso explicita operatorialmente por que o inverso multiplicativo y não produz, em geral, o operador inverso.

56.13 Espectro, resolvente e singularidades

Exercício 13.1

Temos $z = 2+i, \bar{z} = 2-i, \lambda_1 = 1$ e $\lambda_2 = 5$. Logo,

$$\boxed{\sigma(M^{\mathbb{C}}_{2+i-j_1+3j_2}) = \{2+i, 2-i, 1, 5\}.}$$

Exercício 13.2

Em $A_1, b = 0$. Assim,

$$\boxed{\mathfrak{S}_1 \cap A_1 = \{a = 0\} \cup \{a + c = 0\}.}$$

No plano (a,c), são as retas $a = 0$ e $c = -a$, que se cruzam na origem.

Exercício 13.3

Multiplicando

$$\begin{pmatrix} \zeta I_2 - A_z & 0 \\ -B_x & \zeta I_m - D \end{pmatrix}\begin{pmatrix} R & 0 \\ EB_xR & E \end{pmatrix},$$

os blocos diagonais são identidades; o bloco superior direito é zero e o inferior esquerdo é $-B_xR + (\zeta I_m - D)EB_xR = 0$. Portanto, o produto é a identidade.

Exercício 13.4

Para $x = i + j$,

$$\Theta_x = \{i, -i, 1\}, \qquad \mathfrak{m}_x(t) = (t^2+1)(t-1).$$

Logo,

$$R_x(\zeta) = \frac{P_i}{\zeta - i} + \frac{P_{-i}}{\zeta + i} + \frac{P_1}{\zeta - 1}.$$

Exercício 13.5

Como $b \neq 0$, τ não coincide com z nem $\bar{z}$. Seus autovetores são $(\mathbf{0}, q)$, com $q \in \ker(D_\lambda - \tau I)$. Esse núcleo é gerado pelos r vetores canônicos correspondentes aos índices com $\lambda_k = \tau$; portanto, o autoespaço tem dimensão r.

Exercício 13.6

Pondo $M = M^{\mathbb{C}}_{i+j}$, a fórmula de Lagrange fornece

$$P_i = \frac{(M+iI)(M-I)}{2i(i-1)}, \quad P_{-i} = \frac{(M-iI)(M-I)}{-2i(-i-1)}, \quad P_1 = \frac{M^2+I}{2}.$$

Exercício 13.7

Para $I \subseteq \{1, \ldots, m\}$, a interseção correspondente é

$$\bigcap_{k \in I} \{a + c_k = 0\} = \{c_k = -a \text{ para todo } k \in I\}.$$

Quando as equações são independentes, sua codimensão é $|I|$.

Exercício 13.8

Se Q_τ é a projeção diagonal sobre os índices com $\lambda_k = \tau$, então o resíduo em τ é

$$\boxed{P_\tau = \begin{pmatrix} 0 & 0 \\ Q_\tau B_x R_z^{(2)}(\tau) & Q_\tau \end{pmatrix}.}$$

Esse é precisamente o projetor espectral associado ao autoespaço real de valor τ.

56.14 Dois cálculos funcionais

Exercício 14.1

Se $f(w) = \alpha + \beta w$, então

$$f(M_x) = \alpha I + \beta M_x = M_{\alpha 1 + \beta x} = M_{f_{K_m}(x)}.$$

Exercício 14.2

Na base $(1, i, j)$,

$$M_i^2 = \begin{pmatrix} -1 & 0 & 0 \\ 0 & -1 & 0 \\ 0 & 0 & 0 \end{pmatrix}, \qquad M_{i^2} = M_{-1} = -I_3.$$

Logo, os operadores diferem exatamente na direção espacial.

Exercício 14.3

O caso $n = 1$ é imediato. Multiplicar a fórmula para n por $\left(\begin{smallmatrix} A & 0 \\ B & D \end{smallmatrix}\right)$ produz no bloco inferior esquerdo

$$\sum_{r=0}^{n-1} D^{n-1-r} B A^{r+1} + D^n B = \sum_{r=0}^{n} D^{n-r} B A^r,$$

que é a fórmula para $n + 1$.

Exercício 14.4

Como $x = i + j$, temos

$$\Delta_f(x) = M_x^2 - M_{x^{[2]}} = -\mathcal{A}_{x,x} = \boxed{\begin{pmatrix} 0 & 0 & 0 \\ 0 & 0 & 0 \\ 0 & -1 & 1 \end{pmatrix}}.$$

Exercício 14.5

Da recorrência e de $\Delta_2 = -\mathcal{A}_{x,x}$,

$$\boxed{\Delta_3(x) = -\mathcal{A}^{\mathbb{C}}_{x,x} M^{\mathbb{C}}_x - \mathcal{A}^{\mathbb{C}}_{x^{[2]},x}.}$$

Exercício 14.6

Para $x \in A_m$, vale a igualdade de operadores $f(M^{\mathbb{C}}_x) = M^{\mathbb{C}}_{f_{\mathbb{K}_m}(x)}$. Operadores iguais possuem o mesmo espectro, o que prova a afirmação.

Exercício 14.7

Como $\sigma(M^{\mathbb{C}}_i) = \{i, -i, 0\}$, o teorema da aplicação espectral dá

$$\sigma(e^{M^{\mathbb{C}}_i}) = \{e^i, e^{-i}, 1\}.$$

Por outro lado, $e^i = \cos 1 + i \sin 1$, e portanto

$$\sigma(M^{\mathbb{C}}_{e^i}) = \{e^i, e^{-i}, \cos 1\}.$$

Os espectros diferem porque $1 \neq \cos 1$.

Exercício 14.8

Escreva $f(w) = \alpha_0 + \alpha_1 w + \alpha_2 w^2 + \alpha_3 w^3$ e $x = a + bi + \sum c_k j_k$, com $b \neq 0$. A compatibilidade equivale a

$$\alpha_2 + \alpha_3(\lambda_k + 2a) = 0 \quad \text{para todo } k.$$

Se os λ_k não são todos iguais, segue $\alpha_2 = \alpha_3 = 0$, e apenas as funções afins são compatíveis. Se $\lambda_1 = \cdots = \lambda_m = L$, então

$$\boxed{\alpha_2 = -(L + 2a)\alpha_3,}$$

com $\alpha_0, \alpha_1, \alpha_3 \in \mathbb{R}$ arbitrários.

56.15 Da dimensão finita à escala ℓ^p

Exercício 15.1

Para cada k, $|c_k|^p \le \sum_n |c_n|^p$. Logo, $\|\mathbf{c}\|_\infty \le \|\mathbf{c}\|_p$, o que também prova $\ell^p \subset \ell^\infty$.

Exercício 15.2

Se $k \neq \ell$,

$$j_k j_\ell = 0, \quad (1+j_k)(1+j_\ell) = 1 + j_k + j_\ell, \quad (i+j_k)^2 = -1 + j_k.$$

Se $k = \ell$, os resultados são, respectivamente,

$$j_k, \qquad 1 + 3j_k, \qquad -1 + j_k.$$

Exercício 15.3

Temos $(1/k) \in \ell^p$ se, e somente se, $p > 1$; ela também pertence a ℓ^∞. Portanto, $J(\mathbf{c}) \in \mathcal{J}^p$ exatamente para $p > 1$, incluindo $p = \infty$.

Exercício 15.4

Escreva

$$x = a + bi + J(\mathbf{c}), \qquad y = u + vi + J(\mathbf{d}), \qquad z = r + si + J(\mathbf{e}).$$

Pela fórmula do produto,

$$xy = (au - bv) + (av + bu)i + J(a\mathbf{d} + u\mathbf{c} + \mathbf{c} \odot \mathbf{d}).$$

Logo, a parte espacial de $(xy)z$ é

$$\begin{aligned} \mathrm{sp}((xy)z) &= (au - bv)\mathbf{e} + r(a\mathbf{d} + u\mathbf{c} + \mathbf{c} \odot \mathbf{d}) \\ &\quad + (a\mathbf{d} + u\mathbf{c} + \mathbf{c} \odot \mathbf{d}) \odot \mathbf{e} \\ &= au\mathbf{e} - bv\mathbf{e} + ar\mathbf{d} + ur\mathbf{c} + r(\mathbf{c} \odot \mathbf{d}) \\ &\quad + a(\mathbf{d} \odot \mathbf{e}) + u(\mathbf{c} \odot \mathbf{e}) + \mathbf{c} \odot \mathbf{d} \odot \mathbf{e}. \end{aligned}$$

Por outro lado,

$$yz = (ur - vs) + (us + vr)i + J(u\mathbf{e} + r\mathbf{d} + \mathbf{d} \odot \mathbf{e}),$$

e, portanto,

$$\begin{aligned} \mathrm{sp}(x(yz)) &= a(u\mathbf{e} + r\mathbf{d} + \mathbf{d} \odot \mathbf{e}) + (ur - vs)\mathbf{c} \\ &\quad + \mathbf{c} \odot (u\mathbf{e} + r\mathbf{d} + \mathbf{d} \odot \mathbf{e}) \\ &= au\mathbf{e} + ar\mathbf{d} + a(\mathbf{d} \odot \mathbf{e}) + ur\mathbf{c} - vs\mathbf{c} \\ &\quad + u(\mathbf{c} \odot \mathbf{e}) + r(\mathbf{c} \odot \mathbf{d}) + \mathbf{c} \odot \mathbf{d} \odot \mathbf{e}. \end{aligned}$$

As partes complexas coincidem. Subtraindo as duas expressões espaciais, todos os termos comuns se cancelam e restam apenas

$$-bv\mathbf{e} + vs\mathbf{c}.$$

Assim,

$$\boxed{[x,y,z] = J(v\mathbf{sc} - bv\mathbf{e}),}$$

como afirmado em (15.6).

Exercício 15.5

Para $p < \infty$,

$$\|x - x^{(m)}\|_p^p = \sum_{k>m} |c_k|^p \longrightarrow 0.$$

Para $p = \infty$, a convergência ocorre se, e somente se, $\sup_{k>m} |c_k| \to 0$, isto é, $c_k \to 0$.

Exercício 15.6

Em $\mathcal{J}^p$, o produto corresponde ao produto coordenado em ℓ^p, sendo associativo e comutativo. Sua unidade teria todas as coordenadas iguais a 1; portanto, existe exatamente para $p = \infty$.

Exercício 15.7

A inclusão clássica $\ell^p \subset \ell^q$ induz $\mathcal{K}^p \subset \mathcal{K}^q$. Como a fórmula do produto usa apenas as mesmas coordenadas e o produto de Hadamard, a inclusão é um homomorfismo de álgebras.

Exercício 15.8

Claramente $\|x\|_p \le \|x\|_{p,\mathrm{alg}} \le 7\|x\|_p$. Além disso,

$$\|xy\|_{p,\mathrm{alg}} = 7\|xy\|_p \le 49\|x\|_p\|y\|_p = \|x\|_{p,\mathrm{alg}}\|y\|_{p,\mathrm{alg}}.$$

56.16 Operadores de multiplicação em $\mathcal{K}^p$

Exercício 16.1

Como todas as coordenadas de $\mu = (1, 1/2, 1/3, \ldots)$ são não nulas,

$$\ker D_\mu = \{0\}.$$

Para provar diretamente que o operador não é sobrejetivo, distinguimos os casos. Se $1 \le p < \infty$, tome

$$y_k = \frac{1}{k^{1+1/p}}.$$

Então $y \in \ell^p$, pois

$$\sum_{k=1}^{\infty} |y_k|^p = \sum_{k=1}^{\infty} \frac{1}{k^{p+1}} < \infty.$$

Se existisse $x \in \ell^p$ tal que $D_\mu x = y$, teríamos

$$\frac{x_k}{k} = y_k, \qquad \text{isto é,} \qquad x_k = \frac{1}{k^{1/p}}.$$

Mas

$$\sum_{k=1}^{\infty} |x_k|^p = \sum_{k=1}^{\infty} \frac{1}{k} = \infty,$$

contradição. Para $p = \infty$, escolha $y = (1,1,1,\ldots)$. Uma preimagem teria necessariamente $x_k = k$, que não pertence a ℓ^∞. Logo,

$$\boxed{D_\mu \text{ é injetivo, mas não sobrejetivo em } \ell^p \quad (1 \le p \le \infty).}$$

A obstrução é precisamente o fato de $(1/\mu_k) = (k)$ ser ilimitada.

Exercício 16.2

Para $((u,v),\mathbf{d}) \in \mathbb{R}^2 \oplus \ell^p$, a fórmula do produto dá

$$M_{j_k}((u,v),\mathbf{d}) = ((0,0),(u+d_k)\mathbf{e}_k).$$

Consequentemente,

$$\boxed{\operatorname{im} M_{j_k} = \mathbb{R}j_k}, \qquad \boxed{\ker M_{j_k} = \{((u,v),\mathbf{d}) : d_k = -u\}}.$$

Aqui, v e as coordenadas d_ℓ, com $\ell \neq k$, são livres.

Exercício 16.3

Se $\mathbf{c} = 0$, então $T_\mathbf{c} = 0$ e seu posto é zero. Se $\mathbf{c} \neq 0$, sua imagem é

$$\operatorname{im} T_\mathbf{c} = \{u\mathbf{c} : u \in \mathbb{R}\} = \operatorname{span}\{\mathbf{c}\},$$

que tem dimensão um.

Exercício 16.4

Escreva $y = u + vi + J(\mathbf{d})$. A igualdade $(i + J(\mathbf{c}))y = 1$ equivale a

$$-v = 1, \qquad u = 0, \qquad c_k(u + d_k) = 0 \quad (k \ge 1).$$

Portanto,

$$\boxed{y = -i + J(\mathbf{d}), \qquad c_k d_k = 0 \quad (k \ge 1).}$$

Além disso,

$$\ker M_{i+J(\mathbf{c})} = \{J(\mathbf{d}) : c_k d_k = 0 \text{ para todo } k\},$$

e o conjunto das soluções é o espaço afim $-i + \ker M_{i+J(\mathbf{c})}$.

Exercício 16.5

A injetividade exige $a + bi \neq 0$ e $a + c_k \neq 0$ para todo k. A ausência de sobrejetividade implica

$$\inf_k |a + c_k| = 0,$$

logo existe uma subsequência para a qual $a + c_{k_n} \to 0$. Como $\mathbf{c} \in \ell^p$ e $p < \infty$, tem-se $c_k \to 0$; passando ao limite, obtém-se ainda $a = 0$. Assim, nesse caso, as duas condições mencionadas no enunciado ocorrem simultaneamente.

Exercício 16.6

Na decomposição $\mathbb{R}^2 \oplus \ell^p$, escreva

$$M_x = \begin{pmatrix} C_{a,b} & 0 \\ T_{\mathbf{c}} & D_\lambda \end{pmatrix}.$$

Sob as hipóteses de invertibilidade, a fórmula para a inversa triangular por blocos fornece

$$\boxed{M_x^{-1} = \begin{pmatrix} C_{a,b}^{-1} & 0 \\ -D_\lambda^{-1} T_{\mathbf{c}} C_{a,b}^{-1} & D_\lambda^{-1} \end{pmatrix}.}$$

Exercício 16.7

Se existe $\delta > 0$ tal que $|\mu_k| \geq \delta$ sempre que $\mu_k \neq 0$, então

$$\operatorname{im} D_\mu = \{\mathbf{y} \in \ell^p : y_k = 0 \text{ quando } \mu_k = 0\},$$

um subespaço fechado. De fato, nas demais coordenadas, a pré-imagem é $x_k = y_k/\mu_k$ e satisfaz $|x_k| \leq \delta^{-1}|y_k|$.

Reciprocamente, suponha que os valores não nulos não sejam limitados inferiormente. Escolha índices k_n tais que $0 < |\mu_{k_n}| \leq 2^{-2n}$ e defina

$$y_{k_n} = \sqrt{|\mu_{k_n}|}, \qquad y_k = 0 \quad (k \neq k_n).$$

Então $\mathbf{y} \in \ell^p$ para todo $0 < p \leq \infty$, e os seus truncamentos pertencem à imagem de D_μ. Todavia, uma pré-imagem de $\mathbf{y}$ teria, nos índices k_n, módulo $1/\sqrt{|\mu_{k_n}|}$, que é ilimitado. Logo $\mathbf{y}$ está no fecho da imagem, mas não na imagem, provando que esta não é fechada.

56.17 Espectro e resolvente em $\mathcal{K}^p$

Exercício 17.1

A sequência diagonal é

$$-1, \frac{1}{2}, -\frac{1}{3}, \frac{1}{4}, \ldots$$

e seu único ponto de acumulação é zero. Portanto,

$$\boxed{\sigma(D_\mu) = \left\{ \frac{(-1)^k}{k} : k \geq 1 \right\} \cup \{0\}}, \qquad \boxed{\sigma_p(D_\mu) = \left\{ \frac{(-1)^k}{k} : k \geq 1 \right\}.}$$

O ponto zero não é autovalor, pois nenhuma coordenada μ_k se anula.

Exercício 17.2

Para $\lambda = 2$,

$$(2I - D_{(1/k)})^{-1} = D_{(1/(2-1/k))}, \qquad \|(2I - D_{(1/k)})^{-1}\| = 1,$$

pois o maior recíproco ocorre em $k = 1$. Para $\lambda = -1$,

$$(-I - D_{(1/k)})^{-1} = D_{(-k/(k+1))}, \qquad \|(-I - D_{(1/k)})^{-1}\| = 1.$$

Neste segundo caso, o supremo da sequência $k/(k+1)$ não é atingido.

Exercício 17.3

Aqui $a = 1$, $b = 1$ e $c_k = 0$ para todo k. Logo,

$$\boxed{\sigma_{\mathcal{K},\mathbb{C}}(1+i) = \{1+i, 1-i, 1\}.}$$

O ponto real 1 provém do bloco espacial $aI + D_{\mathbf{c}} = I$, mesmo que o elemento não tenha componente espacial.

Exercício 17.4

Os valores espectrais complexos são $2+i$ e $2-i$, enquanto as coordenadas espectrais idempotentes são $2 + 2^{-k}$ e convergem para 2. Assim,

$$\boxed{\sigma_{\mathcal{K},\mathbb{C}}(x) = \{2+i, 2-i, 2\} \cup \{2 + 2^{-k} : k \geq 1\}.}$$

Exercício 17.5

Multiplicando os blocos, obtém-se

$$\begin{pmatrix} \lambda I - C_{a,b} & 0 \\ -T_{\mathbf{c}}^{\mathbb{C}} & R_D(\lambda)^{-1} \end{pmatrix} \begin{pmatrix} R_C(\lambda) & 0 \\ R_D(\lambda) T_{\mathbf{c}}^{\mathbb{C}} R_C(\lambda) & R_D(\lambda) \end{pmatrix}.$$

Os blocos diagonais são identidades. O bloco superior direito é zero, e o bloco inferior esquerdo é

$$-T_{\mathbf{c}}^{\mathbb{C}} R_C(\lambda) + R_D(\lambda)^{-1} R_D(\lambda) T_{\mathbf{c}}^{\mathbb{C}} R_C(\lambda) = 0.$$

Logo, o produto é a identidade. A multiplicação na ordem inversa fornece a mesma conclusão.

Exercício 17.6

Enumere o conjunto denso $\mathbb{Q} \cap [0,1]$ como uma sequência $(q_k)_{k\geq 1}$ e tome

$$x = J((q_k)_{k\geq 1}) \in \mathcal{K}^\infty.$$

Como $a = b = 0$, a fórmula espectral fornece

$$\sigma_{\mathcal{K},\mathbb{C}}(x) = \{0\} \cup \overline{\{q_k : k \geq 1\}} = \boxed{[0,1]}.$$

Exercício 17.7

Se λ é ponto de acumulação dos canais $a + c_k$, escolha índices distintos k_n tais que $a + c_{k_n} \to \lambda$. No bloco espacial, considere os vetores unitários

$$u_n = (0, \mathbf{e}_{k_n}) \in \mathbb{C}^2 \oplus_p \ell^p_{\mathbb{C}}.$$

A forma triangular específica de $M_x^{\mathbb{C}}$ dá

$$M_x^{\mathbb{C}} u_n = (a + c_{k_n}) u_n.$$

Consequentemente,

$$\|(M_x^{\mathbb{C}} - \lambda I) u_n\| = |a + c_{k_n} - \lambda| \longrightarrow 0.$$

Portanto, λ pertence ao espectro aproximado de $M_x^{\mathbb{C}}$.

56.18 Autoespaços, colisões e compactação

Exercício 18.1

Como $b \neq 0$, não há colisão entre os valores espectrais complexos e as coordenadas espectrais idempotentes. Além disso, a hipótese de que os valores c_k são distintos fornece $I_{c_k} = \{k\}$. Portanto,

$$\boxed{\ker(M_x^{\mathbb{C}} - (a + c_k)I) = \operatorname{span}_{\mathbb{C}}\{(0, \mathbf{e}_k)\}.}$$

Em particular, cada canal espacial tem multiplicidade geométrica um.

Exercício 18.2

Como $b = 0$, um vetor $((u, v), \mathbf{d})$ pertence ao autoespaço de a se, e somente se,

$$c_n(u + d_n) = 0 \qquad (n \geq 1).$$

Nas coordenadas pares, isso exige $d_{2k} = -u$ para todo k. Como $\mathbf{d} \in \ell^2$, necessariamente $u = 0$, e então $d_{2k} = 0$. Nas coordenadas ímpares não há restrição. Logo,

$$\boxed{\ker(M_x^{\mathbb{C}} - aI) = \{((0, v), \mathbf{d}) : v \in \mathbb{C},\ d_{2k} = 0 \text{ para todo } k\}.}$$

Exercício 18.3

Para $\mathbf{d} \in \ell^p_{\mathbb{C}}$,

$$M_x^{\mathbb{C}}(0, \mathbf{d}) = (0, (aI + D_c)\mathbf{d}) \in E_{\text{sp}},$$

portanto E_{sp} é invariante. Por outro lado,

$$M_x^{\mathbb{C}}((u,v),0) = (C_{a,b}(u,v), u\mathbf{c}).$$

Esse vetor pertence a $E_{\mathbb{C}}$ para todo (u,v) se, e somente se, $\mathbf{c} = 0$. Assim,

$$\boxed{E_{\mathbb{C}} \text{ é invariante por } M_x^{\mathbb{C}} \iff \mathbf{c} = 0.}$$

Exercício 18.4

Neste caso, $b = v = 1$. Para $z = r + si + J(\mathbf{e})$, a fórmula do defeito fornece

$$(M_x M_y - M_{xy})(z) = J(\mathbf{e} - s\mathbf{c}).$$

Todo vetor da imagem pertence a E_{sp}. Reciprocamente, dado $J(\mathbf{f}) \in E_{\text{sp}}$, basta escolher $z = J(\mathbf{f})$. Portanto,

$$\boxed{\operatorname{im}(M_x M_y - M_{xy}) = E_{\text{sp}}.}$$

Exercício 18.5

Para o truncamento diagonal D_N, vale

$$\|D_{\mathbf{c}} - D_N\| = \sup_{k>N} |c_k|.$$

Logo, $D_N \to D_{\mathbf{c}}$ em norma se, e somente se, $\sup_{k>N} |c_k| \to 0$, isto é, se, e somente se,

$$\boxed{\mathbf{c} \in c_0.}$$

Exercício 18.6

Se $1 \leq p < \infty$, então $\mathbf{c} \in \ell^p \subset c_0$, e $D_{\mathbf{c}}$ é compacto. A invariância do espectro essencial de Fredholm por perturbações compactas dá

$$\sigma_{\text{ess}}(aI + D_{\mathbf{c}}) = \sigma_{\text{ess}}(aI).$$

Se $\lambda \neq a$, o operador $\lambda I - aI$ é invertível. Para $\lambda = a$, obtém-se o operador nulo em um espaço de dimensão infinita, que não é Fredholm. Consequentemente,

$$\boxed{\sigma_{\text{ess}}(aI + D_{\mathbf{c}}) = \{a\}.}$$

Exercício 18.7

Escreva

$$x = a + bi + J(\mathbf{c}), \qquad y = u + vi + J(\mathbf{d}).$$

Se $v = 0$, o defeito é nulo. Se $bv \neq 0$, sua imagem é todo E_{sp}, de dimensão infinita. Resta o caso $v \neq 0$ e $b = 0$, no qual

$$(M_x M_y - M_{xy})(r + si + J(\mathbf{e})) = -vsJ(\mathbf{c}).$$

Essa imagem tem dimensão um exatamente quando $\mathbf{c} \neq 0$. Logo,

$$\boxed{\operatorname{posto}(M_x M_y - M_{xy}) = 1 \iff v \neq 0, \quad b = 0, \quad \mathbf{c} \neq 0.}$$

56.19 O espaço dos multiplicadores e sua rigidez

Exercício 19.1

Para todo $z \in \mathcal{K}^p$, a bilinearidade do produto fornece

$$\Lambda(\alpha x + \beta y)(z) = (\alpha x + \beta y)z = \alpha xz + \beta yz.$$

Portanto,

$$\boxed{\Lambda(\alpha x + \beta y) = \alpha\Lambda(x) + \beta\Lambda(y).}$$

Exercício 19.2

Na matriz

$$M_x = \begin{pmatrix} C_{a,b} & 0 \\ T_{\mathbf{c}} & aI + D_{\mathbf{c}} \end{pmatrix},$$

o bloco $C_{a,b}$ determina a e b, enquanto $T_{\mathbf{c}}(1,0) = \mathbf{c}$ determina a parte espacial. Logo, $x = a + bi + J(\mathbf{c})$. Mais diretamente, como 1 é a unidade,

$$\boxed{x = M_x(1).}$$

Exercício 19.3

Se $\gamma I_{\mathcal{K}^p} = M_x$, o bloco superior exige $a = \gamma$ e $b = 0$. O bloco de acoplamento deve ser nulo, logo $\mathbf{c} = 0$, e o bloco espacial torna-se γI, como requerido. Reciprocamente, $M_{\gamma 1} = \gamma I_{\mathcal{K}^p}$. Portanto,

$$\boxed{\gamma I_{\mathcal{K}^p} \in \mathcal{M}(\mathcal{K}^p) \quad \text{para todo } \gamma \in \mathbb{R}.}$$

Exercício 19.4

As coordenadas imaginárias complexas de x e y são ambas iguais a 1. O critério de comutação fornece

$$M_x M_y = M_y M_x \iff \mathbf{d} = \mathbf{c}.$$

Assim,

$$\boxed{M_{i+J(\mathbf{c})} \text{ e } M_{i+J(\mathbf{d})} \text{ comutam} \iff \mathbf{c} = \mathbf{d}.}$$

Exercício 19.5

Se $A_{x,y} = 0$, então

$$M_x M_y = M_{xy} \in \mathcal{M}(\mathcal{K}^p).$$

Reciprocamente, suponha $M_x M_y = M_w$. Avaliando na unidade,

$$w = M_w(1) = M_x M_y(1) = x(y1) = xy.$$

Logo, $M_x M_y = M_{xy}$, e a identidade $M_x M_y - M_{xy} = -A_{x,y}$ implica $A_{x,y} = 0$. Portanto,

$$\boxed{M_x M_y \in \mathcal{M}(\mathcal{K}^p) \iff A_{x,y} = 0.}$$

Exercício 19.6

Escreva $x = a + bi + J(\mathbf{c})$. Para $y = i$, tem-se $v = 1$ e $\mathbf{d} = 0$. O critério $b\mathbf{d} = v\mathbf{c}$ reduz-se a $\mathbf{c} = 0$. Logo,

$$\boxed{[M_x, M_i] = 0 \iff x = a + bi \in \operatorname{span}_{\mathbb{R}}\{1, i\}.}$$

Exercício 19.7

Se M_x comuta com todos os multiplicadores, escreva $x = a + bi + J(\mathbf{c})$. A comutação com M_i força $\mathbf{c} = 0$. A comutação com cada M_{j_k} fornece $b\mathbf{e}_k = 0$, logo $b = 0$. Portanto, $x = a1$. A recíproca é imediata, pois $M_{a1} = aI$. Assim, o centro comutante dentro da família é

$$\boxed{\{M_{a1} : a \in \mathbb{R}\} = \{aI_{\mathcal{K}^p} : a \in \mathbb{R}\}.}$$

56.20 Geometria hilbertiana e o número de ouro

Exercício 20.1

Pela definição do produto interno,

$$\langle 1, 1\rangle = \langle i, i\rangle = \langle j_k, j_k\rangle = 1.$$

Vetores distintos da família possuem suportes coordenados disjuntos, de modo que

$$\langle 1, i\rangle = \langle 1, j_k\rangle = \langle i, j_k\rangle = \langle j_k, j_\ell\rangle = 0 \quad (k \neq \ell).$$

Logo, $\{1, i, j_1, j_2, \dots\}$ é uma família ortonormal.

Exercício 20.2

Se $y = u + vi + J(\mathbf{d})$, então

$$M_{j_k} y = (u + d_k) j_k.$$

Para todo $x = a + bi + J(\mathbf{c})$,

$$\langle M_{j_k} x, y\rangle = (a + c_k) d_k = \langle x, d_k(1 + j_k)\rangle.$$

Portanto,

$$\boxed{M_{j_k}^* y = d_k(1 + j_k).}$$

Em particular, $M_{j_k}^* \neq M_{j_k}$: por exemplo, $M_{j_k}(1) = j_k$, enquanto $M_{j_k}^*(1) = 0$.

Exercício 20.3

Temos

$$G^{\mathsf{T}} G = \begin{pmatrix} 2 & 1 \\ 1 & 1 \end{pmatrix}, \qquad \lambda_+ = \varphi^2, \qquad \lambda_- = \varphi^{-2}.$$

Resolvendo os dois sistemas lineares, obtêm-se os autoespaços

$$\boxed{E_{\lambda_+} = \operatorname{span}\{(\varphi, 1)\}}, \qquad \boxed{E_{\lambda_-} = \operatorname{span}\{(1, -\varphi)\}}.$$

Os dois vetores exibidos são ortogonais, como deve ocorrer para a matriz simétrica $G^\mathsf{T}G$.

Exercício 20.4

Como $\xi_k = \varphi 1 + j_k$, a fórmula de Γ_k fornece

$$\Gamma_k \xi_k = \varphi 1 + (\varphi + 1) j_k = \varphi 1 + \varphi^2 j_k.$$

Assim,

$$\|\Gamma_k \xi_k\|_2^2 = \varphi^2 + \varphi^4 = \varphi^2(\varphi^2 + 1) = \varphi^2 \|\xi_k\|_2^2.$$

Portanto,

$$\boxed{\|\Gamma_k \xi_k\|_2 = \varphi \|\xi_k\|_2.}$$

Exercício 20.5

Para a matriz $A = [M_{i+j_k}|_{F_k}]$, os autovalores de $A^\mathsf{T}A$ são

$$1, \qquad \frac{3+\sqrt{5}}{2} = \varphi^2, \qquad \frac{3-\sqrt{5}}{2} = \varphi^{-2}.$$

Tomando as raízes quadradas, os valores singulares são

$$\boxed{\varphi, \quad 1, \quad \varphi^{-1}.}$$

Exercício 20.6

O operador se anula em $E_k^\perp$. Na base ortonormal $\{1, j_k\}$ de E_k, sua matriz é

$$B = \begin{pmatrix} \alpha & 0 \\ \beta & \beta \end{pmatrix}, \qquad B^\mathsf{T}B = \begin{pmatrix} \alpha^2 + \beta^2 & \beta^2 \\ \beta^2 & \beta^2 \end{pmatrix}.$$

O maior autovalor de $B^\mathsf{T}B$ é

$$\lambda_{max} = \frac{\alpha^2 + 2\beta^2 + \sqrt{\alpha^4 + 4\beta^4}}{2}.$$

Logo,

$$\boxed{\|\alpha P_1 + \beta M_{j_k}\| = \sqrt{\frac{\alpha^2 + 2\beta^2 + \sqrt{\alpha^4 + 4\beta^4}}{2}}.}$$

Para $\alpha = \beta = 1$, recupera-se $\|\Gamma_k\| = \varphi$.

Exercício 20.7

Escreva $x = a + bi + J(\mathbf{c})$ e

$$M_x = \begin{pmatrix} C_{a,b} & 0 \\ T_\mathbf{c} & aI + D_\mathbf{c} \end{pmatrix}.$$

O bloco superior esquerdo de $M_x^* M_x$ é $C_{a,b}^\mathsf{T} C_{a,b} + T_\mathbf{c}^* T_\mathbf{c}$, enquanto o bloco correspondente de $M_x M_x^*$ é $C_{a,b} C_{a,b}^\mathsf{T}$. Como $C_{a,b}^\mathsf{T} C_{a,b} = C_{a,b} C_{a,b}^\mathsf{T}$, a normalidade força $T_{\mathbf{c}}^* T_{\mathbf{c}} = 0$, isto é, $\mathbf{c} = 0$. Reciprocamente, se $\mathbf{c} = 0$, então $M_x = C_{a,b} \oplus aI$ é normal. Portanto,

$$\boxed{M_x \text{ é normal} \iff x = a + bi \in \operatorname{span}_{\mathbb{R}}\{1, i\}.}$$

56.21 O princípio de reconstrução associadora

Exercício 21.1

Para

$$x = 1 + 2i + J(3\mathbf{e}_1 - \mathbf{e}_2),$$

temos

$$\pi_p(x) = 1 + 2i, \qquad [x, i, i] = J(3\mathbf{e}_1 - \mathbf{e}_2).$$

Logo, a fórmula de reconstrução devolve

$$\Re\pi_p(x)1 + \Im\pi_p(x)i + [x, i, i] = 1 + 2i + J(3\mathbf{e}_1 - \mathbf{e}_2) = x.$$

Exercício 21.2

Escreva $x = a + bi + J(\mathbf{c})$. Calculando apenas com as relações da álgebra,

$$R_i(x) = (xi)i - x(i^2).$$

Como $xi = -b + ai$ e $i^2 = -1$, segue

$$R_i(x) = (-b + ai)i + x = J(\mathbf{c}).$$

Agora, para $u = J(\mathbf{c})$, vale $ui = 0$; portanto,

$$R_i(u) = (ui)i - u(i^2) = u.$$

Assim, $\boxed{R_i^2 = R_i}$.

Exercício 21.3

Pela definição do produto transportado,

$$\begin{aligned}(1 + i, \mathbf{e}_1) \diamond (2 - i, \mathbf{e}_2) &= \big((1 + i)(2 - i), \mathbf{e}_2 + 2\mathbf{e}_1 + \mathbf{e}_1 \odot \mathbf{e}_2\big) \\ &= \boxed{(3 + i, 2\mathbf{e}_1 + \mathbf{e}_2)}.\end{aligned}$$

De fato, em $\mathcal{K}^p$,

$$(1 + i + j_1)(2 - i + j_2) = 3 + i + 2j_1 + j_2,$$

pois $j_1 j_2 = 0$.

Exercício 21.4

Como $R_i(a + bi + J(\mathbf{c})) = J(\mathbf{c})$, temos

$$\ker R_i = \operatorname{span}_{\mathbb{R}}\{1, i\}, \qquad \operatorname{im} R_i = \mathcal{J}^p.$$

Todo elemento possui a decomposição única

$$a + bi + J(\mathbf{c}) = (a + bi) + J(\mathbf{c}),$$

e a interseção dos dois subespaços é nula. Consequentemente,

$$\boxed{\mathcal{K}^p = \ker R_i \oplus \operatorname{im} R_i.}$$

Exercício 21.5

A fórmula de $\diamond$ é simétrica nos pares $(\zeta, \mathbf{c})$ e $(\eta, \mathbf{d})$, pois a multiplicação complexa e o produto de Hadamard são comutativos. Logo, $\diamond$ é comutativo.

Para verificar que não é associativo, tome

$$X = (i, \mathbf{0}), \qquad Y = (i, \mathbf{0}), \qquad Z = (0, \mathbf{e}_1).$$

Então

$$X \diamond Y = (-1, \mathbf{0}), \qquad Y \diamond Z = (0, \mathbf{0}),$$

e, portanto,

$$(X \diamond Y) \diamond Z = (0, -\mathbf{e}_1), \qquad X \diamond (Y \diamond Z) = (0, \mathbf{0}).$$

Assim, $\diamond$ não é associativo.

Exercício 21.6

Se $x = a + bi + J(\mathbf{c})$ e $q = \alpha 1 + \beta i$, a fórmula do associador fornece

$$\boxed{[x, q, q] = \beta^2 J(\mathbf{c}) = \beta^2 R_i(x).}$$

Essa aplicação coincide com R_i se, e somente se, $\beta^2 = 1$, isto é, $\boxed{\beta = \pm 1}$; o parâmetro α é arbitrário.

Exercício 21.7

Pelo exercício anterior, toda aplicação da forma indicada é $T = \beta^2 R_i$. Sua imagem é $\mathcal{J}^p$ se, e somente se, $\beta \neq 0$. Além disso,

$$T^2 = \beta^4 R_i,$$

de modo que $T^2 = T$ exige $\beta^4 = \beta^2$. Sob a condição de sobrejetividade, isso equivale a $\beta^2 = 1$. Portanto, todas as projeções procuradas são obtidas por

$$\boxed{q = \alpha 1 + i \quad \text{ou} \quad q = \alpha 1 - i, \qquad \alpha \in \mathbb{R},}$$

e todas elas coincidem com a mesma projeção canônica R_i.

56.22 Reconstrução de funções e dados espectrais

Exercício 22.1

Para

$$x = a + bi + J(\mathbf{c}) \in \mathcal{K}^p,$$

a aplicação identidade satisfaz

$$\boxed{\Pi_{\mathbb{C}} F(x) = a + bi = \pi_p(x)}, \qquad \boxed{\mathfrak{A}_F(x) = J(\mathbf{c}) = [x, i, i]}.$$

Assim, os dois campos associados à identidade são, respectivamente, a projeção complexa canônica e a projeção associadora sobre $\mathcal{J}^p$.

Exercício 22.2

Se $F(x) \in \operatorname{span}_{\mathbb{R}}\{1, i\}$, então existem funções reais A e B tais que $F(x) = A(x) + B(x)i$. Como a parte espacial é nula,

$$\mathfrak{A}_F(x) = [F(x), i, i] = 0$$

em todo ponto. Portanto, $\boxed{\mathfrak{A}_F = 0}$.

Exercício 22.3

Temos

$$\Pi_{\mathbb{C}} F = i, \qquad \Pi_{\mathbb{C}} G = 1, \qquad \mathfrak{A}_F = f j_1, \qquad \mathfrak{A}_G = g j_1.$$

Como $j_1^2 = j_1$, a lei espacial do produto fornece

$$\begin{aligned} \mathfrak{A}_{FG} &= \Re(i)\, g j_1 + \Re(1)\, f j_1 + (f j_1)(g j_1) \\ &= \boxed{(f + fg) j_1}. \end{aligned}$$

De fato, $(i + f j_1)(1 + g j_1) = i + (f + fg) j_1$.

Exercício 22.4

Para todo par (ϕ, U),

$$(1, 0) \diamond (\phi, U) = (\phi, \Re(1) U + \Re(\phi) 0 + 0U) = (\phi, U).$$

Como $\diamond$ é comutativo, a mesma igualdade vale na ordem inversa. Logo, sua unidade é $\boxed{(1, 0)}$.

Exercício 22.5

Sejam

$$X = (\zeta, U), \qquad Y = (\eta, V), \qquad Z = (\theta, W),$$

e escreva $b = \Im \zeta$, $v = \Im \eta$ e $s = \Im \theta$. Uma expansão dos dois produtos, usando a associatividade do produto em $\mathcal{J}^p$, resulta em

$$\boxed{[X, Y, Z]_\diamond := (X \diamond Y) \diamond Z - X \diamond (Y \diamond Z) = (0, vsU - bvW).}$$

Sob a reconstrução

$$(\zeta, U) \longmapsto \Re\zeta\, 1 + \Im\zeta\, i + U,$$

essa expressão corresponde precisamente a

$$[x,y,z] = J(v s \mathbf{c} - b v \mathbf{e}),$$

quando $U = J(\mathbf{c})$ e $W = J(\mathbf{e})$. Portanto, o produto $\diamond$ preserva também o defeito de associatividade de $\mathcal{K}^p$.

Exercício 22.6

Para $\boldsymbol{\phi} = (2-i,5,0)$, tem-se $\Re\phi_0 = 2$. Logo,

$$\mathcal{C}_{\text{ass}}(\boldsymbol{\phi}) = (2-i,(5-2)j_1 + (0-2)j_2) = \boxed{(2-i,3j_1-2j_2)}.$$

Na descompressão, $u_1 = 3$ e $u_2 = -2$, de modo que

$$\phi_1 = 2+3 = 5, \qquad \phi_2 = 2-2 = 0.$$

Recupera-se, assim, a tupla original $\boxed{(2-i,5,0)}$.

Exercício 22.7

Escreva

$$\phi_0 = a+bi, \qquad \psi_0 = u+vi, \qquad c_k = \phi_k - a, \qquad d_k = \psi_k - u.$$

A componente complexa dos dois lados de (22.9) é $\phi_0\psi_0$. Na coordenada espacial k, a compressão do produto $\star$ fornece

$$\begin{aligned}(\boldsymbol{\phi}\star\boldsymbol{\psi})_k - \Re(\phi_0\psi_0) &= (a+c_k)(u+d_k) - bv - (au - bv)\\ &= ad_k + uc_k + c_k d_k.\end{aligned}$$

Esse é exatamente o coeficiente de j_k em

$$\Re(\phi_0)\sum_k d_k j_k + \Re(\psi_0)\sum_k c_k j_k + \left(\sum_k c_k j_k\right)\left(\sum_k d_k j_k\right),$$

que é o segundo componente do produto $\diamond$. Portanto,

$$\boxed{\mathcal{C}_{\text{ass}}(\boldsymbol{\phi}\star\boldsymbol{\psi}) = \mathcal{C}_{\text{ass}}(\boldsymbol{\phi})\diamond\mathcal{C}_{\text{ass}}(\boldsymbol{\psi}).}$$

56.23 Reconstrução dos operadores de multiplicação

Exercício 23.1

Dos dados fornecidos, obtêm-se

$$a = 2, \qquad b = -1, \qquad \mathbf{c} = 3\mathbf{e}_1 - \mathbf{e}_2.$$

Portanto,

$$C_{2,-1} = \begin{pmatrix} 2 & 1\\ -1 & 2\end{pmatrix}, \qquad T_{\mathbf{c}}(u,v) = u(3\mathbf{e}_1 - \mathbf{e}_2),$$

e

$$D_{\mathbf{c}}(d_1,d_2,d_3,\ldots) = (3d_1,-d_2,0,\ldots).$$

Como $aI + D_c$ é o operador diagonal de sequência $(5, 1, 2, 2, \ldots)$, a reconstrução fornece

$$\boxed{M_x = \begin{pmatrix} C_{2,-1} & 0 \\ T_{3e_1-e_2} & 2I + D_{3e_1-e_2} \end{pmatrix}.}$$

Exercício 23.2

Pela definição do operador reconstruído,

$$\mathcal{M}_{i,0}(\eta, V) = (i\eta, \Re(i)V + \Re(\eta)0 + 0V) = \boxed{(i\eta, 0)}.$$

A cauda é anulada porque $\Re(i) = 0$ e a cauda do próprio multiplicador é nula. Essa é a forma reconstruída das relações $ij_k = 0$.

Exercício 23.3

Para

$$x = 1 + i + j_1, \qquad y = 2 - i + j_2,$$

tem-se

$$\mathcal{R}_p(x) = (1 + i, j_1), \qquad \mathcal{R}_p(y) = (2 - i, j_2).$$

Logo,

$$\begin{aligned} \mathcal{M}_{1+i,j_1}(2 - i, j_2) &= ((1 + i)(2 - i), j_2 + 2j_1 + j_1 j_2) \\ &= \boxed{(3 + i, 2j_1 + j_2)}. \end{aligned}$$

Por outro lado, usando diretamente o produto de $\mathcal{K}^p$,

$$xy = (1 + i + j_1)(2 - i + j_2) = 3 + i + 2j_1 + j_2,$$

e, portanto,

$$\mathcal{R}_p(xy) = (3 + i, 2j_1 + j_2).$$

As duas expressões coincidem, como afirma (23.4).

Exercício 23.4

Na fórmula do defeito associador, temos

$$\Im\zeta = \Im\eta = \Im\chi = 1, \qquad U = j_1, \qquad W = j_3.$$

A cauda $V = j_2$ do segundo fator não intervém. Assim,

$$\boxed{\mathcal{A}_{(i,j_1),(i,j_2)}(i, j_3) = (0, j_1 - j_3).}$$

Exercício 23.5

Pondo

$$Q := \Im\zeta\, V - \Im\eta\, U,$$

o comutador atua por

$$[\mathcal{M}_{\zeta,U}, \mathcal{M}_{\eta,V}](\chi, W) = (0, \Im\chi\, Q).$$

Sua imagem está contida no subespaço real $\mathrm{span}_{\mathbb{R}}\{(0, Q)\}$, que tem dimensão no máximo um. Se $Q \neq 0$, tomando $\chi = i$, vê-se que $(0, Q)$ pertence à imagem; nesse caso, o posto é exatamente um. Portanto,

$$\boxed{\operatorname{posto}[\mathcal{M}_{\zeta,U}, \mathcal{M}_{\eta,V}] = \begin{cases} 0, & Q = 0, \\ 1, & Q \neq 0. \end{cases}}$$

Exercício 23.6

Escreva

$$\mathcal{R}_p(x) = (\zeta, U), \qquad \mathcal{R}_p(y) = (\eta, V), \qquad b = \Im\zeta, \quad v = \Im\eta.$$

O critério de comutação é $bV = vU$. Consequentemente:

(i) se $b = v = 0$, os multiplicadores comutam para quaisquer U, V;

(ii) se $b = 0$ e $v \neq 0$, comutam se, e somente se, $U = 0$;

(iii) se $b \neq 0$ e $v = 0$, comutam se, e somente se, $V = 0$;

(iv) se $bv \neq 0$, comutam se, e somente se, $V = (v/b)U$.

Esses quatro casos esgotam todas as possibilidades.

Exercício 23.7

A igualdade proposta equivale a

$$\mathcal{A}_{(\zeta,U),(\eta,V)} = 0.$$

Pondo $b = \Im\zeta$ e $v = \Im\eta$, isso significa

$$v(\Im\chi U - bW) = 0 \quad \text{para todos } (\chi, W).$$

Se $v = 0$, a condição é automática. Suponha $v \neq 0$. Tomando $W = 0$ e $\chi = i$, obtém-se $U = 0$; tomando $\chi = 0$ e deixando W arbitrário, obtém-se $b = 0$. Reciprocamente, essas duas condições anulam a fórmula. Logo,

$$\boxed{\mathcal{M}_{\zeta,U}\mathcal{M}_{\eta,V} = \mathcal{M}_{(\zeta,U)\diamond(\eta,V)} \iff \Im\eta = 0 \text{ ou } \big(\Im\zeta = 0 \text{ e } U = 0\big).}$$

O resultado independe de V, refletindo a independência do associador em relação à cauda espacial do elemento central.

56.24 Cálculo holomorfo e rigidez espacial

Exercício 24.1

Para $f(z) = z^2$ e $\lambda \neq \mu$,

$$f^{[1]}(\lambda, \mu) = \frac{\lambda^2 - \mu^2}{\lambda - \mu} = \lambda + \mu.$$

Na diagonal, $f^{[1]}(\lambda,\lambda) = f'(\lambda) = 2\lambda$, que coincide com a mesma fórmula. Portanto,

$$\boxed{f^{[1]}(\lambda,\mu) = \lambda + \mu.}$$

Para $f(z) = e^z$,

$$\boxed{f^{[1]}(\lambda,\mu) = \begin{cases} \dfrac{e^\lambda - e^\mu}{\lambda - \mu}, & \lambda \neq \mu, \\ e^\lambda, & \lambda = \mu. \end{cases}}$$

Equivalentemente,

$$f^{[1]}(\lambda,\mu) = \int_0^1 e^{(1-t)\mu + t\lambda}\,dt,$$

fórmula que também evidencia a continuidade na diagonal.

Exercício 24.2

Como

$$C_{a,b} = \begin{pmatrix} a & -b \\ b & a \end{pmatrix}, \qquad q_+ = \begin{pmatrix} 1 \\ -i \end{pmatrix}, \qquad q_- = \begin{pmatrix} 1 \\ i \end{pmatrix},$$

temos

$$C_{a,b}q_+ = \begin{pmatrix} a+bi \\ b-ai \end{pmatrix} = (a+bi)q_+ = \alpha q_+,$$

e

$$C_{a,b}q_- = \begin{pmatrix} a-bi \\ b+ai \end{pmatrix} = (a-bi)q_- = \beta q_-.$$

Logo, q_+ e q_- são autovetores associados, respectivamente, a $\boxed{\alpha = a+bi}$ e $\boxed{\beta = a-bi}$.

Exercício 24.3

Para $f(z) = z$, vale

$$f^{[1]}(\lambda,\mu) = 1.$$

Assim,

$$f(C_{a,b}) = C_{a,b}, \qquad f(D_x) = D_x,$$

e

$$K_f(x)q_+ = \mathbf{c}, \qquad K_f(x)q_- = \mathbf{c}.$$

Como $(u,v) = \frac{u+iv}{2}q_+ + \frac{u-iv}{2}q_-$, segue que

$$K_f(x)(u,v) = u\mathbf{c} = T_{\mathbf{c}}(u,v).$$

Portanto, a fórmula holomorfa recupera exatamente

$$\boxed{f(M_x^{\mathbb{C}}) = M_x^{\mathbb{C}} = \begin{pmatrix} C_{a,b} & 0 \\ T_{\mathbf{c}} & D_x \end{pmatrix}.}$$

Exercício 24.4

Se $f(z) = \gamma z + \delta$, com $\gamma, \delta \in \mathbb{R}$, então

$$f^{[1]}(\lambda, \mu) = \gamma$$

para quaisquer λ, μ. Além disso,

$$f(\alpha) = A + iB, \qquad A = \gamma a + \delta, \qquad B = \gamma b,$$

e

$$e_k = f(d_k) - A = \gamma c_k.$$

Logo, $\mathbf{e} = \gamma \mathbf{c} \in \ell^p$, e as duas condições do critério tornam-se

$$\frac{c_k}{2}(\gamma + \gamma) = \gamma c_k = e_k, \qquad \frac{ic_k}{2}(\gamma - \gamma) = 0.$$

Portanto, toda função real afim permanece espacial e produz

$$\boxed{f(M_x^{\mathbb{C}}) = M_{\gamma x + \delta 1}^{\mathbb{C}}.}$$

Exercício 24.5

Para $f(z) = z^2$, tem-se

$$f^{[1]}(d_k, \alpha) = d_k + \alpha, \qquad f^{[1]}(d_k, \beta) = d_k + \beta.$$

O coeficiente de v em (24.8) é, portanto,

$$\frac{ic_k}{2}(\alpha - \beta) = \frac{ic_k}{2}(2ib) = \boxed{-bc_k}.$$

O coeficiente de u é

$$\frac{c_k}{2}(2d_k + \alpha + \beta) = c_k(2a + c_k).$$

Entretanto, como $f(\alpha) = A + iB$, com $A = a^2 - b^2$, a diagonal espacial exigiria

$$e_k = f(d_k) - A = 2ac_k + c_k^2 + b^2.$$

Assim, além da dependência indevida de v, falta ao coeficiente de u o termo b^2. As condições de permanência são satisfeitas exatamente quando $b = 0$. Logo,

$$\boxed{(M_x^{\mathbb{C}})^2 \text{ é um multiplicador espacial } \iff \Im \pi_p(x) = 0.}$$

Quando $b \neq 0$, esses dois desvios são a expressão em blocos do defeito associador.

Exercício 24.6

Considere

$$x = 2 + i + \sum_{k=1}^{\infty} 3^{-k} j_k.$$

Sua parte imaginária complexa é $b = 1 \neq 0$. A sequência $\mathbf{c} = (3^{-k})_{k\geq 1}$ pertence a ℓ^p para todo $1 \leq p < \infty$, pois

$$\sum_{k=1}^{\infty} |3^{-k}|^p = \sum_{k=1}^{\infty} 3^{-kp} = \frac{3^{-p}}{1-3^{-p}} < \infty.$$

Além disso, todos os seus termos são não nulos e $3^{-k} \to 0$. Portanto, $\boxed{x \text{ é funcionalmente não degenerado}}$ para todo $1 \leq p < \infty$.

Exercício 24.7

Seja $S \subset \mathbb{C}$ o conjunto finito dos valores espectrais distintos e seja $L(z) = \gamma z + \delta$, com $\gamma, \delta \in \mathbb{R}$. Como o espectro é invariante por conjugação, o polinômio

$$P(z) := \prod_{s\in S}(z-s)$$

possui coeficientes reais. Para qualquer $\varepsilon \in \mathbb{R} \setminus \{0\}$, defina

$$\boxed{f(z) := L(z) + \varepsilon P(z)^2.}$$

Essa função é inteira, real-simétrica e não afim. Para todo $s \in S$,

$$f(s) = L(s), \qquad f'(s) = L'(s).$$

Além disso, para $s, t \in S$, com $s \neq t$,

$$f^{[1]}(s,t) = \frac{L(s)-L(t)}{s-t} = L^{[1]}(s,t).$$

Logo, f reproduz todos os valores, derivadas diagonais e diferenças divididas relevantes de L no conjunto espectral finito, embora não seja afim. Isso mostra por que um conjunto finito de canais não força a rigidez do teorema.

56.25 A envolvente operatorial associativa

Exercício 25.1

Na decomposição $X_p = \mathbb{C}^2 \oplus \ell^p_{\mathbb{C}}$,

$$M_i^{\mathbb{C}} = \begin{pmatrix} C_{0,1} & 0 \\ 0 & 0 \end{pmatrix}, \qquad C_{0,1} = \begin{pmatrix} 0 & -1 \\ 1 & 0 \end{pmatrix}.$$

Como $C_{0,1}^2 = -I_2$, segue que

$$(M_i^{\mathbb{C}})^2 = \begin{pmatrix} -I_2 & 0 \\ 0 & 0 \end{pmatrix}.$$

Consequentemente,

$$\boxed{-(M_i^{\mathbb{C}})^2 = \begin{pmatrix} I_2 & 0 \\ 0 & 0 \end{pmatrix} = P}$$

e

$$\boxed{I + (M_i^{\mathbb{C}})^2 = \begin{pmatrix} 0 & 0 \\ 0 & I \end{pmatrix} = Q.}$$

Exercício 25.2

Os vetores q_+, q_- formam uma base de $\mathbb{C}^2$, e

$$C_{0,1}q_+ = iq_+, \qquad C_{0,1}q_- = -iq_-.$$

Logo, todo operador $aI_2 + bC_{0,1}$ é diagonal nessa base, com autovalores $a + bi$ e $a - bi$. Reciprocamente, dados $\lambda_+, \lambda_- \in \mathbb{C}$, tome

$$a = \frac{\lambda_+ + \lambda_-}{2}, \qquad b = \frac{\lambda_+ - \lambda_-}{2i}.$$

Então $aI_2 + bC_{0,1}$ possui exatamente esses dois autovalores sobre q_+, q_-. Portanto,

$$\boxed{\mathscr{D}_2 = \operatorname{span}_{\mathbb{C}}\{I_2, C_{0,1}\}.}$$

Exercício 25.3

Usando

$$P = \begin{pmatrix} I_2 & 0 \\ 0 & 0 \end{pmatrix}, \quad Q = \begin{pmatrix} 0 & 0 \\ 0 & I \end{pmatrix}, \quad M_{J(\mathbf{c})}^{\mathbb{C}} = \begin{pmatrix} 0 & 0 \\ T_{\mathbf{c}} & D_{\mathbf{c}} \end{pmatrix},$$

obtém-se

$$M_{J(\mathbf{c})}^{\mathbb{C}} P = \begin{pmatrix} 0 & 0 \\ T_{\mathbf{c}} & 0 \end{pmatrix}, \qquad M_{J(\mathbf{c})}^{\mathbb{C}} Q = \begin{pmatrix} 0 & 0 \\ 0 & D_{\mathbf{c}} \end{pmatrix}.$$

Multiplicar à esquerda por Q não altera esses blocos inferiores. Assim,

$$\boxed{QM_{J(\mathbf{c})}^{\mathbb{C}} P = \begin{pmatrix} 0 & 0 \\ T_{\mathbf{c}} & 0 \end{pmatrix}}, \qquad \boxed{QM_{J(\mathbf{c})}^{\mathbb{C}} Q = \begin{pmatrix} 0 & 0 \\ 0 & D_{\mathbf{c}} \end{pmatrix}}.$$

Exercício 25.4

Defina

$$\mathbf{c} := \frac{\mathbf{r} + \mathbf{s}}{2}, \qquad \mathbf{d} := \frac{\mathbf{r} - \mathbf{s}}{2i}.$$

Os operadores de bloco inferior esquerdo $T_{\mathbf{c}}$ e $T_{\mathbf{d}}$ pertencem à envolvente pelo exercício anterior. Define-se

$$\boxed{B := T_{\mathbf{c}} + T_{\mathbf{d}} C_{0,1}.}$$

Como $C_{0,1}q_+ = iq_+$ e $C_{0,1}q_- = -iq_-$, temos

$$Bq_+ = \mathbf{c} + i\mathbf{d} = \mathbf{r}, \qquad Bq_- = \mathbf{c} - i\mathbf{d} = \mathbf{s}.$$

Na envolvente, esse acoplamento é realizado explicitamente pelo operador

$$\begin{pmatrix} 0 & 0 \\ B & 0 \end{pmatrix} = QM_{J(\mathbf{c})}^{\mathbb{C}} P + QM_{J(\mathbf{d})}^{\mathbb{C}} P\, M_i^{\mathbb{C}}.$$

Exercício 25.5

Tome

$$\eta_k := k^{-1/p}.$$

Então $\eta \in c_0$, mas

$$\sum_{k=1}^{\infty} |\eta_k|^p = \sum_{k=1}^{\infty} \frac{1}{k} = \infty,$$

logo $\eta \notin \ell^p$. Para $N \geq 1$, defina o truncamento

$$\eta^{(N)} = (\eta_1, \ldots, \eta_N, 0, 0, \ldots) \in \ell^p.$$

Como a norma de um operador diagonal é a norma uniforme de sua sequência,

$$\|D_\eta - D_{\eta^{(N)}}\| = \sup_{k>N} k^{-1/p} = (N+1)^{-1/p} \longrightarrow 0.$$

Portanto, D_η pertence ao fecho em norma da envolvente, mas sua sequência diagonal não pertence à envolvente algébrica.

Exercício 25.6

Se

$$N = \begin{pmatrix} 0 & 0 \\ B & 0 \end{pmatrix} \in \mathscr{N}_p,$$

então $N^2 = 0$. Logo,

$$(I - N)(I + N) = I - N^2 = I$$

e, da mesma forma, $(I + N)(I - N) = I$. Portanto, $I - N$ é invertível e

$$\boxed{(I - N)^{-1} = I + N.}$$

Equivalentemente, na convenção algébrica $x + y - xy = 0$, o quase-inverso de N é $-N$, pois

$$N + (-N) - N(-N) = N^2 = 0.$$

Assim, todo elemento de $\mathscr{N}_p$ é quase-regular, sem necessidade de recorrer à teoria geral do radical de Jacobson.

56.26 Fibrados de álgebras espaciais

Exercício 26.1

Escreva

$$v = a\mathbf{1} + bi + \sum_{r=1}^{m} c_r j_r.$$

Como $M_i^2 v = -a\mathbf{1} - bi$, obtém-se

$$Pv = -M_i^2 v = a\mathbf{1} + bi, \qquad Qv = (I + M_i^2)v = \sum_{r=1}^{m} c_r j_r.$$

Além disso,

$$P_k v = QM_{j_k}Qv = c_k j_k.$$

Portanto, P, Q e P_k são exatamente as projeções sobre $\mathrm{span}\{\mathbf{1}, i\}$, sobre a cauda espacial e sobre $\mathbb{R}j_k$, respectivamente.

Exercício 26.2

Para

$$s = 2\mathbf{1} - 3i + \sum_k c_k j_k,$$

tem-se $si = 3\mathbf{1} + 2i$ e, consequentemente,

$$(si)i = -2\mathbf{1} + 3i, \qquad s(i^2) = -s = -2\mathbf{1} + 3i - \sum_k c_k j_k.$$

Logo,

$$[s, i, i] = (si)i - s(i^2) = \sum_k c_k j_k = Qs.$$

Exercício 26.3

Da linearidade da conexão na direção vetorial segue imediatamente $\Theta_{fX} = f\Theta_X$. Na segunda entrada,

$$\begin{aligned} \Theta_X(fr, s) &= \nabla_X((fr)s) - (\nabla_X(fr))s - (fr)\nabla_X s \\ &= X(f)(rs) + f\nabla_X(rs) - X(f)(rs) - f(\nabla_X r)s - fr\nabla_X s \\ &= f\Theta_X(r, s). \end{aligned}$$

O mesmo cálculo, agora usando a regra de Leibniz na terceira entrada, fornece $\Theta_X(r, fs) = f\Theta_X(r, s)$. Assim, Θ é tensorial nas três entradas.

Exercício 26.4

Como $P_k = QM_{j_k}Q$, a regra de Leibniz para endomorfismos fornece

$$\nabla_X P_k = (\nabla_X Q)M_{j_k}Q + Q(\nabla_X M_{j_k})Q + QM_{j_k}(\nabla_X Q).$$

Substituindo $R_k = \nabla M_{j_k}$, resulta

$$\boxed{\nabla_X P_k = (\nabla_X Q)M_{j_k}Q + Q(R_k)_X Q + QM_{j_k}(\nabla_X Q).}$$

Exercício 26.5

Se $v = a\mathbf{1} + bi + \sum_r c_r j_r$, então

$$(I - 2M_{j_k})v = a\mathbf{1} + bi + \sum_{r \neq k} c_r j_r + (-2a - c_k)j_k.$$

Uma segunda aplicação transforma a coordenada $-2a - c_k$ novamente em c_k, sem alterar as demais. Portanto,

$$(I - 2M_{j_k})^2 = I, \qquad \boxed{(I - 2M_{j_k})^{-1} = I - 2M_{j_k}.}$$

Exercício 26.6

No fibrado trivial $E = \mathbb{R} \times \mathcal{K}_m$, com coordenada t, considere a conexão determinada por

$$\nabla_{\partial_t} i = j_1, \quad \nabla_{\partial_t} j_1 = -i, \quad \nabla_{\partial_t} \mathbf{1} = 0, \quad \nabla_{\partial_t} j_r = 0 \quad (r \geq 2).$$

Sua matriz na base ortonormal canônica é antissimétrica; logo, a conexão é métrica. Para $P = -M_i^2$, a fórmula de variação dá

$$(\nabla_{\partial_t} P)(\mathbf{1}) = 0, \quad (\nabla_{\partial_t} P)(i) = j_1, \quad (\nabla_{\partial_t} P)(j_1) = i,$$

e valor nulo nos demais j_r. Isso também se verifica diretamente, derivando a projeção sobre o plano que gira gerado por $\mathbf{1}$ e i.

Exercício 26.7

Seja K um subconjunto compacto da base e ponha

$$S_N = P + \sum_{k=1}^{N} P_k.$$

Os operadores S_N convergem fortemente para I e satisfazem $\sup_N \|S_N\| \leq 1$. Como $s(K)$ é compacto em $\mathcal{K}^p$, escolha uma rede finita ε-densa $\{u_1, \ldots, u_q\} \subset s(K)$. A convergência pontual permite tomar N de modo que $\|S_N u_r - u_r\| < \varepsilon$ para todo r. Para $u \in s(K)$, escolhendo u_r com $\|u - u_r\| < \varepsilon$,

$$\|S_N u - u\| \leq \|S_N(u - u_r)\| + \|S_N u_r - u_r\| + \|u_r - u\| < 3\varepsilon.$$

Assim,

$$\sup_{q \in K} \|S_N s(q) - s(q)\| \longrightarrow 0,$$

isto é, a decomposição converge localmente de maneira uniforme.

56.27 Transferências entre canais espaciais

Exercício 27.1

Pela definição da transferência orientada e pela fórmula dada,

$$\begin{aligned} \mathsf{B}_{k0}(X) &= \mathsf{P}_k(\nabla_X \mathsf{P})\mathsf{P} \\ &= -\mathsf{P}_k \mathsf{R}_i(X) \mathsf{M}_i \mathsf{P} - \mathsf{P}_k \mathsf{M}_i \mathsf{R}_i(X) \mathsf{P}. \end{aligned}$$

Como $\mathsf{P}_k \mathsf{M}_i = 0$, o segundo termo se anula. Portanto,

$$\boxed{\mathsf{B}_{k0}(X) = -\mathsf{P}_k \mathsf{R}_i(X) \mathsf{M}_i \mathsf{P}.}$$

Exercício 27.2

Derivando $\mathsf{P}\mathsf{P}_k = 0$, obtém-se

$$(\nabla_X \mathsf{P})\mathsf{P}_k + \mathsf{P}(\nabla_X \mathsf{P}_k) = 0.$$

Multiplicando à esquerda por P e à direita por P_k,

$$\mathsf{B}_{0k}(X) = -\mathsf{P}(\nabla_X \mathsf{P})\mathsf{P}_k.$$

Agora,

$$-\mathsf{P}(\nabla_X \mathsf{P})\mathsf{P}_k = \mathsf{P}\mathsf{R}_i(X)\mathsf{M}_i\mathsf{P}_k + \mathsf{P}\mathsf{M}_i\mathsf{R}_i(X)\mathsf{P}_k.$$

O primeiro termo é nulo porque $\mathsf{M}_i\mathsf{P}_k = 0$. Logo,

$$\boxed{\mathsf{B}_{0k}(X) = \mathsf{P}\mathsf{M}_i\mathsf{R}_i(X)\mathsf{P}_k.}$$

Exercício 27.3

Derive $\mathsf{Q}^2 = \mathsf{Q}$:

$$(\nabla_X \mathsf{Q})\mathsf{Q} + \mathsf{Q}(\nabla_X \mathsf{Q}) = \nabla_X \mathsf{Q}.$$

Multiplicando pelos dois lados por Q, segue que

$$2\mathsf{Q}(\nabla_X \mathsf{Q})\mathsf{Q} = \mathsf{Q}(\nabla_X \mathsf{Q})\mathsf{Q},$$

e, portanto,

$$\boxed{\mathsf{Q}(\nabla_X \mathsf{Q})\mathsf{Q} = 0.}$$

Ao comprimir a fórmula de $\nabla_X \mathsf{P}_k$ por P_ℓ e P_k, o primeiro termo se anula pela identidade acima, e o terceiro porque $\mathsf{P}_\ell \mathsf{M}_{j_k} = 0$ para $\ell \neq k$. Resta

$$\boxed{\mathsf{B}_{\ell k}(X) = \mathsf{P}_\ell \mathsf{R}_k(X)\mathsf{P}_k.}$$

Exercício 27.4

Quando $m = 1$, existe apenas o canal idempotente E_1; assim, não há pares $k \neq \ell$. A última soma da identidade da densidade é vazia e

$$\mathscr{T}_{\mathrm{sp}}^2 = |\mathsf{P}_1\mathsf{R}_i\mathsf{M}_i\mathsf{P}|^2 + |\mathsf{P}\mathsf{M}_i\mathsf{R}_i\mathsf{P}_1|^2.$$

Para uma conexão métrica, os dois termos têm a mesma norma, de modo que

$$\boxed{\mathscr{T}_{\mathrm{sp}}^2 = 2|\mathsf{P}_1\mathsf{R}_i\mathsf{M}_i\mathsf{P}|^2.}$$

Exercício 27.5

Se $\boldsymbol{\Theta} = 0$, então

$$\mathsf{R}_k(X)u_k = (\nabla_X j_k) \cdot u_k.$$

Consequentemente,

$$\boxed{\mathsf{B}_{\ell k}(X)u_k = \mathsf{P}_\ell\big((\nabla_X j_k) \cdot u_k\big).}$$

Assim, nesse caso, a transferência é inteiramente determinada pela variação do gerador idempotente de origem.

Exercício 27.6

No fibrado trivial $E = \mathbb{R} \times \mathcal{K}_m$, defina uma conexão métrica por

$$\nabla_{\partial_t}\mathbf{1} = i, \qquad \nabla_{\partial_t} i = -\mathbf{1}, \qquad \nabla_{\partial_t} j_k = 0 \quad (1 \leq k \leq m).$$

Sua matriz é antissimétrica. Além disso, ela preserva o plano $E_0 = \mathrm{span}\{\mathbf{1}, i\}$ e cada reta $E_k = \mathbb{R}j_k$; logo, todos os blocos de transferência se anulam. Contudo,

$$\begin{aligned}\boldsymbol{\Theta}_{\partial_t}(\mathbf{1},\mathbf{1}) &= \nabla_{\partial_t}(\mathbf{1}\cdot\mathbf{1}) - (\nabla_{\partial_t}\mathbf{1})\cdot\mathbf{1} - \mathbf{1}\cdot(\nabla_{\partial_t}\mathbf{1}) \\ &= i - i - i = -i \neq 0.\end{aligned}$$

Portanto, a preservação dos canais não implica compatibilidade com a multiplicação.

Exercício 27.7

Uma condição suficiente é

$$\mathsf{QR}_i\mathsf{M}_i\mathsf{P} \in \mathcal{S}_2(E_0, QE)$$

— isto é, esse operador pertence à classe de Hilbert–Schmidt — e

$$\sum_{k=1}^{\infty} \|\mathsf{QR}_k\mathsf{P}_k\|_{\mathrm{HS}}^2 < \infty.$$

A primeira condição já é automática quando R_i é limitado, pois E_0 tem dimensão dois. De fato,

$$\sum_{k=1}^{\infty} \|\mathsf{P}_k\mathsf{R}_i\mathsf{M}_i\mathsf{P}\|_{\mathrm{HS}}^2 = \|\mathsf{QR}_i\mathsf{M}_i\mathsf{P}\|_{\mathrm{HS}}^2 < \infty,$$

enquanto

$$\sum_k \sum_{\ell \neq k} \|\mathsf{P}_\ell\mathsf{R}_k\mathsf{P}_k\|_{\mathrm{HS}}^2 \leq \sum_k \|\mathsf{QR}_k\mathsf{P}_k\|_{\mathrm{HS}}^2 < \infty.$$

Logo, para uma conexão métrica, a fórmula infinita que define $\mathscr{T}_{\mathrm{sp}}^2$ converge.

56.28 A conexão espacial associada

Exercício 28.1

Para campos X, Y, funções $f, h \in C^\infty(M)$ e uma seção s, a linearidade de ∇ na direção e a linearidade dos projetores dão

$$\nabla^{\mathrm{sp}}_{fX+hY} s = f\nabla^{\mathrm{sp}}_X s + h\nabla^{\mathrm{sp}}_Y s.$$

A aditividade na seção é imediata. Finalmente, usando $\Pi_r(fs) = f\Pi_r s$ e $\sum_r \Pi_r = I$,

$$\begin{aligned}\nabla^{\text{sp}}_X(fs) &= \sum_r \Pi_r \nabla_X(f\Pi_r s)\\ &= X(f)\sum_r \Pi_r s + f\sum_r \Pi_r \nabla_X(\Pi_r s)\\ &= X(f)s + f\nabla^{\text{sp}}_X s.\end{aligned}$$

Portanto, ∇^{sp} satisfaz todos os axiomas de conexão.

Exercício 28.2

Se a linha é gerada localmente por uma seção unitária e e a conexão a preserva, existe uma 1-forma real α tal que $\nabla_X e = \alpha(X)e$. Pela compatibilidade métrica,

$$0 = Xg(e,e) = 2g(\nabla_X e, e) = 2\alpha(X).$$

Logo, $\alpha = 0$ e

$$\boxed{\nabla e = 0.}$$

Exercício 28.3

Como ∇^{sp} é métrica e preserva $E_0 = \text{span}\{\mathbf{1}, i\}$, sua matriz nessa base ortonormal é antissimétrica. Portanto, para alguma 1-forma real ω,

$$\nabla^{\text{sp}}_X \mathbf{1} = \omega(X)i, \qquad \nabla^{\text{sp}}_X i = -\omega(X)\mathbf{1}.$$

O exercício anterior, aplicado às linhas unitárias $E_k = \mathbb{R}j_k$, fornece $\nabla^{\text{sp}}_X j_k = 0$. Assim, se $s = a\mathbf{1} + bi + \sum_k c_k j_k$,

$$\begin{aligned}\nabla^{\text{sp}}_X s &= X(a)\mathbf{1} + X(b)i + \sum_k X(c_k)j_k + \omega(X)(ai - b\mathbf{1})\\ &= D_X s + \omega(X)\mathsf{M}_i s.\end{aligned}$$

Logo,

$$\boxed{\nabla^{\text{sp}} = D + \omega\mathsf{M}_i.}$$

Exercício 28.4

Usando a tabela de multiplicação,

$$\begin{aligned}\boldsymbol{\Delta}_i(i,\mathbf{1}) &= i(i\mathbf{1}) - (ii)\mathbf{1} - i(i\mathbf{1}) = -\mathbf{1} - (-\mathbf{1}) - (-\mathbf{1}) = \mathbf{1},\\ \boldsymbol{\Delta}_i(i,i) &= i(ii) - (ii)i - i(ii) = -i + i + i = i,\\ \boldsymbol{\Delta}_i(j_k,\mathbf{1}) &= i(j_k\mathbf{1}) - (ij_k)\mathbf{1} - j_k(i\mathbf{1}) = 0.\end{aligned}$$

Portanto,

$$\boxed{\boldsymbol{\Delta}_i(i,\mathbf{1}) = \mathbf{1}, \quad \boldsymbol{\Delta}_i(i,i) = i, \quad \boldsymbol{\Delta}_i(j_k,\mathbf{1}) = 0.}$$

Exercício 28.5

Da identidade $\nabla^{sp} = \nabla - \mathcal{A}$, segue que

$$\begin{aligned}\Theta^{sp}_X(u,v) &= \nabla^{sp}_X(u\cdot v) - (\nabla^{sp}_X u)\cdot v - u\cdot(\nabla^{sp}_X v)\\ &= \nabla_X(u\cdot v) - \mathcal{A}_X(u\cdot v)\\ &\quad - (\nabla_X u - \mathcal{A}_X u)\cdot v - u\cdot(\nabla_X v - \mathcal{A}_X v)\\ &= \Theta_X(u,v) - \mathcal{A}_X(u\cdot v) + (\mathcal{A}_X u)\cdot v + u\cdot(\mathcal{A}_X v).\end{aligned}$$

Essa é precisamente a identidade requerida.

Exercício 28.6

O transporte envia o plano complexo nele mesmo e fixa cada j_k; logo, preserva $\text{span}\{\mathbf{1}, i\}$ e cada $\text{span}\{j_k\}$. Para verificar a multiplicação, ponha $u = e^{-i\vartheta_\gamma(t)}$. Como $\tau(\mathbf{1}) = u$, a multiplicatividade exigiria

$$u = \tau(\mathbf{1}\cdot\mathbf{1}) = \tau(\mathbf{1})\cdot\tau(\mathbf{1}) = u^2.$$

Como $u \neq 0$, isso equivale a $u = 1$, ou seja, $\vartheta_\gamma(t) \in 2\pi\mathbb{Z}$. Fora desses ângulos, o transporte preserva os canais, mas não o produto.

Exercício 28.7

Escreva $\nabla^{sp}_X = D_X + \omega(X)\mathsf{M}_i$. Como $R^D = 0$ e $D\mathsf{M}_i = 0$,

$$\begin{aligned}R^{sp}(X,Y) &= \big[X(\omega(Y)) - Y(\omega(X)) - \omega([X,Y])\big]\mathsf{M}_i\\ &\quad + \omega(X)\omega(Y)(\mathsf{M}_i^2 - \mathsf{M}_i^2).\end{aligned}$$

O termo quadrático se cancela, e o coeficiente restante é $d\omega(X,Y)$. Portanto,

$$\boxed{R^{sp} = d\omega \otimes \mathsf{M}_i.}$$

A fórmula mostra que a curvatura diagonal está concentrada no plano complexo e é controlada por uma única 2-forma; a curvatura adicional da conexão ambiente deverá, portanto, provir das transferências reunidas em $\mathcal{A}$, como será analisado no capítulo seguinte.

56.29 Curvatura espacial e retornos intercanal

Exercício 29.1

Para $f \in C^\infty(M)$, a regra de Leibniz e $[fX,Y] = f[X,Y] - Y(f)X$ fornecem

$$\begin{aligned}R^{\widetilde{\nabla}}(fX,Y)s &= f\widetilde{\nabla}_X\widetilde{\nabla}_Y s - \widetilde{\nabla}_Y(f\widetilde{\nabla}_X s) - \widetilde{\nabla}_{f[X,Y]-Y(f)X} s\\ &= fR^{\widetilde{\nabla}}(X,Y)s.\end{aligned}$$

Pela antissimetria, obtém-se também linearidade sobre funções na segunda entrada. Finalmente, ao expandir $R^{\tilde{\nabla}}(X,Y)(fs)$, os termos com derivadas primeiras e segundas de f se cancelam, restando

$$R^{\tilde{\nabla}}(X,Y)(fs) = fR^{\tilde{\nabla}}(X,Y)s.$$

Logo, a curvatura é tensorial nas três entradas.

Exercício 29.2

Aplicando $\nabla^{\mathrm{sp}}_X = D_X + \omega(X)\mathsf{M}_i$ duas vezes, e usando $R^D = 0$ e $D\mathsf{M}_i = 0$, os termos mistos se cancelam na antissimetrização. Os termos quadráticos também se anulam, pois

$$\omega(X)\omega(Y)\mathsf{M}_i^2 - \omega(Y)\omega(X)\mathsf{M}_i^2 = 0.$$

Assim,

$$R^{\nabla^{\mathrm{sp}}}(X,Y) = \big[X(\omega(Y)) - Y(\omega(X)) - \omega([X,Y])\big]\mathsf{M}_i = d\omega(X,Y)\mathsf{M}_i.$$

Exercício 29.3

No canal $E_k = \mathbb{R}j_k$, a conexão induzida satisfaz $D^{(k)}_X(fj_k) = X(f)j_k$, pois $\nabla^{\mathrm{sp}}_X j_k = 0$. Portanto,

$$R^{(k)}(X,Y)(fj_k) = \big(XY(f) - YX(f) - [X,Y](f)\big)j_k = 0.$$

Logo, $\boxed{R^{(k)} = 0}$ para todo canal idempotente.

Exercício 29.4

Ponha $D_0 = \nabla^{\mathrm{sp}}$. Como $\nabla_X = D_{0,X} + \mathcal{A}_X$,

$$\begin{aligned}\nabla_X\nabla_Y s = {} & D_{0,X}D_{0,Y}s + (D_{0,X}\mathcal{A}_Y)s + \mathcal{A}_Y D_{0,X}s \\ & + \mathcal{A}_X D_{0,Y}s + \mathcal{A}_X\mathcal{A}_Y s.\end{aligned}$$

Subtraindo a expressão com X, Y trocados e depois $\nabla_{[X,Y]}s$, os termos mistos se cancelam. Resulta

$$\begin{aligned}R^{\nabla}(X,Y)s = {} & R^{\nabla^{\mathrm{sp}}}(X,Y)s + (d^{\nabla^{\mathrm{sp}}}\mathcal{A})(X,Y)s \\ & + (\mathcal{A}_X\mathcal{A}_Y - \mathcal{A}_Y\mathcal{A}_X)s.\end{aligned}$$

Substituindo $R^{\nabla^{\mathrm{sp}}} = d\omega \otimes \mathsf{M}_i$, obtém-se a fórmula de comparação.

Exercício 29.5

Relativamente a $E_0 \oplus E_1$,

$$\mathcal{A}_X = \begin{pmatrix} 0 & \mathsf{B}_{01}(X) \\ \mathsf{B}_{10}(X) & 0 \end{pmatrix}.$$

Consequentemente, os quatro blocos do comutador são

$$[\mathcal{A}_X, \mathcal{A}_Y]_{00} = \mathsf{B}_{01}(X)\mathsf{B}_{10}(Y) - \mathsf{B}_{01}(Y)\mathsf{B}_{10}(X),$$
$$[\mathcal{A}_X, \mathcal{A}_Y]_{11} = \mathsf{B}_{10}(X)\mathsf{B}_{01}(Y) - \mathsf{B}_{10}(Y)\mathsf{B}_{01}(X),$$
$$[\mathcal{A}_X, \mathcal{A}_Y]_{01} = 0, \qquad [\mathcal{A}_X, \mathcal{A}_Y]_{10} = 0.$$

O produto de dois operadores fora da diagonal é diagonal; por isso não há caminho quadrático entre canais distintos quando existem somente dois canais.

Exercício 29.6

Para os canais E_0, E_1, E_2, o bloco de E_0 em E_1 contém a variação covariante da transferência direta e o único caminho quadrático intermediário:

$$R^{\nabla}_{10} = \Pi_1 d^{\nabla^{\mathrm{sp}}} \mathcal{A}\,\Pi_0 + \mathsf{B}_{12}(X)\mathsf{B}_{20}(Y) - \mathsf{B}_{12}(Y)\mathsf{B}_{20}(X).$$

O retorno ao canal E_0 pode passar por E_1 ou por E_2:

$$R^{\nabla}_{00} - R^{(0)} = \sum_{q=1}^{2} \big(\mathsf{B}_{0q}(X)\mathsf{B}_{q0}(Y) - \mathsf{B}_{0q}(Y)\mathsf{B}_{q0}(X)\big).$$

Exercício 29.7

Num domínio simplesmente conexo, $d\omega = 0$ implica $\omega = d\varphi$. Defina

$$e_1 = \cos\varphi\,\mathbf{1} - \sin\varphi\,i, \qquad e_2 = \sin\varphi\,\mathbf{1} + \cos\varphi\,i.$$

Usando $\nabla^{\mathrm{sp}}\mathbf{1} = \omega i$ e $\nabla^{\mathrm{sp}} i = -\omega\mathbf{1}$, verifica-se diretamente que

$$\nabla^{\mathrm{sp}} e_1 = \nabla^{\mathrm{sp}} e_2 = 0.$$

Trata-se de uma rotação do referencial por ângulo $-\varphi$. Entretanto, $d\varphi$ pode ser não nula; assim, ω pode desaparecer no novo referencial sem ser identicamente nula no referencial espacial original.

Exercício 29.8

Em $\mathbb{R}^2$, fixe uma matriz não nula T e considere

$$\mathcal{A}_n = \frac{\sin(nx)}{n}\,T\,dy.$$

Então

$$\|\mathcal{A}_n\|_{L^\infty} \le \frac{\|T\|}{n} \longrightarrow 0,$$

mas

$$d\mathcal{A}_n = \cos(nx)\,T\,dx \wedge dy, \qquad \|d\mathcal{A}_n\|_{L^\infty} = \|T\|.$$

Portanto, transferências de amplitude uniformemente pequena podem ter variação de ordem um; controlar apenas $\mathscr{T}_{\mathrm{sp}}$ não controla o termo derivativo da curvatura.

56.30 Dinâmica de segunda ordem por canais

Exercício 30.1

Como $V_r = \Pi_r V$, a regra de Leibniz para um campo de endomorfismos dá

$$\nabla_V V_r = \nabla_V(\Pi_r V) = (\nabla_V \Pi_r)V + \Pi_r \nabla_V V.$$

Substituindo $\nabla_V V = F$ e usando $\mathcal{C}_r(V,V) = (\nabla_V \Pi_r)V$, obtém-se

$$\boxed{\nabla_V V_r = \Pi_r F + \mathcal{C}_r(V,V).}$$

Exercício 30.2

Derivando $\Pi_r^2 = \Pi_r$, conclui-se que $\Pi_r(\nabla_X \Pi_r)\Pi_r = 0$ e que a derivada troca E_r com seu complemento. Para $s \neq r$, a definição de B_{sr} fornece

$$\Pi_s(\nabla_X \Pi_r) = \mathsf{B}_{sr}(X)\Pi_r.$$

Por outro lado, derivando $\Pi_r \Pi_s = 0$ e comprimindo por Π_r e Π_s,

$$\Pi_r(\nabla_X \Pi_r)\Pi_s = -\Pi_r(\nabla_X \Pi_s)\Pi_s = -\mathsf{B}_{rs}(X)\Pi_s.$$

Os blocos restantes são nulos porque nem entram em E_r nem saem dele.

Exercício 30.3

Escreva $V = V_r + \sum_{s\neq r} V_s$. Aplicando as identidades de blocos,

$$\begin{aligned}\mathcal{C}_r(V,V) &= (\nabla_V \Pi_r)V_r + \sum_{s\neq r}(\nabla_V \Pi_r)V_s \\ &= \sum_{s\neq r} \mathsf{B}_{sr}(V)V_r - \sum_{s\neq r} \mathsf{B}_{rs}(V)V_s.\end{aligned}$$

Logo,

$$\boxed{\mathcal{C}_r(V,V) = \sum_{s\neq r}\big(\mathsf{B}_{sr}(V)V_r - \mathsf{B}_{rs}(V)V_s\big).}$$

Exercício 30.4

Como $\sum_r \Pi_r = I$,

$$\sum_r \mathcal{C}_r(X,Y) = \left(\nabla_X \sum_r \Pi_r\right) Y = (\nabla_X I)Y = 0.$$

Somando as partes simétrica e antissimétrica dessa identidade,

$$\boxed{\sum_r \mathcal{S}_r = 0, \qquad \sum_r \mathcal{K}_r = 0.}$$

Exercício 30.5

Os únicos blocos não nulos de $\mathcal{C}_r = \nabla \Pi_r$ são

$$\Pi_s \mathcal{C}_r \Pi_r = \mathsf{B}_{sr} \quad (s \neq r), \qquad \Pi_r \mathcal{C}_r \Pi_s = -\mathsf{B}_{rs} \quad (s \neq r).$$

Seus domínios e imagens são ortogonais dois a dois. A identidade de Pitágoras para a norma de Hilbert–Schmidt fornece

$$\boxed{|\mathcal{C}_r|^2 = \sum_{s\neq r}\left(|\mathsf{B}_{sr}|^2 + |\mathsf{B}_{rs}|^2\right).}$$

Essa soma é uma parcela de $\mathscr{T}_{\mathrm{sp}}^2$.

Exercício 30.6

No referencial móvel do exemplo,

$$\nabla_V 1_\theta = \alpha j_\theta, \qquad \nabla_V i_\theta = 0, \qquad \nabla_V j_\theta = -\alpha 1_\theta.$$

Portanto,

$$\nabla_V(a1_\theta + bi_\theta) = V(a)1_\theta + V(b)i_\theta + a\alpha j_\theta,$$
$$\nabla_V(cj_\theta) = V(c)j_\theta - c\alpha 1_\theta.$$

Os termos $a\alpha j_\theta$ e $-c\alpha 1_\theta$ são precisamente as componentes de saída produzidas pela rotação entre E_0 e E_1.

Exercício 30.7

Para cada par não ordenado $\{r,s\}$, a antissimetria dá

$$\mathscr{P}_{r\leftarrow s} + \mathscr{P}_{s\leftarrow r} = 0.$$

Como a soma orientada contém exatamente os dois sentidos de cada par,

$$\sum_r \sum_{s\neq r} \mathscr{P}_{r\leftarrow s} = \sum_{\{r,s\}} \left(\mathscr{P}_{r\leftarrow s} + \mathscr{P}_{s\leftarrow r}\right) = 0.$$

Exercício 30.8

O exemplo exige uma conexão não métrica. Em $\mathbb{R}^3$, considere a decomposição constante

$$E_1 = \mathbb{R}e_1, \qquad E_0 = \operatorname{span}\{e_2, e_3\},$$

e seja Π_1 a projeção sobre E_1. Defina $\nabla = D + \Gamma$ pelas únicas componentes não nulas

$$\Gamma_{e_2}e_3 = e_1, \qquad \Gamma_{e_3}e_2 = -e_1.$$

Então

$$\mathcal{C}_1(e_2, e_3) = -e_1, \qquad \mathcal{C}_1(e_3, e_2) = e_1,$$

e todas as demais componentes na base são nulas. Logo, $\mathcal{C}_1$ é antissimétrico e não nulo:

$$\boxed{\mathcal{S}_1 = 0, \qquad \mathcal{C}_1 \neq 0.}$$

Por isso $\mathcal{C}_1(V,V) = 0$ para toda velocidade V, embora as derivadas infinitesimais do projetor sejam não nulas. A conexão construída não é métrica; no caso métrico, a autoadjunção de $\nabla\Pi_1$ impediria esse fenômeno.

56.31 Sistemas de várias partículas

Exercício 31.1

Para $X = (X_1, \dots, X_N) \in T_q Q$,

$$G_q(X, X) = \sum_{a=1}^{N} m_a g_{q_a}(X_a, X_a) \geq 0.$$

Como $m_a > 0$ e g é positiva definida, a igualdade ocorre se, e somente se, $X_a = 0$ para todo a, isto é, $X = 0$. A simetria e a bilinearidade seguem termo a termo das propriedades de g. Portanto, G_q é um produto interno.

Exercício 31.2

Para $X = (X_1, \dots, X_N)$, somente os projetores com primeiro índice a contribuem para a a-ésima componente. Logo,

$$\left(\sum_{a=1}^{N} \sum_{r=0}^{m} \widehat{\Pi}_{a,r} \right) X = \left(\sum_r \Pi_r X_1, \dots, \sum_r \Pi_r X_N \right) = (X_1, \dots, X_N),$$

pois $\sum_r \Pi_r = I_{TM}$. Assim,

$$\boxed{\sum_{a=1}^{N} \sum_{r=0}^{m} \widehat{\Pi}_{a,r} = I_{TQ}.}$$

Exercício 31.3

Pela definição da derivada covariante de um endomorfismo,

$$\widehat{C}_{a,r}(X, Y) = \nabla^Q_X(\widehat{\Pi}_{a,r} Y) - \widehat{\Pi}_{a,r}(\nabla^Q_X Y).$$

As componentes diferentes de a são nulas. Na componente a, a conexão pullback $\pi_a^* \nabla$ fornece

$$\nabla_{X_a}(\Pi_r Y_a) - \Pi_r \nabla_{X_a} Y_a = (\nabla_{X_a} \Pi_r) Y_a = C_r(X_a, Y_a).$$

Portanto,

$$\boxed{\widehat{C}_{a,r}(X, Y) = (0, \dots, 0, C_r(X_a, Y_a), 0, \dots, 0).}$$

Exercício 31.4

Fixem-se constantes $\kappa_{ab,r} = \kappa_{ba,r} > 0$ e $\gamma_r \geq 0$. Um exemplo é

$$A_{a,r} = \sum_{b \neq a} \kappa_{ab,r}(q_{b,r} - q_{a,r}) - \gamma_r V_{a,r}.$$

Cada $A_{a,r}$ usa somente posições e velocidades do canal r, de modo que a força é separável por canais. Se todos os $\kappa_{ab,r}$ são não nulos, a equação da partícula a envolve todas as demais partículas no mesmo canal.

Exercício 31.5

Escreva

$$q_a = z_a + x_a j, \qquad z_a \in \operatorname{span}\{1, i\}, \quad x_a \in \mathbb{R},$$

e ponha

$$\rho^2 = |z_1 - z_2|^2 + (x_1 - x_2)^2.$$

Fora da colisão, as equações dos dois canais são

$$\ddot{z}_1 = -Gm_2 \frac{z_1 - z_2}{\rho^3}, \qquad \ddot{x}_1 = -Gm_2 \frac{x_1 - x_2}{\rho^3},$$
$$\ddot{z}_2 = -Gm_1 \frac{z_2 - z_1}{\rho^3}, \qquad \ddot{x}_2 = -Gm_1 \frac{x_2 - x_1}{\rho^3}.$$

O numerador está separado por canais, mas o denominador comum mantém o acoplamento físico entre eles.

Exercício 31.6

Escreva

$$u = \alpha + \beta i + \sum_{k=1}^{m} \gamma_k j_k, \qquad q_b - q_a = x_{ab} + y_{ab} i + \sum_{k=1}^{m} \xi_{ab,k} j_k.$$

A matriz em blocos de M_u fornece

$$P_0 F_{ab} = \kappa_{ab}\big[(\alpha x_{ab} - \beta y_{ab}) + (\alpha y_{ab} + \beta x_{ab}) i\big],$$
$$P_k F_{ab} = \kappa_{ab}\big[\gamma_k x_{ab} + (\alpha + \gamma_k)\xi_{ab,k}\big] j_k, \qquad 1 \le k \le m.$$

Em particular, cada canal idempotente recebe a coordenada real x_{ab} do canal complexo quando $\gamma_k \neq 0$. Essa transferência é produzida pela multiplicação de $\mathcal{K}_m$, e não apenas pela decomposição euclidiana subjacente.

Exercício 31.7

Se $h_{a,r} \in E_r$, então

$$dU(q)[(0, \dots, h_{a,r}, \dots, 0)] = d_{q_{a,r}} U_r[h_{a,r}],$$

pois os termos U_s, com $s \neq r$, não variam nessa direção. Logo, a componente de canal da força gradiente é

$$\Pi_r A_a = -\frac{1}{m_a} \nabla_{q_{a,r}} U_r,$$

quando o gradiente é tomado relativamente à métrica ponderada G (sem ponderação, omite-se m_a^{-1}). Essa expressão depende somente das posições do canal r, portanto a força é separável por canais.

Exercício 31.8

Se ω_{d-1} denota a área da esfera unitária de $\mathbb{R}^d$, uma solução fundamental de $-\Delta$, com polo na origem, é

$$\Phi_d(x) = \begin{cases} -\dfrac{1}{2\pi}\log\|x\|, & d = 2, \\ \dfrac{1}{(d-2)\omega_{d-1}}\|x\|^{2-d}, & d \geq 3. \end{cases}$$

Constantes multiplicativas e aditivas podem ser ajustadas à convenção física adotada. Em $d = 3$, a dependência radial é $1/\|x\|$, como no modelo do capítulo. Em $d = 2$, ela é logarítmica; em $d \geq 4$, é $\|x\|^{2-d}$. Portanto, o potencial de distância inversa coincide com a lei fundamental do Laplaciano apenas em dimensão três.

56.32 Estabilidade em tempo finito e persistência sem colisões

Exercício 32.1

Da desigualdade $u'(t) - Lu(t) \leq \eta(t)$, obtém-se, quase em toda parte,

$$\frac{d}{dt}\left(e^{-Lt}u(t)\right) \leq e^{-Lt}\eta(t).$$

Integrando entre 0 e t e multiplicando por e^{Lt}, resulta

$$\boxed{u(t) \leq e^{Lt}u(0) + \int_0^t e^{L(t-s)}\eta(s)\,ds.}$$

A fórmula inclui $L = 0$, caso em que o núcleo exponencial é igual a um.

Exercício 32.2

Para cada par $a \neq b$, a função

$$f_{ab}(t) = \|q_{0,a}(t) - q_{0,b}(t)\|$$

é contínua e estritamente positiva em $[0, T]$. Pelo teorema de Weierstrass, atinge um mínimo positivo. Como existem somente finitos pares, o menor desses mínimos também é positivo. Portanto,

$$\boxed{\delta_T = min_{t\in[0,T]} \min_{a\neq b} f_{ab}(t) > 0.}$$

Exercício 32.3

Ponha $u(t) = \|Y_\varepsilon(t) - Y_0(t)\|_*$. O mesmo cálculo da Observação 32.5 fornece $u' \le Lu + \eta$, agora com $u(0) = \|Y_\varepsilon(0) - Y_0(0)\|_*$. Logo,

$$u(t) \le \begin{cases} e^{Lt}u(0) + \eta \dfrac{e^{Lt}-1}{L}, & L > 0, \\ u(0) + \eta t, & L = 0. \end{cases}$$

O argumento de tempo de saída continua válido quando o lado direito em $t = T$ é menor que o raio ρ do tubo.

Exercício 32.4

Pela estimativa triangular do capítulo,

$$\|q_{\varepsilon,a} - q_{\varepsilon,b}\| \ge \delta_T - 2B_T.$$

Se $B_T < \delta_T/4$, então $2B_T < \delta_T/2$, e portanto

$$\boxed{\|q_{\varepsilon,a} - q_{\varepsilon,b}\| > \frac{\delta_T}{2}.}$$

Exercício 32.5

Para $r = \|x\|$ e $e = x/r$,

$$Dh(x) = r^{-3}(I - 3e \otimes e).$$

Se $v \perp e$, então $(e \otimes e)v = 0$, de modo que $Dh(x)v = r^{-3}v$. Na direção radial,

$$Dh(x)e = r^{-3}(1-3)e = -2r^{-3}e.$$

Assim, os autovalores são r^{-3}, com multiplicidade $d-1$, e $-2r^{-3}$, na direção radial. Consequentemente, $\|Dh(x)\|_{\text{op}} = 2r^{-3}$.

Exercício 32.6

Denote por $\|\cdot\|_2$ a norma euclidiana no produto das N posições. A estimativa na norma máxima fornece

$$\max_a \|A_a(q) - A_a(\tilde{q})\| \le \frac{4GM_{\text{tot}}}{d_*^3}\|q - \tilde{q}\|_{\max}.$$

Como $\|z\|_{\max} \le \|z\|_2$ e $\|z\|_2 \le \sqrt{N}\|z\|_{\max}$, segue que

$$\boxed{\|A(q) - A(\tilde{q})\|_2 \le \frac{4G\sqrt{N}\,M_{\text{tot}}}{d_*^3}\|q - \tilde{q}\|_2.}$$

Essa constante é explícita, embora não se reivindique que seja ótima.

Exercício 32.7

Da fórmula em blocos,

$$D_{a,r} = \sum_{s \ne r} \big(\mathsf{B}_{sr}(V_a)V_{a,r} - \mathsf{B}_{rs}(V_a)V_{a,s}\big).$$

Se todos os blocos intercanal são nulos, cada parcela da soma se anula e $\boxed{D_{a,r} = 0}$. Pelas fórmulas de reconstrução, isso equivale a dizer que as combinações de $\nabla i, \nabla j_1, \ldots, \nabla j_m, \Theta$ que formam os blocos fora da diagonal são nulas. Não é necessário que cada um desses dados brutos se anule separadamente: apenas suas componentes responsáveis pelas transferências intercanal devem desaparecer.

Exercício 32.8

Em $\mathcal{K}^2$, considere $\mathcal{C}$ como uma aplicação bilinear com valores no espaço de Hilbert $\mathfrak{D}_2 = \ell^2(\mathbb{N}_0; \mathcal{K}^2)$ e denote por $\|\mathcal{C}\|_{\text{HS}}$ sua norma de Hilbert–Schmidt agregada. A desigualdade de Cauchy–Schwarz para a contração de tensores dá

$$\|\mathcal{C}(V,V)\|_{\mathfrak{D}_2} \leq \|\mathcal{C}\|_{\text{HS}} \|V\|_2^2,$$

ou, equivalentemente,

$$\boxed{\|\mathcal{C}(V,V)\|_{\mathfrak{D}_2}^2 \leq \|\mathcal{C}\|_{\text{HS}}^2 \|V\|_2^4.}$$

Logo, a hipótese $\|\mathcal{C}\|_{\text{HS}} \leq \varepsilon$ implica a cota bilinear usada no Teorema 32.13 para $p = 2$. A recíproca não é uniforme em dimensão infinita: a norma de operador pode ser finita sem que o tensor seja de Hilbert–Schmidt.

Exercício 32.9

Para $r = \|x\|$ e $e = x/r$,

$$Dh_\alpha(x) = r^{-(\alpha+1)}\big(I - (\alpha+1)e \otimes e\big).$$

Os autovalores tangenciais são $r^{-(\alpha+1)}$. O autovalor radial é $-\alpha r^{-(\alpha+1)}$. Portanto,

$$\|Dh_\alpha(x)\|_{\text{op}} = \max\{1, \alpha\}\, r^{-(\alpha+1)}.$$

Repetindo o argumento para as diferenças entre partículas, conclui-se que a constante local de Lipschitz cresce segundo

$$\boxed{L_\alpha = O\big(d_*^{-(\alpha+1)}\big) \quad \text{quando } d_* \downarrow 0.}$$

56.33 Órbitas periódicas e persistência

Exercício 33.1

A distância orbital depende somente do conjunto geométrico Γ. De fato, se $\widetilde{\gamma}$ é outra parametrização periódica que percorre a mesma órbita, então

$$\{\widetilde{\gamma}(s) : 0 \leq s < \widetilde{P}\} = \{\gamma(t) : 0 \leq t < P\} = \Gamma.$$

Consequentemente, o ínfimo de $\|Y - Z\|$ sobre os pontos $Z \in \Gamma$ é o mesmo nas duas parametrizações.

Exercício 33.2

Partindo do mesmo ângulo inicial,

$$\theta_\varepsilon(t) - \theta_0(t) = \varepsilon t.$$

Após n períodos 2π da referência,

$$\boxed{\theta_\varepsilon(2\pi n) - \theta_0(2\pi n) = 2\pi n\varepsilon.}$$

Como ângulo geométrico, esse erro é considerado módulo 2π; como fase levantada em $\mathbb{R}$, ele cresce linearmente com n.

Exercício 33.3

Se $Y \in \Sigma$ satisfaz $\mathcal{P}(Y) = Y$, então, para o tempo de retorno $\tau(Y) > 0$,

$$\varphi^{\tau(Y)}(Y) = Y.$$

Pela propriedade de grupo do fluxo, $\varphi^{t+\tau(Y)}(Y) = \varphi^t(Y)$. Essa propriedade decorre da unicidade: a curva $t \mapsto \varphi^{t+\tau(Y)}(Y)$ e a curva $t \mapsto \varphi^t(Y)$ resolvem a mesma equação com o mesmo valor em $t = 0$. Logo, a solução é periódica, com período que divide $\tau(Y)$.

Exercício 33.4

A circunferência $r = 1$ é invariante e $\dot\theta = 1$; portanto, é uma órbita periódica de período mínimo $P = 2\pi$. Para uma perturbação radial $\rho = r - 1$,

$$\dot\rho = -\alpha\rho, \qquad \rho(2\pi) = e^{-2\pi\alpha}\rho(0).$$

Assim, o multiplicador transversal é

$$\boxed{\mu_\perp = e^{-2\pi\alpha} \in (0,1),}$$

e a órbita é assintoticamente orbitalmente estável.

Exercício 33.5

Como o sistema é autônomo, a curva

$$\gamma_s(t) := \gamma(t+s)$$

é solução para todo s. Derivando essa família em $s = 0$, obtém-se o campo variacional $\xi(t) = \dot\gamma(t)$. Ele satisfaz

$$\dot\xi = DF_0(\gamma(t))\xi \quad \text{e} \quad \xi(P) = \dot\gamma(P) = \dot\gamma(0) = \xi(0).$$

Logo, a monodromia fixa $\xi(0)$, e o multiplicador tangencial é 1.

Exercício 33.6

A equação radial perturbada pode ser escrita como

$$\dot r = -\alpha\left(r - 1 - \frac{\varepsilon}{\alpha}\right).$$

Portanto, para $1+\varepsilon/\alpha>0$, a órbita periódica persistente é

$$\boxed{r_\varepsilon = 1+\frac{\varepsilon}{\alpha}, \qquad P_\varepsilon = 2\pi.}$$

Seu multiplicador transversal continua sendo $e^{-2\pi\alpha}$. O cálculo direto realiza concretamente o ponto fixo cuja existência a ferramenta abstrata deduz da não degenerescência $1-e^{-2\pi\alpha}\neq 0$.

Exercício 33.7

Ao longo da órbita, escreva $V=\dot{q}_a$ e $A=\nabla_V V$. Derivando

$$D_{a,r} = \sum_{s\neq r}\big(\mathsf{B}_{sr}(V)V_r - \mathsf{B}_{rs}(V)V_s\big),$$

obtém-se

$$\begin{aligned}\nabla_V D_{a,r} = \sum_{s\neq r}\big[&(\nabla_V \mathsf{B}_{sr})(V)V_r + \mathsf{B}_{sr}(A)V_r + \mathsf{B}_{sr}(V)\nabla_V V_r \\ &- (\nabla_V \mathsf{B}_{rs})(V)V_s - \mathsf{B}_{rs}(A)V_s - \mathsf{B}_{rs}(V)\nabla_V V_s\big].\end{aligned}$$

Os termos $\nabla_V\mathsf{B}$ medem a variação dos blocos com o ponto da órbita. Os termos que contêm A ou $\nabla_V V_r$ provêm da variação da velocidade e de suas componentes de canal.

Exercício 33.8

No caso hilbertiano, a norma de operador de cada contração é dominada pela norma de Hilbert–Schmidt. Assim, se, uniformemente no tubo,

$$\sum_{r\neq s}\big(\|\mathsf{B}_{sr}\|_{\mathrm{HS}}^2 + \|\nabla\mathsf{B}_{sr}\|_{\mathrm{HS}}^2\big) \leq C^2\varepsilon^2,$$

então Cauchy–Schwarz fornece, na norma agregada $\mathfrak{D}_2$,

$$\|\mathcal{C}_\varepsilon\|_{\mathrm{Bil}} + \|\nabla\mathcal{C}_\varepsilon\|_{\mathrm{Bil}} \leq C'\varepsilon.$$

Em um tubo com velocidades limitadas, essas cotas controlam o defeito e suas derivadas em relação à base e à velocidade. Obtém-se, portanto, a proximidade C^1 exigida pelo Teorema 33.19.

Exercício 33.9

Para um campo $F(t,Y)$ de período P no tempo, define-se a aplicação estroboscópica

$$\mathcal{S}(Y) := \varphi(P,0,Y).$$

Um ponto fixo $\mathcal{S}(Y_*)=Y_*$ gera uma solução P-periódica, pela periodicidade do campo e pela unicidade. Para uma família perturbada, aplica-se o teorema da função implícita a $\mathcal{S}_\varepsilon(Y)-Y$, sob a hipótese de que $I-D\mathcal{S}_0(Y_*)$ seja invertível. Diferentemente do caso autônomo, não há necessariamente um multiplicador tangencial 1: a invariância por translações temporais contínuas foi substituída apenas pela simetria discreta $t\mapsto t+P$.

56.34 Simetrias, conservação e redução multicanal

Exercício 34.1

Pela compatibilidade métrica da conexão,

$$\frac{d}{dt}g(V,X) = g(\nabla_V V, X) + g(V, \nabla_V X).$$

Substituindo $\nabla_V V = F$ e usando $(\mathcal{L}_X g)(V,V) = 2g(\nabla_V X, V)$, obtém-se

$$\boxed{\frac{d}{dt}g(V,X) = g(F,X) + \frac{1}{2}(\mathcal{L}_X g)(V,V).}$$

Quando X não é de Killing, o segundo termo mede exatamente o defeito da conservação associada à simetria métrica.

Exercício 34.2

No modelo de distância inversa, a força exercida por b sobre a é

$$F_{ab} = -Gm_a m_b \frac{q_a - q_b}{\|q_a - q_b\|^3}, \qquad F_{ba} = -F_{ab}.$$

Portanto,

$$\frac{d}{dt}\sum_{a=1}^{N} m_a \dot{q}_a = \sum_a \sum_{b \neq a} F_{ab} = \sum_{a<b}(F_{ab} + F_{ba}) = 0.$$

Logo, o momento linear total é conservado.

Exercício 34.3

Em $\mathbb{R}^2$, tome o campo de translação $X = \partial_x$, que é de Killing, e o campo unitário

$$n(x,y) = (\cos x, \sin x).$$

Se $\Pi = n \otimes n$ é a projeção ortogonal sobre $\mathbb{R}n$, então

$$\Pi X = \cos x\, n = (\cos^2 x, \sin x \cos x).$$

A derivada da primeira componente em x é $-\sin(2x)$, que não se anula identicamente. Como um campo de Killing euclidiano deve ter parte simétrica do jacobiano nula, ΠX não é de Killing.

Exercício 34.4

Pela linearidade da derivada de Lie e por $\mathcal{L}_X I = 0$,

$$\mathcal{L}_X(I - \Pi_r) = \mathcal{L}_X I - \mathcal{L}_X \Pi_r = 0.$$

Assim, preservar um canal equivale a preservar também sua distribuição complementar.

Exercício 34.5

Se um operador ortogonal comuta com todas as projeções canônicas, então preserva cada subespaço

$$E_0 = \operatorname{span}\{1, i\}, \qquad E_r = \mathbb{R}j_r \quad (1 \leq r \leq m).$$

Sua restrição a E_0 é arbitrária em $O(2)$, enquanto sua restrição a cada reta E_r é a multiplicação por um sinal $\varepsilon_r \in \{\pm 1\}$. Reciprocamente, todo operador dessa forma comuta com as projeções. Portanto,

$$\boxed{\{A \in O(m+2) : A\Pi_r = \Pi_r A \ \forall r\} \cong O(2) \times \{\pm 1\}^m.}$$

Exercício 34.6

Se $A_\sigma(1) = 1$, $A_\sigma(i) = i$ e $A_\sigma(j_k) = j_{\sigma(k)}$, então as relações

$$i^2 = -1, \qquad ij_k = 0, \qquad j_k^2 = j_k, \qquad j_k j_\ell = 0 \quad (k \neq \ell)$$

são enviadas nas mesmas relações com os índices permutados. Pela bilinearidade, $A_\sigma(xy) = A_\sigma(x)A_\sigma(y)$, de modo que A_σ é um automorfismo algébrico. Além disso,

$$A_\sigma \Pi_k = \Pi_{\sigma(k)} A_\sigma.$$

Se a simetria é também uma isometria que preserva a conexão, pode-se derivar essa identidade e obter

$$\boxed{A_\sigma \mathcal{C}_k(Y, Z) = \mathcal{C}_{\sigma(k)}(A_\sigma Y, A_\sigma Z).}$$

A hipótese adicional é indispensável: a tabela de multiplicação, por si só, não determina como uma conexão arbitrária se transforma.

Exercício 34.7

Defina $\overline{\Pi}_r(d\pi_q Y) = d\pi_q(\Pi_r Y)$. Se $d\pi_q Y = d\pi_q Y'$, então $Y - Y' \in \mathcal{V}_q$; como $\Pi_r \mathcal{V}_q \subset \mathcal{V}_q$, as duas imagens têm a mesma projeção. Se $q' = gq$ representa a mesma órbita e $Y' = dg_q Y$, a equivariância fornece

$$d\pi_{q'}(\Pi_r Y') = d\pi_{gq}(dg_q \Pi_r Y) = d(\pi \circ g)_q(\Pi_r Y) = d\pi_q(\Pi_r Y).$$

Logo, a definição independe dos dois representantes. Finalmente,

$$\overline{\Pi}_r^2 = \overline{\Pi}_r, \qquad \overline{\Pi}_r \overline{\Pi}_s = 0 \ (r \neq s), \qquad \sum_r \overline{\Pi}_r = I,$$

pois essas identidades resultam da aplicação de $d\pi$ às identidades no espaço original.

Exercício 34.8

Identifique $T^*\mathbb{R}^3$ com pares (q, p). Para $\xi \in \mathfrak{so}(3)$, escreva $\xi q = \omega \times q$, com $\omega \in \mathbb{R}^3$. A aplicação momento do levantamento cotangente satisfaz

$$\langle \mathbf{J}(q, p), \xi \rangle = p \cdot (\xi q) = p \cdot (\omega \times q) = \omega \cdot (q \times p).$$

Sob a identificação $\mathfrak{so}(3)^* \cong \mathbb{R}^3$, resulta

$$\boxed{\mathbf{J}(q,p) = q \times p.}$$

Para várias partículas, somam-se as contribuições: $\mathbf{J} = \sum_a q_a \times p_a$.

Exercício 34.9

Se $S \subset \{1,\ldots,m\}$, o ideal bilateral gerado por $\{j_k : k \in S\}$ é

$$I_S = \operatorname{span}_{\mathbb{R}}\{j_k : k \in S\}.$$

No quociente, os geradores com índice em S tornam-se nulos, enquanto $1, i$ e os j_k, $k \notin S$, conservam a mesma tabela de multiplicação. Portanto,

$$\boxed{\mathcal{K}_m / I_S \cong \mathcal{K}_{m-|S|},}$$

após renumerar os geradores restantes. Sobrevivem Π_0 e precisamente os projetores Π_k com $k \notin S$; os projetores associados a $k \in S$ descem ao operador nulo.

56.35 Princípios variacionais e decomposição espectral

Exercício 35.1

Seja $F : (-\varepsilon, \varepsilon) \times [a,b] \to M$ uma variação de γ, com $V = \partial_t F|_{s=0}$ e $W = \partial_s F|_{s=0}$. Como a conexão de Levi–Civita não tem torção e $[\partial_s, \partial_t] = 0$,

$$\nabla_{\partial_s} \partial_t F = \nabla_{\partial_t} \partial_s F.$$

Portanto,

$$\left.\frac{d}{ds}\right|_{s=0} \frac{1}{2}|\partial_t F|^2 = g(V, \nabla_V W).$$

Pela compatibilidade métrica,

$$\frac{d}{dt} g(V,W) = g(\nabla_V V, W) + g(V, \nabla_V W).$$

Integração em $[a,b]$ e a condição $W(a) = W(b) = 0$ fornecem

$$\int_a^b g(V, \nabla_V W)\, dt = -\int_a^b g(\nabla_V V, W)\, dt.$$

Além disso, $dU(W) = g(\operatorname{grad} U, W)$. Logo,

$$\boxed{\delta \mathcal{A}(\gamma)[W] = -\int_a^b g(\nabla_V V + \operatorname{grad} U, W)\, dt.}$$

O lema fundamental fornece a equação de Euler–Lagrange.

Exercício 35.2

Fixe um ponto e estenda V de modo que $\nabla_W V = 0$ nesse ponto. Escreva $V_r = \Pi_r V$. Para $r \neq s$, derive $g(V_r, V_s) = 0$ na direção W:

$$g((\nabla_W \Pi_r)V, V_s) + g(V_r, (\nabla_W \Pi_s)V) = 0.$$

Para $r = s$, a diferenciação de $\Pi_r^2 = \Pi_r$ dá $\Pi_r(\nabla_W \Pi_r)\Pi_r = 0$. Como $\nabla_W \Pi_r$ é autoadjunto, as contribuições diagonais são nulas e as contribuições com índices distintos cancelam-se aos pares. Assim,

$$g\left(\sum_r \mathcal{G}_r(V), W\right) = \sum_r g(\Pi_r V, (\nabla_W \Pi_r)V) = 0.$$

Pela não degenerescência de g,

$$\boxed{\sum_r \mathcal{G}_r(V) = 0.}$$

Exercício 35.3

Se $\nabla \Pi_r = 0$, a definição fornece imediatamente $\mathcal{G}_r = 0$. Para um exemplo não paralelo, tome $M = \mathbb{R}^2$ com a métrica euclidiana e

$$e(x,y) = (\cos x, \sin x), \qquad \Pi(x,y) = e(x,y) \otimes e(x,y).$$

Na origem, ponha $e = (1,0)$ e $f = (0,1)$. Então

$$(\nabla_W \Pi)V = W_1(f \otimes e + e \otimes f)V.$$

Escolhendo $V = e + f = (1,1)$, tem-se $\Pi V = e$, e

$$g(\mathcal{G}(V), W) = g(e, W_1(e+f)) = W_1.$$

Consequentemente,

$$\boxed{\mathcal{G}(V) = (1,0) \neq 0.}$$

Exercício 35.4

Com $\Pi_0 + \Pi_1 = I$, a equação exata é

$$\alpha_0\{\nabla_V(\Pi_0 V) - \mathcal{G}_0(V)\} + \alpha_1\{\nabla_V(\Pi_1 V) - \mathcal{G}_1(V)\} + \operatorname{grad} U = 0.$$

Como $\mathcal{G}_0 + \mathcal{G}_1 = 0$ e $\nabla_V(\Pi_0 V) + \nabla_V(\Pi_1 V) = \nabla_V V$, isso equivale a

$$\boxed{\alpha_1 \nabla_V V + (\alpha_0 - \alpha_1)\{\nabla_V(\Pi_0 V) - \mathcal{G}_0(V)\} + \operatorname{grad} U = 0.}$$

Numa decomposição paralela, $\mathcal{G}_r = 0$ e $\nabla_V(\Pi_r V) = \Pi_r \nabla_V V$. Isso elimina o acoplamento geométrico, mas não separa um potencial que dependa simultaneamente dos dois canais.

Exercício 35.5

Da identidade $\Pi_0 = -\mathsf{M}_i^2$, a regra de Leibniz fornece

$$\nabla_W \Pi_0 = -(\nabla_W \mathsf{M}_i)\mathsf{M}_i - \mathsf{M}_i(\nabla_W \mathsf{M}_i).$$

Substituindo na definição de $\mathcal{G}_0$, obtém-se

$$\boxed{\begin{aligned} g(\mathcal{G}_0(V), W) = -g(\Pi_0 V, [(\nabla_W \mathsf{M}_i)\mathsf{M}_i \\ + \mathsf{M}_i(\nabla_W \mathsf{M}_i)]V). \end{aligned}}$$

Assim, $\mathcal{G}_0$ é reconstruído pela variação covariante do multiplicador distinguido M_i.

Exercício 35.6

Para $1 < p < \infty$, seja

$$J_p(v) := (|v_n|^{p-2} v_n)_n \in \ell^{p'}, \qquad \frac{1}{p} + \frac{1}{p'} = 1.$$

Essa é a aplicação de dualidade associada ao funcional $v \mapsto \|v\|_p^p / p$. Considere

$$\mathcal{A}_p(\gamma) = \int_a^b \left\{ \frac{1}{p} \sum_r \alpha_r \|\Pi_r V\|_p^p - U(\gamma) \right\} dt.$$

Defina o covetor

$$\mathcal{B}_{r,p}(V)[W] := \langle J_p(\Pi_r V), (\nabla_W \Pi_r) V \rangle$$

e ponha $\eta_{r,p} := \Pi_r^* J_p(\Pi_r V)$. Sob hipóteses que legitimem a diferenciação e a integração por partes,

$$\delta \mathcal{A}_p[W] = -\int_a^b \left[\sum_r \alpha_r \{ \nabla_V^* \eta_{r,p} - \mathcal{B}_{r,p}(V) \} + dU \right] [W], dt,$$

onde ∇^* é a conexão dual. A equação variacional vive, portanto, no fibrado cotangente:

$$\boxed{\sum_r \alpha_r \{ \nabla_V^* (\Pi_r^* J_p(\Pi_r V)) - \mathcal{B}_{r,p}(V) \} + dU = 0.}$$

Para $p = 2$, o isomorfismo de Riesz identifica $J_2(v) = v$, covetores com vetores e $\Pi_r^* = \Pi_r$, recuperando a equação hilbertiana. Para $p \neq 2$, essa identificação não é canônica, e a equação não deve ser escrita diretamente como uma soma de vetores de $\mathcal{K}^p$.

56.36 Segunda variação e campos de Jacobi espaciais

Exercício 36.1

Seja $F(s,t)$ uma família de geodésicas, com $V = \partial_t F|_{s=0}$ e $W = \partial_s F|_{s=0}$. Para todo s, $\nabla_{\partial_t}\partial_t F = 0$. Derivando covariantemente na direção ∂_s e usando que os campos coordenados comutam,

$$\begin{aligned} 0 &= \nabla_{\partial_s}\nabla_{\partial_t}\partial_t F \\ &= \nabla_{\partial_t}\nabla_{\partial_s}\partial_t F + R^{\nabla}(W,V)V \\ &= \nabla_V^2 W + R^{\nabla}(W,V)V. \end{aligned}$$

Portanto,

$$\boxed{\nabla_V^2 W + R^{\nabla}(W,V)V = 0.}$$

Sob existência local e dependência suave das geodésicas em relação aos dados iniciais, toda solução dessa equação é obtida diferenciando uma família de geodésicas.

Exercício 36.2

Pela definição do campo quadrático,

$$g(\mathcal{G}_r(X), Z) = g(\Pi_r X, (\nabla_Z \Pi_r)X).$$

Substitua $X+Y$ no lugar de X, expanda e subtraia os termos puramente quadráticos. Resulta

$$\begin{aligned} 2g(\mathcal{G}_r(X,Y), Z) &= g(\Pi_r X, (\nabla_Z \Pi_r)Y) \\ &\quad + g(\Pi_r Y, (\nabla_Z \Pi_r)X), \end{aligned}$$

que é a fórmula desejada. Para $Y = X$, recupera-se $\mathcal{G}_r(X,X) = \mathcal{G}_r(X)$.

Exercício 36.3

Se $\alpha_r = 1$, então

$$\sum_r \Pi_r = I, \qquad \sum_r \nabla_W \Pi_r = 0, \qquad \sum_r \mathcal{G}_r = 0.$$

Logo,

$$\sum_r \nabla_V\big((\nabla_W \Pi_r)V + \Pi_r \nabla_V W\big) = \nabla_V^2 W.$$

Além disso, $\sum_r R^{\nabla}(W,V)\Pi_r V = R^{\nabla}(W,V)V$, e a soma dos termos que contêm $\mathcal{G}_r$ é nula. Portanto,

$$\boxed{\mathcal{J}_1 W = \nabla_V^2 W + R^{\nabla}(W,V)V + \operatorname{Hess} U(W).}$$

Exercício 36.4

Escreva $M = \mathrm{M}_i$. Da identidade $\Pi_0 = -M^2$, segue

$$\boxed{\nabla_W \Pi_0 = -(\nabla_W M)M - M(\nabla_W M).}$$

Se $\nabla^2_{Z,W}M := \nabla_Z(\nabla_W M) - \nabla_{\nabla_Z W}M$, uma nova derivação dá

$$\boxed{\begin{aligned}\nabla^2_{Z,W}\Pi_0 = -\big[&(\nabla^2_{Z,W}M)M + M(\nabla^2_{Z,W}M)\\ &+ (\nabla_W M)(\nabla_Z M) + (\nabla_Z M)(\nabla_W M)\big].\end{aligned}}$$

Exercício 36.5

No caso paralelo com potencial separado, o espaço de variações é a soma ortogonal $\mathscr{H}_0 \oplus \mathscr{H}_1$, e

$$\mathcal{I}(W_0 + W_1, W_0 + W_1) = \mathcal{I}_0(W_0, W_0) + \mathcal{I}_1(W_1, W_1).$$

Um subespaço negativo maximal é a soma dos subespaços negativos maximais das duas parcelas. Portanto,

$$\boxed{\operatorname{ind}^-(\mathcal{I}) = \operatorname{ind}^-(\mathcal{I}_0) + \operatorname{ind}^-(\mathcal{I}_1).}$$

A igualdade vale em $\mathbb{N} \cup \{\infty\}$.

Exercício 36.6

Seja $\mathcal{I}_0$ uma forma de referência tal que

$$\mathcal{I}_0(W, W) \geq c_0\|W\|^2_{H^1}, \qquad c_0 > 0.$$

Ponha

$$\varepsilon_1 := \max_r \|\nabla\Pi_r\|_{L^\infty}, \qquad \varepsilon_2 := \max_r \|\nabla^2\Pi_r\|_{L^\infty}.$$

As fórmulas do capítulo, Cauchy–Schwarz e Young fornecem constantes C_1, C_2, C_3, dependentes dos pesos, de $\|V\|_{L^\infty}$, do intervalo e dos coeficientes de referência, tais que

$$|(\mathcal{I} - \mathcal{I}_0)(W, W)| \leq (C_1\varepsilon_1 + C_2\varepsilon_1^2 + C_3\varepsilon_2)\|W\|^2_{H^1}.$$

Assim, a condição

$$\boxed{C_1\varepsilon_1 + C_2\varepsilon_1^2 + C_3\varepsilon_2 < c_0}$$

implica

$$\mathcal{I}(W, W) \geq (c_0 - C_1\varepsilon_1 - C_2\varepsilon_1^2 - C_3\varepsilon_2)\|W\|^2_{H^1},$$

preservando a coercividade. Uma cota apenas para ε_1 não é suficiente, pois a segunda variação contém $\nabla^2\Pi_r$.

56.37 Tempos conjugados e índice de Morse espacial

Exercício 37.1

Para $t \in (a, b]$, associe a cada $v \in T_{\gamma(a)}M$ a única solução J_v do problema inicial

$$\mathcal{J}_\alpha J_v = 0, \qquad J_v(a) = 0, \qquad \nabla_V J_v(a) = v,$$

e defina a aplicação final $E_t(v) := J_v(t)$. Se t é conjugado a a, existe um campo de Jacobi não nulo J, nulo em a e t. Pela unicidade, $v = \nabla_V J(a) \neq 0$; logo $E_t(v) = 0$, e E_t não é injetiva. Reciprocamente, se $0 \neq v \in \ker E_t$, então J_v é um campo de Jacobi não nulo com $J_v(a) = J_v(t) = 0$. Portanto,

$$\boxed{t \text{ é conjugado a } a \quad \Longleftrightarrow \quad \ker E_t \neq \{0\}.}$$

Além disso, a multiplicidade de t é $\dim \ker E_t$.

Exercício 37.2

O polinômio característico de $\mathbb{A}_\tau = \left(\begin{smallmatrix} a & \tau \\ \tau & d \end{smallmatrix}\right)$ é

$$p(\lambda) = \lambda^2 - (a+d)\lambda + (ad - \tau^2).$$

Como $a + d > 0$, o sinal do determinante decide a inércia:

$$\operatorname{ind} \mathbb{A}_\tau = \begin{cases} 0, & \tau^2 < ad, \\ 0, & \tau^2 = ad, \quad \text{com nulidade 1}, \\ 1, & \tau^2 > ad. \end{cases}$$

Assim, $\tau^2 = ad$ é precisamente o limiar em que nasce um modo nulo; depois dele, uma das duas direções torna-se negativa.

Exercício 37.3

No caso paralelo, o problema de Jacobi é a soma ortogonal dos três problemas de canal. Para cada t,

$$\ker \mathcal{I}_t = \ker \mathcal{I}_{0,t} \oplus \ker \mathcal{I}_{1,t} \oplus \ker \mathcal{I}_{2,t}.$$

Tomando dimensões, inclusive quando algum canal não possui campo nulo, obtém-se

$$\boxed{\operatorname{mult}(t) = \operatorname{mult}_0(t) + \operatorname{mult}_1(t) + \operatorname{mult}_2(t).}$$

Exercício 37.4

Suponha agora que A seja uniformemente positivo. Eliminando a primeira componente da equação

$$\begin{pmatrix} A & B^* \\ B & D \end{pmatrix} \begin{pmatrix} X \\ Y \end{pmatrix} = 0,$$

obtém-se $X = -A^{-1}B^*Y$ e, portanto,

$$\boxed{\widetilde{S} = D - BA^{-1}B^*.}$$

A congruência triangular correspondente fornece

$$\operatorname{ind} \mathbb{A} = \operatorname{ind} \widetilde{S}.$$

Se, em vez disso, D é uniformemente positivo, elimina-se a segunda componente e resulta $S = A - B^*D^{-1}B$, com $\operatorname{ind} \mathbb{A} = \operatorname{ind} S$. As duas fórmulas são descrições equivalentes da mesma inércia quando ambas as hipóteses de positividade são satisfeitas.

Exercício 37.5

Ponha $M = \mathsf{M}_i$. A parte de $(\nabla_W \mathcal{G}_0)(X,Y)$ que contém a segunda derivada do projetor é caracterizada por

$$2g((\nabla_W \mathcal{G}_0)^{[2]}(X,Y),Z) = g(\Pi_0 X, (\nabla^2_{W,Z}\Pi_0)Y) + g(\Pi_0 Y, (\nabla^2_{W,Z}\Pi_0)X).$$

Da identidade $\Pi_0 = -M^2$,

$$\boxed{\begin{aligned}\nabla^2_{W,Z}\Pi_0 = -\big[&(\nabla^2_{W,Z}M)M + M(\nabla^2_{W,Z}M)\\ &+ (\nabla_Z M)(\nabla_W M) + (\nabla_W M)(\nabla_Z M)\big].\end{aligned}}$$

Substituir essa expressão na identidade anterior e polarizar em um campo do canal zero e outro do canal k fornece exatamente a parcela de $\mathcal{T}_{0k}$ que contém $\nabla^2\Pi_0$. Assim, ela é determinada pelas duas primeiras derivadas do multiplicador espacial M.

Exercício 37.6

Na soma hilbertiana dos canais, denote por T_{rs} o operador do canal s para o canal r que representa $\mathcal{T}_{rs}$. Uma condição suficiente é que cada bloco seja de Hilbert–Schmidt e

$$\boxed{\sum_{r\neq s} \|T_{rs}\|^2_{\mathrm{HS}} < \infty.}$$

Com efeito, a matriz fora da diagonal define então um operador de Hilbert–Schmidt na soma direta dos canais e, portanto, um operador compacto. Se A_0 é de Fredholm e T é esse acoplamento, o teorema de Atkinson garante que $A_0 + T$ continua sendo de Fredholm e conserva o índice de Fredholm. Isso não conserva necessariamente o índice de Morse: uma perturbação compacta autoadjunta pode deslocar um número finito de autovalores através de zero e, com isso, criar ou remover direções negativas.

56.38 Fluxo espectral e bifurcação espacial

Exercício 38.1

O único cruzamento ocorre em $\lambda_* = 0$. Como $\dot{A}_0 = 1$, a forma de cruzamento em $\ker A_0 = \mathbb{R}$ é

$$\Gamma(A,0)[x] = x^2.$$

Ela é positiva definida e tem assinatura $+1$. Portanto,

$$\boxed{\mathrm{sf}(A_\lambda;[-1,1]) = 1.}$$

De fato, o único autovalor passa do semieixo negativo para o positivo.

Exercício 38.2

Para $A_\lambda = \lambda^2$, o núcleo é não trivial apenas em $\lambda = 0$, mas

$$\dot{A}_0 = 2\lambda\big|_{\lambda=0} = 0.$$

Logo, a forma de cruzamento é identicamente nula e o cruzamento não é regular. Como $\lambda^2 \geq 0$ dos dois lados de zero, o autovalor toca a origem e retorna ao semieixo positivo, sem travessia orientada. Assim,

$$\boxed{\mathrm{sf}(A_\lambda; [-1,1]) = 0.}$$

Exercício 38.3

Considere

$$A_\lambda = \begin{pmatrix} \lambda & 0 \\ 0 & -\lambda \end{pmatrix}, \qquad -1 \leq \lambda \leq 1.$$

Os dois canais cruzam zero em $\lambda = 0$. A forma de cruzamento é

$$\Gamma(A,0)[(x,y)] = x^2 - y^2,$$

de assinatura zero. O primeiro canal contribui com $+1$, e o segundo, com -1. Consequentemente,

$$\boxed{\mathrm{sf}(A_\lambda) = 1 - 1 = 0.}$$

Há degenerescência e duas travessias, embora o fluxo total se anule.

Exercício 38.4

Pela regra do produto e pela identidade $\partial_\lambda D^{-1} = -D^{-1}\dot{D}D^{-1}$,

$$\begin{aligned} \frac{d}{d\lambda}(B^*D^{-1}B) = \dot{B}^*D^{-1}B - B^*D^{-1}\dot{D}D^{-1}B \\ + B^*D^{-1}\dot{B}. \end{aligned}$$

Como $S = A - B^*D^{-1}B$, resulta

$$\boxed{\dot{S} = \dot{A} - \dot{B}^*D^{-1}B - B^*D^{-1}\dot{B} + B^*D^{-1}\dot{D}D^{-1}B.}$$

Exercício 38.5

No caso paralelo, os subespaços de canal são fixos e invariantes. Assim, mesmo que $\alpha_r = \alpha_r(\lambda)$, a Hessiana possui a forma

$$A_\lambda = \bigoplus_{r=0}^{m} A_{r,\lambda}.$$

Sua derivada também é diagonal:

$$\dot{A}_\lambda = \bigoplus_{r=0}^{m} \dot{A}_{r,\lambda};$$

em particular, a derivada $\dot{\alpha}_r$ altera apenas o bloco r e não cria termos intercanal. Como $\ker A_{\lambda_*} = \bigoplus_r \ker A_{r,\lambda_*}$, segue

$$\boxed{\Gamma(A,\lambda_*) = \bigoplus_{r=0}^{m} \Gamma(A_r,\lambda_*).}$$

Portanto, as assinaturas e as contribuições locais ao fluxo somam-se canal a canal, ainda que os pesos variem com o parâmetro.

Exercício 38.6

Considere, por simplicidade, uma família diagonal de operadores autoadjuntos limitados $A_\lambda = \bigoplus_{r\geq 0} A_{r,\lambda}$ num intervalo compacto I. Uma hipótese suficiente é:

$$\sup_{r\geq 0} \|A_{r,\lambda} - A_{r,\mu}\| \longrightarrow 0 \quad \text{quando } \lambda \longrightarrow \mu,$$

e existe $\delta > 0$ tal que, para todo $\lambda_0 \in I$, o conjunto

$$F_{\lambda_0} := \{r : \operatorname{dist}(0, \sigma(A_{r,\lambda_0})) < 2\delta\}$$

é finito. A segunda condição expressa uma lacuna essencial uniforme com apenas um número finito de blocos discretos dentro da janela central.

Para cada λ_0, a continuidade uniforme fornece uma vizinhança U_{λ_0} na qual $\sup_r \|A_{r,\lambda} - A_{r,\lambda_0}\| < \delta$. Se algum bloco cruza zero em U_{λ_0}, a estabilidade espectral sob perturbações limitadas implica $\operatorname{dist}(0, \sigma(A_{r,\lambda_0})) < \delta$, e portanto $r \in F_{\lambda_0}$. Uma subcobertura finita $U_{\lambda_1}, \ldots, U_{\lambda_N}$ de I mostra que todo canal que cruza zero pertence ao conjunto finito

$$\boxed{F_{\lambda_1} \cup \cdots \cup F_{\lambda_N}.}$$

Para operadores não limitados, o mesmo argumento é aplicado aos transformados limitados, com continuidade na topologia da lacuna.

56.39 Redução de Lyapunov–Schmidt espacial

Exercício 39.1

Diferencie em z a equação

$$QF(\lambda, z + w(\lambda, z)) = 0$$

no ponto $(\lambda_*, 0)$. Para $\zeta \in N$, resulta

$$QL(\zeta + D_z w(\lambda_*, 0)[\zeta]) = 0.$$

Como $L\zeta = 0$, $D_z w[\zeta] \in R$ e $L_R \colon R \to R$ é invertível,

$$L_R D_z w(\lambda_*, 0)[\zeta] = 0 \quad \Longrightarrow \quad \boxed{D_z w(\lambda_*, 0) = 0.}$$

Exercício 39.2

No núcleo simples, ponha $z = se$. A primeira derivada da equação complementar em $s = 0$ fornece $D_s w = 0$. Derivando novamente,

$$L_R D_s^2 w(\lambda_*, 0) + QB(e,e) = 0,$$

e portanto

$$\boxed{D_s^2 w(\lambda_*, 0) = -L_R^{-1} QB(e,e).}$$

A fórmula de Taylor contém o fator $1/2!$; logo,

$$w(\lambda_*, se) = -\frac{s^2}{2} L_R^{-1} QB(e,e) + O(|s|^3).$$

Exercício 39.3

A equação fatoriza-se como

$$g(\mu, s) = s(\mu - s) = 0.$$

Assim, os dois ramos são

$$\boxed{s_0(\mu) = 0, \qquad s_1(\mu) = \mu.}$$

Eles se cruzam transversalmente em $(\mu, s) = (0,0)$. Trata-se de uma bifurcação transcrítica: o ramo trivial persiste e troca sua posição local com um ramo não trivial.

Exercício 39.4

Escreva

$$K := L_R^{-1} QB(e,e), \qquad w(se) = -\frac{s^2}{2} K + O(|s|^3).$$

Na expansão

$$\begin{aligned} F(se + w) &= L(se + w) + \frac{1}{2} B(se + w, se + w) \\ &\quad + \frac{1}{6} C(se + w, se + w, se + w) + O(|s|^4), \end{aligned}$$

a projeção de Lw sobre e é nula. A contribuição cúbica direta é

$$\frac{s^3}{6} \langle C(e,e,e), e \rangle.$$

Os dois termos mistos do tensor bilinear aparecem dentro de $\frac{1}{2} B(se + w, se + w)$; juntos, fornecem

$$B(se, w) = -\frac{s^3}{2} B(e, K) + O(|s|^4).$$

Portanto, o coeficiente de s^3 é

$$\frac{1}{6} \langle C(e,e,e), e \rangle - \frac{1}{2} \langle B(e,K), e \rangle = \frac{1}{6} \left[\langle C(e,e,e), e \rangle - 3 \langle B(e,K), e \rangle \right].$$

Daí surge exatamente o fator $\boxed{-3}$ na definição de c.

Exercício 39.5

Se a ação reduzida é invariante por $s \mapsto -s$, então

$$\varphi(\mu, -s) = \varphi(\mu, s).$$

Logo, sua expansão de Taylor contém apenas potências pares de s. Como $g = \partial_s \varphi$, a diferenciação troca a paridade:

$$g(\mu, -s) = -g(\mu, s).$$

Assim, g contém apenas potências ímpares de s; equivalentemente,

$$\boxed{\text{os termos ímpares de } \varphi \text{ e os termos pares de } g \text{ desaparecem.}}$$

Exercício 39.6

As equações de amplitude associadas à função reduzida do exemplo são

$$\begin{aligned} 0 &= s_1(\mu a_1 + \beta_1 s_1^2 + \beta_{12} s_2^2), \\ 0 &= s_2(\mu a_2 + \beta_{12} s_1^2 + \beta_2 s_2^2). \end{aligned}$$

Para um ramo misto, ponha $x = s_1^2 > 0$, $y = s_2^2 > 0$. Então

$$\begin{pmatrix} \beta_1 & \beta_{12} \\ \beta_{12} & \beta_2 \end{pmatrix} \begin{pmatrix} x \\ y \end{pmatrix} = -\mu \begin{pmatrix} a_1 \\ a_2 \end{pmatrix}.$$

Se $\Delta := \beta_1\beta_2 - \beta_{12}^2 \neq 0$, a solução é

$$\boxed{\begin{aligned} s_1^2 &= -\mu \, \frac{a_1\beta_2 - a_2\beta_{12}}{\Delta}, \\ s_2^2 &= -\mu \, \frac{a_2\beta_1 - a_1\beta_{12}}{\Delta}. \end{aligned}}$$

Existe um ramo real com $s_1 s_2 \neq 0$ precisamente no lado de $\mu = 0$ em que ambas as expressões são positivas. Se $\Delta = 0$, é necessária a compatibilidade do vetor $-(a_1, a_2)\mu$ com a imagem da matriz; nesse caso os termos de ordem superior decidem a existência e a seleção do ramo.

56.40 Formas normais e seleção de padrões espaciais

Exercício 40.1

Para o monômio $y_1^2 y_2 e_3$, o multiíndice é $\mathbf{q} = (2, 1, 0, \ldots, 0)$. O operador homológico atua nesse monômio por multiplicação pelo escalar

$$\mathbf{q} \cdot \nu - \nu_3 = 2\nu_1 + \nu_2 - \nu_3.$$

Portanto,

$$\boxed{y_1^2 y_2 e_3 \text{ é ressonante} \quad \Longleftrightarrow \quad 2\nu_1 + \nu_2 = \nu_3.}$$

No caso oscilatório, isso equivale a $2\omega_1 + \omega_2 = \omega_3$, com os sinais ajustados caso se usem variáveis complexas conjugadas.

Exercício 40.2

Uma troca independente $s_r \mapsto -s_r$ exige que o expoente de cada variável seja par. Entre os monômios de grau quatro em s_1, s_2, restam somente

$$s_1^4, \qquad s_1^2 s_2^2, \qquad s_2^4.$$

Logo, o polinômio quártico invariante mais geral é

$$\boxed{c_1 s_1^4 + c_{12} s_1^2 s_2^2 + c_2 s_2^4.}$$

Se também houver a simetria de permutação dos canais, então $c_1 = c_2$.

Exercício 40.3

Derivando o potencial em relação às amplitudes,

$$\partial_{s_1}\varphi = a_1\mu s_1 + \beta_1 s_1^3 + \beta_{12} s_1 s_2^2,$$
$$\partial_{s_2}\varphi = a_2\mu s_2 + \beta_{12} s_1^2 s_2 + \beta_2 s_2^3.$$

Assim, a condição de ponto crítico é

$$\boxed{\begin{aligned} s_1(a_1\mu + \beta_1 s_1^2 + \beta_{12} s_2^2) &= 0, \\ s_2(a_2\mu + \beta_{12} s_1^2 + \beta_2 s_2^2) &= 0. \end{aligned}}$$

Exercício 40.4

Para $s_1 s_2 \neq 0$, ponha $x = s_1^2$, $y = s_2^2$. As equações de amplitude tornam-se

$$\begin{pmatrix} \beta_1 & \beta_{12} \\ \beta_{12} & \beta_2 \end{pmatrix} \begin{pmatrix} x \\ y \end{pmatrix} = -\mu \begin{pmatrix} a_1 \\ a_2 \end{pmatrix}.$$

Se $\Delta = \beta_1\beta_2 - \beta_{12}^2 \neq 0$, a inversa da matriz é

$$\frac{1}{\Delta}\begin{pmatrix} \beta_2 & -\beta_{12} \\ -\beta_{12} & \beta_1 \end{pmatrix}.$$

Consequentemente,

$$\boxed{x = -\mu\frac{\beta_2 a_1 - \beta_{12} a_2}{\Delta}, \qquad y = -\mu\frac{\beta_1 a_2 - \beta_{12} a_1}{\Delta}.}$$

O padrão misto real existe exatamente quando $x > 0$ e $y > 0$.

Exercício 40.5

No primeiro ramo puro, $s_1^2 = -a_1\mu/\beta_1$, $s_2 = 0$. A Hessiana é diagonal, com autovalores

$$2\beta_1 s_1^2, \qquad \mu\left(a_2 - \frac{\beta_{12} a_1}{\beta_1}\right).$$

Portanto, além da condição de existência, esse ramo é um mínimo local estrito se e somente se

$$\boxed{\beta_1 > 0, \qquad \mu\left(a_2 - \frac{\beta_{12}a_1}{\beta_1}\right) > 0.}$$

Analogamente, o segundo ramo puro é um mínimo local estrito se e somente se

$$\boxed{\beta_2 > 0, \qquad \mu\left(a_1 - \frac{\beta_{12}a_2}{\beta_2}\right) > 0.}$$

No padrão misto existente, a Hessiana é positiva definida precisamente quando $\beta_1 > 0$ e $\Delta = \beta_1\beta_2 - \beta_{12}^2 > 0$; se $\Delta < 0$, é uma sela. Assim, padrões puros podem ser transversalmente estáveis mesmo sem coexistência estável, e o coeficiente espacial misto decide essa troca.

Exercício 40.6

As trocas independentes de sinal exigem expoentes pares, e as permutações identificam os coeficientes. Logo, a parte quártica mais geral é

$$\boxed{\varphi_4 = \frac{\beta}{4}\sum_{r=1}^{3} s_r^4 + \frac{\gamma}{2}\sum_{1\le r<q\le 3} s_r^2 s_q^2.}$$

Acrescente a parte quadrática equivalente $\frac{a\mu}{2}\sum_r s_r^2$. As equações de amplitude são

$$s_r\left(a\mu + \beta s_r^2 + \gamma\sum_{q\neq r} s_q^2\right) = 0.$$

Além das escolhas de sinais e permutações, surgem:

padrão	amplitudes não nulas	quadrado da amplitude
puro	1	$-a\mu/\beta$
duplo	2	$-a\mu/(\beta+\gamma)$
triplo	3	$-a\mu/(\beta+2\gamma)$.

Cada padrão existe no lado de $\mu = 0$ em que o respectivo quadrado é positivo. Os casos em que algum denominador se anula exigem termos de ordem superior.

56.41 Estabilidade dos ramos bifurcados

Exercício 41.1

No potencial de dois padrões, a segunda derivada na direção do segundo canal é

$$\partial_{s_2}^2\varphi = q_2 + \beta_{12}s_1^2 + 3\beta_2 s_2^2.$$

Ao longo do primeiro ramo puro, $s_2 = 0$ e $s_1^2 = -q_1/\beta_1$. Portanto,

$$\boxed{\kappa_2 = q_2 + \beta_{12}s_1^2 = q_2 - \frac{\beta_{12}q_1}{\beta_1}.}$$

Exercício 41.2

Considere

$$H = \begin{pmatrix} A & B^* \\ B & D \end{pmatrix}, \qquad L = \begin{pmatrix} I & 0 \\ -D^{-1}B & I \end{pmatrix}.$$

Se $D > 0$, então D^{-1} e L são limitados, e uma multiplicação direta fornece

$$\boxed{L^*HL = \begin{pmatrix} A - B^*D^{-1}B & 0 \\ 0 & D \end{pmatrix}.}$$

A congruência invertível preserva a inércia, enquanto o bloco D não possui direção negativa. Logo,

$$\operatorname{ind} H = \operatorname{ind}(A - B^*D^{-1}B).$$

Além disso,

$$\ker H = \left\{ \begin{pmatrix} x \\ -D^{-1}Bx \end{pmatrix} : x \in \ker(A - B^*D^{-1}B) \right\},$$

o que dá o isomorfismo entre os núcleos.

Exercício 41.3

Tem-se

$$\kappa_2(\lambda) = 3(\lambda - \lambda_*).$$

Sob a positividade da direção longitudinal e a lacuna positiva no complemento, o ramo é orbitalmente estável exatamente quando $\kappa_2 > 0$. Assim,

$$\boxed{\lambda > \lambda_* \text{ é o lado estável.}}$$

Para $\lambda < \lambda_*$, há uma direção variacional negativa; em $\lambda = \lambda_*$, a Hessiana é degenerada.

Exercício 41.4

Os padrões puros têm $s_1^2 = -q$ ou $s_2^2 = -q$; logo, existem para $q < 0$. No primeiro ramo puro, os autovalores da Hessiana são

$$-2q > 0, \qquad q(1 - \beta_{12}).$$

Portanto, os padrões puros são mínimos locais estritos quando $\beta_{12} > 1$ e selas quando $\beta_{12} < 1$.

O padrão misto simétrico satisfaz

$$s_1^2 = s_2^2 = -\frac{q}{1 + \beta_{12}}.$$

Ele existe quando $-q/(1+\beta_{12}) > 0$. Seus autovalores, a menos do fator positivo $2s_1^2$, são $1+\beta_{12}$ e $1-\beta_{12}$. Consequentemente,

regime	padrões puros, se $q < 0$	padrão misto existente
$-1 < \beta_{12} < 1$	selas	mínimo estrito para $q < 0$
$\beta_{12} > 1$	mínimos estritos	sela para $q < 0$
$\beta_{12} < -1$	selas, se $q < 0$	sela para $q > 0$.

Nos limiares $\beta_{12} = \pm 1$, a parte quártica é degenerada e termos de ordem superior são necessários.

Exercício 41.5

Escreva o potencial quártico de três canais como

$$\varphi(s) = \frac{1}{2}\sum_{r=1}^{3} q_r s_r^2 + \frac{1}{4}\sum_{r,q=1}^{3} \mathsf{B}_{rq} s_r^2 s_q^2,$$

onde B é simétrica. Para um padrão cujo conjunto de canais ativos é I, ponha $D_s = \operatorname{diag}(s_r)_{r\in I}$. As equações de amplitude determinam os quadrados das amplitudes, e a Hessiana nas direções ativas reduz-se a

$$2D_s \mathsf{B}_I D_s.$$

Como D_s é invertível, esse bloco é positivo definido se e somente se a matriz principal B_I é positiva definida. Para cada canal inativo $k \notin I$, exige-se ainda a curvatura transversal

$$\kappa_k = q_k + \sum_{r\in I} \mathsf{B}_{kr} s_r^2 > 0.$$

Assim, um critério suficiente de estabilidade orbital é

$$\boxed{\mathsf{B}_I > 0, \qquad \kappa_k > 0\ (k \notin I), \qquad D_{\text{comp}} \geq cI \text{ para algum } c > 0.}$$

As duas primeiras condições controlam a Hessiana reduzida; a última impede que os modos eliminados introduzam uma instabilidade invisível.

56.42 Continuação global dos ramos espaciais

Exercício 42.1

Se a aplicação não é própria em conjuntos limitados, pode existir uma sequência limitada de soluções (λ_n, u_n) sem subsequência convergente. Nesse caso, não há necessariamente uma solução limite na qual o teorema da função implícita possa ser aplicado. Assim, a curva pode sair de toda vizinhança compacta sem que $\|u_n\| + |\lambda_n|$ divirja e sem que a linearização se torne singular. O obstáculo é perda de compacidade, não explosão da norma. Em dimensão finita, conjuntos fechados e limitados são compactos; esse fenômeno é característico do quadro de dimensão infinita.

Exercício 42.2

Para

$$L = \begin{pmatrix} a & b \\ c & d \end{pmatrix}, \qquad d \neq 0,$$

o complemento de Schur de d é

$$S = a - \frac{bc}{d}.$$

Como $\det L = dS = ad - bc$, o ponto crítico é determinado por

$$\boxed{a = \frac{bc}{d}.}$$

No caso desacoplado $b = c = 0$, a condição reduz-se a $a = 0$. Portanto, a transferência desloca a degeneração ativa pela quantidade bc/d.

Exercício 42.3

Se D é normal e invertível, o cálculo funcional contínuo fornece

$$\|D^{-1}\| = \sup_{z \in \sigma(D)} \frac{1}{|z|} = \frac{1}{\operatorname{dist}(0, \sigma(D))}.$$

Logo, da estimativa espectral dada segue

$$\boxed{\|D^{-1}\| \leq \delta^{-1}.}$$

Para operadores autoadjuntos, a mesma identidade decorre diretamente do teorema espectral.

Exercício 42.4

Considere

$$L_\lambda = \begin{pmatrix} \lambda & \tau \\ \tau & -\lambda \end{pmatrix}, \qquad \tau \neq 0.$$

Os valores dos dois blocos diagonais são λ e $-\lambda$, que colidem em zero quando $\lambda = 0$. Entretanto,

$$\det L_\lambda = -\lambda^2 - \tau^2 < 0,$$

e os autovalores completos são

$$\boxed{\pm\sqrt{\lambda^2 + \tau^2}.}$$

Logo, a matriz permanece invertível em toda a família: os blocos mistos abrem uma lacuna de tamanho $|\tau|$ na colisão.

Exercício 42.5

Com $a = 2$ e $\tau = 3$, tem-se $a - \tau = -1$. Portanto,

$$g(\lambda, s) = \lambda - \lambda_0 - s^2 + O(s^3) = 0$$

e

$$\boxed{\lambda - \lambda_0 = s^2 + O(s^3).}$$

A dobra abre para $\lambda > \lambda_0$. No produto paralelo, $\tau = 0$, e

$$\lambda - \lambda_0 = -2s^2 + O(s^3),$$

de modo que a dobra abre para $\lambda < \lambda_0$. A transferência inverte, portanto, a orientação local.

Exercício 42.6

Considere uma família autoadjunta

$$A_\lambda = D_\lambda + K_\lambda, \qquad \lambda \in I,$$

em que D_λ é diagonal, K_λ é compacto e a família é contínua em norma. Uma condição suficiente é a existência de $\delta > 0$ e de $R \in \mathbb{N}$ tais que

$$\boxed{\inf_{\lambda \in I} \inf_{r \geq R} |d_r(\lambda)| \geq 2\delta,}$$

enquanto os primeiros R canais têm multiplicidade finita. Essa condição implica $\operatorname{dist}(0, \sigma_{\text{ess}}(D_\lambda)) \geq 2\delta$ uniformemente.

Pelo teorema de Weyl, perturbações compactas autoadjuntas não alteram o espectro essencial. Logo,

$$\sigma_{\text{ess}}(A_\lambda) = \sigma_{\text{ess}}(D_\lambda), \qquad \operatorname{dist}(0, \sigma_{\text{ess}}(A_\lambda)) \geq 2\delta.$$

Assim, zero não alcança o espectro essencial ao longo de I; apenas autovalores discretos de multiplicidade finita podem entrar na lacuna. Para obter um corredor sem degenerações, acrescenta-se uma cota uniforme que afaste também esses autovalores discretos de zero.

56.43 Diagramas globais e transições entre padrões

Exercício 43.1

Com $b = -2$, a condição da Proposição 43.4 torna-se

$$0 < a < \frac{(-2)^2}{4} = 1.$$

Logo,

$$\boxed{0 < a < 1.}$$

Nesse intervalo, $r_\pm = 1 \pm \sqrt{1-a}$ são os dois valores positivos distintos de s^2. Em $a = 1$, eles coincidem; em $a = 0$, a raiz menor encontra o ramo trivial.

Exercício 43.2

No primeiro ramo puro, $s_1^2 = -q_1/\beta_1$ e $s_2 = 0$. Substituindo no potencial,

$$V_1 = \frac{1}{2}q_1\left(-\frac{q_1}{\beta_1}\right) + \frac{1}{4}\beta_1\frac{q_1^2}{\beta_1^2} = -\frac{q_1^2}{4\beta_1}.$$

Analogamente,

$$V_2 = -\frac{q_2^2}{4\beta_2}.$$

Portanto, $V_1 = V_2$ se e somente se

$$\boxed{\frac{q_1^2}{\beta_1} = \frac{q_2^2}{\beta_2}.}$$

Essa comparação só representa uma transição entre estados metaestáveis se os dois ramos também satisfizerem as condições de estabilidade transversal.

Exercício 43.3

Num diagrama com λ no eixo horizontal, uma dobra é um ponto de retorno geométrico do ramo: nela

$$g = 0, \qquad g_s = 0,$$

e duas soluções se encontram ou desaparecem. A Hessiana reduzida é singular. Já um ponto de Maxwell compara dois ramos distintos e localmente estáveis:

$$V_\lambda(s_1) = V_\lambda(s_2).$$

Em geral, nesse parâmetro nenhum dos dois ramos dobra ou perde estabilidade. Assim,

dobra = limite local de existência,
Maxwell = troca de preferência energética.

Num ciclo quase estático, a troca termodinâmica ideal ocorre no ponto de Maxwell, enquanto a persistência metaestável até uma dobra produz histerese.

Exercício 43.4

Como $b = b_0 - \tau = 1 - \tau$ e $c = 1$, a janela exige $b < 0$ e $0 < a < b^2/4$. Portanto:

τ	b	janela com duas raízes positivas
0	1	não existe
1	0	não existe janela estrita
3	-2	$0 < a < 1$.

Em $\tau = 1$, a equação não nula é $a + r^2 = 0$, que possui no máximo uma raiz positiva. A transferência forte em $\tau = 3$ cria a janela subcrítica.

Exercício 43.5

O primeiro ramo puro existe quando $s_1^2 = -q_1/\beta_1 > 0$. Sua curvatura longitudinal é positiva para $\beta_1 > 0$, e a transversal é

$$\kappa_2 = q_2 - \frac{\beta_{12} q_1}{\beta_1}.$$

Logo, ele é um mínimo local estrito se $\kappa_2 > 0$. Analogamente, o segundo ramo exige

$$\kappa_1 = q_1 - \frac{\beta_{12} q_2}{\beta_2} > 0.$$

Assim, quando $q_1, q_2 < 0$ e $\beta_1, \beta_2 > 0$, a região de coexistência metaestável dos ramos puros é

$$\boxed{q_2 - \frac{\beta_{12} q_1}{\beta_1} > 0, \qquad q_1 - \frac{\beta_{12} q_2}{\beta_2} > 0.}$$

Dentro dessa região, a fronteira energética é

$$\frac{q_1^2}{\beta_1} = \frac{q_2^2}{\beta_2}.$$

Portanto, as desigualdades de estabilidade delimitam onde a comparação faz sentido, mas não coincidem, em geral, com a fronteira de Maxwell.

Exercício 43.6

Denote os três vértices estáveis por P_1, P_2, P_3. O grafo de eventos pode ser representado esquematicamente por

$$\boxed{P_1 \overset{M}{\longleftrightarrow} P_2 - - - \bullet_D, \qquad \bullet_{C_{13}} - - - P_3.}$$

O rótulo M na aresta P_1P_2 registra a igualdade energética e a troca de preferência. O marcador terminal $\bullet_D$, incidente a P_2, registra a dobra em que esse ramo deixa de ser estável. O marcador $\bullet_{C_{13}}$, incidente a P_3, registra seu nascimento numa colisão entre os canais 1 e 3. Os projetores associados a P_1, P_2, P_3 devem permanecer nos rótulos dos vértices; sem eles, a projeção plana poderia confundir padrões distintos.

56.44 MSG: referenciais espaciais móveis e acoplamento

Exercício 44.1

Como i é ortogonal a 1 e a j, ele é ortogonal a v_θ e a w_θ. Além disso,

$$\|v_\theta\|^2 = \cos^2\theta + \sin^2\theta = 1, \qquad \|w_\theta\|^2 = 1,$$

e

$$\langle v_\theta, w_\theta \rangle = -\cos\theta \sin\theta + \sin\theta\cos\theta = 0.$$

Logo, os três vetores são ortonormais. Como $\dim \mathcal{K}_1 = 3$, formam uma base ortonormal.

Exercício 44.2

Na base $\{1, i, j\}$, escreva $c = \cos\theta$ e $s = \sin\theta$. Como $P_0 = i \otimes i + v_\theta \otimes v_\theta$,

$$[P_0] = \begin{pmatrix} c^2 & 0 & cs \\ 0 & 1 & 0 \\ cs & 0 & s^2 \end{pmatrix}.$$

Derivando na direção X,

$$[\nabla_X P_0] = d\theta(X) \begin{pmatrix} -2cs & 0 & c^2 - s^2 \\ 0 & 0 & 0 \\ c^2 - s^2 & 0 & 2cs \end{pmatrix}.$$

Por outro lado, a matriz entre parênteses é a do operador $w_\theta \otimes v_\theta + v_\theta \otimes w_\theta$. Portanto,

$$(\nabla_X P_0)Y = d\theta(X)\big(\langle Y, v_\theta\rangle w_\theta + \langle Y, w_\theta\rangle v_\theta\big).$$

Exercício 44.3

Para $\theta(x, y, z) = x + y$,

$$d\theta = dx + dy, \qquad \|d\theta\|^2 = 2.$$

Logo,

$$\boxed{\mathfrak{c}_U = 2\|d\theta\|^2 = 4.}$$

Se $V = V_x\partial_x + V_y\partial_y + V_z\partial_z = \alpha i + \beta v_\theta + \gamma w_\theta$, então

$$\mathcal{S}_0(V, V) = (V_x + V_y)(\beta w_\theta + \gamma v_\theta).$$

Como v_θ, w_θ são independentes, o defeito se anula precisamente quando

$$\boxed{V_x + V_y = 0 \quad \text{ou} \quad \beta = \gamma = 0.}$$

Exercício 44.4

Se H é ortogonal, constante e preserva cada somando canônico, então

$$H\pi_r H^{-1} = \pi_r.$$

Para $U' = UH$,

$$P_r' = UH\pi_r H^{-1}U^{-1} = U\pi_r U^{-1} = P_r.$$

Consequentemente, $\nabla P_r' = \nabla P_r$, e

$$\boxed{\mathfrak{c}_{UH} = \mathfrak{c}_U.}$$

Trata-se da invariância por mudanças constantes internas aos canais.

Exercício 44.5

Em $\mathcal{K}_2 = A_2 \oplus J_1 \oplus J_2$, deixe A_2 fixo e defina

$$U_q j_1 = \cos\theta(q) j_1 + \sin\theta(q) j_2, \qquad U_q j_2 = -\sin\theta(q) j_1 + \cos\theta(q) j_2.$$

Na forma de rotação, os únicos blocos fora da diagonal são $\Omega_{12} = d\theta$ e $\Omega_{21} = -d\theta$. Portanto,

$$\boxed{w_{12} = w_{21} = \|d\theta\|^2, \qquad w_{01} = w_{02} = 0,}$$

e

$$c_U = 2\|d\theta\|^2.$$

O vértice complexo 0 fica isolado porque U preserva A_2 e não há bloco de Ω entre esse plano e os canais idempotentes.

Exercício 44.6

Fixe um conjunto de vértices I que forme uma componente da rede em toda uma região conexa e suponha que nenhum peso atravesse o corte $I \mid I^c$. Como cada peso é soma de normas quadráticas,

$$w_{rs} = 0 \quad (r \in I, s \notin I) \quad \Longrightarrow \quad \pi_r \Omega_X \pi_s = 0$$

para todo X, e o mesmo vale no sentido oposto. Ponha $\pi_I = \sum_{r\in I} \pi_r$ e $P_I = U\pi_I U^{-1}$. Então Ω_X é diagonal em blocos relativamente a $I \oplus I^c$, de modo que

$$\nabla_X P_I = U[\Omega_X, \pi_I]U^{-1} = 0.$$

Logo,

$$\boxed{E_I := P_I E = \bigoplus_{r\in I} P_r E \text{ é um subfibrado paralelo.}}$$

O argumento exige que o conjunto de vértices I seja o mesmo em toda a região; mudanças na componente do grafo devem ser tratadas separadamente.

56.45 MSG aplicada a sistemas newtonianos espaciais

Exercício 45.1

Pela decomposição ortogonal $\mathcal{K}_m = A_m \oplus J_1 \oplus \cdots \oplus J_m$, tem-se

$$x_a - x_b = (z_a - z_b) + \sum_{k=1}^{m} (\eta_a^{(k)} - \eta_b^{(k)}) j_k.$$

O teorema de Pitágoras fornece, portanto,

$$\boxed{\|x_a - x_b\|^2 = |z_a - z_b|^2 + \sum_{k=1}^{m} \left(\eta_a^{(k)} - \eta_b^{(k)}\right)^2.}$$

Essa identidade explica por que todos os canais compartilham o mesmo denominador na força radial.

Exercício 45.2

Escreva $x_a = z_a + \xi_a j$ e ponha

$$R_{ab}^2 = |z_a - z_b|^2 + (\xi_a - \xi_b)^2.$$

Para três partículas, as equações complexas são

$$\ddot{z}_1 = -G\left(m_2\frac{z_1 - z_2}{R_{12}^3} + m_3\frac{z_1 - z_3}{R_{13}^3}\right),$$
$$\ddot{z}_2 = -G\left(m_1\frac{z_2 - z_1}{R_{12}^3} + m_3\frac{z_2 - z_3}{R_{23}^3}\right),$$
$$\ddot{z}_3 = -G\left(m_1\frac{z_3 - z_1}{R_{13}^3} + m_2\frac{z_3 - z_2}{R_{23}^3}\right),$$

e as equações do canal idempotente são

$$\ddot{\xi}_1 = -G\left(m_2\frac{\xi_1 - \xi_2}{R_{12}^3} + m_3\frac{\xi_1 - \xi_3}{R_{13}^3}\right),$$
$$\ddot{\xi}_2 = -G\left(m_1\frac{\xi_2 - \xi_1}{R_{12}^3} + m_3\frac{\xi_2 - \xi_3}{R_{23}^3}\right),$$
$$\ddot{\xi}_3 = -G\left(m_1\frac{\xi_3 - \xi_1}{R_{13}^3} + m_2\frac{\xi_3 - \xi_2}{R_{23}^3}\right).$$

O acoplamento entre os canais ocorre precisamente pelos denominadores R_{ab}^3.

Exercício 45.3

Para $t \geq 0$, aplique o teorema do valor médio a $f(t) = (1+t)^{-3/2}$. Existe $\theta \in (0,1)$ tal que

$$1 - (1+t)^{-3/2} = \frac{3}{2}(1+\theta t)^{-5/2}t \leq \frac{3}{2}t.$$

Como a expressão à esquerda é não negativa,

$$\boxed{0 \leq 1 - (1+t)^{-3/2} \leq \frac{3}{2}t.}$$

Do mesmo modo, para $g(t) = (1+t)^{-1/2}$,

$$\boxed{0 \leq 1 - (1+t)^{-1/2} \leq \frac{1}{2}t.}$$

Exercício 45.4

Fixe um canal r. A contribuição do par a, b à derivada do momento projetado é

$$-Gm_a m_b \frac{\pi_r(x_a - x_b)}{\|x_a - x_b\|^3};$$

a contribuição do par invertido b, a é o seu oposto. A soma sobre todos os pares se anula e, assim,

$$\frac{d}{dt}\sum_a m_a \pi_r \dot{x}_a = 0.$$

Se $M = \sum_a m_a$ e $X_r = M^{-1}\sum_a m_a \pi_r x_a$, então

$$\boxed{\ddot{X}_r = 0.}$$

O centro de massa de cada canal move-se, portanto, com velocidade constante.

Exercício 45.5

Com $q = r\,1 + hj$ e velocidade inicial nula, o movimento permanece no plano real $\operatorname{span}\{1, j\}$. As equações reduzidas são

$$\boxed{\ddot{r} = -GM\frac{r}{(r^2 + h^2)^{3/2}}, \qquad \ddot{h} = -GM\frac{h}{(r^2 + h^2)^{3/2}}}$$

com $r(0) = r_0$, $h(0) = h_0$ e $\dot{r}(0) = \dot{h}(0) = 0$. Embora as componentes estejam em canais ortogonais, o denominador comum $(r^2 + h^2)^{3/2}$ impede que elas constituam dois problemas de Kepler independentes.

Exercício 45.6

Para o par a, b, escreva $r_{ab} = |z_a - z_b|$ e $\rho_{ab}^2 = \sum_k (\eta_a^{(k)} - \eta_b^{(k)})^2$. A desigualdade do Exercício 45.3 implica

$$\left\| Gm_b(z_a - z_b)\left[\frac{1}{(r_{ab}^2 + \rho_{ab}^2)^{3/2}} - \frac{1}{r_{ab}^3}\right]\right\| \le \frac{3Gm_b}{2}\frac{\rho_{ab}^2}{r_{ab}^4}.$$

Se $r_{ab} \ge d > 0$ para todo par, a desigualdade triangular dá

$$\boxed{\|\ddot{z}_a^{\mathrm{esp}} - \ddot{z}_a^{\mathbb{C}}\| \le \frac{3G}{2d^4}\sum_{b \ne a} m_b \rho_{ab}^2.}$$

Em particular, se $\rho_{ab} \le \varepsilon$, essa diferença é no máximo $\frac{3G\varepsilon^2}{2d^4}\sum_{b \ne a} m_b$, explicitando a ordem quadrática do erro espacial.

56.46 Estabilidade e persistência sem colisões na MSG

Exercício 46.1

Se $h = \alpha q$, então

$$D\Phi(q)h = \frac{\alpha q}{\|q\|^3} - 3\frac{\alpha\|q\|^2}{\|q\|^5}q = -\frac{2}{\|q\|^3}h.$$

Logo, a direção radial tem autovalor $-2\|q\|^{-3}$. Se $h \perp q$, o segundo termo se anula e

$$D\Phi(q)h = \frac{1}{\|q\|^3}h.$$

Portanto,

$$\boxed{\lambda_{\text{rad}} = -2\|q\|^{-3}, \qquad \lambda_{\tan} = \|q\|^{-3}.}$$

A maior magnitude é $2\|q\|^{-3}$, que fornece a norma do operador.

Exercício 46.2

Para cada partícula a, a estimativa radial fornece

$$\|A_a(x) - A_a(\tilde{x})\| \leq \frac{2G}{d^3}\sum_{b\neq a} m_b\|x_{ab} - \tilde{x}_{ab}\|.$$

Como

$$\|x_{ab} - \tilde{x}_{ab}\| \leq \|x_a - \tilde{x}_a\| + \|x_b - \tilde{x}_b\| \leq 2\|x - \tilde{x}\|_\infty$$

e $\sum_{b\neq a} m_b \leq M$, segue que

$$\|A_a(x) - A_a(\tilde{x})\| \leq \frac{4GM}{d^3}\|x - \tilde{x}\|_\infty.$$

Tomando o máximo em a, obtém-se

$$\boxed{L_A = \frac{4GM}{d^3}.}$$

Exercício 46.3

Partindo de

$$e(t) \leq \delta_0 + \int_0^t (Le(s) + \varepsilon)\, ds,$$

introduza $u(t) = e(t) + \varepsilon/L$. Então

$$u(t) \leq \delta_0 + \frac{\varepsilon}{L} + L\int_0^t u(s)\, ds.$$

Pela desigualdade de Grönwall,

$$u(t) \leq \left(\delta_0 + \frac{\varepsilon}{L}\right)e^{Lt}.$$

Subtraindo ε/L, resulta

$$\boxed{e(t) \leq \delta_0 e^{Lt} + \frac{\varepsilon}{L}(e^{Lt} - 1).}$$

Como $(e^{Lt} - 1)/L \leq te^{Lt}$, também $e(t) \leq (\delta_0 + \varepsilon t)e^{Lt}$.

Exercício 46.4

O critério

$$(\delta_0 + \varepsilon T)e^{LT} < \frac{d_0}{2}$$

é equivalente, para $T > 0$, a

$$\boxed{0 \leq \varepsilon < \varepsilon_{\max} := \frac{d_0 e^{-LT}/2 - \delta_0}{T}.}$$

Esse intervalo só é não vazio quando $\delta_0 < d_0 e^{-LT}/2$. No caso $T = 0$, não há evolução a controlar e basta $\delta_0 < d_0/2$.

Exercício 46.5

Se $V_T := \sup_{0 \leq t \leq T} \|v(t)\|$, pode-se tomar

$$\varepsilon = \varepsilon_{\text{fis}} + CV_T^2.$$

Assim, um critério suficiente de ausência de colisões é

$$\boxed{[\delta_0 + T(\varepsilon_{\text{fis}} + CV_T^2)]e^{LT} < \frac{d_0}{2}.}$$

A condição deve ser usada com uma cota de velocidade previamente válida no mesmo tubo; caso contrário, o lado esquerdo ainda depende da solução que se pretende controlar.

Exercício 46.6

Uma hipótese simples, embora forte, consiste em supor

$$m_b > 0, \qquad \sum_{b=1}^{\infty} m_b < \infty, \qquad \inf_{b \neq a} \|x_a - x_b\| \geq d_a > 0$$

para cada partícula fixa a. Nesse caso,

$$\sum_{b \neq a} \left\| G m_b \frac{x_a - x_b}{\|x_a - x_b\|^3} \right\| = G \sum_{b \neq a} \frac{m_b}{\|x_a - x_b\|^2} \leq \frac{G}{d_a^2} \sum_{b \neq a} m_b < \infty.$$

Logo, a força sobre cada partícula converge absolutamente em $\mathcal{K}^2$. Mais geralmente, basta exigir diretamente

$$\boxed{\sum_{b \neq a} \frac{m_b}{\|x_a - x_b\|^2} < \infty \quad \text{para cada } a.}$$

Essas hipóteses definem as forças instantâneas, mas não asseguram, por si só, existência, unicidade ou persistência global das soluções.

56.47 Torres de Kaluza–Klein e completamento espacial positivo

Exercício 47.1

Como $u_1 = \rho e_0 + e_1$ e $u_2 = \rho e_0 + e_2$, tem-se

$$W_2 = c_1 u_1 \otimes u_1 + c_2 u_2 \otimes u_2.$$

Na base (e_0, e_1, e_2), isso fornece

$$\boxed{[W_2] = \begin{pmatrix} \rho^2(c_1 + c_2) & \rho c_1 & \rho c_2 \\ \rho c_1 & c_1 & 0 \\ \rho c_2 & 0 & c_2 \end{pmatrix}.}$$

Assim, em cada canal $k = 1, 2$, aparecem simultaneamente $\Delta_k = c_k$, $g_k = \rho c_k$ e $\delta\alpha_k = \rho^2 c_k$, como exige a lei de coerência espacial.

Exercício 47.2

Se $\sum_{k=1}^{m} a_k u_k = 0$, a coordenada na direção e_j é a_j; logo, $a_j = 0$ para todo j. Portanto, os vetores $u_1, \ldots, u_m$ são linearmente independentes.

Para $c_k > 0$, escreva

$$W_m = TT^*, \qquad T(a_1, \ldots, a_m) = \sum_{k=1}^{m} \sqrt{c_k}\, a_k u_k.$$

Como T é injetivo, seu posto é m, e

$$\boxed{\operatorname{posto} W_m = \operatorname{posto} T = m.}$$

Exercício 47.3

Se P_m é a projeção sobre $\mathcal{H}_m$, então, para $k > m$,

$$P_m u_k = P_m(\rho e_0 + e_k) = \rho e_0.$$

Consequentemente,

$$\begin{aligned} P_m W P_m &= \sum_{k \le m} c_k u_k \otimes u_k + \sum_{k > m} c_k \rho^2 e_0 \otimes e_0 \\ &= W_m + \rho^2 \left(\sum_{k > m} c_k \right) e_0 \otimes e_0. \end{aligned}$$

Portanto, o contratermo escalar da cauda é

$$\boxed{P_m W P_m - W_m = \rho^2 \left(\sum_{k > m} c_k \right) e_0 \otimes e_0.}$$

Exercício 47.4

Separe os índices em $I_+ = \{k : c_k > 0\}$ e $I_0 = \{k : c_k = 0\}$. Se $Q_m(\alpha) \geq 0$, uma entrada diagonal nula obriga toda a linha e toda a coluna correspondentes a serem nulas; isso já ocorre porque $\rho c_k = 0$ em I_0. Esses canais podem ser removidos sem alterar a positividade.

No bloco indexado por I_+, o complemento de Schur dá

$$\alpha - \rho^2 \sum_{k \in I_+} c_k \geq 0.$$

Como os termos de I_0 são nulos,

$$\boxed{Q_m(\alpha) \geq 0 \quad \Longleftrightarrow \quad \alpha \geq \rho^2 \sum_{k=1}^{m} c_k.}$$

Exercício 47.5

Para $c_k = 2^{-k}$,

$$\sum_{k=1}^{\infty} 2^{-k} = 1, \qquad \sum_{k>m} 2^{-k} = 2^{-m}.$$

As identidades de traço e truncamento fornecem

$$\boxed{\|W\|_1 = 1 + \rho^2, \qquad \|W - W_m\|_1 = (1 + \rho^2) 2^{-m}.}$$

Exercício 47.6

Como $d_k > 0$, ponha

$$r_k := \frac{b_k}{d_k}, \qquad s_k := \frac{a_k}{d_k}.$$

Existe uma inclinação $\rho \geq 0$ com $b_k = \rho d_k$ e $a_k = \rho^2 d_k$ para todo k se, e somente se,

$$\boxed{r_k = r_\ell \geq 0 \quad \text{e} \quad s_k = r_k^2 \qquad (k, \ell \geq 1).}$$

Nessas condições, $\rho = r_k$ para qualquer k, o que também prova a unicidade. Em termos sem quocientes, as condições equivalentes são

$$b_k d_\ell = b_\ell d_k, \qquad b_k \geq 0, \qquad a_k d_k = b_k^2$$

para todos os índices pertinentes.

56.48 Cascas de Kaluza–Klein no toro quadrado

Exercício 48.1

As representações inteiras são

$$\begin{aligned} q = 4: &\quad (\pm 2, 0), (0, \pm 2), \\ q = 5: &\quad (\pm 1, \pm 2), (\pm 2, \pm 1), \\ q = 8: &\quad (\pm 2, \pm 2). \end{aligned}$$

Os sinais nas duas coordenadas são escolhidos independentemente quando ambas são não nulas. Portanto,

$$\boxed{r_2(4) = 4, \qquad r_2(5) = 8, \qquad r_2(8) = 4.}$$

A fórmula aritmética confirma esses valores: por exemplo, $d_1(5) - d_3(5) = 2$, enquanto essa diferença vale 1 para 4 e 8.

Exercício 48.2

Pela convergência absoluta para $a > 0$, o produto das duas séries pode ser desenvolvido termo a termo:

$$\begin{aligned} \vartheta_3(0, e^{-a})^2 &= \left(\sum_{n_1 \in \mathbb{Z}} e^{-an_1^2} \right) \left(\sum_{n_2 \in \mathbb{Z}} e^{-an_2^2} \right) \\ &= \sum_{(n_1, n_2) \in \mathbb{Z}^2} e^{-a(n_1^2 + n_2^2)} \\ &= 1 + \sum_{q \in \mathcal{Q}} r_2(q) e^{-aq}. \end{aligned}$$

O termo 1 corresponde ao vetor nulo. Logo,

$$\boxed{\tau(a) = \vartheta_3(0, e^{-a})^2 - 1.}$$

Exercício 48.3

Ordene os quatro vetores da casca $q = 1$ como e_1, e_2, e_3, e_4. Uma base ortonormal do hiperplano das coordenadas de soma zero é

$$\begin{aligned} d_1 &= \frac{1}{\sqrt{2}}(e_1 - e_2), \\ d_2 &= \frac{1}{\sqrt{6}}(e_1 + e_2 - 2e_3), \\ d_3 &= \frac{1}{\sqrt{12}}(e_1 + e_2 + e_3 - 3e_4). \end{aligned}$$

Os vetores são ortonormais e pertencem a $\mathcal{D}_1$. Como o termo de acoplamento com e_0 depende da soma das coordenadas, ele se anula sobre cada d_j; os termos livres e diagonais são iguais dentro da casca. Assim,

$$\boxed{Hd_j = D_1 d_j \qquad (j = 1, 2, 3).}$$

Exercício 48.4

Se $(x_0, x_1, x_2) \neq 0$ é autovetor de $H_{\text{cl}}^{(2)}$ associado a $z \neq D_1, D_2$, as duas últimas linhas fornecem

$$x_1 = -\frac{2\gamma\rho e^{-a}}{D_1 - z} x_0, \qquad x_2 = -\frac{2\gamma\rho e^{-2a}}{D_2 - z} x_0.$$

Substituindo na primeira linha e dividindo por $x_0 \neq 0$, obtém-se

$$\boxed{A_2 - z - \frac{4\gamma^2\rho^2 e^{-2a}}{D_1 - z} - \frac{4\gamma^2\rho^2 e^{-4a}}{D_2 - z} = 0.}$$

Exercício 48.5

Para um autovalor claro fora dos polos,

$$Z(z) = \left(1 + \sum_q \frac{G_q^2}{(D_q - z)^2}\right)^{-1}.$$

Como a soma é não negativa e finita,

$$\boxed{0 < Z(z) \leq 1.}$$

O valor $Z(z)$ é o quadrado da componente normalizada no canal e_0. Assim, $Z(z)$ próximo de 1 descreve um estado concentrado na brana; $Z(z)$ próximo de 0 descreve um estado cuja massa está predominantemente distribuída pelos modos da região ambiente.

Exercício 48.6

Suponha $D_q = D_{q'} =: D$ e ponha

$$G := \sqrt{G_q^2 + G_{q'}^2}.$$

A combinação clara normalizada no subespaço $\text{span}\{B_q, B_{q'}\}$ é

$$B_{\text{cl}} = \frac{G_q B_q + G_{q'} B_{q'}}{G};$$

ela se acopla a e_0 com intensidade G. A combinação ortogonal

$$B_{\text{esc}} = \frac{G_{q'} B_q - G_q B_{q'}}{G}$$

não se acopla à brana e satisfaz $HB_{\text{esc}} = DB_{\text{esc}}$. Portanto, duas cascas coincidentes produzem

$$\boxed{\dim \mathcal{D}_{\text{adicional}} = 1.}$$

Para s cascas no mesmo polo, a mesma construção fornece uma direção clara e $s - 1$ direções escuras adicionais.

Exercício 48.7

Considere inicialmente coeficientes independentes $\Delta_q > 0$, G_q e C_q, de modo que

$$D_q = M_q + \Delta_q, \qquad A = m_b^2 + \sum_q C_q.$$

O complemento de Schur do bloco diagonal positivo $D = \operatorname{diag}(D_q)$ é

$$\boxed{m_b^2 + \sum_q C_q - \sum_q \frac{G_q^2}{M_q + \Delta_q}.}$$

Sob as relações espaciais

$$\Delta_q = \gamma c_q, \qquad G_q^2 = \Delta_q C_q, \qquad C_q = \gamma \rho^2 r_2(q) c_q,$$

a contribuição da casca q reduz-se a

$$C_q - \frac{G_q^2}{M_q + \Delta_q} = C_q \frac{M_q}{M_q + \Delta_q} = \gamma \rho^2 r_2(q) e^{-aq} \frac{M_q}{M_q + \gamma e^{-aq}}.$$

Somando em q, recupera-se exatamente

$$\boxed{m_b^2 + \mathcal{S}(a, R, \gamma, m_B).}$$

Assim, é a coerência de $\mathcal{K}^2$ que substitui três famílias livres de coeficientes por um único peso espacial em cada casca.

56.49 Escalas críticas e robustez dos canais KK

Exercício 49.1

Para $s(c, \gamma, M) = \gamma c M / (M + \gamma c)$, a regra do quociente fornece

$$\frac{\partial s}{\partial c} = \frac{\gamma M^2}{(M + \gamma c)^2} > 0, \qquad \frac{\partial s}{\partial \gamma} = \frac{c M^2}{(M + \gamma c)^2} > 0.$$

Derivando novamente em γ e derivando em M, obtém-se

$$\boxed{\frac{\partial^2 s}{\partial \gamma^2} = -\frac{2c^2 M^2}{(M + \gamma c)^3} < 0, \qquad \frac{\partial s}{\partial M} = \frac{\gamma^2 c^2}{(M + \gamma c)^2} > 0.}$$

Os sinais decorrem de $c, \gamma, M > 0$.

Exercício 49.2

Como $m_{b,c}^2 = -\mathcal{S}$, as monotonicidades de $\mathcal{S}$ têm seus sinais invertidos na superfície crítica. Assim,

$$\boxed{\begin{array}{rcll} a \uparrow & \Longrightarrow & \mathcal{S} \downarrow, & m_{b,c}^2 \uparrow \ \text{(menos negativo)}, \\ \gamma \uparrow & \Longrightarrow & \mathcal{S} \uparrow, & m_{b,c}^2 \downarrow \ \text{(mais negativo)}, \\ m_B^2 \uparrow & \Longrightarrow & \mathcal{S} \uparrow, & m_{b,c}^2 \downarrow \ \text{(mais negativo)}. \end{array}}$$

A dependência em γ é ainda côncava para $\mathcal{S}$, portanto convexa para $m_{b,c}^2$.

Exercício 49.3

A contribuição exata da primeira casca é

$$4\gamma\rho^2 e^{-a}\frac{M_1}{M_1+\gamma e^{-a}}.$$

Usando

$$\frac{M_1}{M_1+\gamma e^{-a}} = 1 - \frac{\gamma}{M_1}e^{-a} + O(e^{-2a}),$$

segue que

$$\boxed{4\gamma\rho^2 e^{-a} - \frac{4\gamma^2\rho^2}{M_1}e^{-2a} + O(e^{-3a}).}$$

Esse é o termo corretivo da casca $q = 1$; na expansão da torre completa, a casca $q = 2$ também contribui na ordem e^{-2a}.

Exercício 49.4

Divida a rede nos anéis diádicos

$$A_j := \{n \in \mathbb{Z}^2 : 2^j \le |n| < 2^{j+1}\}.$$

Como $\#A_j = O(2^{2j})$ e $|n|^{-2} \le 2^{-2j}$ em A_j, a soma de $|n|^{-2}$ em cada anel é $O(1)$. Até a escala $2^j \asymp a^{-1/2}$, há $O(\log(1/a))$ anéis. Depois dessa escala, o fator exponencial produz uma cauda uniformemente somável. Logo,

$$\boxed{\sum_{n\in\mathbb{Z}^2\setminus\{0\}} \frac{e^{-2a|n|^2}}{|n|^2} = O\left(\log\frac{1}{a}\right).}$$

Exercício 49.5

Escreva a equação secular perto da criticidade como

$$F_0(z) + \delta = 0, \qquad F_0(0) = 0, \qquad F_0'(0) = -Z_c^{-1}.$$

Se $z_0(\delta) = a_1\delta + a_2\delta^2 + O(\delta^3)$, a comparação dos coeficientes dá

$$a_1 = Z_c, \qquad a_2 = -\frac{F_0''(0)a_1^2}{2F_0'(0)} = \frac{Z_c^3}{2}F_0''(0).$$

Como $F_0''(0) = -2\sum_q G_q^2/D_q^3$, resulta

$$\boxed{z_0(\delta) = Z_c\delta - Z_c^3\left(\sum_q \frac{G_q^2}{D_q^3}\right)\delta^2 + O(\delta^3).}$$

Exercício 49.6

Antes da perturbação, os três modos escuros da primeira casca possuem o mesmo autovalor $D_1 = M_1 + \gamma e^{-a}$. Suponha que esse autovalor esteja isolado do restante do espectro por uma lacuna $g > 0$ e que $\|E\| \leq \varepsilon < g/2$. A estimativa de Hausdorff para operadores autoadjuntos fornece

$$\sigma(H + E) \cap (D_1 - g/2, D_1 + g/2) \subset [D_1 - \varepsilon, D_1 + \varepsilon].$$

Além disso, a estabilidade da projeção espectral de Riesz garante que esse aglomerado conserva a multiplicidade total três. Portanto existem exatamente três autovalores perturbados, contados com multiplicidade, no aglomerado, e cada um satisfaz

$$\boxed{|\widetilde{D}_j - D_1| \leq \varepsilon, \qquad j = 1, 2, 3.}$$

Eles podem se separar entre si, mas permanecem isolados do restante do espectro enquanto $2\varepsilon < g$. Sem a hipótese de isolamento, a mera distância de Hausdorff controla a localização do espectro, mas não autoriza identificar três autovalores específicos como continuação do aglomerado.

Exercício 49.7

Considere

$$H = \begin{pmatrix} 1 & 0 \\ 0 & 2 \end{pmatrix}, \qquad E = \begin{pmatrix} -2 & 0 \\ 0 & 0 \end{pmatrix}.$$

O operador H é positivo e possui lacuna 1 em torno de zero, mas $\|E\| = 2$ e

$$H + E = \begin{pmatrix} -1 & 0 \\ 0 & 2 \end{pmatrix}$$

tem um autovalor negativo. Portanto, positividade inicial sozinha não garante estabilidade sob perturbações arbitrárias. É indispensável uma condição quantitativa que compare $\|E\|$ com a distância do espectro a zero.

56.50 Reconstrução térmica e reconhecimento espacial

Exercício 50.1

Pela fórmula de reconstrução,

$$t = \frac{\log(2e^{-1}) - \log(2e^{-3})}{3 - 1} = \frac{2}{2} = 1.$$

Em seguida,

$$A = y_j e^{t\lambda_j} = 2e^{-1}e = 2.$$

Portanto,

$$\boxed{A = 2, \qquad t = 1.}$$

Exercício 50.2

Dos regimes assintóticos dos capítulos anteriores,

$$\tau(a) \sim \frac{\pi}{a} \longrightarrow \infty \quad (a \downarrow 0), \qquad \tau(a) = 4e^{-a} + O(e^{-2a}) \longrightarrow 0 \quad (a \to \infty).$$

Como τ é contínua e estritamente decrescente, o teorema do valor intermediário mostra que, para cada $y > 0$, existe um único $a > 0$ tal que $\tau(a) = y$. Logo,

$$\boxed{\tau((0,\infty)) = (0,\infty).}$$

Exercício 50.3

O modelo de duas escalas possui quatro parâmetros locais (A, B, t, s). Três amostras definem uma aplicação suave

$$\Phi_3 : \mathbb{R}^4 \supset U \longrightarrow \mathbb{R}^3.$$

Seu jacobiano tem posto no máximo três e, em pontos regulares, o teorema da função implícita deixa uma família local unidimensional de parâmetros com os mesmos dados. Assim, sem uma restrição adicional, três amostras não identificam genericamente quatro parâmetros independentes.

Exercício 50.4

Defina

$$C(a,\gamma,\rho) := 2\gamma(1+\rho^2)\left(1+\sqrt{\frac{\pi}{a}}\right)\sqrt{\frac{\pi}{a}}.$$

Basta escolher o menor inteiro $N \geq 1$ que satisfaça

$$\operatorname{erfc}(N\sqrt{a}) \leq \frac{\varepsilon}{C(a,\gamma,\rho)}.$$

Quando o quociente à direita pertence a $(0,1)$, uma escolha explícita é

$$\boxed{N = \max\left\{1, \left\lceil \frac{1}{\sqrt{a}} \operatorname{erfc}^{-1}\left(\frac{\varepsilon}{C(a,\gamma,\rho)}\right)\right\rceil\right\}.}$$

Se $\varepsilon/C \geq 1$, qualquer $N \geq 1$ satisfaz o certificado.

Exercício 50.5

Nos canais positivos, suponha primeiro $\eta_{jk}^{(2)} = 0$ para todos os pares. Fixe um índice j com $\Delta_j > 0$. Então

$$g_j\Delta_k - g_k\Delta_j = 0 \quad \Longrightarrow \quad g_k = \frac{g_j}{\Delta_j}\Delta_k.$$

Logo, (g_k) e (Δ_k) são proporcionais. Reciprocamente, se $g_k = \rho\Delta_k$, então

$$\eta_{jk}^{(2)} = \rho\Delta_j\Delta_k - \rho\Delta_k\Delta_j = 0.$$

Portanto,

$$\boxed{\eta_{jk}^{(2)} = 0 \text{ para todos } j,k \quad \Longleftrightarrow \quad (g_k) = \rho(\Delta_k) \text{ nos canais positivos.}}$$

Exercício 50.6

Considere dois canais e a matriz de seta

$$Q = \begin{pmatrix} 2 & 1 & 0 \\ 1 & 1 & 0 \\ 0 & 0 & 1 \end{pmatrix}.$$

Ela é positiva definida: o bloco superior esquerdo tem determinante 1 e traço 3, e o terceiro autovalor é 1. Interprete o primeiro canal por $(\delta\alpha_1, g_1, \Delta_1) = (2, 1, 1)$. Então

$$g_1^2 = 1 \neq 2 = \Delta_1 \delta\alpha_1.$$

Assim, a torre é positiva, mas seu incremento não tem posto um e não pode ser produzido pela lei de coerência de $\mathcal{K}^2$. Isso mostra concretamente que positividade matricial é mais fraca que coerência espacial.

56.51 Interface microscópica e necessidade relativa de $\mathcal{K}^2$

Exercício 51.1

Expandindo cada quadrado,

$$|\Phi_n + \rho\chi|^2 = |\Phi_n|^2 + 2\rho\Re(\overline{\chi}\Phi_n) + \rho^2|\chi|^2.$$

Depois de multiplicar por c_n e somar,

$$\begin{aligned} \frac{2}{\gamma}\mathcal{E}_{\text{int}} = \sum_{n\neq 0} c_n|\Phi_n|^2 + 2\Re\left(\overline{\chi}\rho \sum_{n\neq 0} c_n\Phi_n\right) \\ + |\chi|^2\rho^2 \sum_{n\neq 0} c_n. \end{aligned}$$

As identidades espectrais

$$\sum_{n\neq 0} c_n|\Phi_n|^2 = \langle \Phi_\perp, e^{t\Delta}\Phi_\perp \rangle,$$

$$\rho \sum_{n\neq 0} c_n\Phi_n = (e^{t\Delta}\Phi_\perp)(y_0), \qquad \rho^2 \sum_{n\neq 0} c_n = K_t(y_0, y_0) - V_R^{-1}$$

recuperam exatamente a forma em posição do funcional.

Exercício 51.2

Com $a = t/R^2 > 0$,

$$\sum_{n\in\mathbb{Z}^2\setminus\{0\}} c_n = \sum_{n\in\mathbb{Z}^2\setminus\{0\}} e^{-a|n|^2} = \vartheta_3(0,e^{-a})^2 - 1.$$

A série unidimensional de Jacobi converge absolutamente para $a > 0$; logo, seu quadrado é finito. Portanto,

$$\boxed{(c_n)_{n\neq 0} \in \ell^1_+.}$$

Essa conclusão vale para todo $t > 0$.

Exercício 51.3

Num truncamento finito, a ciclicidade do traço fornece, para cada n,

$$\mathrm{Tr}(L_n \varrho L_n^*) = \mathrm{Tr}(L_n^* L_n \varrho).$$

Além disso,

$$\mathrm{Tr}\{L_n^* L_n, \varrho\} = 2\,\mathrm{Tr}(L_n^* L_n \varrho).$$

Consequentemente,

$$\mathrm{Tr}\left(L_n \varrho L_n^* - \frac{1}{2}\{L_n^* L_n, \varrho\}\right) = 0.$$

Somando os canais mantidos,

$$\boxed{\mathrm{Tr}\,\mathcal{L}_\Lambda(\varrho) = 0,}$$

isto é, o dissipador truncado preserva o traço.

Exercício 51.4

Para cada modo omitido, ponha

$$A_n := L_n^* L_n = \gamma c_n u_n \otimes u_n, \qquad u_n = \rho e_0 + e_n.$$

Esse operador positivo de posto um possui um único autovalor não nulo,

$$\lambda_n = \gamma c_n \|u_n\|^2 = \gamma(1+\rho^2)c_n.$$

A soma omitida é positiva; logo, sua norma de traço é seu traço. Pela aditividade do traço,

$$\boxed{\left\|\sum_{n\notin\Lambda} L_n^* L_n\right\|_1 = \gamma(1+\rho^2)\sum_{n\notin\Lambda} c_n.}$$

Exercício 51.5

Escolha $c_k = 2^{-k}$ e uma sequência não constante de inclinações, por exemplo,

$$\rho_k = \begin{cases} 1, & k \text{ ímpar}, \\ 2, & k \text{ par}. \end{cases}$$

Defina

$$Q_k = \gamma c_k(\rho_k e_0 + e_k) \otimes (\rho_k e_0 + e_k).$$

Cada Q_k é positivo, de posto um, suportado em $\operatorname{span}\{e_0, e_k\}$; as somas finitas são aditivas e compatíveis, e

$$\sum_k \|Q_k\|_1 = \gamma \sum_k c_k(1+\rho_k^2) < \infty.$$

Entretanto,

$$\frac{\langle Q_k e_0, e_k\rangle}{\langle Q_k e_k, e_k\rangle} = \rho_k$$

não é constante. Logo, não existe uma única inclinação ρ para a qual $\sum_k Q_k = \gamma\mathfrak{V}_\rho(c)$.

Exercício 51.6

Para escolher um representante de cada par $\{n, -n\}$, use as funções reais normalizadas

$$\phi_n^c(y) = \sqrt{\frac{2}{V_R}} \cos\left(\frac{n \cdot y}{R}\right), \qquad \phi_n^s(y) = \sqrt{\frac{2}{V_R}} \sin\left(\frac{n \cdot y}{R}\right).$$

Na posição da brana,

$$\phi_n^c(y_0) = \sqrt{\frac{2}{V_R}} \cos\left(\frac{n \cdot y_0}{R}\right), \qquad \phi_n^s(y_0) = \sqrt{\frac{2}{V_R}} \sin\left(\frac{n \cdot y_0}{R}\right).$$

Esses valores dependem de n: podem ter sinais e módulos distintos e alguns podem se anular. Assim, os vetores de canal naturais são

$$\phi_n^c(y_0)e_0 + e_n^c, \qquad \phi_n^s(y_0)e_0 + e_n^s,$$

e não $\rho e_0 + e_k$ com uma única constante ρ. A lei de inclinação fixa falha exatamente na dependência modal dos valores de avaliação em y_0; uma extensão ponderada deve registrar esses pesos.

56.52 Um caso de referência toroidal reprodutível

Exercício 52.1

No funcional geral,

$$\mathcal{S} = \gamma\rho^2 \sum_{q\in\mathcal{Q}} r_2(q)e^{-aq} \frac{m_B^2 + q/R^2}{m_B^2 + q/R^2 + \gamma e^{-aq}}.$$

Substituindo $R = \gamma = m_B^2 = 1$ e $\rho^2 = (4\pi^2)^{-1}$, obtém-se diretamente

$$\boxed{\mathcal{S}(a) = \frac{1}{4\pi^2} \sum_{q\in\mathcal{Q}} r_2(q)e^{-aq} \frac{1+q}{1+q+e^{-aq}}.}$$

Exercício 52.2

Pela enumeração das soluções de $n_1^2 + n_2^2 = q$,

$$\boxed{r_2(1) = 4, \quad r_2(2) = 4, \quad r_2(3) = 0, \quad r_2(4) = 4, \quad r_2(5) = 8.}$$

De fato, 3 não é soma de dois quadrados inteiros: os quadrados não maiores que 3 são 0 e 1, cujas somas possíveis são $0, 1, 2$. Por isso, a casca $q = 3$ não aparece na tabela.

Exercício 52.3

As fórmulas exatas são

$$\alpha_{\min}(1) = \frac{\vartheta_3(0, e^{-1})^2 - 1}{4\pi^2},$$

$$m_{b,c}^2 = -\frac{1}{4\pi^2} \sum_{q \in \mathcal{Q}} r_2(q) e^{-q} \frac{1+q}{1+q+e^{-q}},$$

e

$$Z_c(1) = \left[1 + \frac{1}{4\pi^2} \sum_{q \in \mathcal{Q}} \frac{r_2(q) e^{-2q}}{(1+q+e^{-q})^2}\right]^{-1}.$$

A avaliação numérica fornece

$$\boxed{\alpha_{\min}(1) \approx 0{,}054264, \quad m_{b,c}^2 \approx -0{,}047872, \quad Z_c(1) \approx 0{,}997371.}$$

Para a tolerância 10^{-8}, os cortes são $N_{\text{cert}} = 5$ e $N_{\text{exato}} = 4$.

Exercício 52.4

Para $a = 1$ e $N = 4$, a cauda theta exata produz

$$(1+\rho^2)\mathcal{R}_4(1) \approx 1{,}01 \times 10^{-10} < 10^{-8}.$$

Logo, $N = 4$ satisfaz o critério exato. Entretanto, o lado esquerdo do limite elementar certificado vale aproximadamente

$$2(1+\rho^2)(1+\sqrt{\pi})\sqrt{\pi}\,\operatorname{erfc}(4) \approx 1{,}55 \times 10^{-7} > 10^{-8}.$$

Assim, esse limite suficiente ainda não certifica $N = 4$, explicando $N_{\text{cert}} = 5$.

Exercício 52.5

Em $a = 1$ e $N = 1$, os valores são, aproximadamente,

$$\mathcal{S}_1 = 0{,}04460345, \qquad \epsilon_1 = 0{,}00327733.$$

Escolha o ponto médio da faixa indecisa,

$$m_b^2 = -\mathcal{S}_1 - \frac{\epsilon_1}{2} \approx -0{,}04624211.$$

Para $N = 1$,

$$m_b^2 + \mathcal{S}_1 < 0 < m_b^2 + \mathcal{S}_1 + \epsilon_1,$$

e a fase não é decidida. Ao aumentar para $N = 2$, encontra-se

$$\mathcal{S}_2 \approx 0{,}04785029, \qquad m_b^2 + \mathcal{S}_2 \approx 0{,}00160818 > 0.$$

Logo, o critério positivo decide rigorosamente que

$$\boxed{H > 0.}$$

Exercício 52.6

Inicialmente, $G_5^2 = \Delta_5 C_5$, de modo que $\mathfrak{R}_5 = 1$. Se apenas o acoplamento for aumentado em um por cento,

$$\widetilde{G}_5 = 1{,}01 G_5,$$

então

$$\boxed{\widetilde{\mathfrak{R}}_5 = \frac{(1{,}01G_5)^2}{\Delta_5 C_5} = (1{,}01)^2 = 1{,}0201.}$$

O desvio de 2,01% em relação à unidade mostra que os três coeficientes da casca deixaram de provir de um único peso espacial, embora uma matriz global ainda possa permanecer positiva.

56.53 Síntese estrutural das aplicações MSG e KK

Exercício 53.1

A condição $\nabla P_r = 0$ elimina apenas o defeito geométrico:

$$\mathcal{S}_r(\dot{\gamma}, \dot{\gamma}) = 0.$$

No problema newtoniano, porém,

$$P_r F_a = -G \sum_{b \neq a} m_b \frac{P_r(x_a - x_b)}{\|x_a - x_b\|^3},$$

e a distância total satisfaz

$$\|x_a - x_b\|^2 = |z_{ab}|^2 + \sum_k (\eta_{ab}^k)^2.$$

Portanto, mesmo com canais paralelos, a força projetada num canal depende das coordenadas dos demais. A independência exige também que $P_r F$ dependa apenas do estado do próprio canal.

Exercício 53.2

Em $\mathcal{K}_1$, tome o referencial que fixa i e gira o plano span$\{1, j\}$ por um ângulo não constante $\theta(q)$. Então

$$\mathfrak{c}_U = 2\|d\theta\|^2 > 0$$

onde $d\theta \neq 0$. Escolha uma força confinada ao plano complexo móvel, por exemplo,

$$F(q) = -\omega^2 P_0(q)q.$$

Na equação do canal complexo,

$$\nabla_{\dot{\gamma}}(P_0\dot{\gamma}) = \underbrace{-\omega^2 P_0 \gamma}_{\text{força física confinada}} + \underbrace{\mathcal{S}_0(\dot{\gamma}, \dot{\gamma})}_{\text{defeito geométrico}},$$

o primeiro termo permanece no canal, enquanto o segundo pode possuir componente transversal porque os projetores variam. Assim, confinamento da força não elimina acoplamento geométrico.

Exercício 53.3

Suponha que dois conjuntos de dados tenham os mesmos $\Delta_k > 0$, mas transições g_k e $\widetilde{g}_k$. Se ambos proviessem da mesma inclinação ρ, teríamos

$$g_k = \rho\Delta_k = \widetilde{g}_k \qquad \text{para todo } k.$$

Logo, qualquer diferença entre as transições contradiz essa hipótese. Portanto, para um perfil diagonal fixado e uma inclinação fixada, existe no máximo uma família coerente de transições.

Exercício 53.4

No regime transversal pequeno da MSG, a correção da aceleração complexa é controlada por

$$\frac{3G}{2d^4} \sum_{b \neq a} m_b \rho_{ab}^2,$$

portanto é quadrática na amplitude transversal ρ_{ab}. Essa ordem surge da expansão de $(r_{ab}^2 + \rho_{ab}^2)^{-3/2}$ em torno de $\rho_{ab} = 0$.

No caso KK térmico, a cauda é

$$\gamma(1 + \rho^2) \sum_{k \notin \Lambda_N} e^{-t\lambda_k},$$

e sua pequenez decorre da supressão exponencial dos modos de alta energia. Assim, a primeira quantidade é um erro perturbativo local em amplitudes geométricas; a segunda é um erro espectral global de truncamento. A semelhança é apenas o controle quantitativo de canais omitidos.

Exercício 53.5

Antes de estudar um sistema enumerável de partículas em $\mathcal{K}^2$, seria necessário estabelecer, no mínimo:

1. somabilidade das massas ou outra condição que assegure convergência absoluta das forças;

2. escolha de um espaço de configurações no qual o campo vetorial esteja bem definido;
3. estimativas locais uniformes de Lipschitz longe das colisões;
4. controle das caudas das posições, velocidades e forças;
5. prevenção de acumulações espaciais e temporais de colisões;
6. compatibilidade entre limites de partículas e limites de canais;
7. conservação ou finitude das quantidades globais que forem usadas nas estimativas.

Esses itens formulam o programa analítico necessário, mas não constituem uma prova de existência ou de unicidade.

56.54 Problemas finais e síntese estrutural

Exercício 54.1

Pela lei do produto em $\mathcal{K}^p$,

$$xy = (au - bv) + (av + bu)i + J(a\mathbf{d} + u\mathbf{c} + \mathbf{c} \odot \mathbf{d}).$$

Logo,

$$\pi_p(xy) = (a + bi)(u + vi), \qquad [xy, i, i] = J(a\mathbf{d} + u\mathbf{c} + \mathbf{c} \odot \mathbf{d}).$$

A identidade de reconstrução fornece

$$xy = \Re\pi_p(xy)\,1 + \Im\pi_p(xy)\,i + [xy, i, i].$$

A projeção complexa apaga exatamente a última parcela; por isso não recupera, sozinha, a interação coordenada entre os canais idempotentes.

Exercício 54.2

A fórmula intrínseca

$$w = \Re\pi_p(w)\,1 + \Im\pi_p(w)\,i + [w, i, i]$$

mostra imediatamente que os dois dados iguais implicam $x = y$. Separadamente, nenhum basta: 0 e j_1 têm a mesma projeção complexa; já 0 e 1 têm a mesma sonda associadora. Em coordenadas, os dois dados recuperam, respectivamente, a, b e $\mathbf{c}$.

Exercício 54.3

Aplicando a reconstrução a Tx,

$$Tx = \Re\pi_p(Tx)\,1 + \Im\pi_p(Tx)\,i + [Tx, i, i] = x;$$

portanto, $T = I$. Se for permitida uma permutação σ dos canais, a segunda hipótese deve ser substituída por

$$[Tx, i, i] = J(P_\sigma \mathbf{c}) \quad \text{quando} \quad [x, i, i] = J(\mathbf{c}),$$

e a primeira continua fixando o canal complexo. Obtém-se então $T(a + bi + J(\mathbf{c})) = a + bi + J(P_\sigma \mathbf{c})$. Preservar os rótulos força $\sigma = I$; preservar apenas o conjunto dos canais permite tais permutações (desde que P_σ atue limitadamente em ℓ^p, o que sempre ocorre para uma permutação).

Exercício 54.4

Na decomposição $\mathbb{C} \oplus J(\ell^p)$, identificando $\mathbb{C}$ com $\mathbb{R}^2$,

$$M_x = \begin{pmatrix} C_{a,b} & 0 \\ T_\mathbf{c} & D_x \end{pmatrix}, \qquad C_{a,b} = \begin{pmatrix} a & -b \\ b & a \end{pmatrix},$$

$$T_\mathbf{c}(u, v) = u\mathbf{c}, \qquad D_x \mathbf{d} = ((a + c_k) d_k)_k.$$

Assim, $M_x j_k = (a + c_k) j_k$, e o espectro é gerado por $a \pm ib$ e pelo fecho dos valores $a + c_k$. Cada reta nomeada $\mathbb{R} j_k$ carrega seu valor real; essa enumeração retém informação que o espectro considerado apenas como conjunto esquece.

Exercício 54.5

Tome, por exemplo, $x = i + j_1 + 2j_2$ e $y = i + 2j_1 + j_2$. Seus espectros são o mesmo conjunto $\{i, -i, 0, 1, 2\}$, mas os autovalores 1 e 2 estão associados a canais trocados. Conhecendo também as projeções π_k, lê-se $a + c_k$ na restrição $\pi_k M_x \pi_k$, recuperam-se os c_k, e $M_x 1 = x$ recupera todo o elemento.

Exercício 54.6

Com $d_k = a + c_k$, $\alpha = a + ib$ e $\beta = a - ib$,

$$f(M_x^\mathbb{C}) = \begin{pmatrix} f(C_{a,b}) & 0 \\ K_f(x) & f(D_x) \end{pmatrix},$$

onde

$$K_f(x) q_+ = (c_k f^{[1]}(d_k, \alpha))_k, \qquad K_f(x) q_- = (c_k f^{[1]}(d_k, \beta))_k.$$

Já o valor funcional espacial tem multiplicador com acoplamento da forma $T_\mathbf{e}(u, v) = u\mathbf{e}$. Para f real-simétrica, escreva $f(\alpha) = A + iB$ e $e_k = f(d_k) - A$. A igualdade ocorre exatamente quando $\mathbf{e} \in \ell^p$ e

$$\frac{c_k}{2}(f^{[1]}(d_k, \alpha) + f^{[1]}(d_k, \beta)) = e_k, \quad \frac{ic_k}{2}(f^{[1]}(d_k, \alpha) - f^{[1]}(d_k, \beta)) = 0$$

para todo k.

Exercício 54.7

Escolha $x = i + J(\mathbf{c})$, com $c_k = 2^{-k}$. Ele é funcionalmente não degenerado. Se $f(M_x^{\mathbb{C}})$ é um multiplicador espacial, o critério anterior impõe, nos pontos $c_k \to 0$,

$$f(c_k) = A + Bc_k.$$

O princípio de identidade força $f(z) = Bz + A$, com coeficientes reais, no domínio conexo. Portanto, uma álgebra holomorfa que separa pontos só pode preservar toda a classe se seus elementos relevantes forem afins, o que é a rigidez dos canais. Sem uma cauda não nula com ponto de acumulação, há apenas condições de interpolação finitas; colisões espectrais podem então ocultar os rótulos e impedir o argumento de identidade.

Exercício 54.8

De $P_r = U\pi_r U^{-1}$, usando $\nabla_X U = U\Omega_X$ e $\nabla_X U^{-1} = -\Omega_X U^{-1}$, segue

$$\nabla_X P_r = U(\Omega_X \pi_r - \pi_r \Omega_X)U^{-1} = U[\Omega_X, \pi_r]U^{-1}.$$

O comutador se anula para todo r exatamente quando Ω_X preserva cada canal, isto é, quando todos os seus blocos intercanal são nulos. Os blocos diagonais podem permanecer não nulos.

Exercício 54.9

Num aberto de $\mathbb{R}$, tome a conexão $\nabla_{\partial_t} = \partial_t + \Omega$, com

$$\Omega = \begin{pmatrix} 0 & 0 & -\omega \\ 0 & 0 & 0 \\ \omega & 0 & 0 \end{pmatrix}$$

na base ortonormal $(1, i, j_1)$, e faça $\Omega j_2 = 0$; equivalentemente, o único bloco mistura a direção 1 do canal complexo com j_1. Então $[\Omega, \pi_0] \neq 0$, $[\Omega, \pi_1] \neq 0$ e $[\Omega, \pi_2] = 0$. Logo, ∇P_0 e ∇P_1 são não nulas, enquanto P_2 é paralelo.

Exercício 54.10

Seja $E_r = \operatorname{im} P_r$. Para $q \neq r$ e uma seção $s_r \in \Gamma(E_r)$, temos $P_r s_r = s_r$. Derivando essa identidade,

$$\nabla_X s_r = (\nabla_X P_r) s_r + P_r \nabla_X s_r.$$

Ao projetar sobre E_q, o segundo termo desaparece e obtemos

$$\boxed{P_q \nabla_X s_r = P_q(\nabla_X P_r) P_r s_r.}$$

As derivadas dos projetores determinam, portanto, os blocos não diagonais:

$$\boxed{\mathcal{A}_X^{\text{off}} = \sum_{q \neq r} P_q(\nabla_X P_r) P_r.}$$

A liberdade que permanece invisível não é $P_r(\nabla_X P_r)P_r$ — esse operador é nulo, pois a derivação de $P_r^2 = P_r$ implica $P_r(\nabla_X P_r)P_r = 0$. O dado não reconstruído é a conexão induzida em cada subfibrado,

$$\boxed{\nabla_X^{(r)} s_r := P_r \nabla_X s_r, \qquad s_r \in \Gamma(E_r),}$$

que pode ser modificada dentro de E_r sem alterar ∇P_r. Os rótulos $0, 1, \ldots, m$, herdados de $1, i, j_k$, identificam qual é o canal de origem e qual é o canal de destino de cada bloco; sem esses rótulos, a reconstrução fica determinada apenas até permutações compatíveis dos canais.

Exercício 54.11

Para o deslocamento $q_1 - q_2 = z + \sum_k \eta_k j_k$,

$$F_1 = -Gm_1m_2 \frac{z + \sum_k \eta_k j_k}{R^3}, \qquad R^2 = |z|^2 + \sum_k \eta_k^2,$$

e $F_2 = -F_1$. Logo,

$$P_0 F_1 = -Gm_1m_2 \frac{z}{R^3}, \qquad P_k F_1 = -Gm_1m_2 \frac{\eta_k j_k}{R^3}.$$

Cada componente é paralela ao deslocamento no próprio canal, mas o fator R^{-3} depende de todos eles. Assim, projetores constantes eliminam a transferência geométrica, não o acoplamento físico.

Exercício 54.12

No primeiro caso, use o referencial canônico, de modo que $\nabla P_r = 0$ e $\mathcal{S}_r = 0$, com a força newtoniana acima: $P_r F$ depende da distância total e acopla os canais. No segundo, faça P_0 girar com j_1 e escolha $F = -\omega^2 P_0 q$. Então $P_0 F = F$, $P_r F = 0$ para $r \neq 0$, mas $\mathcal{S}_r(\dot\gamma, \dot\gamma)$ pode ser não nulo devido a $\nabla P_r \neq 0$. Os exemplos isolam, respectivamente, acoplamento físico e geométrico.

Exercício 54.13

Para uma força $F(q, t)$ independente da velocidade, o canal r é autônomo para todos os dados iniciais exatamente quando

$$\mathcal{S}_r(v, v) = 0 \quad \text{para todo } v, \qquad P_r F(q, t) = \Phi_r(P_r q, t)$$

para alguma Φ_r. No regime Levi–Civita com projetores ortogonais, a primeira condição equivale a $\nabla P_r = 0$. A suficiência resulta diretamente da equação projetada. Para a necessidade, fixe a posição e varie livremente a velocidade inicial: como o termo da força não muda, a autonomia obriga o termo quadrático $\mathcal{S}_r(v, v)$ a desaparecer; por polarização, desaparece a forma bilinear correspondente. Depois fixe $P_r q$ e varie os demais canais: a aceleração autônoma não pode mudar, logo $P_r F$ depende apenas de $P_r q, t$.

Exercício 54.14

Se os dados provêm de $J(c)$, a lei espacial fornece $\Delta_k = c_k$, $g_k = \rho c_k$ e $\delta\alpha_k = \rho^2 c_k$; a classe de traço equivale a $c \in \ell^1_+$. Reciprocamente, dadas as quatro condições, ponha $c_k = \Delta_k$. Então $c \in \ell^1_+$ e $\mathfrak{V}_\rho(c)$ possui exatamente as entradas prescritas. A diagonal da região ambiente determina cada c_k, provando a unicidade.

Exercício 54.15

Uma inclinação comum existe se, e somente se, há $\rho \geq 0$ tal que

$$\rho_k^{(1)} = \rho_k^{(2)} = \rho$$

para todo k, com g_k tendo o sinal escolhido para ρ. Como contraexemplo finito, tome $\Delta_1 = \Delta_2 = 1$, $g_1 = 1$, $g_2 = 2$ e termo escalar de brana $\alpha = 5$. A matriz de seta

$$\begin{pmatrix} 5 & 1 & 2 \\ 1 & 1 & 0 \\ 2 & 0 & 1 \end{pmatrix}$$

é positiva semidefinida, pois seu complemento de Schur é $5 - 1 - 4 = 0$, mas as razões g_k/Δ_k são 1 e 2; portanto, não há inclinação espacial comum. Pode-se ainda tomar $\delta\alpha_1 = 1$ e $\delta\alpha_2 = 4$: cada canal é individualmente coerente, mas não com um único ρ.

Exercício 54.16

As entradas diagonais da região ambiente satisfazem

$$\langle \mathfrak{V}_\rho(c) e_k, e_k \rangle = c_k.$$

Logo, a igualdade dos operadores implica $c_k = d_k$ para todo k, isto é, $c = d$. Para a diferença, as coordenadas $c_k - d_k$ podem ter sinais distintos; assim, $\mathfrak{V}_\rho(c) - \mathfrak{V}_\rho(d)$ não precisa ser positivo. Não se pode, portanto, substituir sua norma de traço pelo traço nem usar a fórmula positiva simplificada sem uma hipótese como $c \geq d$ ou $d \geq c$ coordenada a coordenada.

Exercício 54.17

Escreva o complemento de Schur na forma

$$S = \alpha - \sum_{k \geq 1} \frac{g_k^2}{d_k}, \qquad d_k > 0,$$

e suponha conhecida uma cota $0 \leq R_N \leq \varepsilon_N$ para a cauda $R_N = \sum_{k \notin \Lambda_N} g_k^2/d_k$. Com $S_N = \alpha - \sum_{k \in \Lambda_N} g_k^2/d_k$, tem-se

$$S_N - \varepsilon_N \leq S \leq S_N.$$

Portanto, $S_N - \varepsilon_N > 0$ certifica positividade estrita, enquanto $S_N < 0$ certifica instabilidade. Se $0 \leq S_N \leq \varepsilon_N$, o truncamento é inconclusivo. A assimetria vem da positividade da cauda: omiti-la apenas aumenta o complemento truncado.

Exercício 54.18

A diferença é positiva:

$$\mathfrak{V}_\rho(c) - \mathfrak{V}_{\rho,N}(c) = \sum_{k \notin \Lambda_N} c_k u_k \otimes u_k.$$

Logo, sua norma de traço é seu traço, e

$$\|\mathfrak{V}_\rho(c) - \mathfrak{V}_{\rho,N}(c)\|_1 = \sum_{k \notin \Lambda_N} c_k \|u_k\|^2 = (1+\rho^2) \sum_{k \notin \Lambda_N} c_k.$$

A convergência em norma de traço controla simultaneamente todos os canais e implica convergência em norma de operador; convergência coordenada não fornece esse controle uniforme nem preserva, por si só, a classe de traço.

Exercício 54.19

Num intervalo $[0, T]$, seriam necessárias, uniformemente em N: limitação de posições e velocidades numa classe compacta ou coerciva; distância positiva entre partículas; estimativas de Lipschitz para as forças; convergência das forças truncadas na norma do espaço de fases; controle das caudas de posições, velocidades e acelerações em $\mathcal{K}^2$; e equicontinuidade que permita extrair uma subsequência e passar à equação integral. A solução de cada sistema finito pode depender de constantes que explodem com N, pode aproximar colisões e pode não possuir cauda somável. Por isso, existência em cada dimensão finita não implica existência do limite.

Exercício 54.20

No limite de canais, um elemento fixo de $\mathcal{K}^2$ satisfaz

$$\|J(\mathbf{c}) - J(\mathbf{c}^{(N)})\|_{\mathcal{K}^2} = \|\mathbf{c} - \mathbf{c}^{(N)}\|_{\ell^2} \longrightarrow 0;$$

há, portanto, uma norma interna completa que controla o truncamento. Aumentar o número de partículas muda o espaço de configurações e introduz novas somas de interação. É preciso controlar massas, convergência absoluta das forças, uniformidade local e ausência de acumulação de colisões. O índice de canal é uma coordenada de um único elemento; o índice de partícula enumera novos graus de liberdade interagentes. Logo, os dois limites são matematicamente distintos.

Exercício 54.21

Um roteiro válido é:

1. declarar o dado codificado pelo canal complexo e por cada j_k;
2. exibir uma identidade observável que use o produto ou o associador;

3. recuperar os canais pelo par $(\pi_p(x), [x, i, i])$, ou por projetores equivalentes;
4. escolher a norma ℓ^p apropriada e provar a convergência dos truncamentos nessa norma;
5. separar teoremas demonstrados de interpretações e limites ainda heurísticos.

Se as etapas 1–3 não alteram nenhuma conclusão, a construção é apenas um problema clássico escrito em coordenadas espaciais e deve ser recusada como aplicação genuína de $\mathcal{K}^p$.

Bibliografia

[1] S. Kobayashi and K. Nomizu, *Foundations of Differential Geometry*, Vol. I, Interscience Publishers, New York, 1963.

[2] T. Kato, *Perturbation Theory for Linear Operators*, 2nd ed., Classics in Mathematics, Springer, Berlin, 1995.

[3] B. Simon, *Trace Ideals and Their Applications*, 2nd ed., Mathematical Surveys and Monographs 120, American Mathematical Society, Providence, 2005.

[4] R. A. Horn and C. R. Johnson, *Matrix Analysis*, 2nd ed., Cambridge University Press, Cambridge, 2012.

[5] D. Potts and M. Tasche, Parameter estimation for exponential sums by approximate Prony method, *Signal Processing* **90** (2010), 1631–1642. doi:10.1016/j.sigpro.2009.11.012.

[6] A. Grigor'yan, *Heat Kernel and Analysis on Manifolds*, AMS/IP Studies in Advanced Mathematics 47, American Mathematical Society/International Press, 2009.

[7] A. D. Lewis, Affine connections and distributions with applications to nonholonomic mechanics, *Reports on Mathematical Physics* **42** (1998), 135–164. doi:10.1016/S0034-4877(98)80008-6.

[8] R. D. Schafer, *An Introduction to Nonassociative Algebras*, Dover Publications, New York, 1995.

[9] J. Phillips, Self-adjoint Fredholm operators and spectral flow, *Canadian Mathematical Bulletin* **39** (1996), 460–467.

[10] J. Robbin and D. Salamon, The spectral flow and the Maslov index, *Bulletin of the London Mathematical Society* **27** (1995), 1–33.

[11] P. M. Fitzpatrick, J. Pejsachowicz and L. Recht, Spectral flow and bifurcation of critical points of strongly indefinite functionals. Part I: General theory, *Journal of Functional Analysis* **162** (1999), 52–95.

[12] H. Kielhöfer, *Bifurcation Theory: An Introduction with Applications to Partial Differential Equations*, 2nd ed., Applied Mathematical Sciences 156, Springer, New York, 2012.

[13] V. Gorini, A. Kossakowski and E. C. G. Sudarshan, Completely positive dynamical semigroups of (N)-level systems, *Journal of Mathematical Physics* **17** (1976), 821–825.

[14] G. Lindblad, On the generators of quantum dynamical semigroups, *Communications in Mathematical Physics* **48** (1976), 119–130.

Índice remissivo